# 國際城市創新案例集

A Collection of International Urban Innovation Cases

周岚 韩冬青 张京祥 王红扬 等编著



中国建筑工业出版社

图书在版编目（CIP）数据

国际城市创新案例集 / 周岚等编著. —北京：中国建筑工业出版社，2016.9

ISBN 978-7-112-19795-8

Ⅰ. ①国… Ⅱ. ①周… Ⅲ. ①城市规划—案例—汇编—世界
Ⅳ. ①TU984

中国版本图书馆CIP数据核字(2016)第207370号

责任编辑：马　彦　郑淮兵

国际城市创新案例集
周岚　韩冬青　张京祥　王红扬　等编著
*
中国建筑工业出版社出版、发行（北京西郊百万庄）
各地新华书店、建筑书店经销
北京顺诚彩色印刷有限公司印刷
*
开本：965×1270毫米　1/16　印张：25½　字数：700千字
2016年9月第一版　2016年9月第一次印刷
定价：198.00元
ISBN 978-7-112-19795-8
(29339)

# Preface 序一

习近平总书记在 2015 年中央城市工作会议上强调“要充分认识、尊重、顺应城市发展规律”。由于城市发展不是一个纯客观、自组织、封闭运动的物理过程，而是复杂的政治、经济、社会活动，涉及到决策者、建设者、使用者、参与者等众多社会群体。因此，城市发展规律不可能来自于数理推演和实验室内的试验，而是要依靠人类大量实践的不懈探索、积累、提炼与升华。但是要从世界各地大量纷繁的城市实践中梳理出规律性线索，找到演变规律及发展趋势，则需要专业的明察和深厚的功底。近年来，我一直在探索国际城市发展的普适性规律与中国实践的有机结合，当然这要基于我们对国际城市发展成功经验的深刻理解和正确把握。所以，当这样一本精心选择、用心编著的国际城市创新案例集呈现在我面前时，即刻产生了知音般的共鸣。于是我欣然答应为之作序。

改革开放以来，中国的城镇化和城市发展可谓波澜壮阔。我们积极敞开大门，吸收借鉴了发达国家城市发展、规划建设的诸多经验，这些经验主要来自于欧美地区。然而，中国的国情尤其是中国当今所处的国际、国内发展环境，与西方国家当年高速工业化、城镇化时期有着显著不同，这些挑战或来自全球变暖等全人类对于资源环境问题的共同关注，或来自中国经济进入新常态后对于城市发展动力转型的探索。总之，面对这些问题和挑战，我们无法简单地从西方国家“成功经验”中找到应对之策，这就涉及到如何理性借鉴国际经验、务实探索中国道路的话题。为此，我曾经提出国际上关于城镇化有 A、B、C 三种模式，并专门论述了中国的城镇化道路为何一定要选择 C 模式。

在快速城镇化进程中，中国大量实践探索所积累的经验，也应该越来越成为“国际城市创新案例”的重要组成部分，这其中有三个方面尤其值得我们关注。一是改革开放不仅构建了一套经济发展的“中国模式”，而且在城市规划建设方面也相应形成了一套显著不同于西方的独特“中国模式”，包括政府主导的城市规划体制、土地公有制的出让机制、新城新区的开发营建、高密度的人居环境等等，在这些方面既有成功的经验，也有失败的教训，需要我们及时总结提炼并进而努力创建中国本土的规划理论；二是在中国推动“一带一路”的战略背景下，来自“中国模式”的新国际案例、新国际经验，或许能够激发和指导沿线国家对城市未来发展的美好憧憬，这就要求我们去更多地关注中国模式的内涵及其在这些新兴发展中国家的可推广性；三是随着中国经济社会发展阶段、城镇化阶段的转型，城市发展的全局性统筹、城市空间的集约化利用、城市环境的人性化关怀、规划建设的法治化运行等等正成为新的时代命题。如何有效地通过城市空间治理去促进国家治理体系与治理能力的现代化提升，这是一个重大的课题，也必将成为未来中国城市发展“新模式”的核心所在。

在江苏省住房城乡建设厅、东南大学、南京大学合作编著的这本《国际城市创新案例集》之中，我不仅看到了丰富而翔实的国际经典案例，更意识到这些案例的选择、编撰过程也正是指向了回答和解决“中国问题”的正确方向。在这些案例当中，既有大到全球化时代城市发展战略的宏观思考，又有低碳生态理念下的绿色建筑、公共交通等具体项目，还涉及历史保护、特色塑造、社会融合、城市治理等诸多方面。我还欣喜地看到一些来自中国的案例也收录其中，正所谓“各美其美，美人之美，美美与共，天下大同”。我深信，每个成功的城市发展创新案例都与该城市独特的自然、经济、社会环境密不可分，因此，这些案例的参考意义不在于提供一个“好的实践应该是什么样子”的标准答案，而在于给读者打开一扇对城市发展创新的思考之窗。我认为，编者在这本书的总体结构安排乃至每个案例的精心编写上，都很好地实现了这一目标。

让我们一起期待这本书的成功出版。

国务院参事
中国城市科学研究会理事长
住房和城乡建设部原副部长

# Preface 序二

怀着很大的期待和喜悦，读了江苏省住房和城乡建设厅和东南大学、南京大学合作编著的《国际城市创新案例集》的书稿，应邀为它写一篇序言。

这不是一本普普通通的案例汇编，创新实践的主题、分门别类的筛选、最新最全的案例，蕴含了编者的良苦用心；统一的体例、图文并茂的风格、精美的排版，从项目介绍到理念提炼，从项目创新点到启示意义，应有尽有，简明扼要，足以让读者爱不释手。

粗粗读了书稿，觉得阅读这本书，需要三个最基本的维度。

作为一名规划师，我最关注的**第一个维度是如何看待规划**。这本书最基本的功能，是一本实用性很强的资料汇编，它汇集了当今世界最具代表性的最佳实践，从不同的层面和角度，反映了世界诸多国家，尤其是发达国家，如何通过规划应对各种挑战的有益探索。这些挑战既有传统的住房供给不足、基础设施短缺、城市交通拥堵、环境品质恶化等城市问题，也有现实的气候变化、城市安全、经济衰退、文化趋同等全球性话题。无论是经济转型升级，还是社会公平与空间分异；从宏观战略与政策层面，到微观工程与民众视角，内容十分丰富，而且编排非常用心，堪称一部百科全书式的范例集。

从本书的内容，可以清晰地看到，世界各国重新回归到重视规划工作、创新规划实践的轨道上。原因之一，在于全球化进程中，各国政府越来越意识到，市场机制对于解决前述的诸多全球挑战方面的作用是有其局限性的，为了满足居民的基本需求，引导城市开发，政府必须更加重视城市规划，在城市发展中发挥核心作用。

联合国曾经将气候变化、全球经济危机、能源短缺、粮食安全、城镇人口规模变化、收入不平等和文化多元化列为当今全球范围内城市规划所面临的共同问题，同时又专门指出中国这类发展中国家，在转型发展过程中，城市规划面对着诸多特定问题，包括：城市非正规化发展、城市超常规快速增长、收入不均及城市贫困、城市蔓延、环境污染，以及体制机制和能力领域等诸多问题。如何破解这些难题，早已超越城市、区域，甚至是国家的范畴，成为一个全球性的话题，当然也是困惑我国各级政府的现实压力。显而易见，本书在很大程度上为读者提供了很好的参照系。

过去，人们习惯于从街道、建筑等物质环境的角度讨论规划话题，规划作为一门专业是建筑学的一门分支。今天，面对如此复杂的需求，规划的角色和地位已经发生了巨大变化，从本书收录的诸多真实案例中可以看出，规划本质上不再是一成不变的技术理想或建筑蓝图，而是一个综合解决各种利益冲突的多方参与的决策过程，是一个运用多种政策与技术手段，通过复杂的政治与行政过程，实现多元目标的社会过程。更重要的是，它本身作为一种文化价值的体现，是实现城市与区域治理的重要手段，是实现可持续城镇化和空间质量改善的重要抓手。而这一切的基础，是科学、合理、可行的规划，是基于对城市历史文化的学习，对城市发展规律的探索，对市情民意的遵从。因此，好的规划，不仅依靠规划师，更需要政府、社会和企业的共同努力，规划目标是政治家、企业家、规划师以及民众的共同选择，一座伟大的城市，必然来源于城市决策者、企业家和民众长期的卓绝努力，规划扮演着为实现伟大理想保驾护航的角色。从这个角度而言，本书的最佳读者不一定是规划专业人员，恰恰应该是决策者，无论是政府机构决策者，还是企业决策者，都应该读一读这本书，了解一下在全球范围内规划的角色和地位。

第二个维度是如何看待城市。

全球正迈进城市化的世界，我国也正跨越城市社会的门槛。全球城市化率与我国的现状水平非常接近，也有不少相似的共性特征，比如，欠发达地区劳动力资源丰富、城镇化速度加快，发达地区城镇化的转型压力和品质诉求更为明显；城镇化在带来红利的同时，也伴随着负外部效应，所有的城市都面临着资源环境的约束，以及城市财政的压力。实现可持续的城市化，成为世界各国的共同目标。

经典理论倾向于把城市作为贸易和工业化的产物，而在近几十年，人们更倾向于把城市与“城市病”联系起来，特别是全球变暖、能源危机等话题盛行开来，人们在享受城市文明的同时，也在反思城市的本质特征。与农业社会相比，城市集聚带来的资源、环境压力日渐突出，“城市病”成为重大的公共政策问题。城市型社会具有的信息沟通特征，导致城市社会组织结构发生变化，甚至导致社会稳定性发生危机。

消极地看待“城市病”显然不是解决之道，当人们把形形色色的“城市病”放在历史长河和全球视野下，会看到它们的规律性特征，以及在气候变化大环境下的内在联系。伴随着越来越多的人口在城市集聚，城市在气候变化方面的影响份额日渐扩大，城市问题得不到妥善解决，危害不仅在城市，还在整个国家，甚至全球，城市既是导致气候变化的重要因素，又是节能减排的关键所在。

这种从“麻烦制造者”到“解决问题的钥匙”的转变，需要一套全新的思路，一个系统解决方案，而这正是全球范围内城市创新实践的动力源泉。系统解决方案的提出，基于城市的系统特征，基于对城市发展规律的尊重。与传统的农业社会相比，或者说城市与农村聚落最大的不同，就在于系统特征，从简单的单一功能，到多元复合功能；从简单的成长主导，到包含增长、衰落、更新、复兴等多种复杂境况；从建造技术的改进，到从政策、法规、体制机制多个层面研究问题；从工程建设，到城乡与区域协调、社区营造、人文情怀、社会融合、城市治理……

本书收录的案例，不是简单的建筑工程，而是包含了社会、经济、文化诸多因素；并非一个个独立的项目，而是置于一定的发展历程与空间环境下的产物；尤为重要的是，它们不是单一的工程项目，不少案例是一系列项目构成的长期持续过程，有些甚至是几任市长才得以完成的政绩。因而，本书在实用性之外，又增加了一份学术价值。

综观这些案例，从一个侧面验证了国际社会公认的原理，一座成功的城市，取决于三个关键的前提因素：一是健全的法律环境，对城市中各利益主体有明确的责权界定，为城市发展提供长期的制度保障；二是优秀的规划引领，建立于利益协调和整体利益最大化原则下，为民众提供愿景，对资源进行合理配置，尤其是重视城市公共空间、提倡适当的紧凑度和混合使用、推动社会融合、传承和发扬城市文化；三是有效的财政保障，运用有效的公共投资，撬动市场资源，保证各项成本的可负担性，实现财政的可持续。而有效地发挥这三个因素的作用，又有赖于强大的政治意愿、所有利益相关方的积极参与，以及适当的伙伴关系。

对于公共空间、公共基础设施以及公共住宅的重视，是政府的职责所在，也是近年来世界各国探索的重点领域，无论是旧城更新改造项目，或者是生态修复、贫民窟改善工程、道路交通与基础设施项目，政府发挥着难以替代的角色。另一方面，政府在一些市场项目实施的过程中，也都发挥着公共利益维护者的角色。

相信通读本书收录的案例，会帮助读者对城市问题有一种全景式的理解，避免头痛医头、脚痛医脚式的还原论思维，减少肢解城市系统特征的盲目行为。

**第三个维度是如何看待创新。**

进入 21 世纪，世界城镇体系发生了巨大变化，城市在全球化体系中的枢纽和节点地位日益突出，国家之间的竞争，逐步演绎成若干全球城市之间的博弈；与此同时，传统区位因素的作用正在下降，技术因素的重要性日益凸显，从原料、市场、资本的竞争，走向信息、人才的竞争，从依托产业链组织生产，走向依托价值链组织生产和消费。生产要素对于社会财富增加的贡献率，逐渐让位于创新的作用。

仔细研究这些案例，编者之所以把它们冠以“创新”的头衔，固然由于它们不同于常规项目，给人耳目一新的感觉。然而，以我实际接触过的本书案例而言，创新的蕴含远远超出技术范畴，还在于以下几个领域：

一是理念的创新。城市不仅作为创新的载体，本身也是创新的对象，类似于中心区的更新改造、工业遗产的保护与利用、滨水地区的开发建设、大事件的策划与实施，创新利用城市空间，来源于理念的创新，其他诸如精明增长、智慧社区、绿色设计、生态城市、都市农业、创意城市等等，一系列令人眼花缭乱的创新理念，为创新实践提供了理论支撑。

二是体制机制创新，也就是所谓的创新环境，良好的城市基础设施等硬件条件，和资金、税收等方面的优惠固然十分重要，但是对于一个“孵化器”而言，最关键的是对于新思想、新经济、新族群的接纳和包容程度。这与传统的城市商业氛围有着天壤之别，只有这样的城市氛围，才能孕育或吸引一批以思想者、艺术家、发明家为象征的创新阶层，因为这是后工业化社会城市经济增长的核心驱动力所在。

三是文化创新。强调文化积淀，重视文化的价值，注重文化要素在城市发展中的作用和地位，本身就是一种创新文化。在传统的工业化过程中，发达国家也曾经出现过对于传统文化认知的偏差，当今世界的城市发展，早已把文化作为城市发展的重要核心因素。无论是城市精神的凝练，还是文化遗产的保护与利用，或者是各种文化因素在场所塑造方面的特殊价值，精神因素、社会生活已经成为城市管理者、设计师和建造者共同关注的要素，城市不只是生产生活的场所，更是精神文化家园；城市环境不是打造出来的，而是自然与人文共同孕育的结晶。

技术创新、理念创新、制度创新、文化创新，体现了城市创新的不同境界，也是本书案例收集与编排的重要逻辑所在。

本书收录的案例，绝大多数我都实地考察过或有过某种形式的接触，但是，经过编者一番精心的编辑加工和仔细梳理，还是给我极深的印象，尤其是把它们置于一个系统的框架下，我还是第一次看到，这也许就是本书一个特别的创新之处。限于篇幅，编者无法对这些案例所处的社会经济环境进行全面介绍，而这恰是这些案例能够取得成功的重要背景条件，这一点是需要读者给予关注的。

相信本书一定会成为一本深受欢迎的读物，也期待它所介绍的这些创新实践，能对我国的城市工作产生积极影响，诞生一批世界一流的规划、建设、管理成果。

国际城市与区域规划师学会副主席
中国城市规划学会秘书长

国际
城市创新
案例集

A Collection of International Urban Innovation Cases

# Contents 目录

国际城市创新案例集
A Collection of International Urban Innovation Cases

01

# 全球环境中的城市战略
Urban Strategy in Global Environment

20 世纪 90 年代以来不断加深的经济全球化导致世界城市体系发生重大转型，传统以“产业链”组织的全球城市分工迅速转变成为以“价值链”为核心的新全球经济格局。城市的角色被重新定义，城市间的竞争日益激烈，每个城市都面临着开放、动态的全球化网络新挑战，必须积极谋求在全球城市体系的地位提升。于是，诸多城市都制定了相应的发展战略和规划，以实现经济发展、社会公平与空间优化等系统性的目标。

纵观全球一些重要城市的发展战略，均体现出四个“关注”：一是关注 “人”的需求，营建绿色健康、和谐宜居的城市；二是关注更长远、更多元的价值导向，强调可持续性发展；三是关注经济发展与竞争力提升，建设活力繁荣的城市；四是关注空间增长管理与品质提升，打造紧凑、创新的城市空间。

围绕上述目标，各个城市进行了因地制宜的探索实践。例如，纽约、巴黎、伦敦、柏林、东京、芝加哥、新加坡等处于全球网络上层位置的城市，重在营建后工业时代的高品质城市环境，着力发展金融、商务等生产性服务业，尤其强调创新创意产业对于城市发展的重大意义；而德国鲁尔区、英国曼彻斯特等面临转型的传统工业城市（地区），则致力于改善衰败的城市空间，在传统制造业基础之上积极转型发展高科技、文化创意产业，以实现全面的城市复兴。

>> >

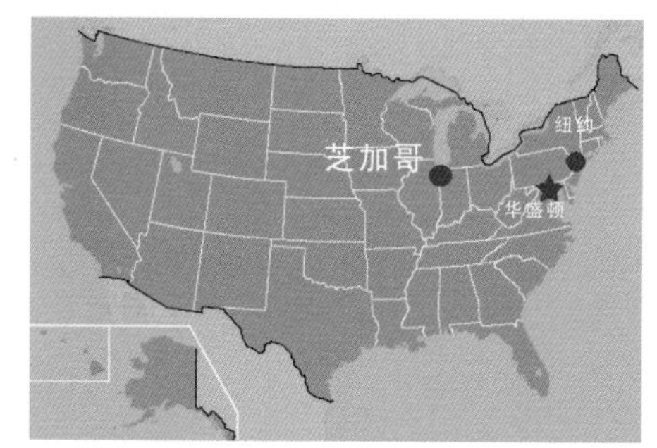


# 美国芝加哥：城市战略规划的百年实践

A Centennial Best Practice of Urban Strategic Planning in Chicago, USA

案例区位：美国芝加哥

案例主题：城市发展战略规划、总体规划、区域规划

规划范围：芝加哥及其都市区，2009 年市区人口 270 万，都市区人口 860 万

规划时间：1909 ～ 2009

实施效果：作为美国中部地区中心、老工业基地之一的芝加哥及其都市区长盛不衰，成功实现多次转型升级，一直是具有全球影响力的美国三大经济、文化和交通中心之一，并正在迈向更加可持续发展的大都市区

## 案例创新点：

芝加哥是全球范围制定现代城市 - 区域整体综合规划战略最早、最成功且持续性最好的城市之一，1909 年的《芝加哥规划》被公认为美国现代城市规划的肇始，其规划前瞻、宏大、统筹，但又落实于有限的关键问题、关键举措。高水平城市战略规划的传统历经百年不变，使芝加哥得以拥有长期稳定而有效的目标框架和行动指南，实现了城市的整体系统发展演进不断优化。

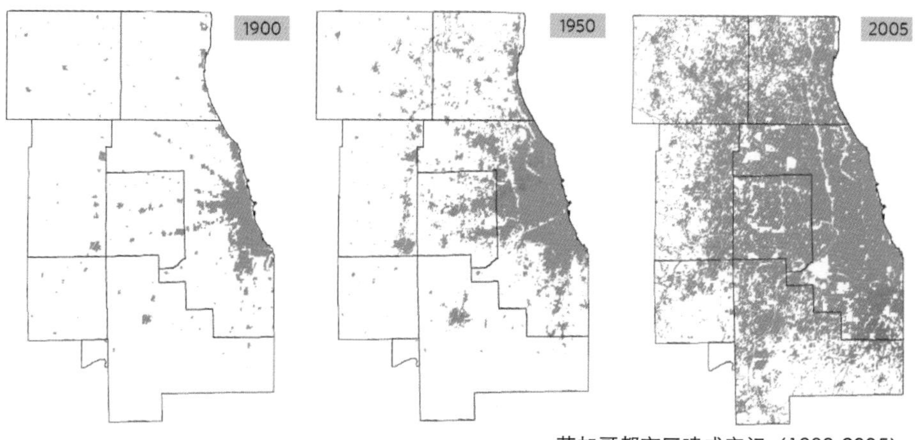


芝加哥都市区建成空间（1900-2005）

资料来源：US Environmental Protection Agency and CMAP

## 案例简介：

### 1909 年《芝加哥规划》（The Plan of Chicago）

霍华德 1898 年的“田园城市”理论被作为现代城市规划的开端，该规划则是针对现代城市和区域这一复杂巨系统制定的、第一部具有现代意义的城市发展战略和规划。这部由芝加哥商业俱乐部发起、捐款人赞助、丹尼尔·伯纳姆（也是捐款人）主创的 1909 年的规划，努力凝聚共识，形成了以下结论：

1. 芝加哥具有成为世界伟大城市之一的潜力；
2. 要始终保护滨湖地区的自然生态并始终向公众开放，且在其中布局文化、运动、游憩功能，也允许布局适当的商业服务功能；
3. 要构建系统并覆盖市域的绿地和公园体系，包括城市公园、郊野公园、区域性自然生态保护区。林荫道系统是绿地和公园体系的重要组成部分；
4. 要构建由文化设施和其它服务市民的公共服务为核心功能，且景观优美的城市市政中心；
5. 要构建便捷的交通系统，核心是统筹各种交通需求。区域交通、城市内部交通需要进入市中心并连接到区域，要通过立交、构建综合物流客流中心等，实现既满足交通需求，又解决不同交通之间、交通与其他城市功能之间的潜在冲突；
6. 所有公共空间都应力争在功能和景观的细节上体现人文关怀；
7. 亲近自然、充满人性、庄重优美的城市景观，为市民带来心灵的舒缓、对城市的热爱与忠诚，也将有助于为城市留住并带来财富；
8. 围绕上述方案力求成本最优、效益最佳，必须付出的成本将会带来经济发展和社会发展的共赢、所有人群的共赢，以及整个都市区域的共赢。

### 1909 年～2009 年之间的城市战略与规划

很多人脑海中对现代化城市的意象，更多是从芝加哥开始的。1909 年《芝加哥规划》不仅在现实中塑造了这座城市，其理念和精神也植入了这座城市。这种理念和精神并不是让城市不断提出新的战略，而是注重坚持务实、理性前瞻、整体统筹、精准改善。1957 年市政府规划局编制了《芝加哥中心区发展规划》，进一步落实和促进了中心区发展，1973 年进一步编制了中心区规划的升级版《芝加哥 21 世纪》，该规划落实了哈罗德·华盛顿图书中心（1991）、部分城区和私立大学，中心区人口也持续增长。聚焦于战略的空间规划还包括 1972 年《芝加哥湖滨规划》，旨在巩固公众对湖滨地区控制，维护和改善湖滨公园环境和水质，保持湖滨快速路的景观品质。1956 年《芝加哥区域规划》、1966 年《芝加哥总体规划》、2001 年《芝加哥大都市 2020》，则是面向全域的综合性战略规划，在不同时期对经济向服务业转型，扭转居住分异并改善住房、交通、娱乐和公共教育，进一步促进区域共同发展等进行了不同侧重的规划。

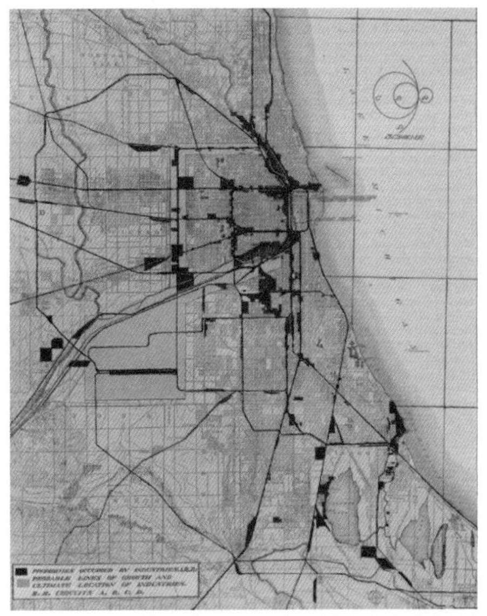

1909 年《芝加哥规划》中的都市区交通规划

资料来源：1909 Plan of Chicago: p67.

芝加哥滨湖公园与城市 CBD

资料来源：自摄

1909 年之后的努力，使芝加哥中心区以多种立交形式，便利地实现了快速客货运交通与城市中心、滨湖公园等以步行为主的休闲游憩交通之间的协调

资料来源：自摄

THE BURNHAM PLAN
CENTENNIAL

2009 年芝加哥规划百年庆活动标志

1909 年《芝加哥规划》因主创人丹尼尔·伯纳姆的贡献而被公认为“伯纳姆规划”。2009 年，包括美国规划师协会、芝加哥大学、芝加哥市政府、芝加哥美术馆、美国国家公园理事会等在内超过 300 个各类组织、数十万民众共同在芝加哥举办了持续一整年的“伯纳姆规划百年庆 (The Burnham Plan Centennial)”，主题是“大胆的规划，伟大的梦想 (Bold Plans, Big Dreams)”，共同思考如何“成为新的伯纳姆（Be New Burnhams）”。扎哈·哈迪德和范·伯克尔为庆典在伯纳姆规划留下的滨湖公园设计了两座伯纳姆展馆，整个芝加哥大都市区域通过多场“发明未来（Invent the Future）”研讨会最终形成了《迈向 2040》城市新战略规划。

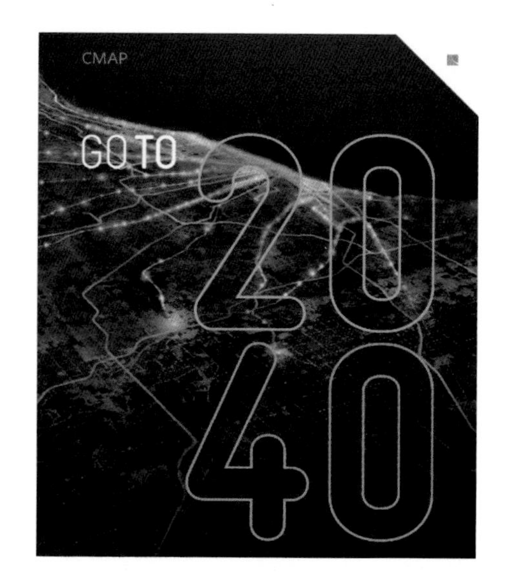


2009 年《迈向 2040：芝加哥综合区域规划》（GO TO 2040：Comprehensive Regional Plan）

这部经由“伯纳姆规划百年庆”活动最终定稿的新规划，名义上叫作“区域规划”，但实质并非我们通常的立足于区域、城乡统筹协调发展和一体化发展的区域规划，而是一个在最大维度上有效统筹最大多数的利益相关方、确立共同发展愿景与行动的总体战略规划（这也正是伯纳姆“不做小规划 <make no little plan>”的本意）。规划内容是简明的四大总目标、十三（12+1）项分目标和行动，四大总目标分别是提升社区宜居性、提升人力资本、提升治理和提升区域交通。

与 1909 年《芝加哥规划》一样，《迈向 2040》同样也不是由政府负责编制。这次，负责的是一个由商界精英、市民领袖、民选官员为编制和实施该规划而共同组建的一个公益组织“芝加哥都市规划机构”（Chicago Metropolitan Agency for Planning, CMAP）。

提升社区宜居性，让社区更富生命力

提升人力资本，让市民更有能力

提升治理，让政府更加负责和有效

提升区域交通，让都市区交通更现代

通过土地利用与住房实现更好的宜居性

管理与保护水和能源资源

拓展和提升公园与开放空间

促进可持续的地方化的食品生产

促进教育和劳动力发展

支持经济创新

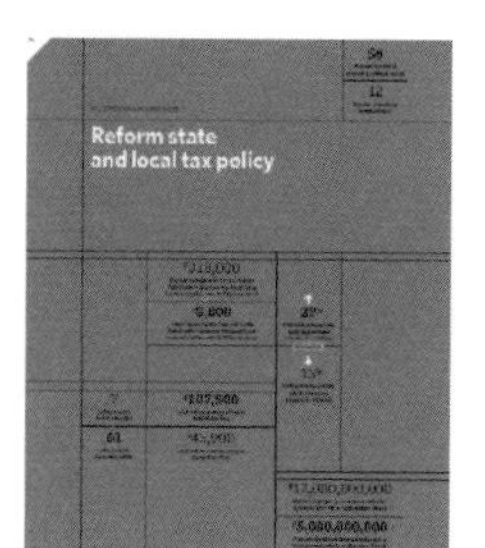


改革州和地方税收政策

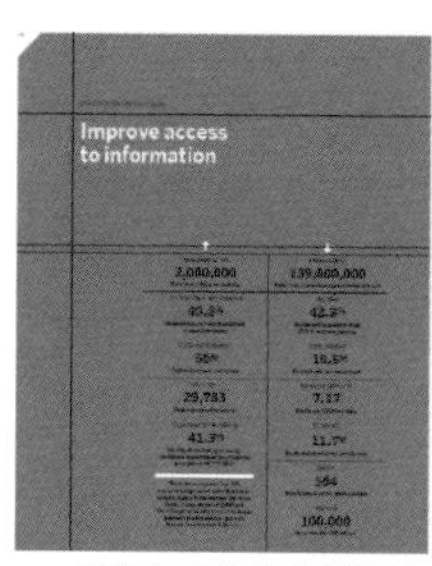


提高公共信息的透明度

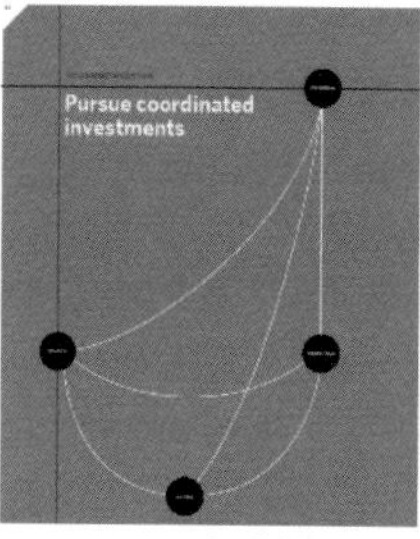


促进协调投资

战略性地投资于交通

进一步围绕公共大运量交通发展

创建一个更加高效的物流网络

《迈向 2040》规划内容框架

资料来源：GO TO 2040.

规划中的四位市民肖像
资料来源：GO TO 2040.

O. Gomez、J. Easter、M. Abt 和 C. Swanson 的肖像和故事是每一个总目标章前的单独一节。整部规划不仅在内容上，在表达上也努力体现以市民为本，并力求所有人都能够看得懂。

## 启示意义：

1. 现代城市与区域发展需要战略规划，且需要高水平编制并持续稳定地落实和延续，可能需要十年、二十年乃至更长时间；

2. 城市发展战略是城市的顶层设计。芝加哥的实践打破了部门界限、专业界限、空间界限，甚至打破了政府与市场、社会的界限，是真正“合一”的规划；

3. 城市发展战略要在整体统筹的基础上提出有限的关键。芝加哥在百年的实践中，规划成果无论是目标，还是行动，都表现为综合而精准；

4. 城市发展战略中的“关键精准”，需要结合当地特点、以人为本、实实在在、明明白白的目标和行动。战略的重要性，恰恰是保证这些目标和行动始终居于关键位置，且不会因不断出现的干扰性因素而改变；

5. 以人为本、因地制宜、精准实干的战略规划，在形式上也朴素、实在、接地气，不会概念一堆、不知所云；

6. 以共赢的战略整合政府、社会与市场，以规划的理性建立共识，规划的过程、成果和实施均成为促进社会治理现代化、促进社会整合并协同发展 的有效手段。

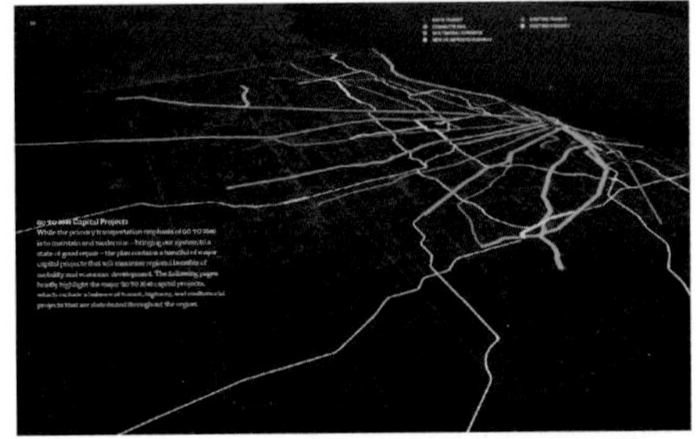

《迈向 2040》交通投资资本项目
资料来源：GO TO 2040.

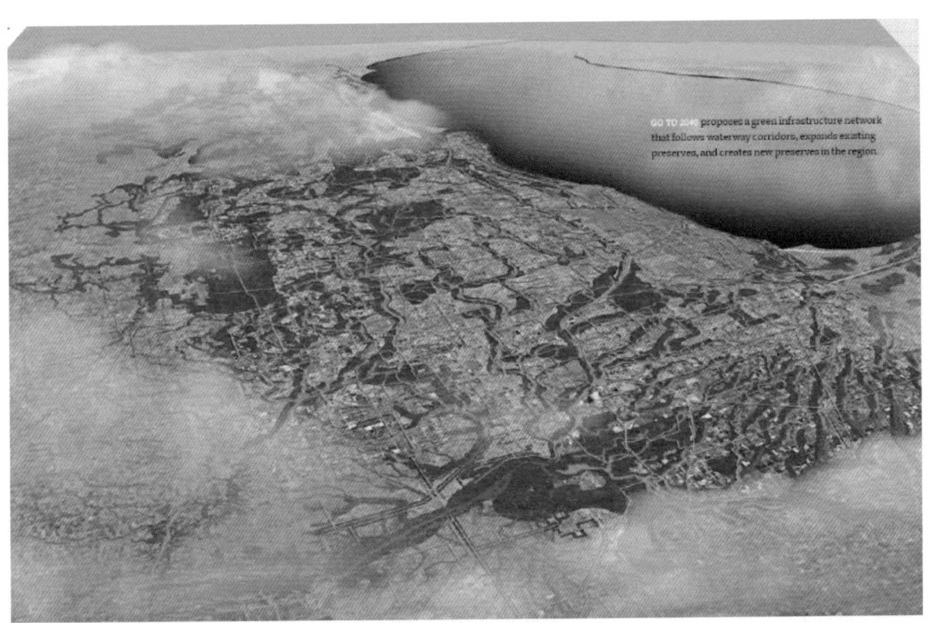


《迈向 2040》沿水网规划了绿色基础设施网络，在都市区域扩展了现存的并创建了新的自然生态保护区
资料来源：GO TO 2040.

## 参考文献

[1] Carl Smith. The Plan of Chicago: Daniel Burnham and the Remaking of the American City. The University of Chicago Press, 2006.

[2] Chicago Metropolitan Agency for Planning. Go To 2040: Comprehensive Regional Plan[R]. 2011.

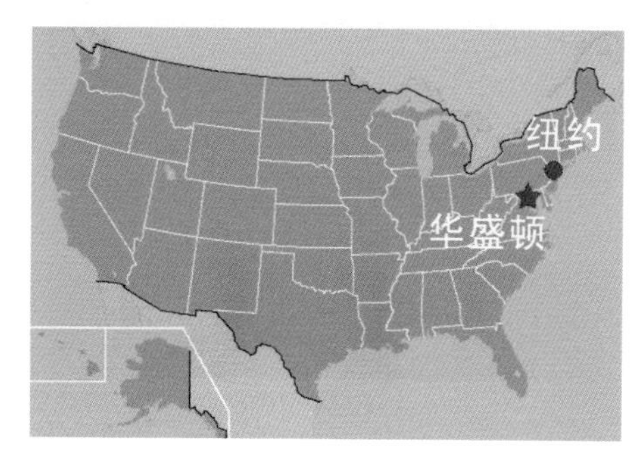


# 美国纽约的全球城市发展战略

Global City Development Strategy of New York, USA

案例区位：美国纽约市
规划时间：2007 年、2011 年、2013 年、2015 年
人口规模：规划 913 万（2030 年）
规划范围：纽约市五大区
城市职能：美国及全球金融、经济、文化等中心
专业类型：城市发展战略规划

市长、公众发言人与居民一起畅谈
资料来源：One New York: The Plan for a Strong and Just City, 2015

**案例创新点：**

2007 年，纽约市发布了第一版纽约规划（PlaNYC）——“一个更加绿色、更加美好的纽约”，旨在解决城市人口增长问题以及对基础设施的需求。四年后的 2011 年，第二版 PlaNYC 在持续深化 2007 版措施的基础上，加强了对环境稳定性和社区宜居性的关注。2012 年 10 月纽约市遭受了飓风“桑迪”的袭击，结合这次灾难性事件，2013 年纽约制定了新一轮的 PlaNYC——“一个更加强大、更具弹性的纽约”，以支持并引导灾后重建，应对气候变化及极端气象事件等。2015 年，针对新出现的增长、公平、可持续等问题，城市制订了新的“一个纽约规划”（oneNYC），旨在建立一个“强大而公正的纽约”。

纽约市民心中纽约最伟大的价值
资料来源：One New York: The Plan for a Strong and Just City, 2015

## 案例简介：

PlaNYC 及 OneNYC 都是非常具有针对性的规划，在城市长远发展目标的基础上，每一阶段都会针对城市发展的实际需求进行细致的优化调整，推动城市健康有序发展。在规划编制及城市建设推进过程中，飓风“桑迪”无疑成为一个重大影响因素，使得新一版的规划更加关注于气候变化及自然灾害，也更加意识到城市不仅需要为市民提供有效的公共设施，还要更具弹性，以抵御灾害的发生。

### 2007 版～2011 版“PlaNYC——一个更加绿色、更加美好的纽约”

规划首先思考并提出的问题是纽约应该成为什么样的城市，并通过广泛的访谈与调研，指出纽约的优势是集中、高效、高密度及多样性，人们生活其中充满了无尽的可能性。并试图通过一个全面的规划强化纽约的优势，使之成为 21 世纪城市规划的一个样板。2007 版规划重点从城市环境的五大关键要素着手——土地、空气、水、能源以及交通，并关注气候变化；2011 版在此基础上继续深化发展，并针对当时城市发展所面临的新的挑战：增长、基础设施、气候变化以及全球化经济的挑战，将战略目标细化为 10 个方面，包括：住房与社区、公园及公共空间、棕色地带、水系、水的供给、交通、能源、空气质量、固体垃圾及气候变化。

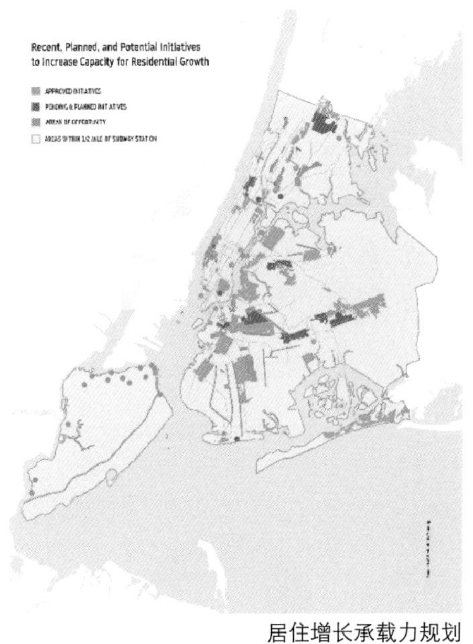


居住增长承载力规划

资料来源：PlaNYC: A Greener, Greater New York, 2011

2007 ～ 2011 年战略规划实施重要节点

资料来源：PlaNYC: A Greener, Greater New York, 2011

### 2013 版“PlaNYC——一个更加强大、更具弹性的纽约”

在遭受飓风“桑迪”袭击后，纽约快速制订了新一轮战略规划。规划详细研究了“桑迪”，并对其影响进行了评价。在此基础上，对纽约市面对的气候问题进行了分析，并说明了纽约市气候规划是如何发展起来的。针对这些问题，规划提出了具体的战略措施，旨在提升城市抵御风险的能力，进而提出灾后重建计划，并对资金来源及实施计划进行了详细说明。城市战略主要集中在 2 个大方面及 15 个具体的方面，包括：

城市性的基础设施及建筑环境：岸线保护、建筑物（经济恢复）、保障措施、公用事业、液态燃料、健康医疗（社区的准备与响应）、通信、交通、公园（环境保护与整治）、水与废水、其他重要的供应网络；

社区重建与弹性规划：布鲁克林 - 皇后区的滨水区、斯坦顿岛东部和南部岸线、皇后区南部、布鲁克林区南部、曼哈顿南部。

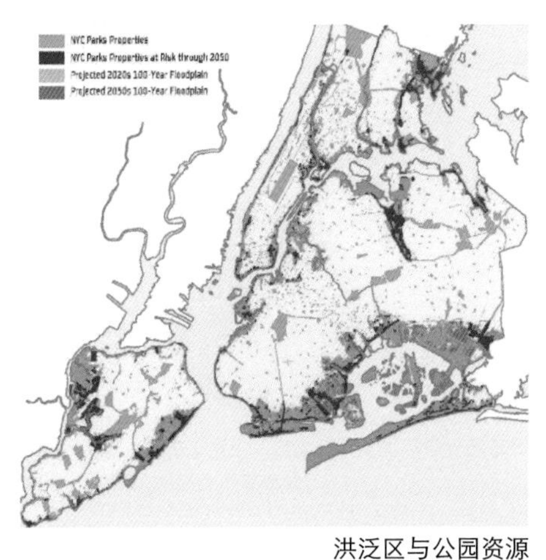

洪泛区与公园资源

资料来源：PlaNYC: A Stronger, More Resilient New York, 2013

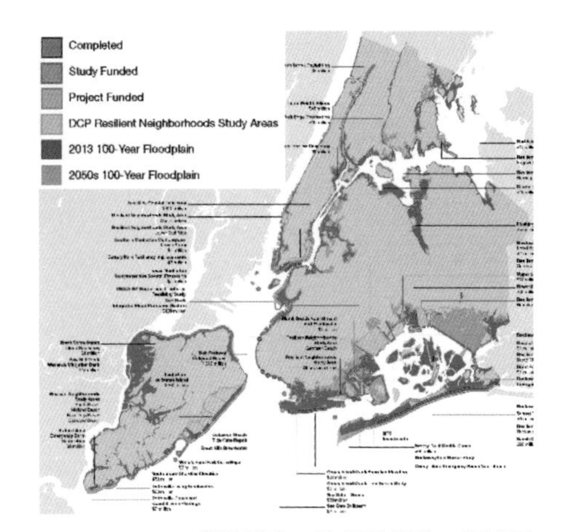


弹性城市：海岸线保护工程进展

资料来源：One New York: The Plan for a Strong and Just City, 2015

**2015 版“OneNYC——一个强大而公正的纽约”**

2015年基本完成灾后重建及恢复、从“桑迪”影响下走出的纽约市，提出了“一个纽约”（OneNYC）规划。规划通过网络问卷、电话访问、社区会议等多种方式对超过10000名的纽约市民进行了调查，充分吸取广大市民的意愿及其最关心的问题。规划认为纽约面临着多重威胁：气候变化、收入不平等、基础设施老化、居住环境、公共空间等，希望通过规划为纽约这个世界之都建立一个未来百年经济保持活力并持续增长的平台。为此，规划提出了3个新的发展思路：关注不平等、区域的整体视角、引领我们需要的改变，进而提出4个发展目标及倡议：增长、公平、可持续和弹性。在此基础上，城市未来的发展战略围绕4个发展愿景展开，并提出具体的构建多样性与包容性政府管治的战略措施，而多样性与包容性被认为是纽约市持续成功发展的关键。

人口增长、房地产发展、创造就业以及产业发展

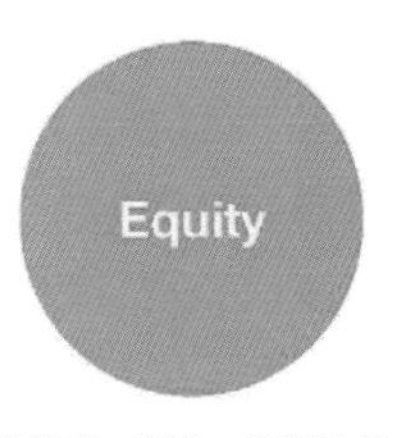


公正与平等的享有资产、服务、资源及机会，使所有纽约人的潜力都能得到充分发挥

通过减少温室气体排放、减少浪费、保护空气与水的质量及环境、清洁棕地以及加强公共开放空间，改善居民及未来子孙的生活条件

城市承受破坏性事件的能力，无论是自然、经济还是社会层面

一个纽约的四大目标和倡议

资料来源：One New York: The Plan for a Strong and Just City, 2015

目标 1

纽约市将继续成为世界上最具活力的城市经济体，无论家庭、企业还是社区都可以在纽约蓬勃发展

      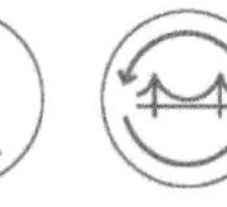 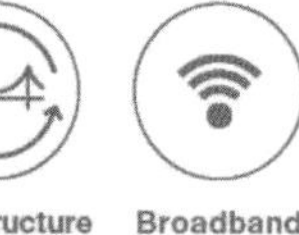

| Industry Expansion & Cultivation | Workforce Development | Housing | Thriving Neighborhoods | Culture | Transportation | Infrastructure Planning | Broadband |
|---|---|---|---|---|---|---|---|
| 产业扩张和培育 | 劳动力发展 | 住房 | 兴旺的社区 | 文化 | 交通 | 基础设施规划 | 宽带 |

目标 2

纽约市将提供一个包容、公平的经济，并提供高薪工作机会，使每个纽约人享有尊严和安全的生活

    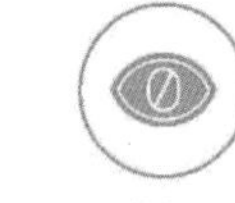

| Early Childhood | Integrated Government & Social Services | Healthy Neighborhoods, Active Living | Healthcare Access | Criminal Justice Reform | Vision Zero |
|---|---|---|---|---|---|
| 早期教育 | 整合政府与社会服务 | 健康的社区积极的生活 | 医疗保健 | 刑事司法改革 | 零死亡愿景 |

目标 3

纽约市将成为世界上最具可持续性的大城市，是全球抗击气候变化的领导者

| 80 × 50 | 零废弃物 | 空气质量 | 棕地 | 水资源管理 | 公园和自然资源 |
|---|---|---|---|---|---|

目标 4

我们的社区、经济和公共服务将做好迎接气候变化的影响和其他第二十一个世纪威胁的准备

| Neighborhoods | Buildings | Infrastructure | Coastal Defense |
|---|---|---|---|
| 邻里社区 | 建筑物 | 基础设施 | 沿海防务 |

“一个纽约”规划愿景

资料来源：One New York: The Plan for a Strong and Just City, 2015

## 启示意义：

纽约市战略规划一直是全球城市发展战略规划的样板，其独特的视角及发展理念是战略规划得以成功的关键。在整个发展战略中，经济全球化、全球性气候问题也始终作为战略制定的挑战与背景。战略规划认为纽约应该作为全球性问题的领导者，成为“世界之都”，而其实现的途径却是以不断完善城市服务职能、提升市民生活水平为着眼点。对我们的启示可以概括为以下几个方面：

多样性与包容性：纽约市的核心竞争力来源于城市的多样性与包容性，并为纽约市民提供了无限的发展可能性，使每一个人的潜力得以充分发挥。城市战略的制定必须为保护并发扬这种多样性与包容性而努力，政府的管治也必须以多样性与包容性为前提。

增长的持续性与变化：战略规划中对于增长的理解也有所变化与发展。早期以提供住房并保持房价的合理性与可持续性为主，后期则逐渐扩展增长的内涵，转变为人口增长、房地产发展、创造就业与发展产业。这一过程也反映了纽约关注于以人的需求为基本点的增长方式。

尊重市民的需求并实现市民的愿望：城市战略制定的初期均是采用各类方式对不同类型的市民进行访谈，收集市民的意见与愿景，并在此基础上制定城市的发展战略，努力提升城市的服务职能，实现市民愿望，为市民创造更加舒适宜居的生活环境。

具体而详实的战略及实施保障：城市发展战略中没有宏伟的空间轴线，而是以针对性较强的发展目标、愿景，甚至明确资金来源、管治措施、实施计划等，使得城市发展战略规划更像是一个城市与全体市民为了共同理想而努力的行动纲领。

提升交通使通勤更加便捷

资料来源：One New York: The Plan for a Strong and Just City, 2015

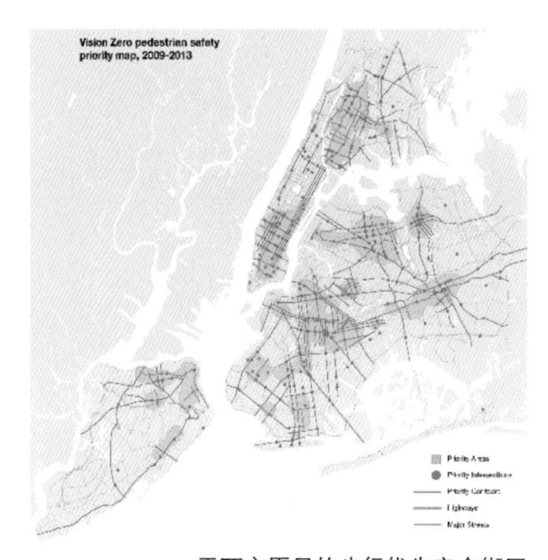


零死亡愿景的步行优先安全街区

资料来源：One New York: The Plan for a Strong and Just City, 2015

纽约的未来愿景

资料来源：One New York: The Plan for a Strong and Just City, 2015

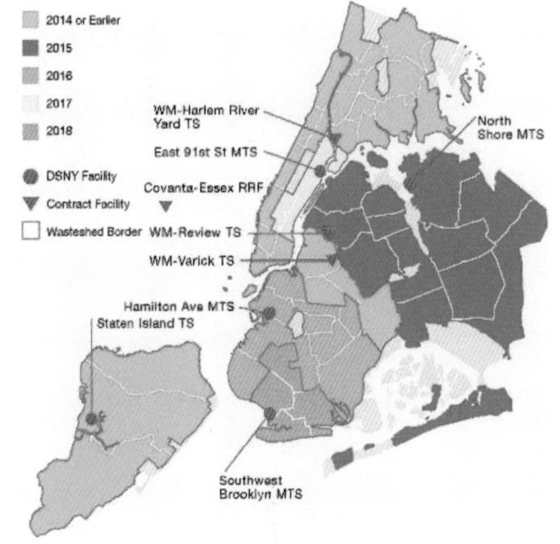


固体废弃物管理实施计划

资料来源：One New York: The Plan for a Strong and Just City, 2015

## 参考文献

[1] http://baby.bao-jian.net/ertong-heehvavaj.htm [EB/OL].
[2] 姜紫莹 . OneNYC：“一个纽约”规划概要 [J]. 上海经济 , 2015(9):57-62.
[3] One New York: The Plan for a Strong and Just City, 2015[Z].
[4] PlaNYC: A Greener, Greater New York, 2011[Z].
[5] PlaNYC: A Stronger, More Resilient New York, 2013[Z].

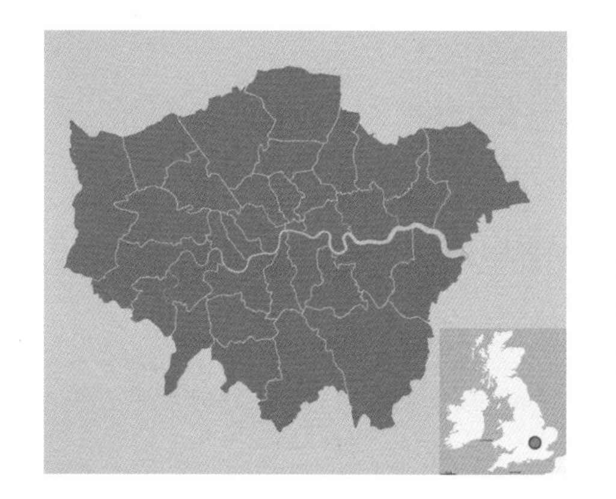

# 英国伦敦：转型视角下的城市发展与更新

London: Urban Development and Renewal from the Perspective of Transition

案例区位：英国伦敦
研究范围：大伦敦地区
项目名称：《伦敦规划：大伦敦的空间发展战略》
实施时间：2000 年以来
专业类型：战略规划及公共政策

**案例创新点：**

20 世纪，伦敦成功地实现了从“工业经济”向“服务经济”的转型，并完成了从“工业之城”向“金融之都”、“创意之都”的华丽蜕变，成为城市转型的典范。进入新世纪，伦敦面临越来越多的挑战，主要有：伦敦国际中心城市地位受到欧洲诸多城市的威胁；不断增长的人口与就业压力；住房特别是保障性住房短缺，房价上涨；区域发展不平衡与贫富分化；不断增长的城市交通与城市环境的压力等。

伦敦需要改变，但如果没有一个更为宏观、更加系统的平台，仅凭大伦敦地区各郡的力量，很难从整体上应对这些问题，容易出现“头痛医头、脚痛医脚”的情形。在这一背景下，新成立的大伦敦政府重启了《伦敦规划、大伦敦空间发展战略》的编制工作，整体统筹，探索伦敦新的转型。

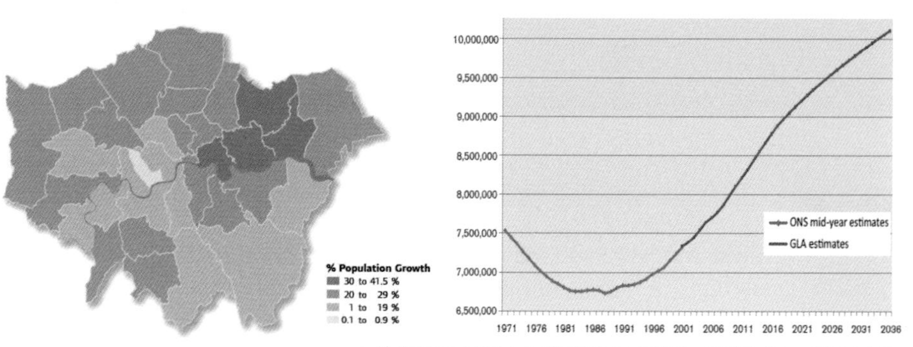


大伦敦地区当前人口增长和未来趋势（1971 年～ 2036 年）

资料来源： Mayor of London, The London Plan: the spatial development strategy for London consolidated with alternations since 2011 [R]. 2015 https://www.london.gov.uk/london-plan-full-review/overview-full-review-london-plan

## 案例简介：

新转型：《伦敦规划：大伦敦的空间发展战略》

伦敦城市的演进与国家的宏观社会发展密切联系。自二战以来，伦敦的城市历经了三个重要的发展时期：

（1）二战前后～ 1970 年代末的强化政府干预时期，大伦敦议会发挥主导作用；

（2）上世纪 70 年代末～ 90 年代末的强化市场机制时期，80 年代大伦敦议会被撤销；

（3）新世纪以来的市场力量和政府干预的平衡时期，大伦敦政府的成立。

自此，大伦敦政府开始主导大伦敦战略规划的编制，形成了一个“编制——实施——监测——评价——更新”的滚动历程。从 2001 年规划启动到 2014 年的 13 年间，两任伦敦市长共颁布了 7 版（含草案）伦敦规划。规划的不断修订完善，既是大伦敦政府按照法定要求不断地监测、评估与修改规划的结果，更是伦敦在转型过程中，针对不断演化的城市问题所采取的主动应对策略。可以说，伦敦规划的动态更新过程，也从一个侧面折射出伦敦不间断的城市转型过程。

尽管十多年间伦敦规划不断修订完善，其目标的表述也有变化，但伦敦规划的核心主题是基本稳定的，即保持增长（Growth）、平等共享（Equity）和可持续发展（Sustainable Development）。三个主题之间相互交织并相互平衡，即必须保持增长以应对多维挑战，但是这样的增长必须是在可持续发展的框架内，必须是多元的空间、多元的人和多元的部门的共同发展。这种思想的一致性，体现了伦敦对于正确战略的不懈坚持。

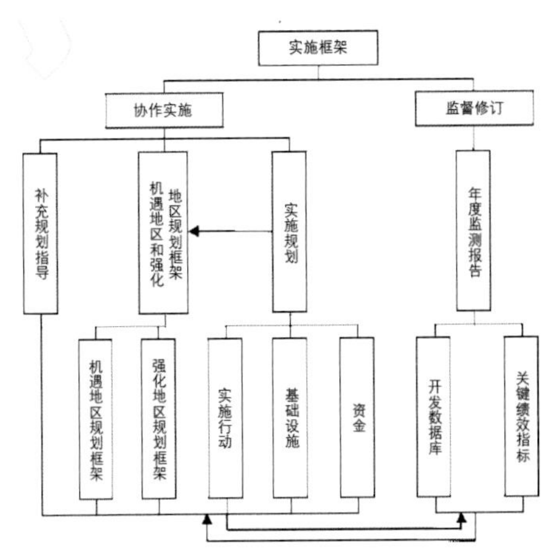


大伦敦战略规划的编制实施框架

资料来源：[2]

| 大伦敦市长 | 颁布时间　　规划名称 |
| --- | --- |
| 肯·利文斯顿（Ken Livingstone）（2000.5～2008.5） | 2002.6《伦敦规划草案》<br>2004.2《伦敦规划：大伦敦的空间发展战略》<br>2006.12《伦敦规划：大伦敦的空间发展战略——住房供应、废物利用与矿物资源利用的调整》<br>2008.2《伦敦规划：大伦敦的空间发展战略——基于2004年以来的变化》 |
| 鲍里斯·约翰逊（Boris Johnson）（2008.5～2016.5） | 2008.7《规划更美好的伦敦》<br>2009.10《伦敦规划：大伦敦的空间发展战略——规划修改草案》<br>2011.7《伦敦规划：大伦敦的空间发展战略》<br>2014.1《进一步改变伦敦规划草案：大伦敦空间发展战略》 |

资料来源：[2]

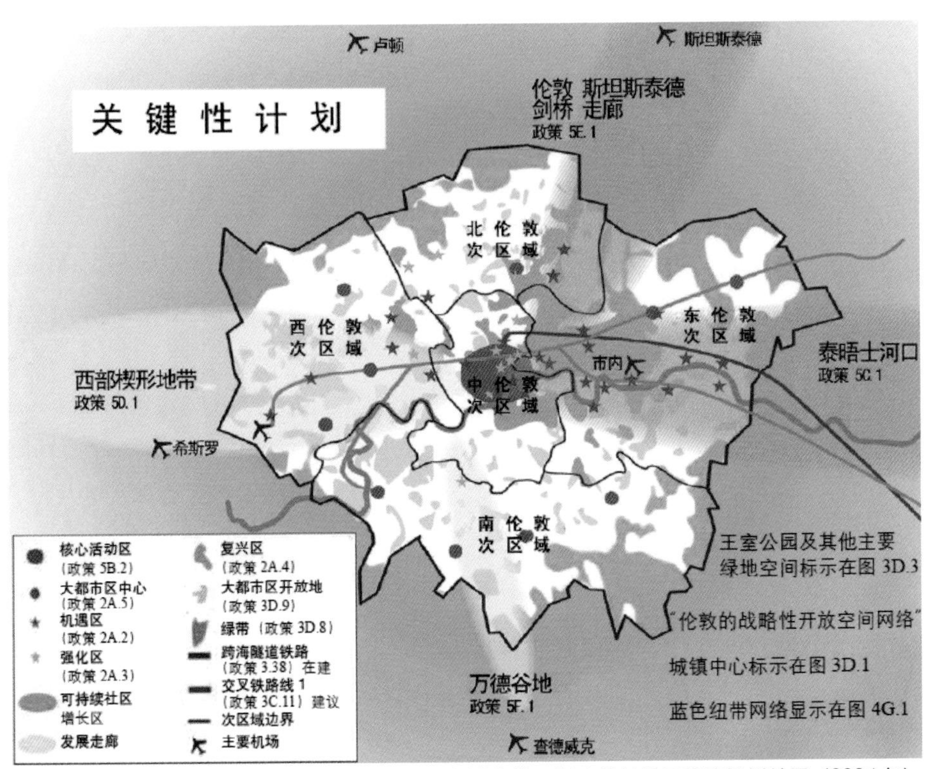


新世纪第一版大伦敦地区战略规划总图（2004 年）

资料来源：易鑫，伦敦奥运会举办作为城市发展战略的启示 [J]. 国际城市规划，2013，28（2）：101-106. 及 Mayor of London, The London Plan: the spatial development strategy for London consolidated with alternations since 2011 [R]. 2015 https://www.london.gov.uk/london-plan-full-review/overview-full-review-london-plan

伦敦奥林匹克公园成为英国最大的湿地公园

资料来源：POPULOUS. A decade of designing London's Olympic Legacy, [R]. 2016.http://populous.com/project/london-2012/

**经济复兴引领城市复兴，并着眼于重点地区的空间发展战略**

为实现保持增长、平等共享和可持续发展的目标，大伦敦地区借助2012年举办奥运会的契机，明确了战略规划的主要发展思路：着眼于重点地区的空间发展，并主要采取文化导向的城市更新与复兴战略，实现以经济复兴引领城市复兴的目标。

具体来说，大伦敦空间发展策略主要通过在住房、就业和交通等方面加大公共投资，优先发展“机遇性增长区域”、“强化开发地区”以及“复兴地区”（均为综合发展指数相对落后地区）。例如，2014年的规划战略列出了伦敦的重点发展区域：泰晤士河口区以及伦敦—斯坦斯特德—剑桥—彼得伯勒，以及在更广的东南部地区占有重要作用的发展区域：伦敦—卢顿—贝德福德、旺兹沃思—克里登—克劳利以及泰晤士河谷。产业选择方面，伦敦经济复兴是以发展文化创意产业、总部经济、金融业、商业服务业为核心策略，并支撑伦敦的城市复兴。

| 空间策略 | 主要措施 |
| --- | --- |
| 空间发展指引 | -竖向增长：空间增长只能通过增加现有建成区的建设强度或在棕地上进行城市更新<br>-空间平衡：确定两大发展走廊以促进落后地区，机遇性增长和集约开发地区均密集分布在走廊上 |
| 住房保障 | -伦敦各郡设立了详细的住房建设量的标准：如到2016年，伦敦每年需要各种类型的住房总计30000套，其中一半为保障性住房，而政府建设的保障性住房将占保障性住房总量的70%。 |
| 可持续发展 | -降低碳排放总量，2025减少60%，2030零碳发展<br>-新建设执行最高的可持续设计和建筑标准，推行减排、提高能效和减少废物产生<br>-到2025年，25%的能源由分散的本地供应系统供应<br>-通过绿化种植缓和气候变化，2030年，CAZ（伦敦中心区）的绿化增加5%，2050年再增加5%<br>-建设项目必须采用可持续的雨水排放系统，收集和再利用雨水，尽量采取自然排放方式 |

资料来源：[1]

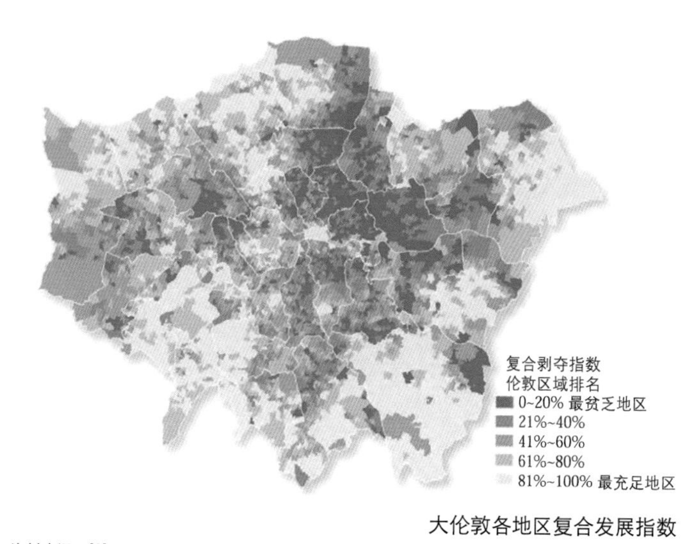


大伦敦各地区复合发展指数

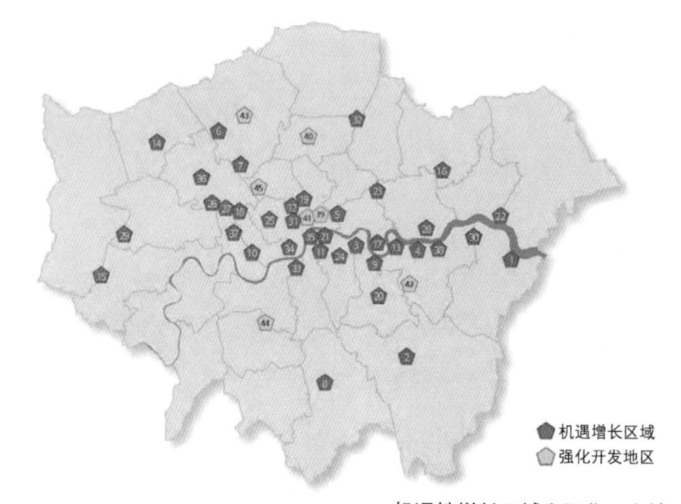


机遇性增长区域和强化开发地区

资料来源：[3] 及 Mayor of London, The London Plan: the spatial development strategy for London consolidated with alternations since 2011 [R]. 2015 https://www.london.gov.uk/london-plan-full-review/overview-full-review-london-plan

### 文化导向的城市更新与复兴

大伦敦战略规划的几轮评测发现，文化产业在改变城市形象、提升城市竞争力和吸引力、激发城市活力等方面取得了显著的成效。鉴于此，2014 年大伦敦战略规划专门发布了《文化都市 2014——伦敦市长文化发展导则》（Cultural Metropolis 2014-The Mayor' s Cultural Strategy for London），重点论述了伦敦文化战略与空间战略的关系，其中强调了基础设施、环境和公共领域的开发利用与保护的关系。尽管其表述与空间战略侧重不同，但文化战略中的观点和政策仍与之高度契合。基于城市复兴的文化战略可归纳总结为以下几点：

(1) 重视文化投入和发展文化创意产业；

(2) 保护历史建筑环境，提升城市文化品质；

(3) 提升文化活力，促进全民参与。

这三点都需要落实到空间上，为此，《伦敦规划》识别出九大重点发展的文化区域，以及一系列需要保护的历史遗产，并结合这些重点发展区域和历史遗产对原有的城市空间进行改造更新。

伦敦文化设施和历史建筑的结合

资料来源：POPULOUS. A decade of designing London's Olympic Legacy, [R]. 2016.http://populous.com/project/london-2012/

### 启示意义：

回顾伦敦的城市转型之路，充满了挑战和变化，但最终收获了丰硕的果实。在转型过程中，市场机制始终是推动的主导力量，而政府的政策干预是实现转变的有力保障。伦敦转型的一个成功经验是战略规划在转型过程中扮演了重要角色，识别出亟需调整的重点空间，并成功地将产业结构调整与城市空间结构调整有机结合起来，从而为产业结构调整提供了有力的保障。

此外，转型成功需要建立一个行之有效的管治、干预模式，包括开放透明的决策过程，协调合作的实施机制，及时的评估机制，以及明确的空间政策。在这一过程中，对重点空间的城市更新与复兴在城市转型中能够四两拨千斤，可以发挥关键作用。当然，城市更新涉及多个利益主体，而政府代表全社会的公共利益，需要发挥积极的主导作用，在城市更新中努力促进地方产业发展、活力提升和创造就业机遇等，实现社会公正和社区参与，并对更新复兴的效果及时评价并动态完善规划。这些方面，对于我国面临发展转型的城市而言，无疑具有启发和借鉴意义。

更为重要的是，大伦敦地区（如此大空间尺度战略转型），没有什么都做，并不是什么都改变，也不是彻底翻新，只是抓住几个关键战略，精准识别具有战略意义的关键空间，将这些具有标志性的空间更新、转型，通过重点局部空间的干预以达到整体最优的空间效应。并且在实施过程中，不断识别新的重点空间，但同时又坚守发展理念的一致性，这是对于正确战略的不懈坚持。

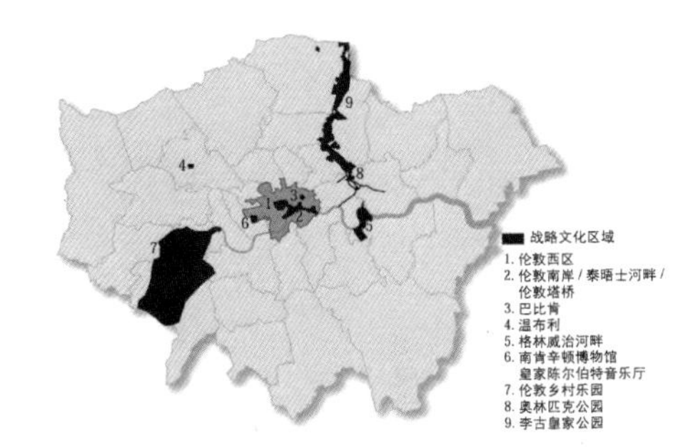


伦敦的文化战略重点发展区域

资料来源：[3]

伦敦的历史遗产保护空间

资料来源：Mayor of London, The London Plan: the spatial development strategy for London consolidated with alternations since 2011 [R]. 2015 https://www.london.gov.uk/london-plan-full-review/overview-full-review-london-plan

### 参考文献


[1] 田莉、桑劲、邓文静，转型视角下的伦敦城市发展与城市规划 [J]. 国际城市规划，2013，28（6）：13-18.

[2] 杜坤、田莉，城市战略规划的实施框架和内容：来自大伦敦实施规划的启示 [J]. 国际城市规划，2015，30（4）：46-53.

[3] 杜坤、田莉，基于全球城市视角的城市更新与复兴：来自伦敦的启示 [J]. 国际城市规划，2015，30（4）：41-45.

[4] 易鑫，伦敦奥运会举办作为城市发展战略的启示 [J]. 国际城市规划，2013，28（2）：101-106.

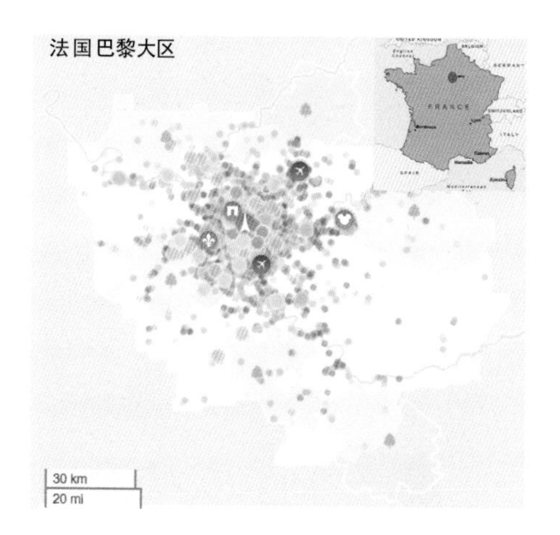


# 法国巴黎：多维度视角下的城市战略

Paris: Urban Strategies from Multiple Perspectives

案例区位：法国巴黎

研究范围：大巴黎地区（1180 万人口，1.2 万 $km^2$）

涉及项目：巴黎大区 2030 指导纲要（2015 年）、巴黎气候计划（2004 年～ 2020 年）、巴黎文化政策（2001 年至今）

实施时间：2000 年以来

专业类型：战略规划及公共政策

## 案例创新点：

进入新世纪，巴黎面对多维度挑战。首先，巴黎存在着交通、社会和环境的不平等现象，例如贫富差距、住房紧缺、机场和能源设施紧张、外围地区通勤距离过长。其次，全球气候变化带来气温升高、疾病、水资源紧缺、生态环境退化和更多极端天气事件的威胁。再次，由于是法国的经济中心，巴黎还面临着如何在保证社会和谐和环境良好的同时，保持其国际经济地位和吸引力的挑战。

应对多维挑战，巴黎市政府和法国国家政府制订了一系列的公共政策，包括《巴黎文化政策》、《巴黎气候计划》、《巴黎大区 2030 指导纲要》。其中，《巴黎大区 2030 指导纲要》，集中体现了“寻求整体的空间解决方案应对多维挑战”的战略性，或者说是在整体统筹的前提下，精准地抓住了重点局部、矛盾、方法，并制定相应战略，落实到空间。

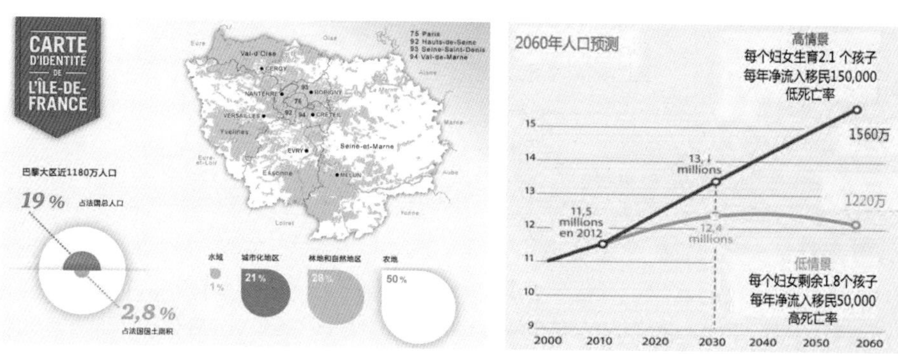


巴黎大区概况和未来人口预测（1953 年～ 2003 年）

资料来源：[3] 及 The Paris Region Planning and Development Agency, Planning the Ile-de-France region of 2030. [R]. 2015. http://www.iau-idf.fr/en/paris-region/planning-paris-region/planning-the-ile-de-france-region-of-2030.html

## 案例简介：

**文化维度：《巴黎文化政策》(2001 年至今 )**

新世纪以来，巴黎市政府认为保持全球竞争力的关键是保护和利用好城市的历史文化遗产，这是巴黎独一无二的资源，也是区别于其他全球城市最重要的特征。从 2001 年开始，巴黎市政府每年发布《文化政策》作为文化行动纲领，有计划有步骤地推动“全球文化与创意之都”的建设目标。2011 年巴黎市政府确立了“活力、民主和空间”三大文化战略。

| 三大理念 | 具体指引 |
|---|---|
| 加强巴黎的文化活力 | - 支持一切形式的艺术活动<br>- 帮助公众阅读/ 参与文化活动<br>- 影视艺术之都<br>- 公立博物馆和文化机构改革 |
| 让所有人都能进入文化资源 | - 青年人的文化培训计划；资助残疾人进入文化<br>- 价格（门票）改革<br>- 数字化与文化民主<br>- 支持业余艺术家计划 |
| 艺术与文化活动更好地嵌入城市空间 | - 文化遗产的保护与再利用（价值提升）<br>- 文化作为城市核心功能<br>- 地区间平等分配文化资源<br>- 巴黎文化创意空间的培育<br>- 道路/ 河道空间争夺：将公共空间还给文化艺术 |

资料来源：[1]

巴黎街头艺术

资料来源：The Paris Region Planning and Development Agency, Planning the Ile-de-France region of 2030. [R]. 2015. http://www.iau-idf.fr/en/paris-region/planning-paris-region/planning-the-ile-de-france-region-of-2030.html

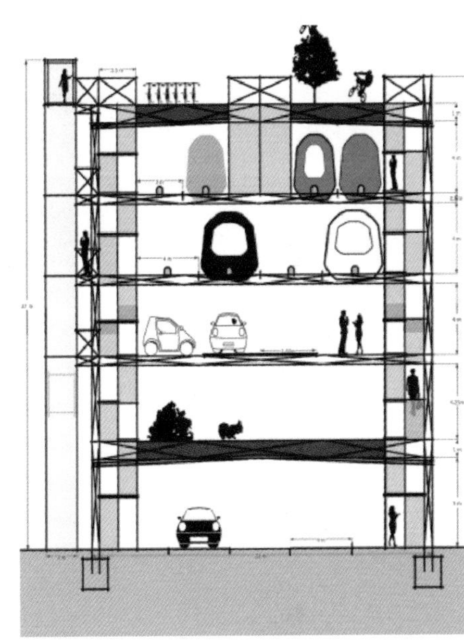
巴黎垂直交通体系概念图

资料来源：The Paris Region Planning and Development Agency, Planning the Ile-de-France region of 2030. [R]. 2015. http://www.iau-idf.fr/en/paris-region/planning-paris-region/planning-the-ile-de-france-region-of-2030.html

**环境维度：《巴黎气候计划》（2004 年～ 2020 年）**

面对环境挑战，2004 年巴黎市政府制定了一项旨在“减少温室气体排放，阻止城市气候失常”的《巴黎气候计划》（PCP: Plan Climat de Paris）。该计划标志着巴黎市政府开始对城市能源危机和气候变暖趋势展开全面行动。PCP 计划的核心目标是到 2020 年，在巴黎大区内实现三个“25%”：减少 25% 温室气体排放；减少 25% 的能源消耗；可再生能源的使用率达到 25%。与 20% 的欧洲标准相比，《巴黎气候计划》更进一步。PCP 计划主要在四个方面对城市规划体系做出了战略调整。

| 四大调整 | 具体指引 |
|---|---|
| 法定文本修改 | - 总体规划文本（SDAU）加入“低碳节能与防止城市气候恶化”的强制性条款<br>- 地方法定规划文本（PLU）中涉及的城市开发项目需引进“节能与减排”的操作程序 |
| 交通出行：制定子计划《巴黎出行管理计划》（PDAD） | - 通过在市内扩大30km/h 限速区并提高停车收费标准<br>- 完善“自助自行车网络”和绿色步行道建设<br>- 在交通换乘点附近加大住宅开发密度<br>- 政府议员与公务员出差采用火车优先方式<br>- “企业出行管理计划”，并补贴持有公共交通卡的职员<br>- 建立个人交通信息网络 |
| 城市建筑物 | - 强制性热能标准<br>- 旧建筑采暖设备改造<br>- 引入新的改造方法 |
| 绿色空间 | - 在市区新建或改造项目中见缝插针地增加公共绿地<br>- 在三级绿地系统之下再增加一个新层次：集体花园<br>- 植树计划：PCP 介入环城轻轨项目，沿线植树<br>- 推广建筑屋顶和墙体绿化 |

资料来源：[2]

巴黎大区 2030

三大挑战

社会 气候变化&能源 经济&吸引力

区域空间计划

连结-组织 集聚-平衡 保护-增值

目标

地方层面

每年增加70000个住房

每年28000个新工作岗位

小汽车依赖性更低的生活

城市中的自然

都市区层面

经济活力

增强吸引力的交通系统

具有吸引力的生活设施

自然生态系统管理

规范性导则及图纸表达

（分区域总体功能地图）

实施工具

战略性空间

环境评价

巴黎大区 2030 指导纲要技术路线

资料来源：[3] 及 The Paris Region Planning and Development Agency, Planning the Ile-de-France region of 2030. [R]. 2015. http://www.iau-idf.fr/en/paris-region/planning-paris-region/planning-the-ile-de-france-region-of-2030.html

## 空间战略的集中体现：《巴黎大区 2030 指导纲要》

面对多维度的挑战，巴黎大区 2015 年的战略规划——《巴黎大区 2030 指导纲要》是以空间布局和调整为核心的战略性探讨，涉及气候、能源、人口、经济、社会等方面的应对策略。为此，指导纲要提出了一套可持续的发展理念：巴黎大区的发展模式着眼于长期发展和所有居民的福祉，其整体的空间战略导向是营造一个紧凑、多核和绿色的大都市区。在这一理念的指导下，规划提出了三个空间层面的规划战略，即“三根支柱”：连结与组织、集聚与平衡、保护与增值。

| 三大战略 | 具体指引 |
|---|---|
| 连结与组织 | - 强化外围的轨道交通站点以及高铁线路<br>- 港口、铁路和内河航道将被整合成综合物流系统（客货）<br>- 常规公交和有轨电车线路跟随大巴黎轨道快线向外延伸<br>- 中心城和农村地区，全部实现限速和交通稳静化措施 |
| 集聚与平衡 | - 集聚是指在已城市化区域，根据其距离公交站点的距离和现状密度，增加用地强度，将住宅密度提高10% -15%，提升功能混合性，从而提供更多的住房和就业岗位<br>- 平衡是指通过加密措施来发展大都市区副中心，以改变单中心的极化空间结构 |
| 保护与增值 | - 通过城市增长边界和绿带控制城市蔓延<br>- 严格保护自然地、农林地，构筑连续的生态廊道<br>- 利用绿色空间的农业生产和绿色休闲的功能 |

资料来源：[3]

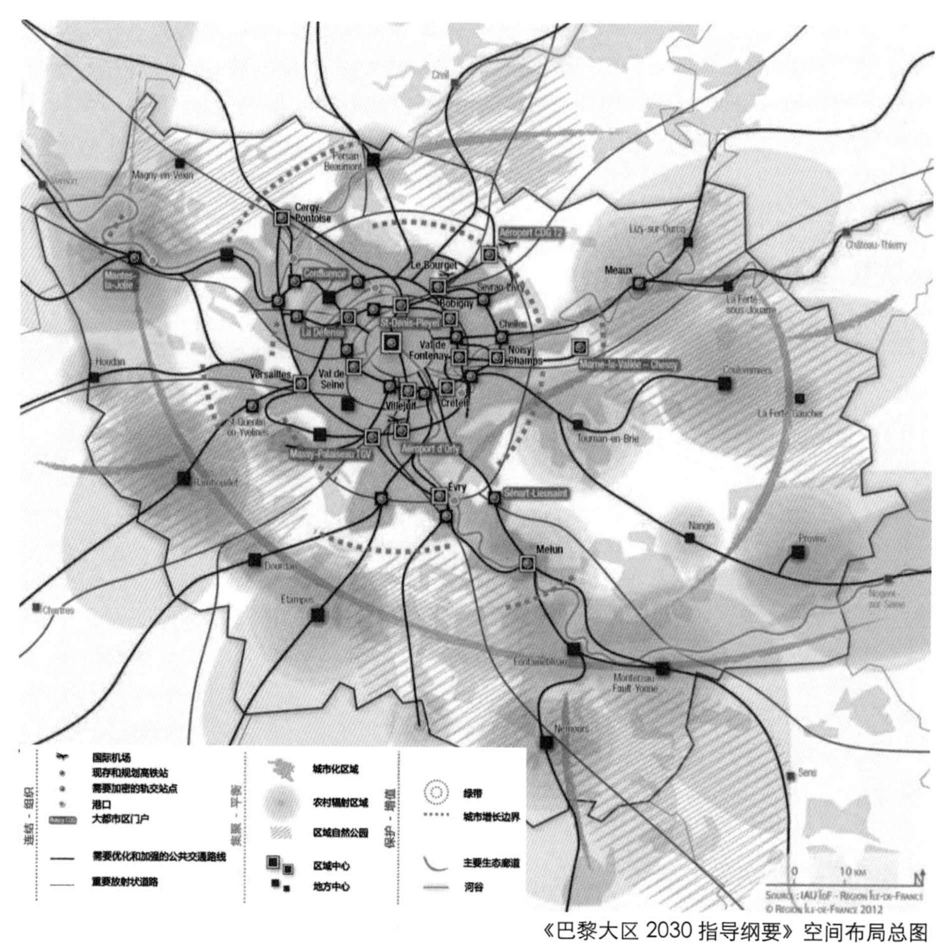


《巴黎大区 2030 指导纲要》空间布局总图

资料来源：[3] 及 The Paris Region Planning and Development Agency, Planning the Ile-de-France region of 2030. [R]. 2015. http://www.iau-idf.fr/en/paris-region/planning-paris-region/planning-the-ile-de-france-region-of-2030.html

**战略规划，实现多维度政策的整体统筹**

基于“三根支柱”战略，指导纲要充分参考并整合了其他公共政策（《巴黎文化政策》、《巴黎气候计划》），确定了具体的项目清单、实施主体和流程。为了便于项目的落实，文件划定了 14 个“大都市共同利益区”，确定每个区的整体发展目标和策略，提供相关项目的申报方式建议，以此指导相关市镇通过签订协议的方式共同落实区域性项目。

结合《巴黎文化政策》，指导纲要的基本思路是进一步加强创新、文化和知识型产业的发展，同时全面提升城市的各项基础设施和公共服务，以进一步增强城市的吸引力。为此，指导纲要识别出了需要进一步加强、提升（或未来有发展潜力）的跨国公司集聚地和创新中心，通过对这些区域逐一的空间指引，实现区域的整体提升。

结合《巴黎气候计划》，指导纲要的基本思路是发展公共交通。通过轨道交通系统的外延，并结合公交站点的临近性、已有的基础设施和产业发展潜力，指导纲要明确了重点加密的城市化地区，将其培育成区域中心。另外，为了保证多中心的实现，指导纲要通过分类导则的形式，对不同的政策分区提出了住宅密度和就业岗位提升的具体目标，并且对可以提高城市化用地的区域提出了用地增加的上限，并划定空间拓展范围，以防止无序蔓延问题的发生。

《巴黎大区 2030 指导纲要》：14 个大都市共同利益区

资料来源：[3] 及 The Paris Region Planning and Development Agency, Planning the Ile-de-France region of 2030. [R]. 2015. http://www.iau-idf.fr/en/paris-region/planning-paris-region/planning-the-ile-de-france-region-of-2030.html

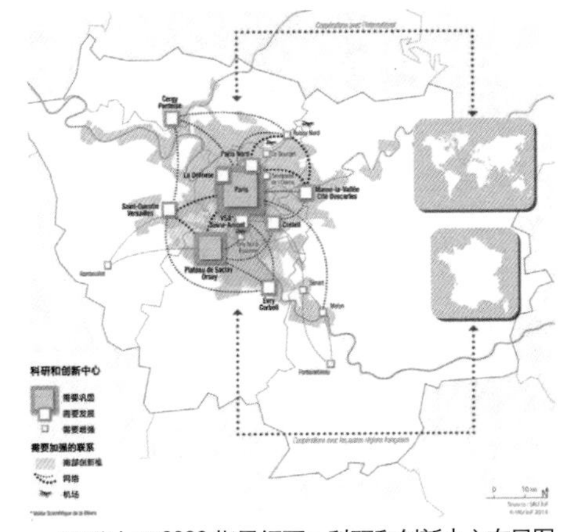

《巴黎大区 2030 指导纲要》科研和创新中心布局图

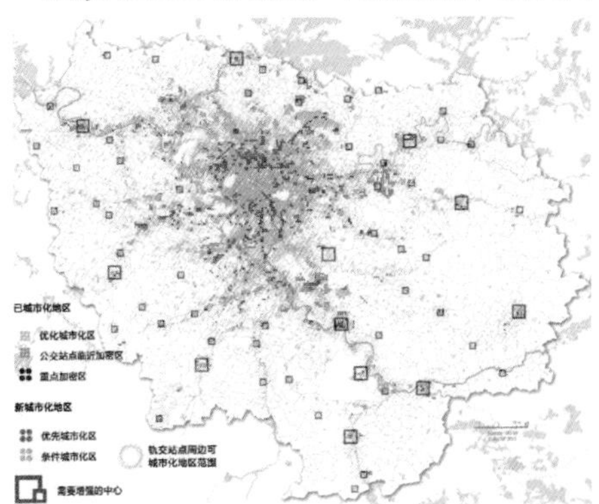

《巴黎大区 2030 指导纲要》城市化空间

资料来源：[3] 及 The Paris Region Planning and Development Agency, Planning the Ile-de-France region of 2030. [R]. 2015. http://www.iau-idf.fr/en/paris-region/planning-paris-region/planning-the-ile-de-france-region-of-2030.html

## 启示意义：

巴黎大区战略规划理念新颖，空间策略简洁有效，并能够基于本土治理结构提出面向实施的行动式规划方案。虽然处于不同的政治背景和政府治理结构下，中国许多大都市区与大巴黎地区当下面临的多维发展问题却是类似的，以建设世界城市为目标，在发展理念、具体的空间指引和政策制定上可以借鉴巴黎的思路。

更为关键的是，面对多维挑战，巴黎大区战略规划没有纠缠于局部矛盾，没有简单的“头痛医头、脚痛医脚”。规划并非大而全，并非面面俱到，而是识别出具有战略意义的核心问题，创造性地提出原则导向和明确具有实施弹性的空间解决方案。例如，巴黎识别了文化、环境、城市空间三大重点局部，并找到了通过空间干预实现整体效应最优的途径，然后落实到具体项目。

这种整体的空间解决方案，关键是在整体统筹的前提下，抓准重点局部、矛盾、方法，并给出精准、有效的空间干预。这种整体解决，无论范围大小，都包含人、文化、自然、经济等各要素，都是不同条件、特点、尺度的因地制宜、和谐一致，通过精准（有限）的战略性干预（可以是行动，也可以是观念），实现了对既有发展模式的有机扬弃、突破，具有真正的战略意义。

## 参考文献


[1] 杨辰、周俭、弗朗索瓦丝·兰德，巴黎全球城市战略中的文化维度 [J]. 国际城市规划，2015，30（4）：24-28.

[2] 杨辰，城市规划：一种改善城市气候的工具——巴黎气候计划（PCP）简介 [J]. 国际城市规划，2013，28（2）：75-80.

[3] 陈洋，巴黎大区 2030 战略规划解读 [J]，上海经济，2015（8）：38-45.

# 日本东京的转型发展及未来战略

## The Transition Development and Future Strategy of Tokyo in Japan

案例区位：日本东京

规划时间：2014 年

人口规模：1336 万（2020 年）

规划范围：东京都

城市职能：日本的政治、经济、文化中心，全球经济中心之一

专业类型：城市发展战略规划

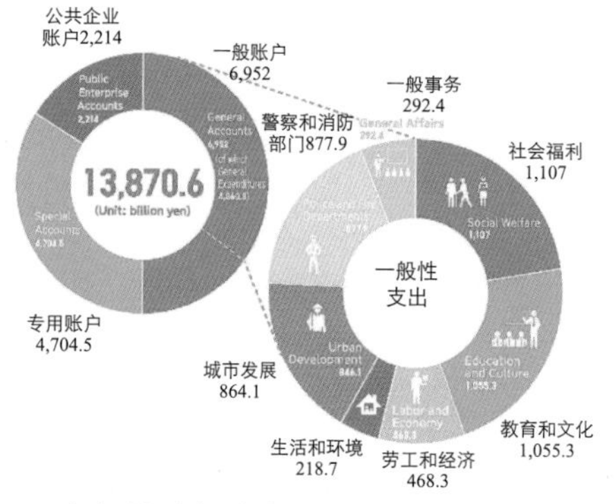


东京 2015 年财政预算（单位：10 亿日元）

**案例创新点：**

二战后，东京经济开始逐步发展复兴，并快速增长，至 1990 年后经济发展出现危机，国际形势也发生较大变化。面对国际化、老龄化及产业结构转型的挑战，东京一直在寻求有效的机制保障和应对策略，循序渐进地实现城市发展的合理转型，从而顺应当今时代的新发展。在东京成功申办 2020 年奥运会后，针对奥运会这一重大事件，提出了新的发展战略及发展愿景。东京发展过程中的一系列战略措施，无不是针对当时的国际环境及城市面临问题，或应对自然灾害或重大事件，促进城市的不断发展与提升，从而很快从战争与自然灾害的阴影中走出来，成为全球的核心城市之一。

东京 2011 年土地使用情况

资料来源：Creating the Future: the Long-Term Vision for Tokyo, 2014.

## 案例简介：

### 应对宏观环境的城市转型发展战略

东京的转型发展重点体现在五个方面，即：产业结构转型、国际化与信息化转型、老龄化与少子化的转型、郊区化与中心区人口回归以及向低碳城市的转型，具体战略包括：

产业结构转型。为应对大型制造业过度集中引起的地价攀升、工业用地生产率不断下降的问题，城市在原有产业基础上以技术高度化提升产业的国际竞争力，以分工细密、健全完善的制造业产业体系为支撑，对传统优势产业进行技术和产品创新，并不断与国际接轨，利用高科技产业拓展新能源业务和环保行业，而不是把传统工业彻底摒弃，完全转型为高科技和软件产业。

国际化与信息化转型。在经济全球化的浪潮中，日本凭借雄厚的外汇储备和经济实力，成为世界强国，东京也逐渐成为与纽约、伦敦并列的世界金融贸易中心之一。通过提供高端商务空间、提升基础设施水平等方式，强化东京国际商务枢纽功能及国际金融能力，并关注外国人的生活环境，提供多语言服务及生活配套设施等。

老龄化转型。为了应对人口迅速老龄化和低生育率带来的福利和住房等方面的问题，战略提出了针对老人和儿童的保障机制，包括：确保安全性的儿童保育、老年人安心生活措施、新城区建设、安全医疗系统等。此外，还为公共租赁住房、养育子女的家庭住房或老人拥有的住房提供多层次的供给机制，居民可以通过出租或转租等方式来满足生活需求。

郊区化与中心区人口回归。针对首都圈制造业人口总体下降以及总人口增长的趋势，尤其是建成区和近郊区人口的再次增长，东京通过政策制定抑制了人口和产业向中心区的过度集中。此外，东京也提出向集约型城市结构发展转变，以提升生产效率，从而更好地适应当前国际化和老龄化等现实问题。

向低碳城市的转型。日本一直致力于环境保护，限制温室气体排放，改善都市环境，并提出充分利用节能技术、使日本成为全世界第一个“低碳社会”的发展目标。在具体策略中提出，要向集约型城市转变，并列出了集约型城市低碳措施的三个方面：交通和城市领域、能源领域以及绿化领域。

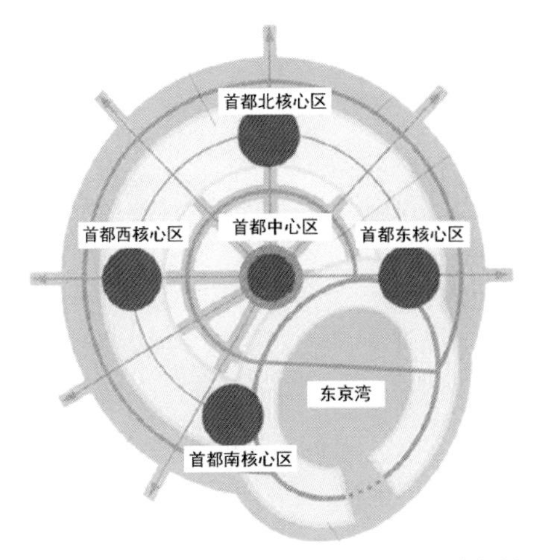


居住增长承载力规划

资料来源：首都圈规划构想，2001（日文版）

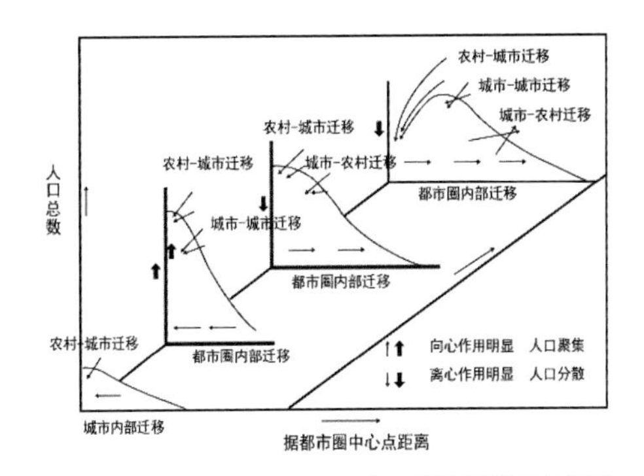


人口空间迁移示意图

资料来源：资料来源：王德，吴德刚，张冠增．东京城市转型发展与规划应对 [J]. 国际城市规划，2013, 28(6): 6-12.

日本东京湾

资料来源：资料来源：伍毅敏．纽约、东京最新总体规划指标体系介绍．城市规划云平台，http://www.cityif.com/, 2015.

## 应对重大事件的城市未来发展战略

2014 年底，东京完成了“创造未来——东京都远期愿景”的战略规划（而实际规划期仅至 2020 年，时间并不长）。该战略规划编制的背景是：日本的经济发展急需改变长期停滞的状态，老龄化造成的劳动力供给不足，获得奥运会举办权让城市看到了发展的转机。在此基础上，城市的发展远景战略甚至提出了“世界最佳的城市”（The World’s Best City）的宏伟目标，并提出了举办有史以来最好的奥运会及残奥会，以及解决当前挑战并确保东京走向可持续发展的两大战略目标。

近期目标包括三个方面的策略：成功的 2020 奥运会——确保有效利用东京成熟的环境，确保奥运会取得成功；进化的基础设施——建成高度发达、以人为本的城市；独有的待客之道——传递日本人的关爱、宣传东京的魅力。可持续发展的目标则涵盖五个方面的策略：公共安全——建成安全、放心的城市；环境支撑——建成福祉先进城市；国际领军——建成引领世界的国际化城市；可持续发展——建成为下一代留下优美环境和齐备基础设施的城市；多摩地区及离岛——振兴多摩和岛屿地区。每个主题均包含 2 个以上的具体规划措施，共同形成了两大目标、八大策略、二十五条措施的战略体系，并强化从宏观目标到具体实施措施的过渡与衔接，该战略规划也可认为是这届政府的主要工作内容，是政府开展全局性工作、协调各职能部门的纲领性文件。

结合各项措施的具体指标，2020 年的东京（奥运会举办年），将是一个“70% 居民参加体育活动；滨河空间优美宜人；40% 居民参与志愿服务活动；大街上外国游客数量众多而他们可以获得多语种的贴心热情服务以及令人满意的免费 WiFi；房屋抗震能力强；年轻父母可以得到各种育儿帮助，无需为照料孩子而精疲力尽；长者亦安详舒适；新能源使用比例高；365 天空气质量优良；可以在安全便捷的前提下去水滨和岛屿感受自然风光”的“世界第一城市”。

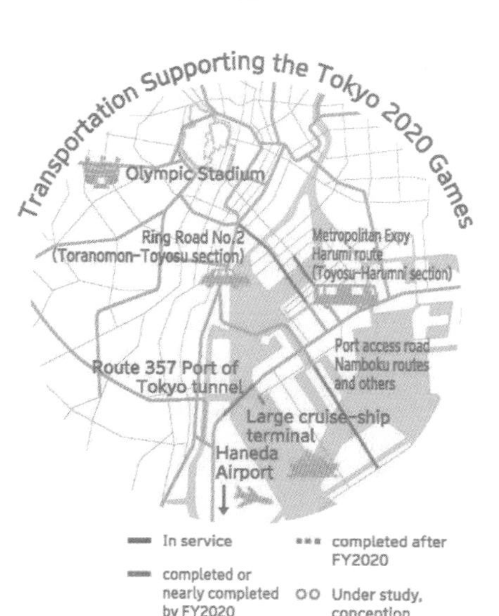


建立广泛的海陆空联运网络

资料来源：Creating the Future: the Long-Term Vision for Tokyo, 2014.

家庭护理病人的区域支撑

资料来源：Creating the Future: the Long-Term Vision for Tokyo, 2014.

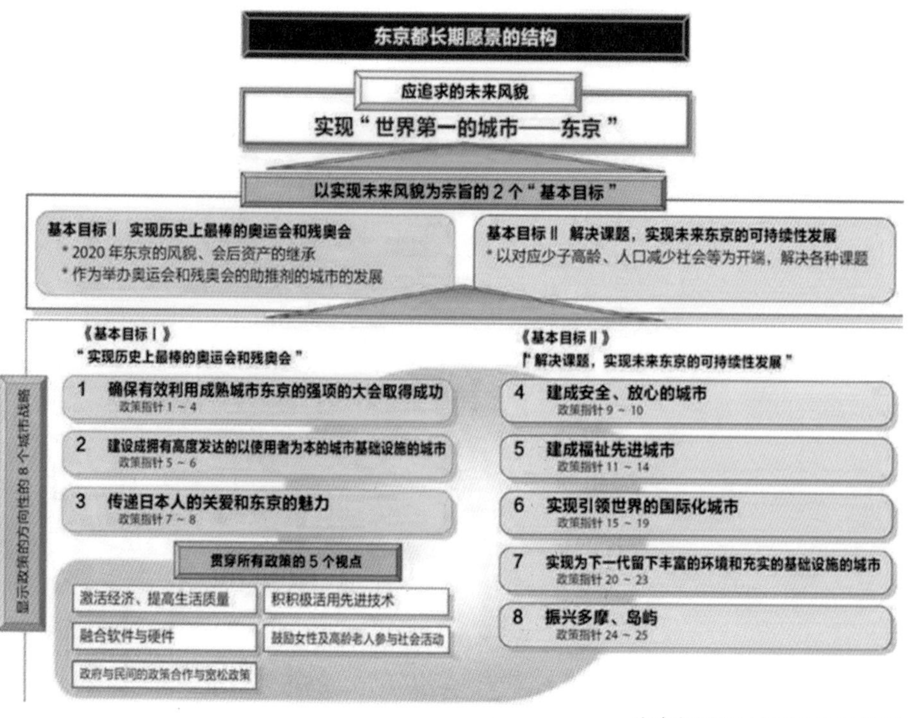


东京长期愿景规划内容结构图

资料来源：东京都长期愿景：实现“世界第一的城市·东京”的目标，2014.（日文版）

## 启示意义：

东京的发展战略始终以稳定的规划蓝图为导向，针对发展过程中的各类问题及国际宏观环境的变化，提出城市转型、应对与发展的各项策略与措施，成为城市发展的纲领性文件。对我们的主要启示可以归纳为以下 4 个方面：

利用重大事件的契机：东京战略规划的突出特点是借助成功申办奥运会的契机推动城市整体发展。战略规划中用了很大的篇幅制定迎接奥运会的城市战略，而这些战略又与城市的发展目标和谐统一为一个整体，以奥运会带动城市发展，以城市的全面发展实现举办最好的奥运会的目标。

解决社会需求及问题：无论是转型发展还是未来战略，均是东京根据新的国际宏观环境、本国发展困境及城市发展需求所制定的应对措施及策略，具有很强的针对性，进而成为城市发展与管理的纲领性文件。

详细的可感受的指标体系：东京的发展战略规划形成了从最高目标，到发展战略，再到具体措施的指导体系，且在措施中提出了具体的指标体系，而这些指标体系基本均是与市民生活息息相关，市民可直接感受到变化，可以引起市民共鸣，并对其实施起到督促及监督作用。

看得见的远景规划：战略规划是对东京的远景规划，远景展望至 2060 年，但重点是 2020 年，是一个能“看得到的未来”，客观上促使了战略目标的具体性、针对性及可行性。

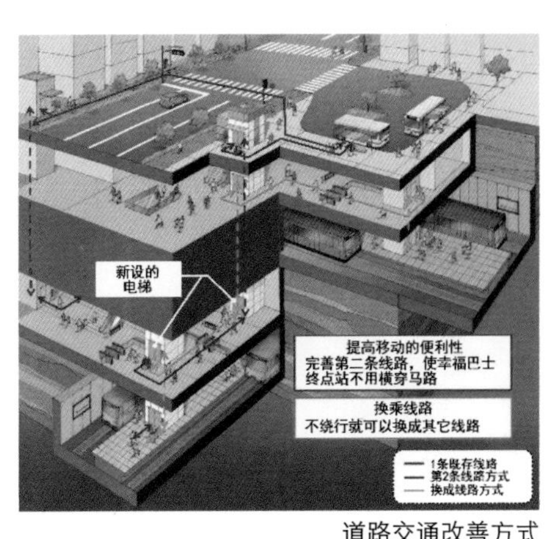


道路交通改善方式

资料来源：东京都长期愿景：实现“世界第一的城市 • 东京”的目标，2014.（日文版）

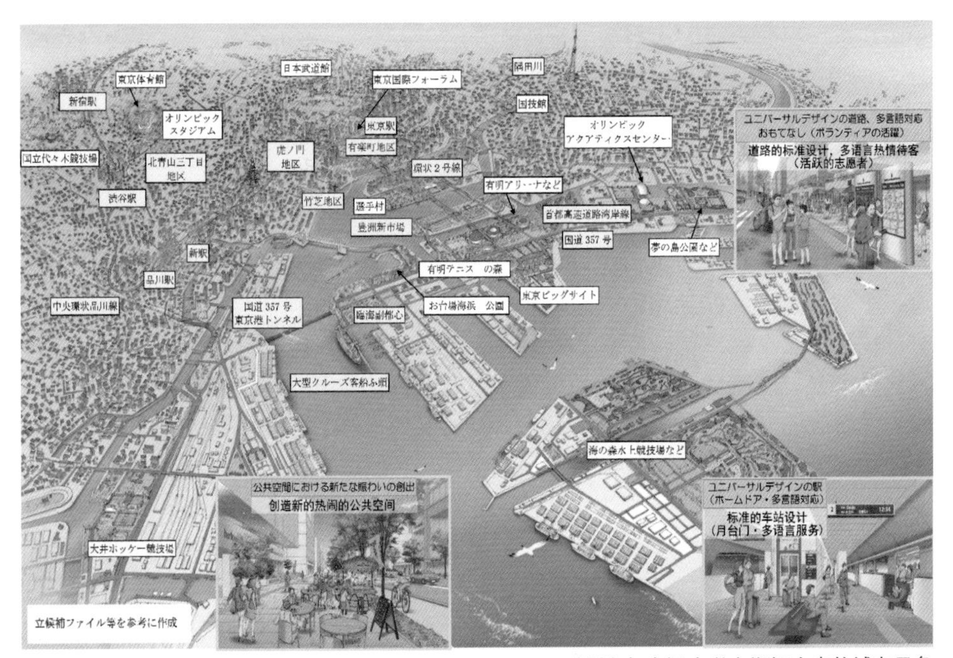


2020 年奥运会举办期间东京的城市景象

资料来源：东京都长期愿景：实现“世界第一的城市 • 东京”的目标，2014.（日文版）

## 参考文献

[1] http://www.bbzhi.com/fengjingbizhi/guangyuyingjiaozhideshengyandongjingdeyejing/down_84834_2.htm [EB/OL].
[2] 王德，吴德刚，张冠增 . 东京城市转型发展与规划应对 [J]. 国际城市规划，2013, 28(6): 6-12.
[3] Creating the Future: the Long-Term Vision for Tokyo, 2014[Z].
[4] 首都圈规划构想，2001[Z].（日文版）
[5] 昵图网 . http://www.nipic.com/index.html [EB/OL].
[6] 伍毅敏 . 纽约、东京最新总体规划指标体系介绍 [EB/OL]. 城市规划云平台，http://www.cityif.com/, 2015.
[7] 东京都长期愿景：实现“世界第一的城市 · 东京”的目标，2014[Z].（日文版）

# 东西德统一后的柏林城市规划变迁
## The Change of Urban Planning after Unification

案例区位：柏林市
研究范围：柏林 S-Bahn 环线内的内城
实施时间：1999 年至今
专业类型：城市更新
实施效果：内城空间品质得到大幅提升，柏林发展成“设计之都”

**案例创新点：**

东西德 1989 年统一后，柏林重新成为德国首都。统一后的最初十年间，柏林市政府试图通过重大工程建设来推动城市发展，以房地产投资来驱动城市经济增长。然而这种发展策略很快遭遇到阻力，难以为继。在这种情况下，柏林市政府很快调整了发展方针，将城市发展的重心集中在内城中心区，挖掘内城的潜力，改良城市公共空间和居住空间品质，尊重城市的文化和认同的多样性，积极回应和协调市民的空间诉求。1999 年和 2010 年制定的柏林内城规划正是反映这些诉求的规划工具。

Pariser Platz, 2003
资料来源：http://www.stadtentwicklung.berlin.de

波兹坦广场向西北方向鸟瞰
资料来源：http://www.vincentmosch.de/media/rokgallery

## 案例简介：

柏林的城市发展长期遭受着战争、战后的建设性破坏、东西柏林分裂带来的负面影响。城市一度充斥着尺度巨大的街道和交叉口、缺乏定义的空地、单一功能的居住区，它们削弱着柏林的吸引力和宜居性。另一方面，随着 1989 年两德统一，柏林重新成为德国首都，在当时乐观情绪的笼罩下，柏林推行了许多盲目的扩张政策，以期重新崛起为欧洲之都。然而以 1993 年申办奥运会失败为标志，柏林很快陷入难以承受盲目扩张带来的财政负担的境地，城市发展开始收缩。

1999 年批准实施的内城规划（Das Planwerk Innenstadt）是针对上述问题的反思。内城规划引导了城市发展策略的转向，遏制了郊区化趋势，提升了内城的吸引力和空间品质。这一轮规划目标如下：

提升内城密度，激活内城发展潜力，带动城市可持续发展；

通过构建有效的公共交通和快速环道系统来转移过境汽车交通，减少对内城干扰；

按照传统欧洲城市模式再城市化和公共空间功能混合化，以提升其空间质量；

增强内城的绿地和开放空间的驻留、使用、美学品质，来提升其空间质量；

通过对新建房屋，尤其产权私有房屋的现代化来强化内城的居住属性；

批判性对待柏林城市发展的所有历史层面，就柏林的城市形态和城市认同建设展开多方对话；

通过跨城区的城市设计和城市形态优化，将单一的规划紧密结合在一起；

优先保证个体业主和业主联合体共同地块的活力，来促成城市设计的实施；

通过独立的城市经济战略和实施战略来落实规划概念；

1999 年的内城规划落实主要依靠重点地段城市设计来实现。这一被称之为“批判性重建”的城市设计方略，其主旨是削弱统一前 30 年建设造成的对传统城市品质的破坏。主要实施的区域集中于内城的历史中心区 (Historische Mitte) 和西部城区 (City-West)。实施“批判性重建”的城市地段包括弗里德里希大街、巴黎广场、中央火车站区域等。

Winterfeldplatz Schöneberg

资料来源：Stadtentwicklungsplan – Zentren 3

总理府、中央火车站区域鸟瞰

资料来源：Stadtentwicklungsplan – Zentren 3

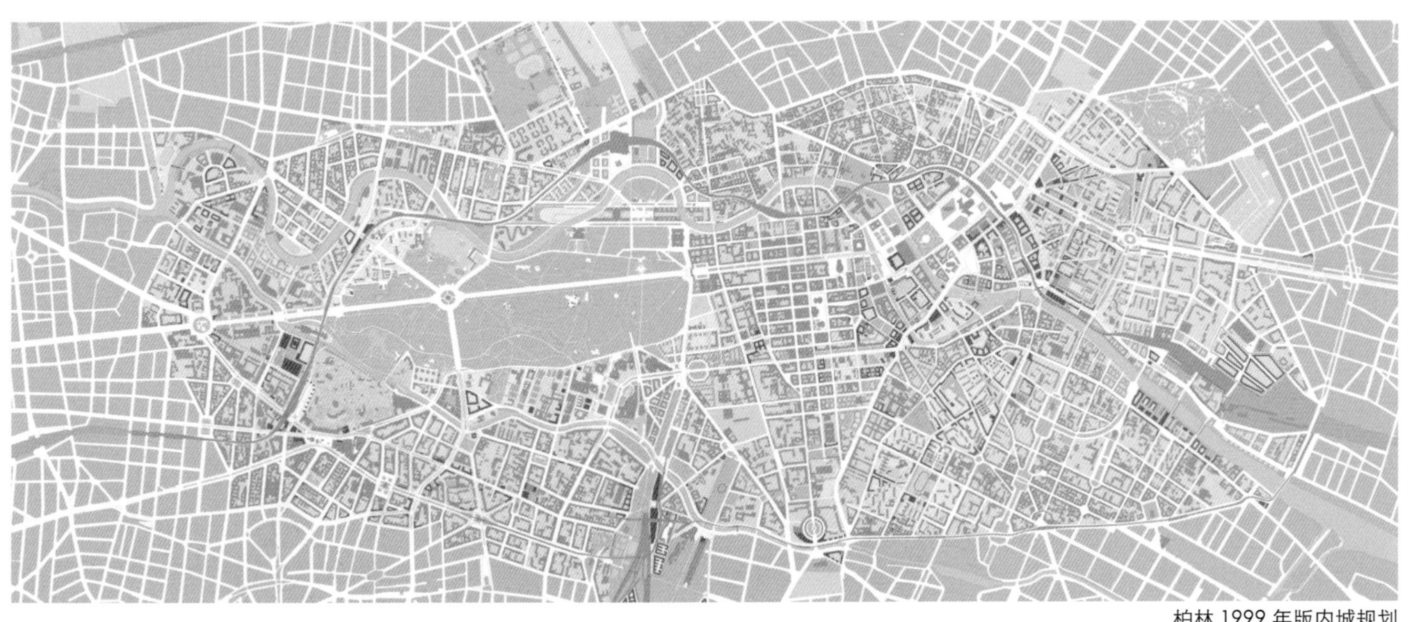

柏林 1999 年版内城规划

资料来源：http://www.stadtentwicklung.berlin.de/planen/planwerke

各类创意产业在柏林的分布：
从上至下：艺术市场与设计产业，广告与人力资源，软件、游戏、远程通信，音乐产业
资料来源：Senatsverwaltung für Wirtschaft, Technologie und Frauen. Creative Industries in Berlin: Development and Potential[R]. 2008.

2010 年，新一轮内城规划制定颁布。这一轮规划体现了重视合作、过程导向的规划文化，考虑了规划的动态性和可修订性。新规划与其说是严格的任务安排，不如说是弹性的协调工具，通过重点项目的引导建立起整体的空间联系。新一轮规划有如下一些特点：

首先，新一轮规划空间范围扩展至 S-Bahn 环线内的城区范围，包括全部城市西区 (City-West)，南部的 Tempelhof 机场，以及 Spree 河上游（东段）等重要地段。

其次，新规划注重城市设计策略的多样性和过程性，强调规划措施的弹性。新规划尊重柏林在创意上的开放和认同的多样性等特性。对于特定场所一般会有大量公共合作和讨论，而其规划也会保持相应的弹性。

第三，区别对待不同的空间局部和“社区”以构建不同场所特征。长期的分裂和发展不均衡导致了柏林不同区域的差异。城市规划因此有必要制定出一套差异化且适合各个城区情况的策略，通过这样的策略来建立并强化不同城区鲜明特性。

第四，统筹地方层面和城市层面的规划，整合城市层面许多正式和非正式的规划和概念。正式的法定规划包括用地规划 (Flächennutzungsplan) 和景观规划纲要 (Landschaftsprogramm)，而非正式层面则包括城市发展规划。新一轮的内城规划将现有的各种导则、战略、规划、纲要的概念统一和有机联系在一起，并通过特定的、具体的、局部区域的城市设计策略反映出来。

经过不断调整，柏林的城市发展方向发生新的转变。自 2000 年开始，创意产业首度成为柏林城市发展的主要策略。2006 年，柏林被联合国评选为“设计之都”。根据 2012 年的调查，柏林创意产业的工作人口达到 22 万 3 千人，分属于 29,000 家公司，创造的年产值高达 250 亿欧元。自 2000 年至 2012 年的十多年间，柏林的公司数量成长了 43%，新成立了 8,700 家公司。柏林低廉的生活成本、丰富的城市文化正是柏林在创意产业上取得长足进步的关键。与此同时，柏林市政府不断推出城市新政，鼓励城市中心的商业活动，松绑市区的土地使用限制。比如，柏林放开短期土地使用性质变更申请，让拥有短期计划的创意产业能够入驻闲置的工业厂房和住宅，创立自己事业。在这些政策的引导下，整个城市被营造成一个创意产业的孵化器。

在城市空间品质层面，公共空间和开放绿地的提升则成为另一个城市发展焦点。最典型的案例莫过于 Tempelhof 机场改造的方案。这个废弃多年的旧机场并没有被开发成商业居住区，柏林政府采取了“听之任之”的策略，允许市民自发占有提出各种实验性方案。以这种方式，柏林市政府希望探索出一个有弹性、实验性、可以随时转变的空间利用模式，并利用这种模糊探索过程来引导最佳的使用模式诞生。

柏林 Tempelhof 机场
资料来源：http://www.ungeheuerliches.de

作为公共休闲场地的 Tempelhof 机场
资料来源：http://images02.qiez.de

## 启示意义：

在经历了两德统一初期的建设热潮后，柏林的城市政策制定者很快就在柏林自身的条件基础上，实事求是地调整了城市的发展方针，并通过内城规划体现在城市建设上。对于我们而言，柏林的内城规划有这样一些参考意义：

重视城市设计。柏林城市建设的宏观、长远意图是通过具体的城市设计来实现的。不论是 1999 年版遵守“批判性重建”方针的城市设计，还是 2010 年版的区域化城市设计，它们都在建立区域整体性、关联局部和整体之间发挥了重大作用。

保证规划弹性。城市规划的不应该是静态和固定的任务安排，而是可建立合作的空间协调工具，这是近 20 年来柏林内城规划的主要经验。每一个城市都是全球网络中的一环，各种环境和条件的变化，都会影响之前制定的规划目标，保障规划一定的弹性，可以让规划面对不断变化的内外部条件作出及时的调整。

尊重区域差异化。长期的分裂导致柏林各部分发展极不均衡，这需要城市规划尊重这些差异性，以量体裁衣的策略来适应现代城市的多样要求。对于大多数城市而言，如何正视内部发展的差异，并因此形成城市内部不同的特色，也是规划值得思考的问题。

尊重市民主体性。柏林因其历史原因而留下大量未建空地，柏林既无足够财力，也受制于民主体制，无法运用传统的地产经济模式来全面开发这些用地。柏林市政府因势利导，尊重市民的意愿，让市民自己来决定空间的开发和使用模式。这种利用模式既节省了建设资金，也激发了市民的参与精神，同时也削弱了空间不平等效应。

从博物馆岛鸟瞰经过重建的原城市宫 (Stadtschloss)

资料来源：Archplus2002 (204) :97.

2010 年版的柏林内城规划

资料来源：http://www.stadtentwicklung.berlin.de/planen/planwerke

## 参考文献

[1] 吴志强 . 都市缝合：20 年柏林和上海规划设计分析的都市发展空间意义透视 [J]. 时代建筑，2004 (3) : 48-53.
[2] 弗兰克 . 鲁斯特 . 柏林的“批判性重建”——恢复传统城市品质之努力的瑕与疵 [J]. 时代建筑，2004 (3)：54-59.

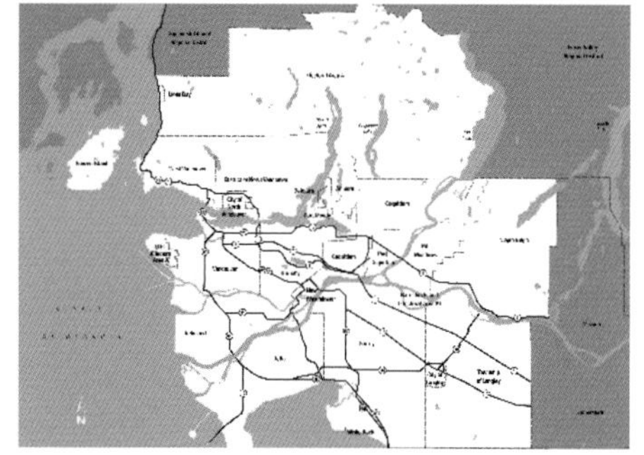

资料来源：[1]

# 加拿大大温哥华地区战略规划

Regional Strategic Plan 2015 to 2018, Metro Vancouver

案例区位：加拿大大温哥华地区
规划时间：2015 年～ 2018 年
人口规模：240 万（2013），规划增长 40%（2040）
规划范围：21 个市镇，1 个原住民保护区和 1 个选区
专业类型：区域战略规划（LRSP）
规划目标：建设宜居的区域

**案例创新点：**

1. 高度重视管理和组织架构：规划中用大篇幅来反复探讨如何进行更加高效的决策和合作；
2. 关注人最基本的生存需求：严格保护空气和饮用水的品质；
3. 关注人的生活品质：不断致力于改善自然生态环境（公园绿地）；
4. 关注未来城市韧性：时刻保持对气候变化和自然灾害的警惕性；
5. 关心城市里的弱势群体：与多部门协调努力提供更多选择的经济适用房；
6. 重视公共参与：将加强公共教育作为战略规划的重要策略；
7. 关注战略规划的刚性和弹性：将法定规划和行动、政府部门和咨询机构相结合；
8. 注重效率，重视合作，重视公平但也有同情心。

大温哥华地区区域标志
资料来源：[2]

public province complete communities parks & greenways
awareness COLLABORATION water agriculture affordable housing
best practices SUSTAINABILITY
housing reducing greenhouse members economy climate
leadership infrastructure gases TransLink governance CLIMATE CHANGE ADAPTATION change
mandate governance federal government
productivity advocacy transportation financial sustainability

LRSP 2015-2018 战略分项关键词
资料来源：[2]

注：2015 年 4 月，在由 LRSP 理事会委员和高级职员组成的研讨会上共同确定了本轮 4 年规划期限内优先发展的目标和任务。

**案例简介：**

自 1980 年代以来，整个大温哥华的人口增长分布呈低密度蔓延，区域散布着一些缺乏有效交通服务的聚居点。城市扩张导致了河谷农田消失、运输成本增加、排水和供水费用增加、污染加重等问题。

1990-1996 年，通过广泛的咨询，大温哥华地区、其成员各市政局、合作伙伴及部分公众提出并签署了共同构想："大温哥华可以成为世界上第一个实现全人类追求目标的城市区域：一个人类活动能使自然环境改善而非恶化的区域，一个人造环境特性与自然环境特性相接近的区域，一个种族与宗教多样性可以带来社会力量而非造成冲突的区域，一个人们可以控制其社区人口密度的区域，一个人人都能获得基本的食物、衣物、庇护场所、安全设施及有益活动的区域"（引自《创造我们的未来》），在区域各市政局和公众达成共识的基础上，《宜居的区域战略规划》（Livable Regional Strategic Plan，简称 LRSP）开始编制，并于 1996 年 1 月被大温哥华地区理事会批准，随后被地区市政局采纳为区域增长战略，协助指导区域土地利用和交通决策的制定。LRSP 每年公布一份年度报告，通过一系列指标评估对实施情况进行追踪检测。在《省增长战略法案》的规定下，必须每 5 年对 LRSP 进行一次评审。

区域战略规划 LRSP （2015～2018）内容

区域战略规划 LRSP （2015 ～ 2018）主要由三个部分组成：第一部分，介绍大温哥华地区行政架构和治理模式；第二部分是本次规划的任务和愿景；第三部分将本轮规划期内的需要优先解决的目标分解为 8 个战略分项。

第一部分行政架构和治理模式

LRSP 涉及非常复杂但高效的组织架构，来自 23 个成员的 38 位委员在 4 个独立的法定部门、10 个领域进行合作和管理，对地区发展建设进行指导。机构有层级关系也有平行关系、有法定权力也有指导委员会。这项规划为合作伙伴之间的协调与融合提供了一个严格的框架，也为监测结果及调整管理战略提供了手段。LRSP 一直重视制度建设，崇尚通过研究和数据分析来提高效率，对目前的规划评审也起着引导作用。23 个成员与政府及其他合作伙伴在环境、社会和经济健康发展方面提出共同的构想来指导规划，成为 LRSP 成功的基础。该区域对这项规划的认可度，并且在这个共同框架下进行的协调行动，是这项规划的特色所在。

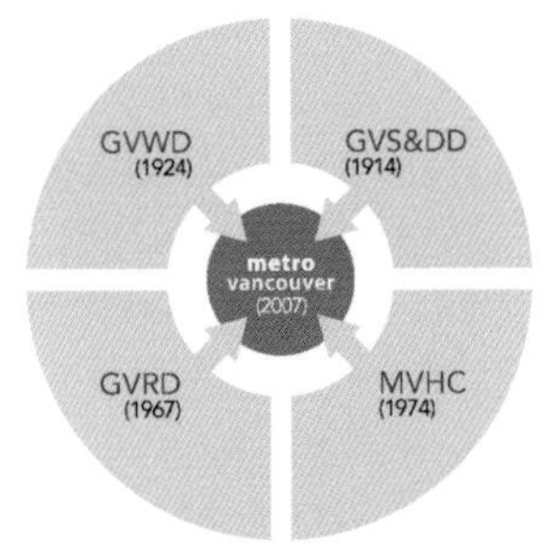


大温哥华地区行政机构组成

资料来源：[2]

注：GVRD：大温哥华区域管理部门
GVWD：大温哥华水管理部门
GVS&DD：大温哥华下水道管网部门
MVHC：大温哥华住房合作部门
各部门的主管人数由加入该部门的行政区的人口决定

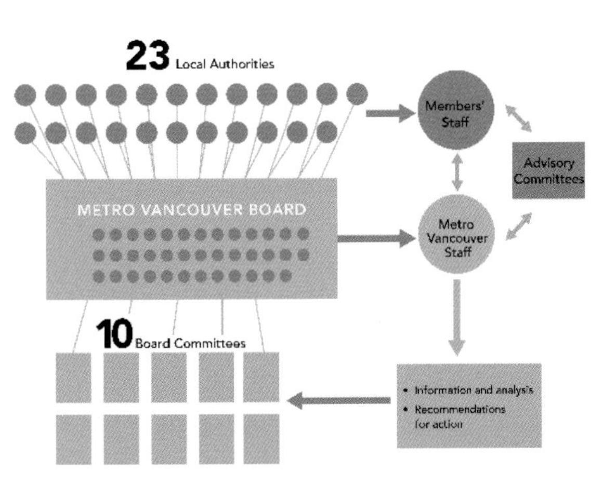


LRSP 的组织架构和决策机制

资料来源：[2]

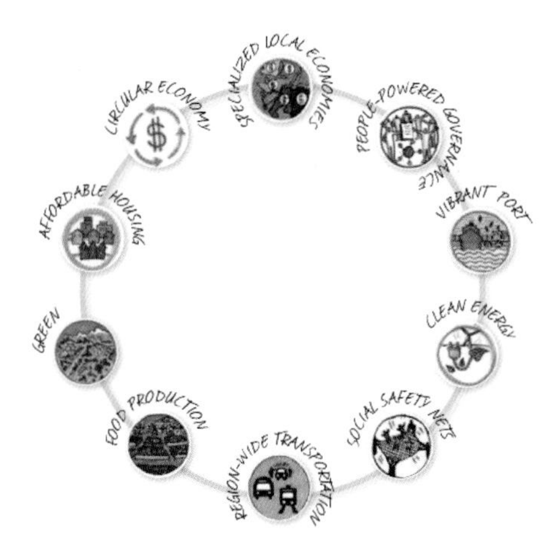


LRSP 2015～2018 愿景

资料来源：[2]

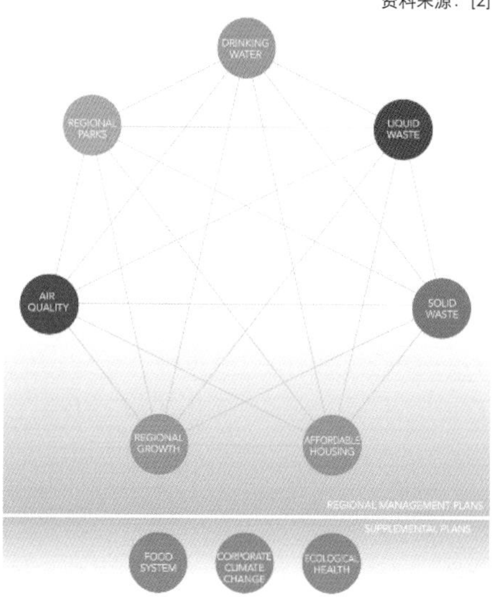


LRSP 2015～2018 远期规划（由 7 个法定规划和 3 个行动支撑组成）

资料来源：[2]

以区域公园中合作为例：

大温哥华地区拥有广阔和多样化的“绿地”。这些“绿地”却由不同层面的政府，甚至包括了原住民自治区和私人机构所拥有和管理。大温哥华地区的区域规划提出了各级政府和各类机构必须采取有效协作，保障这些绿地的连贯性和生态系统的完整性。他们跨政府，跨机构的协作策略值得我们进一步研究和学习。

**第二部分 愿景与规划措施**

愿景：持续追求满足人类共同的追求——最高品质的生活（多元文化、繁荣经济、社会公正以及健康美丽的生活环境）。

长期规划：包含饮用水、区域公园、空气质量、液体废弃物、固体废弃物、经济适用房、区域增长等 7 个法定规划；以及食品系统、气候适应性、生态健康等 3 个行动支撑。

近期规划：明确了优先执行的 8 个战略分项。

**第三部分 指导近期发展的战略分项重要内容**

区域联盟：（1）达成共识——建设宜居和可持续发展的区域；（2）高效的机构，加强和成员及区域内其他团体的合作；（3）加强对民众的教育，普及知识、积极向公众通告 LRSP 取得的成果、扩大信息传播渠道；（4）加强联系其他部门、相关利益者；（5）倡导整合区域土地利用和交通规划；（6）区域经济；（7）做好应对危机的准备；（8）财政责任（注重公平同时兼顾弱者福利）。

区域规划：（1）服从 Metro 2040 规划并努力完成 Metro 2040 的目标；（2）完善社区建设；（3）增强区域的韧性以适应气候变化；（4）保持土地生产力的活力。

空气质量和气候行动：（1）建立区域气候行动战略来减少温室气体排放；（2）提高空气质量；（3）加强对民众的教育。

区域公园：（1）通过政策和规划引导保护区域公园内的土地，并建立正式的区域土地征收策略，扩大区域公园系统；（2）加强对民众的教育；（3）与相关利益者合作。

住房保障：（1）倡导在研究基础上对经适房的资金倾斜和供应；（2）扩大经适房的供应范围；（3）对现有经适房政策进行升级；（4）发挥 MVHC（大温华住房合作部门）职能。

液体废弃物：（1）整合液废和资源管理规划；（2）确保区域长远的韧性和液废系统的性能，能应对未来资源受限的需求和挑战；（3）加强对民众的教育。

水：（1）维持大温哥华地区世界级的水资源系统；（2）确保区域长远的韧性和水系统的性能，能应对未来资源受限的需求和挑战；（3）加强对民众的教育。

固体废弃物：（1）整合固废和资源管理规划；（2）向零排放的经济发展模式努力；（3）加强对民众的教育。

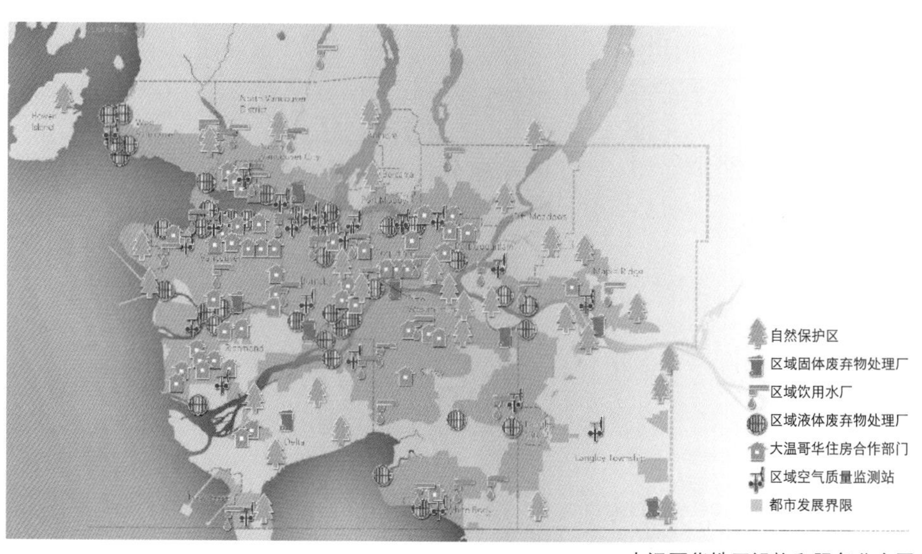


大温哥华地区设施和服务分布图

资料来源：[2]

## 启示意义：一种新的实现增长的路径

### 一以贯之的共识

《宜居的区域战略规划》LRSP 是在 1990 年代《创造我们的未来》构想基础上形成的，这项规划本质上遵循着可持续发展的原则，强调：人类活动应当改善而非破坏自然环境，种族及宗教的多样性是社会力量的源泉，人人都能得到公众权力、决策以及基本需要的供给。这些观点贯彻于 LRSP 的目标及政策的始终，使 LRSP 以一种可持续发展方式将土地利用及环境保护结合为一体；这些观点还与社会经济系统以及创建可持续发展的社区工作相联系。LRSP 的实施与评估已使大温哥华地区朝着可持续发展的目标迈进。

2015 年，LRSP 依旧坚持着 20 年前与 23 个市政成员、市民以及其他利益团体的共识："将大温哥华地区建设成为全球人类向往的、具有最高生活品质的空间，文化多元充满活力、经济繁荣、社会公平且关心弱者，人们生活在一个健康又美丽的自然环境中"，通过"文明引领增长"实现 METRO 2040 设定的 2040 年人口增长 40% 的规划目标，继续保持居民所希望的生活品质、长期的繁荣和自然生态品质。

### 以文明引领增长的发展路径

LRSP1996 的目的是为了保护和改善环境健康状况与质量，创建宜居的设施完善的社区，并在共同构想和协调行动的基础上，用有效的交通系统连接这些社区。这项战略规划主要围绕着以下 4 个目标来构建：保护绿化带；建立设施完善的社区；实现紧凑的大都市区域；增加可选择的交通方式。在文本中，通过一系列表格和图纸在人口指标和空间上进行限制和引导发展。

LRSP （2015 ～ 2018），通篇几乎没有提到建设空间格局、空间发展方向、产业布局、交通系统等我国战略规划中关注的常规重点，也没有出现与空间限制和发展相关的任何技术图纸，而是怀着一个最基本、最朴素也最美好的愿景——宜居 (LIVABLE)，并借助图片传达了诉求和愿景：提供基本的服务（包含饮用水、管网、固体废弃物，以及绿地和经济适用房）；保障未来可持续发展的能力（空气质量、区域增长和区域公园）；建立包括市民在内的各种合作关系。

LRSP （2015 ～ 2018）提供了一种不依赖经济和空间增长、以空间质量提升为目标、以文明引领增长的一种新的区域增长路径。

LRSP 2015 ～ 2018 区域规划愿景

资料来源：[2]

LRSP 2015 ～ 2018 空气和气候行动愿景

资料来源：[2]

LRSP 2015 ～ 2018 住房保障规划愿景

资料来源：[2]

LRSP 2015 ～ 2018 宣传与公众教育

资料来源：[2]

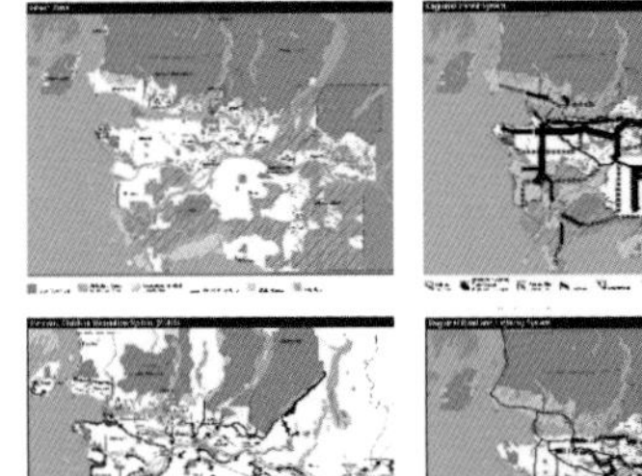

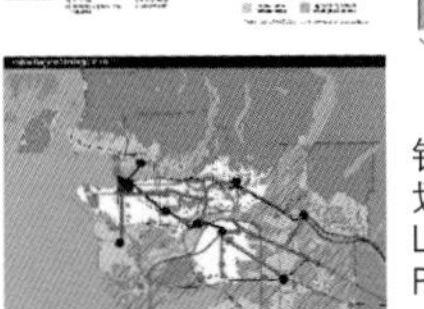

针对绿地、交通和空间规划三个部分

Livable Region Strategic Plan, 1996

LRSP 1996 空间发展图纸

资料来源：[1]

LRSP 2015 ～ 2018 公共参与

资料来源：[2]

## 参考文献

[1] LRSP, Livable Region Strategic Plan[R], Metro Vancouver, 1996.

[2] LRSP, Metro Vancouver Board Strategic Plan 2015 to 2018[R], metrovancouver.org, 2015

[3] 冯红英，方毅．大温哥华可居住性区域战略规划解读 [J]. 高等继续教育学报，2006(S1):20-22.

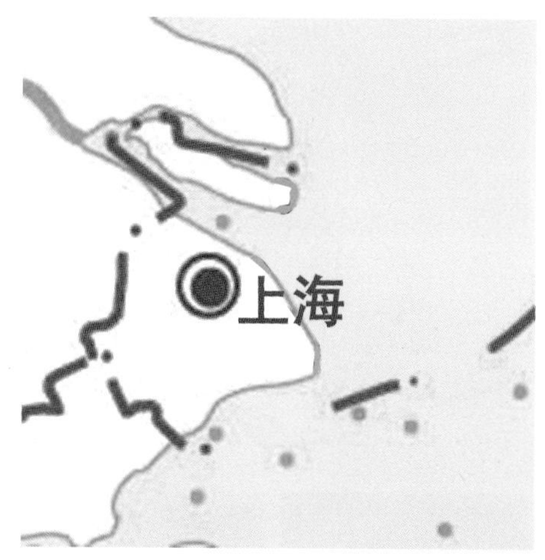


# 建设全球城市的努力
## ——中国上海市城市总体规划 2040

Striving for the Global City-Shanghai Master Plan 2040, China

案例区位：中国上海
案例主题：城市总体规划和发展战略
规划范围：上海市域 6830km$^2$
人口规模：2014 年常住人口 2425 万人，2040 年常住人口 2500 万
城市愿景：追求卓越的全球城市，一座创新之城、生态之城、人文之城，在 2020 年基本建成国际经济、金融、贸易、航运等“四个中心”的基础上，到 2040 年建成综合性的全球城市和国际文化大都市

**案例创新点：**

在经济发展新常态下，为推动城市发展转型升级，上海作为长三角世界级城市群的龙头城市，结合城市总体规划 2040 制定，确立了“追求卓越的全球城市”的发展定位，围绕空间格局、生态环境、综合交通、城乡社区、城市安全等重大问题，明确规划策略和建设措施。旨在发挥城市总体规划在城市发展中的引领作用，为未来城市发展明确战略目标、综合策略、关键举措和空间支撑。

1959 版总规

城市定位：“在生产、文化、科学、艺术等方面建设成为世界上最先进美丽的城市之一”

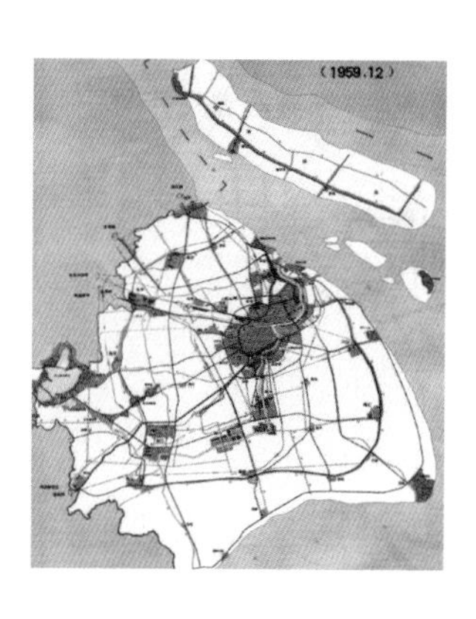


1986 版总规

城市定位“我国最重要的工业基地、最大的港口和重要的经济、科技、贸易、信息和文化中心，太平洋西岸最大的经济和贸易中心之一”

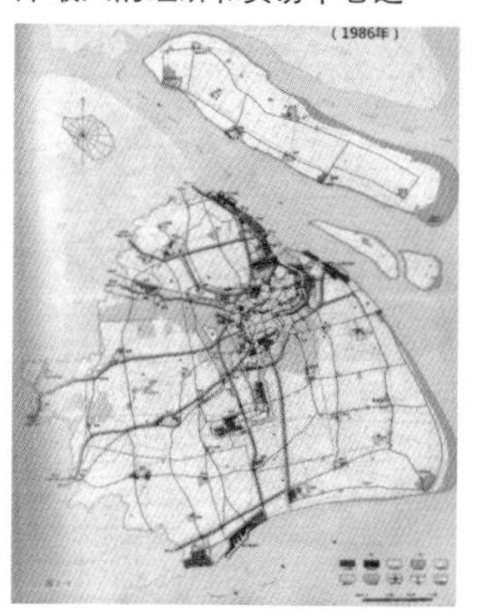


1999 版总规

城市定位：“我国重要的经济中心和航运中心，国家历史文化名城，社会主义现代化国际大都市，国际经济、金融、贸易、航运中心之一”

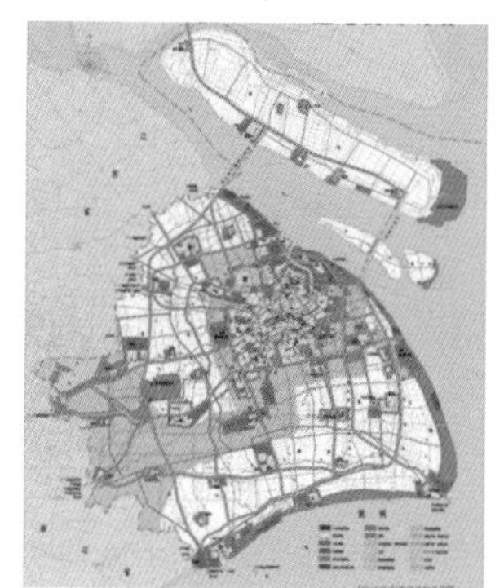

2014 版总规

城市定位：“追求卓越的全球城市”，一座创新之城、生态之城、人文之城，到 2020 年基本建成国际经济、金融、贸易、航运中心。

历版城市总体规划中城市的发展定位

## 案例简介：

上海市城市总体规划 2040 以追求卓越的全球城市为目标，坚持以人为本、可持续发展和一切从实际出发，更加强调生态优先、功能提升、睿智发展的规划理念，更加突出区域一体化的发展格局和开放包容的城市精神，从城市竞争力、可持续发展能力、城市魅力三个维度，深化全球城市的内涵和功能支撑。

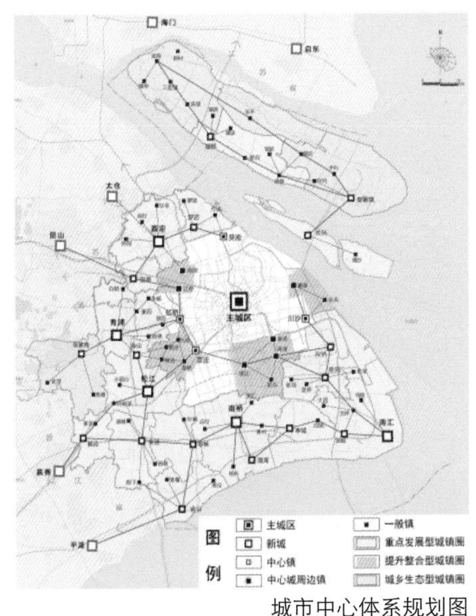

城市中心体系规划图

**建设更具竞争力的繁荣创新之城**

构建开放紧凑的空间体系：从长三角一体化发展的视角，谋划上海全球城市发展格局，以生态基底为约束，以区域交通廊道引导空间布局，加强城乡统筹和布局优化，形成“网络化、多中心、组团式、集约型”的大都市区空间体系。

强化创新引领的用地结构和产业格局：增加生态用地、减少工业用地、保障生活用地和储备用地。确保耕地等生态用地占市域总用地的比例保持在 50% 以上，逐步将工业用地比重控制在 10-15%。优化产业和就业空间布局，促进战略性支柱产业向产业链的前后端延伸和集聚，以绩效提升取代空间扩张；鼓励大众创业、万众创新，以创新引领城市产业功能的转型与升级，提升上海在全球的经济影响力和资源配置能力。

人民广场

新天地

城隍庙

打造便捷高效的综合交通体系：提升上海作为国际门户和国家交通枢纽的功能，充分发挥上海在国家“一带一路”和长江经济带发展战略中的支点作用，更好地促进长三角区域协同发展。实施公交优先战略，构建智慧友好的绿色交通系统，建立“枢纽型功能引领、网络化设施支撑、多方式紧密衔接”的交通网络。

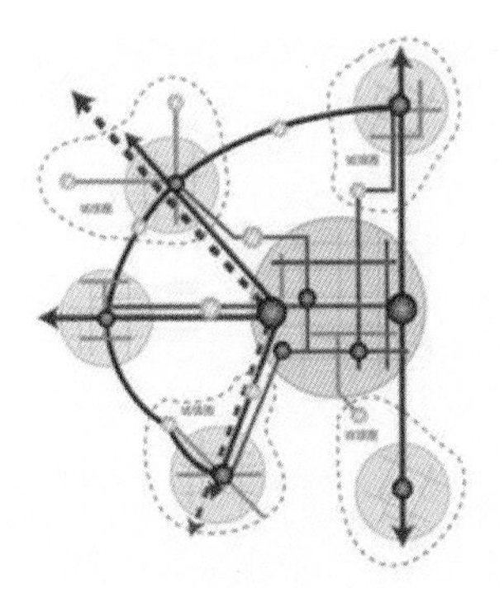

倡导公交导向的低碳发展模式，形成以轨道交通为骨架、常规公交为基础、多种方式为补充的公共交通结构；积极营造友好的慢行交通环境，以控制非通勤平均出行距离在 2.5km 以内为目标，建立步行、自行车专用通道为主的慢行网络

**建设更具可持续发展能力的健康生态之城**

资源约束环境下的转型发展：积极探索超大城市睿智发展的转型路径，牢牢守住土地、人口、环境、安全等底线，实现内涵发展和弹性适应。合理调控土地资源、水资源、能源的消耗，坚持节约集约利用土地资源，实现规划建设用地规模只减不增。同时，以存量用地的更新利用来满足城市未来发展的空间需求，促进空间利用向集约紧凑、功能复合、低碳高效转变。

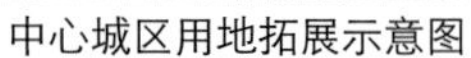

中心城区用地拓展示意图

中心城区鸟瞰图

强化生态优先的空间管制：贯彻落实国家节能减排要求，构建多层次、成网络、功能复合的生态空间体系，促进生产生活从高能耗、高排放、高污染向绿色、低碳、宜居转变，加强环境保护，治理城市大气、水、土壤等污染，建成全国生态环境最优的超大型城市。

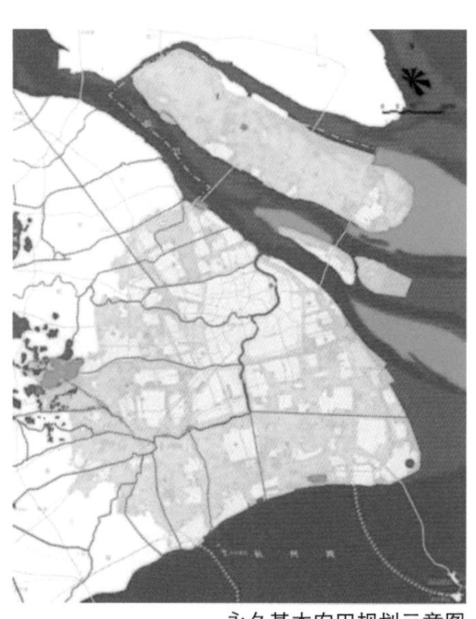

永久基本农田规划示意图

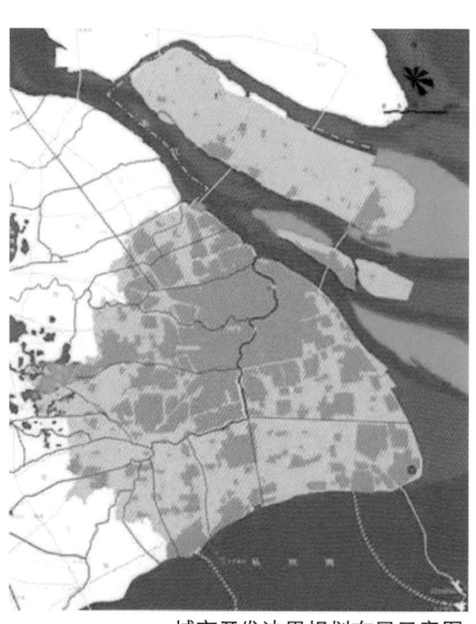

城市开发边界规划布局示意图

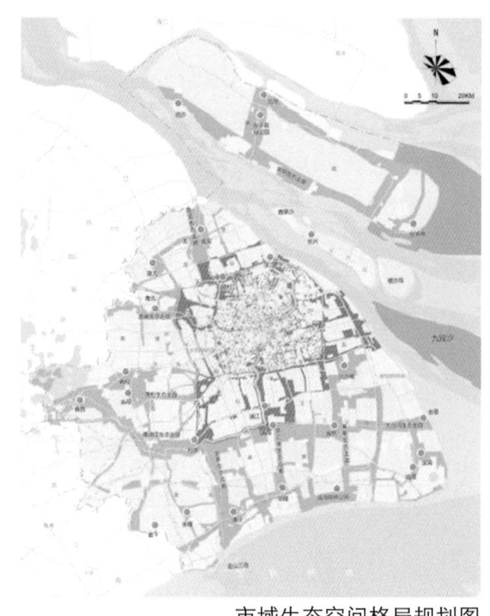

市域生态空间格局规划图

将布局集中、用途稳定、具有良好水利和水土保持设施的粮田、菜田及其周边可调整的农用地等划入基本农田保护区，并严格控制非农建设占用耕地。同时，构建以生态保育区、生态走廊、生态间隔带等生态战略保障空间为基底，以双环绿带、生态间隔带为框架，以楔形绿地和大型公园为主体的市域环形放射状的“环、廊、区、源”的生态空间格局。

**建设更富魅力的幸福人文之城**

多元的建筑文化

完善公平多元的公共服务：构建城乡一体和适应未来需求的公共服务体系。不断完善城镇服务设施体系，建设体现世界一流水平的高等级服务设施，满足市民的多元需求；保障乡村基础设施和公共服务水平，结合保留和保护村落，完善农村公共服务设施配套和出行条件；构建市民全年龄段的健康服务系统，实现市民各年龄段的信息联动、服务共享和设施共用。至 2040 年，实现社区信息服务网络、安全防范网络、智能物流网络的全覆盖，形成智慧、高效的生活服务系统。

打造复合宜人的社区生活圈：构建步行 15 分钟可达、适宜的城镇社区生活圈网络，平均规模约 3-5km$^2$，服务常住人口约 5-10 万人，配备生活所需的文教、医疗、体育、商业等“一站式”基本服务功能与公共活动空间；并以 500m 步行范围为基准，构建无障碍、网络化的步行系统，串联居住区、公交站点、若干服务中心以及就业集中点，形成安全、舒适的慢行环境。

培育开放包容的城市魅力：以实现全球城市发展目标、提高市民的幸福感为出发点，创造多元包容和富有亲和力的城市公共空间和社区休闲空间，营造人与自然和谐共处、历史底蕴和现代气息兼容并蓄、城市乡村有机融合的空间特色风貌，挖掘城市文化内涵，塑造海纳百川、追求卓越的城市精神。

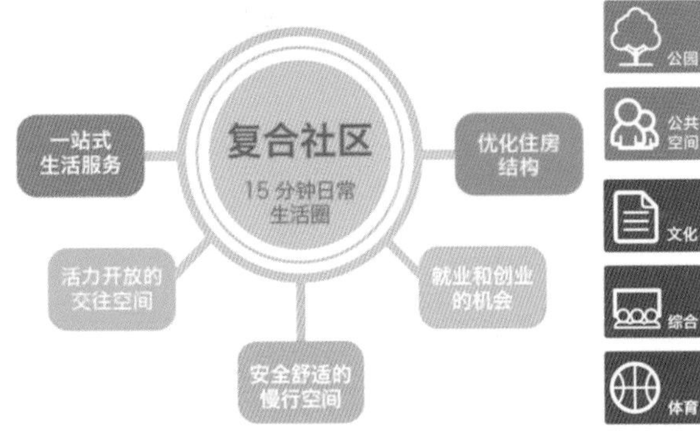

3000m$^2$ 的社区公园
每 500m 服务半径布局一处社区公园，面积不小于 3000m$^2$

公共空间
4m$^2$/ 人的社区公共空间
包括社区公园、小广场、街角绿地等，实现人均 4m$^2$ 的规划目标

文化
500m$^2$ 的文化活动站
500-1000m 服务半径布局一处

600m$^2$ 的综合服务用房
每个行政村设置一处

300m$^2$ 的体育健身点
每 500m 服务半径布局一处健身点，面积不小于 3000m$^2$

城镇社区和乡村社区生活圈配置建议

## 启示意义：

在全球化的城市网络体系中，上海围绕推进新型城镇化、践行“创新、协调、绿色、开放、共享 ”五大发展理念，以追求卓越的全球城市为发展定位，致力推动建设更具竞争力的繁荣创新之城、更具可持续发展能力的健康生态之城以及更富魅力的幸福人文之城，展现了上海作为长三角世界级城市群龙头城市的国际视野和前瞻理念。

城市的未来愿景

## 参考文献


[1] 上海市城市总体规划编制工作领导小组办公室 . 上海市城市总体规划（2015-2030）纲要概要 [Z].

[2] 上海市人民政府，1959 版、1986 版、1999 版上海市城市总体规划 [Z].

# 西方新城建设及其对大城市发展的启示

New Town Construction in Western Countries and the Inspirations for Suburban Development

英国 Letchworth 新城，第一个田园城市

案例区位：以英国和美国为主
实施时间："二战"后至今
专业类型：城镇体系

**案例创新点：**

在田园城市等早期实验探索的基础上，"二战"后以英美为代表的西方国家开始了大规模新城建设运动，并且迅速扩展到其他国家，最终形成了遍布世界范围的新城建设浪潮。西方的新城建设最初源于人们对大城市恶性膨胀问题的理性反思，作为一种政策手段，成为解决大城市地区人口和经济活动过度集中的应对之策。在新城不断地发展演变中，西方新城规划建设思想也不断更新以适应于发展的需求，从最初依附于大城市的卫星城，发展成为城市区域整体系统中的核心战略空间，与中心城市及其周边区域城镇网络有机整合、协同发展的重要节点。

英国 Harlow 新城

英国 Runcorn 新城鸟瞰图

资料来源：https://upload.wikimedia.org/wikipedia/commons/b/b6/Rth_Runcorn%26_Bridge_12.08.15_edited-4.jpg

## 案例简介：

### 英国的新城建设

英国是新城运动的发源地，其直接的理论原型来源于霍华德的“田园城市”。“二战”之后，为了安置急剧增加的城市人口以及为避免城市“摊大饼”式蔓延，英国政府开始了大规模的新城建设运动，期望通过大城市远郊地区的新城来分担中心城市的人口、就业及产业发展压力。英国的新城建设经历了三个大的阶段：

新城大规模建设阶段：自 1944 年大伦敦规划提出在伦敦周围地区新建 8 个卫星城镇以接纳从伦敦疏散出来的人口和工业以后，至 1974 年，英国先后设立了 32 个新城。这一时期新城建设可以总结为三代新城的发展。

英国新城建设

（1）第一代新城：1946 ～ 1950 年建设的新城，本质上是解决住房问题的大城市的卫星城。一方面是为一些无房户提供住房，另一方面是使一些大城市的居民改变居住质量低劣的状况。这一代新城整体上规模小、密度低，新城规划以单核心为主，居住、工作和游憩等功能分区明确，住区按“邻里”的理念建设，有各自的购物和服务设施。工业区紧邻铁路，布置在城市的另一边，与区域性的道路有便捷的联系。城市中心有商业、娱乐等建筑群，是新城社会活动和城市设计的焦点。但总体上设施配置不足，缺乏活力与生气。

（2）第二代新城：1955 ～ 1966 年建设的新城，不再单纯地为了吸收大城市的过剩人口，而是综合考虑地区的经济发展问题，把新城作为地区经济的增长点。针对第一代新城日益暴露的弊端，第二代新城在规划上比较注意集中紧凑，开发的密度加大，弱化严格的功能分区，还淡化了邻里的概念，不再机械地处理邻里等级；在交通方面，交通系统的考虑更加成熟，重点关注公共交通的建设；更理解和重视对城市环境景观及景观设计的重要性；同时，更鼓励社会交流。

（3）第三代新城：1967 ～ 1974 年建设的新城，功能上有了进一步的发展，设施配套进一步完善，规模趋大，较大规模新城在一定程度上可促进中心城市的经济发展。此外，第三代新城的规划摒弃了与邻里单位相对应的设施等级设置的观点，集中布置公共服务设施；关注居住和就业的平衡，小型企业在居住区内布置。重视公共交通和私人交通的平衡；同时预留了大量土地，为今后的城市产业结构转型和可持续发展提供了空间上的保障。总之，规划旨在创建一个具有相当大的灵活性、可根据经济发展变化进行调整的新城。

第一代新城 Stevenage

第二代新城 Cumbernauld

第三代新城 Milton Keynes

Stevenage 城市中心区更新计划

新城建设的停止阶段：1970 年代后期，英国城市政策从疏解大城市人口和工业转向了协助复兴内城经济，政府宣布停止新城的规划和建设，尚存的新城开发也不再局限于大城市的外围地区，而是扩充到整个区域范围，城市规模显著扩大。1980 年代，英国政府主导的新城建设行为停止了，但对现有新城的功能和物质性改善一直在进行，除了完善基本的公共和社会基础设施之外，还增加了若干新的生活服务设施和文化娱乐设施。

新城衰退与更新阶段：经过了数十年的发展，新城中心区普遍面临着物质设施老化和城市活力衰败的局面，纷纷进入了中心城区更新与复兴的历史阶段。如英国第一代新城斯蒂文尼奇 ( Stevenage) 在 2002 年中心区重建战略计划中，提出要创造一个充满活力，集购物、休闲、办公、市民活动和居住为一体的城镇中心；第三代新城的代表密尔顿 · 凯恩斯 (Milton Keynes) 在其地方规划中提出了中心区发展目标是保持和提升城市中心及各乡镇中心的活力，并制定出了详细的中心区复兴总体规划。

### 美国的新城建设

美国的新城建设最初也是受各类社会改良思潮及“田园城市”理论影响，在“二战” 前就出现过雷德朋 (Radburn) 体系以及绿带城 (Greenbelt)、绿谷城 (Greenhill) 等试验。1960 年代后期，随着郊区化的加剧带来的大都市区内部的矛盾激化，联邦政府通过了《新城开发法》(1968 年 ) 和《住房和城市发展法》(1970 年 )，大力推动新城建设。

马里兰州的肯特兰镇规划

新城建设历程：美国新城建设过程可以分为三个阶段。（1）形成阶段，上世纪 20 年代到 50 年代，依赖小汽车的普及和公路、铁路网的快速发展，中产阶级也开始涌向郊区居住区，但工作和大量的服务功能仍需要在中心城区进行，“卧城”涌现；（2）发展阶段，“二战”后住宅需求量的激增和郊区相对低廉的地价进一步促进了住宅郊区化，并随之促进了相关产业的郊区化热潮，工厂、商业、娱乐设施开始向郊区新城集聚，新城的功能进一步完善；（3）成熟阶段，80 年代之后，郊区新城城市设施的不断完善、开发建设趋于成熟，独立程度也越来越大，逐渐由城市边缘松散的居住组团成为具有综合城市功能和就业保障的新城。

新城建设特点：新城建设较强调充分利用现有的小城镇和农村居民点的开发潜力，强调通过改建老城镇而促进郊区的有秩序发展；同时较重视保持社会的多元化，并较为追求高品质的自然环境及建设实践的创新。

新城建设的理论模式：Peter Calthorp 提倡的“公共交通导向的开发”即 TOD 模式（transit-oriented development）；另一种是 Andres Duany 和 Elizabeth Plater-Zyberk （简称 DPZ）倡导的“传统的邻里开发”即 TND 模式（ traditional neighborhood development）。其基本理念是从传统中发掘灵感并与现代生活的各种要素相结合，重构一个能被人们所钟爱、 具有地方特色和文化气息的紧凑性邻里社区。

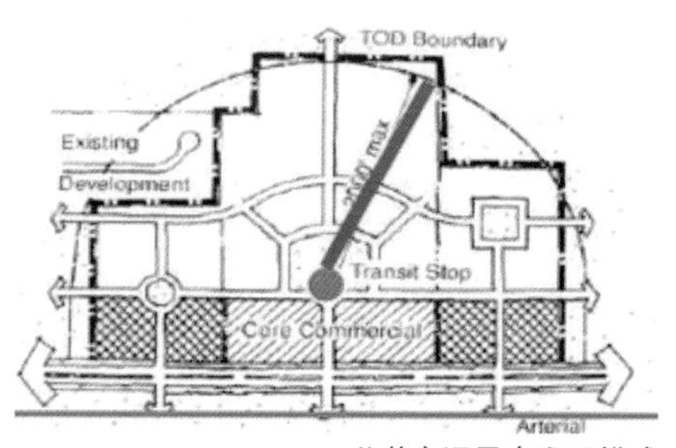

公共交通导向发展模式

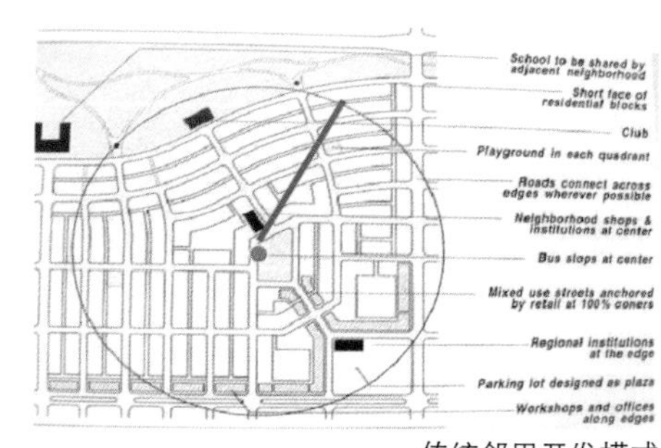

传统邻里开发模式

**西方新城建设的近期趋势**

90年代以来，随着城市区域化与区域城市化的发展，很多新城随着其所在的大城市/都市地区的发展转变也面临着新的背景与机遇，逐步呈现出一些新的趋势。

成为大城市区域空间网络中的新功能核心。大城市/都市地区的多核心、网络化空间重构已经成为城市区域发展的主要趋势。在这种背景下，新城和中心城市之间的关系又进入到扁平化协同发展的新阶段，新城逐步成为区域空间的次中心，并担任新的区域功能，如作为区域科研中心发展新兴高科技产业等。

成为提升区域整体竞争力的新战略空间。在新的国际城市体系中，大城市之间的竞争与其所处的区域支撑密切相关，大城市周边郊区的品质成为提升区域整体综合实力和大城市竞争力的重要因素。新城作为区域的新核心，成为带动郊区发展，提升区域整体竞争力的新战略空间。

成为规划的新焦点之一，探索可持续社区的建设。随着环境意识的提升和人们对于高品质、生态健康、多样化生活的追求，新城在一定程度上弥补了中心城区的不足，成为规划实施可持续性新社区建设探索的对象。

巴黎的马恩拉瓦莱新城，已成为巴黎地区第三大中心，总部基地

## 变化特征：

**新城规模越来越大，以利综合功能完善**

西方国家新城的功能演化过程比较连续，大多是以居住功能为先导，经历了“卧城——半独立卫星城——完全独立综合性新城”的演进轨迹，相应的新城规模也越来越大，以利发挥城市设施的规模效应。

**建设模式灵活多样、因地制宜**

虽然有着共同或相似的理论源泉，西方的新城却从来不是一个固定不变或僵化教条的事物，它一直随着地域环境的不同和时代背景的发展变化而呈现出不同的发展模式、迥异的实践特点和灵活的建设形态。

**成为带动大城市郊区发展，提升区域综合竞争力的新战略空间**

随着新城自身的发展，其与中心城市之间的关系以及在区域中的功能地位也在不断地发展演变，这个过程通常也是与其所处的大城市/都市空间发展阶段相对应。随着大城市区域的空间发展从单核心转向多中心网络化，城市之间的竞争转为城市区域综合品质的竞争，新城的区域联系也不再仅仅是与中心城市，而是有机融合到区域整体系统中，其对于区域整体系统的战略布局、大城市周边郊区的提升以及区域整体综合品质的提升又有了新的重要战略意义。这一点对我国当前的大城市周边地区的小城镇的发展有着重要的启示。

## 参考文献

[1] 王庆安．美国战后新城镇开发建设及其启示．国际城市规划 [J], 2007 22（1）： 63-66

[2] 杨东峰，熊国平，王静文 .1990 年代以来国际新城建设趋势探讨，地域研究与开发 [J]，2007 26（6）:18-22.

[3] 赵民，王聿丽．新城规划与建设实践的国际经验及启示，城市与区域规划研究 [J]，2011： 65-77.

# 德国鲁尔工业区改造和转型发展

Ruhr Industrial Area Reconstruction in Germany

项目地点：德国北威州鲁尔区
建设时间：1968 年至今
项目规模：全市范围
区位类型：老城区

**案例创新点：**

20 世纪六七十年代，随着科学技术的发展、产业结构的调整以及社会生活的变迁，德国最大的传统重工业区——鲁尔工业区发展面临严峻考验。德国人没有采取大拆大建的“除锈”行动，而是将这里大片的产业基地保存了下来。历经多年的改造，将这个破败的大型工业区转变成全新概念的现代生活区域。被誉为“化腐朽为神奇”的德国鲁尔工业区还成功发展了工业文化旅游产业，其中埃森煤矿关税工业纪念遗址改造后，被联合国教科文组织 (UNESCO) 列入世界文化遗产保护名单。

鲁尔工业区改造前

资料来源：http://archcy.com/focus/renovation/576a2c8d978e6c89

鲁尔工业区改造后

资料来源：http://www.71.cn/2014/1102/786094.shtml

## 案例简介：

德国鲁尔工业区人口 750 万，是欧洲最大的工业区。鲁尔区过去是以煤钢产业为基础的重工业区，150 年来一直是德国经济的引擎。但是随着经济的发展，传统产业遇到了严峻的挑战，在经济转型的过程中，鲁尔区经历了痛苦的磨炼。历经多年的努力，鲁尔区成功实现了传统煤钢经济的转型。

鲁尔区工业区城市分布

资料来源：http://www.baike.com/wikdoc/sp/qr/history/version.do?ver=8&hisiden=tBwREAwRXWkFAWgEADU,,ADBw

### 改造传统产业，逐步完善基础设施

从 20 世纪 60 年代开始，鲁尔区开始进行产业结构调整，重点采取了对矿区进行清理整顿，将采煤业集中到盈利多且机械化水平高的大矿井，并调整企业的产品结构和提高产品技术含量。虽然由于成本过高，德国煤炭、钢铁业日渐缺乏竞争力和生存能力，但政府并没有因此而将它们完全放弃，而是采取了提供多种补贴和税收优惠等一系列措施予以扶持。在此期间，各级政府还通过投入大量资金来改善当地的交通基础设施，兴建和扩建高校和科研机构，为鲁尔区下一步的发展奠定了必要的基础。

在国家的资助下，鲁尔区首先对企业实行集中化、合理化的改造。其次，为了使鲁尔区的经济结构趋于多元化，联邦、州政府及鲁尔区煤管协会想方设法改善鲁尔区的投资环境，鼓励新兴产业迁入鲁尔区。由于采取了上述措施，使鲁尔区的经济结构得到了调整和优化。

鲁尔工业区的集中化改造

资料来源：http://blog.sina.com.cn/s/blog_bd8108bc0101668v.html

煤矿企业的全盘机械化

资料来源：http://de.wikipedia.org/wiki/Dortmund

钢铁企业的合理化改造

资料来源：http://howardchanxx.net/?p=300

工业区内鲁尔大学的创建

资料来源：http://editorial.quanjing.com/imgbuy/c17-1441800.html

鲁尔区城市新面貌

资料来源：https://de.wikipedia.org/wiki/Bundesautobahn_40

**吸引资金和技术，大力扶持新兴产业**

德国政府 1979 年开始有意识地在当地发展新兴产业来掌握结构调整的主导权。为优化投资结构，北威州规定，凡是生物技术等新兴产业的企业在当地落户，将给予小型企业投资者 18%、大型企业投资者 28% 的经济补贴。生物技术、信息、电信等“新经济”工业因优惠的政策加上强有力的扶持措施在鲁尔区逢勃发展。统计数据显示，目前北威州从事数据处理、软件及信息服务的企业就超过 11 万家，电信公司 380 多家，其中的绝大多数位于鲁尔区内。

鲁尔区在产业结构调整的过程中还十分重视扶持有创新能力的中小企业，不断加大对中小企业科研和开发的支持力度。为了促进和加强中小企业与科研机构的合作，政府制定了鼓励向科技中小企业进行风险投资的计划以及联合研究和创新计划。中小企业凭借自身的优势，为安置产业结构调整中的大量失业人员做出了自己的贡献。

新兴产业园区

资料来源：http://www.quanjing.com/imginfo/iblblo01343722.html

新兴产业园区

资料来源：http://www.quanjing.com/imginfo/iblblo01343722.html

新兴产业园区

资料来源：http://www.quanjing.com/imginfo/iblblo01343722.html

埃森的关税同盟煤矿工业区改造

资料来源：http://blog.sina.com.cn/s/blog_63ef3b4e0100kgf7.html

**研发工业文化旅游项目，促进空间的功能更新**

发展以旅游业为主导的服务行业也是鲁尔区转型的重点策略之一。鲁尔区把旅游资源的开发投向那些工业化时代留下来的大批厂房、车间和机械构架等工业纪念遗址。政府投资鼓励当地大批工矿改造成文化活动场所，形成风格独特的工业化历史博物馆，以此带动旅游服务业。埃森煤矿在 1984 年因入不敷出被迫停产，北威州政府没有拆除占地广阔的厂房和设备，而是买下了全部的工矿设备，邀请世界各地的艺术家和建筑师对其进行改造。

## 启示意义：

鲁尔区结构转型的经历是全球范围内的典范，对于我国众多在计划经济年代形成的老工业基地与改革开放后兴建的工业区转型和更新均有借鉴意义。这些地区的经济在一定时期快速发展，但也都随着内外部环境的变迁而逐渐“老化”，面临或即将面临产业结构转型的压力。如何冲破既有模式的制约，促进新的发展模式确立，使其适应新时代发展的新需求，鲁尔工业区改造提供了诸多可供参考的成功经验。

北杜伊斯堡景观公园

资料来源：http://design.yuanlin.com/HTML/Opus/2014-12/Yuanlin_Design_8915.HTML

奥伯豪森贮气罐

资料来源：http://blog.sina.com.cn/s/blog_55acb57b0100g1h0.html

鲁尔区博物馆

资料来源：http://blog.sina.com.cn/s/blog_599951d10101bdmx.html

## 参考文献

[1] 莫蕾钰 . 德国鲁尔区复苏的启示 [J]. 中国高新区 ,2004,09:64-65.

[2] 卢为民 . 德国鲁尔区：以区域整治推动土地二次开发 [J]. 资源导刊 ,2015,09:56-57.

# 英国曼彻斯特：整体主义思维下的老工业基地转型

Post-industrial Transformation of Traditional Industrial Areas under Idea of Holism, the Case of Manchester, UK

大曼彻斯特地区内部行政区划图

资料来源：根据曹晟，唐子来．英国传统工业城市的转型：曼彻斯特的经验 [J]. 国际城市规划，2013, 28(6):25-35. 绘制

案例区位：英国曼彻斯特（Manchester, UK）

人口规模：约 270 万（2012）

案例范围：曼彻斯特城区，包括曼彻 · 斯特中心城和索尔福特

（Great Manchester, including Manchester city and salford.）

城市职能：英格兰西北区的综合性中心

专业类型：城市更新

建设时间：1980 年代后期至今

## 案例创新点：

曼彻斯特作为英国工业发源地之一，在“二战”之后随着航运业和棉纺业等传统工业的式微，陷入严重的经济衰退。为了应对经济、社会、空间危机，曼彻斯特于 1980 年代末期开始采取大规模的城市复兴战略。通过数十年持续的城市更新，今天的曼彻斯特已经不仅仅是英国西北区的中心，同时也跻身欧洲 10 个最有活力的商务中心和全球 50 个顶级会议中心行列，成为老工业基地转型的典型代表。曼彻斯特城市转型的创新核心在于摈弃了大项目导向的粗线条转型更新模式，通过持续渐进的方式，有效统筹产业、居住、文化、环境、空间等城市发展各方面要素，有机整合曼彻斯特中心城区和索尔福特两大片区，探索了一个基于整体主义思维的、从传统工业化到后工业化的转型道路。

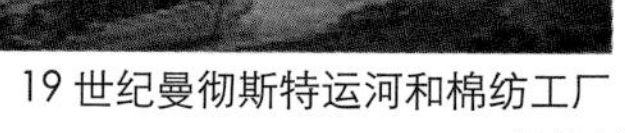

19 世纪曼彻斯特运河和棉纺工厂

污染严重的曼彻斯特

资料来源：https://en.wikipedia.org/wiki/Manchester

## 案例简介：

从1980年代后期开始的曼彻斯特城市转型复兴经历了一个持续漫长的过程。曼彻斯特城市的转型复兴主要侧重在旧城中心和索尔福特码头的更新，打造新的刺激点，带动整个城市的转型复兴。曼彻斯特市中心地区不仅是曼彻斯特的历史中心，也是曼彻斯特在工业革命时代辉煌的见证，是一个拥有着丰厚历史和文化内涵的地区。索尔福德码头地区始建于1894年维多利亚女皇时期，位于曼彻斯特西部、中心城区的上游地区。作为曾经的英国第三大港口，索尔福德码头地区曾经是大量工业和仓储设施集聚的工业片区，也是英国滨水港区转型的典型。

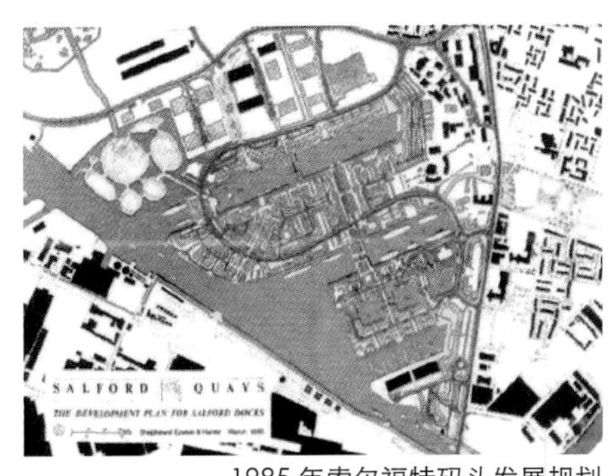

1985年索尔福特码头发展规划

资料来源：曹晟，唐子来．英国传统工业城市的转型：曼彻斯特的经验[J]. 国际城市规划，2013, 28(6):25-35.

### 1980年代——大型地产项目带动空间改造

这一时期曼彻斯特面临的主要问题是工业衰退后城市中心地区土地和建筑废弃、人流减少、区内活力下降，因此，政府决定通过设置强势的机构，以大型地产项目带动空间的更新转型。如成立曼彻斯特中心开发公司，在中心地区实施了很多大型更新项目，包括将中央火车站改造为G-MEX展览中心，并形成了持续的办公和酒店建设热潮，大量高品质的办公建筑建成。住宅项目的推进也十分顺利，部分项目尝试性地将仓库改造为公寓，部分用于出售，还有部分则用作保障性住房。而索尔福特码头地区更是被政府整体买下，制定地区发展规划，该规划鼓励住宅、办公、休闲和娱乐等功能的混合开发，尤其强调了滨水地区发展观光旅游的潜在可能。

曼彻斯特中心火车站改造前后

资料来源：曹晟，唐子来．英国传统工业城市的转型：曼彻斯特的经验[J]. 国际城市规划，2013, 28(6):25-35.

### 1990年代——打造多元化功能复合的中心

这一时期，尤其是1996和2000年奥运会申办活动给曼彻斯特带来了巨大的机遇，大规模的私人资本投入到旧城老工业地区的更新中。其后，英国政府的千禧年计划为城市发展带来了新的契机。城市中心区的规划目标是要打造一个新的城市中心节点，以整合城市的商业、居住、文化娱乐等多种功能并赋予该区域新的生机和活力。规划的重点是恢复并强化城市零售中心的地位，形成一个具有多元化经济基础的中心地区，通过搬移部分建筑创造出新的城市空间轴线和节点。而在索尔福德码头，千禧计划启动了洛瑞工程项目，该项目集合了购物、休闲、宾馆、餐饮和住宅等多项工程，包括一个包含剧院、音乐厅、美术馆等设施的艺术文化演艺中心，一个大型的室外公共活动场地洛瑞广场和一座横跨艾威尔河联系对岸特拉福德地区的人行桥，一个由商场、电影院、餐厅、咖啡、私人健身俱乐部、停车楼组成的大型购物中心，以及一个由三幢写字楼组成的数码世界中心办公区。曼彻斯特市用了六年时间彻底完成了城市中心的复苏工程，同时索尔福德码头地区的洛瑞工程在2001年落成后也取得了广泛赞誉，奠定了该地区在发展商务办公和文化休闲方面的较强吸引力和发展优势。同时，滨水地区数码产业发展为2000年以后曼彻斯特在文化创意产业和媒体产业的快速发展打下了基础。

重建后的曼彻斯特中心

资料来源：http://www.rudi.net/

洛瑞项目改造后的八号码头

资料来源：曹晟，唐子来．英国传统工业城市的转型：曼彻斯特的经验[J]. 国际城市规划，2013, 28(6):25-35.

## 2000 以后——文化创意与媒体产业导向的发展转型

经过 10 多年的开发建设，曼彻斯特市中心区核心地区的建设已经基本完备，开始向周边原本发展条件较差的地区拓展。这一时期，曼彻斯特地方政府以“创意产业之都”为目标，要求城市能提供一个有特色、有吸引力和高品质的中心网络，强化地域的识别性，能够就近为居民提供基本服务和健康饮食。中心地区被划分为多个特色子区域进行开发，不同的城市子区域有着不同的功能侧重，意在强化一个多元复合、具有全球化吸引力的城市中心。

索尔福德码头地区也响应创意产业之都的要求，确定了未来的发展定位——成为具有全球影响力的创新、创意中心，一座英国的媒体城（Media City）。根据索尔福特码头发展规划，预计到 2020 年，这里将吸引高达 15.9 亿英镑的投资，其中约 88% 为私人投资。媒体城项目的实施将为索尔福德码头地区带来每年 15 亿英镑的产值，15500 个就业岗位（预计 2030 年将达 2.8 万个），70 万 $m^2$ 新建或翻新的办公、零售和住宅物业，以及可容纳多达 1150 个从事创意及相关业务的企业。

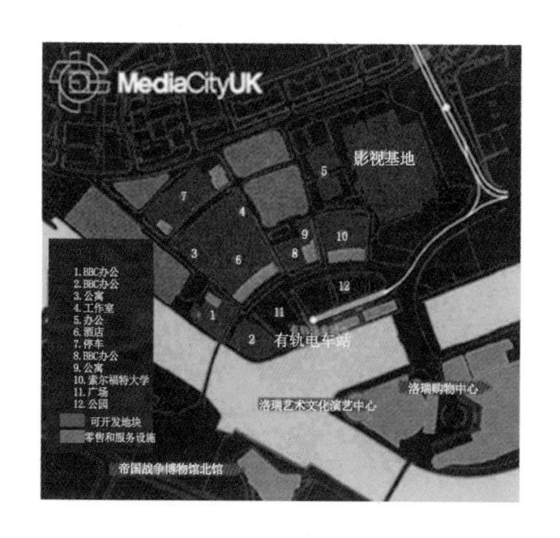


| 功能类型 | 数量 |
|---|---|
| 办公楼（提供给 BBC、ITV 及索尔福德大学等） | 6500$m^2$ |
| 高清演播室（包括欧洲最大的高清演播室和一个英国广播公司爱乐乐团的专用演播室） | 23200$m^2$ |
| 住宅 | 378 套 |
| 假日酒店 | 218 床 |
| 餐厅、咖啡和超市等休闲设施 | 超过 1400$m^2$ |
| 停车位 | 2200 个 |

索尔福特码头媒体城一期的规划指标与功能布局

资料来源：曹晟，唐子来 . 英国传统工业城市的转型：曼彻斯特的经验 [J]. 国际城市规划，2013, 28(6):25-35.

曼彻斯特街景

资料来源：http://www.cits-sz.net/raiders/772.html

## 启示意义：

### 规划引导——对核心战略空间资源的有机、高效利用

曼彻斯特街景

资料来源：https://jtly3.package.qunar.com/user/detail.jsp?id=2225468699&abt=a

抓住战略性空间资源：在宏观的历史文脉格局上，从滨水码头岸线的基本形态，到中心城区内街区的肌理结构，都得到了较好的保留，从改造后留存的空间肌理便可以直接体味出其历史变迁的过程。在微观层面，历史文脉体现在大量代表不同时代特征的建筑物、构筑物上，如桥梁、厂房、仓库、铁轨等。这些设施被赋予了全新功能之后，成为城市中重要的文化吸引点。

多元混合的功能开发：在城市土地更新的功能方面，曼彻斯特的历次地方规划均强调了功能的混合与平衡，尽可能追求办公、居住、公共设施和开放空间在土地利用和建筑容量上的相互匹配，从而创造出一个始终具有活力和吸引力的城市空间。同时，城市空间形态也呈现出多元化的特征，中世纪古典建筑、近代工业建筑、现代建筑的形态多元交织。

重点关注公共空间的品质：各个开发项目均把公共空间的塑造放在极其重要的位置，着重于打造高品质、人性化、开放包容的公共空间。

### 实施策略——全面完善的实施机制、政策框架与财政支撑

城市转型是一个复杂的系统工程，需要制定一个全面的执行框架，并对其中的复杂问题有足够的理解力，从而能够将长远发展构想、实质发展计划、一系列经济社会措施和建设工程整合起来。这个框架需要各方支持，包括主要工程实施的行动计划、可行的财务资金计划和运营计划。在此基础上，还要有完善的监测与评估机制。

在此基础上，曼彻斯特的更新通过一个运行良好的土地再开发机制，以私人投资的地产项目推动城市弃置土地的更新，是曼彻斯特城市转型的主要途径。

曼彻斯特城市天际线

资料来源：https://en.wikipedia.org/wiki/Manchester

## 参考文献


[1] 曹晟，唐子来 . 英国传统工业城市的转型：曼彻斯特的经验，国际城市规划，2013 28 (6):25-35.

[2] 杨东峰，殷成志 . 如何拯救收缩的城市：英国老工业城市转型经验及启示，国际城市规划，2013，28（6）：50-56.

# 西班牙巴塞罗那“触媒城市主义”式的城市更新

Urban Regeneration Through Catalysis Urbanism in Barcelona, Spain

案例区位：西班牙加泰隆尼亚自治区
规划时间：1980 年～至今
人口规模：161 万（2012）
规划范围：巴塞罗那市域
城市职能：加泰隆尼亚自治区首府
专业类型：城市设计、城市政策

**案例创新点：**

自 1979 年西班牙迈向民主化开始，巴塞罗那从一个工业化大城市转变成一个富含活力和竞争力的欧洲大都市，其成功的关键在于利用一系列要素来促成城市结构发生持续、渐进的再生，刺激并引导出一系列后续的发展。这些要素作为有限但可及的远景目标起到了类似于化学催化剂的作用。从 1980 年开始，一系列脉络清晰、前后呼应、宏观与微观互相配合的城市发展策略被几位“城市建筑师”提出并付诸实施，它们包括：1980 ～ 1990 年的“城市针灸”计划，1986 ～ 1992 年的奥运园区及其周边都市更新，1992 ～ 2004 年的文化事件推动的城市开发，以及 2001 年至今的 22@Barcelona 计划。每一阶段，担任触媒的要素各不相同。

高迪设计的巴塞罗那 Güell 公园
资料来源：https://c1.staticflickr.com

东向鸟瞰，远景为福斯特设计的阿格巴大厦
资料来源：Senatsverwaltung für Wirtschaft, Technologie und Frauen. L'habitatge a Barcelona 2008-2010: Pla d' Habitatge de Barcelona 2008-2016[R]. 2010.

**案例简介：**

1979 年巴塞罗那取消戒严，通过选举 产生的新政府为弥补长期以来政治压制导致的城市发展停滞，决定展开大胆的城市建设实验，并任命 Oriol Bohigas 为首任城市建筑师。城市建筑师必须具备杰出的专业能力，同时也扮演着整合各部门资源的角色，促使他们朝着共同目标前进，让决策和方案落实更有效率。城市建筑师肩负的任务包括：

1. 提出“城市转型模型（City Transformation Model）”和城市发展策略；
2. 提出推动战略发展的“城市项目（ Urban Project ）”；
3. 为城市发展项目的整合与管理建立一套有参考性的标准；
4. 通过政府各部门间的横向整合，管理监督都市发展项目的推动。

Plaza Lesseps 鸟瞰

资料来源：http://1.bp.blogspot.com

**“城市针灸”推动下的城市转型**

“城市针灸法”是由城市建筑师 Bohigas 提出的城市转型战略。通过在城市衰败地段重点植入公共开放空间，使之成为本地地标，可以改善公共卫生，减轻拥挤的居住环境和有限的公共服务带来的压力，从而重建社区居民信心，传达本区逐渐转型的信号。这些公共空间建设分散于巴塞罗那十个城区，其选址并不刻意区分城区的社会经济与物质环境差异。它们局部改善了社区的生活品质，吸引新人口到来，逐渐活化了整个社区，引发了街区再生的良性循环。其中一些项目是已有公共场所更新和修复，如 Placa Reial、Parc Güell，但大部分是新的城市空间提升措施且集中于社区层面，如 Parc del Clot, Placa de la Palmera。

在实行“城市针灸法”的十年间，共创造了 400 多个小型开放空间，在短期内提升了城市的空间品质。这一城市项目启动初期以小型和常规的公共空间建设居多，在后期阶段，城市更新已开始转向到居住和交通条件的公共品质提升上，并成为当下巴塞罗那城市建设的主要议题。

Parc del Clot 鸟瞰

资料来源：http://i.imgur.com/BCHOT4E.jpg?1

Plaza dels Paios Catalans

资料来源：https://c1.staticflickr.com

1992 年奥运会开幕式场地
资料来源：https://www.hottomali.com/blog/wp-content

Polenou 海滨公园（奥运村）
资料来源：http://ajuntament.barcelona.cat

巴塞罗那 2004 文化论坛推动的新一轮海滨公共空间开发
资料来源：https://upload.wikimedia.org/wikipedia

**奥运园区及其周边城市更新**

接替 Bohigas 出任城市建筑师的 Josep Acebillo 主导了奥运园区及其周边区域的城市更新。1992 年的奥运会为巴塞罗那的城市更新带来新的契机，这一城市更新战略除了建设位于 Montjuic 山的会场外，还包含了奥运村与奥运港区规划。奥运村被设置在旧滨海工厂区，配合沿海铁路线拆除、现状道路改造等措施，整理出混合了商业、办公、娱乐、服务、餐饮、主题公园等多样功能的滨海新城市公共空间，城市与港区的关系也被重新梳理。通过这次大型赛事的举办，整个滨海区得以成功转型，蓬勃发展，成为国际级的观光旅游度假地。

**1992～2004 年艺术城市营销与跨越式发展战略**

奥运会结束后，巴塞罗那市政府以文化及公共建设为核心，积极投入改善公共建设，加强公共艺术推广。市政府努力争取举办各类大型国际文化艺术活动，并以其作为城市营销的机会，带动地方的建设发展和繁荣，以文化艺术建筑大城，营造“巴塞罗那经验”。在巴塞罗那举办的各类大型文化活动包括 1992-1999 年间的巴塞罗那港区更新活化计划，2004 年的世界文化论坛活动。

**2001 年至今，“22@Barcelona”计划**

2000 年巴塞罗那市议会通过一项新的城市更新决策，期望将旧工业区 Problenou 改造成高科技和创意产业园区，带动城市转型，该项计划即为“22@Barcelona”。Poblenou 区原为巴塞罗那最大的工业区，被誉为“西班牙的曼彻斯特”，随着该区原主要产业纺织业转移，这里逐渐失去活力。“22@Barcelona”通过大规模保留旧建筑物、容积率奖励、科研与产业结合，以及政府管理跨部门整合等一系列措施促进这一旧工业区再生。从 2000 年运营至今，这里已创造了将近 56000 个工作机会，成功转型为以知识经济为产业体系的新的城市经济增长引擎。

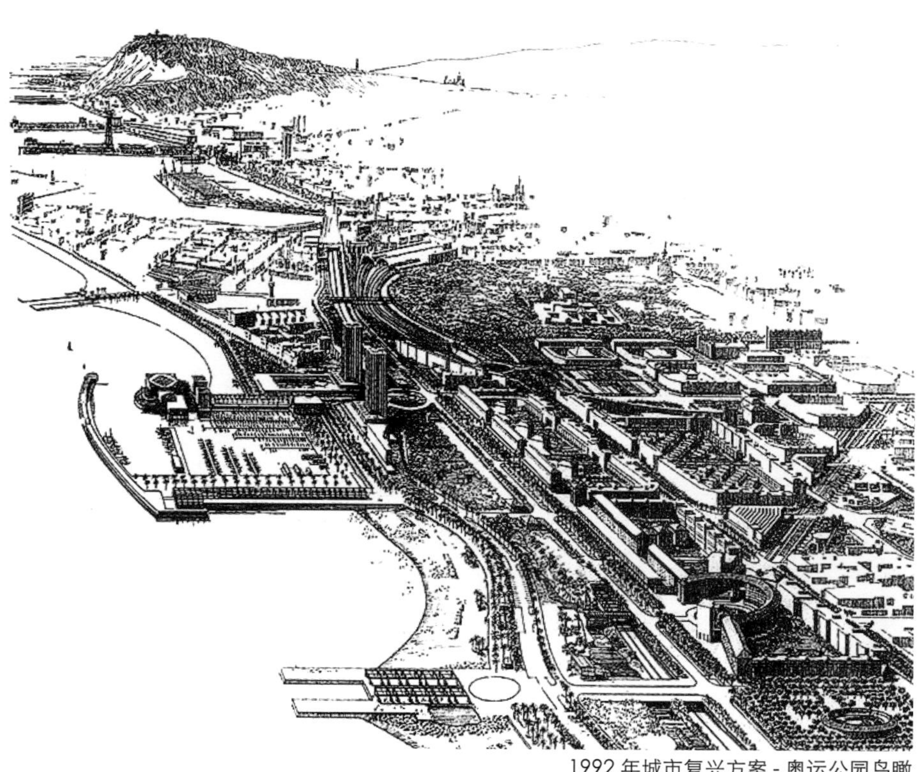
1992 年城市复兴方案 - 奥运公园鸟瞰
资料来源：http://lh5.ggpht.com/

## 启示意义：

20 世纪 80 年代以来，巴塞罗那逐渐脱离工业城市的发展模式，在竞争激烈的全球化浪潮下找到自我定位。在不同的历史时期，城市能找到不同的转型模式且能达成其预设的目标，因而被称为“巴塞罗那模式”。实现这一成功关键原因之一，在于巴塞罗那利用了“城市触媒”作为引导城市发展的要素，它们或是城市公共空间，或是奥运会，或是各类大型国际文化艺术活动，或是推动科技与文化创新 22@Barcelona 项目。总体而言，这些城市触媒都呈现了如下一些特征：

（1）新要素的引入能够激发区域中现存要素的响应。城市触媒并不局限于经济要素，也可以是社会、法律、政治、文化等方面的要素；

（2）城市触媒能提升现存要素的价值，或者以积极的方式对其加以改变，新要素不会摧毁或贬低旧要素，反而可以补充完善旧要素；

（3）触媒反应应该可控，不应损害原有的城市环境内涵。而仅仅释放其催化能量是不够的，还必须控制和疏导催化能量；

（4）触媒必须是经过深思熟虑、深入理解、可接受的结果；

（5）催化反应并非事先预测好的，没有一种模式可以适应所有情况；

（6）触媒设计是影响城市未来形态的战略决策，不是简单干预而是精心策划的结果；

（7）触媒的整体反应效果需大于各部分反应效果集合；

（8）反应之后的触媒并没有被消耗掉，仍具有可识别性，其独特个性的存在丰富了整个城市的内涵。

除了采用“触媒城市主义”的城市更新方式，巴塞罗那特有的城市建筑师制度也是支撑 30 多年来城市更新成功的制度保证。具有宏观视野、在学界和实践界有丰富人脉声望的城市建筑师能保证资源的集中整合，在不断变化和调整的全球环境下为城市发展找到可行的方向，并保持了各个阶段发展策略的连续性和完整性。

1928 年的 Poblenou 区

资料来源：https://produccionslallacuna.files.wordpress.com

Poblenou 区鸟瞰

资料来源：http://suitelife.com

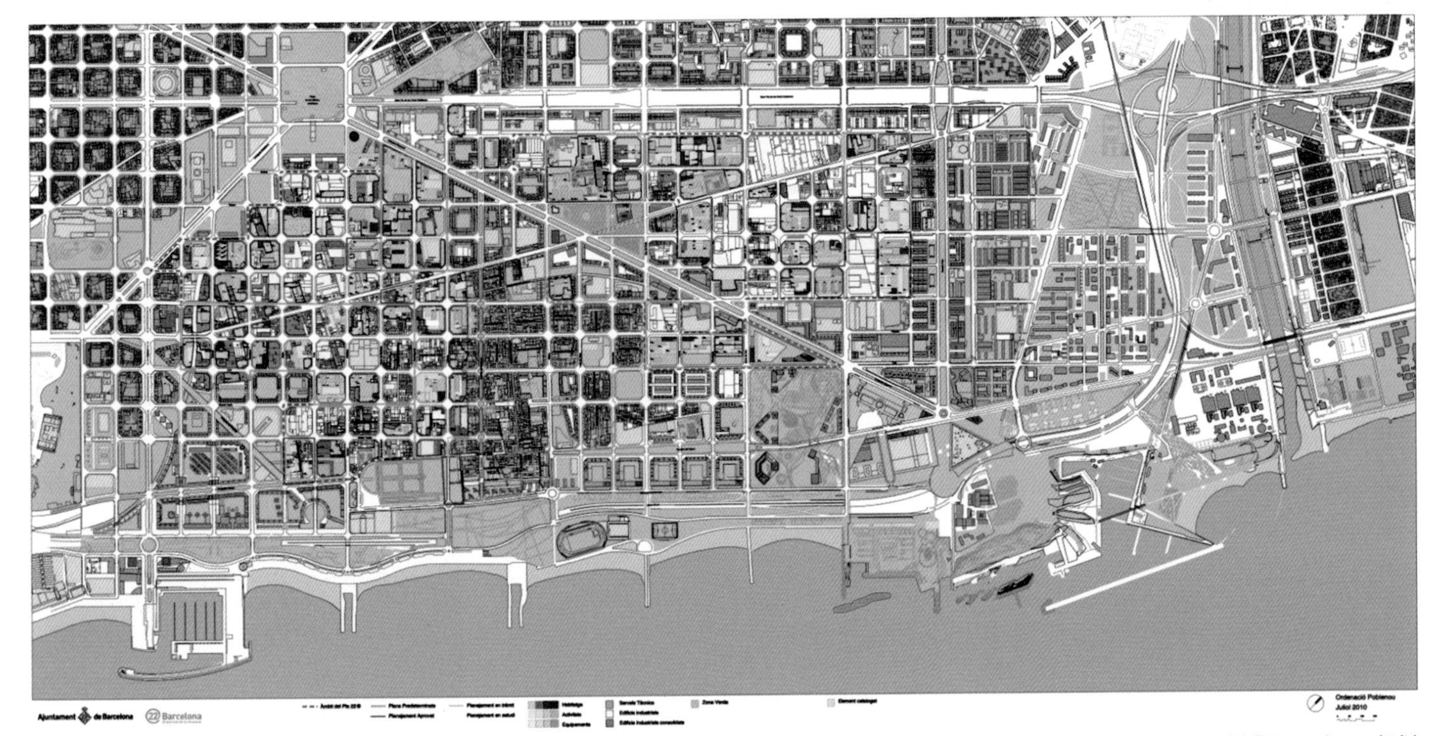



22@Barcelona 规划

资料来源：http://www.barcelona.cat

## 参考文献


[1] 林崇杰 . 都市再生的 20 个故事 [M]. 台北市都市更新处，2014.

[2] 杨继梅 . 城市再生的文化催化研究 [D]. 同济大学，2008. 13.

# 澳大利亚墨尔本城市再中心化

The Re-centralization of Melbourne City，Australia

项目地点：澳大利亚墨尔本
区位类型：城市中心区 CBD
项目规模：2.4km$^2$
建设时间：90 年代至今
项目收益：连续五年位居《经济学人》杂志“全球最宜居城市”榜首，2012 年 CBD 就业位度（CBD 就业岗位占全市就业比重）达 11%。

**案例创新点：**

墨尔本城市在将近 20 年的再中心化过程中，除了采用传统的城市外扩、新建居住区的策略外，更多采取了在已开发区域进行城市更新再开发的方式，其成功的城市空间战略促进了消费，推动了第三产业的发展，在 CBD2.4km$^2$ 范围内提供了超过 22 万个就业岗位，其 11% 的就业首位度已接近国际先进城市水平，验证了城市空间可反作用于城市经济，甚至是促进或制约经济结构转型的决定因素的观点。

墨尔本市中心外扩

资料来源：http://www.heraldsun.com.au/news/victoria/melbourne-cbd-problems-and-solutions/story-e6frf7kx-1226006581232

新建住宅区

资料来源：http://digitalresult.com/view/16-yarra-river-in-night-wallpaper

区域再开发

资料来源：https://www.melbourne.vic.gov.au/SiteCollectionDocuments/zero-net-emissions-update-2014.pdf

## 案例简介：

作为澳大利亚第二大城市，墨尔本的城市建设史仅有 180 年。从 1970 年代开始，由于去工业化、郊区化等多重因素影响，墨尔本市中心人口快速外迁。80 年代末，伴随着房地产投机泡沫破裂，墨尔本市中心的空心化程度达到顶峰，每天下午五点过后便基本是一座空城。为了改变经济危机导致的不利局面，政府开始实施一系列市场干预及刺激措施。

### 激活市中心街巷空间

墨尔本市政府制定了一系列策略促进商业零售的发展。其中最重要是由丹麦建筑师扬·盖尔和市政府城市设计总监罗博·亚当斯主导实施的长达十年的市中心公共空间策略，即塑造个性鲜明的公共空间以吸引人们回归市中心。扬·盖尔的理念是："建筑与街道的尺度必须以行人的活动为基准，城市尤其市中心应当营造适宜步行的、人性尺度的城市空间"。

政府通过城市设计的软性手段将墨尔本市中心那些原本用于垃圾清运、库房上下货且人迹罕至的街巷逐步改造为特征鲜明、适宜步行的公共空间。这些人性化尺度的街道与沿街建筑构成的独特城市空间，逐步演化为如今墨尔本最具特色的街巷，并孕育出了独特的街巷文化。

为激活街道公共空间，政府鼓励餐饮等服务业在严格遵守占道经营规划导则的前提下，占用道路进行户外经营活动。墨尔本的占道经营，不仅不影响街道的公共属性，反而使街道活力、公共安全通过消费者的聚集获得了大幅提升。

为了增添街巷特色、进一步聚集人气，政府推行了街头艺术执照策略。获得执照的街头艺人，可以在指定区域及时间内进行表演；而街头画家则可以在获得业主许可的前提下，在其建筑外墙上创作绘画作品。

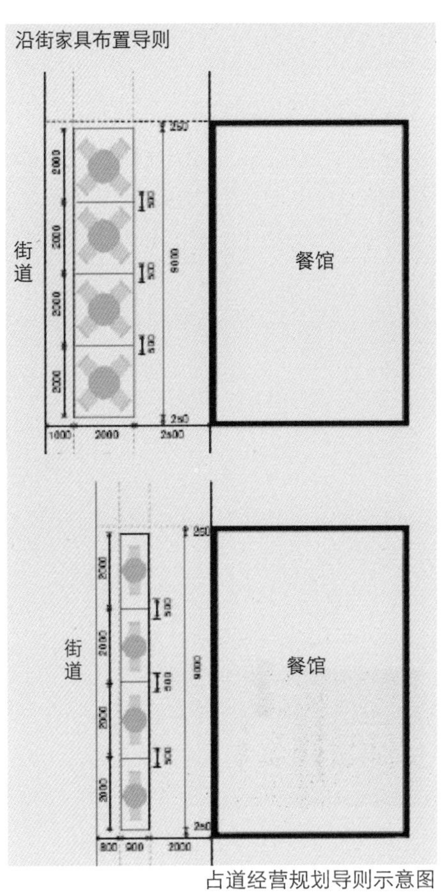

占道经营规划导则示意图

资料来源：Outdoor cafe guide.http://www.melbourne.vic.gov.au/business/permits-and-approvals/hospitality-businesses/Pages/outdoor-cafe-permits.aspx

街巷文化

资料来源：www.grayline.com

霍德尔路网

资料来源：http://www.thepaper.cn/newsDetail_forward_1417601

街头艺术

资料来源：http://www.thatcreativefeeling.com/melbournes-street-art/

墨尔本市中心街巷分布图

资料来源：《人的场所》（Places for People），墨尔本市政府及盖尔建筑事务所（Gehl Architects），Sarah Oberklaid 绘制，2004 年

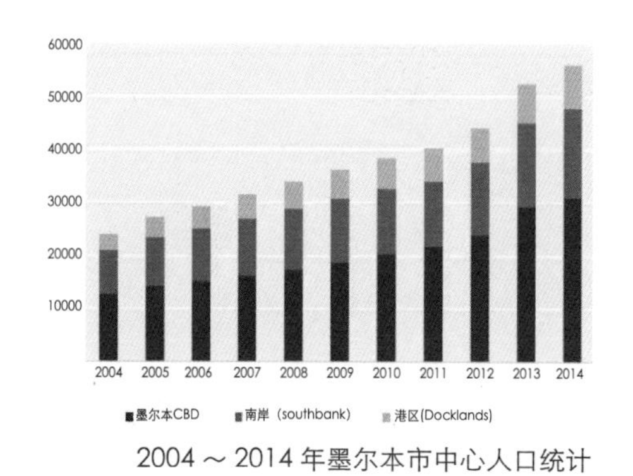


2004 ～ 2014 年墨尔本市中心人口统计

资 料 来 源：Australia Bureau of Statistics (2015), 3218.0 Regional Population Growth,Australia, @.nsf/mf/3218.0/

### 市中心外扩及功能调整

受 1990 年代初墨尔本去工业化的影响，原先聚集于 CBD 周边的工业厂房、港口设施逐渐外迁，城市功能也随之快速调整。墨尔本市中心城市更新重点区域是紧邻 CBD 的南岸与港区。1990 年代初，南岸的工业设施外迁，代之以大量高层住宅拔地而起。港区再开发项目始于 1996 年，是墨尔本近 20 年来最大的城市更新项目，原有的港口及工业设施搬迁，新导入住宅、办公、商业开发，目前已有超过 80 万 $m^2$ 写字楼存量，吸纳就业人口近 4 万，常住人口超过 8 千。

随着南岸与港区这两大市中心城市更新项目不断推进，墨尔本市中心也逐步向外扩张，原先由经济危机导致的市中心衰败势头早已扭转，并成为墨尔本最具吸引力、最重要的城市核心区域。从 2004 ～ 2014 年的十年间，墨尔本市中心常住人口翻了两倍以上，并仍在迅速增长。

墨尔本市中心城市更新重点区域

资料来源：http://www.eat78.net/minshengweiquan/182441.html

墨尔本港区开发现状

资料来源：http://www.jiuchacha.com/index.php/article/info/9814

初步开发完成的南岸

资料来源：http://www.eat78.net/minshengweiquan/182441.html

### 引入居住功能

在原有 CBD 区域，政府通过将空置的写字楼改造为公寓并新建公寓楼以吸引人们回归市中心居住；在南岸与港区这两个重点的城市更新区域，随着人口不断增长，墨尔本市政府引导开发商开发高层住宅。市中心公寓供应量的加大，为向往便捷都市生活的人们提供了更多的居住方式选择。

## 启示意义：

墨尔本城市再中心化充分利用了市中心区域已有的空间和基础设施配套，围绕其周边区域适度开发住宅，不仅可以最大限度利用现有设施，更可以节省大量基础设施投资开支。墨尔本以激活第三产业为触媒的再中心化发展策略，与城市存量资产的盘活、人性化尺度的公共空间塑造密不可分，推行“小地块，窄路网”、营造适宜步行的街巷空间，既给中小企业提供现实的生存空间，又塑造了人性化的城市空间。由此可见，服务人、留住人才是一座宜居之城应秉承的理念。

人性化的城市空间

资料来源：http://www.remotetraveler.com/melbourne-australia/things-to-do/

## 参考文献

[1] 张乃戈 . 墨尔本 CBD：宜居之城的核心（下）[EB/OL]. http://www.eat78.net/minshengweiquan/182441.html

[2]Outdoor cafe guide[EB/OL]. 墨尔本市政府网站 . http://www.melbourne.vic.gov.au/business/permits-and-approvals/hospitality-businesses/Pages/outdoor-cafe-permits.aspx

[3] 张乃戈 . 人性尺度 : 墨尔本城市公共空间的重塑 [J]. 宁波经济 ( 财经视点 ),2016,05:44-45.

[4] Places for People Establishing A Platform of Evidence to Shape Melbourne's Future [EB/OL]. 墨尔本市政府网站 . http://www.melbourne.vic.gov.au/SiteCollectionDocuments/places-for-people-2015.pdf

[5] 凯文 · 奥康纳 , 陈明 . 墨尔本大都市区战略规划的历史经验和现行实践 [J]. 国际城市规划 ,2008,05:3-10.

# 比利时安特卫普：世纪之都结构规划

Antwerp: The Structure Plan of The 21st Century City

项目地点：比利时安特卫普
规划时间：2003 年 -2006 年
项目规模：全市域（140km$^2$）

**案例创新点：**

比利时安特卫普结构规划旨在通过对城市空间结构的重新设计，为一个数十年饱受人口问题及行政管理问题制约的城市建立新的美好图景。项目利用七种形象、五种策略用地的全新分类方法阐述安特卫普现状与规划，指导结构规划的概念设计与实施。规划结果有效地遏止了城市衰退，促进了城市产业的成功转型、居民社区的和谐共建。该结构规划由于其突出贡献而获得“国际城市规划师学会卓越规划奖”。

安特卫普是重要的工业城市
资料来源：http://www.total.com/en/energy-expertise/projects/refining-petrochemical-platform/antwerp-industrial-efficiency

安特卫普是重要的港口城市
资料来源：Port of Antwerp.http://www.seanews.com.tr/images/article/2015_04/146711/antwerp.jpg

安特卫普本土居民与外国移民共居
资料来源：http://dimg05.c-ctrip.com/images/fd/tg/g5/M03/3F/CB/CggYsVbW4DOARzVAAAZILi1Qxzk623_R_1024_10000_Q100.jpg

## 案例简介：

安特卫普是比利时重要的工业城市和最大的港口城市。它自1970年代起经历了剧烈的移民潮，本土居民一部分离开城市，一部分留下与移民分区而居，造成了城市物理形态上的社会、民族的隔离。政府的管理措施不当，更加剧了城市的隔离与衰退。

为了打破城市的自我隔离，遏止城市的退化，实现城市的成功转型，安特卫普结构规划应运而生。规划着眼于对城市空间结构的设计，进一步促进经济社会的转型。根据城市自身的特点，规划将安特卫普解释为七种形象并划分为五种策略用地，以此分类指导结构规划的概念及操作。同时该项规划还被视为开启民智的工具，在一些项目设计中引导公民参与。

“水流之城”

资料来源：http://app.myzaker.com/news/article.php?pk=5689e6679490cbea72000095

### 作为主体框架的七种形象

七种现象在结构规划中作为主体框架，为政策制定与设计策划提供依据。

| 七种形象 | 描述 |
|---|---|
| 水流之城 | 对城市水系以及斯凯尔特河重新解读，把斯凯尔特河看作是城市的重要结构要素，探讨河流与城市的关系。 |
| 码头之城 | 此两项描述了新旧城市港口以及轨道交通的意义，它们是理解比利时之前的国土规划政策的必要环节，这两个形象说明了城市基础设施的实际规模。 |
| 轨道之城 | |
| 生态之城 | 此概念包含开放空间与生态基础设施，探讨如何解决当代社会环境问题以及满足绿色生活的需求。 |
| 多孔之城 | 此项是从不同层级的城市肌理以及大面积空旷的产业空间的角度研究城市的空隙空间。 |
| 村镇与都会 | 此两项将安特卫普置于宏观层面探索其在当代的条件：它是欧洲人口最多的地区之一，城市扩张的现象也更加显著。 |
| 特大城市中的安特卫普 | |

资料来源：根据 Giulia Fini，Nausica Pezzoni. The Antwerp structure Plan: A new planning language for the twenty-first century city[J]. Urbanistica，2011(148):91. 整理

“生态之城”

资料来源：http://photo.zhulong.com/proj/detail127297.html

“村镇与都会”

资料来源：http://blog.sina.com.cn/s/blog_13662a72b0102vaty.html

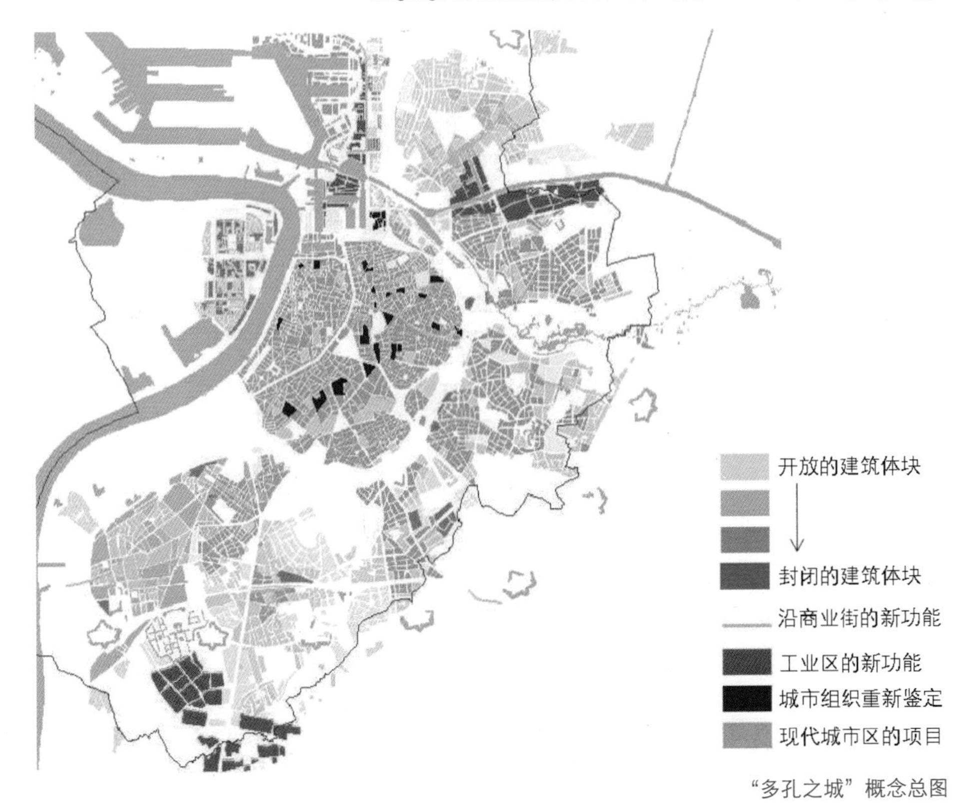


“多孔之城”概念总图

资料来源：Antwerp：a structure plan.http://www.ruimtelijkstructuurplanantwerpen.be/downloads/presentatie_sRSA.pdf

**作为结构设计对象的五种策略用地**

五种策略用地并非涵盖城市的全部范围，而是选取了各具特色的一些特定地点。

| 五种策略用地 | 描述 |
|---|---|
| 城市硬骨 | 指的是有着高密度人口、活动、服务的中心地带。它沿河呈线型或杆状分布。斯凯尔特河为安特卫普带来的独特身份感仍显不足，因此城市需要发掘与河流的当代新关系。 |
| 城市软骨 | 是指以水源和植被为主的自然区域，它们浸润着城市的各个部分，也将城市各部分与安特卫普境内主要的自然元素相连。结构规划依靠城市软骨加强了开放空间系统，提升了市民生活环境品质。 |
| 低层网络与市民中心 | 是指由林荫道、公路、电车系统以及小径编织成的“网”，好似一块吸纳了城市运行方式的海绵。它是城市全境内主要的连接结构。其间的市民中心负责容纳大量的服务与活动。 |
| 城市绿带 | 主要是内城路边景观空间，由大面积开放空间和未定义空间构成。这些空间为城市环路系统的转型以及繁重交通造成的内外城隔离的打破提供了机会。它展现了崭新的城市特性与品质，确立了街区之间的新关系，建立了坚实的生态结构。 |
| 生机之河 | 同样是指沿河地带，不过主要着眼于重新思考工业与其他活动之间的关系。 |

资料来源：根据 Alix Lorquet. Urban development in Antwerp : Designing Antwerp[EB/OL]. http://www.antwerpen.be/docs/Stad/Stadsvernieuwing/9746949_urbandevelopment_English.pdf. 整理

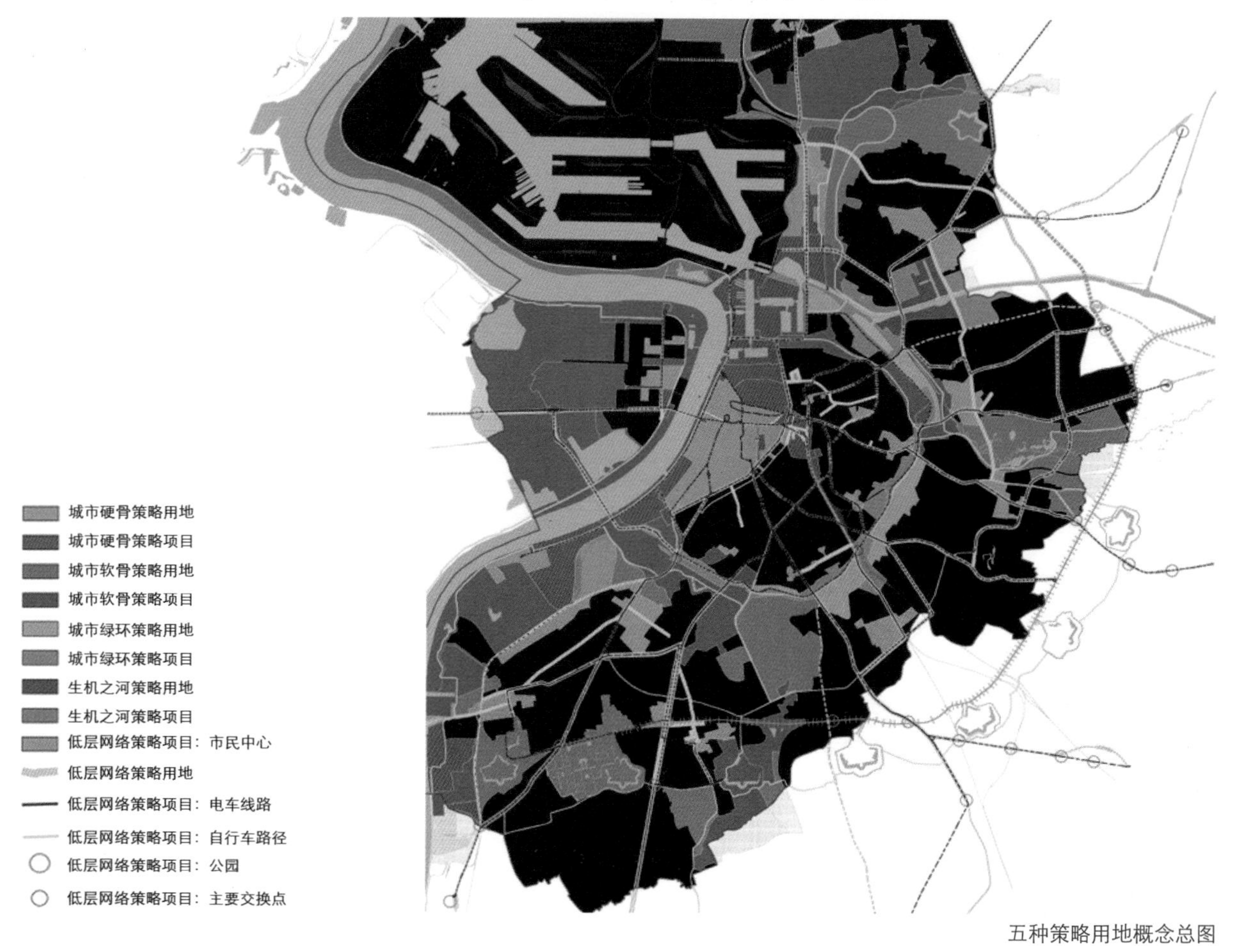


五种策略用地概念总图

资料来源：http://www.planum.bedita.net/the-new-urban-question-br-a-conversation-on-the-legacy-of-bernardo-secchi-with-paola-pellegrini-1

市中心所代表的“城市硬骨”空间

资料来源：https://www.baunat.com/zh/anteweipu-zuanshi-qu

城市“低层网络”中的轨道线路

资料来源：http://forum.xitek.com/forum-viewthread-action-printable-tid-401119.html

路边绿化所代表的“城市绿带”空间

资料来源：Alix Lorquet. Urban development in Antwerp : Designing Antwerp[EB/OL]. http://www.antwerpen.be/docs/Stad/Stadsvernieuwing/9746949_urbandevelopment_English.pdf

### 结构规划的行政管理与工程实施

结构规划中最重要的创新元素之一是安特卫普行政管理的重构。市政府通过整改技术装备和人员来主导转型进程，进行规划实践。专门成立了工作组，并由其制定了“总体政策”以建立连接组织来串联各个单项工程，每个单项工程的领导者都必须全方位地监管项目实施，行政部门在推动工程实施中扮演积极的角色，并以一个宏观的整体视角管控着结构规划各个部分工程的实施。

### 拓展规划设计者和居民对城市的认知

关于城市认知话题的策略分为两个方向：第一个方向是规划制定者对城市的认知水平的提升，第二个方向则着眼于借助该项目创造新的认知。关于当地环境的知识获得与深化依靠“实践出真知”，规划制定者们选择真正地生活在城市中，来感受城市的特性与生活中的问题；而关于创造新认知的工作，则通过居民参与的方式来实现，如以会议、汇报、讨论等形式，使相关居民通过项目工程重新认识自身，获得并创造更多更深的认知。

## 启示意义：

安特卫普结构规划切实有效地将宏观规划意图落实到城市建设中。该案例打破固有的传统思想，在行政管理与规划设计方法上开拓创新；突出城市设计在建设中的主导地位，在提出概念目标的同时，制定具体的管理控制方法；规划过程中，强调以人为本的思想，从民众意愿中提取思路与目标，公众参与程度较高。该项目对我国新一轮城市建设的总体城市设计工作具有启示意义。

## 参考文献

[1]. 热夫 · 范登布勒克，德里 · 威廉斯，邢晓春 . 安特卫普：一座再创造和再度活跃的城市 [J]. 国际城市规划 ,2012,03:36-41.

[2]. Giulia Fini，Nausica Pezzoni. The Antwerp structure Plan: A new planning language for the twenty-first century city[J]. Urbanistica，2011(148):91-92.

# 意大利博洛尼亚：从文化城市到创意城市

Bologna: From the Cultural City to the Creative City

项目地点：意大利博洛尼亚
建设时间：20 世纪 80 年代至今
项目规模：全市范围
专业类型：城市设计
区位类型：老城区

## 案例创新点：

意大利博洛尼亚政府的城市复兴，充分利用城市丰厚的历史文化，与城市发展和全局策略相结合，鼓励催化各种文化创意产业的发育和发展。博洛尼亚政府在进行整体策略制订时，不仅充分利用该地区的文化资源，同时也引入了文化规划的理念。在此思路下，博洛尼亚的国际影响力迅速提升，2000 年被提名为欧洲文化之都，2006 年被提名为世界音乐之城。

标志性的双塔
资料来源：http://travel.qunar.com/p-oi4573612-shuangta

圣白拓略大教堂
资料来源：https://www.douban.com/note/489483995/

## 案例简介：

2000 年，博洛尼亚被提名为欧洲文化之都，这作为博洛尼亚旧城复兴的一个契机，由“文化”引发了后续“创意”产业的发展。整体的复兴由文化规划引领，发展了文化与市场和城市品牌的关系，博洛尼亚的老城区不仅成为了城市的文化中心，还以大学研究所为依托，与市政府合作推出了诸多文化项目，创意产业蓬勃发展。复兴的具体措施首先是挖掘其独有的特色，注重历史内涵，把城市整体打造成一个品牌，并在经济方面设定目标，以使博洛尼亚具有更强的市场竞争力。

### 对老城空间进行保护与建设

博洛尼亚把老城区充分地保留下来，维护其历史的脉络与建筑形态，功能上则融入新的文化项目和创意产业。博洛尼亚在老区的复兴过程中实现了一种社会的连接：充分利用了历史老城区的空间特色，将文化创意和人们的日常生活密切联系起来。此外，对老城的保护并未阻碍现代化的进程，基础设施、必要的公共空间、高效的交通系统等规划建设方便了居民生活，为历史街区带来了新的发展。

博洛尼亚老城俯瞰

资料来源：http://baike.baidu.com/pic/%E5%8D%9A%E6%B4%9B%E5%B0%BC%E4%BA%9A/84808/0/d31b0ef41bd5ad6e27ab895085cb39dbb6fd3c3e?fr=lemma&ct=single#aid=0&pic=d31b0ef41bd5ad6e27ab895085cb39dbb6fd3c3e

马乔列广场

资料来源：http://blog.sina.com.cn/s/blog_a1e3fab00101cmox.html

海神喷泉

资料来源：http://blog.sina.com.cn/s/blog_a1e3fab00101cmox.html

城市柱廊

资料来源：http://blog.sina.com.cn/s/blog_a1e3fab00101cmox.html

城市鸟瞰
资料来源：https://www.douban.com/note/489483995/

**将文化价值发展为文化产出**

博洛尼亚是一座艺术和文化积淀深厚的城市，它拥有12个城市博物馆，1个国家博物馆，4个教堂博物馆，4个私人陈列馆，16所大学院校和1个犹太博物馆。在创意城市的建设中，博洛尼亚充分利用这些文化资源，然后把它变成一种文化产出。在这一过程中，博洛尼亚大学、各种文化协会、专家等均做出了很大贡献。

博洛尼亚大学建于公元1088年，为世界上最古老的大学，每年在著名Alma Master学院就读的上千名大学生给这座中世纪古城带来新鲜的活力。博洛尼亚城市以博洛尼亚大学为依托，借助他们的研究和创新发展了诸多文化项目。

博洛尼亚有许多的文化协会活跃在城市当中，这些协会定期或不定期举办的活动活跃了城市的经济。博洛尼亚的文化消费不仅拉动了经济，也提升了社会生活的质量，同时也增强了人与人之间的关系，促进社会更加和谐。

博洛尼亚拥有各个方面的专家，包括视听技术领域的专家、电影和数码的专家、音乐家、画家、表演艺术家等，以艺术设计带动了产业的发展。例如，兰博基尼、法拉利、玛莎拉蒂和帕加尼这些耳熟能详的超级跑车都是博洛尼亚大区诞生的艺术品，顶级的设计使得博洛尼亚成为著名的“汽车谷”。此外，博洛尼亚吸引了各种娱乐和文化服务方面的专业从业人员。顶级的专家与相关产业从业人员的较高素养，在城市的转型发展中起到了重要的作用。

室外庭院
资料来源：http://it.51liucheng.com/school/schooldetail.aspx?id=1120&t=

博洛尼亚大学拱廊
资料来源：http://www.tuyoujp.com/Replies_1130.html

博洛尼亚大学室内空间
资料来源 http://blog.sina.com.cn/s/blog_99fd66520101cm0n.html

街边商铺

资料来源：http://blog.sina.com.cn/s/blog_556b0fe40102v3t5.html

城市广场

资料来源：http://blog.sina.com.cn/s/blog_556b0fe40102v3t5.html

城市街景

资料来源：http://blog.sina.com.cn/s/blog_556b0fe40102v3t5.html

创造惬意的城市生活

在博洛尼亚路边或广场边不时出现各类餐厅和咖啡店。意大利人把博洛尼亚称为“胖子城”，因为这里的食物被公认为全意大利最美味和最地道的，无人不知的意大利代表食品——肉酱通心粉在意大利语中就叫做“博洛尼亚通心粉”。在这里，城市文化和创意与人们的日常生活紧密地联系在一起。

## 启示意义：

首先，政府部门需要在保护、开发与创意之间达到平衡。在城市规划过程中，要把创意元素容纳进去。第二，城市创意产业的推进需要充分尊重文化积淀，让传统文化焕发新的生机与活力，真正利用好先人给我们留下的遗产。第三，政府在建设创意城市的时候需要考虑市民的生活。博洛尼亚即是通过政府和市民的合作，市民参与决策，完成了高效成功的转型。如果一个城市能够建立一个系统，把市民生活和新的创意产业结合起来，并且加入社区概念，这样的创意城市才是根植于市民文化土壤的。

兰博基尼博物馆

资料来源：http://info.auto.hc360.com/2014/04/031052692191.shtml

杜卡迪博物馆

资料来源：https://lvyou.baidu.com/dukadibowuguan/photo-liangdian/

博洛尼亚的各色美食

资料来源：http://blog.sina.com.cn/s/blog_4902b69e0102vs9c.html

## 参考文献

[1] 罗伯托·格兰迪.从文化城市到创意城市 [J].杭州（生活品质版）,2011,02:30-31.

[2] 苏秉公.城市的复活：全球范围内旧城区的更新与再生 [M].文汇出版社，2011,08:182-190.

# 02

# 城乡区域协调发展

Coordinated Development Urban and Rural

城乡规划作为一项重要的公共政策，其一个重要的目标就是通过空间资源的配置来有效促进城乡、区域的协同发展与社会福祉。新世纪以来，全球劳动地域的重新分工以及交通、信息网络的飞速发展，促使全球诸多区域呈现出从等级化到网络化的演变态势；同时，这些区域的城镇化发展模式也从过去关注核心城市带动转变为更加兼顾城乡和区域整体发展，力求构建协调的城乡区域关系。

德国巴伐利亚、荷兰兰斯塔德、日本首都都市圈等，都是这方面的经典案例。它们的主要经验是：第一，建设完善的交通系统，形成高效运转的城乡区域网络，改善区域可达性，促进一体化联系，实现要素资源的自由流动；第二，充分发挥小城镇、新城等节点的职能，编织城乡区域紧密联系的网络；第三，关注功能品质内涵，不仅强调区域、城乡基于各自的特色塑造差异化功能，更强调区域内跨界合作、城乡之间功能协调互动。

此外，“二战”以后随着郊区化的发展，西方国家城乡关系发生了重大变化，乡村活力塑造与乡村复兴被高度关注。德国、法国、日本、韩国等国家和中国台湾地区在此方面因地制宜进行了创造性的探索，推动以村民为主体的社区营造，走乡村特色发展的产业路径，有效改善了乡村环境品质和生活服务。乡村不仅成为美丽的人居空间，也成为一些新经济、新业态成长的地方。

>> >

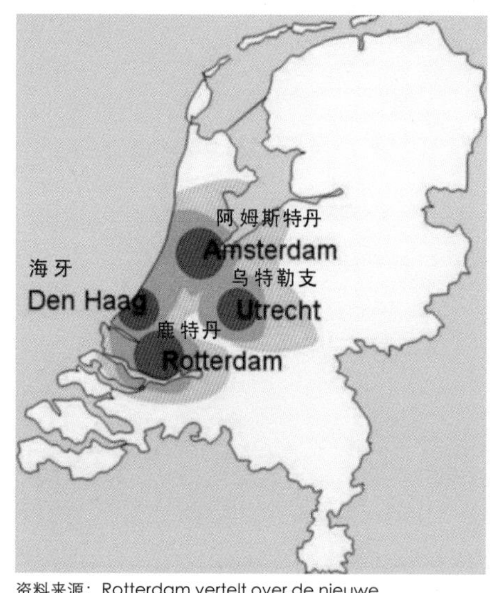

资料来源：Rotterdam vertelt over de nieuwe zwerfafvalaanpak tijdens G4-bijeenkomst[EB/OL].http://www.gemeenteschoon.nl/nieuws/2014/rotterdam-vertelt/.

# 荷兰兰斯塔德地区的区域城市群协调发展

The Urban Agglomeration and Coordinated Development of Randstad, Netherland

案例区位：荷兰西部

规模范围：占地面积约 830km$^2$，人口约 710 万

实施时间：二战后至今

专业类型：区域政策

实施效果：成为多中心巨型城市区域的典范和荷兰经济发展的黄金地带。

## 案例创新点：

城市群网络多出现在发展成熟的城市区域，尤其在欧洲盛行，兰斯塔德地区是其中最悠久和最具代表性的，从 20 世纪 60 年代起一直受到国际学者的广泛关注。兰斯塔德地区是荷兰西部由多个城市组成的环状城市群，其城市开发和基础设施建设环绕“绿心”进行。兰斯塔德地区通过一系列空间规划政策制定和区域协调机制构建，促进区域内城市之间的有序分工与合作，形成了网络化的管治结构与模式，进而构建了多中心的城市网络，实现了区域协调发展。

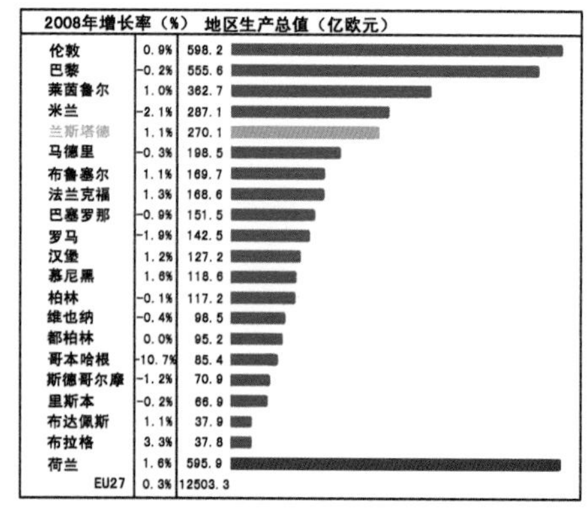

| | 2008年增长率（%） | 地区生产总值（亿欧元） |
|---|---|---|
| 伦敦 | 0.9% | 598.2 |
| 巴黎 | -0.2% | 555.6 |
| 莱茵鲁尔 | 1.0% | 362.7 |
| 米兰 | -2.1% | 287.1 |
| 兰斯塔德 | 1.1% | 270.1 |
| 马德里 | -0.3% | 198.5 |
| 布鲁塞尔 | 1.1% | 169.7 |
| 法兰克福 | 1.3% | 168.6 |
| 巴塞罗那 | -0.9% | 151.5 |
| 罗马 | -1.9% | 142.5 |
| 汉堡 | 1.2% | 127.2 |
| 慕尼黑 | 1.6% | 118.6 |
| 柏林 | -0.1% | 117.2 |
| 维也纳 | -0.4% | 98.5 |
| 都柏林 | 0.0% | 95.2 |
| 哥本哈根 | -10.7% | 85.4 |
| 斯德哥尔摩 | -1.2% | 70.9 |
| 里斯本 | -0.2% | 66.9 |
| 布达佩斯 | 1.1% | 37.9 |
| 布拉格 | 3.3% | 37.8 |
| 荷兰 | 1.6% | 595.9 |
| EU27 | 0.3% | 12503.3 |

2008 年欧洲 城市地区生产总值及增长率排名

资料来源：卢明华．荷兰兰斯塔德地区城市网络的形成与发展 [J]. 国际城市规划，2010(6):53-57.

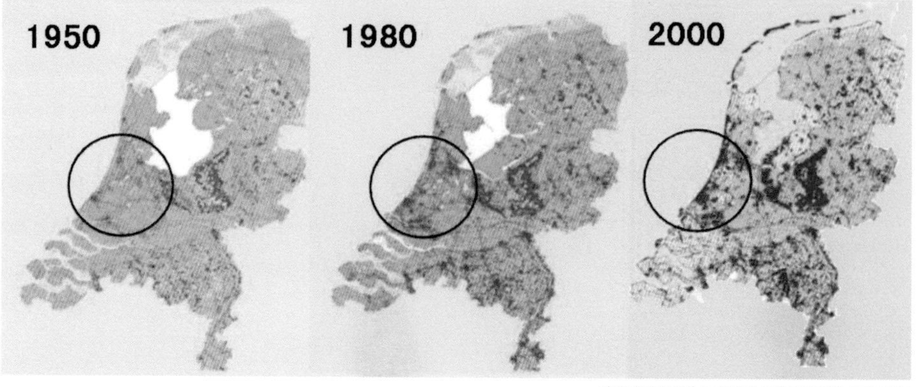

兰斯塔德地区城市群空间发展历程

资料来源：Henk Ovink. Randstad 2040:Towards a sustainable and competitive delta region[EB/OL]. http://www.ifou.org/conferences/2008taipei/pdf/cityandwater_conference_www.ifou.org_04.pdf.

## 案例简介：

兰斯塔德城市群的发展是以多个相互独立、规模相近的中心城市为基础的。在城市化进程中，各中心城市根据不同的禀赋条件发展为具有不同功能的核心，影响范围相互交织重叠，并通过紧密的交通联系相互“融合”，进而形成一个多中心的城市群网络。在这个过程中，以空间规划为核心的政府调控起到了重要的引导和协调作用，促进了大中小城市的分工与合作。

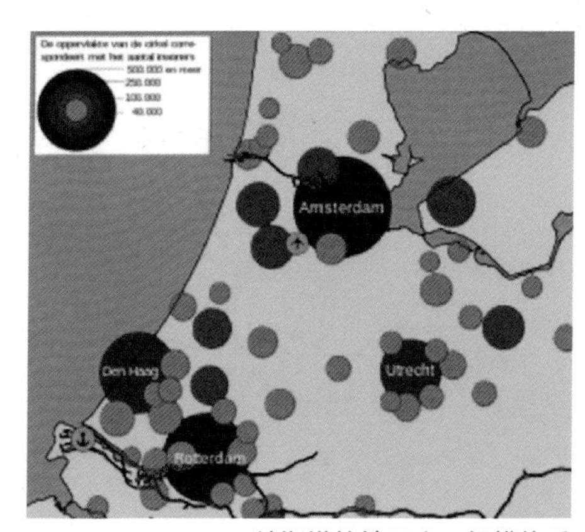


兰斯塔德地区人口规模体系

资料来源：彼得·霍尔，凯西·佩恩，多中心大都市——来自欧洲巨型城市区域的经验 [M]. 中国建筑工业出版社，2010.

### 功能整合——加强不同城市之间的分工与合作

兰斯塔德城市群的协调发展依赖于多个功能互补的专业化城市所形成的城市网络。区域内几个核心城市各具特色，分工明确而且功能互补，并将部分职能分散到周边中小城市，使得不同城市之间形成紧密的分工合作网络。其中，阿姆斯特丹是区域乃至整个荷兰的金融、文化、贸易中心，工业也较为发达；鹿特丹是国际航运枢纽和贸易中心，也是重要的工业基地，在交通运输、临港制造业方面具有突出优势；海牙是荷兰的政治中心，政府机构与国际组织林立，公共管理职能强大；乌特勒支不仅是拥有大学城的文化中心，还是铁路、公路交通运输枢纽与国家会议中心。以这 4 个城市为核心，周边一系列的卫星城镇承担着教育、居住、生产等专业化职能。

### 空间规划——构建开放的多中心空间发展格局

自 20 世纪 50 年代以来，兰斯塔德地区一直是荷兰空间规划的核心。1950 年代，针对该区域快速的城市扩张，相关机构指出该区域要发展成为分散型的多中心空间结构，建设新城疏散大城市人口，严格保护区域“绿心”，促进区域协调发展。随后在 1960～1990 年代，相关规划政策相继提出“组团式分散”、“紧凑城市”和“网络城市”的概念，强调中心城市向新城疏散以及两者间的联系。特别是 2000 年的第五次国家国土规划，明确提出“城市网络”的概念，通过基础设施网络促进大城市与小城市间的联系，加强其协调合作。在最新发布的“2040 年兰斯塔德战略议程”中，进一步提出将该区域视为一个整体，推动区域一体化。

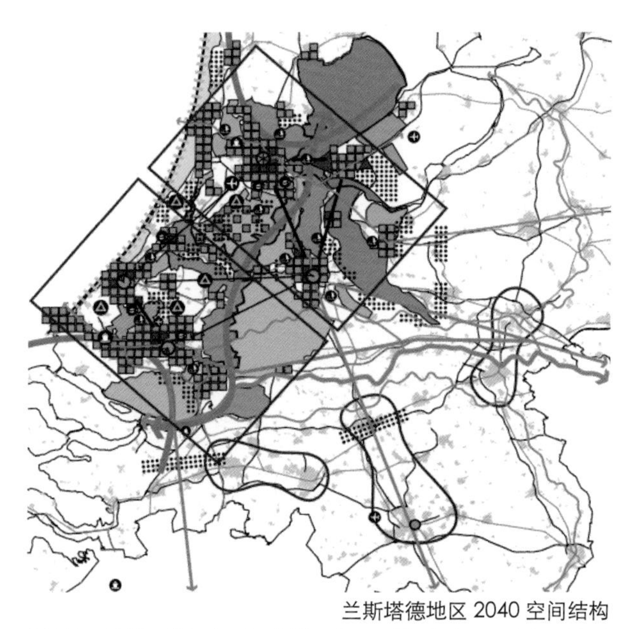

兰斯塔德地区 2040 空间结构

资料来源：Ministry of Housing, Spatial Planning and the Environment . Randstad 2040 Summary of the Structural vision[R].2009.

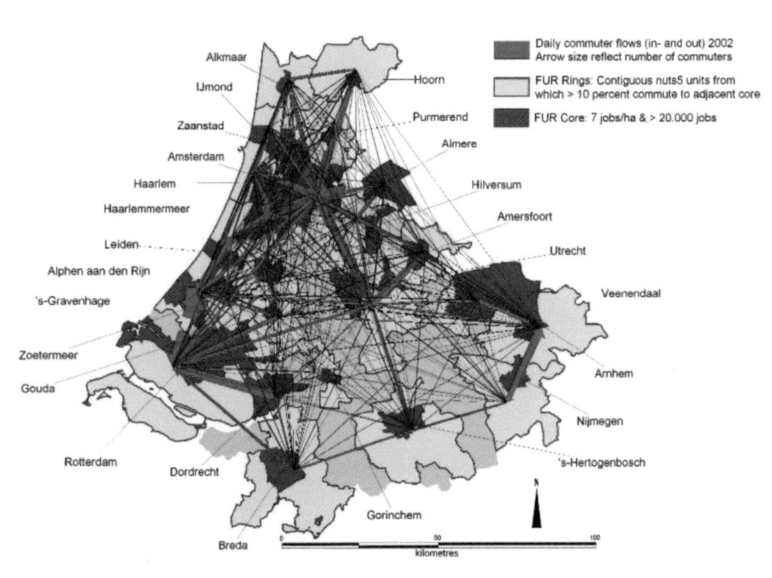


兰斯塔德地区通勤联系

资料来源：彼得·霍尔，凯西·佩恩，多中心大都市——来自欧洲巨型城市区域的经验 [M]. 中国建筑工业出版社，2010.

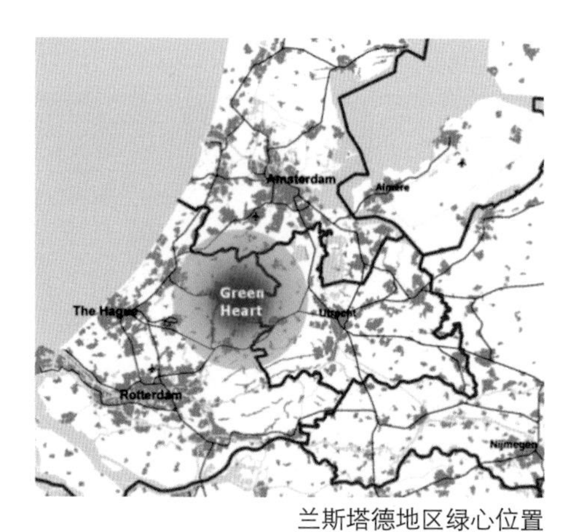


兰斯塔德地区绿心位置

资料来源：Ministry of Housing, Spatial Planning and the Environment . Randstad 2040 Summary of the Structural vision[R].2009.

### 区域治理——权力下放与构建区域协调机制

在荷兰的空间规划体系中，省级和市级政府被给予了较大的权力进行自主决策，保证了区域协调的灵活性。2008 年，荷兰政府进行空间规划改革，将自上而下的空间规划编制过程转变为各级政府自主构建各自的规划展望，进而整合为一个规划的协调过程。与此同时，荷兰政府搭建了一套区域协调体系，在区域层面建立多样化的正式或非正式的协调机制，包括兰斯塔德区域（Randstad Region）、兰斯塔德管理委员会（Administrative Committee for the Randstad）、三角洲大都市联合会（Deltametropolis Association）与阿姆斯特丹区域合作（RSA）；在城市层面，四个核心城市与周边部分城市之间也构建了包括交通、住房、就业等方面的合作平台。

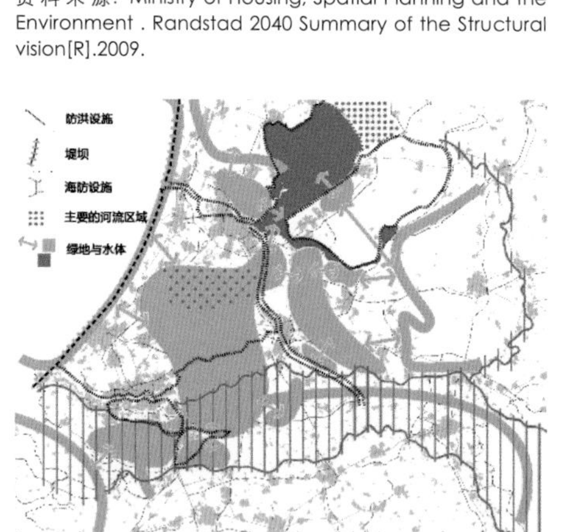


从“绿心”到“绿 - 蓝三角洲”

资料来源：Ministry of Housing, Spatial Planning and the Environment . Randstad 2040 Summary of the Structural vision[R].2009.

### 控制蔓延——加强“绿心”保护

荷兰将“绿心”保护定为国策，从公共政策、空间规划、区域协调组织等多个层面着手保证“绿心”不被城市用地侵蚀。同时，为了解决由于绿心保护而导致的城乡割裂，兰斯塔德地区开展了整合绿心与区域发展的规划实践，一方面将绿心作为重要的生态基础设施继续保护；另一方面，也开始推进城乡一体、区域一体的建设。国家空间发展部制定的“荷兰 2030”规划中指出，使“兰斯塔德和绿心形成完整的综合体”，“绿心应当被强化为绿色世界城市的公园”。绿心的保护有效控制了城市的无序蔓延，促进形成了相对开敞的区域空间格局，也提升了区域空间质量，进而增强了该区域整体的国际竞争力。

兰斯塔德区域内的协调机制

| 协调组织 | 成员 | 主要职责 |
|---|---|---|
| 兰斯塔德区域 | 兰斯塔德4省 | 通过协商、政策协调与对外宣传强化区域职能 |
| 兰斯塔德管理委员会 | 中央政府、兰斯塔德4省与4大城市和各自都市区当局 | 咨询机构，协调区域空间投资，讨论空间规划政策，促进荷兰西部地区的平衡发展 |
| 三角洲大都市联合会 | 兰斯塔德4大城市与其他城市地方议会和利益集团 | 非正式机构，通过发起研究设计活动、游说、充当智囊鼓励区域内合作 |
| 阿姆斯特丹区域合作 | 阿姆斯特丹与北荷兰省（领导人）以及其他官员或私营部门 | 非正式会议，讨论区域议程，建立工作组实现战略任务或解决僵局 |

资料来源：根据 B Lambregts，W Zonneveld. From Randstad to Deltametropolis: changing attitudes towards the scattered metropolis[J]. European Planning Studies，2004, 12(3):299-321. 整理

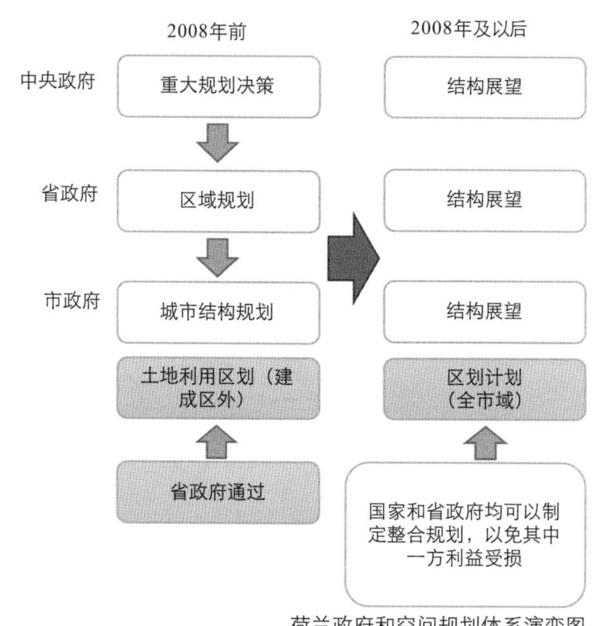


荷兰政府和空间规划体系演变图

资料来源：张衔春，龙迪，边防．兰斯塔德“绿心”保护：区域协调建构与空间规划创新 [J]. 国际城市规划，2015,30(5):57-65.

网络联系——打造立体交通网络体系

在经济总量和多样性上，兰斯塔德地区具有突出的优势，可与巴黎、伦敦、马德里和米兰等大都市区媲美，但该地区分散化的空间布局也阻碍了社会和经济的一体化，集聚程度偏低。因此，需要通过高质量的区域交通和通讯设施建设打破区域多中心布局的束缚，释放被这种空间结构锁定的大都市集聚经济和发展潜力。特别是1990年代后，兰斯塔德愈加重视多中心之间的互动与合作，推进基础设施网络以及管理协调网络的建设。政府通过构建港口、机场、公路、铁路等完善的交通运输网络，将兰斯塔德地区的南翼、北翼和乌特勒支三个“经济核心区”及该地区众多中小城市紧密连接在一起，促进了功能区的良性互动和紧密联系，加强了区域内要素流动。

兰斯塔德地区中心城市主导功能和区域交通发展指引

资料来源：Ministry of Housing, Spatial Planning and the Environment . Randstad 2040 Summary of the Structural vision[R].2009.

## 启示意义：

从兰斯塔德的经验来看，城市群协调发展依赖于功能、治理和交通三个关键要素的支撑。在功能层面，不同城市之间进行分工与合作，形成有机联系的功能实体；在治理层面，制定不同层次的多样化管治措施，推动城市间的联系与合作；在交通层面，构建区域内外高度联通的交通联系网络，支撑多中心空间格局的发展。对中国的城市群区域协调发展来说，首先是要加强产业的合理分工，中心城市向高端化、服务型发展，中小城市向特色化、专业型转变。其次，要完善区域行政协调机制，探索建立区域协调发展委员会等有利于地方政府横向协作的制度平台。再次，要推进跨区域基础设施的互联互通，重点加强以高速铁路网、高速公路网、航空枢纽、大型港口等为骨干的交通设施网络建设。

A4 项目：阿姆斯特丹—海牙—鹿特丹—安特卫普（比利时）；A2 项目：阿姆斯特丹—乌得勒支—埃因霍温—列日(Liege 比利时)；A2/A12 项目：阿姆斯特丹—乌得勒支—阿纳姆(Arnhem)—鲁尔区（德国）。

荷兰兰斯塔德区域交通设施建设

五次空间规划政策文件汇总

| 名称 | 时间 | 背景及动机 | 规划策略 | 实施结果 |
| --- | --- | --- | --- | --- |
| 第一次空间规划政策文件 | 1960年 | 人口在荷兰西部集聚 | 分散发展，新建高速公路，兰斯塔德与绿心结合 | 无明显作用，兰斯塔德拓展有限，人口未很快增长 |
| 第二次空间规划政策文件 | 1966年 | 空间规划上升到欧洲层面 | 绿心格局将被大型都市取代，郊区化进程加剧，D-milieu城市 | 郊区化进程加剧，D-milieu、E-milieu概念消失，规划政策变成小规模概念 |
| 第三次空间规划政策文件 | 1973～1983年 | 大城市发展衰退 | 紧凑城市，兰斯塔德世界城市，西翼 | 兰斯塔德的概念再次强化，旨在参与国际竞争 |
| 第四次空间规划政策文件 | 1983～1989年 | 提升兰斯塔德国际都市商业竞争环境 | 注重日常生活环境，注重国家整体发展规划 | 推进计划最终失败 |
| 第四次空间规划政策文件特别版及反思版 | 1990～1998年 | 政治因素转变 | 强化紧凑发展，改变扩张方式，开发区域公园，重视欧洲，重视网络发展 | 为第五次空间规划政策打下基础 |
| 第五次空间规划政策文件 | 2000年 | 紧密嵌入欧洲经济和文化背景，提升兰斯塔德国际竞争力 | 建构城市网络，国际等级的国家城市网络，进行地方及区域合作 | 荷兰国家空间战略实施，城市网络建构 |

资料来源：吴德刚，朱玮，王德．荷兰兰斯塔德地区的规划历程及启示 [J]. 现代城市研究，2013(1):39-45.

## 参考文献

[1] 吴德刚，朱玮，王德．荷兰兰斯塔德地区的规划历程及启示 [J]. 现代城市研究，2013(1):39-45.
[2] 卢明华．荷兰兰斯塔德地区城市网络的形成与发展 [J]. 国际城市规划，2010(6):53-57.
[3] 张衔春，龙迪，边防．兰斯塔德“绿心”保护：区域协调建构与空间规划创新 [J]. 国际城市规划，2015,30(5):57-65.
[4] 袁琳．荷兰兰斯塔德“绿心战略”60 年发展中的争论与共识——兼论对当代中国的启示 [J]. 国际城市规划，2015,30(6):50-56.
[5] 李国平，孙铁山．网络化大都市：城市空间发展新战略 [J]. 中国区域经济，2009, (1): 36-43.

# 日本东京都市圈多中心疏解

The Polycentric Decentralization of National Capital Region in Japan

案例区位：日本

规模范围：“一都七县”，地域面积 36436km$^2$、常住人口 4347 万人（2010 年）

实施时间：1956 年至今

专业类型：区域政策

实施效果：东京都“一极极化”的现象得到极大改善，各都县已经形成职能分工互补的网络化地域空间组织形态

## 案例创新点：

都市圈是日本城镇化进程和区域发展的主要模式。日本首都都市圈的建设始于 1956 年制定的首都圈整备法，由于战后复兴期人口和产业过度向都市集中，首都圈以中心疏解为主要目的，经历了强核极化、单中心蔓延、多中心培育和多中心网络化整合四个发展阶段。经过半个世纪的持续努力，日本首都圈从“一极集中”向“多极多核心”的网络化模式转化的工作成效显著，不仅人口从东京向外围地区疏散，在功能组织方面亦呈现多中心网络化的趋势，外围地区成为首都圈重要的功能区和增长点。

日本三大都市圈分布示意图

资料来源：日本通.日本“春运”有“黄牛党”吗?[EB/OL]. http://japan.people.com.cn/n1/2016/0204/c35467-28111330.html.

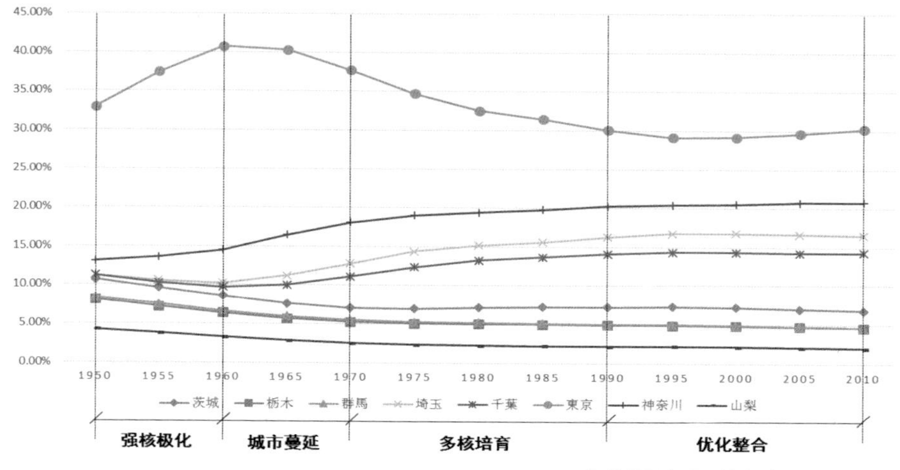


日本首都圈各县（都）的人口发展情况

数据来源：日本总务省统计局 http://www.stat.go.jp.

## 案例简介：

日本政府采取编制区域规划、制定土地开发的法律法规、大规模修建轨道交通等一系列举措，引导要素有序向外疏解，在首都圈范围内重组都市功能，疏解东京都的压力，使首都圈成功从“一极集中”向“多极多核心”的网络化模式转化，人口和功能向外围转移。总体而言，这些举措主要包含治理结构、功能定位和支撑体系三个方面。

### 自上而下的治理结构

日本建立了从首都圈到市町村的三层政府机构，通过制定政策法规为功能疏散提供顶层制度保障。尤其是首都圈层面于 1974 年成立的国土综合开发厅，有效保障了区域内的环境均好性和财源稳定性，为首都圈建设工作的顺利开展奠定了重要基础。此外，日本政府颁布了《首都圈整备法》等一系列政策法规，编制了五次基本规划，以科学完善的法律体系和规划政策促进疏散工作工作的有序进行。

### 层级分明的功能定位

为引导功能有序疏散，首都圈提出在不同的圈层范围内建设副中心和卫星城等功能据点，根据不同地区的区位特征和比较优势资源承担不同的职能分工。如今首都圈已形成东京都范围内的山手线副都心、东京圈范围内的业务核心城市，以及首都圈范围内的中核城市三个圈层、三种类型的功能据点。

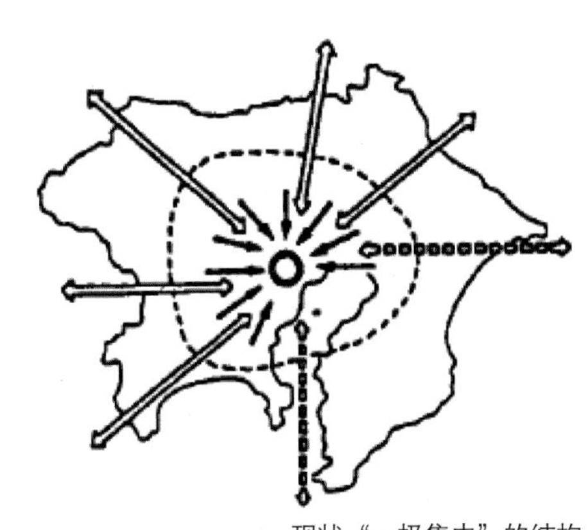

现状“一极集中”的结构

资料来源：谭纵波．东京大城市圈的形成，问题与对策：对北京的启示 [J]. 国际城市规划， 2000(2):8-11.

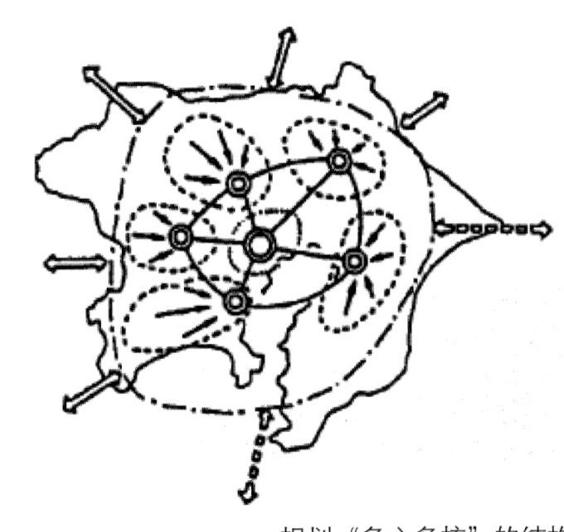

规划“多心多核”的结构

资料来源：谭纵波．东京大城市圈的形成，问题与对策：对北京的启示 [J]. 国际城市规划， 2000(2):8-11.

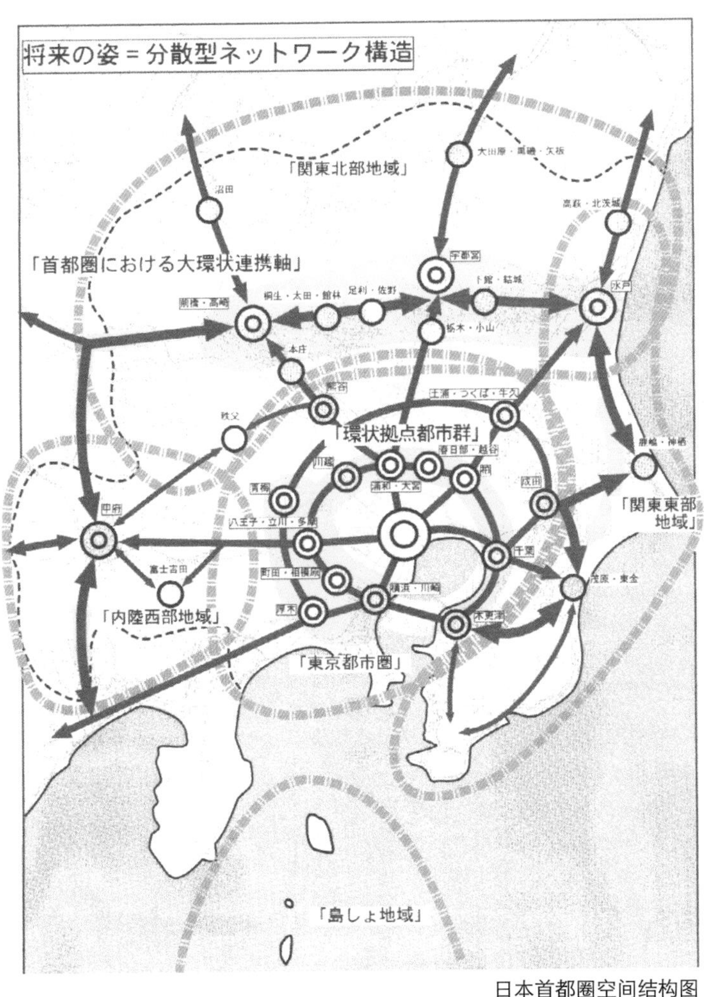


日本首都圈空间结构图

资料来源：国土交通省．第 5 次首都圈基本計画 [R].1999.

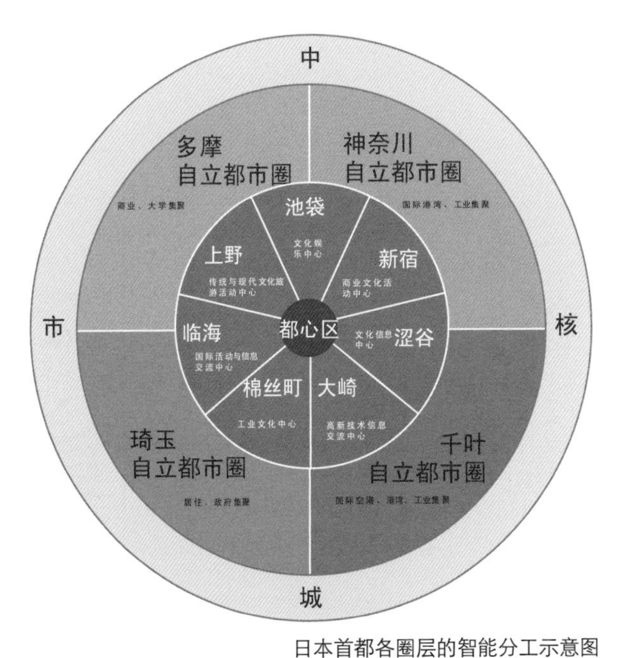


日本首都各圈层的智能分工示意图

资料来源：高慧智，张京祥，胡嘉佩．网络化空间组织：日本首都圈的功能疏散经验及其对北京的启示 [J]．国际城市规划，2015,(5):75-82.

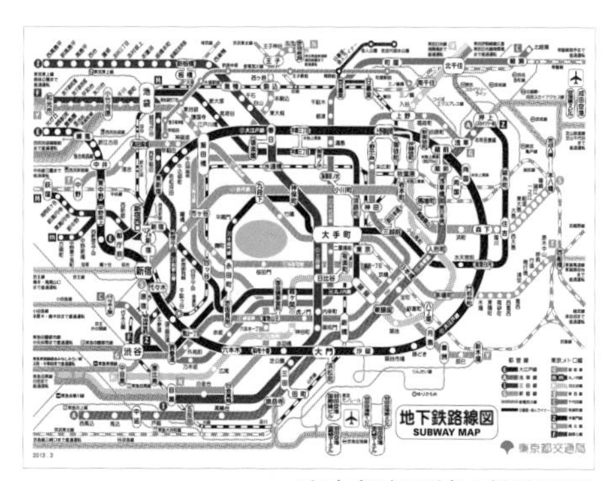


东京都市圈地下铁路线图

资料来源：东京都交通局．地下鉄路線図 [EB/OL]. http://www.kotsu.metro.tokyo.jp/subway/line.pdf.

区域协调的支撑体系

政府在财税政策以及基础设施（尤其是轨道交通）建设等方面加大对外围地区的扶持，以逐步缩小地区间公共服务供给能力差异，为功能疏散创造了有力的外部支撑。财税政策方面，主要是通过重点交通设施等国家项目对地方进行直接投资以及通过财政转移支付，补贴都市地域发展项目，引导企业向外围转移。基础设施方面，主要是推进轨道交通建设，以此引导城市中心区功能的有机疏散和外围地区的发展，构成东京与各个业务城市的重要纽带。

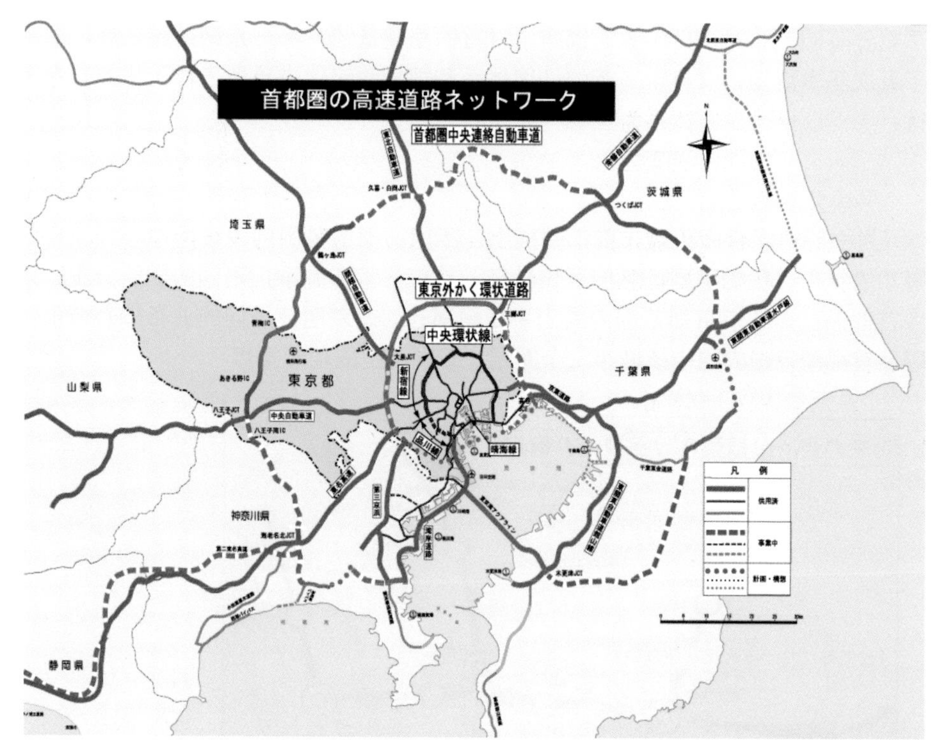


首都圈快速道路网络

资料来源：東京都都市整備局．高速道路ネットワーク図 [EB/OL]. http://www.toshiseibi.metro.tokyo.jp/kiban/data/douro_1-01.gif.

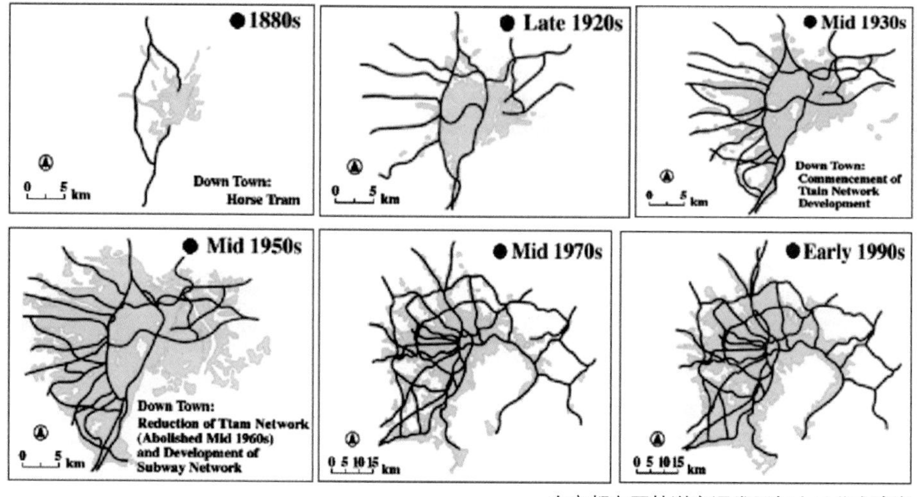


东京都市圈轨道交通发展与人口分布演变

资料来源：Kebin He. A Comparative Study on Urban Transport A Comparative Study on Urban Transport system and Related Environmental Impact in system and Related Environmental Impact in Asian Mega Asian Mega-cities: Beijing, Shanghai and Tokyo[EB/OL]. http://www.kas.de/upload/dokumente/megacities/Urban_Transport_systems_Asian_Megacities.pdf.

**启示意义：**

日本首都圈多中心疏解和网络化组织始于城市化加速发展的进程之中，经过半个多世纪的努力，有效促进了东京都的功能转移，并且形成了核心城市、次核心城市和其他非核心城市协调发展的多中心分散型网络结构，为中国都市圈的功能疏解和多中心培育提供了多方面的启示。

**鼓励跨行政区域的协作。**首都圈的网络化组织工作在很多方面都涉及跨行政区域的协调和合作，中国的都市圈治理要重视以整体角度出发的区域性规划，科学合理地加以建设引导，加强都市圈规划的法制基础，并尝试构建具有管理实权的区域协调机构。

**重视以快速交通体系为代表的区域性基础设施建设。**轨道交通网和快速道路系统是城市密集地区演变为都市圈的重要基础，中国在引导都市圈多中心发展的进程中，要重视快速铁路、地铁、轻轨等轨道交通和快速道路系统建设，以快速便捷的交通联系保障大城市的运转效率，使城市圈内城市间通勤成为可能，使远距离的城市间联系更加紧密。

**促进圈域经济一体化。**首都圈重视培育城市的主导产业和大中小城市的产业联动，最终形成产业分工合作、功能协调的经济一体化区域。中国在促进都市圈功能疏散时要依据产业空间分工和协作规律，统筹谋划都市圈范围内合理的功能分工合作体系和产业空间布局，促使城市圈经济一体化发展。

日本首都圈职能分工

| 都市圈 | 业务核心城市 | 职能 | 次核心城市 |
|---|---|---|---|
| 东京中心都 | 区部 | 政治、行政的国际、国内中枢机能和金融、情报、经济、文化的中枢功能 | |
| 多摩自立都市圈 | 八王子市、立川市（40-50km） | 商业集镇、大学立地 | 青梅市（50km） |
| 神奈川自立都市圈 | 横滨市、川崎市(30km) | 国际港湾、工业集镇 | 厚木市（50km） |
| 绮玉自立都市圈 | 大宫市、浦和市(30km) | 内陆交通枢纽 | 熊谷市（70km） |
| 千叶自立都市圈 | 千叶市（40km） | 国际空港、港湾、工业集镇 | 成田、木更津市(40-50km) |
| 茨城南部自立都市圈 | 上浦市、筑波地区(60km) | 学术研究机能 | |

资料来源：张京祥．城镇群体空间组合 [M]. 南京：东南大学出版社，2000 年．

**参考文献**


[1] 田守，篠原二三夫，白石真澄，田中信也．首都圏の地域の変容ーメトロポリスからメカッティへー [M]. 日本：彰国社，1992.

[2] 高慧智，张京祥，胡嘉佩．网络化空间组织：日本首都圈的功能疏散经验及其对北京的启示 [J]．国际城市规划，2015,(5):75-82.

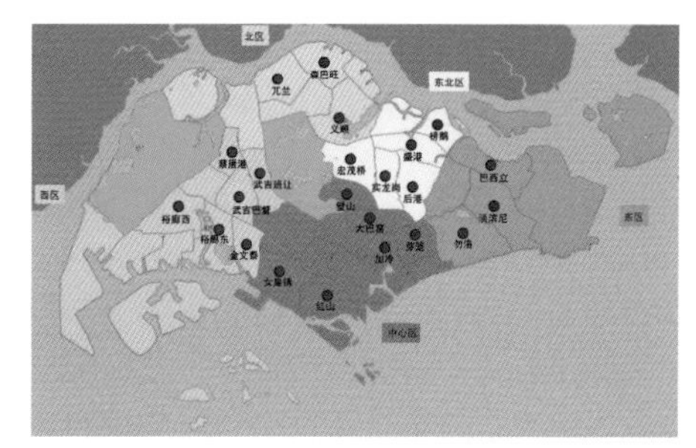


# 新加坡新市镇规划建设

Singapore New Town Planning

案例区位：新加坡

规模范围：新加坡的 23 个新镇

实施时间：1960 年代至今

专业类型：城市规划、城市管理

实施效益：目前有超过 80% 人口居住在新市镇中，构建了和谐有序、层级分明、多中心的花园城市

**案例创新点：**

新市镇通常位于城市郊区，旨在疏散市中心过多的人口和解决由此产生的种种问题。新加坡的新市镇开发建设由新加坡建屋发展局（HDB）具体负责，形成了一整套科学、系统的新市镇规划、建设和管理模式。新加坡的新市镇规划建设受到国际广泛认同，联合国人居署于 1991 年向新加坡建屋发展局颁发了“世界居住环境奖”，作为对其成就与经验的肯定。

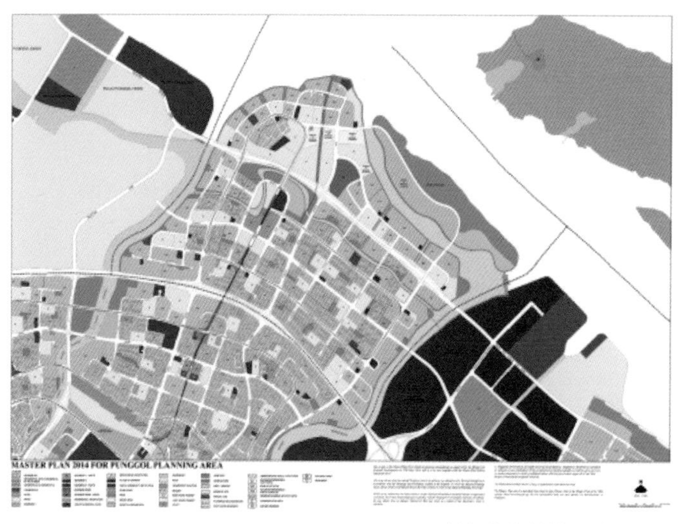


新加坡榜鹅镇用地规划图

资料来源：Urban Redevelopment Authority. Punggol Masterplan 2014[R].2015.

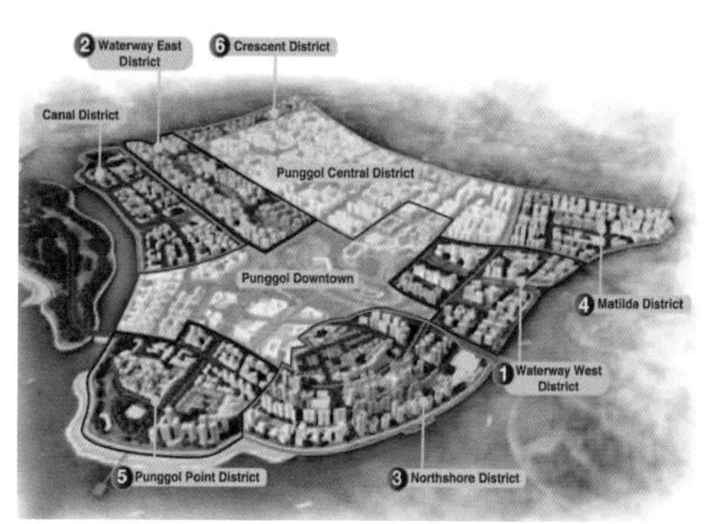


新加坡榜鹅镇的滨水住区

资料来源：Urban Redevelopment Authority. A High Quality Living Environment for All Singaporeans:Land use plan to support Singapore's future population[R]. 2013.

## 案例简介：

新市镇是新加坡这个城市型国家的重要组成部分，23 个新市镇容纳了新加坡 80% 的人口。新市镇的规划建设开始于 1960 年代，大致经历 5 个阶段：1960 年代的起步阶段，旨在提高住房供应水平；1960 年代中期至 1970 年代的系统发展阶段，住宅的质量和配套设施开始提升；1970 年代末期至 1990 年代初期的个性化发展阶段，邻里组团等规划理论开始运用，新镇职能进一步完善；1990 年代初期的新市镇更新阶段，新镇的发展从大规模兴建转向了对质量和服务的强调；1990 年代中期至今的 21 世纪新镇计划阶段，居住品质进一步提升。新加坡的新市镇规划建设与管理逐渐成长为一个完整的体系，主要包括了土地利用、交通组织、中心体系、组织管理 4 个方面的核心内容。

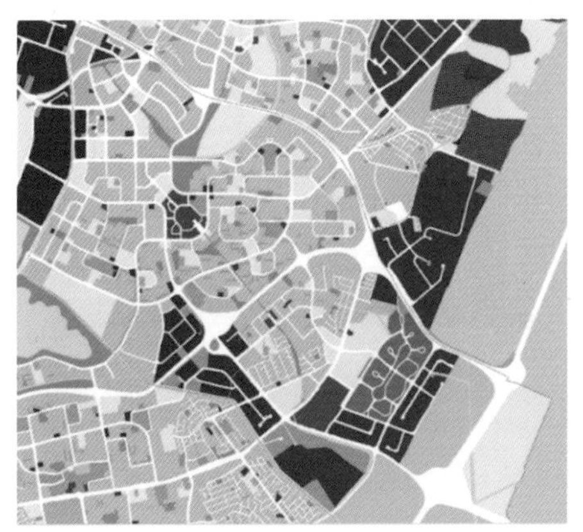

淡滨尼（上）和宏茂桥（下）的用地规划图

资 料 来 源：Urban Redevelopment Authority.Master Plan[EB/OL].https://www.ura.gov.sg/maps/?service=MP.

土地利用——功能混合与强度开发

根据规划要求，每个新市镇都包括商用、住宅、绿地、体育和休闲、工业、公用设施等各类用地，用地的大小比例综合考虑了居住、就业、公共服务等多个因素，通过一定量的工商业配套提高了职住平衡比率，使得新市镇避免成为"卧城"。新市镇的高密度住宅占比达到 78%，住宅楼普遍以 25 层左右的高层住宅为主。这种高层、高密度的高强度开发模式有利于土地的集约利用，不仅可以提供更多的绿地等开放空间，还符合 TOD（公共交通）导向的空间利用和土地开发模式的要求。

交通组织——TOD 导向与三层分级

交通组织分为"市区—新市镇"层面和新市镇内部两个层面。在"市区—新市镇"层面，1971 年新加坡概念规划提出"环状城市空间结构"，依托轨道交通布局高密度的城市化走廊，23 个新市镇呈分散环形分布。在新市镇层面，每个新市镇都设有 1 ~ 2 个地铁站，大部分新市镇距离城市中心约 10 ~ 15km，兼顾了人口的疏散和合理的通勤时间，体现了 TOD 导向的开发理念。

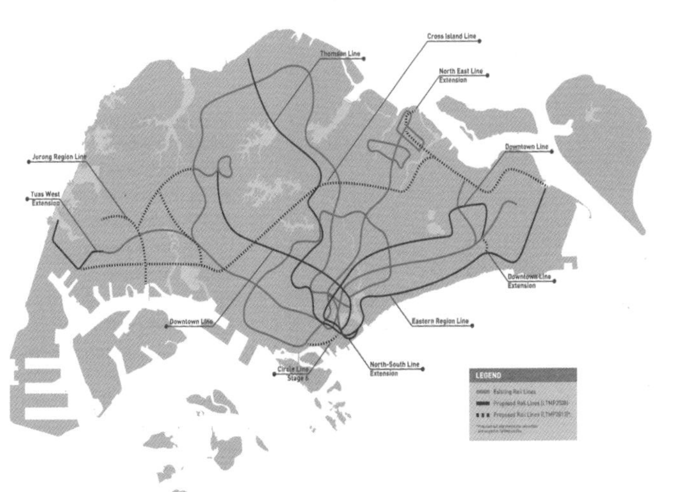


不断完善的新加坡轨道交通网络

资 料 来 源：Urban Redevelopment Authority.Master Plan:Transport[EB/OL].https://www.ura.gov.sg/uol/master-plan/View-Master-Plan/master-plan-2014/master-plan/Key-focuses/transport/Transport.

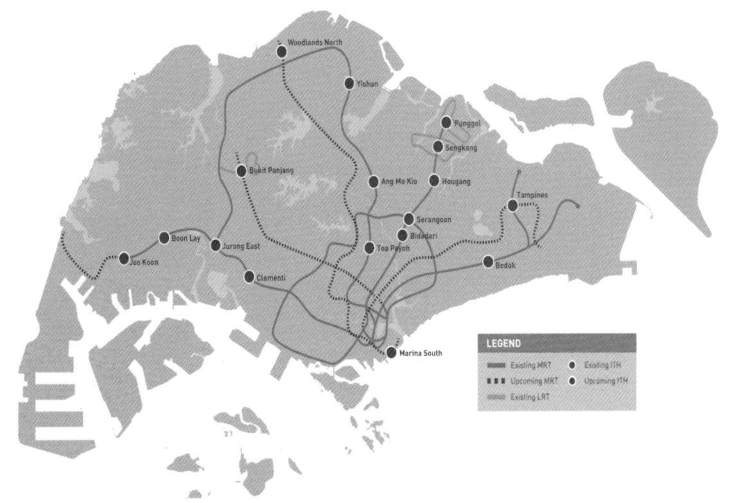


与新市镇开发一致的综合交通枢纽建设

资 料 来 源：Urban Redevelopment Authority.Master Plan:Transport[EB/OL].https://www.ura.gov.sg/uol/master-plan/View-Master-Plan/master-plan-2014/master-plan/Key-focuses/transport/Transport.

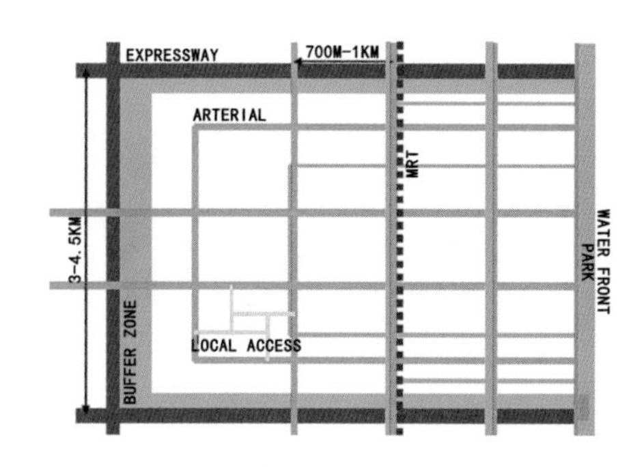


新加坡城市骨架“细胞”组成论图示

资料来源：罗海明，张媛明 . 借鉴与思考：新加坡新市镇规划、建设、管理研究 [A]. 中国城市规划学会、南京市政府 . 转型与重构——2011 中国城市规划年会论文集 [C]. 中国城市规划学会，2011:12.

在新市镇内部，道路组织形成了独特的“城市骨架‘细胞’组成论”，道路、轨道交通、绿化带、水系共同组成了道路骨架。在这个骨架之下，道路的组织呈现层次分明的的三级体系，包括新市镇外围的快速路、镇中心与各住宅区之间的主要干道和住宅区之间的道路。新市镇由间距 3 ～ 4.5km 的快速路或次快速路围合而成，提供大流量快速交通；新市镇内部由间距 700m 左右（400 ～ 900m 之间）的干路进行组织，这样的尺度适宜步行，又与公交服务相适应；住宅区之间的道路间距则在 180 ～ 300m 之间，三级道路层层分工。同时，轨道站点、换乘中心与镇中心高度整合、一体开发，形成新市镇的地理中心，高度契合 TOD 的开发模式 。

公共设施——三级中心体系

新市镇为“镇中心、居住区中心、邻里中心”三级结构体系，根据中心的等级设置相应配套。镇层面，每个新市镇大约 15 ～ 30 万人，用地 5 ～ $10km^2$。各新市镇都设有镇中心，用地规模约 $25hm^2$，配套的公共设施主要集中在镇中心及其周围，服务半径约 2km，可覆盖全镇。典型的公共设施包括学校、办公、商业、餐饮、娱乐、医疗、体育、公交站等。居住区层面，每个居住区约 1.5 ～ 2 万人，用地约 60 ～ $100hm^2$。各居住区设有 1 个以基层商业为主的居住区中心及小区公园，用地规模 2 ～ $4hm^2$，服务半径 400m。根据居住区人口数量，居住区中心一般为建筑面积 5000 ～ $10000m^2$ 之间的综合楼，服务设施包括购物、银行、诊疗所、轨道交通站点等。邻里层面，每个邻里 1500 ～ 3000 人，是最基层的居住组团，有邻里中心和邻里公园。邻里中心用地规模约 $1hm^2$，服务于周边居民，为其提供交流场所，是最接近于住区的社区开放空间。

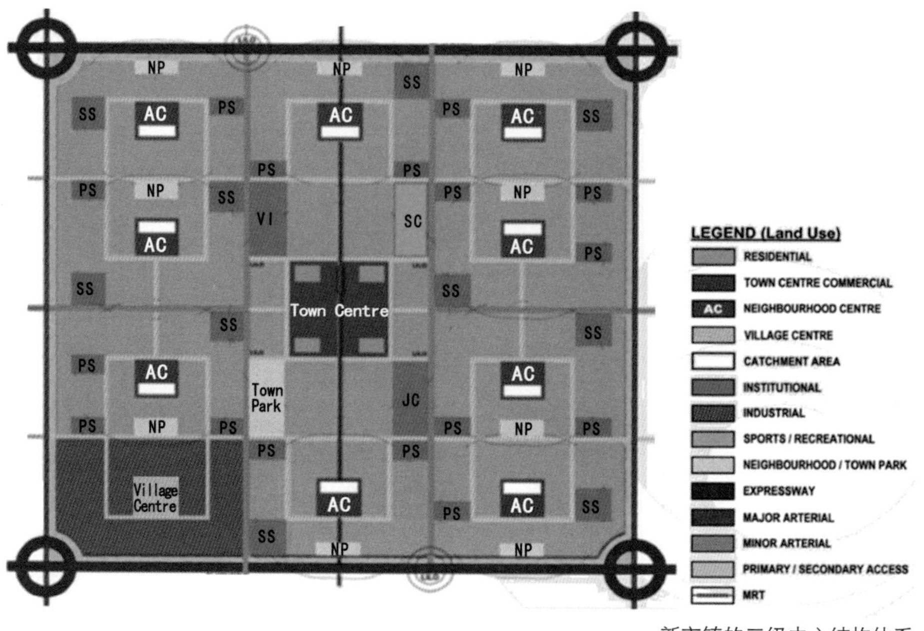


新市镇的三级中心结构体系

资料来源：朱祎，刁弥 . 新加坡交通和土地利用一体化规划和发展 [EB/OL].http://s6affae106e5b37c8.jimcontent.com/download/version/1417763173/module/7370701887/name/AM-4- 新加坡交通 .pdf.

**管理模式——市镇理事会全面负责**

从 1989 年开始，市镇理事会全面负责新加坡新市镇的管理工作。市镇理事会采取集中式、规模化的管理，由单一或多个选区组成，管理人口规模为 17 万～ 42 万人。职能架构方面，理事会的权力行使机构是执行委员会，由民选的国会议员及其委托的代表组成，前者出任主要领导成员。执行委员会下设物业管理、财务与法律、社区改进、公共关系等分委员会，负责具体的执行操作工作，主要职能包括物业管理、财务管理、行政管理、社区与公共服务、社区改进工程等 5 个方面。

市镇理事会的主要职能

| 主要职能 | 工作内容 |
| --- | --- |
| 物业管理 | 例常维修与周期维修、预防性维修、紧急维修服务、管理公共场地用途 |
| 财务管理 | 常年预算案、收款条例、开支条例、审计条例 |
| 行政管理 | 人事安排、办公设施管理、处理文件、安排银行保险服务 |
| 社区与公共服务 | 出版市镇季刊、民众教育、联系社区组织、参与社区活动 |
| 社区改进工程 | 市镇整体规划蓝图、邻里翻新计划、家居改进计划 |

资料来源：罗海明，张媛明 . 借鉴与思考：新加坡新市镇规划、建设、管理研究 [A]. 中国城市规划学会、南京市政府 . 转型与重构——2011 中国城市规划年会论文集 [C]. 中国城市规划学会，2011:12.

## 启示意义：

新加坡的新市镇经验对于中国通过新区建设缓解大中城市中心城区压力、改善人居环境具有重要启示意义。首先，要求制定规模合理、层次分明的新区规划，并根据不同层次的梯度要求配套公共服务设施；其次，整合交通枢纽和商业中心，以“地铁—购物—居住”的 TOD 开发模式促进土地使用与公共交通的有机结合；最后，尽量避免单一功能的新区开发所导致的“卧城”和“空城”现象，在一定的控制范围内鼓励并引导不同用途的土地综合利用。

新加坡榜鹅市镇空间意象

资料来源：古雅峰，周子云，宁心海 . 新加坡榜鹅市镇 — 怎样成为 21 世纪城市的典范 [EB/OL].http://lkyspp.nus.edu.sg/event/singapore-punggol-town/.

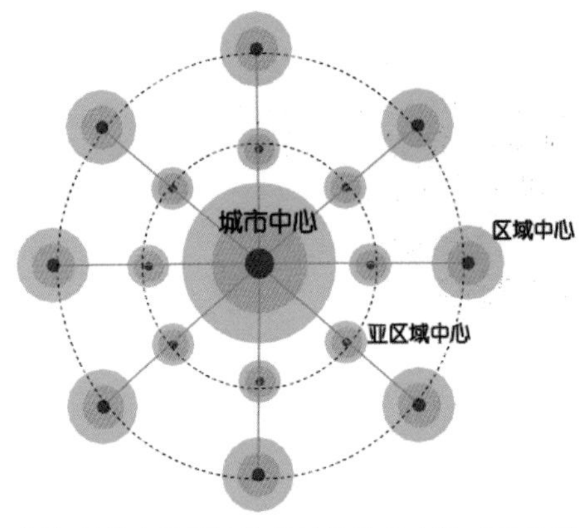


新加坡城市发展的空间结构和复合轴式的公交网络系统

资料来源：朱祎，刁弥 . 新加坡交通和土地利用一体化规划和发展 [EB/OL].http://s6affae106e5b37c8.jimcontent.com/download/version/1417763173/module/7370701887/name/AM-4- 新加坡交通 .pdf.

## 参考文献

[1] 罗海明，张媛明 . 借鉴与思考：新加坡新市镇规划、建设、管理研究 [A]. 中国城市规划学会、南京市政府 . 转型与重构——2011 中国城市规划年会论文集 [C]. 中国城市规划学会，2011:12.

[2] 纪立虎 . 新加坡新市镇规划的经验及启示 [J]. 上海城市规划，2014,(2):75-80.

[3] 王蕾，袁中金 . 新加坡新市镇规划设计的探究与启示 [J]. 现代城市研究，2009,(2):59-65.

# 德国巴伐利亚州城乡等值化发展模式

The Coordinated Development between Urban and Rural Area of Bavaria, Germany

案例区位：德国巴伐利亚州
规模范围：巴伐利亚联邦州，面积 70548km$^2$
实施时间：1950 年至今
专业类型：区域政策
实施效果：巴伐利亚州乡村地区面积占全州的80%以上，为近60%的人口提供居住、工作和生活空间。

## 案例创新点：

面对“二战”后乡村人口流失与经济萧条等问题，德国巴伐利亚州（以下简称“巴州”）提出了具有远见的“城乡等值化”发展模式，认为城乡协调发展不是以城市为标准建设乡村，也不是要把乡村变成城市，而是让现代化的都市形态与田园牧歌式的乡村形态和谐共存，让生活在乡村的居民与城市居民享有等值的生活水准和生活品质。该模式以促进社会公平、发展城乡经济、保护自然资源为工作目标，通过土地整理、村庄革新等方式缩小城乡差距，完善乡村地区的休闲、生活、文化、生态功能，保障乡村地区在生活、经济方面的吸引力，逐步实现了城乡公共服务水平及居民生产生活条件的均等化。

巴伐利亚州的城乡风貌

资料来源：论坛照片，标注为可以做商业用途、不要求署名

## 案例简介：

“二战”后经济复苏时期，德国大批农民卖掉土地，涌入城市寻找就业岗位，城乡之间发展差距持续加大。在此发展背景下，德国提出了区域协调发展的宏观策略，确定了十一个欧洲大都会区域，并在都市区内引导大中小城市以及乡村的均衡发展。而作为一个以农业为主导产业的地区，巴州更是提出了“城乡等值化”的战略目标，通过空间规划体系设计、基础设施建设、土地综合整治、产业结构调整、财政转移支付等手段促进乡村地区社会经济发展。

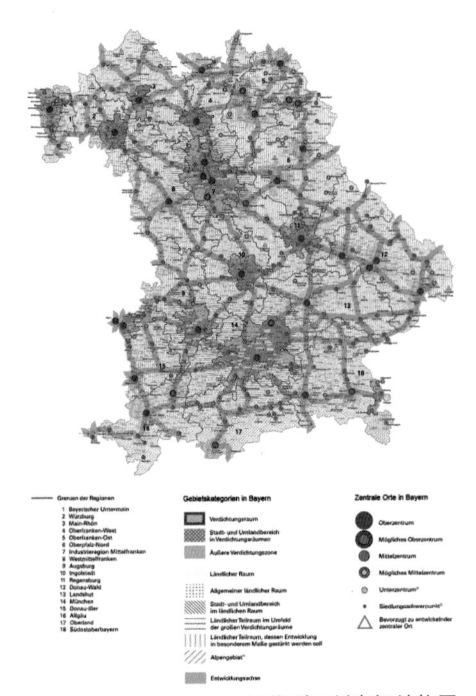

巴伐利亚州空间结构图

资料来源：StMWIVT [R].2006.

### 统筹城乡的空间规划体系

德国十分注重规划的指导和协调作用，其空间规划的重要着眼点便是消除城乡差距，通过缩小区域生活质量差距、促进区域协调发展来实现同等生活品质的目标。不仅联邦层面的空间总体规划致力于城乡均衡的空间发展布局，巴州也在《联邦德国空间规划》的基础上，于1965年制定了《城乡空间发展规划》，把“城乡等值化”确定为区域空间发展和国土规划的战略目标，并将所有区域分为都市区、经济结构较好乡村地区和经济结构欠协调乡村地区三类。针对三类地区不同的发展情况和诉求，分别制定政策措施，并通过村镇整体发展规划来进行调控，具体包括调整用地布局、改善基础设施、调整产业结构、保护历史文化、整修传统民居、保护和维修古旧村落等。

### 服务均等的公共设施配置

公共服务在地区和城乡间的均等化供给是德国城镇化发展的一大显著特征，行政机构、医院、大学和文化体育设施等公共资源均衡分布在不同的地区，并缩小服务水平的差距，进而实现城乡间的均衡发展。以交通为例，巴州在城乡空间规划的基础上制定了《交通整合规划》，通过高速公路和地方公路网的建设基本实现了全州交通通勤均等化，加强了城镇间、城乡间的联系，加快了商品流通，促进了城乡居民的消费，为城乡协调发展创造了有利条件。

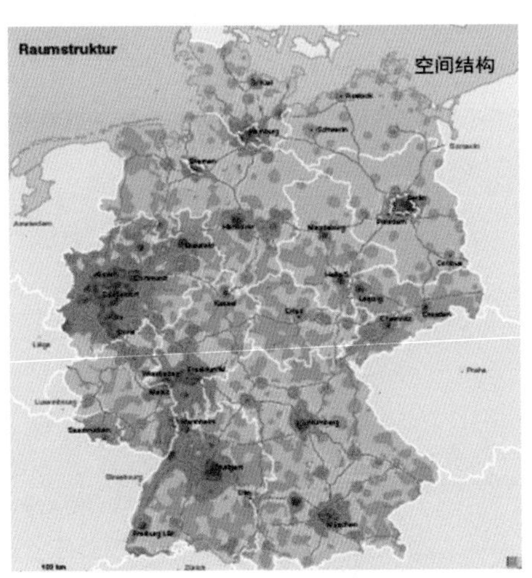


德国城乡空间结构

资料来源：BBR. Raumordnungsbericht 2005[R].2006.

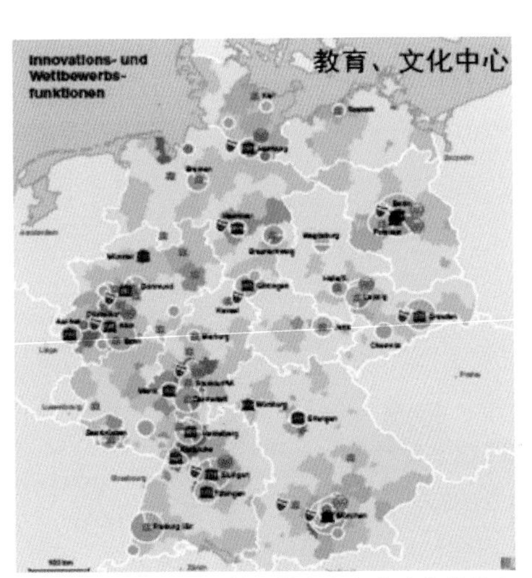


德国教育和文化中心的分布

资料来源：BBR. Raumordnungsbericht 2005[R].2006.

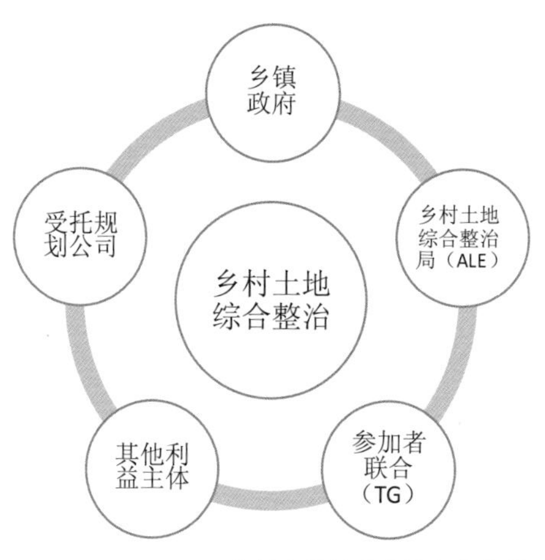


乡村土地综合整治行为主体

资料来源：叶剑平，毕天珠．德国城乡协调发展及其对中国的借鉴——以巴伐利亚为例 [J]. 中国土地科学，2010(5)：76-80.

**有序的产业结构调整**

巴州首先通过调整乡村产业结构，积极推广机械化作业、组建合作社、发展生态农业等措施促进乡村农业发展。其次，按照城乡等值化发展理念，积极发挥龙头企业的带动作用，如通过土地税收等优惠措施吸引宝马公司将生产基地迁到乡村地区，并通过改善乡村的工作条件、就业机会、收入水平等，逐步提高乡村地区的经济实力和竞争力，进而增强乡村的活力和吸引力。

**积极的财政转移支付**

巴州主要以财政转移支付的形式来扶持落后乡村地区的发展。1999 ～ 2002 年间，巴州获得的 148 亿欧元财政转移支付资金中，72% 投到乡村地区，而拥有总人口 38% 的聚居区仅得到财政转移支付的 28%。此外，2000 ～ 2006 年间，欧盟向巴州提供了 4 亿欧元社会基金 (ESF)，巴州政府将其中大部分投入到经济结构欠协调的乡村地区。

**全面的土地综合整治**

在巴州，乡村土地综合整治包括农地整理和村庄更新两项措施，主要参与主体有乡镇政府、乡村土地综合整治管理局、乡村土地综合整治参加者联会、规划公司、项目区村民以及其他利益机构。

巴州的乡村土地综合整治始于战后，经历了四个发展阶段：第一阶段（1950～1975年）主要是提高农业生产力，建设基础设施。第二阶段（1976～1992年）的重点是建立法律保障、强化功能，引入景观规划。在 1976 年制定了《村庄改造条例》，并在 1982 年将乡村景观规划作为强制性规划融入到土地综合整治程序中。第三阶段（1993 ～ 2004 年）则引入了公众参与机制，提升项目决策的科学性与公共性。第四阶段（2005 年至今）的主要工作是扩大村庄土地综合整治项目区规模，提高乡村竞争力。

土地整治效果图

资料来源：刘洋．德国土地整治和村庄革新经验的中国式思考 [EB/OL].http://www.gtzyb.com/guojizaixian/20151221_91754.shtml.

## 启示意义：

巴州秉承“公平基础上兼顾效率”的原则，通过系统权威的城乡空间发展规划、大力倾斜的财政转移支付、持续扩大的基础设施投入、切实有效的产业结构调整以及引导土地资源合理配置的土地综合整治等举措，逐步实现城乡公共服务水平及居民生产生活条件等值化。这种“城乡等值化”发展模式对当前中国城乡统筹发展有着重要的启示作用。

强化区域均衡的发展理念。巴州的城乡均等化发展很大程度上得益于德国历来已久的均衡发展理念，在此发展理念引导下，通过城镇专业分工协作、无差别的公共服务、乡村城镇化等手段，形成多中心的空间结构和吸引力相当的城乡载体。对于中国而言，在统筹城乡发展的过程中，要围绕缩小区域、城乡发展差距的总体目标，创新区域协作机制，并积极推进产业布局、基础设施、生态环境和公共服务的城乡一体化，从而实现人民生活质量和综合水平逐步趋于均等化。

建立促进城乡协调的空间规划体系。巴州把城乡等值化发展的战略目标融入城乡发展规划，建立科学、权威的规划体系，并作为各地区、各行业统一的行动准则。中国在开展统筹城乡发展的规划建设管理工作中，应基于全域统筹、城乡一体的考虑，积极推动“多规合一”试点工作的开展，以此破除行政界线和部门壁垒，协调不同规划之间的矛盾，为统筹城乡的空间建设管理奠定基础。

推进全面综合的乡村土地整治。从巴州的经验来看，乡村土地整治是统筹城乡发展、协调人地关系的有效手段，综合应对乡村社会、经济、生态层面的问题。目前中国开展的乡村土地整治工作应基于生态优先的原则，结合村庄建设项目，将整治目标从提高农业生产逐步延伸至生产、生活、生态“三生”融合共赢的综合愿景，从而更加有效地提升乡村地区的整体实力，加快城乡统筹发展的步伐。

德国巴州乡村土地综合整治中的村庄更新建设的成果

资料来源：刘洋 . 德国土地整治和村庄革新经验的中国式思考 [EB/OL].http://www.gtzyb.com/guojizaixian/20151221_91754.shtml.

## 参考文献


[1] 毕天珠，苟天来，张骞之，等 . 战后德国城乡等值化发展模式及其启示——以巴伐利亚为例 [J]. 生态经济 , 2012,24(5):99-106.

[2] 叶剑平，毕天珠 . 德国城乡协调发展及其对中国的借鉴——以巴伐利亚为例 [J]. 中国土地科学 , 2010,(5):76-80.

[3] 杨建新 . 德国新型城市化建设的启示 [J]. 城乡建设 , 2013,(12):84-86.

[4] 张宁，李玲 . 亦城亦乡，城乡相融——德国城镇规划建设启示 [J]. 规划师 ,2015,31(11):146-149.

[5] 蒋尉，徐杰 . 德国“去中心化”的城镇化发展逻辑 [N]. 光明日报 ,2015-07-19(6).

# 德国战后乡村更新策略

The Strategies of Village Regeneration during the Postwar Era in Germany

案例区位：德国
城镇化率：74%（2010 年）
覆盖范围：德国乡村型地区（人口密度低于 150 人 /km）
项目时间：始于 1950 年
专业类型：乡村规划建设

**案例创新点：**

“二战”后，德国逐步重视乡村地区的发展，从 1950 年代关注土地整理，到 1960 年代城乡等值化的设施建设，再到 1970 年代关注遗产保护，经过近半个世纪的发展逐步形成了精细化、渐进整合的乡村更新指引。鉴于乡村尺度小、资源有限、强调个性化等特征，政府在操作层面通过相互协调配合的法律法规、财政资金和政策工具，对外落实欧盟、国家及地方层面的各类发展战略及目标，对内推动乡村社区的内生发展，将内外调控有机结合，以应对乡村地区面临的诸多问题与挑战，提高居民的生活质量与社会认同感，巩固乡村地区的地位与价值。根据相关学者对德国巴伐利亚州乡村社区长达 20 年的跟踪调查显示，实施过更新的村庄在税收、人口、住宅和农业生产等方面的发展水平都较未实施过更新的村庄有所提升，其中人口规模在 2000 人以上的村庄发展水平平均增长了 15%，6000 人以上的村庄发展水平平均增长了 10%。

| 1950 | 1960 | 1970 | 1990 |
|---|---|---|---|
| **关注土地整理阶段** | **关注高标准设施建设** | **关注遗产保护阶段** | **形成整合性框架阶段** |
| 制定《土地整理法》，明确调整乡村居民点布局与土地整理任务，但大拆大建破坏了村庄风貌。 | 《联邦建设法》规范乡村更新建设和土地调整，政府投入建设基础设施和公共服务设施，但传统建筑仍在快速减少。 | 相关政策制定了乡村更新的保护策略，明确反对大拆大建，坚持适当更新。 | 明确整合性乡村地区发展框架，将可持续发展理念融入，从区域整体发展角度构建乡村的新角色和新意义。 |

战后德国乡村更新计划的发展历程

资料来源：叶齐茂 . 发达国家郊区发展系列谈之二战后德国郊区发展：依靠土地整理出来的郊区 [J]. 小城镇建设，2008(5):32-40.

## 案例简介：

德国现行的整合性的乡村更新策略成熟于 1990 年代，是对始于 1950 年代初的乡村更新实践经验的系统总结与提升，其以城乡等值化、可持续发展 、历史文化保护等先进理念为指引，从政府层面整合现有的法律法规、资金支持及政策工具，加快乡村地区整体发展质量的提升。

### 法律法规整合：明确更新的内容与准则

德国在战后乡村更新初期曾一度出现过大规模的拆旧建新，对乡村地区造成了无法弥补的损失。随后其乡村的引导策略更趋精细化，不仅更加注重对乡村的各类生态资源、历史遗存和传统风俗的保护和延续，更重视对乡村更新方式方法的规范，使德国乡村在动态发展中不仅拥有了高品质的居住环境，而且没有丧失自身的独特风土人情。国家层面，动态调整的《联邦土地整理法》、《联邦建筑法 》、《联邦空间秩序法》、《联邦自然保护法》等，明确了践行城乡等值化、保护自然和人文资源的要求以及空间使用的规则，进一步强调了村庄更新对于改善村庄基本生产生活条件方面的积极作用。另外，相关法律（如联邦自然保护法、景观保护法、林业法、土地保护法、大气保护法、水保护法、垃圾处理法、遗产法、文物保护法等）为乡村更新中各类自然和人文资源的保护提供了更加明确的指引。地方层面，联邦各州和区域政府也相应地制定了有关土地整理的法律法规，例如巴伐利亚州土地整理法规、 巴伐利亚州村庄更新条例等。

Velburg 某村庄的建筑更新前

Velburg 某村庄的建筑更新后

巴伐利亚州 Lupburg 村的村庄更新对街道及排水处理建设

资料来源： 王宏侠 . 德国村庄更新的策略与实施方法——以巴伐利亚州 Velburg 为例 [EB/OL]. http://mp.weixin.qq.com/s?__biz=MzI0NTAwMjA0NQ==&mid=2650133385&idx=1&sn=3c4de6c9e0ac327427a79bc3a9a27b45&scene=7#wechat_redirect

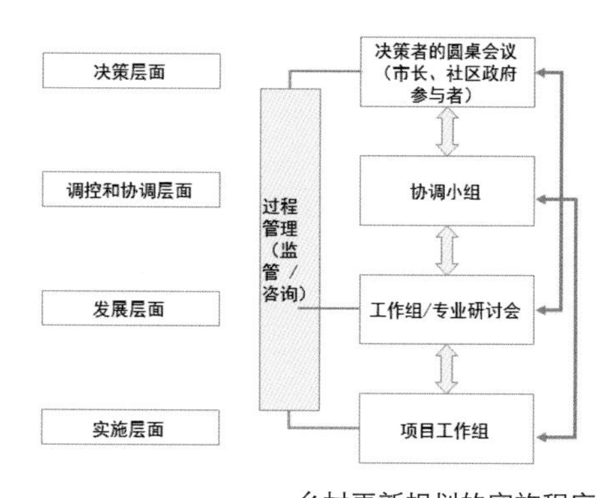


乡村更新规划的实施程序

资料来源：易鑫，克里斯蒂安·施耐德．德国的整合性乡村更新规划与地方文化认同构建 [J]. 现代城市研究，2013(6):51-53.

**财政资金整合：为乡村更新发展提供动力**

政府利用财政资金对于不同的项目给予相应补贴：公共部分的补贴主要用于对村庄现有用地结构的适当调整，对建筑物作适当的整修和维护，具体项目包括村庄规划和咨询、内部交通条件改善、环境卫生和村庄面貌改善，以公共设施建设推进村庄文化发展、保护和恢复社区建筑文化遗产、恢复生态环境、重新整理空闲的建筑和场地等。一般情况下公共事业的政府补贴比例平均可达 60%，自然和文化景观保护的补贴比例最高可达 90%。私人部分补贴主要针对为协调村庄风貌而改善私人建筑立面、保护具有历史价值的私人建筑、进行房前庭院的美化等。以庭院绿化为例，政府可为居民提供价值 500 欧元的植物及绿化必备的建筑材料。

据德国政府相关统计显示，同等数额的政府投资，投入土地整理和村庄更新的产出高于其他公共投资的 7 倍；对土地整理和村庄更新每 100 万欧元的投入，可以直接和间接创造 127 个就业岗位，政府投资的 62% 将再度返回到政府财政中。

**政策工具整合 ：集聚乡村更新发展的合力**

面对乡村地区涉及到的广泛问题，设计乡村规划、乡村竞赛等政策工具，形成推动乡村发展的合力。

在乡村规划编制与实施程序中将公共和私人部门联系在一起，促进各方在共同的工作框架中，讨论相关的发展策略和行动纲领，并推动其落到实处：在决策层面，成立政策性工作组，以协调欧盟、国家和州的决策与地方需求；在调控与协调层面，由利益相关方形成的协调小组将整合性的规划框架转化为行动策略；在发展层面，多学科工作组和专业研讨会针对各专业领域的具体内容，制定相关技术内容和发展措施，搭建工作平台；实施层面，运用项目组、联合会、工作共同体等的形式，推进地方层面问题和任务解决。

在乡村竞赛的组织中通过评比和奖励，激发村庄自主发展的意识和行动。德国从 20 世纪 60 年代开始，每三年举办一次有关乡村规划建设的全国性竞赛。现阶段的竞赛主题为“我们的乡村有未来”，鼓励和引导乡村居民自主提高生活品质，发掘自身的资源禀赋，从经济、社会、生态、空间等维度综合规划设计乡村社区。

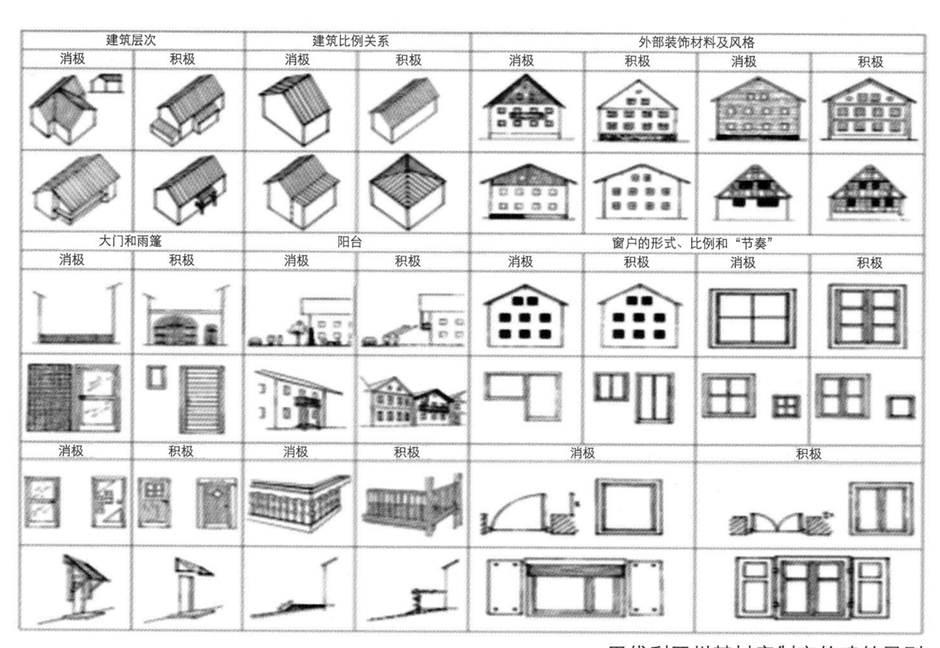


巴伐利亚州某村庄制定的建筑导则

资料来源：聂梦瑶，杨贵庆．农村住区更新实践的规划启示 [J]. 上海城市规划，2013(5): 81-87.

## 启示意义：

欧盟农业专员弗兰茨 · 费诗勒（Franz Fischer）指出：“（现代的乡村发展）不只是简单的乡村美化政策，而是一个整体性的、以经济活动为基础的，同时根据适合战略所设定的目标，通过改善居住关系、加强地方空间形象的吸引力、提供现代化的基础设施，来改善全体居民的收入和生活条件，并加强各个地区内部的经济活力，如果没有这些工作，就会忽视文化认同、历史关联以及特有的文化独立性。”德国战后乡村更新策略发展历程印证了整合性乡村更新政策的必要性与成效，也启示其他国家在政府主导下推动乡村更新需要关注以下问题：

**从时序上，以设施建设为基础促进城乡资源的优化配置。**德国战后的乡村更新政策最初关注土地整理与设施配置。政府利用初期对公共事业的投入，为乡村地区的经济社会发展注入动力，促进了与城市相同标准的优质公共资源和福利向乡村地区拓展，使物质空间改善成为推动乡村发展的基础和触媒。因此，在乡村发展的政策引导中，需要制定阶段化的调控目标和任务，可将设施等物质条件的改善作为各项工作的基础，通过严格的过程把控，充分发挥其基础性和先导性的作用，带动乡村的综合可持续发展。

**从政策上，以精细化管理促进乡村特色保护与彰显。**德国从国家到地方层面加强村庄规划的法律制度建设，为村庄更新的具体实践提供了更加明确的边界，其不仅涉及物质空间的改善，更包含了乡村综合发展的内涵：在尊重地域特色的基础之上，更新建筑和公共空间；在延续乡村独特生产方式和生活体验基础之上，改善村庄基础设施和公共服务条件；在促进生态系统稳定和可持续的基础上，构建乡村与周边环境的和谐关系；在发掘产业优势的基础上，促进乡村地区的协调发展。因此，随着乡村的不断发展，政府需要更加注重优化完善现有的政策体系和技术导则，加强不同层级法律与政策的协调与衔接，提高政策指引的精细化水平和可操作性，便于引导居民进行自我更新和管理。

德国乡村风貌

资料来源：http://www.yul8.com[EB/OL].
http://home.cpd.com.cn[EB/OL].
http://voc.com.cn[EB/OL].

**从方法上，以 “村里”和“村外”力量共同推动发展。**在城乡各类资源配置不平衡的条件下，要推动乡村发展，单纯依靠村庄自身的力量恐难应对种种挑战。德国战后的乡村发展政策通过对内外部力量的整合，提高了公共政策的执行效率。因此，在推动乡村发展的过程中，政府需要针对乡村的实际，形成整合决策、协调、发展、实施多层面的政策支撑平台，构建联系政府与社会公众的多方合作网络，通过程序设置、技术指引和落实激励制度，搭建优质人才和资源向乡村地区流动的各种渠道，提高村庄内生发展的能力。

## 参考文献


[1] 叶齐茂 . 发达国家乡村建设考察及政策研究 [M]. 北京：中国建筑工业出版社 . 2008

[2] 孟广文，Hans. 二战以来联邦德国乡村地区的发展与演变 [J]. 地理学报，2011, 66(12): 1644-1656.

[3] Milbert A. Wandel der Lebensbedingungen in landlichen Raum Deutschlands[J]. Geographische Rundschau, 2004, 56(9): 2633.

[4] 罗丽，袁泉 . 德国土壤环境保护立法研究 [J]. 武汉理工大学学报（社会科学版），2013, (6): 965—P972.

[5] 常江，朱冬冬，冯姗姗 . 德国村庄更新及其对我国新农村建设的借鉴意义 [J]。 建筑学报， 2008, (11): 71-73.

[6]] 谢辉，余天虹，李亨，等 . 农村建设理论与实践——以德国为例 [J]. 城市发展研究，2015, 22(4): 39-45.

[7] 易鑫，克里斯蒂安 · 施耐德 . 德国的整合性乡村更新规划与地方文化认同构建 [J]. 现代城市研究，2013(6):51-53.

[8] 刘惠田，白淑军 . 当代国外乡村社区生态规划策略发展 [J]. 小城镇建设，2015(6): 85-89.

[9] 易鑫 . 德国的乡村治理及其对于规划工作的启示 [J]. 现代城市研究，2015(4):41-47

[10] 易鑫，克里斯蒂安 · 施耐德 . 德国的整合性乡村更新规划与地方文化认同构建 [J]. 现代城市研究，2013(6):51-59.

资料来源：法国简介 [EB/OL].http://country.bridgat.com/France.html.

# 法国乡村政策指引

French Rural Policy Guidance

案例区位：法国

规模范围：法国全域（67.28 万 $km^2$）

实施时间：二战后至今

专业类型：乡村建设，公共政策

实施效果：高度城镇化的同时保留较大面积的乡村地域和独具特色的乡村经济社会

## 案例创新点：

法国是一个高度城镇化的国家，同时也是一个农业大国。在法国，“城市”和“乡村”的概念只是具有不同经济社会特征的两种空间地域，而非严格区分的行政建制。法国的乡村开发和城市开发一样，一直以来被视为国土开发的重要组成部分，并被纳入统一的国土开发政策和空间规划体系，这种建立在城乡统筹思想基础上的乡村开发建设政策框架，对于当前中国的城乡统筹发展和新农村建设实践具有积极的借鉴意义。

法国最美乡村鲁西荣（Roussillon）

资料来源：我来说说.探访法国十个最迷人乡村 感受法式乡村风情（图）(4) [EB/OL]. http://qingdao.iqilu.com/lvyou/lyzx/2015/0112/2276117_4.shtml，2015-01-12.

法国小镇戈尔德的现代种植业

资料来源：高弟，张琳.法国最美小镇：戛纳、安纳西和戈尔德 [EB/OL]. http://study.cdn.gov.cn/danganziliao/laozhaopian/74533.shtml.

## 案例简介：

尽管法国已进入城市化进程的稳定发展阶段，但其乡村社会仍在国家经济社会发展中扮演着重要角色。在大部分的法国乡村地区，真正从事农业生产活动的人口越来越少，所占比例往往不及当地居民的 20%；与此同时，越来越多的劳动力转而从事其他性质的产业活动。即使是从事农业生产活动的劳动力，也已从传统的农民演变成农业土地的开发经营者，或农业科技人员和农业管理人员，与传统的农业生产者有了本质区别。因此，法国的乡村地区并不等同于传统意义上的农业地区，而是与城镇地区一样，在社会经济发展中占据同等重要的位置。

在法国，乡村开发和城市开发均被纳入统一的国土开发政策框架，可归纳为综合政策、地区政策和专项政策三大类型。它们建立在一套综合规划（或计划）和专项规划（或计划）的基础上，从国家、大区、省和地方联合体等不同层面，以及经济、交通、文化、教育等不同角度，调控包括乡村和城市在内的国土开发建设，以满足国家经济社会发展的要求和经济社会生活的变化 。

法国现行国土开发政策框架

| 政策分类 | 政策细化 | 使用范围 | 政策表达 |
| --- | --- | --- | --- |
| 综合政策 | 空间规划政策 | 整个国土 | 国家、大区、省和其他地方层面的综合性空间规划文件 |
| 地区政策 | 城市政策 | 城市地区 | 被纳入“国家—大区规划协议”框架，以不同形式的“开发整治市际宪章”表达的规划文件 |
|  | 乡村政策 | 乡村地区 |  |
|  | 城乡混合区政策 | 城乡混合区 |  |
|  | 山区及滨海地区政策 | 山区及滨海地区 |  |
| 专项政策 | 经济政策 | 部门职权范围 | 经济发展计划 |
|  | 住宅政策 |  | 住宅发展计划 |
|  | 交通政策 |  | 交通发展计划 |
|  | 数字技术政策 |  | 数字技术发展计划 |
|  | 公共服务政策 |  | 公共服务设施发展计划 |
|  | 高等教育政策 |  | 高等教育设施发展计划 |

资料来源：刘健 . 基于城乡统筹的法国乡村开发建设及其规划管理 [J]. 国际城市规划，2010（2）：4-10.

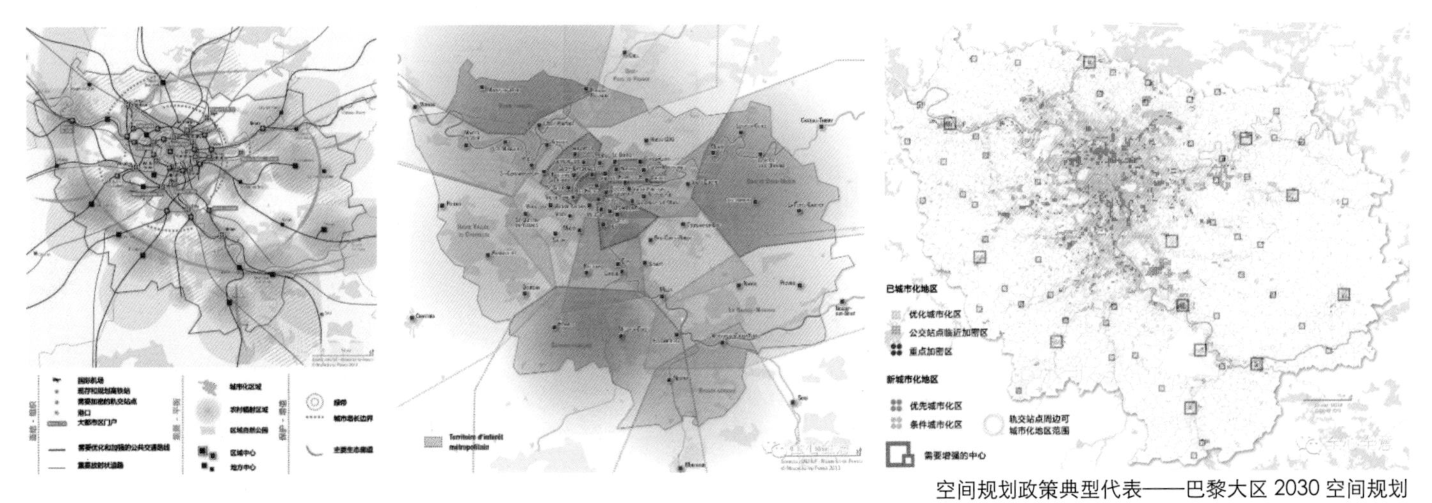


空间规划政策典型代表——巴黎大区 2030 空间规划

资料来源：规划解读：巴黎大区 2030 战略规划 [EB/OL]. http://bbs.caup.net/read-htm-tid-32785-page-1.html，2015-08-02.

阿尔萨斯的乡村住宅

资料来源：居外综合，走进法国阿尔塞斯乡村 开始纯正的法国田园生活 [EB/OL]. http://www.juwai.com/news/63094.htm，2014-02-24.

### 综合政策

在法国，国土开发综合政策主要指适用于规划区内全部国土的综合性国土开发战略和计划，主要目的是对不同地区政策和部门政策进行整合，相关内容主要体现在不同层面的综合性空间规划文件当中，例如国家层面的《国家发展五年计划》和《国家可持续发展战略》，大区层面的《空间规划与发展大区计划》，其他地方层面的《国土协调纲要》、《空间规划指令》等。

### 地区政策

在本质上，地区政策也属于综合政策的范畴，只是适用于特定地区而非全部国土。法国现行的国土开发政策将整个国土划分为城市地区、乡村地区、城乡混合区、山区和滨海地区四种类型。针对不同地区的发展特点，分别制定不同的政策措施和建设计划，相关内容主要通过不同形式的"开发整治市际宪章"，体现在"国家—大区规划协议"之中。目前，法国针对乡村地区的地区政策主要包括优秀乡村中心（pôled' excellence rurale）政策、乡村复兴区（zone de revitalization rurale）政策、大区自然公园（Parc naturel régional）政策；除此之外，针对城乡混合区、山区和滨海地区的地区政策中也常常包含涉及乡村地区的内容。

### 专项政策

除综合政策和地区政策外，法国的国家和各级地方还可基于各职能部门发展的需要，制定有关国土开发的专项政策。目前，法国针对乡村地区的专项政策主要包括：

经济政策：旨在保护在国民经济和大地景观中占据重要地位的种植业，促进各种形式的大规模种植业的发展，支持小型手工业和制造业企业发展，为商业化房地产发展提供资助，扩大面向旅游、创新转让等朝阳企业的税收刺激；

住宅政策：旨在鼓励利用涉及中央政府和地方政府的合作政策，更新现有住宅存量，增加租赁住宅储备，以获得高质量住宅；

公共服务政策：旨在推动公共服务的现代化，以改善乡村居民的公共服务可达性，并提高公共服务的效率；

数字技术政策：旨在通过发展宽带网络和继续改善手机覆盖率，促进信息和通讯技术的广泛使用，减少城乡之间以及不同地区之间的"数字分割"。

优秀乡村——沃克吕兹省高德村

资料来源：罗讷河谷葡萄酒在中国 [EB/OL]. http://rhone-wines.com.cn/email/20130610/cn.html，2013-06.

奥弗涅大区的自然公园

资料来源：探索奥弗涅火山群地区公园 [EB/OL].http://cn.france.fr/zh-hans/discover/47763?utm_source=Rendezvousenfrance.com&utm_medium=Nom_de_Domaine&utm_campaign=Redirection_Domaine.

## 启示意义：

乡村开发作为国土开发的重要组成，应纳入统一的国土开发政策框架。乡村开发和城市开发都是国土开发的重要组成部分，相互之间无轻重之分。在构建国土开发的政策框架时，一方面应将乡村开发和城市开发一视同仁，针对其中的共性问题做出一致的战略部署；另一方面应鉴于乡村地区和城市地区的不同特性，针对各自面临的特殊问题分别提出相应的战略对策，尤其是对处于相对弱势的乡村地区予以特别的关注，以此促进城乡之间的均衡发展。

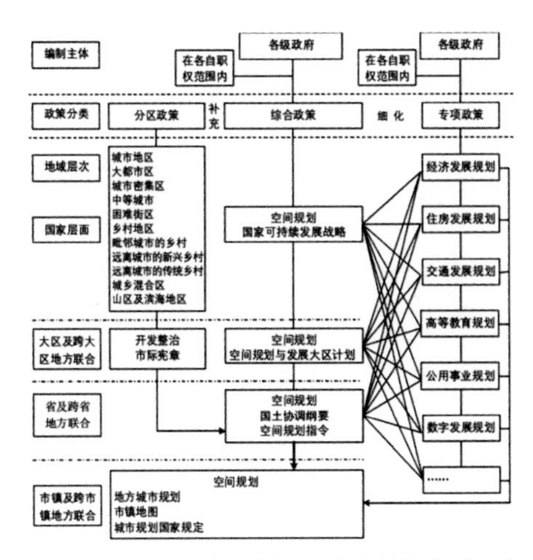


法国空间规划与国土政策的关系示意

资料来源：刘健．法国国土开发政策框架及其空间规划体系——特点与启发 [J]. 城市规划，2011（8）：60-65.

乡村开发政策的制定与实施需要各级地方和各个部门在统一框架下的通力合作。乡村开发是一个十分复杂的课题，涉及到诸多方面在不同空间尺度上的整合。任何一级地方行政和职能部门都无法独立承担乡村开发的全部内容；尤其当乡村开发在城市化加速发展的影响下日趋综合化时，更是如此。因此，乡村开发的政策制定需要有各级地方和各个部门的广泛参与和通力合作，需要建立有关乡村开发的统一政策框架，明确各级地方和各个部门在乡村开发实施过程中的具体职能，并且明确有效的实施机制以促进相互之间的合作。

公共服务设施和基础设施的政策倾斜应作为乡村发展的核心内容。在进行乡村规划建设时，应高度重视公共服务设施和基础设施的完善。其中，污水处理和垃圾回收是保证乡村整洁卫生的基础，而道路是保证乡村同外部交流的必要条件，这些设施是促进乡村发展、维护乡村环境和保障高质量乡村生活的基础支撑。

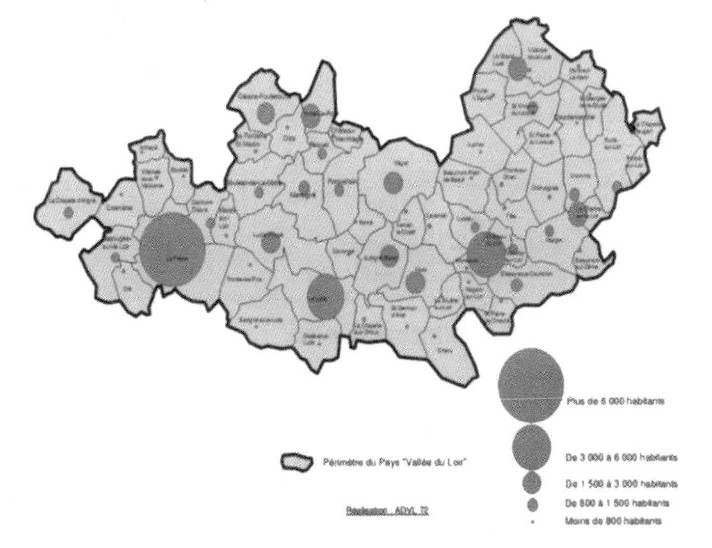


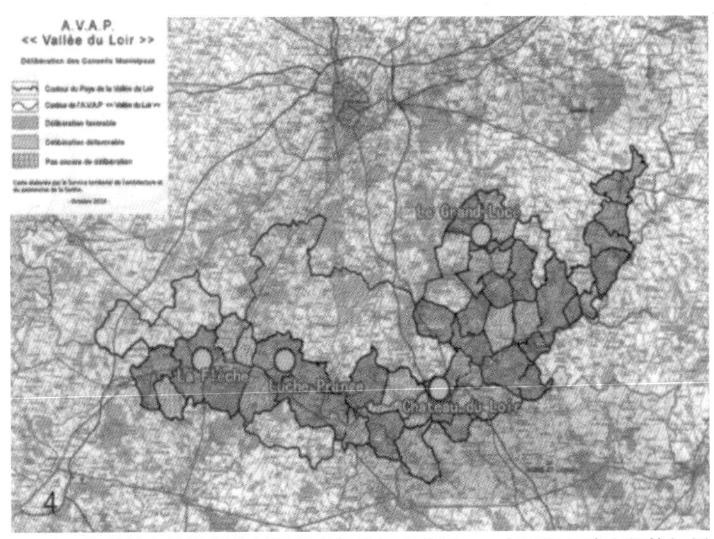


多市镇合作进行乡村开发建设的代表案例——卢瓦河谷遗产保护规划

资料来源：王景慧，张兵，傅冬楠，林永新，耿健，徐明，王勇．法国文化遗产考察系列 卢瓦河谷遗产保护——多个市镇联合编制遗产保护规划 [J]. 中国名城，2012（1）：63-66.

## 参考文献

[1] 刘健．基于城乡统筹的法国乡村开发建设及其规划管理 [J]. 国际城市规划，2010(2):4-10.
[2] 冯建喜，汤爽爽，罗震东．法国乡村建设政策与实践一以法兰西岛大区为例 [J]. 乡村规划建设，2013(1):115-126.

资料来源：保罗两国欢喜入欧盟 [EB/OL].http://news.sina.com.cn/w/2006-09-28/055010126793s.shtml.

# 欧盟乡村发展政策

The EU's Rural Development Policy

案例区位：欧洲

规模范围：欧盟，共 28 个国家

实施时间：1950 年代至今

专业类型：区域政策、乡村建设

实施效果：提升了欧盟乡村的经济、环境、社会发展水平，引导并促进欧盟新成员国解决乡村发展问题

## 案例创新点：

欧盟共同农业政策（CAP,Common Agriculture Policy）自 1962 年颁布后，逐渐从仅关注农业生产演变为涉及农村经济、环境、社会的综合性政策，其“七年规划”模式的战略途径、弹性的发展原则、倾向欠发达地区的补贴政策及“乡村地区发展行动联合”等的模式，成功应对了欧盟不同地区复杂的乡村发展问题，并较好地指导了近年来新欧盟成员国的乡村发展，受到社会广泛认可。

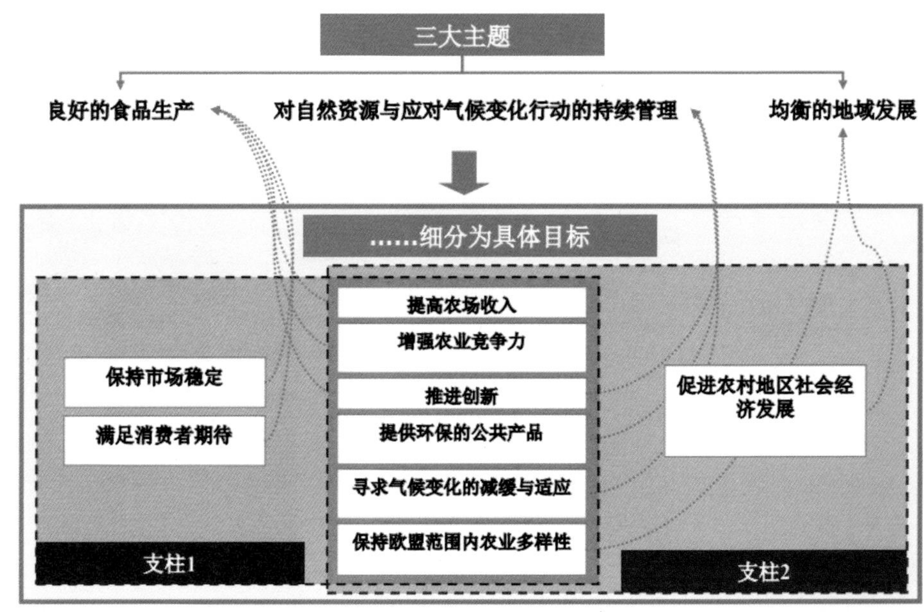


欧盟共同农业政策的具体目标

资料来源：迈克尔 · 皮尔克 . 欧盟农村发展政策：应对农村地区挑战 [R]. 中国—欧盟农村发展研讨会，2009.

## 案例简介：

欧盟对乡村发展问题的关注，可追溯到由欧洲经济共同体的六个创始国在 1957 年共同签署的《罗马条约》，其第二章第三条明确指出欧盟有必要制定共同的农业政策。欧盟共同农业政策和国家层面的农业政策一样，旨在解决其管辖范围内的农业和乡村发展问题。在过去的数十年间，欧盟共同农业政策（CAP）的核心内容都是欧盟的各项协议，具体内容和措施随着环境和社会需求而变化。总体来看，欧盟的乡村发展政策具有如下特征：

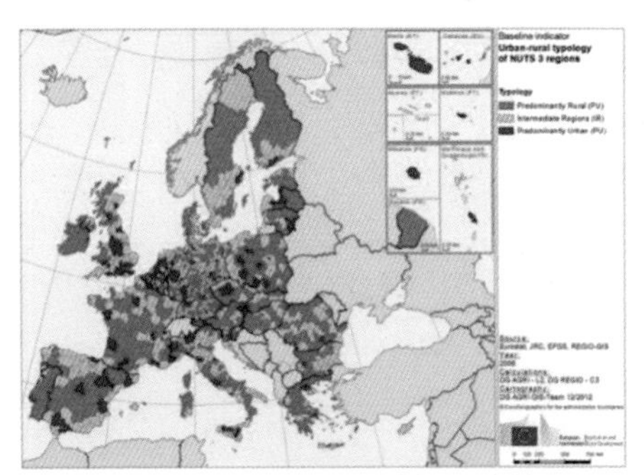

欧盟农村 - 城市地区分布

资料来源：Rural Development in the European Union Statistical and economic information Report 2013[R], European Union, 2013.

### “七年规划”模式的战略途径

欧盟乡村发展的“七年规划”即为期七年的“乡村发展政策”(The European Union Rural Development Policy,RDP)，是作为欧盟共同农业政策（CAP）第二支柱的重要政策。近年来，随着国际总体环境与欧盟境内政治经济形势的转变，该政策不仅获得的资金投入份额日益增加，并且确立了推动乡村经济社会的多样化重组、丰富乡村景观、保证食品质量安全、保护自然文化遗产等一系列目标，反映出欧盟对农业和乡村经济、环境、社会方面问题的全面关注。

以 2005 年欧盟第 1698/2005 号规章（Council Regulation (EC) No. 1698/2005，即新乡村发展法）确定的“2007-2013 年乡村发展政策”为例，新乡村发展政策的目标主要有四点：一是在经济上为乡村地区创造更多的就业机会；二是在环境上提升乡村在环保工作中的主导地位；三是在生活上改善农民的生活条件；四是提升农产品质量，满足消费者对食品质量和安全的要求。与此相应，“2007-2013 年乡村发展政策”在政策框架上确立了三个轴心（Axis）和一个方法“轴心”的核心结构，围绕轴心制定可供成员国根据自身情况进行选择的具体措施，主要涉及包括农业竞争力、环境和乡村区域的发展、乡村经济多样化和生活质量等方面的内容。

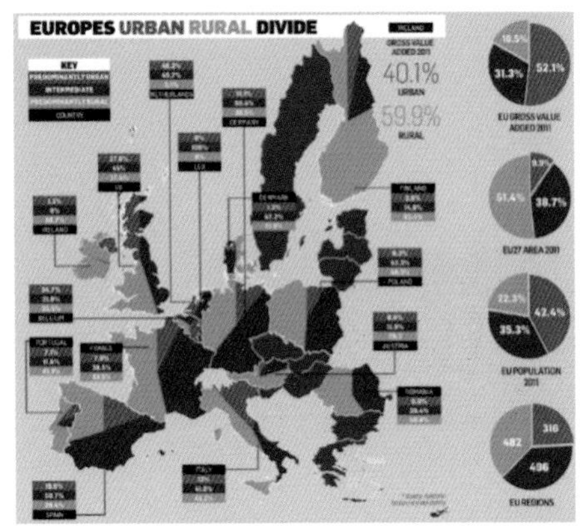


欧盟农村、城市地区占比示意图

资料来源：Donal O'Donovan. We break the mould with most 'rural' economy in Europe [EB/OL].http://www.independent.ie/business/irish/we-break-the-mould-with-most-rural-economy-in-europe-29404952.html

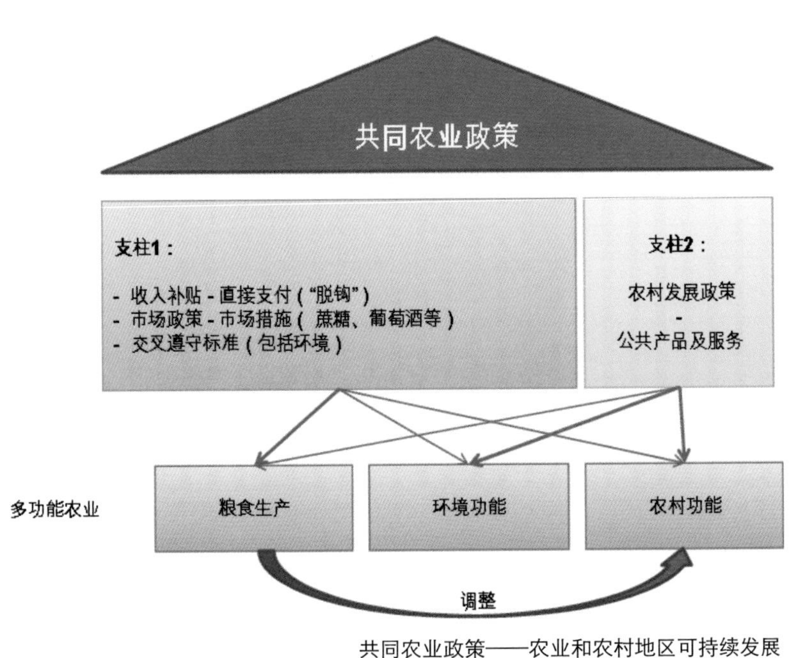


共同农业政策——农业和农村地区可持续发展

资料来源：Ruta Landgrebe. 欧盟与德国农业及农村发展政策：动态与展望 [R] 生态研究所 ,2011.

RURAL DEVELOPMENT 2007-2013

LEADER AXIS

| AXIS 1 | AXIS 2 | AXIS 3 |
| --- | --- | --- |
| COMPETITIVENESS | ENVIRONMENT + LAND MANAGEMENT | ECONOMIC DIVERSIFICATION + QUALITY OF LIFE |

Single set of programming, financing, monitoring, and auditing rules

European Agricultural Fund for Rural Development

欧盟农村发展政策结构（2007-2013）

资料来源：Rural Development in the European Union Statistical and economic information Report 2013[R], European Union, 2013.

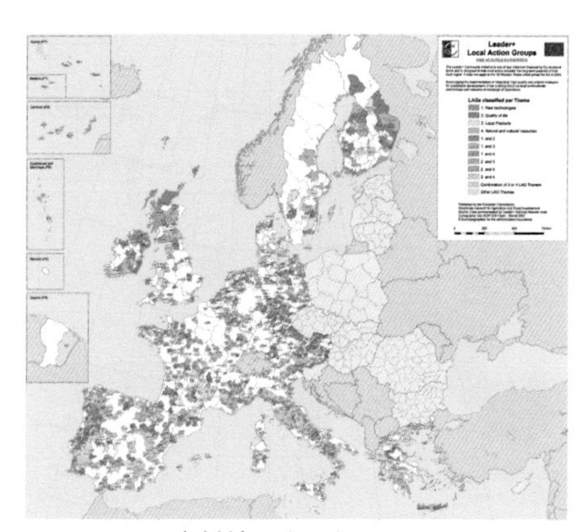


乡村地区发展行动联合组织分布图

资料来源：Rural Development in the European Union Statistical and economic information Report 2013[R], European Union, 2013.

### 弹性的发展原则

欧盟是多个主权国家组成的联合体，各地区的乡村发展状况也千差万别，在这样的政治经济条件下，执行一个“共同农业政策”难度相对较大。“2007-2013年乡村发展政策”在确定了欧盟乡村发展政策四个原则后，明确要求各国按照自己的国情，把这些政策原则转化为本国战略，各地区在每个原则中选择适合于自己实际情况的项目 。

实际上，欧盟所有乡村发展政策都具有一定的灵活性，以便满足欧盟中各乡村地区的不同需求。各地区根据欧盟的共同目标，从总“菜单”中选择最能应对本地区所面临挑战的可用支持措施。除了标准化的规划结构，各成员国与地区还可以为特定群体、地区或对象提供特殊支持。

### 倾向欠发达地区的补贴政策

欧盟建立了专门用于乡村发展的“欧洲农业乡村发展基金 (EAFRD)”，该基金取代了欧洲农业指导与保障基金 (EAGGF) 的指导部分，成为欧盟乡村发展政策的唯一资金来源。2008 年 11 月，欧盟就改革农业补贴等达成协议，其中最重要的一项内容是不再按产量多少来决定农户领取的补贴数额，实施单一农场支付计划 (SFP)，节约下来的资金将被用于支持落后地区的发展和保护生态环境 。得益于改革后的补贴政策，相对落后的新成员国的农民将获得更大的收入支持，务农收入将显著增加。

### 自下而上的乡村发展管理模式

欧盟于 1991 年成立“乡村地区发展行动联合”(LEADER)，意在通过激发乡村自身发展潜力来促进乡村地区的发展。“LEADER+”是“乡村地区发展行动联合”的第三代发展形式，其任务为组成地方社会团体（LAGs）联合会来主持制定他们所在地区的农村发展总体规划，并负责设计、实施和管理乡村发展项目。2000年以来，欧盟在欧盟国家中逐步推广“LEADER+”的发展模式，到 2006 年已经在 15 个发达工业国家进行实践，并取得了一定成效。

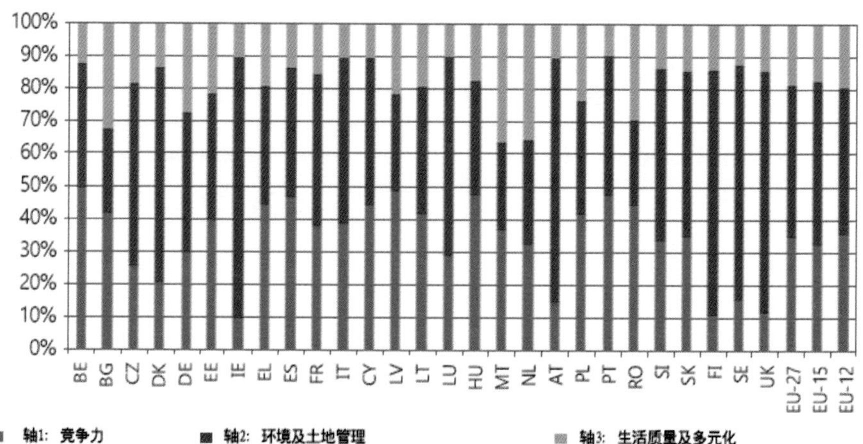


各成员国就主题轴的开支分配差异体现各自农村发展重点

资料来源：Ruta Landgrebe. 欧盟与德国农业及农村发展政策：动态与展望 [R] 生态研究所 ,2011.

## 启示意义：

欧盟乡村发展所面临的农业中的小农问题、乡村环境问题、乡村社区发展问题、地区间差异较大等问题，在中国许多乡村地区亦同样存在。由此，欧盟乡村发展政策带来以下启示：

制定整合经济、环境、社会的综合性战略。可参考欧盟由农业发展计划发展演变而来的“七年计划”，建立统一的乡村规划体系，逐步吸纳空间、就业、环境、生活质量等方面的内容，全面引导乡村的建设与发展。

鼓励总体政策框架下的因地制宜，给地方留有弹性。我国不同省份、不同地区的乡村发展现状存在着较大的差异，借鉴欧盟的“共同农业政策”及“乡村发展政策”，可由国家出台纲要性的政策框架及原则，地方出台适应自身条件的详细发展计划，以此提高政策的可行性及实施性。

优化乡村补贴机制，避免步入“补贴陷阱”。直接补贴，特别是同生产挂钩补贴的积极促进作用已为欧盟的实践所证明，但要避免使农民过份依赖于补贴收入，明确区分“造血型”的发展性资金（补贴）和“补血型”的财政转移（补贴）的使用渠道、使用方式和绩效评估方式。

调动地方活力，实现管理民主。要把有限的公共资金真正用在乡村的“短板”上，实现乡村的协调发展，必须要实现“管理民主”。学习欧盟的“乡村地区发展行动联合”模式，使“管理民主”不仅仅是“一事一议”、“村务公开”，而是要真正调动乡村居民参与到新农村建设的规划制定和建设与管理全过程。

德国高品质的乡村生产生活风貌

资料来源：德国农村这样处理生活污水，太高大上了！ [EB/OL].http://j.news.163.com/docs/18/2015092113/B41MHLNM9001HLNN.html.

## 参考文献


[1] 吴美云，吴子平 . 欧盟农村发展政策：经验、教训及启示 [J]. 农业经济问题，2009(6):104-109.

[2] 王俊豪 . 欧盟乡村发展政之演变与展望 . [J]. 农政与农情，1993,(144).

[3] 叶齐茂 . 欧盟十国乡村社区建设见闻录 [J]. 国外城市规划，2006, 21(4):109-113.

[4] European Commission Directorate-General for Agriculture and Rural Development . Fact Sheet : EU Rural Development Policy 2007-2013[R]. Luxembourg . 2008.

[5] 王雅梅 . 欧盟共同农业政策向共同农业和农村发展政策的转变探析 [J]. 农村经济，2009(5):118-120.

[6] 王志远 . 欧盟东扩后共同农业政策调整的评价 [J]. 俄罗斯中亚东欧市场，2010(3):15-22.

[7] 孔洞一 . 欧盟乡村发展的一个成功策略：LEADER[EB/OL]. http://www.wtoutiao.com/p/Y2cVgr.html .

# 日本特色乡村社区营造

Rural Development Policy Guidelines in Japan - Characteristic Rural Community Development

案例区位：日本
人口规模：12738 万人（2010 年）
土地规模：37.78 万 $km^2$
实施时间：1970 年代始

**案例创新点：**

为激活乡村发展内生动力，改善乡村人居环境，日本多次发起了特色乡村营建浪潮，在町村振兴规划以及环境景观等政策的指引下，把“人、文、产、地、景”五类资源的保护和利用作为美丽乡村营建的核心，充分挖掘和展现乡村的多元价值，以延伸传统农业价值链条，保全自然生态系统，保护与传承传统文化与技艺，发展休闲旅游、文化创意产业等手段来营造富有地域特色的乡村聚落，重塑乡村魅力和个性，将乡村特色资源转化为持续发展的动力，推动了日本特色乡村社区营造理念和动力机制的形成和发展成熟，有效地缩减了城乡差距，大幅提升了乡村人居环境，提升了乡村的吸引力，使乡村成为了令人向往的乡土文化精神家园。

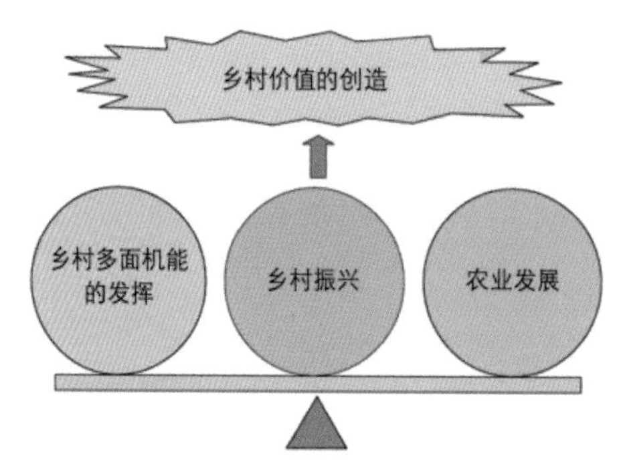


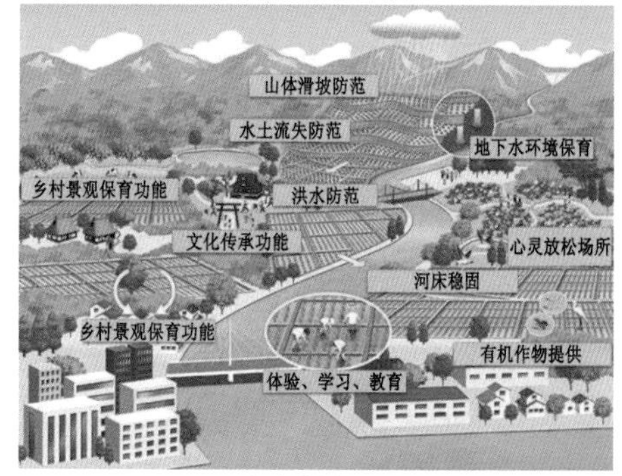


日本乡村多元价值发展目标导向

资料来源：日本農林水産省農村振興局．農村の現状と振興施策の展開方向 .2008,5.

## 案例简介：

“二战”后日本的乡村建设通过实施农业振兴、农村环境综合整备等措施，使乡村于1970年代中期基本实现了现代化，农民人均收入甚至超过了城市居民。在基本完成乡村物质建设后，日本乡村转入到追求更高层次的乡村生活魅力和谋求可持续发展。在造町运动和乡村振兴政策背景下，日本以特色乡村营建为手段，开展了乡村多元价值的展现、挖掘以及乡村地域功能活性化等实践，在实现乡村景观风貌和文化传统得到良好传承和发展的同时，也促进了乡村环境品质提升、乡村产业发展，带动了农民就业，促进了乡村的可持续发展。

**立足“人、文、地、产、景”体系来认识和挖掘乡村多元价值**

日本特色乡村社区营建将乡村作为宝贵的资源进行精心营造，立足乡村地区“人、文、地、产、景”五类资源，挖掘、利用和展现乡村的多元价值，带动乡村产业和就业发展，带动乡村自足性的持续发展，使“城”、“乡”成为了空间特色的界定。在人居环境和传统文化氛围方面，农村比城市拥有了更大的吸引力。

人
乡村能人、乡村营建组织者拥有特殊技艺的人

文
文化设施（博物馆、工艺馆）、传统文化与习俗活动（文化祭）、传统工艺展示

地
自然资源（山体、水系、温泉、梯田、海岸线等）、动植物资源

产
生产资源，农林渔牧产业、手工艺、观光休闲、教育体验农业、市民农园及农业公园等

景
人文景观（如庭院、传统建筑、寺庙、历史街道等）

日本特色乡村营建五要素：“人、文、地、产、景”

、资料来源：作者自绘

（1）传统文化资源的保护、挖掘与延续：鼓励乡村文化遗产的活用和观光振兴，将传统木结构住宅、插花、庭园、传统手工技艺以及各种具有地方特色的“文化祭”作为乡村特色传承下来，激发乡村经济和文化活力。目前，日本已有35个市町村制定了本地的《历史文化基本构想》。如白川村因“合掌屋”闻名于世，在白川村保护会和全体村民的共同努力下，制定了资源“不卖、不借、不毁坏”的保护原则以及《白川乡荻町集落自然环境保护居民宪章》，对旅游等活动做出了严格的约束和限定，既维持了良好的环境体验，也实现了保护与发展、生活与旅游之间的良好平衡，当地村民仍能保持着纯朴的生活，延续着传统文化。

白川村传统村落格局

资料来源：日本白川郷観光協会 http://www.shirakawa-go.gr.jp/EB/OL

（2）“里地里山模式”乡村田园景观的保护与创造：里地里山是指包围着乡村的农地、水系、半自然的林地、人工林和草地等构成的平原或山地地区。作为生态景观资源的里山里地，不仅是日本乡村景观的核心部分，也是生态环境的重要载体。从1970年代始，日本围绕里山里地的开发利用制定了众多法律法规，将里山里地与乡村民众的生产生活紧密联系，发展出多种生态项目和生态产业，使里山里地比纯自然的原生林具有更加丰富的生态系统，并培育出独特的乡村景观和文化。如长野市白马村原本是闭塞、落后的地方，通过制定白马村环境保全政策和条例、环境色彩造町计划以及乡村住民景观协议等手段，结合雪山、田野与乡土花卉等资源发展乡村旅游，人口从发展旅游前1970年的6292人增长到1980年的7131人，原本离乡的人又迁了回来，村庄有了新的活力，避免了衰亡。

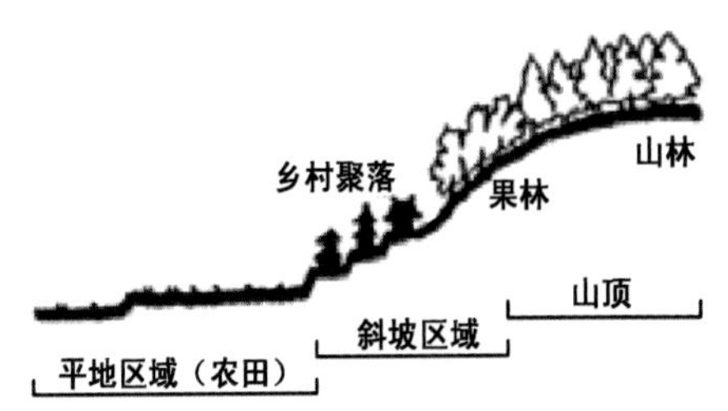


里山（丘陵）乡村村落布局示意

资料来源：日本国土交通省．里地里山保全活用行動計画（案）.2010.3.

（3）艺术体验与传统农业振兴相结合的乡村复兴：1990 年代后，日本政府将大地艺术祭作为振兴地方经济的众多措施之一。部分乡村提出了通过文化和艺术表现的手段重振日益衰落老化的农业计划。如新泻县越后妻有地区原 6 个市町村合作，开始着手以恢复町村活力为目的的“越后妻有项链艺术建设事业”，将越后妻有全域町村作为艺术舞台，将当地居民和世界一线设计联系起来，活化利用乡村景观资源和废旧设施，使町村成为展示当今艺术的场所，创造出新的经济和社会文化价值。

越后妻有村町空屋建筑、废弃学校的艺术化改造与利用

资料来源：http://www.echigo-tsumari.jp/artwork/EB/OL(2015-07-29)

越后妻有村町农田景观的艺术化改造

资料来源：http://www.echigo-tsumari.jp/artwork/EB/OL(2015-07-29)

完善特色乡村社区的设施支撑体系和法规保障体系

（1）完善覆盖城乡、高度发达的现代基础设施体系：日本政府在乡村基础设施上通过政府与市场的两者的共同投入，建立了高度发达的涵盖城乡的现代交通物流体系、信息网络、市政设施、教育文化设施与社会服务等，使得城乡间的生活质量无明显差距，为乡村的价值提升、特色塑造和产业发展提供了重要支撑。如近年来日本政府为应对过疏乡村地区老龄化与机能衰退问题，发起了“乡村日常生活圈集约建设”计划，通过引导邻近乡村基础设施与公共服务设施共享，提升设施利用效率，促进城乡的联动发展与交流，引导推动过疏地域乡村聚落的机能复兴和村民生活支援体系建构。

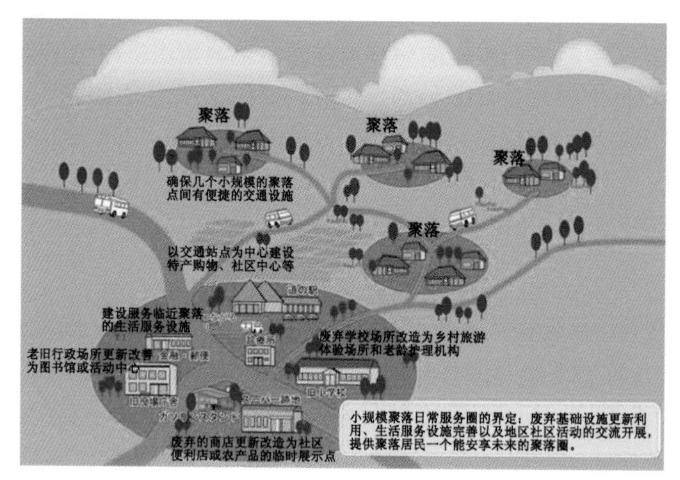

日本乡村日常生活服务圈集约建设

资料来源：日本国土交通省 . 小さな拠点づくりに係る関連施策（H 2 6）.2011.

（2）构建系统完整、针对性强的乡村振兴法规政策保障体系：日本围绕特色乡村营建有针对性地出台了多部法律，立法种类繁多，内容全面而细致，既有广泛综合的发展政策，也有针对某一特定问题的政策，且几乎每一项立法都有系列措施和行动计划作为支撑。

日本乡村振兴与特色营造法规政策体系

| | 法规体系 | 对应的措施、计划与行动 |
|---|---|---|
| 历史文化保护与景观营建 | 《文化财产保护法》（1950）<br>《景观法》（2004）<br>《维护及改善地区历史风貌的相关法》（2008） | 《历史文化基本构想》<br>《活用文化遗产的观光振兴及地方激活项目》<br>《景观农业振兴地区整备规划》<br>《农村建设中的景观维护指引》<br>《与环境协调的农村项目调查与规划设计指引》<br>《传统工艺品产业振兴相关法律》 |
| 基础设施建设 | 《村落地区整治建设法》（1987）<br>《农山渔村余暇法》（1994） | 《乡村基础设施长寿化行动计划》<br>《乡村整治事业技术开发计划》<br>《乡村地域防灾对策与灾害应对计划》 |
| 优质住宅建设 | 《市民农园建设法》（1990）<br>《促进优质田园住宅法》（1999） | |
| 生态保护 | 《森林法》（1951）<br>《自然公园法》（1967） | 《里地里山保护利用行动规划》<br>《里地里山保护利用规划制定指引》 |
| 农业振兴 | 《农业振兴地区整备建设法》（1968）<br>《粮食、农业、农村基本法》（1999）<br>《山村振兴法》（2000）<br>《通过活用地域资源为农林渔业从业者创造新的就业以及促进地域农林水产品利用的相关法律》（2010）<br>《都市农业基本法》（2015）<br>《乡村农业多功能促进相关法律》（2015） | 《农村土地改良项目规划设计及管理标准》<br>《都市乡村共生运动》<br>《农山渔村土特产与农产品销售促进事业》 |

资料来源：作者自绘

## 启示意义：

重视乡村人文生态景观资源的保护与活化利用。日本一方面强调乡村人文生态景观的保护，另一方面注重景观资源的活化利用，使景观资源成为推动乡村发展的持续动力，促进了乡村地区优美生活生产环境的形成。由此，把握乡村比较优势，回归乡村的地域景观基因与文化基因，是乡村在城镇化进程中找到自我聚焦点的关键因素之一。

构筑经济、空间、环境一体的特色社区营建体系。日本特色乡村社区营建不仅注重住宅、交通、信息等基础服务设施的完善与活化利用，也注重乡村特色农业和旅游业价值链的延伸创造，有效地保护了农地、减缓了人口流失、拉动了就业、减少了废弃耕地，也促进了城乡经济社会要素的流通。由此，把经济目标融入到地域社会的发展中，通过空间规划和环境规划的综合性与连续性为乡村可持续发展提供支撑。

强调从法规框架到行动计划的精细化政策指引。日本围绕乡村振兴主题制定了一系列法规政策和行动计划，为特色乡村社区营建提供了良好的发展环境。总之，健全的、动态更新政策体系是乡村特色价值得以发展和复兴的重要前提。

## 参考文献


[1] 元杉昭男 . 農村政策の史的展開と今後の展望 . 農村計画学会誌 .2005,12,24(3):159-168

[2] 翁徐得 , 宮崎清編著 . 人心之華 – 日本社區總體營造的理念與實例 [M]. 南投：臺灣省手工業研究所發行 .1996

[3] 王德祥 . 明治维新以来日本的农业和农村政策 [J]. 现代日本经济 . 2008(2):158: 42-47

[4] 王国恩 . 展现乡村价值的社区营造——日本魅力乡村建设的经验 [J]. 城市发展研究 .2006（1）： 13-18.

[5] 张永强 . 日本“一村一品”运动及其对我国新农村建设的启示 [J]. 东北农业大学学报（社会科学版）2007（6）:11-14.

# 韩国循序渐进的新村运动

Rural Development Policy Guidelines in Korea - Progressive New Countryside Movement

案例区位：韩国
人口规模：4887.5 万人（2010 年）
土地规模：9.96 万 $km^2$
实施时间：1970 年代至 1990 年代

**案例创新点：**

1970 年代始，韩国为解决乡村地区生产生活水平发展滞后等问题，推行了以新村运动为主体的乡村发展政策与行动。新村运动制定了循序渐进的阶段性目标，通过完善基础设施与公共服务设施、改善乡村地区人居环境、促进乡村产业活力提升、乡村文化与农民素质培育，实现了乡村物质空间与乡村文明的共同提升，有效地推动了农业现代化和农村现代化建设，推动了“新乡村精神”的培育和发展，使“传统落后的乡村变成了现代进步的希望之乡”。

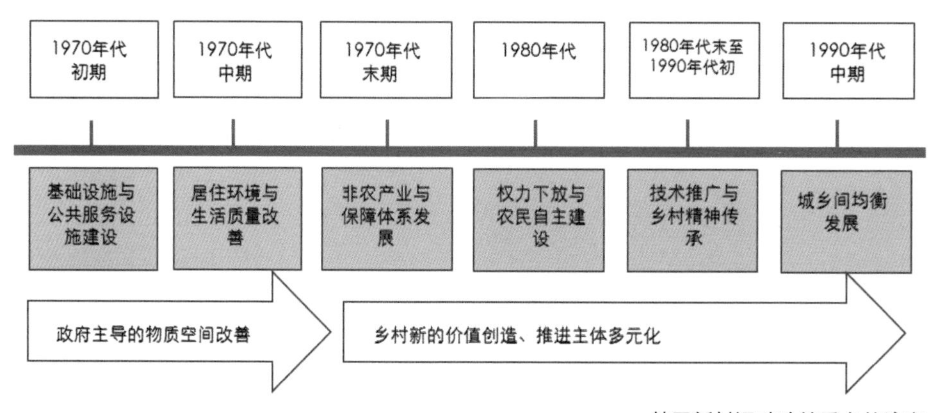


韩国新村运动政策重点的演变
资料来源：作者自绘

## 案例简介：

二战后，韩国推行“先工后农”的发展战略，实行农产品低价政策以推动重工业和出口贸易的发展，在短短 30 年间跃居新兴工业化国家之列。但与此同时，造成了城乡发展失衡、工农业发展失衡、农业相对萎缩、农村年轻劳动力流失等一系列问题。因此，韩国政府为均衡城乡发展、改善农村生活环境，促进农民树立“勤劳、自助、合作”精神，在全国范围内发起了“新村运动”。其发展历程大致可以分为以下六个阶段：

### 基础设施与公共设施建设（1970 年代初期）

韩国政府平均为每户农民免费提供 4 袋水泥，用于村里近 20 种建设项目，如修筑河堤、桥梁、村级公路等基础设施，修建公共浴池、洗衣场所、改善饮水条件和住房等生活设施。在提供物资的同时，还提出了各项工程的建设目标、施工要求、工程设计规范等等，激发了农民建设家乡的积极性与创造性。同时，政府根据各村的表现和成果，将全国的 3 万多个村庄划分为自立、自助、基础三个等级，成绩最佳的村划为自立村，最差的村划为基础村。政府的援助物资只提供给自立村和自助村，并在村口立上牌子，以激发村民的积极性。1973 年全国农村中约 1/3 的村被划成基础村，此后基础村迅速减少，到 1978 年基础村已基本消失，约有 2/3 的村升为自立村。

### 居住环境与生活质量改善（1970 年代中期）

进一步改善和提高农村居民的居住环境和生活质量，如修建村民会馆、自来水设施、生产公用设施、新建住房和发展多种经营。各级政府对相关负责人分批进行了培训，动员科技人员下乡推广科技文化知识和技术。在这一阶段，韩国农业连年丰收，农民收入大幅增加。

韩国新村运动前后的乡村建筑对比图

资料来源：中国周刊 . 东西方乡建观察 (EB/OL).http://news.hexun.com/2015-07-22/177747444.html,2015-7-22

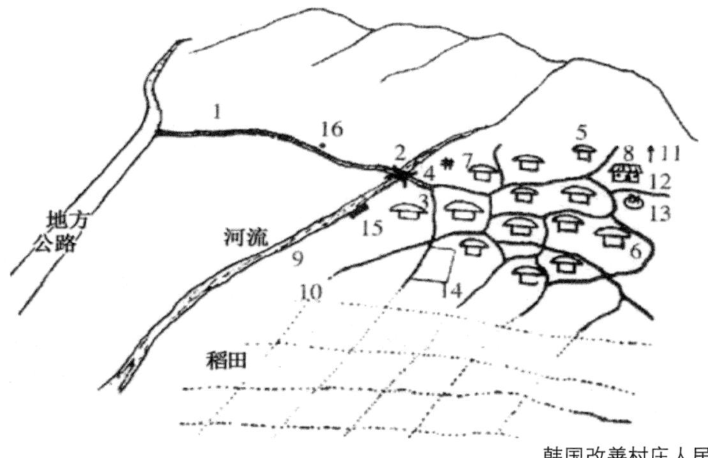


1 宽阔笔直的进村公路
2. 修建跨河的小桥
3. 宽阔笔直的村内道路
4. 村庄排污系统的改造
5. 瓦房顶取代茅草屋顶
6. 修葺农家的旧围墙
7. 改善传统的饮用水井
8. 村庄会堂的建造
9. 河流堤岸的整修
10. 田地支路的开辟
11. 农村电气化的加速
12. 安装村庄电话
13. 建造村庄浴室
14. 建造儿童活动场所
15. 河边洗衣地方改善
16. 植树、种花环境美化

韩国改善村庄人居环境项目图的主要内容

资料来源：作者自绘

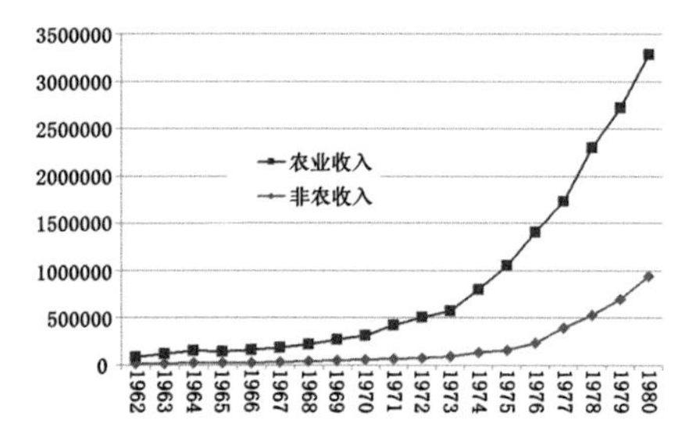


1960 至 1980 年代韩国农民农业收入与非农收入发展（单位：韩元）

资料来源：作者自绘

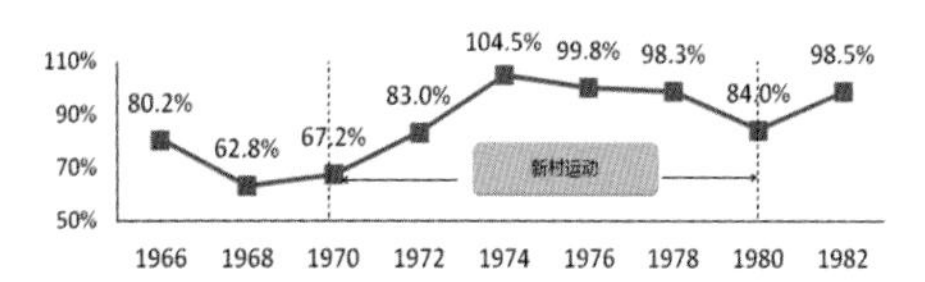


新村运动十年取得成就：农户收入同城市住户收入之比（%）

资料来源：作者自绘

### 非农产业与保障体系发展（1970 年代后期）

鼓励发展畜牧业、农产品加工业和特色农业等非农产业，积极调整乡村产业结构，建立社会保障体系，推动农村保险业的发展。1962 年乡村非农收入只有农业收入的 18.9%，1970 年增加到 24.9%，1980 年则猛增到 40%。同时，从这一阶段起，韩国政府对新村运动推动方式进行了调整，将新村运动由政府主导逐步转变为民间自主。

### 权力下放与农民自主建设（1980 年代）

1970 年代末，韩国政府逐步减少了对新村运动的行政干预，各地以行政村为单位自发组成了“开发委员会”主导新村运动，吸收全体农民为会员，并成立了青年部、妇女部、乡保部、监察会和村庄基金。1980 年代，新村运动逐渐完成了由政府主导支持、民间响应实施到完全由政府宏观指导、民间主导实施的过渡。同时，通过立法对“新村运动”的性质、组织关系和资金来源等进行规定，并成立各级新村运动指挥部，使其在社会生活中常态化。通过这一阶段的发展，农民的经济收入与生活水平同城市居民生活水准大体相当。

南沙礼谈村：传统文化保护与发扬

资料来源：http://www.vccoo.com/v/0a164d

### 技术推广与乡村精神传承（1980 年代末至 1990 年代初）

这一阶段，政府将工作重点转到国民伦理道德建设、共同体意识教育和民主与法制教育上，新村运动的服务机构也与时俱进地作了适应化调整。科技推广、技术培训、教育、农协、流通、综合开发、农村经济研究等组织和机构应运而生，并不断优化和发展新村运动的精神与理念，引导新乡村精神的形成。

### 城乡间均衡发展（1990 年代中期以来）

这一阶段新村建设强调创造一个新农村社会，要在更高层面上实现工业与农业、城市和乡村的均衡发展。2005 年，韩国出台了《城乡均衡发展、富有活力、舒适向往的农村建设》计划，以持续增大农村福利投入，促进城乡区域开发。通过新村运动，一些城市、工厂、企业在配合和支持农村发展的同时，也促进了自身的现代化，推动了城乡经济的良性发展。

釜山甘川文化村：村落艺术化改造

资料来源：http://www.vccoo.com/v/0a164d

## 启示意义：

将乡村复兴纳入地域发展战略体系。韩国新村运动与国家、地区工业产业政策相协调，通过带动农村、农业现代化，在实现乡村经济发展的同时也拉动了国内需求。韩国经验表明，良好的城乡关系首先要有赖于地区发展战略对乡村的关注，才能实现均衡城乡价值、缩小城乡发展差距的发展目标。

先易后难、循序渐进、因地制宜地制定和实施切实可行的项目。韩国新村运动是一个分阶段推进的、长期坚持的乡村综合建设过程。政府在实施新村运动的过程中，制定了清晰的阶段性目标，并随着形势的变化和需要与时俱进，不断发展、充实和提高，有效地推动了乡村地区的发展。我国乡村发展情况差异巨大，只有结合现实条件与农民迫切需求，因地制宜、循序渐进地推进乡村物质空间环境改善，才能更有效率地实现乡村整治与建设行动目标。

政府注重先期投入与方向引领，乡村社区注重自我建设、管理能力的培育。韩国新村运动是政府发起和主导的乡村现代化运动，基于农民对改善生活条件具有强烈愿望，政府以少量的财政投入作为引导，吸引了数倍的市场和乡村自主投入。在乡村建设过程中，应注重政府在资本、人口、技术与信息等要素的扶持，为乡村实现新的资源配置创造条件，同时也应充分发挥多元主体的建设热情与建设能动性，鼓励市场和社会力量的介入以及发挥村民建设的主体性。

适时制定激励机制激发乡村自我发展积极性。新村运动初期，韩国政府从改善农民生活、生产条件入手，让农民们得到实惠，极大地调动了农民参与的积极性。政府对新村运动提供了一定的财政、物资和技术支援，但这种支援并没有采取平均主义，而是通过有针对性的激励方式引导乡村积极参与并认真实施这一运动，改变旧的意识和观念，使其成为新村运动成功的基石。

韩国古村落——河回村

## 参考文献


[1] 朴龙洙．韩国新乡村运动述论 [J]. 西南民族大学学报 ( 人文社会科学版 )[J].2011(4):55-59.

[2] 张薇．韩国新村运动研究 [D]. 吉林大学 .2014

[3] 金英姬．韩国的新村运动 [J]. 当代亚太 .2006（6）:13-22.

[4] 黄建伟．韩国政府“新村运动”的管理经验及对我国新农村建设的启示 [J]. 理论导刊 .2009（4）： 69-72

[5] 李裕敬．韓国における農業の 6 次産業化の現状と課題 農村地域開発政策を中心に (EB/OL).http://www.maff.go.jp/primaff/koho/seika/project/pdf/24rokujika_7.pdf 2014-2.

[6]《统筹城乡建设读本》编委会．统筹城乡建设读本 [M]. 江苏人民出版社 .2013.

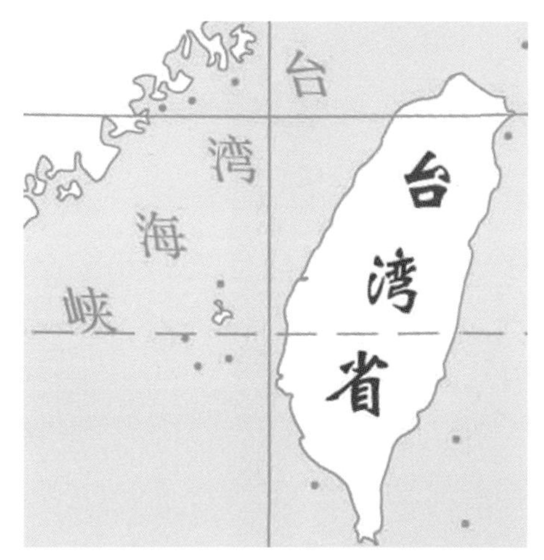


# 中国台湾“农村再生计划”与社区营造

The Rural Regeneration Plan and Community Reconstruction Practice of Taiwan, China

案例区位：中国台湾地区

规模范围：台湾乡村地区

实施时间：2008 年启动“农村再生计划”

专业类型：区域政策、乡村建设

实施效果：近年台湾农村自然生态及景观得到维护，公共设施得到改善，并在休闲农业、创意农业等方面积累了丰富的成功经验

## 案例创新点：

台湾地区的乡村建设运动起源于 1950 年代，旨在解决青年人口外流、产业外移、人口老化以及乡村生活设施不足等问题。政府一直力图积极介入，通过资源的整合再造，以推动城乡的均衡发展。对农村地区的规划策略与政策设计也随着经济社会的发展变化而经历了一系列调整，总体的趋向是由粗放补助到精细培育、由产业导向到综合多元价值实现。伴随这一宏观转型，“农村再生计划”应运而生，被视为台湾长期以来农村发展政策的集成结果（尤其是“富丽农村”政策），在整体的政策设计和推动策略上有了较大的创新和突破，更加强调农村生态和农业文化在整体建设中的作用与地位，同时更加重视农民对农村建设和社区营造的贡献，着眼于农村全面、协调和可持续发展。

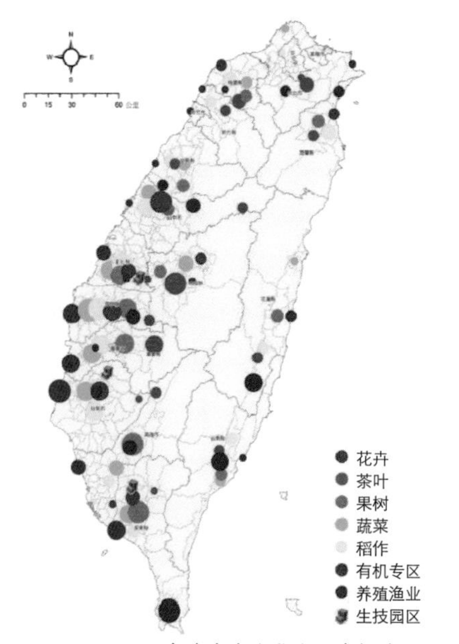


台湾省农产业发展空间布局图

资料来源：“内政部”. 全国区域计划修正案 [R].2014.

## 案例简介：

“农村再生”是台湾“十二项建设”计划之一。该计划以现状农村小区为核心，采取政府引导、农民自主参与的形式，以多重目标的愿景式规划为策略，主要原则有：（1）提升农村人口质量，创造农村永续发展利基，吸引青年返乡或留乡经营；（2）配合地方需求，构建在地参与机制，增加农村就业机会，协助农村迈向特色自立的经营模式；（3）推动精致多元的特色产业，发展小而美的农村经济，提高农村居民所得；（4）促进社区生活、生产及生态环境改善，以提升在地生活尊严，增进农村居民幸福感。

### 计划制定主体与基本流程

计划采取“由上至下”和“由下至上”双重并行的推动机制，由“当局—地方政府—农村小区”共同构成行政管理体制：首先由台湾当局相关机关制定“农村再生政策方针”，提出农村建设的宏观方向和政策目标；再由地方政府制定“农村再生总体计划”和“年度农村再生建设计划”，核定政府政策资源投入，提出地方农村发展的明确目标和短期计划；愿意参与再生计划的农村小区，按照农民自主自治的精神，整合当地的组织和团体，拟定计划书，由地方政府核准（须符合一系列农村开发管理细则），再向主管机关申请经费。

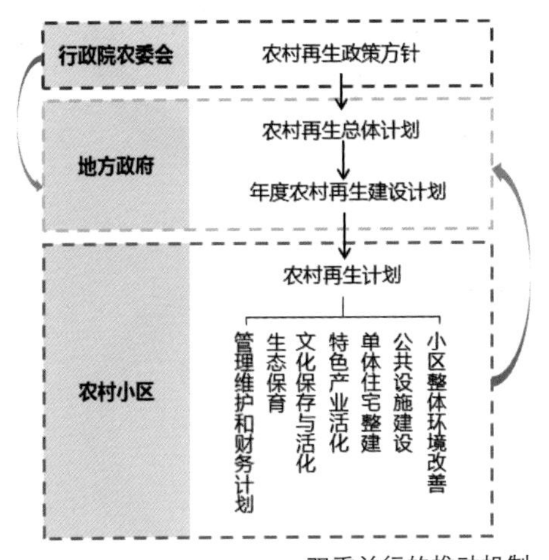

双重并行的推动机制

资料来源：周志龙．台湾农村再生计划推动制度之建构 [J]. 江苏城市规划．2009(8).

### 计划内容构成

《农村再生计划书》是整合农村小区居民的需求而拟定，内容主要涉及：①农村小区整体环境改善；②公共设施建设；③单体住宅整建；④特色产业活化；⑤文化保存与活化；⑥生态保育；⑦管理维护和财务计划。为了保证规划目标的有序实现，农村小区还需提出再生计划实质建设项目计划，安排各项基础设施和公共服务设施的建设，为小区再生发展提供物质基础。

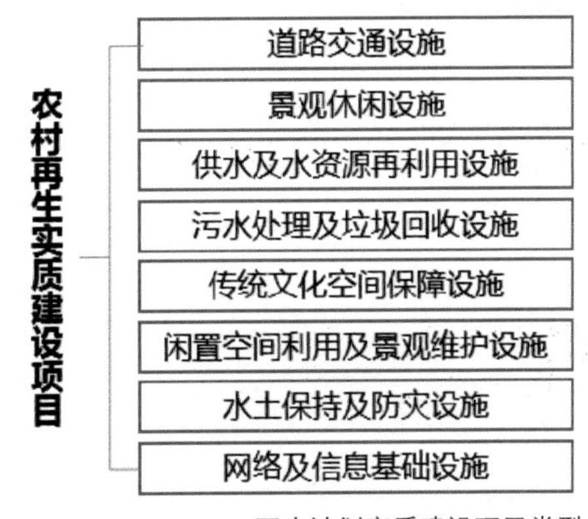

再生计划实质建设项目类型

资料来源：周志龙．台湾农村再生计划推动制度之建构 [J]. 江苏城市规划．2009(8).

### 实施保障机制

社区自治。一方面，农村社区向政府递交的申请书，必须由当地农民组织和团体推举成立的社区代表组织（一般为社区发展协会）作为代理主体；另一方面，政府以优先补助方式，鼓励农村小区订立社区公约（报县 / 市主管部门核定后生效），对社区内的公共设施、建筑物及景观进行管理维护，维护农村再生计划建设成果。

资金来源。“计划”的融资渠道也分为政府财政和地方自募两块：一方面全台农业金融局为农村建设和农业发展提供了覆盖面广、期限较长、利率相对低廉的农业专项贷款；另一方面，农村小区大都设有内部积累机制，通过向非农经营者收取一定比例收入，创立社区基金，以供公共支出及照顾社区弱势群体之用。

“培根”计划。农业主管部门要求社区在报送农村再生计划书之前，社区居民须先报名参加教育课程（采取工作坊等方式来促进农村居民之间的互动与讨论，实质上就是社区意见讨论的平台），为农村再生计划的研拟和落实注入软实力。

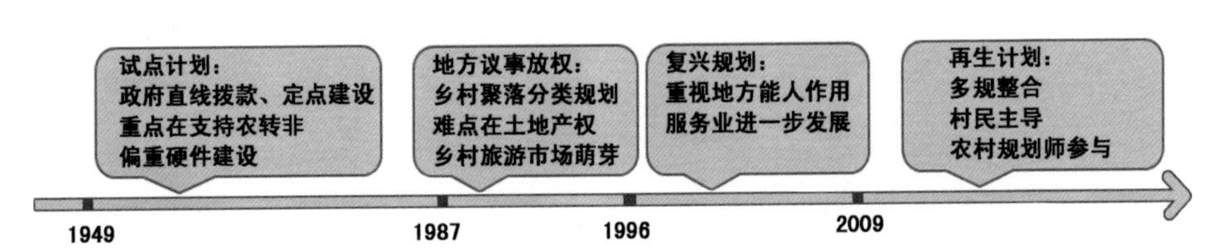

台湾农村规划理念与策略变迁

资料来源：蔡宗翰．乡村经验借鉴之台湾乡村规划 [EB/OL].http://www.ipa361.com/t/201507/108270.shtml

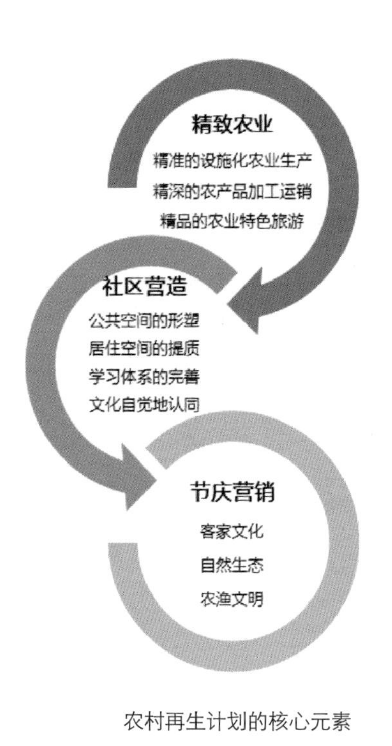


农村再生计划的核心元素

**再生计划核心要素之一：基于精致农业的差异路径**

2009 年的《精致农业健康卓越方案》开启了台湾精致农业发展的新浪潮，依托地方特色资源，吸收市场投入，以生态农庄、乡村民宿、休闲农场、科普基地等为载体，将“农 + 旅”以多元形式进行呈现，并积极谋求跨域合作，实现第一产业向二、三产业的延伸融合，构成诸多农村地方再生计划的产业转型策略。

**再生计划核心要素之二：基于社区营造的地方治理**

在“社区总体营造计划”的基础上，再生计划强调六项推进社区营造的具体策略：培养社区自治和公众参与的能力；建立基于文化认同的、公众利益服务的组织体系；在专业队伍的协助下开展社区规划；协调行政机构；扩散示范点；整合非盈利单位。以此促使社区改造由之前的行政机构强势介入转变为行政机构引导及协助，由基础工程建设转为对社区人文本质的关注。

**再生计划核心要素之三：基于乡土文化的节庆行销**

对本土历史文化与当地特色资源的挖掘已经成为台湾农村地方的普遍共识。从“体验经济”向“分享经济”转型，休闲农业经营者不是贩卖乡村资源，而是与游客分享乡村生活，通过中长期的活动策划，将村落景观环境的保护上升为对人类精神需求多样性的维护和生态环境的持续发展。

桃米村灾后重建

位于台湾南投县的桃米村，借助 1999 年震后重建的契机，在“新故乡文教基金协会”协助下，通过民宿专项贷款、湿地生态保育、共享公共空间营造、体验式旅游项目开发、社区公积金制度等措施，转型成为融有机农业、生态休闲、文化创意等于一体的再生乡村典范。

资料来源：倩容 . 生态社区埔里桃米村的半夏时光 [EB/OL].http://j.news.163.com/docs/10/2015052207/AQ75EOON9001EOOO.html.
danlan. 埔里桃米生态村社区：埔里纸教堂 [EB/OL].http://www.taiwandao.tw/news/3494.html.

台湾 10 县市 25 个乡镇的“桐花祭”

以雪白桐花为意象，以客家人敬天地、重山林的文化传统为核心，引入大量社团建设开放平台，形成了包含 400 多种实体与非实体旅游及相关产品的庞大产业链，从而起到活化客庄、助推原生环境保护与物质设施更新的效应。

资料来源：蔡聰挺 .2015 新竹縣客家桐花祭 18 日開幕 [EB/OL].http://soad.tranews.com/Show/Style205/News/c2_News.asp?SItemId=0271030&ProgramNo=A000001000001&SubjectNo=3289750.
客家文化 . 客家桐花祭 [EB/OL].http://www.mz186.com/custom/dzkj/7061.html.

## 启示意义：

当前台湾地区乡村建设已经由前期政策制度的倾斜，转为向民间自主能力的培育，重视地方文化活动的发掘以促进地方特色经济。台湾乡村建设历程带来的启迪是：

强调地方居民自主参与的地位和作用。“再生计划”赋予乡村基层更多的主导权，“发展什么”、“怎么发展”、“谁来参与”等等都由地方首倡，使规划与建设更加贴近社区自有的资源条件和需求实际；政府的权责也更明晰，主要是法规监督、技术支持及引导型政策配套。

兼顾农村居住环境和产业的全面发展。“再生计划”没有单纯以新农村风貌或精致农业发展为单一目标，在传承与开发乡村环境资源和文化资源、营造宜居社区的同时，通过社区产业盘点、规划特色产业及社区产业行销等策略，促进农业附属产业发展，提升农村社区的综合竞争力和就业吸引力。

乡村发展长效财务计划的重要性。乡村建设不能单纯依靠某一种资金力量的一次性投入，需要设立乡村建设的财务管理机构，制定长效发展的金融机制，综合利用公共财政、贷款、基金、民间资金等多种形式，促成资本在地的良性循环。

高附加值的农产品伴手礼

传统艺术

青年返乡创业店铺

乡村民宿的更新改造

台湾的乡村发展图景

资料来源：台湾垦丁 到过这里你就会爱上 [EB/OL].http://www.itwcom.cn/news/lvyouzixun/2014/0716/1201.html.

## 参考文献


[1] 邓建邦 . 乡村治理的台湾经验 . 中国乡村发现网 [EB/OL]. http://www.zgxcfx.com/sannonglunjian/81327.html, 2016-02-23.

[2] 周志龙 . 台湾农村再生计划推动制度之建构 [J]. 江苏城市规划 . 2009(8).

[3] 赵一夫，任爱荣 . 台湾农村建设的特点与启示 . 中国农业科学院网 [EB/OL]. 2015-03-27.

[4] 张晨 . 台湾“农村再生计划”对我国乡村建设的启示 [C]// 2012 中国城市规划年会 . 2012.

[5] 张婷婷，麦贤敏，周智翔 . 我国台湾地区社区营造政策及其启示 [J]. 规划师，2015（S1）: 62-66.

[6] 莫筱筱，明亮 . 台湾社区营造的经验及启示 [J]. 城市发展研究，2016(1): 91-96.

# 中国浙江“特色小镇”规划建设实践

The Planning and Construction Practices of Characteristic Towns in Zhejiang Province of China

案例区位：中国浙江省
规模范围：100 个左右“特色小镇”
实施时间：2014 年至今
专业类型：区域政策
实施效果：已有 79 个产业特色鲜明、人文气息浓厚、生态环境优美、功能叠加融合、体制机制灵活的“特色小镇”列入省级名单，51 个“特色小镇”列入培育名单。首批 37 个重点培育的特色小镇新集聚了 3000 多家企业，引进 1 万多名青年人才。

## 案例创新点：

为适应和引领经济新常态，加快区域创新发展，浙江省于 2014 年起开展“特色小镇”创建工作。浙江首提的“特色小镇”是相对独立于市区且具有明确产业定位、文化内涵、旅游业态和一定社区功能的发展空间平台，区别于一般的行政区划单元和园区的概念。目前已形成了梦想小镇、云栖小镇、基金小镇、黄酒小镇、巧克力甜蜜小镇等一批优秀范本。浙江“特色小镇”的规划建设，为增强城镇产业活力、提升城镇特色，以及促进产业转型升级、推进新型城镇化提供了有力抓手。

“互联网 +”众创平台的余杭梦想小镇

资料来源：陆玫．省长命名梦想小镇启用，可望与乌镇共成浙江信息经济双子星 [EB/OL].http://news.163.com/15/0329/17/ALT2RB1Q00014SEH.html.
杭州：浙商回归、国内招商均实现“双过半”[EB/OL].http://mba.zj.com/chanj/2015-07-22/318414.html.

案例简介：

浙江“特色小镇”规划建设在创新、协调、绿色、开放、共享发展理念的指导下，结合自身特质，通过找准产业定位、完善城镇功能、塑造特色风貌、挖掘人文底蕴、强化政策支持等举措，形成“产、城、人、文”四位一体有机融合的重要功能平台和空间发展单元。

“特而强”的产业定位

“特色小镇”的产业发展定位紧扣最有基础、最有特色和最具潜力的优势产业，抢占新兴产业发展机遇的同时改造提升传统产业，促进重点特色产业链条的延伸。在具体的产业选择上，聚焦支撑浙江长远发展的信息经济、环保、健康、旅游、时尚、金融、高端装备等七大产业，兼顾茶叶、丝绸、黄酒、中药、木雕等优势传统产业，切实分析本地基础，把握产业升级趋势，锁定产业主攻方向，避免“百镇一面”、同质竞争。即使属于同一产业的，也要尽力做到差异定位、细分领域、错位发展，保持产业发展的独特性。

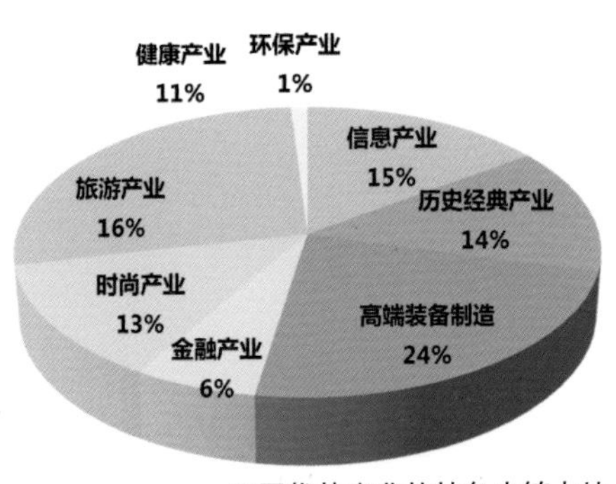


不同优势产业的特色小镇占比

“聚而合”的功能叠加

“特色小镇”注重产业与城镇协调发展，致力于打造有山有水有人文，产业功能、文化功能、旅游功能和社区功能高度融合的创业创新高地。在挖掘文化功能方面，把文化基因植入产业发展全过程，积极培育创新文化、历史文化、农耕文化、山水文化；在嵌入旅游功能方面，每个“特色小镇”打造3A级景区，旅游特色小镇打造5A景区；在夯实社区功能方面，建立“小镇客厅”，提供公共服务APP，推进数字化管理全覆盖，完善医疗、教育、文体等各类设施，实现“公共服务不出小镇”。

浙江省第一批特色小镇及分布

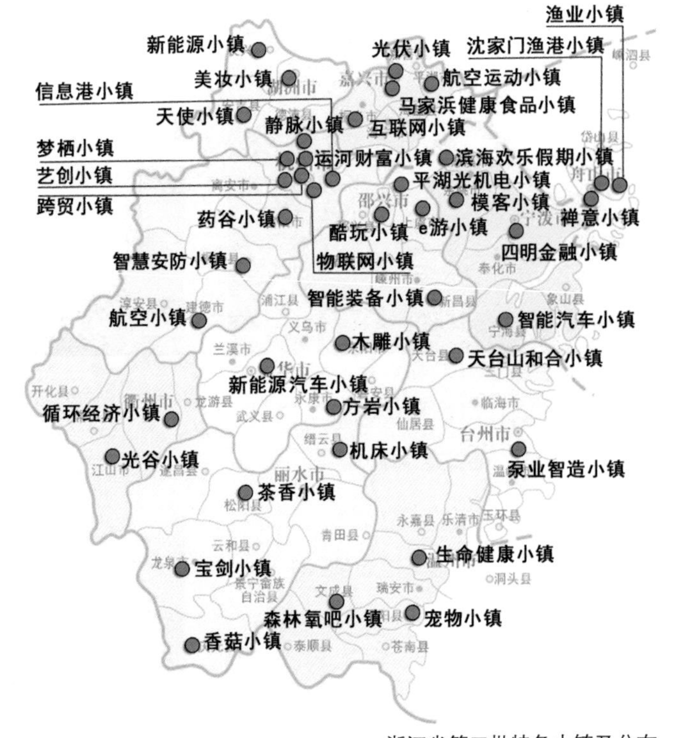


浙江省第二批特色小镇及分布

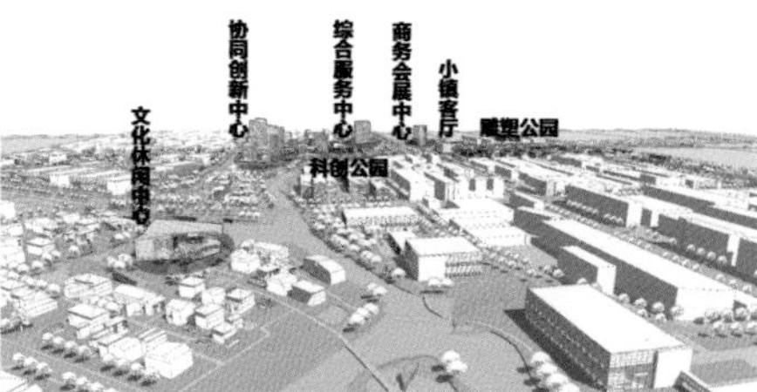


以大数据、云计算为核心产业的西湖云栖小镇

资料来源：浙江特色小镇好在哪？省长李强细细道来 [EB/OL].http://mt.sohu.com/20160107/n433729160.shtml.

“工业 + 旅游”特色的嘉善巧克力甜蜜小镇

资料来源：周丰等 . 浙江特色小镇生长记②：咬住甜蜜巧克力小镇 [EB/OL].http://mba.zj.com/chanj/2015-07-22/318414.html.
约会甜蜜小镇 体验巧克力的梦幻王国 [EB/OL].http://rss.cqnews.net/xml/2015-12/31/content_36107797.htm.

“精而美”的空间形态

“特色小镇”的空间形态坚持“求精不求大”、“一镇一风格”，营造宜人的空间尺度，多维展现地貌特色、建筑特色和生态特色之美。具体而言，一是“求精，不贪大”，规定规划面积控制在 3km$^2$ 左右，建设面积不超过规划面积的 50%，并做好整体规划和形象设计，明确空间特色。二是“求美，不追高”，从功能定位出发，强化建筑合理设计，进行系统的品牌打造、市场营销和形象塑造，使传统与现代、历史与时尚、自然与人文完美结合。三是“求好，不图快”，强调生态优先，坚守生态底线，实行“嵌入式开发”，在保留原汁原味的自然风貌前提下，建设有江南特色和人文底蕴的美丽小镇，让绿色、舒适、惬意成为小镇生活的常态。

风格现代、建筑个性的海宁时尚皮革小镇

资料来源：李选 . 海宁皮革时尚小镇的核心区项目 [EB/OL].http://cz.zjol.com.cn/system/2015/10/23/020885219.shtml.

依山傍水、风景如画的南湖基金小镇

资料来源：俯拍山南基金小镇 [EB/OL].bbs.qjwb.com.cn.

水乡风貌特色的越城黄酒小镇

**“活而新”的制度保障**

“特色小镇”定位为综合改革试验区，在制度保障方面力求灵活和创新，以更好地支撑“特色小镇”建设。目前主要集中在以下几个方面的政策机制创新：一是实行“优胜劣汰”。采取“创建制”，形成“落后者出、优胜者进”的竞争机制；实施“期权激励制”，转变政策扶持方式，从“事先给予”改为“事后结算”，对如期完成规划目标任务及验收合格的“特色小镇”给予指标奖励和财政返还奖励。二是实行“服务定制”。在市场主体登记制度上，放宽商事主体核定条件，实行集群化住所登记，把准入门槛降到最低；在审批流程再造上，削减审批环节，提供全程代办，创新验收制度，把审批流程改到最便捷。三是实行“多规合一”。坚持规划先行、多规融合，统筹考虑人口分布、生产力布局、空间利用和生态环境保护，编制多元素高度关联的综合性规划，确保规划能够落地实施。四是实行“企业主体”。赋予独立运作空间，引入有实力的投资建设主体，发动当地居民、社会各方力量参与规划建设；创新融资方式，探索产业基金、股权众筹、PPP 等融资路径，以市场化机制推动建设；引入第三机构，为企业提供专业的融资、市场推广、技术孵化、供应链整合等服务，使“特色小镇”成为新型众创平台。

浙江省块状经济分布

资料来源：浙江产业地图：从块状经济加速提升到现代产业集群 [EB/OL].http://biz.zjol.com.cn/05biz/system/2010/12/13/017158235.shtml.

## 启示意义：

在经济新常态背景下，如何破解经济结构转型升级和动力转换的现实难题，加快区域、城镇创新发展，推进供给侧结构性改革和新型城镇化发展是各地都在积极探索的新课题，浙江的“特色小镇” 是具有代表性的创新实践。

浙江经验表明，特色化发展是“特色小镇”的核心竞争力。在推进特色小镇规划建设时，既要重视物质空间环境的改善，着力保护城镇的传统风貌和景观特色，以此提升城镇空间品质；又要因地制宜，突出特色产业的培育，强化产业、文化、旅游和城镇功能的融合，充分彰显产业特色、人文底蕴和生态禀赋，防止“千镇一面”。项目实施过程中，要注重发挥企业市场化运作的作用，政府重点做好编制规划、保护生态、改善环境、优化服务等工作，制定实绩考核和创新扶持政策，引导各方社会力量参与投资建设运营，建立多元化的建设运营机制，形成多方协同推进的发展格局。

茶文化与旅游业融合发展的西湖龙坞茶镇

资料来源：探访最后的江南秘境，丽水松阳 [EB/OL].http://travel.sina.com.cn/china/2016-02-24/1356323316.shtml.

生态特色的武艺温泉小镇

资料来源：http://ticket.lvmama.com/scenic-103281/comment.

## 参考文献

[1] 李强，特色小镇是浙江创新发展的战略选择 [J]. 今日浙江，2015(24):16-19.

国际城市创新案例集 03
A Collection of International Urban Innovation Cases

# 增长管理与城市再生

Growth Management and City Regeneration

城市是一个有机的生命体，成长、衰老、延续等生命阶段对应于城市的增长、收缩、再生等发展阶段。许多城市在 20 世纪经历了快速的空间扩张与无序的城市蔓延，1990 年代后期以来，欧美城市普遍开始关注选择紧凑、集约发展的“精明增长”范式，划定城市增长边界，实施“增长管理”，尤以美国波特兰的实践影响最为广泛。

另一方面，1960 年代后期随着全球产业分工的变化，西方一些城市面临着去工业化而带来的制造业衰退、人口减少、厂区废弃等“城市收缩”的挑战。于是在规划理念上，这些衰退城市改变了“增长主义”的思维，而主动采取“精明收缩”的策略，重点发展优势地区，建设绿色基础设施，重组城市空间秩序，美国扬斯敦等是这方面的经典案例。

为了实现城市复兴再生，产业上注重在原有空间基础上植入新的功能，尤其是能够激发活力的文化休闲等产业，同时强调功能间的复合；在空间上，注重对城市中区位良好尤其是滨水地区的工业、仓储等棕地进行再开发，使其成为城市再生的触媒区块，伦敦金丝雀码头，日本横滨，美国巴尔的摩，芝加哥千禧公园，新加坡河沿河地区等都是成功的实践。此外，在城市复兴中尊重居民意愿、传承历史文脉、关注社会弱势群体、推动多利益主体合作、实现多元复兴，也是非常关键的内容，爱尔兰戈尔韦、德国柏林、加拿大蒙特利尔等在此方面都进行了有益的探索。

>> >

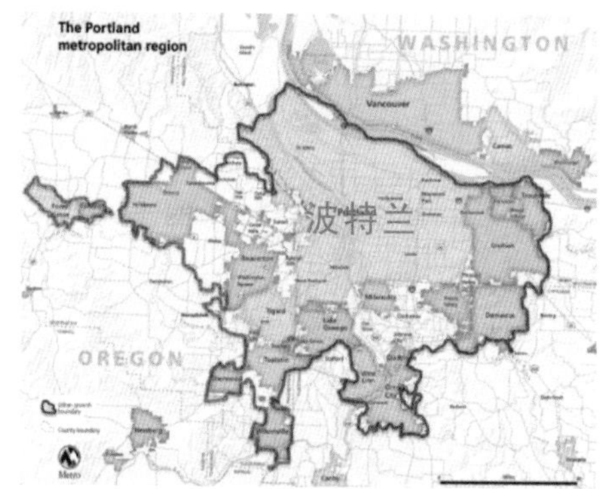


# 美国波特兰大都会区“精明增长”实践

The Practice of “Smart Growth” in the Portland Metropolitan Region, USA

案例区位：波特兰大都会区

规模规模：围绕 25 个城市形成的城市地区，面积 17310km$^2$，人口 235 万（2010 年美国人口统计局数据）

实施时间：1997 年至今

专业类型：城市管理、城市政策

实施效果：城市人口两位数增长，土地面积仅增长 2%

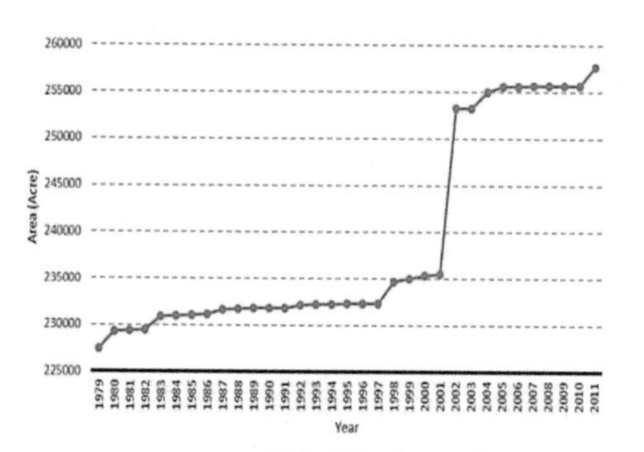


城市增长边界历年面积变化

资料来源：李新阳．波特兰的城市增长边界（UGB）[EB/OL]. http://www.portlandcn.com.

## 案例创新点：

波特兰从 1970 年代中期便开始着手制定大都市区的增长管理工作，建立了最初的城市增长边界，1997 年发布《波特兰地区规划 2040》（2040 Growth Concept），为波特兰的紧凑发展和交通网络建设奠定基础，意在通过实践“精明增长”的理念来限制城市的低效蔓延。经过多年发展，波特兰积累了以控制城市增长边界和以公共交通发展为导向的城市“精明增长”经验，不仅在增长边界的划定、评估、预测、扩容和公共交通与用地的有机结合等方面进行了大量实践，并且形成了完善的实施调控机制与公众参与机制。波特兰被认为是“精明增长”的规划之都，连续多年被评为全美最宜居的地区之一。

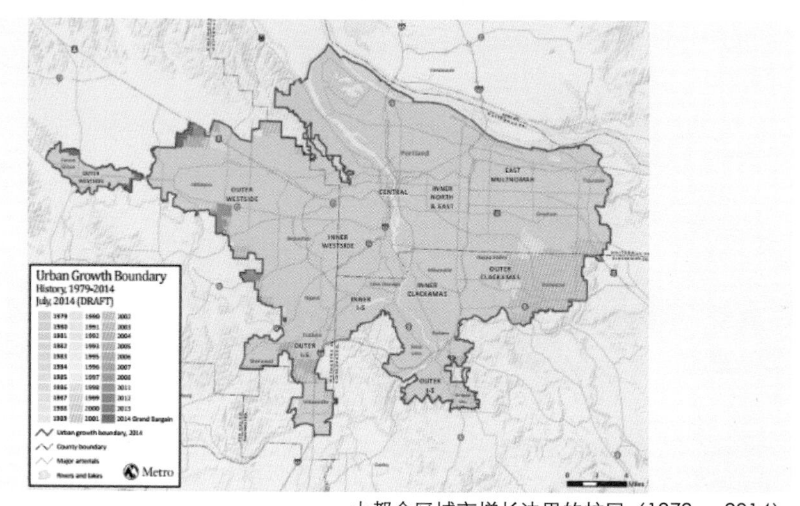


大都会区城市增长边界的扩展（1979 ～ 2014）

资料来源：Metro.2014 Urban Growth Report[R].2015.

## 案例简介：

波特兰“精明增长”经验主要包括两个方面：一是在新增用地蔓延压力下，强化对城市增长边界的控制；二是加强公共交通体系建设，构建以公共交通为导向的城市空间增长模式。同时，在以上两个方面的指引下制定了强有力的政策保障体系，促进城市的紧凑发展和理性增长。

Tell us what you think

As we develop the 2040 Framework – the regional framework plan – and implement the 2040 growth concept, we want to know what implementation strategies are important to you. Rank the following seven strategies with 1 being most important and 7 being least important.

__ Allow for more types of housing to increase affordability

__ Increase open spaces and parks in centers and neighborhoods

__ Improve neighborhood pedestrian access to shopping by providing more pedestrian crossings and sidewalks

__ Improve access and circulation design of commercial and retail areas

__ Reduce parking in centers, station areas and main streets

__ Streamline local development review process

__ Focus transportation improvements on smaller roads with bike, pedestrian and transit facilities

Comments:______________

Send your comments to:
2040 Framework
Metro
Growth Management Services Department
600 NE Grand Ave.
Portland, OR 97232-2736

Fax (503) 797-1911 or call (503) 797-1888 (the growth management comment and information line) and leave your comments or E-Mail address: 2040@metro.or.gov

[ ] Please add me to your mailing list.

Name______________
Address______________
City______________
State________ ZIP________

[ ] I use the Internet to get information.

What Metro information would you like to see on the World Wide Web?
______________

公众调研的调查问卷之一

资料来源： 李新阳 . 波特兰的城市增长边界（UGB）[EB/OL]. http://www.portlandcn.com.

### 科学严谨的城市增长边界（Urban Growth Boundary，UGB）划定方法

UGB 的划定首先是以 1997 年发布的《2040 Growth Concept》为基础，并进一步设定四种不同的城市增长情景，从交通、用地、居住、就业、空气质量、供水排水、开放空间、社会支持度八个大的方面列了 46 项指标进行分析。其次，通过广泛的公众调研了解各情景在公众中的可接受度，进而划定最终的城市增长边界。

### 滚动、全面的 UGB 评估与调整

波特兰大都会区政府每隔五年会对城市增长边界内的土地进行评估，主要内容包括总人口和就业数量预测、土地需求量预测以及基于 MetroScope 模型的土地建设的空间分布预测。预测结果经过汇总形成《城市增长报告》，成为后期城市增长边界修订扩容的重要依据。

方案A:扩张现有城市边界
Portland
NORTH

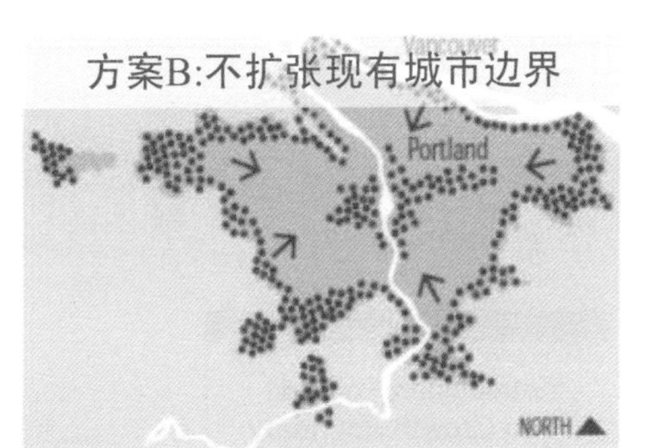


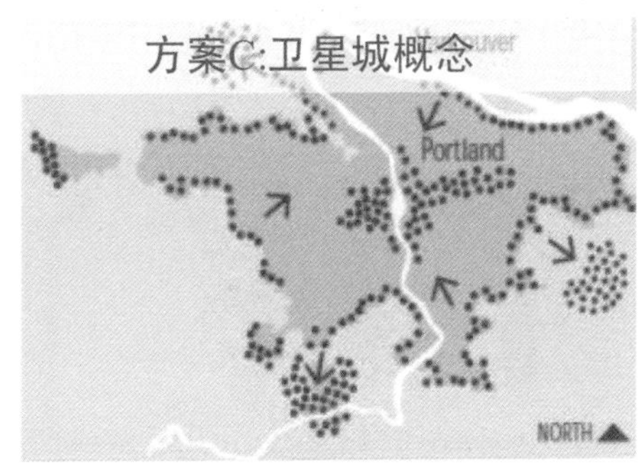


不同情景下的空间增长模式

资料来源：Metro. The Nature of 2040[R].2005.

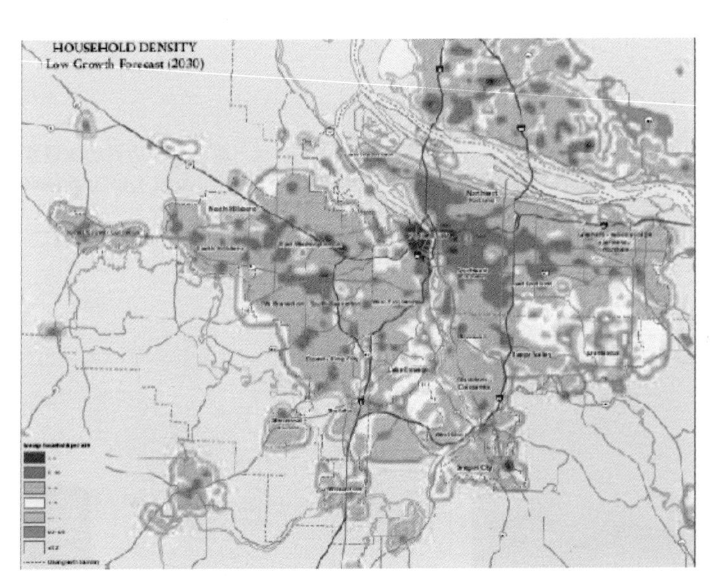


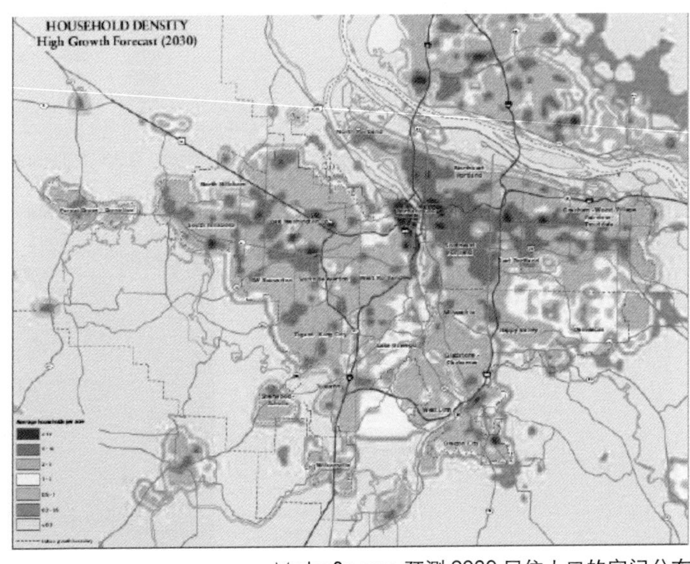


MetroScope 预测 2030 居住人口的空间分布

资料来源：Metro.Urban Growth Report 2009-2030:Employment and residential[R].2010.

### 多层次、弹性化的 UGB 调整扩容途径

波特兰的城市增长边界并非一成不变，而是建立了规范的动态调整机制。当前共有三种城市增长边界调整的途径：第一种为大都会议会以城市增长报告为依据，对都市区容纳增长的能力进行评估——现有城市增长边界是否能够满足未来 20 年人口就业增长需要，是否可以通过提高密度等手段达到目的，对此给出判断；继而在公众听证等法定程序之后，最终作出 UGB 扩容的决定并下发。第二种针对一些比较大的非居住用地的需求（如公共服务、学校等公益性要求），通过地产所有者提交申请并经过公众听证等法定程序之后，决定是否扩容。第三种是针对城市增长边界的一些细微调整，由申请人递交申请，由主要执行官审查并作出决定。

### 基于公共交通的城市空间增长模式

波特兰主张以公共交通为导向的用地开发模式，具体措施主要有以下四方面：一是投资重点从高、快速路建设转向公共交通（尤其是轨道交通）、铁路等的建设，并注重加强土地开发与铁路建设配合；二是限制建设新道路，重点放在利用智能交通技术提高现有道路管理效率；三是鼓励 TOD 模式应用，致力于步行、自行车交通设施条件改善，并同步实施交通需求管理措施，如将城市增长集中在已有中心和公共交通走廊周围；四是扩大轻轨系统和公交系统的服务水平和能力。

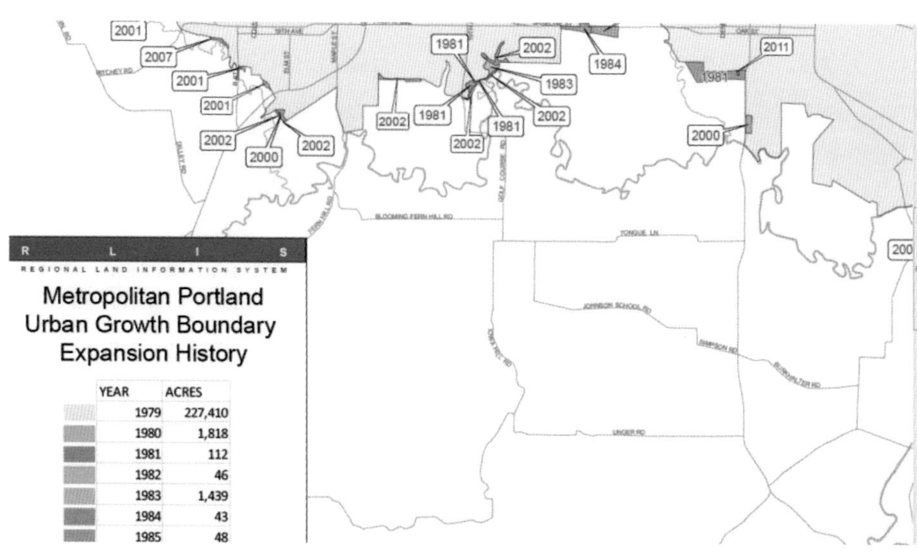


城市增长边界历次调整

资料来源：蔡玉梅 . 蔡玉梅编译：波特兰都市区城市增长边界 (UGB)- 规划工具 [EB/OL].http://blog.sina.com.cn/s/blog_4a6d40030102et5r.html

公交为导向的开发项目

资料来源：Metro. Regional Transportation Plan[R].2014.

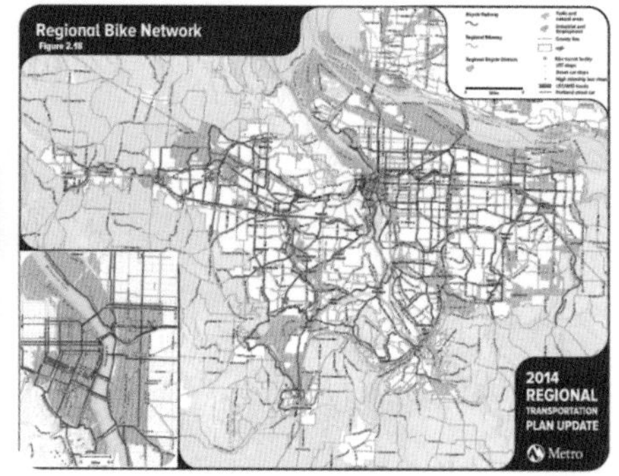


2014 年大都会区自行车道规划

资料来源：Metro. Regional Transportation Plan[R].2014.

## 启示意义：

当前中国城市粗放蔓延的发展特征依然显著，由此造成城乡资源浪费、环境破坏等问题。面对城镇化和工业化发展对土地资源的巨大需求，波特兰大都会区的“精明增长” 实践经验从原则和方法上都提供了有益的启示和思考。

科学决策和技术支撑。城市增长边界的划定要以长远的可持续发展为原则，与城市发展模式相对应，需要对当地的社会、经济、用地、交通等因素进行综合分析，边界的划定和修改要基于科学的数据预测和增量分析。其中，波特兰开发的数据分析模型在增长边界划定实践中，具有一定的借鉴参考价值。

持续实施和动态调整。城市增长边界的控制、实施是一个动态变化的过程，需要根据现实发展需求而不断更新，不仅要进行定期的评估与预测，并且建立专门的机构、专门的程序进行动态的维护。

政策引导和广泛参与。精明增长的有效实施不仅需要各级政府的关注支持，如制定空间政策集合和专项规划，还需要建立健全的公众参与机制，获得广泛的公众支持和监督。

城市和乡村的统筹考虑。2014 年波特兰发布的新版《2040 Growth Concept》开始划定城乡备用地，其中城市储备地是未来 50 年时间内适宜作为城市发展的用地，将优先作为城市增长边界扩张用地；乡村保留地是未来 50 年都要保护为农场、森林、河流、湿地、丘陵以及漫滩；而未指明区域也可以作为城市增长边界扩张区域，优先度要低于城市储备地。控制城市的蔓延需要从城市和乡村两个方面来着手，将增长引向最适合开发的地区。

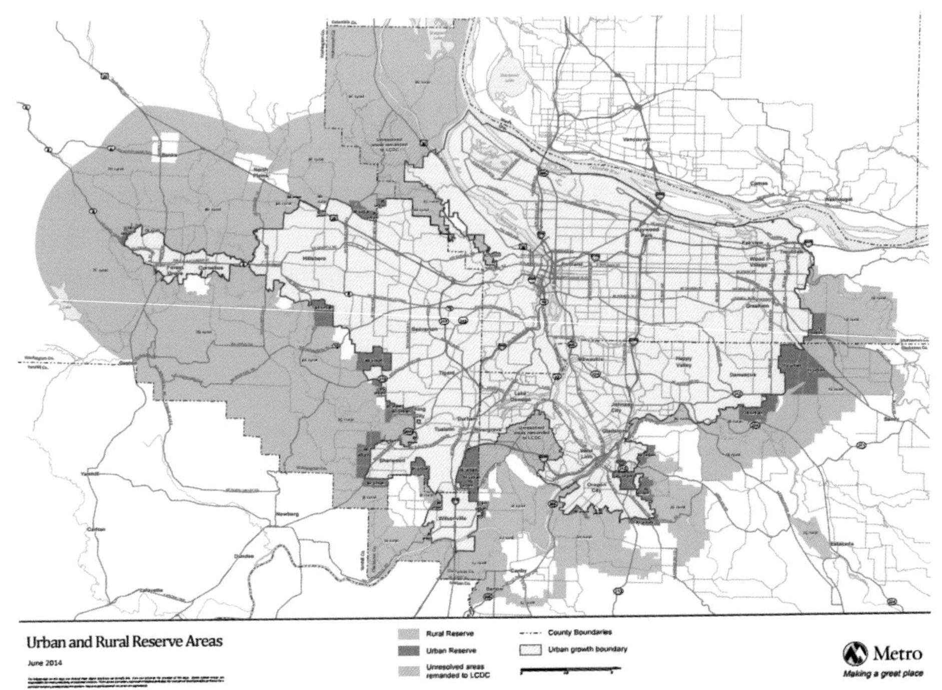


新的规划划定城市储备地、乡村保留地划定

资料来源：Urban and rural reserve,Metro.

大都会区 1990 ~ 2000 年各密度范围内的人口增长百分比

| | 城市密度 | 近郊密度 | 远郊密度 | 乡村密度 |
|---|---|---|---|---|
| 波特兰 | 88% | 9% | 1% | 3% |
| 夏洛特 | 7% | 50% | 45% | -1% |
| 哥伦布 | 31% | 45% | 18% | 7% |
| 奥兰多 | 64% | 23% | 12% | 2% |
| 圣安东尼奥 | 63% | 8% | 12% | 17% |

资料来源：苏州市城市发展战略规划 [R].2015.

俄勒冈西部农业土地利用变化

| | 1973-1982 | 1982-1994 | 1994-2000 |
|---|---|---|---|
| 农业土地转化量（英亩） | 12,000 | 2,000 | 3,000 |
| 农业土地年转化率 | -0.6% | -0.1% | -0.2% |
| 前一时间段总农业用地转化中低密度居住转化所占比 | 63% | 47% | 14% |

资料来源：苏州市城市发展战略规划 [R].2015.

## 参考文献

[1] 李新阳 . 波特兰的城市增长边界（UGB）[EB/OL]. http://www.portlandcn.com.

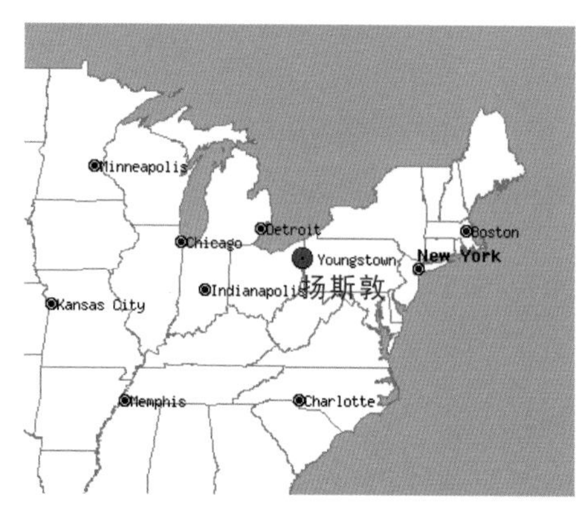


# 美国俄亥俄州扬斯敦“精明收缩”的2010规划

Youngstown Citywide Plan 2010 in Ohio to Promote Smart Decline, USA

案例区位：俄亥俄州的东北部
规模范围：扬斯敦市域
编制时间：2002 年起
专业类型：城市规划
实施效果：住宅用地减少了 30%，紧凑的城市中心已经开始逐步复苏，城市中心正重获活力。

**案例创新点：**

俄亥俄州扬斯敦 2010 规划（Youngstown Citywide Plan 2010）是基于 1951 年和 1974 年规划失效之后的一次全市范围规划。针对扬斯敦持续多年的衰退问题，规划以“更小、更绿、更清洁、更有效利用现有资源、更充分发挥城市的文化特色和商业能力”为主题，采取了收缩城市规模、更新城市定位、建设绿色基础设施、设置土地银行、汲取公众建议等一系列措施。《扬斯敦 2010 规划》是美国第一个明确提出收缩发展的规划成果，也是精明收缩作为一种城市规划策略真正意义上得以确立的标志。该规划获得美国规划学会（APA）2007 年全国杰出规划奖（公共协作奖）。

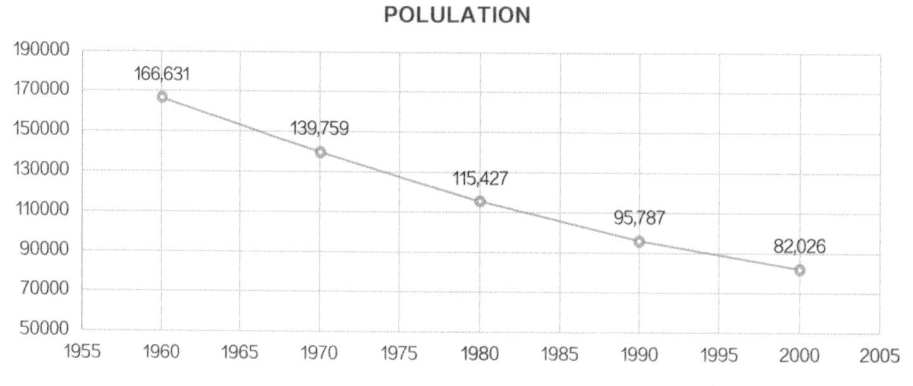


扬斯敦人口数量变化图

数据来源：http://www.cityofyoungstownoh.org/

## 案例简介：

扬斯敦位于俄亥俄州的东北部，因工矿业发展而兴起，随着全球化工业转移的影响，扬斯敦经历了持续 20 多年的衰退，使之不得不认真考虑自身面临的诸多问题。在此背景下，由扬斯敦市政府和扬斯敦大学联合负责，从 2002 年开始制定公众广泛参与的扬斯敦 2010 规划。

### 规划内容：收缩导向下的空间策略

建立城市的绿色空间网络。改造原先用于工业的水道和荒弃用地，使其成为供公众使用的休闲娱乐场所。此外，还将原本分离的公园、开放空间连接成为一个整体，并使得城市的绿地网络同地区、州以及国家的绿地网络相联系。

工业地区植入新功能。在工业棕地的改造方面，扬斯敦在美国具有领先的地位，例如把原有工厂改造成工业艺术公园，既增加了绿地，又改善了人居环境。

收缩中心区规模。从面改为线，从线改为点，商业区收缩为商业街，商业街收缩为若干商业节点，多余土地改为公共绿地、城市农业、社区花园、社区设施，保持小而有活力的中心区功能。

扬斯敦废弃的工厂

资料来源：德里克 • 汤普森 . 没有工作岗位的世界，将会是什么样子？ [EB/OL].http://news.ittime.com.cn/news/news_5676.shtml.

扬斯敦威客公园（Wick Park）改造项目

资料来源：Terry Parris JR. Shrinking right: How Youngstown, Ohio, is miles ahead of Detroit[EB/OL].http://www.modeldmedia.com/features/ytown05022010.aspx.

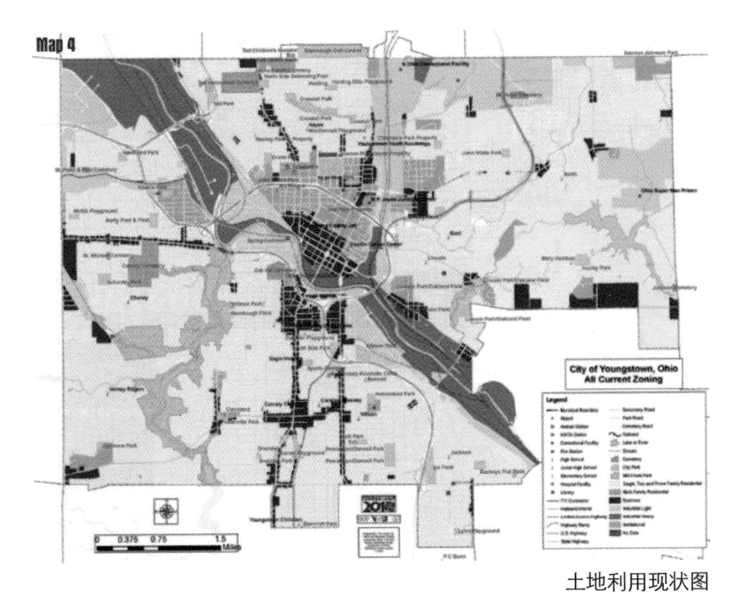


土地利用现状图

资料来源：Youngstown 2010 Citywide Plan[R].2009.

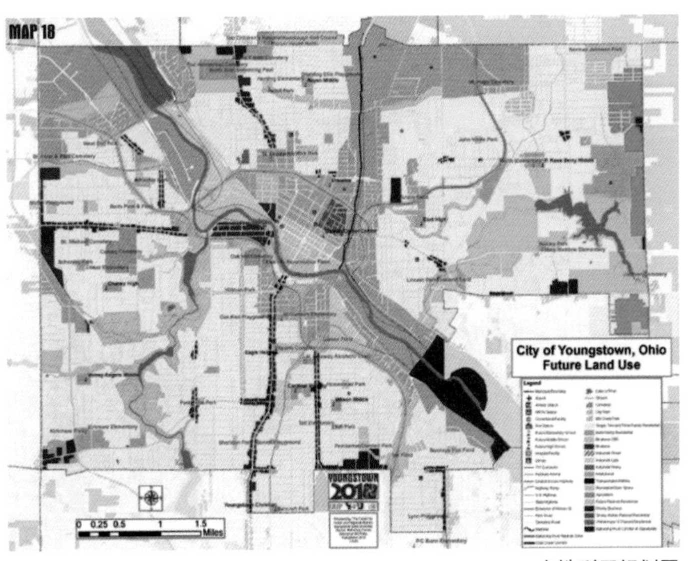


土地利用规划图

资料来源：Youngstown 2010 Citywide Plan[R].2009.

**规划制定和实施的机制：公众参与与土地银行**

公众参与：首先，与大学密切合作，一方面积极动员社区参与，提升公众对规划的认识，使他们可以实质性地参与规划决策；另一方面，由大学师生组成规划志愿者，主要负责规划的宣传、公关、协调、网页设计等工作。其次，成立一个规划咨询公司，承担组织社区参与和公众教育的工作。在 6 个月里，来自各种政府机构、社区、NGO 的 200 多名领导人得到培训，这些骨干为制定具体的行动计划打下基础。

土地银行：土地银行是美国城市中较为普遍存在的机构。1996 年扬斯敦成立了土地银行，用于城市空置、荒弃以及因断贷而被银行收回的房产的再利用。2006 年俄亥俄州颁布了一项法律，将那些长期荒置的、拖欠房地产税款总额超过市场价值的房屋和土地收归政府，这使得俄亥俄州内的城市土地银行能够快速获取那些被遗弃的土地以用于城市的更新改造，扬斯敦的土地银行亦受益于此。

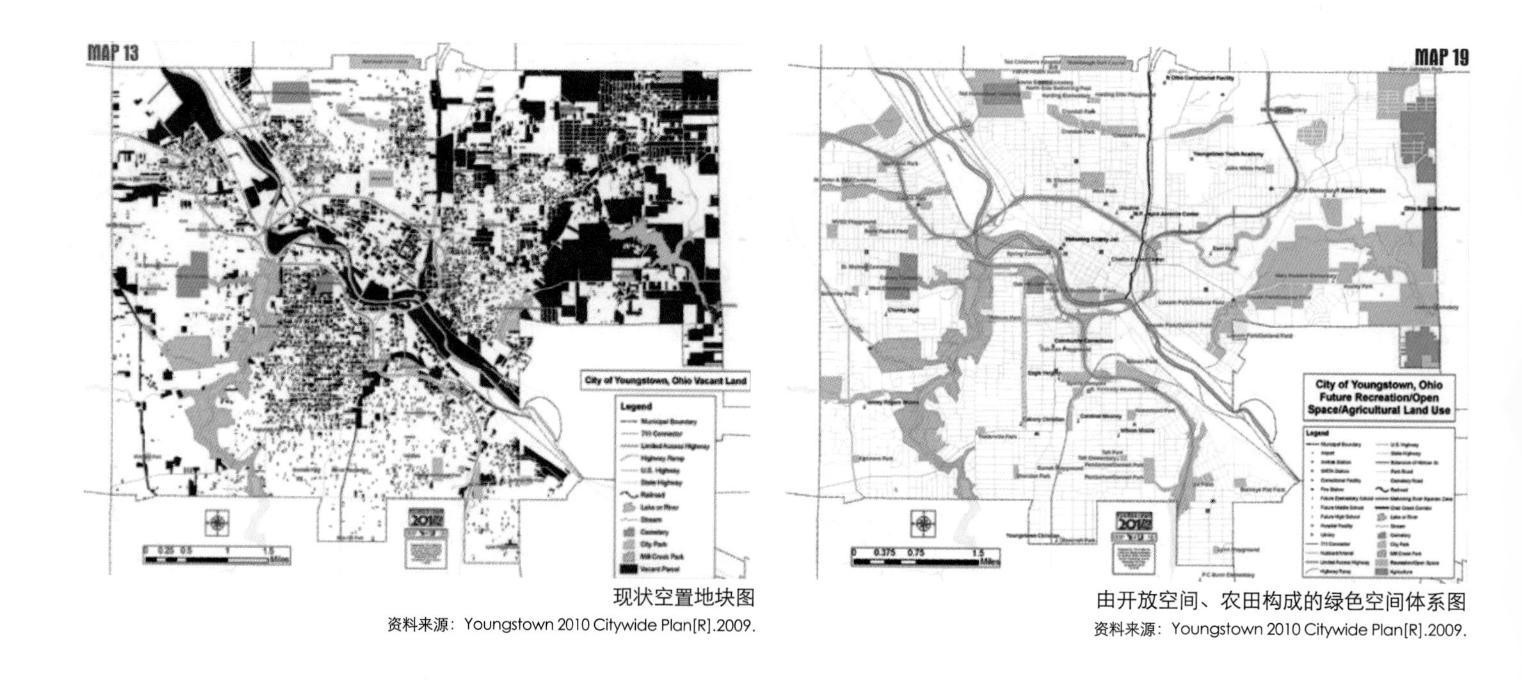


现状空置地块图
资料来源：Youngstown 2010 Citywide Plan[R].2009.

由开放空间、农田构成的绿色空间体系图
资料来源：Youngstown 2010 Citywide Plan[R].2009.

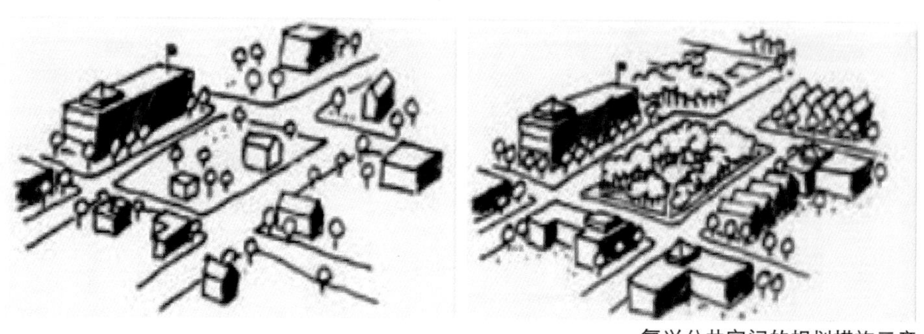

复兴公共空间的规划措施示意
资料来源：Youngstown 2010 Citywide Plan[R].2009.

扬斯敦众多社会组织中的一个
资料来源：http://defendyoungstown.blogspot.com.

## 启示意义：

中国的新型城镇化需要转变过去外延增长为主、粗放发展的城市发展方式，城市和乡村都面临精明发展的诉求，不再寻求指标的量的扩张，而是将重心放在盘活存量、提质增效等方面。尤其是针对在推进城镇化进程中渐显颓势的村庄和未来可能受经济环境影响出现经济衰退、人口减少的城市，需要借鉴和拓展“精明收缩”的理念，通过规划和政策指引，将被动萎缩变为主动收缩。扬斯敦2010规划作为精明收缩实践的先锋和代表，制定了改造废弃用地、提升城市形象、运作土地银行、引导公众参与等规划策略，为我们提供了经验借鉴，主要包括以下几个方面：

Model Blocks 计划下重新进入土地市场的老房子

资料来源：Daniel Denvir.Defending Youngstown: One City's Struggle to Shrink and Flourish[EB/OL].http://www.citylab.com/politics/2013/01/defending-youngstown-one-citys-struggle-shrink-and-flourish/4485/.

合理的发展规模与定位。扬斯敦规划通过主动收缩规模，不仅优化了土地利用布局，还对基础设施进行了改造，缩减了部分地区的公用设施用地规模，避免不必要的浪费。相应的，规划重新定位了扬斯敦在区域经济体系中的定位，从重工业转向经济多元化，发挥其在教育、医疗、艺术等方面的优势。

激活自身“造血”机能。扬斯敦在强调收缩发展的同时，关注培育潜在发展动力，同步实施商业孵化项目。要改变城镇和乡村衰败的困境，不能只靠政策、资金的“输血式”救助，应在变化的经济社会环境中重新定位，寻求新的立足点和动力源。

激励公众参与。公众和邻里的积极参与是扬斯敦规划制定和实施的重要保障。给市民和地方社区赋权，激励居民和社区参与的积极性和主动性，使得规划不再停留在政府公共政策，而成为全社会共同努力的行动号角。

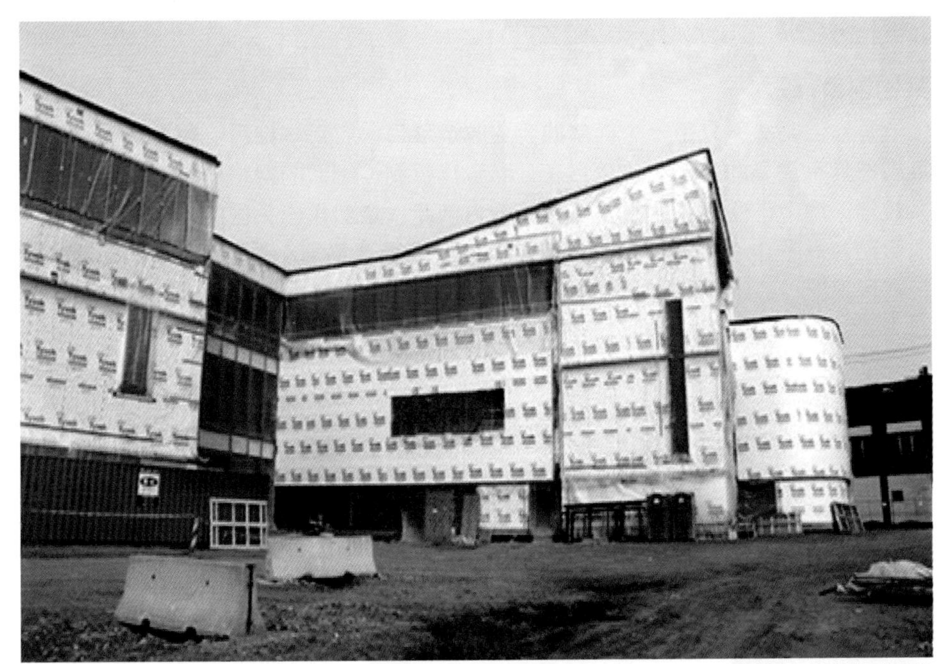

新建的扬斯敦商业学校

资料来源：Terry Parris JR. Shrinking right: How Youngstown, Ohio, is miles ahead of Detroit[EB/OL].http://www.modeldmedia.com/features/ytown05022010.aspx.

## 参考文献

[1] 张庭伟 . 城市社会发展与城市规划的作用 [R]. 南国讲坛，2015.

[2] 黄鹤 . 精明收缩：应对城市衰退的规划策略及其在美国的实践 [J]. 城市与区域规划研究，2012(5)：99-106.

# 英国金丝雀码头：废弃港口建设城市金融中心

Canary Wharf： from Abandoned Wharf to City Financial Center, UK

项目地点：英国伦敦道格斯岛
建设时间：1981 年～ 2006 年
项目规模：占地 29hm$^2$，总建筑面积 145 万 m$^2$
区位类型：滨水区
项目投资：政府投资 3.36 亿英镑，私人投资 20.20 亿英镑
项目效益：至 2009 年末金融业税收贡献超过 25 亿英镑，总税收贡献约 37 亿英镑

**案例创新点：**

金丝雀码头不只是一个简单的商业改造项目，它对本地区、整个伦敦乃至全英国都具有重要的意义。该项目在公私合作机制、细密的网格形态、综合交通体系规划、地上下空间整合开发等方面着力创新。金丝雀码头区的改造改变了伦敦的金融和商业中心格局，也改变了英国的经济地理格局。该项目于 2010 年荣获巴塞罗那世界建筑节“艺术与工作奖”之联合艺术奖。

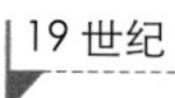

19 世纪

码头旧貌

资料来源：http://photo.huanqiu.com/globalview/2013-05/2693365_9.html

20 世纪 80 年代

衰败废弃

资料来源：韩晶．伦敦金丝雀码头城市设计 [J]．世界建筑导报，2007,02

1993

建设一期

资料来源：http://t.hujiang.com/ing/FCAD8D79F9FADF960135BF6C6F85177F/

现今

码头新颜

资料来源：http://themccooeysoflondon.blogspot.com/2010_06_01_archive.html

## 案例简介：

1980 年起，政府启动金丝雀码头区域再生计划。经过 30 多年的建设，从一个零商务基础的工业区，发展成为伦敦重要的金融商务区。

建造中的金丝雀码头
资料来源：http://themccooeysoflondon.blogspot.com/2010_06_01_archive.html

### 公私合作的开发模式

参照英国新城开发的成功模式，伦敦政府成立半官方开发公司 LDDC（伦敦码头区开发公司）。其坚持吸引私营企业引领市场为核心理念，依靠中央政府赋予的特权收购区内多种所有权的土地、水域，同时改善基础设施，为私人投资提供良好的环境，并着力改进住房、教育、公共设施，提升居民对该地区的信心。此外，由 LDDC 与专业私营开发商合作开发建设，同时保证了开发者的利益和城市的公共利益，为金丝雀码头的中长期发展奠定了扎实的基础。

Cabot Place
资料来源：http://www.logi-tek.co.uk/barclays-london.php

### 网格形态空间布局实现高效土地利用

依照典型的密路网、小街区模式，利用方格网道路将金丝雀码头规则的长方形用地为分为 26 个地块。同时设计有两个结构性的开放空间——贯穿用地的东西向中轴线开放空间以及 Jubilee 地铁站上的公共广场空间。主要建筑为形体规整的中高层，严谨地限定了开放空间的界面；一条东西向主轴线和两条南北向次轴线依靠对称的建筑布局来形成，轴线彼此垂直相交。中轴线开放空间——四个几何形广场也由建筑群围合出，形成空间序列，同时也成为连接不同标高基面的立体化节点。

高效集约的网格空间形态布局
资料来源：http://www.som.com/china/projects/canary_wharf_master_plan

连接地铁站与地面的垂直交通

资料来源：http://sucai.quanjing.com/info/eng10404aw.html

### 整合交通要素创造空间活力

金丝雀码头涉及了极为多样的交通要素。大型城市轨道交通 DLR 轻轨、Jubilee 地铁线，还有大面积办公及配套商业空间带来的公共交通、服务交通、步行交通和大型停车场的建设贯穿了其开发始终。而轨道交通对于金丝雀码头开发尤为意义重大。大型轨道交通要素犹如催化剂，促使交通要素与空间的整合，实现各类交通的高效衔接。三维的整合不仅避免了城市形态的割裂，更充分发挥了其整体效率，创造出具有活力的三维空间。

两条轨道线贯穿金丝雀码头

资料来源：编者自绘

### 结合自然、历史要素塑造空间特色

在尽量保留原有水系的基础上，结合整体的空间布局对水系进行开挖和填埋。滨水用地结合绿化、建筑界面以及生活娱乐休闲功能布局，成功地创造了融线性空间和广场于一体的怡人滨水空间，与步行体系的结合更充分保障公共可达性。同时，将轻轨站和高架桥等现代化的交通要素整合融入景观体系中。

特殊的空间布局，唤起人们对码头旧日生活情景的回忆；空间轴线的叠加、视觉通廊的打造和新的视觉要素的嵌入，营造出金丝雀码头与伦敦的城市空间之间强烈的视觉联系。金丝雀码头不仅成为了码头区复兴的象征性空间，还成为伦敦城市时空发展轴上重要的标志性节点。

充满活力的广场空间

资料来源：http://www.som.com/projects/canary_wharf_public_realm__urban_infrastructure

整合公共步行系统

资料来源：http://sucai.quanjing.com/imginfo/estrm2366463.html

轻轨结合景观设计

资料来源：http://img1.tebyan.net/Big/1392/09/48941415375156106202731871292182262277817.jpg

营造广场绿化空间

资料来源：http://www.som.com/projects/canary_wharf_public_realm__urban_infrastructure

重塑历史空间意向

资料来源：http://mp.weixin.qq.com/mp/appmsg/show?__biz=MjM5MTM5MTQ4MA==&appmsgid=100051615&itemidx=1&sign=87e4c46cece71c60a576dbe91bbe8a87&3rd=MzA3MDU4NTYzMw==&scene=6#wechat_redirect

**完善地上、地下空间联系打造三维高效空间**

针对高容积率、高密度的开发，金丝雀码头在规划建设中充分利用了地下空间。设计遵循两个重要的原则：一个是使地下空间形成体系，另一个是将地下空间体系和地上空间进行三维整合。通过综合化、分层化和分期化建设整合功能、交通、节点，将被分隔的地下空间单元整合为一个完整体系。而且，注重与地上空间的三维整合，使地上、地下空间互相连接和协调，形成有机的整体。

地上、地下空间整合

资料来源：http://www.urcities.com/global/20140716/10698.html

## 启示意义：

金丝雀码头项目的经验与启示主要包括两方面：一是作为伦敦城市复兴的一个标志性项目，金丝雀码头从规划到建筑的过程都由城市设计参与控制，通过三维形态整合机制有效地组织多元城市要素，集约、高效地使用空间，创造出宜人、公正，富有活力和特色的城市环境；二是在土地开发模式上，由政府成立的半官方开发公司与私营的专业开发商合作，公私合作模式避免了土地所有权问题，同时保证了城市的公共利益和开发者的利益。

## 参考文献

[1]. 周军民，周倜 . 伦敦金丝雀码头改造对深圳的启示 [J]. 开放导报 ,2013,04:94-96.

[2]. 韩晶 . 伦敦金丝雀码头城市设计 [J]. 世界建筑导报 ,2007,02:100-105.

# 日本横滨 MM21 地区更新计划

Regeneration Plan of Minato Mirai 21, Yokohama, Japan

项目地点：日本横滨市
项目规模：规划用地总面积 300 ～ 400hm$^2$
建设时间：1983 年～ 2009 年
区位类型：滨水区
项目投资：140 亿美元
项目效益：被誉为日本近年来最成功的滨海开发项目

## 案例创新点：

横滨港未来区简称 MM21，位于东京湾南侧，靠近现有横滨市中心，东北滨临大海。1981 年 10 月，横滨市立足于世纪新型港口城市的建设，编制了“港口未来世纪”城市改造规划。港口规划围绕新的基点、新的价值观、新的理论方法，着力塑造跨世纪的新城市中心，并提出了经济开发、历史文化、城市设计三者紧密结合的城市设计原则。

MM21 区的成功建设，发展更新了该区域原有的港口贸易功能，大大提升了横滨市的城市等级。经过改造，横滨港不仅成为重要的国际贸易港口，更促使横滨由工业城市进化为国际文化交流的现代化都市。横滨港 MM21 地区更新计划被业界誉为日本近年来最成功的滨海开发项目。

改造前的横滨港 MM21 地区

资料来源：http://www.city.yokohama.lg.jp/kokusai/yport/pdf/201402profeng01.pdf

改造后的横滨港 MM21 地区

资料来源：http://wenku.baidu.com/link?url=ePIZ5QS7IZQMIlOVgXvP5Got3PpnDGjy-d71_hSxQu5Je2ZcjO95salLALLTyAvRW7KEDvN1C3YGVdA2Mzw7ES29NBZZLaHGQ8XpjGTGTHS

## 案例简介：

作为日本重要的工业基地，横滨市仅次于东京和大阪，居于全国第三。横滨以京滨工业带和国际贸易港——横滨港为背景，大力发展尖端技术产业，在日本经济中具有重要的地位。横滨港 MM21 地区位于横滨港沿线，原是临海的造船基地，1983 年起，政府在横滨博览会的旧址上扩大填海造地的开发规模，规划建设用地规模达 300 ～ 400 $hm^2$ 的一座未来都市。经过 20 多年的开发，MM21 地区最终发展成为文化中心、娱乐中心、会议中心、购物中心等各种各样的现代化办公、文化休闲娱乐商业设施鳞次栉比的大型城市滨水区。

横滨 MM21 区发展年表

| 开发阶段 | 开发时间 | 开发项目 |
| --- | --- | --- |
| Ⅰ 1983-1990<br>项目启动开发阶段 | 1983.11 | MM21项目开发正式启动 |
| | 1984.7 | 横滨MM21公司成立 |
| | 1985.4 | “日本丸”公园（Nippon-maru Memorial Park）部分建成开放 |
| | 1989.11 | 横滨美术馆开馆(Museum of Art) |
| Ⅱ 1991-2000<br>大规模开发建设阶段 | 1991.7 | 横滨国际和平会议场(Pacifico)建成 |
| | 1993.7 | 陆标塔大楼(Landmark Tower)建成启动 |
| | 1995.3 | MM21信息中心启用 |
| | 1997.7 | 横滨皇后广场(Queen's Square)建成启用 |
| | 1998.3 | 76$hm^2$填海造地工程完成 |
| | 1998.6 | 横滨港湾未来音乐大厅开幕 |
| | 1999.5 | 横滨媒体塔(Media Tower)建成启用 |
| Ⅲ 2000年以来<br>功能完善阶段 | 2004.2 | 地铁“港未来线”建成 |

资料来源：http://www.minatomirai21.com/english/development.html. 根据 MM21 Chronology 整理

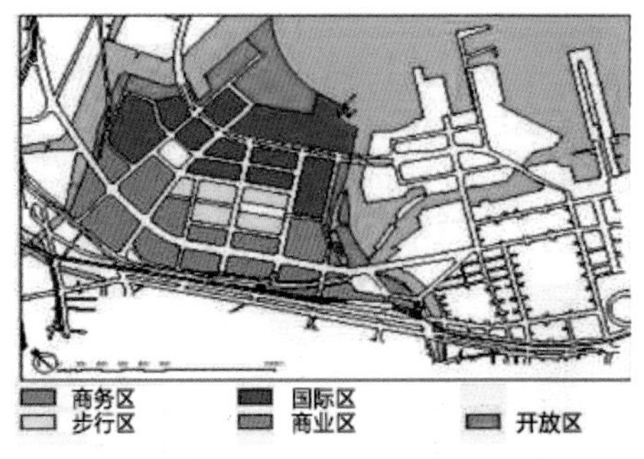


资料来源：http://www.minatomirai21.com/

| 业态 | 描述 | 占比 |
| --- | --- | --- |
| 国际区 | 集聚公司总部以及相关文化、商业辅助设施 | 33% |
| 商务区 | 包括博物馆在内的文化设施以及购物公园和城市住宅 | 31% |
| 商业区 | 主要以酒店、商业、娱乐、会展设施为主 | 7% |
| 步行区 | 围绕火车/地铁站点布置，大型的办公、酒店以及商业聚集区 | 12% |
| 开放区 | 主要以开放公园为主 | 17% |

五个功能区比例图

### 开发思路与定位

横滨 MM21 区的开发主要包括三大工程：填海造地、用地性质调整和港口设施改善。自 1983 年开发建设以来，随着许多大型项目相继建成，城市综合新城区的形象也逐渐形成。横滨 MM21 区规划以贸易和国际交流为核心，在建筑、通讯、交通以及节能环保方面都采取最先进的技术，建设一个坐落于和谐、安定和丰富自然环境之中的功能混合的国际都市。

### 街区划分及业态分布

横滨 MM21 区建立起了一个以文化、贸易和国际交流设施为主体的新市中心，使其东西两个商业中心融为一体，共同成为横滨市的中央商务区。横滨地区内共有 68 个街区、5 个功能区，其中近 2/3 的面积是以商业办公、文化休闲为主的国际区和商务区。MM21 地区为重点企业提供办公空间，鼓励创意设计型服务，聚集全市最主要的商务会展、商业文娱功能，形成了独特的生活空间。

### 交通枢纽功能

横滨MM21区拥有包括铁路系统、公共交通系统以及临港的航运系统在内的较发达的外部交通系统，以及如高架行人通道、长距离的步行传送带及游艇在内的发达的内部交通网络。遍及全区的交通网络，为MM21区未来的高速发展提供了强而有力的交通支持。

### 中心商务功能

基于大规模、高水平规划的基础，横滨MM21区建成了新的中央商务区，其中商住混合的面积占到了50%左右。MM21区开发二十余年以来，商业办公、会议中心、酒店、大型购物中心、主题乐园等现代化办公商业娱乐设施逐渐完善，形成了代表横滨未来的城市新形象。

### 休闲娱乐功能

横滨MM21区非常关注环境、绿化、商业设施的建设及其附加的旅游体验，让人们在繁忙工作之余也得到充分休憩。港区以环保都市建设为基本方针，环保先行，建成环境优美的港口都市综合体。规划师在地价昂贵、区位优越的中央地区布置了美术广场，安排象征横滨历史文化的“日本丸”公园和海洋博物馆。同时规划总用地的1/4被作为公园用地，以提供舒适宜人的绿色空间。

### 运营管理模式

横滨MM21区在开发运营过程中采用滚动模式，用先开发地块卖出的资金再开发其他地块。同时引入多方投资。绿地、道路等基础设施建设由市政府、港湾局负责，但因此而升值的土地依旧归国家所有。第三方单位的加入也促使预设的总体规划在符合公私利益平衡下有计划地完成，提高了工作效率；多元投资的战略使得整个社会得以共同参与MM21区的开发活动。

### 景观环境控制

从MM21建设经验来看，对环境景观的重视贯穿于规划、建设、运营管理的全部过程中，其成功之处在于通过景观规划对空间环境进行全面、综合的控制。景观规划包括形态控制和色彩控制两个大的方面。形态控制包括基地形态、滨水岸线形态、土地利用、街区建筑形态、道路景观、广告物、步行空间、公园绿地等。色彩控制根据功能将横滨港湾分成三个地区，各个区分部设计了不同的基础色调和重点色彩。

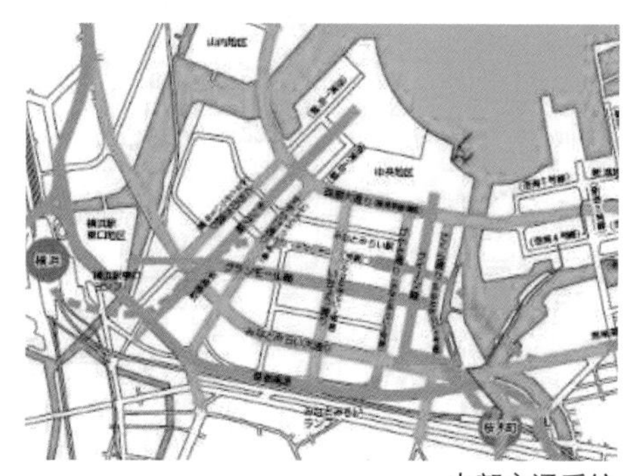

内部交通系统

资料来源：http://www.minatomirai21.com/

横滨国际会议中心

资料来源：https://bartman905.wordpress.com/2010/08/06/yokohama-minato-mirai-21/

里程碑大厦

资料来源：http://baike.baidu.com/link?url=i7WBmyC2rCZxH6w1afvgJ9IR1SyDD4BA6oAe7nQbL7AMt8J1nSes-

太平洋横滨会展中心

资料来源：http://wenku.baidu.com/link?url=ePIZ5QS7IZQMlIOVgXvP5Got3PpnDGjy-d71_hSxQu5Je2ZcjO95saILALL

休闲娱乐设施

资料来源：http://www.goldenjipangu.com/1104yokohama.html

休闲娱乐设施

资料来源：https://bartman905.wordpress.com/2010/08/06/yokohama-minato-mirai-21/

多元投资的运营管理模式

资料来源：http://www.nipic.com/show/1/48/7217551ke8a3d87d.htmli

统筹全局的景观系统设计

资料来源：http://www.shiennet.com/naibukansa/15kanagawa.html

## 启示意义：

围绕“建设充满活力，领先世界的港口”、“富有情趣的港口”、“洋溢着国际性的港口”三个发展定位，政府努力将横滨港建设成能够迅速适应世界经济的动向、创新与继承并存的现代化城市。横滨 MM21 地区在开发的过程中同时兼顾区域的经济效益和环境效益。为避免出现开发商单纯追逐经济效益而导致城市整体发展失控的现象，该区将城市设计与立法相结合，提前对开发用地的容量、规模、高度、步行系统网络和建筑界面等进行了宏观控制。基础设施建设与土地开发同步开展也保证了城市更新在时间和空间上合理有效地分步实施。MM21 区的成功，为未来港口更新提供了值得借鉴的实践经验。

MM21 地区夜景

资料来源：http://www.deviantart.com/art/Yokohama-MM21-1-4-285232373

## 参考文献

[1] 胥建华 . 城市滨水区的更新开发与城市功能提升——以上海市黄浦江南延伸段 C 单元为例 [D] 华东师范大学， 2008
[2] 张天舒 . 日本横滨港老港区改造简介 [J]. 港口科技动态 . 2004(12)： 23-26.
[3] 许浩 . 基于城市设计与《景观法》的横滨 MM21 滨海区景观规划探究 [J]. 中国园林 . 2014(11):28-31

# 美国巴尔的摩内港城市更新

Urban Renewal of the Inner Harbor of Baltimore, USA

项目地点：美国巴尔的摩内港区
项目规模：97hm$^2$
区位类型：滨水区
项目性质：城市更新
建设时间：1960 年代至今
项目投资：5500 万美元启动资金
项目效益：到 1990 年，市政府已可从该项目每年获得税收 2500 万到 3000 万美元；每年吸引游客达 700 万人，带来约 8 亿元消费。

**案例创新点：**

巴尔的摩内港区以商业和游憩开发为导向，对战后萧条的城市滨水区进行改造。该项目无论是在经济增长方面，还是在城市形象提升方面都取得了巨大的成功。巴尔的摩内港区更新开发以商业、旅游业为核心吸引游客和本地顾客，并在其周围设置住宅、旅馆和办公楼进行功能的支持补充。港区的开发带动了整个巴尔的摩的旅游业发展，成为了港口城市更新的典范。

巴尔的摩市中心商业及内港图

资料来源：张庭伟.城市滨水区设计与开发 [M].同济大学出版社，2002.

1959 年巴尔的摩内港区卫星图

资料来源：Google earth

## 案例简介：

巴尔的摩市位于美国东海岸，港口贸易发达。在二战前，钢铁、石油化工是其主导产业。二战后，世界经济结构发生变化，重工业优势逐渐衰退，巴尔的摩也因此受到影响。商船和货船的转移导致内港区日益萧条，人口迁往市郊带走了许多商机，导致了市中心商业活动逐渐萎缩、空屋率日增。鉴于此，中心商业区部分业主与商家成立了"市中心商业区委员会 (Committee for Downtown)"来推动港区复兴改造的计划。经过若干年的改造开发，巴尔的摩港区逐步发展为一个繁荣的中心商业区，成为区域性观光及休闲活动中心。

巴尔的摩内港区鸟瞰

资料来源：http://www.harbormagic.com/

港区开发经历了三个阶段。在开发初期（1960 年代 -1970 年代），以经济因素为主导的开发思想占据主要地位，采取政府与民间合作的方式，将内港原有城市边缘隔离区规划为以旅游业为主的城市商业中心区，分别在 1976 年和 1977 年建成巴尔的摩科学中心和巴尔的摩贸易中心（贝聿铭设计）等地标性建筑。第二阶段，受欧洲历史地段保护思想的启发，开始对基地内的历史建筑进行改造探讨。在这一阶段的建设中，分别对 1900 年阿德巴尔的摩发电厂及 1914 年的 Tindeco 码头进行整治更新，老发电厂被改造成餐厅、书店与 Loft 办公相结合的综合文化娱乐区，将 Tindeco 码头进行全面的规划与设计，打造成新型"Loft"居住社区。第三阶段，主要对初期开发进行发展调整与补充，如老电厂的再次更新及滨水区的重新整治，完善了社区旅游与商业配套。

巴尔的摩内港区鸟瞰

资料来源：http://www.harbormagic.com/

巴尔的摩内港更新的建设方式在某些方面也有争议。被批评讨论的方面包括：其拆除重建的更新方式，忽略了原有的城市肌理与尺度，形成众多消极的城市空间。例如超大尺度的斯格特高级公寓大楼与环境不协调，原有的小街坊、小绿地被大型建筑和独立大地块所代替，原有街道尺度感消失。

虽然尚存争议，但是其对于滨水岸线的分层设计、多级利用的方式使得其滨水价值得到了最大化的利用与提高。同时其对于滨水沿线出色的节点设计与路线管理，也为区域的空间活力与空间体验起到促进作用。

## 启示意义：

巴尔的摩内港区更新开发可借鉴的经验和教训有：1. 转变功能，为整个地区的再开发重塑地区活力；2. 改善环境，尤其是水域环境的质量，尽可能地提供亲水条件；3. 创造积极的核心公共空间；4. 保持区域发展的潜能和整体性，创造既具新意又协调的区域特色，防止高速公路对该区域所造成的干扰。[4]

2010 年巴尔的摩内港区卫星图

资料来源：Google earth

巴尔的摩码头区

资料来源：http://www.harbormagic.com/

## 参考文献

[1] 刘雪梅，保继刚 . 国外城市滨水区再开发实践与研究的启示 [J]. 现代城市研究 ,2005,09:15-26.

[2] 王灵羽 . 城市特色街区的分类体系与开发模式研究 [D]. 天津大学 ,2007.

[3] 胥建华 . 城市滨水区的更新开发与城市功能提升 [D]. 华东师范大学，2008.

[4] 王琳 . 老港区可持续更新设计手法研究 [D]. 大连理工大学 ,2014.

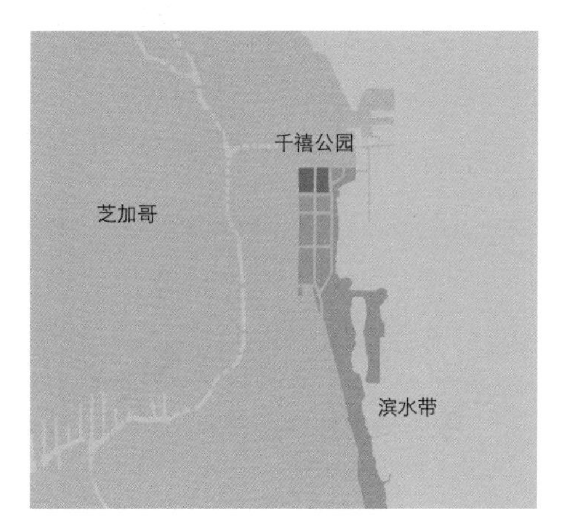


# 美国芝加哥千禧公园滨水活力再生

Millennium Park in Chicago-Vitality Revival of Waterfront Space, USA

项目地点：美国芝加哥

建设时间：1997 年～ 2004 年

项目规模：9.9hm$^2$

区位类型：滨水区

项目投资：5 亿美元

项目收益：周边土地的经济效益由 383 美元 / 英尺涨到 483 美元 / 英尺，引导前往芝加哥市区的游客快速增长到每年近千万人

**案例创新点：**

20 世纪后，传统运输业的衰落为芝加哥遗留了许多废弃的滨水地带，滨水空间的开发成为芝加哥城市建设的热点和难点。芝加哥千禧公园是传统运输工业废弃地改造再利用的成功典范，其将滨水地区从传统的运输、工业中心转变为城市开放空间和公共艺术中心。时任芝加哥市长戴利先生曾表示，千禧公园代表了 21 世纪转型时的芝加哥。自 2004 年 7 月开放以来，千禧公园不但成为芝加哥市民的休闲胜地，而且被称赞为“雕塑园”，引导前往芝加哥市区的游客快速增长到每年近千万人，带动旅游相关行业收入每年达到百亿美元。

1852

千禧公园所在的密歇根湖岸铺设铁轨

资料来源：http://www.bigstockphoto.com/zh/image-8971042/stock-photo-chicago-railroad

1960

场地被汽车停放和铁路线占据

资料来源：http://chicagoraffaello.com/millennium-park-turns-10/

1997

千禧公园开始建设

2004

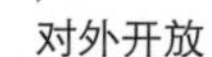

对外开放

资料来源：https://www.asla.org/awards/2008/08winners/441.html

## 案例简介：

20 世纪 60 年代以来，芝加哥经历了传统重工业、港口城市的转型进程，城市公共空间的开发与利用作为拉动城市转型的一种重要手段日益得到重视。千禧公园就是在原有滨湖交通用地上更新建造的一个公共公园，面积约 9.9 $hm^2$，现已成为密歇根湖岸线的重要文娱中心。芝加哥通过千禧公园“绿色”的建设向人们传达在经济高速发展的同时，需要加强环境塑造的信号。

资料来源：http://photo.zhulong.com/proj/detail64131.html

### 整合与优化城市交通

千禧公园的建设项目拆除了弃置不用的铁路线，通过立体空间组织交通，将铁路、城市道路、公共停车和行人交通有效地整合。庞大的地下交通网络包括一个巨大的地铁交通换乘站和地下停车场，为城市提供了 9000 个车位，极大地满足了城市中心的停车需求。大片开放的地面空间完全为行人服务，成为步行者的乐园，例如弗兰克盖里设计的 BP 步行天桥横跨街道，将千禧公园与格兰特公园连接起来，可共享格兰特公园中的儿童游乐场等公共设施，为行人提供了安全舒适的步行空间。公园的规划重视交通的便捷与可达，最大限度地鼓励步行交通，从而实现公众可达性的最大化。

BP步行天桥

资料来源：http://www.keyword-suggestions.com/bWlsbGVubml1bXBhcms/

千禧公园鸟瞰

资料来源：http://mt.sohu.com/20150313/n409721437.shtml

露天音乐厅

资料来源：http://blog.sina.com.cn/s/blog_44afc5fe0102wr7b.html

### 促进空间的综合集约利用

将公共停车区域置于市民、公众和艺术活跃的区域，达到用地混合集约化利用，这种方式为全球绝大多数高密度城市提供了一种良好的解决城市用地紧缺的思路和方式。在 9.9 $hm^2$ 的土地上，芝加哥千禧公园建设了包括一个能同时容纳 9000 辆汽车的停车场，两座分别能容纳 1525 人的室内剧场和 11000 人的半室外剧场，一个约 2 $hm^2$ 的卢里花园等一系列工程，绿化覆盖率达到 50% 左右。同时，集约化建设对于用地周边土地经济效益能产生提升。在芝加哥千禧公园建设完工后，其周边土地的经济效益由 383 美元 / 英尺涨到 483 美元 / 英尺。

麦考密克论坛广场

资料来源：http://go.huanqiu.com/html/2014/northamerican_1216/6746.html

### 提高开放空间的公共性

千禧公园的规划，处处体现了以人为本。它不设围墙，以完全开放的姿态与城市空间环境融合在一起。从功能分区来看，公园规划满足了不同群体的需求，无论是老年人、年轻人还是少年儿童，都能找到适合自己活动的区域。从公园设施来看，随处可见的无障碍设施又让残疾人等弱势群体能够平等地享受到城市公共空间的建设成果。从人员配备来看，这里既有负责日常维护养护的专业人员，又有专门服务游客的专职人员。从公园的运营来看，除了停车场实行收费和商业网点实行商业运营以外，其余的项目几乎全部免费。正是这样的规划和运营，吸引人们走进公园、享受公园。

卢里花园

资料来源：http://www.choosechicago.com/blog/post/2013/04/an-insider-s-guide-to-millennium-park/659/

### 注入多元化与复合化功能

千禧公园以观演作为其主要功能。此外，休憩、娱乐、健身、展示等多功能的复合为公园注入了更多的创造力与文化艺术魅力。弗兰克 · 盖里设计的大型室外露天剧场，为市民提供了免费欣赏高水准音乐会的场所，每年都有几十场大型音乐会在此举办，在宣传芝加哥爵士、蓝调音乐文化的同时，也丰富了市民的文化生活。平日里，露天剧场的固定座椅以及大草坪是市民与游客驻足休憩的场所。麦考密克论坛广场也是一个复合型的多功能公共空间。冬季，这里是一个对市民免费开放的公共室外溜冰场，也是芝加哥严寒的冬季期间最为著名的户外景观之一；夏季，麦考密克论坛广场又成为了烧烤广场或室外展览场地，为市民和游客服务。

皇冠喷泉

资料来源：http://www.meijialx.com/city-detail-content/info_id:25643

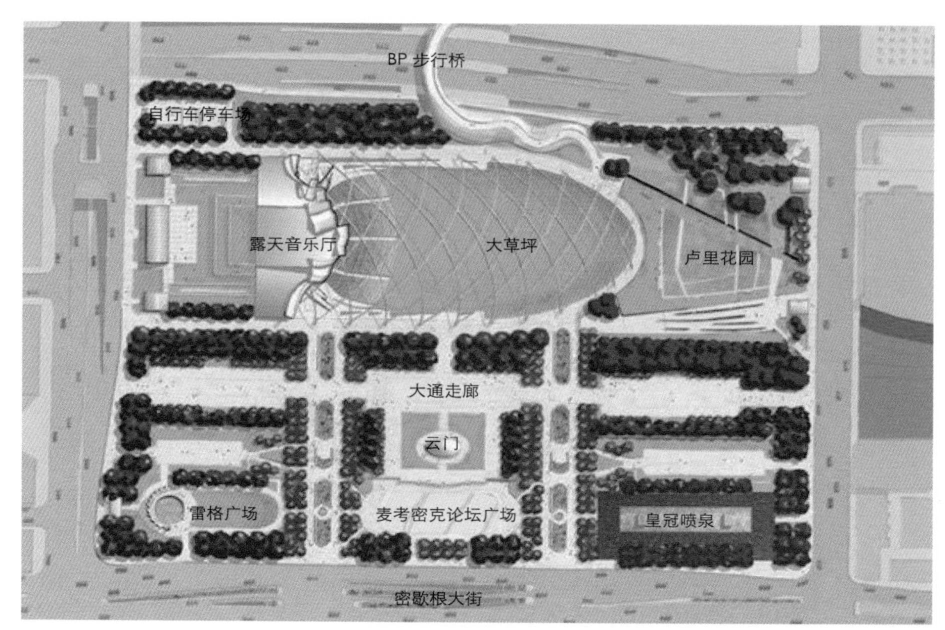


千禧公园总平面图

资料来源：http://www.mt-bbs.com/thread-70038-1-1.html

云门

资料来源：http://www.birminghampost.co.uk/news/birmingham-big-art-project-launches-6642680

采用“公私合作”的开发策略

芝加哥千禧公园的资金高达 4.75 亿美元，其中私人机构捐赠 2.05 亿美元，创下迄今为止芝加哥公益慈善捐款之首。这种“公私合作”方式的成功主要来源于：将芝加哥的历史和千禧公园联系起来，树立社会认同感；对内部设施进行“冠名权”授予，在专设构筑物上留名，还在芝加哥千禧公园的各种宣传单、广告和显眼的标识处不定期放置捐赠者和赞助商的名称及标语，并在各类活动中给予捐赠方优惠政策，形成可持续的合作关系。

## 启示意义：

公共空间的营造和品质的提升是推动地区发展转型、增加场所吸引力的重要手段。芝加哥千禧公园以其独特的规划设计创意、多元而灵活的功能设置、高品质人性化的空间环境和丰富多彩极具活力的市民公共活动，使其成为当代城市公共空间设计的优秀范本。城市公共空间的营建应高度关注市民公共生活，关注公众意愿的表达，从以往追求空间的表面形式转而更加注重空间的意义与内涵，为当代的市民公共生活提供优良的空间载体，既改善人民的生活环境，又增添城市活力，推动城市转型发展。

大草坪是免费欣赏演出的场所

资料来源：http://www.destination360.com/north-america/us/illinois/chicago/millennium-park

大草坪上的全民瑜伽

资料来源：http://inside.resideliving.com/2015/07/5-things-to-do-in-chicago-this-weekend-july-31-august-2/

露天音乐厅演出场景

资料来源：http://www.cityofchicago.org/city/en/depts/dca/supp_info/millennium_park6.html

## 参考文献


[1] 周虹 . 芝加哥千禧公园——城市滨水空间的开发实例 [J]. 南方建筑 ,2006,02:109-110.

[2] 岳华 . 城市公共空间之市民性的思考——以美国芝加哥千禧公园为例 [J]. 华中建筑 ,2014,11:109-114.

[3] 徐国斌，鲁琼 . 城市公园建设的国际经验及启示——以美国芝加哥千禧公园为例 [A]. 中国城市规划学会、重庆市人民政府 . 规划创新：2010 中国城市规划年会论文集 [C]. 中国城市规划学会、重庆市人民政府 : 2010:11.

# 爱尔兰戈尔韦内城更新实践

Galway: Inner City Urban Renewal and Land Use Diversity, Ireland

项目地点：爱尔兰西部港市戈尔韦郡首府
建设时间：1986 年至今
项目规模：50km$^2$，常住人口 5.7 万
区位类型：老城区

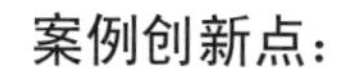

## 案例创新点：

爱尔兰戈尔韦的“内城更新和土地利用多样化”项目，通过包括多种用途的土地混合利用以及政府设计的特殊税收激励政策等多种举措，促进了被遗弃的内城和中世纪遗址的复兴，推动了与周边地区平衡发展的内城（50km$^2$）再开发。如今戈尔韦中心区已经成为了全市的商业中心，并且提供了大量的工作岗位，促进了当地的就业，也大大改善了市中心的投资环境，不仅创造了大量的投资机会，更将戈尔韦塑造成了一个适于居住和旅游的活力中心。

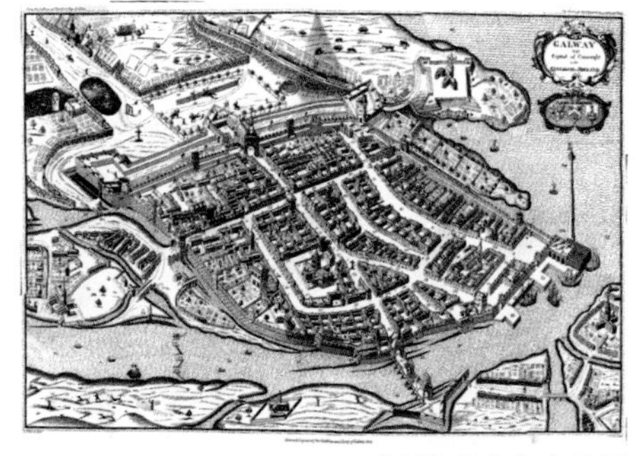

1651 年戈尔韦地图
资料来源：http://www.wikiwand.com/nrm/1651

戈尔韦海滨
参考文献：http://cityofgalway.net/

## 案例简介：

1960 ～ 1970 年间，爱尔兰公共政策总趋势是对城市周边而不是市中心区的旧开发项目给予优惠，导致内城区的环境质量下降，现有公共设施的使用率低下。1986 年，爱尔兰政府推行了一项特殊的税收激励政策，以防止城市既有建成地区物质环境的衰退，鼓励再开发，并指定戈尔韦市中 50 km$^2$ 的用地为政策的先行实施区，对包含商业核心区及周边区域在内的约 50% 的用地进行更新。

戈尔韦内城更新的政府推动

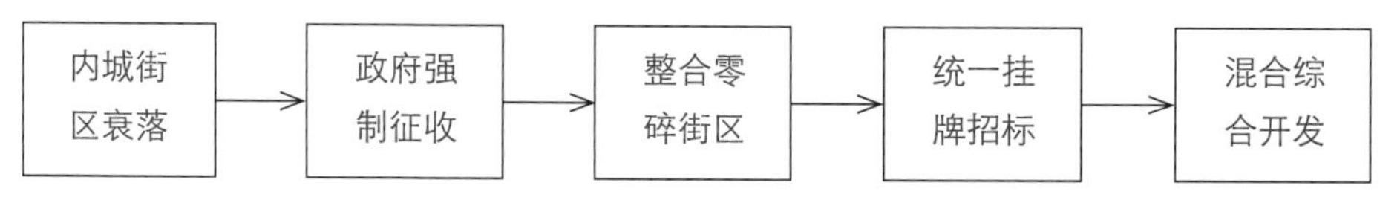

**更新规划目标的制定综合考虑了以下几个原则：**

首先，更新开发项目的建造应反映戈尔韦内城独一无二的环境特征和氛围，例如，有特色的狭窄街道、阶梯形山墙、厚重的墙角，彩色抹灰或石材外饰面；其次，提供多样化的土地利用模式，这对强化城市中心的活力尤为重要。这一项目的目标是：对衰退的地区实行再开发，以加强内城作为戈尔韦市具有决定作用的商业和店铺中心的功能，并作为区域内多种活动混合聚集的中心；保持现存街道模式，以利用现有基础设施；在可能的地点保护并利用中世纪残存的城墙，以及修复并重建一些重要的古老建筑作为地标，以保持该地区乃至整个城市的历史延续性。

**为了促进这一区域的更新，戈尔韦市政当局采取了以下措施：**

直接接触该地区的所有地产拥有者，加强所有财团和开发商的交流；将场地组合在一起，以便对其进行开发；利用强制收购权，帮助开发商克服土地开发权上遇到的困难；加快规划的实施，给予提供土地混合利用方式的项目以优先权，包括将商店、办公、旅馆、娱乐业建筑等用地混合在一起；倡导一种合作的方式——城市中一系列部门的积极参与才能推动城市更新，这些部门包括住户、建筑商、历史街区保护者和地方政府本身。

**可持续开发的特征主要体现在以下几个方面：**

在所有的开发量中，商店、办公与住宅要均衡划分；住宅应位于商业建筑的上层（商业开发占用地面层）；立面朝向公共开敞空间；所有开发项目的设计都必须在尺度和特征方面与周边环境相协调；对市政设施、道路、步行路和康乐设施进行改善。

## 启示意义：

地方政府通过空间政策和财税政策等多种手段，鼓励内城用地的综合再开发，进行形象塑造和合理规划，重新塑造了城市形象，为开发商和投资商树立了信心；修复和重建了一系列中世纪建筑和城墙等，加强了中世纪的城市形象特征，强化了市民对文化遗产的认知，培育了一种自豪感；内城更新也提升了整体居住环境，使戈尔韦市成为了一个适于居住和旅游的活力中心。从社会、环境和经济的角度看，更新后充满活力的空间提升了内城的生活质量，同时也丰富了居民生活的内涵。

充满活力的市中心广场

资料来源：http://www.galwaytourism.ie/pabout-galway-ireland.html

政府

所有者 ⇄ 开发商

在征收环节：直接和土地所有者沟通，让土地所有者和土地开发商直接交流

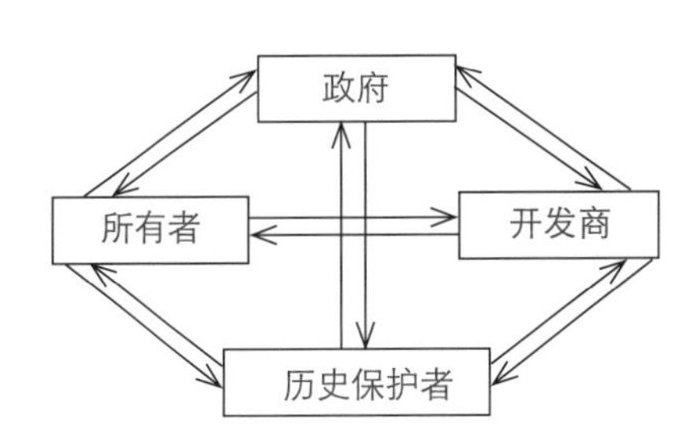


在开发环节：倡导政府、建筑商、住户和历史保护者协商交流，形成一套完整的开发系统

戈尔韦城内保留的中世纪建筑

资料来源：http://www.quanjing.com/share/isish1801776.html

色彩斑斓的城市街道

资料来源：http://www.ms-society.ie/uploads/File/Community/Voluntary%20Branches/Mo%20Shaol%20Newsletter%20Autumn%202014.pdf

## 参考文献

[1] 金晓春，高健．国内外城市发展的经验教训及其案例分析——国外部分 [G]. 北京中伟思达科技有限公司 .2004:168-170.

[2] Personal communiation with Joe O'Neill, Galway Corporation, Urban Renewal and Planning, 2000(01).

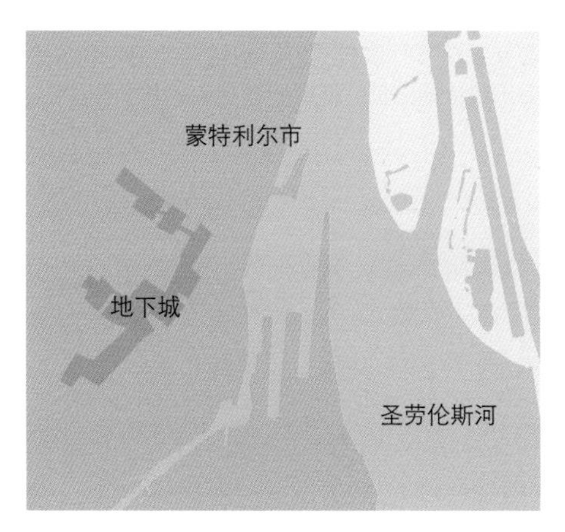


# 加拿大蒙特利尔中心区地下城建设

The Central District Development of Underground City in Montreal, Canada

项目地点：加拿大 魁北克省 蒙特利尔市
建设时间：1950 年～ 1995 年
项目规模：地下建筑面积 360 万 $m^2$
区位类型：城市中心区
项目效益：有效解决土地的可持续发展问题

**案例创新点：**

蒙特利尔是城市地下空间的高效利用的典范，它号称拥有世界上规模最大的地下城。从 1950 年代开始布局地下空间以来，蒙特利尔利用从地铁站延伸出的无数通道将地铁、郊区铁路、公共汽车线路、地下步行道与开发用地联结成为一个庞大的城市网络。地下城不仅帮助蒙特利尔解决了“冬城”的气候问题，而且为城市的未来发展注入了源源不断的动力。四通八达的立体交通在为当地市民的出行提供更多便捷的同时，也极大地丰富了城市空间的多样性，充分利用地下空间资源，并与周边建筑逐渐构成了一个全球最大的商业街与地下步行系统相联系的网络。

1950-1964 第一阶段：玛丽城广场

资料来源：http://bilan.usherbrooke.ca/bilan/pages/photos/3062.html

1970-1980 第二阶段：地下商业走廊

资料来源：https://reposti.com/p/fpt

1990-1995 第三阶段：城市中心区

资料来源：http://montrealvisitorsguide.com/reso-underground-city-la-ville-souterraine/

## 案例简介：

蒙特利尔市位于加拿大魁北克省，面积约380 $km^2$，是一个典型的寒冷“冬城”。因此，蒙特利尔地下城的建设对维持正常的工作、商业以及各种社会文化活动有着至关重要的意义。蒙特利尔地下空间的发展大致分为玛丽城广场、地下商业走廊和城市中心区三个阶段。逐步发展、不断完善的地下系统不仅是对地面交通的有力补充，更是对地下空间的综合开发利用，并最终促成了地上地下联动的丰富多样的市民活动。

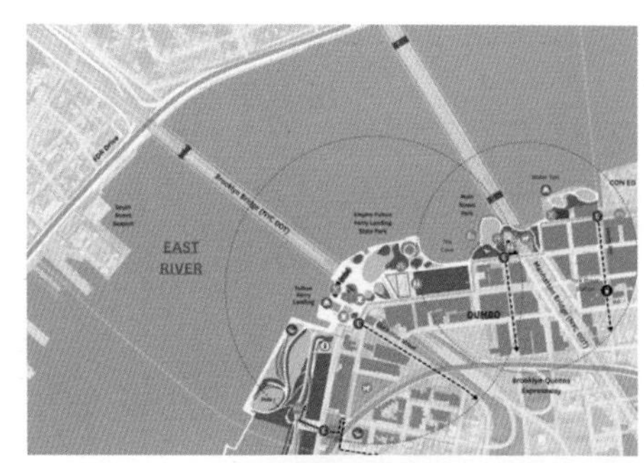

蒙特科尔市地下城的区域

资料来源：John Zacharias, 许玫．地下系统推动蒙特利尔中心城区的经济发展 [J]. 国际城市规划 . 2007(06)

### 指示系统：为市民提供便捷服务

蒙特利尔的地下系统由地铁站、购物中心以及连接通道组成。地下城设施中设置了一套完整的综合信息指示系统，使市民能够快速辨别方向并找到目的地。交通系统和指示系统的相互协作在为市民外出提供便捷通道的同时，缓解了城市中心区的地面交通压力。

### 地下商业：打造复合立体城市形态

在蒙特利尔的地下系统中，空间的利用除了公共交通外，还充分考虑休闲购物活动。自 1964 年玛丽城广场开业至今，蒙特利尔市 80%的办公楼、35%的商场、200 家餐馆、45 家银行的分行、34 家电影院以及两个大型展览馆都与地下商城连接起来，最终形成复合立体的城市形态。

### 私营资本：推动地下经济稳定增长

从 1970 年代中期到 1990 年代早期，地下城新开发项目都是办公楼或混合用途项目。私营资本的加入保证了地下经济在公共投资最小化的情况下能够快速发展，是蒙特利尔市中心地下空间发展的重要推动力，而地下城的发展则为当地经济增长做出巨大贡献。

## 启示意义：

伴随城市的飞速发展，土地资源日渐紧缺，开发利用地下空间已成为缓解城市用地矛盾、拓展居民生活空间的有效途径之一。尤其在城市中心区，地下空间的开发利用具有明显的实用价值。城市立体化发展不仅能有效缓解土地资源紧缺导致的多种城市矛盾，而且是实现城市可持续发展的重要途径。蒙特利尔地下空间的高效利用大大节约了城市用地，实现了城市交通的快速化和立体化，为高密度地区的城市实现立体发展提供了有益的启示。

市民外出的便捷通道

资料来源：http://phase1.tourdescanadiens.com/en/underground-city/

地下经济的稳定增长

资料来源：http://montrealvisitorsguide.com/the-montreal-eaton-center-le-centre-eaton-de-montreal/

复合立体的城市形态

资料来源: http://landlopers.com/2012/12/09/underground-montreal

## 参考文献

[1] 付玲玲．城市中心区地下空间规划与设计研究 [D]. 东南大学 , 2005.
[2] Michel Boisvert. 蒙特利尔地下城及其对地面商业的影响 [J]. 北京规划建设 . 2004(01)： 12-13.
[3] 崔阳．地下综合体功能空间整合设计研究 [D]. 同济大学 ,2007.
[4] John Zacharias, 许玫．地下系统推动蒙特利尔中心城区的经济发展 [J]. 国际城市规划 . 2007(06):28-34.

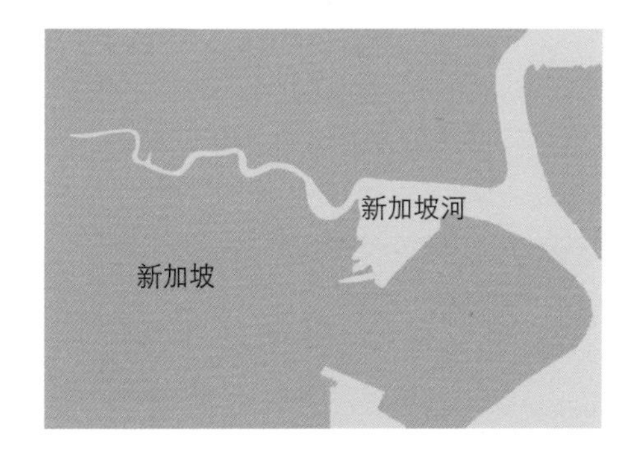


# 新加坡滨水地区更新：新加坡河案例

Riverside Regeneration of Singapore River

项目区位：新加坡
项目规模：总长 3.2km
建设时间：1977 年至今
区位类型：滨水区

**案例创新点：**

新加坡河从衰落的码头和商铺区转变为昼夜充满活力的“24 小时滨水生活方式”的空间载体，不但实现了空间功能的转变，更通过系统的污染治理、合理空间布局、公共空间营造，使日渐衰落的滨河区获得空间再生，努力达成了全球化与本土化的平衡，为新加坡“特色全球城市”目标的实现和城市可持续发展起到了积极作用。新加坡滨河区被新加坡旅游局列为全新加坡值得推荐的 11 处“主题旅游区”。

1880 年新加坡河
资料来源：https://hiddensingapore.com/2011/11/11/clarke-quay-and-its-history/

1980 年新加坡河上李德桥
资料来源：https://weiweidaolai.wordpress.com/2008/07/14/%E5%97%85%E8%A7%89%E5%86%8D%E5%9B%9E%E5%91%B3/

2014 年新加坡河上李德桥
资料来源：https://en.wikipedia.org/wiki/Read_Bridge

## 案例简介：

新加坡将滨水改造项目视为提升活力、体现繁荣健康形象的象征，同时也将该项目视为对吸引全球资本、人才、游客而成为全球城市，以及保持本土文化的载体。以治理水环境污染为基础，通过合理的功能布局，公共空间营造以及各种文化要素的平衡，让历史与现代融合，最终成功打造理想的滨水景观。

### 系统的污染治理

1977 年新加坡政府首先对约占全国 30% 的人口进行了一次污染源大普查，摸清污染来源以及居民意愿后出台跨部门行动计划，包括初级生产部、建屋发展局、城市重建局、新加坡港口部门和公园署等部门的共同努力。1985 年城市重建局制定和颁布了《新加坡河概念规划》，明确了对新加坡滨河的 96hm$^2$ 区域进行改造。1992 年颁布的《新加坡概念规划》进一步强调了新加坡滨河区域商业价值。此外，城市重建局在 1994 年针对新加坡河滨河区域综合改造颁布了更加详细的实施性规划，以加强规划意图的落实。

### 合理的空间布局

整个新加坡滨河区域的改造包括三个部分：驳船泊头、克拉码头和罗伯逊码头。根据不同的地理位置、建筑形态以及历史功能，三个码头区分别被赋予餐饮休闲、节日市场、酒店和高尚居住三种不同特征的功能区段，并实现分区发展，三个主要功能区通过以新加坡河道为轴线串联整合。通过容积率限制来控制各个区域不同用途土地的开发强度，商业功能开发的容积率控制在 1.68 ～ 4.2 之间，居住功能开发的容积率控制在 2.8 左右。整个滨水区域内还根据不同需要，划分出开放空间、绿地、保护区域和预留地。

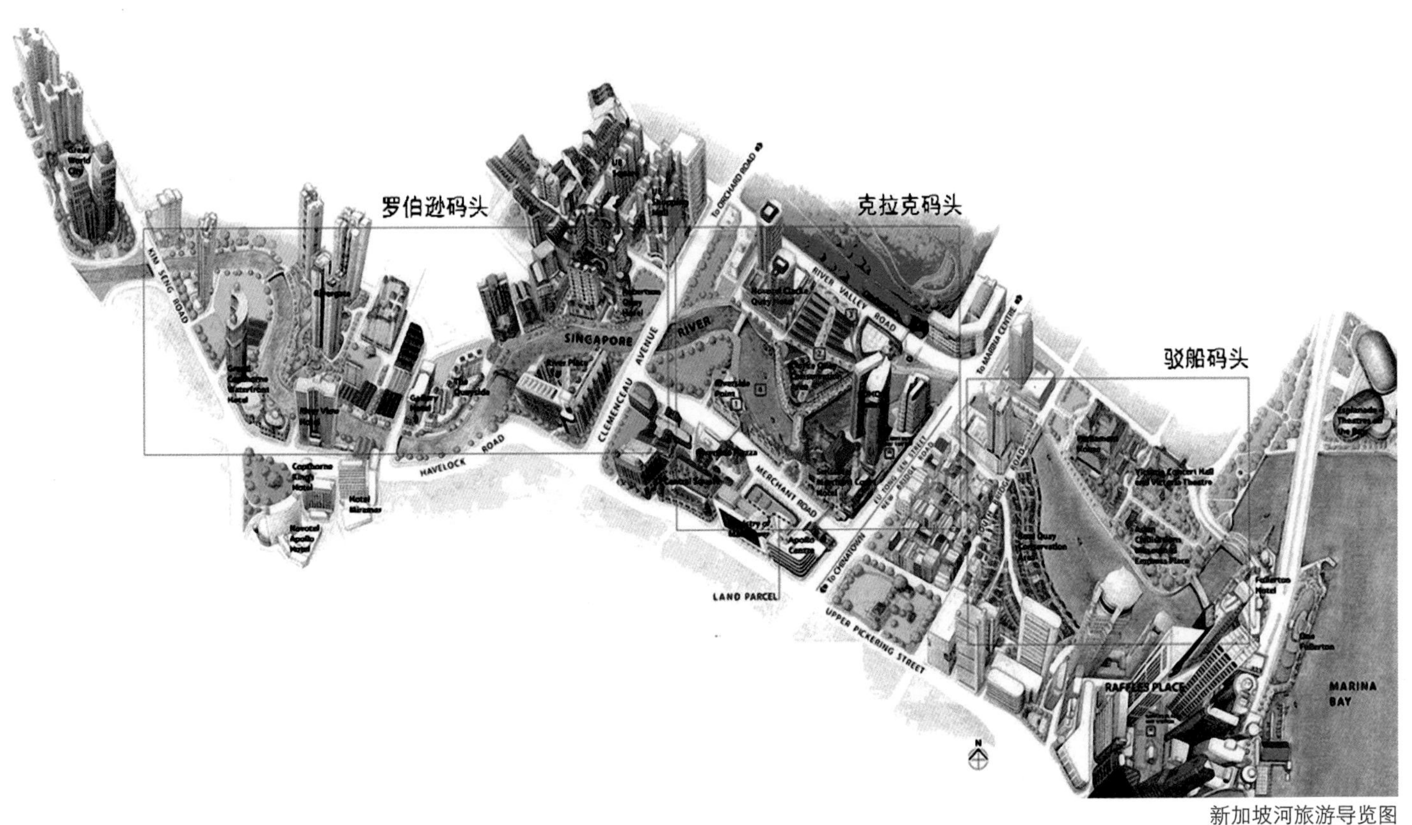


新加坡河旅游导览图

资料来源：https://www.ura.gov.sg/uol/

新加坡河滨海湾

资料来源：http://my.fengniao.com/photodetail.php?pid=8710029

罗伯逊码头夜景

资料来源：http://singaporecitymrttourismmap.blogspot.com/2014/07/robertson-quay-singapore-location.html

驳船码头夜景

资料来源：http://www.pailexiu.com/s/6091

### 便捷开放的公共空间

城市重建局将新加坡河滨河区域定位为向不同年龄、不同收入的本地人和游客充分开放的亲水空间。旧有的肮脏河道被如今干净的环境和新式建筑所代替，更重要的是，能在街道上吹空调实现了很多生活在热带国家居民的梦想。以克拉码头为例，各种建筑、灯光、色彩、带顶棚和空调的街道，营造出一个全天候的休闲娱乐空间，为每年举行的“新加坡河畔街头游艺嘉年华”、“新加坡热卖会”、“新加坡美食节”、“节日灯会”等不同类型的商业、文化活动提供了空间载体。同时，为了在沿河两岸形成完全步行化的公共活动空间，为人民创造安全舒适的体验环境，所有车型路线被布置在新加坡河滨河地区的外围，并形成环路，通过快速道路系统与城市其他地区相联系。

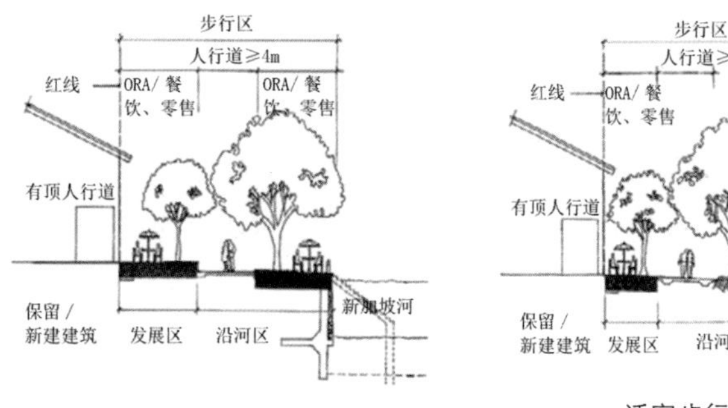


适宜步行的滨水空间断面

资料来源：孙永生．旧城旅游化地段改造研究——以新加坡河滨河地区为例 [J]. 华中建筑，2012,02:117

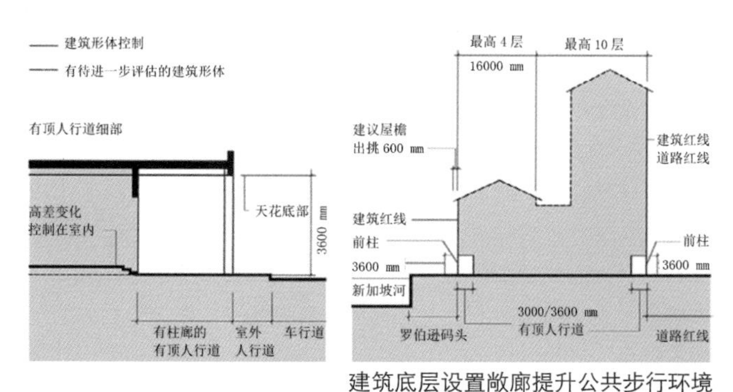


建筑底层设置敞廊提升公共步行环境

资料来源：孙永生．旧城旅游化地段改造研究——以新加坡河滨河地区为例 [J]. 华中建筑，2012,02:117

带顶棚、空调、灯光的公共街道

资料来源：http://openbuildings.com/buildings/clarke-quay-singapore-profile-41984

全球化与本土化的平衡

在建设世界级城市的过程中，新加坡政府和开发商进一步瞄准了东西方经济、文化枢纽的定位，但也不可避免地有去本土化的痕迹。在“特色全球城市”的目标驱动下，新加坡河滨水区添加了大量国际化元素，例如销售潮流商品的品牌商店等。对于前往滨河区域的新加坡年青一代，更多受到国际化娱乐新体验和潮流商品的吸引，而非历史元素，但国外游客却试图在同样的区域寻找到与众不同的本土气息，因此，改造从一开始就注重了历史建筑的保护和文脉传承的联系。

## 启示意义：

滨水区开发需要符合城市定位和发展目标，新加坡河滨河区空间再生的成功与新加坡实现“特色全球城市”定位的发展目标高度契合。在开发与改造的过程中，政府相关部门之间不但密切配合，而且采取各种渠道调动私有部门的积极性和公众参与的积极性，一方面很好地利用各方优势来高效完成既定目标，另一方面也保证了在项目的组织与管理过程中保障各方的切实福利。同时，高水平的整体规划和设计使具有历史价值的建筑得到了充分保护，实现了全球化与本土化的平衡。

## 参考文献

[1] 张祚， 李江风， 陈昆仑， 刘艳中．“特色全球城市”目标下的新加坡河滨水空间再生与启示 [J]. 世界地理研究，2013（04）:65-66

[2] 孙永生．旧城旅游化地段改造研究——以新加坡河滨河地区为例 [J]. 华中建筑，2012（02）:117

国际城市创新案例集
A Collection of International Urban Innovation Cases

# 04

# 历史保护与城市特色
Historic Preservation and City Characteristics

国际上许多著名的城市，历史悠久、底蕴厚重，它们不仅注重完整真实地保护历史传统与空间风貌，也积极利用历史优势，挖掘文化价值，博采众长，不断吸收并创造新文化，塑造独具魅力的城市特色风貌，从而实现传统文化和现代文化兼容并蓄、相得益彰、交融共生。

在历史古城的系统性保护方面，意大利、法国、日本等国家均已形成成熟的体系，强调整体、连续、活态性的认识思想，将历史文化遗产保护与社会经济发展目标相结合，努力平衡人文资源与自然环境之间、今世与后代之间、发展需要与遗产保护之间的关系。在公共文化空间营建方面，充分发挥文脉价值与触媒效应，提升城市文化品格，传承城市历史和文化多样性，融入市民日常生活并带动相关产业发展，西班牙毕尔巴鄂、美国波士顿自由足迹、英国伦敦泰特现代美术馆等都是成功的案例。在生态环境质量的改善提升方面，积极修复生态景观，提升空间品质，激发城市活力与凝聚力，实现文化特色的重塑，韩国首尔清溪川、美国波士顿“翡翠项链”公园体系、美国纽约城市口袋花园等在不同的尺度上进行了有益的探索。此外，在历史保护与城市特色塑造中，还非常注重公众参与，培养市民对历史保护的责任感与积极性，使保护历史与塑造城市特色成为全社会的共识。

>> >

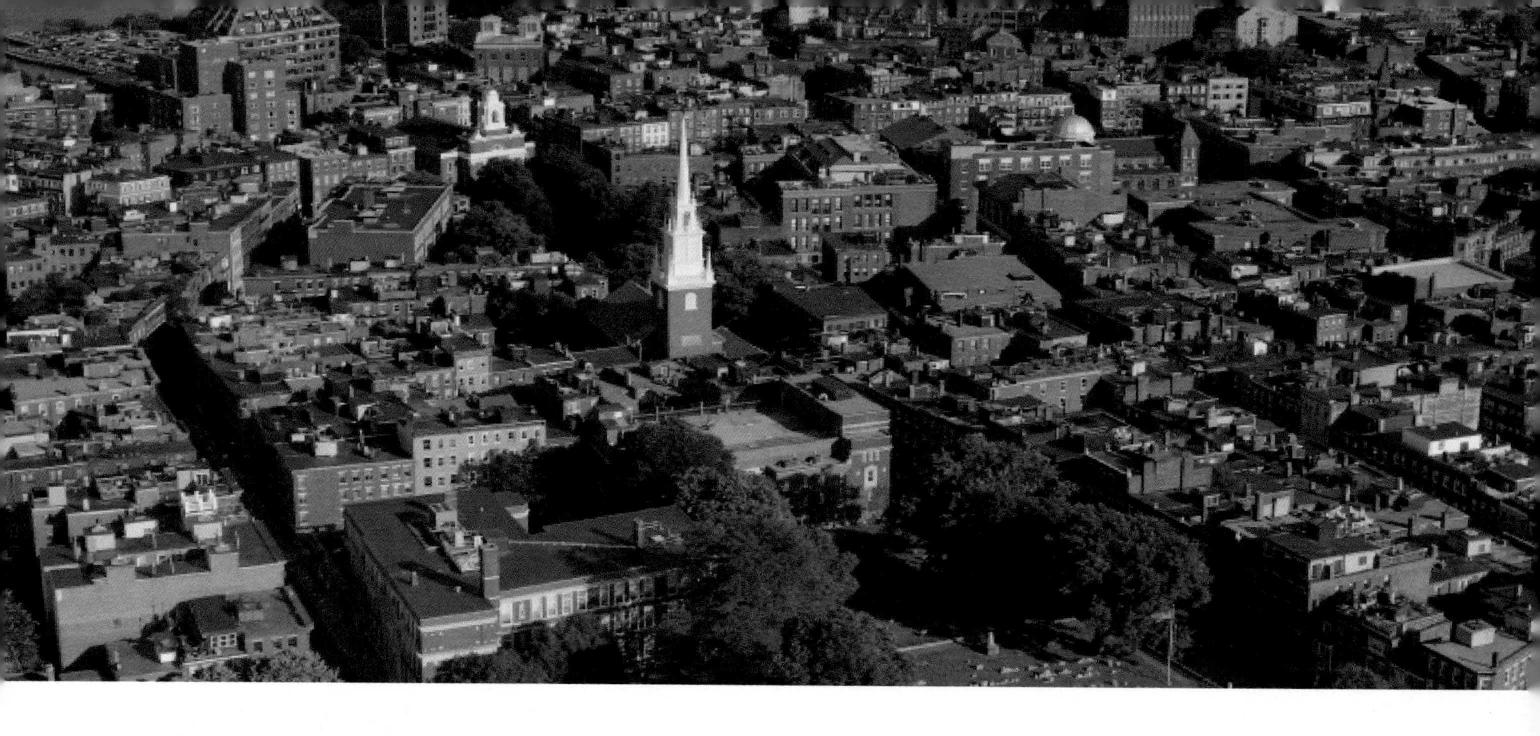

# 美国波士顿“自由足迹”：遗产保护的空间线索

Boston Freedom Trail: Clues to Historical Heritage Protection Process of Boston

项目地点：美国波士顿
项目规模：全长 4km
建设时间：1951 年至今
区位类型：老城区
项目收益：被美国政府指定为 16 条国家千禧路线之一

**案例创新点：**

“自由足迹”是波士顿展现城市历史风貌的重要线路，展示了波士顿从 1870 年代起遗产保护的历程。自由足迹只有 4km 长，但因其在反映美国历史与文化方面的重要性被美国政府指定为国家千禧线路，它代表着早期以新英格兰移民为主体的白人社会形成过程。自由足迹体现了波士顿景观的历史性以及可达性，通过这一条城市遗产足迹，人们游览城市，倾听历史，实现了人、环境与文化的合一。

1870 历史建筑保护

资料来源：https://itunes.apple.com/us/app/boston-freedom-trail-book-app/id530302263?mt=8

1900 城市景观保护

资料来源：http://blog.sina.com.cn/s/blog_4fd4e6800100e5v5.html

1970 建筑更新与城市复兴 / 走向人本的城市景观

资料来源：http://www.10best.com/destinations/massachusetts/boston/articles/explore-bostons-freedom-trail-via-citywide-bike-share-program/

资料来源：https://www.getyourguide.com/new-york-l59/boston-and-the-freedom-trail-from-new-york-day-trip-t9039/

波士顿历史遗产保护历程

## 案例简介：

波士顿“自由足迹”位于美国波士顿中心区，是一条记载美国独立革命历史的城市遗产足迹。1951 年，美国记者威廉·斯科菲尔德提议用一条步行道来连接波士顿历史性地标，全面保护与美国革命时代事件相关重要历史地点，波士顿市长采纳了其建议，并正式将此线路命名为“自由足迹”。规划筛选出 16 个重要遗产与遗址地，串联形成约 4km 城市步道，步道以红砖或红线标记，并设有特别设计的圆形标牌。1964 年，非营利组织自由足迹基金会成立，负责管理协调自由足迹的保护利用事务。

波士顿自由足迹中的 16 个重要遗产及串联它们的路径，分别体现了波士顿历史遗产保护四个阶段不同理念和操作方法：其中，旧南会堂和旧州议会大厦的保护，体现了 1870 年代以历史建筑保护为核心的保护理念；州议会大厦的扩建、公园街教堂与波士顿公园的保护，体现了 1900 年代关注整体历史环境保护的理念；法尼尔会堂与昆西市场、宪法号护卫舰及其停靠地查尔斯顿海军码头的更新，表达了 1970 年代以建筑更新与城市复兴相结合的理念；1951 年自由足迹及其后黑人足迹、妇女足迹和爱尔兰人足迹的建立，体现了 20 世纪中期以来以文化廊道强化历史资源再整合的保护思想。

自由足迹开端

资料来源：http://design.cila.cn/news35445.html

自由足迹地面标志

资料来源：http://www.jiemian.com/article/420211.html

自由足迹红砖铺地

资料来源：http://bostongazette.org/2011/03/the-printing-office-of-edes-gill/

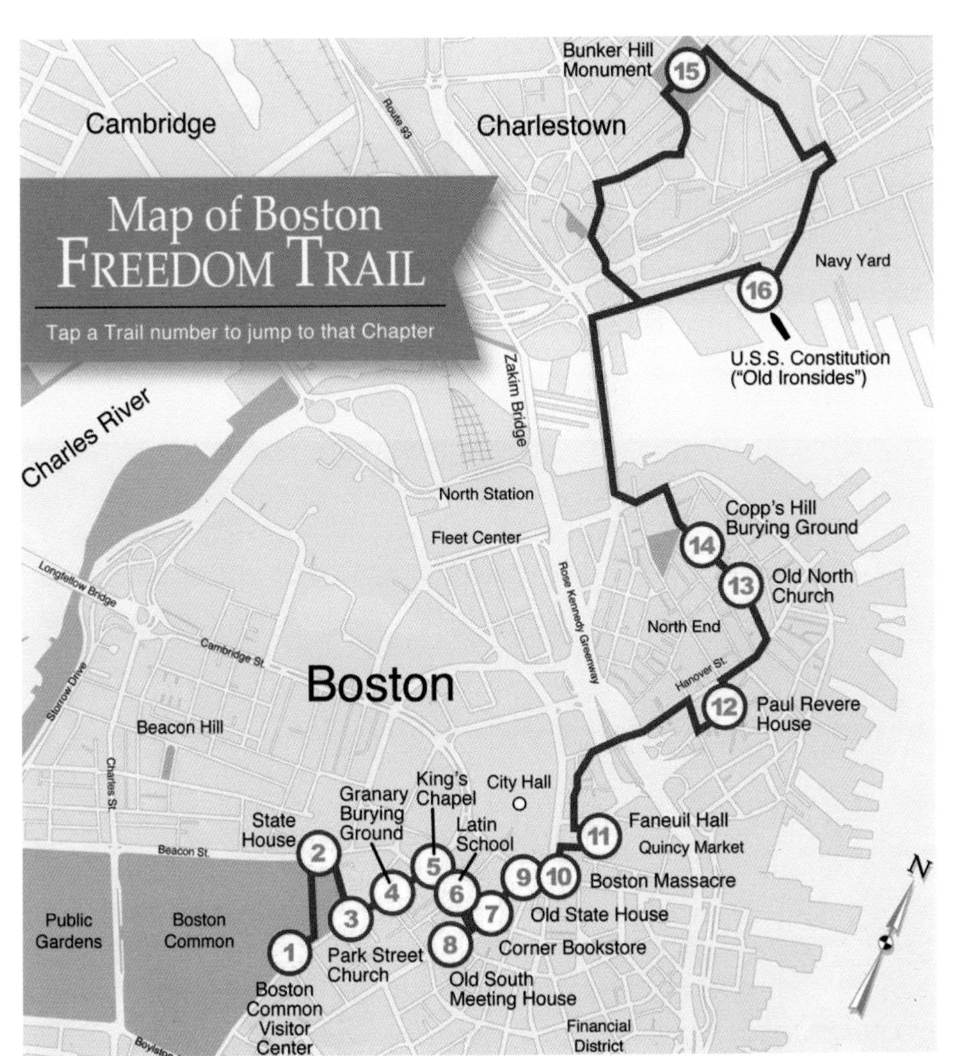


1) 波士顿公园
2) 马萨诸塞州州政府
3) 公园街教堂
4) 旧谷仓墓园
5) 国王教堂及墓地
6) 富兰克林雕像 / 波士顿第一座拉丁学校遗址
7) 老街角书店
8) 旧南方议会厅
9) 旧州政府建筑
10) 波士顿大屠杀地点
11) 法尼尔会堂
12) 保罗 - 里维尔之家
13) 老北教堂
14) 考普山墓地
15)U.S.S 宪法号战舰
16) 邦克丘纪念碑

波士顿自由足迹地图

资料来源：https://itunes.apple.com/us/app/boston-freedom-trail-book-app/id530302263?mt=8

### 旧南会堂 —— 保护历史建筑本体（1870 年代）

自由足迹上的旧南会堂建于 1729 年，是市民集会的场所，也是波士顿倾茶事件的策划地。在波士顿大火后，市民自发抢救了会堂建筑，并阻止拆除运动，从而保住旧南会堂。1877 年，旧南会堂作为博物馆开放，成为最早的美国历史博物馆之一。

拯救旧南会堂活动是波士顿建筑遗产保护的第一个成功案例，体现了南北战争后，城市居民开始关注并捍卫具有历史意义的古物遗存。由于美国实行财产私有制，保护行动主要依靠个人或地方组织发起实施。

### 波士顿公园 —— 保护城市整体历史环境（1900 年代）

波士顿公园创建于 1634 年，是美国最古老的城市公园之一。在 19 世纪末城市更新的博弈中，现代景观之父弗雷德里克·劳·奥姆斯特德认为“老的植被与原始的风景是公园最好的视觉元素”，公园内没有进行任何建造行为，其原始面貌得到保护。1878 年波士顿公园成为世界最早城市绿道波士顿绿宝石项链的起点，并促成了美国风景与历史保护协会等全国性组织的成立，表明了城市整体环境及历史遗产保护与 1900 年代的美国有着紧密的联系，城市历史遗产保护从对建筑本体保护走向了对历史环境的保护。

1872 年大火中人们自发保护旧南会堂

资料来源：https://www.flickr.com/photos/boston_public_library/5473686931

1876 年旧南会堂贴满保护标语

资料来源：https://www.flickr.com/photos/boston_public_library/2351548428

旧南会堂现状立面

资料来源：http://fineartamerica.com/featured/old-south-meeting-house-bruce-carpenter.html

旧南会堂现状室内

资料来源：http://www.oldsouthmeetinghouse.org/calendar

波士顿公园景观

资料来源：http://www.guiasdeviaje.com/guias/lugares/Boston/Boston_Harbor_Islands_State_Park?id=204&p=5&tp=11

波士顿公园鸟瞰

资料来源：https://johncraigfreeman.wordpress.com/john-craig-freeman-dossier-2012/external-evaluators/scholarship-and-creativeprofessional-work/

**法尼尔会堂与昆西市场 —— 建筑更新与城市复兴的结合（1970 年代）**

在法尼尔会堂和昆西市场的改造中，著名建筑师本杰明提出了“节日市场”的模式，在修旧如旧地修复建筑的同时，对建筑功能进行了更新与提升。法尼尔会堂与昆西市场经改建后，成为了具有历史文化意味的商业休闲综合体，这一创新的建筑方式，将历史文化遗产保护运动推向了保护利用结合的新阶段。这表明历史遗产不仅作为城市的博物馆、纪念物或者城市景观，还能成为后工业化时期城市生活的一部分，满足人们在物质消费与文化消费上新的需求，进而推动城市的复兴。

昆西市场鸟瞰

资料来源：https://www.pinterest.com/pin/125256433359509827/

昆西市场入口

资料来源：http://www.descubraomundo.com/estudar-no-exterior/intercambio-estados-unidos/boston#tab_fotos

昆西市场外部空间

资料来源：http://travel.poco.cn/travel_lastblog.htx&id=8191594&stat_request_channel=1999064799

波士顿城市景观

资料来源：http://www.softseattravel.com/Boston-North-End.html

## 启示意义：

自 1951 年波士顿“自由足迹”建立以来，美国其他城市随后也设置了大量的文化廊道和遗产足迹。城市遗产足迹形成的文化廊道使美国各类历史遗产串联整合起来，成为展示城市历史文化的重要载体。城市遗产从高高在上的英雄主义构筑物成为市民生活的一部分，成为人们认识城市、愉悦身心的地方。波士顿自由足迹的设立和遗产保护，经历了从对遗产本体的保护、关注周边城市环境的协调控制、在保护的基础上进行功能更新，到将遗产融入城市文化，与市民活动紧密联系的发展过程。遗产保护不应仅是静态的、孤立的“博物馆”式的保护，而应将城市遗产作为传承城市历史和文化多样性的整体，让城市遗产真正地成为市民生活的一部分。

## 参考文献


[1] 王汝军 . 叙事化视野下的美国城市景观 [D]. 重庆大学 ,2012.

[2] 刘炜 . 从波士顿自由足迹看美国城市遗产保护的演进与经验 [J]. 建筑学报 ,2015,05:44-49.

[3] 顾方哲 . 美国波士顿贝肯山历史街区保护模式研究 [D]. 山东大学 ,2013.

[4]Marling K A, Lindgren J M. Preserving Historic New England: Preservation, Progressivism, and the Remaking of Memory[J]. Journal of American History, 1997, 102(3):194-197.

[5] 王红军 . 美国建筑遗产保护历程研究： 对四个主题性事件及其背景的分析 [M]. 南京：东南大学出版社，2009: 164-166.

# 葡萄牙里斯本希亚多区旧城改造

Regeneration of Chiado District , Lisbon, Spain

项目地点：葡萄牙里斯本
建设时间：1989 年～ 2015 年
区位类型：历史保护地段
规划师：　阿尔瓦罗 · 西扎 （Alvaro Siza）
项目收益：使得被大火烧毁的城市核心区域得到复兴

## 案例创新点：

希亚多区是葡萄牙首都里斯本的核心区域。1988 年希亚多区大火之后，建筑大师西扎承接了该地区修复改造的设计任务。修复改造的重点在于对里斯本老城区脉络与肌理的整理，复兴历史街区的原始面貌，提升公共空间品质和功能多样性，使历史街区的生命力得以恢复。修复后的希亚多区保持了传统肌理，改善了公共空间的质量，增加了步行联通性，达成了过去、现在与未来的有机融合。

## 案例简介：

位于里斯本老城区的希亚多区是里斯本的“城市灵魂”，是里斯本的传统购物与文化区。1988 年 8 月希亚多区发生火灾，18 幢建筑物遭受重创，仅石材外立面得以较好地保存。其后，市议会邀请建筑大师西扎对受损的希亚多区进行修复规划。规划工作开始于 1989 年 1 月，完成于 1990 年 4 月，目标是对希亚多区进行复兴，保护传统的城市形象，恢复老城区传统中心的地位。

1988

希亚多火灾后，几乎化为废墟

资料来源：http://www.truca.pt/imagens_material/chiado_de_cima/chiado.html

1989

西扎设计重建方案

资料来源：http://www.designboom.com/architecture/alvaro-siza-restores-the-district-of-chiado-in-lisbon/gallery/image/alvaro-siza-restores-the-district-of-chiado-in-lisbon-25/

1998

希亚多重建项目逐步付诸实施

资料来源：王珏．里斯本希亚多地区重建，葡萄牙 [J]．《世界建筑》，2001(6):38-39

### 修复城市传统风貌

为恢复传统城市风貌与肌理，修复多采用传统建筑的石砌技艺、颜色和材料，以及传统铺地的技艺和样式。

### 提升公共空间品质

修复工作的核心在于塑造高品质的公共空间。规划通过限制机动车的进入，形成慢行为主的交通模式。西扎还通过减小建筑原有进深来增加建筑庭院面积，用小径将街区内的庭院与周边的步行道及 Baixa-Chiado 地铁站、圣胡斯塔观光电梯等重要节点连接在一起，形成了可达、可观、可玩的公共空间网络。

### 植入居住提升 24 小时活力

希亚多历史街区原为单一的购物区与文化区，导致夜晚的街区内部街道冷清、毫无人气。重建方案在保留商业、文化功能的基础上，植入了居住功能，既缓解了高峰时的交通压力，同时减轻了因夜间人流少所带来的安全隐患，大大增强了该地区夜间的生机与活力。

火灾前的希亚多区肌理

资料来源：http://www.wtoutiao.com/p/K73q4V.html

修复后的希亚多区肌理

资料来源：http://www.designboom.com/architecture/alvaro-siza-restores-the-district-of-chiado-in-lisbon/

修复后的希亚多区鸟瞰

资料来源：http://wenku.baidu.com/link?url=UoltLilUh5Xx1b1wrzZbrdhawXpNB773pDvn6KC2L8IFil1QVzA4ZqkVKTudDT_ujj12c_V0_dHy2vdfX4hSTf3eNfOc5yR8hz99yh2eu6G

修复后的院落空间场景

资料来源：https://utrip.com/plan-travel/portugal/lisbon/chiado

与圣胡斯塔观光电梯的步行联系

资料来源：http://blog.sina.com.cn/s/blog_5df611f60102vgxr.html

修复后的希亚多区夜间场景

资料来源：http://www.wtoutiao.com/p/K73q4V.html

## 启示意义：

希亚多区旧城改造将一个几乎化作废墟的历史街区再度赋予高度活力，其改造理念给了我们很多有益的启示：重建方案将对城市历史的尊重放在第一位，延续了拥有 200 多年历史的城市肌理，反其道而行降低了核心商业区的建筑密度，植入细密便捷的步行网络、开敞外向的庭院空间和多样的使用功能，非常有效地吸引并留住了大量的当地人和游客，集聚了区域的人气，成功地推动了历史街区的更新升级。

## 参考文献

[1] 1988-Fire in Chiado[EB/OL]. http://www.cm-lisboa.pt/en/city-council/history/lisboa-disasters-history/1988-fire-in-chiado

[2] Alvaro Siza restores the district of Chiado in Lisbon[EB/OL]. http://www.designboom.com/architecture/alvaro-siza-restores-the-district-of-chiado-in-lisbon/

[3] 胡安·布斯盖兹，阿尔瓦罗·西扎，艾德瓦尔多·索托·德·莫拉，尚晋．希亚多历史街区公共建筑重建，里斯本，葡萄牙 [J]. 世界建筑，2013,02:56-59.

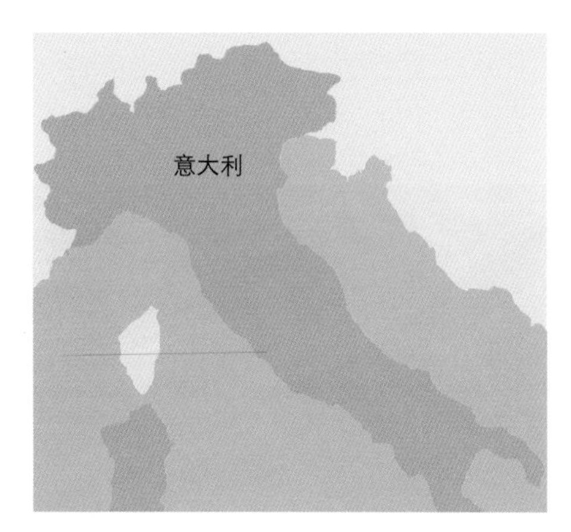


# 意大利历史遗产保护和当代利用

Historical Heritage Conservation and Modern Utilization in Italy

项目地点：意大利
项目规模：全国范围
专业类型：遗产保护，城市设计，建筑设计
项目收益：每年吸引世界各地近 4000 万游客，创汇约 300 亿欧元，且带动了交通、建筑、餐饮、音像、出版等各行业的发展

## 案例创新点：

意大利保存着大量的文物古迹，其中纳入世界文化遗产名录的名胜古迹达 45 处（截至 2011 年），被誉为“露天博物馆”。意大利文化遗产保护成功之道在于：严密的管理体系、持续完善的法律建设、社会化的保护理念以及力量雄厚的科研机构，使其文化遗产保护理论和实践都处于国际领先地位，成为世界典范。

## 案例简介：

意大利作为欧洲文化的发源地，其远古时期、拉丁时期、古希腊罗马时期、文艺复兴时期、工业革命时期等不同历史阶段的遗产十分丰富。由于历史遗产时间跨度大、分布范围广、遗迹面积大，且有的遗迹损毁比较严重，因此保护工作十分复杂，难度很大。但由于意大利政府高度重视文化遗产保护工作，历史遗产保护与经济、社会可持续发展得以实现“多赢”。

**法律制度**

以立法来推动历史遗产保护，是长期以来意大利遗产得以较好保全的一个重要因素。1947 年意大利新宪法将“保护遗产”和“推动文化建设”作为国家文化发展的根本目标和责任，1999 年议会将以往众多法律中包含保护文化遗产及环境遗产的立法条文进行归纳调整，颁布实施《联合法》，成为意大利遗产保护方面的大法。宪法规定国家是遗产保护的最终责任人，明确国家对历史文化遗产的绝对特权。

**管理体系**

意大利历史遗产保护实行层级化的管理模式。中央政府设立文化遗产和活动部，负责文化遗产的保护、维修及产业运营的宏观规划、监督与管理；各大区设立文化遗产保护局，负责对大区内的文物进行保护指导；各市又设有专门的文化遗产保护机构，具体从事文物登录、维修保护、提供各项保护及经营经费等工作。另有“我们的意大利”、“意大利艺术品自愿保护者联合会”、“意大利古宅协会”等不同的民间组织，在文化遗产保护中发挥了重要作用。

为推动文化产业发展，从 1994 年起，一些博物馆、古迹、遗址等逐步从国家交由私人资本管理，但国家仍掌握所有权、开发权和监督保护权，如重要人事任免、票价、开放时间等权利。租让时间根据文化遗产的重要程度确定，但不能超过 99 年。私人资本的介入一般有两种形式：一是社会各方参加的基金会，二是私营企业联合体。

意大利文化遗产保护机构的组织建制与职能

<table>
<tr><th>归属</th><th colspan="3">机构</th><th>职能</th></tr>
<tr><td rowspan="4">中央政府</td><td rowspan="4">国家文化遗产与文化活动部</td><td colspan="2">历史艺术人类学遗产局、建筑与景观遗产局、考古遗产局、现代建筑艺术局、档案管理局、图书遗产与文化协会管理局等</td><td>对出土文物、艺术品、古建筑、古图书以及自然景观等文化遗产的保护、维修及产业化运营的宏观规划、监督与管理</td></tr>
<tr><td colspan="2">文化遗产宪兵部队</td><td>负责文化遗产保护</td></tr>
<tr><td colspan="2">文化遗产监督署</td><td>监管地方政府对中央文化遗产保护政策的落实</td></tr>
<tr><td>咨询机构</td><td>教育科学与艺术委员会、文化与自然遗产委员会、技术与科学委员会、表演艺术委员会、荣誉公务员及其他</td><td>解决政府机关的非专业化问题，为文化遗产保护提供专业技术咨询服务</td></tr>
<tr><td rowspan="2">地方政府</td><td colspan="3">文化部门</td><td>对当地文化遗产的登录、保护以及向社会团体提供各项保护及运营经费</td></tr>
<tr><td colspan="3">咨询机构</td><td>解决政府机关的非专业化问题，为文化遗产保护提供专业技术咨询服务</td></tr>
<tr><td>社团组织</td><td colspan="3">“我们的意大利”、意大利古宅协会、意大利古环境协会、意大利艺术品自愿保护者联合会等</td><td>参与纪念物、景观、古老的城市地区等遗产的文化价值鉴定、规划及管理；举行联席会议，讨论施工许可证发放问题，同时写出社团组织意见书并呈报申请者所在地政府及文化遗产部，提供有关部门参考；引入市场机制，对文化遗产实施保护性经营</td></tr>
</table>

资料来源：根据尹小玲，宋劲松，罗勇等．意大利历史文化遗产保护体系研究 [J]. 国际城市规划 ,2012,27(6):121-123. 重绘

比萨斜塔的修缮

资料来源：http://www.tvtour.com.cn/news/html/china/2010/1215/45132.html

露天遗址

资料来源：https://en.wikipedia.org/wiki/Gladiatrix

庞贝古城遗址

资料来源：http://blog.sina.com.cn/s/blog_66e75f0e0101earp.html

阿雷纳露天剧场

资料来源：http://www.pula-apartments.com

剧场演出

资料来源：http://www.minube.de/lieblingsort/amphitheater-arena-von-verona-a233com

### 遗产保护

“干预而不复原”是意大利建筑遗产保护的一项重要原则。因此，意大利的文物都保持着遗产的原真性，坚决反对用“美化”、“园林化”、“复原”去干预它们。同时意大利提出了旧市区的整体保护理念，不仅保护建筑物本身，还要保存与之相关的生活方式。

### 遗产开发利用

意大利在遗产保护方面每年投入近 50 亿欧元，同时，国家把这些历史资源视为永久的财富，作为国家一项重要文化产业进行开发和管理，尽可能使它们成为促进各地区的经济增长点。

遗产开发——重视通过申报世界遗产并利用其发挥经济价值。如位于意大利维罗纳市中心的阿雷纳露天剧场至今保存完好，能容纳 2.5 万名观众。在每年 6 月至 8 月举行的维罗纳歌剧节，每年吸引着五、六十万的游客。

嵌入休闲经济——随着近几年旅游市场对外开放程度的扩大，意大利依托历史遗产开发的休闲经济产业链也在不断拉长，文化古迹游、滨海旅游、山区旅游、工业旅游和酒文化旅游等特色旅游项目不断涌现，吸引了大批观光客。据统计，意大利从事休闲旅游业的人数在 300 万左右。

门票机制——门票收入占国民收入近 1%，是非常敏感的调节机制。意大利的文物古迹及历史景点统一由文化遗产部负责管理，列入世界文化遗产的文物景点及国家博物馆的门票价格均由国家统一制定，文化遗产部专门有一个门票价格委员会负责制定门票。所有博物馆的门票收入全部上交国库。博物馆及历史古迹景点工作人员都属于国家工作人员，其工资由国家财政负责。

## 启示意义：

意大利是世界各国文化遗产保护的榜样，其遗产保护形成了一个完整的体系，并已成为一种民族自觉和文化素养。在承担保护责任前提下，意大利历史文化遗产由公共部门负责保护，同时鼓励私人和企业在承担保护责任前提下经营管理和利用这些资源，以便在保护的基础上发挥其当代作用、活化使用，促进了当地就业，并带动当地相关行业经济的发展，使历史保护和当代发展有机融合，在传统与现代、保护与发展中寻求良性的互动。

梵蒂冈鸟瞰

资料来源：http://www.dili360.com/nh/article/p5350c3d90381621.htm

## 参考文献

[1] 程晓君．属于全人类的“意大利模式”——意大利文化遗产保护初探 [J]. 魅力中国 ,2008,26:65-66.

[2] 何洁玉，常春颜，唐小涛．意大利文化遗产保护概述 [J]. 中南林业科技大学学报 ( 社会科学版 ),2011,05:150-152.

[3] 张国超．意大利公众参与文化遗产保护的经验与启示 [J]. 中国文物科学研究 ,2013,01:43-46.

[4] 辛慧琴．意大利古旧建筑保护及改造再利用浅析 [D]. 天津大学 ,2005.

[5] 尹小玲，宋劲松，罗勇等．意大利历史文化遗产保护体系研究 [J]. 国际城市规划 ,2012,27(6):121-123.

# 法国雷恩市：城市遗产保护与发展

Rennes of France：City Heritage Conservation and Sustainable Development

项目地点：法国伊勒—维莱纳省雷恩市
建设时间：1970 年代至今
项目规模：中心城区面积约 50km$^2$
区位类型：老城区

## 案例创新点：

法国雷恩市在城市发展中成功地实现了城市遗产保护和可持续发展的良好结合，将历史遗产融入城市未来发展的整体框架中，并促进遗产保护政策与交通、住房、公共设施和公共空间等城市空间政策有效融合，推动了雷恩城市的可持续发展。

## 案例简介：

雷恩市是法国布列塔尼大区的首府，它是法国主要的农业、畜牧业和渔业产区，又是机械制造和汽车制造等高新制造业的重要基地。此外，拥有 6 万学生的大学城及相关科技研发产业，使雷恩成为欧洲知名的科研都市。雷恩市中心城区的基本空间框架主要是通过历代城市规划与建设确立起来的，早期的历史遗迹在 1720 年代的城市火灾中几乎付之一炬，后又经历战争摧毁和战后重建，一次次的演进变迁使得雷恩市更加重视历史遗迹与空间遗产的保护。

中世纪
古代雷恩

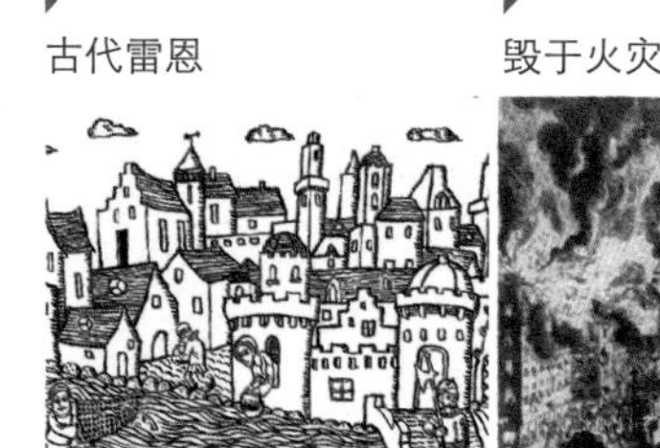

资料来源：http://studiobrou.com/portfolio/pastiche-de-gravure-medievale/

1720
毁于火灾

资料来源：http://www.cndp.fr/crdp-rennes/crdp/crdp_dossiers/dossiers/rennes_villebois/image/incendieg.jpg

18 世纪中期
灾后重建

资料来源：http://www.manchesteruniversitypress.co.uk/9780719069802/

20 世纪初期
毁于战争

资料来源：http://media.gettyimages.com/photos/world-war-ii-bombing-of-rennes-june-1943-picture-id92425466

1950
战后重建

资料来源：http://www.quizz.biz/quizz-753849.html

1998
新旧共存

资料来源：http://www.ouest-france.fr/bretagne/rennes-35000/immobilier-rennes-les-ventes-repartent-les-prix-baissent-3969982

“遗产”的概念在法国并不仅仅指具有重要意义的建筑物和构筑物，还包括由具有较好历史价值与建筑价值的历史建筑群体组成的历史遗产街区，以及具有悠久历史的古老城市。在此基础上，遗产保护工作建立了三个基本原则。第一项原则是“总体的遗产”，即遗产保护不只是单纯地关注遗产自身，而是从空间的整体视角出发，确立从城市乃至区域总体视角的保护思想。第二项原则是“进化的遗产”，即认为遗产保护是一个不断演进的概念，当代的空间建设同样是留诸后世的重要遗产，要将其与遗产保护统筹兼顾。第三项原则是“普通的遗产”，即认为数量众多的具有一定历史传统与特色的普通建筑也应纳入遗产保护的范围。

“建筑—街区—城市”的遗产概念

资料来源：https://lvyou.baidu.com/leien/fengjing/496a908146383d173477807b#2

基于上述保护原则，雷恩市遗产保护政策的视野没有局限于历史遗产本身，而是围绕城市中心区复兴建立了综合性的城市可持续发展政策框架。在协调住房、旅游、交通等多种城市功能平衡发展的进程中，遗产保护成为了重要政策工具。这一框架的核心即遗产保护不仅仅是对传统建筑的技术性保护，而是在区域视野下对城市空间的整体性保护和在历史视野下对传统与当代城市空间的延续性保护。由此，住房、交通、公共设施和公共空间等每一项城市政策都需要考虑与城市遗产保护的关联，城市可持续发展的各项战略也必然以遗产保护为最佳的战略支点来发挥影响。城市遗产保护因此成为了城市可持续发展战略框架下各项城市政策的最佳政策支点与平衡工具。

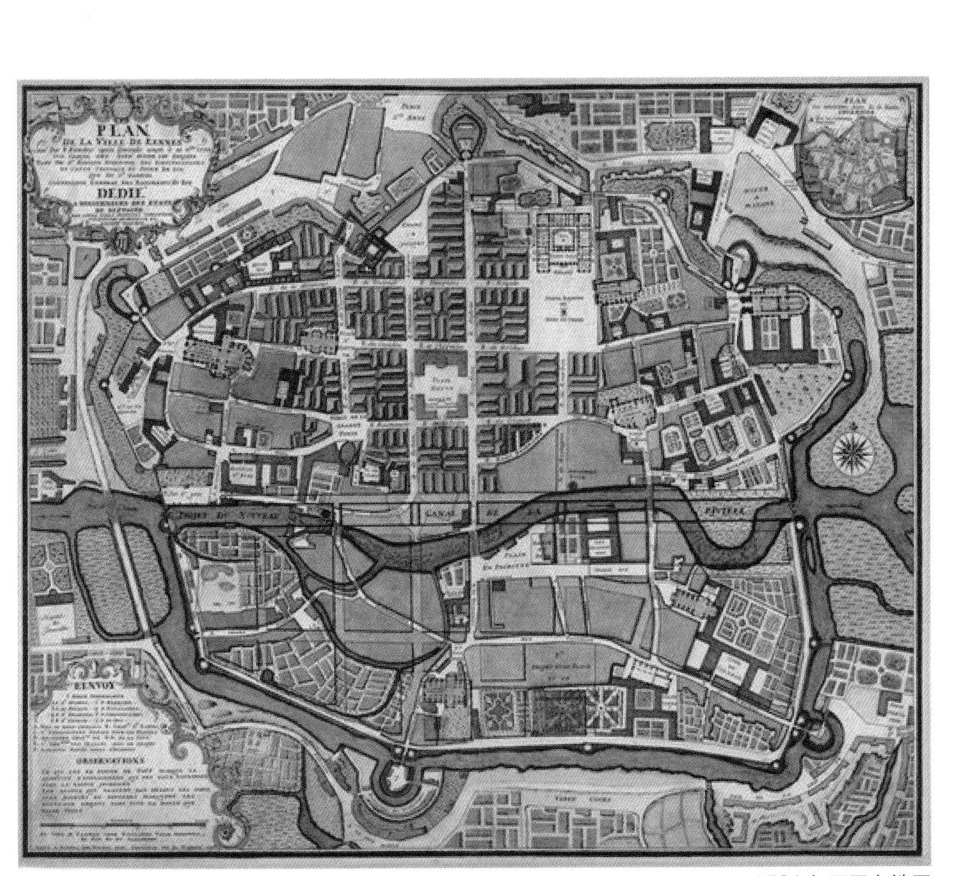


1726 年雷恩市地图

资料来源：http://gallica.bnf.fr/ark:/12148/btv1b53027639s.r=

保护修缮传统住宅

资料来源：http://blog.sina.com.cn/s/blog_4934035c0100moh7.html

限制汽车提倡步行

资料来源：http://www.quanjing.com/share/pnsexp205353.html

创造具有历史感的公共场所

资料来源：http://www.jfao.gov.cn/yhjlshow-19-9544.html

建立遗产保护与相关城市发展政策的整合框架

| | |
|---|---|
| 遗产保护与住房政策 | 将住房纳入遗产保护的政策范畴，通过住房的渐进更新，延续大量传统住宅建筑的生命力，并使住房之间的公共空间不断活化与增值。具体措施有：建设社会住宅安置低收入人群；修缮改造现有住房；城市各片区强制建设社会住宅以保证有效的社会混合。 |
| 遗产保护与交通政策 | 城市中限制汽车的使用，取消穿越性的汽车交通干道以减小城市中心区的交通压力。城市中心区逐步推行“步行化”政策，大力提倡公共交通，创造基于公共交通与步行交通的城市空间可达性。强化汽车交通与公共交通的衔接，配套设立完善的停车转换空间，从而形成城市整体交通网络。 |
| 遗产保护与公共设施 | 住房遗产更新形成中小型公共设施，使传统的公共与商业活动更为持久。植入大型公共设施，提升城市中心区的公共活力和商业吸引力。使城市中心区焕发出新的活力，提升在城市区域的中心地位。 |
| 遗产保护与公共空间 | 以城市街道与广场为主体，创造具有历史感同时又各具特色的公共场所，从而传承和发扬城市文化，丰富和活跃城市旅游。同时，公共交通建设和“步行化”政策的推行有效地促进了公共空间的发展。 |

资料来源：根据高璟，林志宏．遗产保护：城市可持续发展的平衡之道——以法国雷恩市为例 [J]. 国际城市规划，2012,01 整理

遗产保护纳入城市可持续发展战略

遗产保护理念与政策的地位提升不仅反映在当代的城市政策中，更体现在其对未来城市发展战略的影响上，包括以下四个方面：

| | |
|---|---|
| 城市发展的公共控制 | 1.通过城市规划对城市未来发展进行预测并建立愿景；<br>2.由市政当局建立实用的土地购买体系，以保障与控制土地的未来功能；<br>3.通过公众团体的引导，达到公私部门共同参与下实现城市规划的目标。 |
| 城市发展的平衡控制 | 1.商业活动与就业人口保留在城市中心区，公共设施与公共活动向郊区转移，带动城市中心区与郊区的平衡；<br>2.更新住房遗产功能，优化居住条件，保持并留存便捷的商业设施，填充式地建设新住房，保持与公共设施的合理配比；<br>3.遗产保护的观点不局限于既有的遗产，更着眼于通过当代的建设使城市遗产更加丰富活跃。 |
| 城市中心的崭新形象 | 以传统城市中心为重点，审慎推进外围发展。发掘与推广城市遗产保护的价值，使之与当代的环境发展相协调。并通过各种公共设施与公共空间的建设增强城市中心区的吸引力。将历史城市中心区提升为雷恩大都市区的中心。 |
| 城市公民的信息沟通 | 设立全天候对公众开放的城市规划信息中心，不断地以城市建设为主题举办各种展览、文献评介与交流聚会。邀请城市建设项目涉及的街区的代表参与对项目推进具有影响的各项讨论聚会。 |

资料来源：根据高璟，林志宏．遗产保护：城市可持续发展的平衡之道——以法国雷恩市为例 [J]. 国际城市规划，2012,01 整理

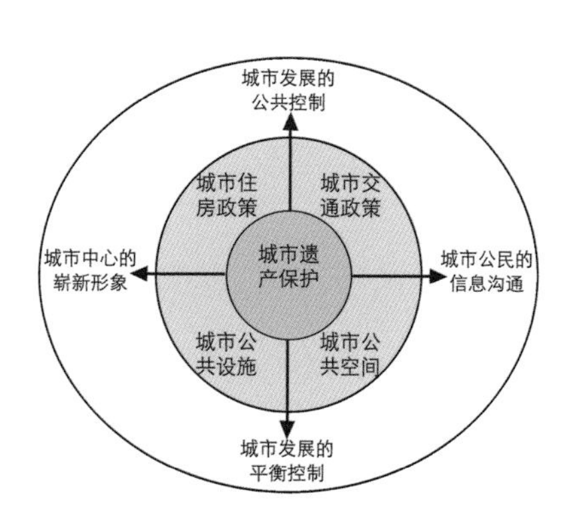


基于遗产保护的可持续发展战略框架

资料来源：根据高璟，林志宏．遗产保护：城市可持续发展的平衡之道——以法国雷恩市为例 [J]. 国际城市规划，2012,01:69-74. 重绘

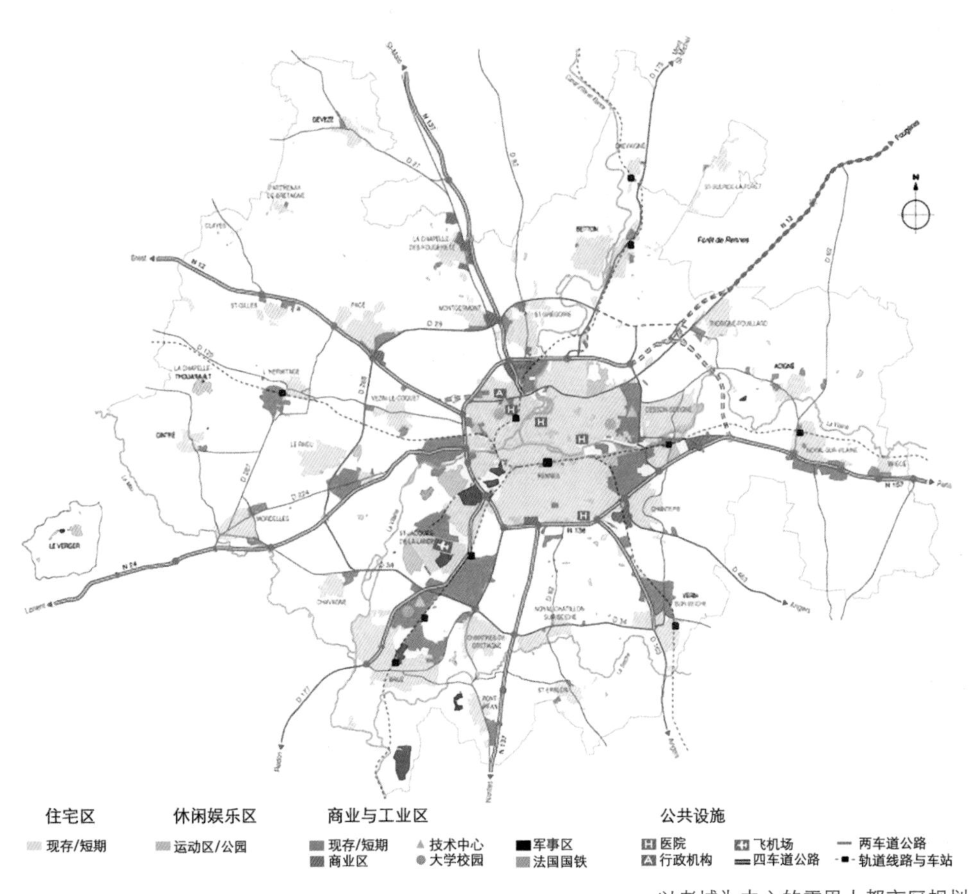


以老城为中心的雷恩大都市区规划

资料来源：https://wearethecityheroes.wordpress.com/2013/01/31/rennes/

## 启示意义：

法国雷恩的城市遗产保护实践不仅着眼于城市的过去，也着眼于对未来城市发展的展望，更注重了城市历史文化遗产的继承发扬。遗产保护政策与可持续发展战略在此得到了全面的整合，形成了一套基于遗产保护的可持续发展战略框架。在城市实践中，政府实时观察总结，运用动态的、持续的工作方法，不断地进行自我适应和调整，以积极应对社会、区域和经济的变化，从而更好地在保护的前提下回应城市发展的需求。

## 参考文献

[1]. 高璟，林志宏．遗产保护：城市可持续发展的平衡之道——以法国雷恩市为例 [J]. 国际城市规划 ,2012,01:69-74.

[2]. 林志宏．世界遗产与历史城市 [M]. 台北：台湾商务印书馆，2010.

# 日本京都保护高度控制的实践

The Height Control Method Of Kyoto, Japan

项目地点：日本京都市
规划时间：1919 年至今
区位类型：老城区
相关法规：《城市建筑法》、《建筑基准法》、《城市规划法》、《新景观政策》
项目收益：维持了京都古朴的城市景观与历史风貌

**案例创新点：**

京都拥有 1200 多年的历史，是日本著名的历史古都。为保护古都历史风貌，日本从 1919 年开始对京都的城市建设进行高度控制，制定了一系列法规。其中 2007 年京都市实施了《新景观政策》，以“保全 · 再生 · 创造”为出发点，以三大地区（自然和历史景观保全地区、市中心协调再生地区、京都 21 世纪活力创新地区）构成整个城市总体结构，在景观保护和形成、居住环境保护和整治、城市机能充实和引导三方面发挥控制作用。由于高度控制体系的建立与完善，使京都的古都风貌实现了良好的传承与发展，使其在历史古迹与景观保护方面得到了很高的评价。

原控高31m的情况

资料来源：http://www.docin.com/p-1139025835.html

现控高15m的情况（城市肌理连续性）

资料来源：http://www.docin.com/p-1139025835.html

## 案例简介：

日本京都高度控制经历了三个阶段的发展变化

（1）根据用地性质进行高度控制（1919 年～ 1970 年）。1919 年制定的《城市建筑法》规定居住地区内控高 20 m，居住地区以外控高 31 m。1950 年制定的日本《建筑基准法》延续了这一控高制度，并以用地性质种类的形式对全国实行一致的控高制度。

（2）实行基于高度地区的高度控制（1970 年～ 2007 年）。在 1970 年《建筑基准法》修订后，根据用地性质的控高制度被废除，开始根据《城市规划法》实行基于高度地区的控高制度。1973 年重新勘定了规划，形成 10m、20m、31m、45m 四层级 6 种类的高度地区，覆盖了大半的建成区范围。

（3）全面综合性的高度控制（2007 年至今）。2007 年，京都市制定了《新景观政策》，进一步严格高度地区的控制要求，使城区约三成地区降低了控高，京都市还完善了风貌地区控高要求、街区规划控高要求、低层居住专用地区控高要求等，同时，京都市通过划定眺望空间保全区域，保护其优美的眺望景观，最终形成了综合性的高度控制体系。

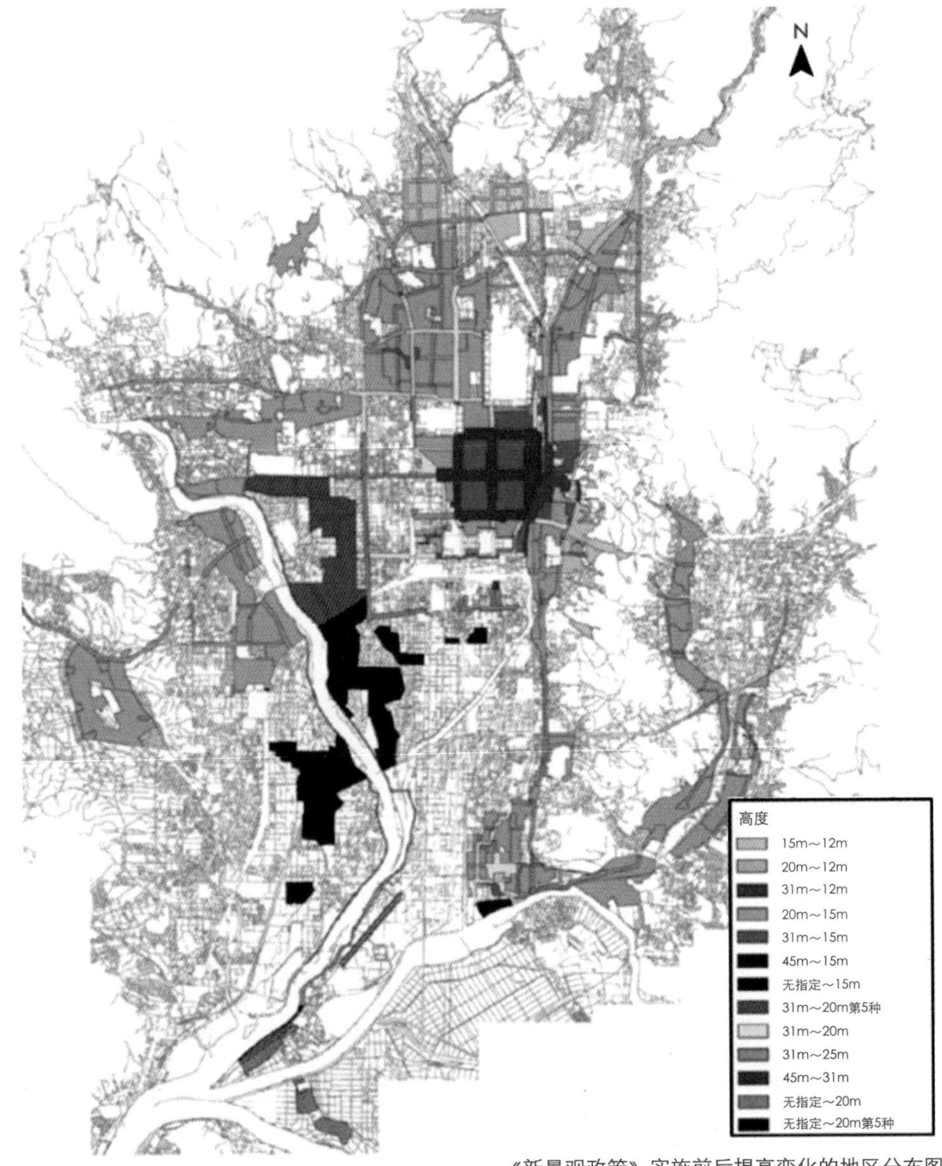


《新景观政策》实施前后提高变化的地区分布图

资料来源：杨箐丛 薛里莹．日本古都保护的高度控制方法——以京都为例 [J]．《HUAZHONG ARCHITECTURE》，2015：45-50

高度控制体系内容

a 高度地区制度

京都市全域的高度是基于京都典型的“盆地景”城市景观，以及“保全·再生·创造”主题的城市结构进行设置的。根据景观保护和形成、居住环境保护和整治、城市机能充实和引导这三个因素，得出《新景观政策》中 10m、12m、15m、20m、25m、31m 六层级高度地区。

b 对“街区规划”中控高的设置

日本城市规划中的“街区规划”属于中观层面的规划。“街区规划”高度控制以“保全 · 再生 · 创造”为出发点的城市结构进行考虑，根据街区特色，针对建筑物建设、道路公园布置、绿地保全等进行综合的部署。在此基础上，充分考虑其多样性，一般不对所有街区设置统一的高度控制数值，只会在各街区自身规划中进行确定。

c 特例许可制度

在城市中可能有个别形态特殊、设计优秀的建筑，对形成优良城市景观有积极的作用，同时也有一些由于容量限制使得高度无法降低的城市设施。《新景观政策》大幅修订和丰富了特例许可制度，对个别符合条件的建筑物高度进行适当放宽，并从功能、形态、景观、视线等方面严格控制这些建筑与周边环境的关系协调，同时完善了特例许可制度的手续。

京都市区域特征与高度设置表

| | 区域特征 | 高度设置 |
|---|---|---|
| 保全地区 | 拥有丰厚的自然、历史景观，包括三方山脉、散布着文化和史迹的山麓；同时该区域应保护和改善良好的居住环境，集聚文化、学术和研究职能。 | 低层或者中低层建筑为主 |
| 再生地区 | 传统建筑较多，有较多商业商务功能的城区；该区域旨在激活和再生集职、住、文、游为一体的历史沉淀的街区。 | 中低层或中高层建筑为主 |
| 创造地区 | 该地区应成为创新型城市街区，作为新世纪城市活力点。 | 中低层或中高层为主，考虑环境的前提下允许发展高层。 |

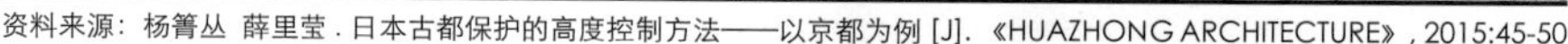

资料来源：杨箐丛 薛里莹．日本古都保护的高度控制方法——以京都为例 [J]．《HUAZHONG ARCHITECTURE》，2015:45-50

保全地区

资料来源：http://www.docin.com/p-1139025835.html

再生地区

资料来源：http://yd.sina.cn/article/detail-iawzuney6208276.d.html?mid=awrnsfu2173067&oid=5_ZGG

创造地区

资料来源：http://www.quanjing.com/share/b20-1266767.html

d 眺望景观控制

京都三面环山，城中有众多南北向河流经过，优良的自然景观形成了良好的眺望景观和“借景”的素材。为了保护和改善眺望景观和借景，在新景观政策的推动下，京都制定了《京都市眺望景观创生条例》，为了保全眺望景观而划分的地区称为“眺望景观保全地域”，根据不同的控制内容，又可细分为三种区域：

①眺望空间保全区域，是指为了使视点到眺望对象不会被遮挡，建筑物的最高部禁止超出的区域。

②近景设计保全区域，是指为了使视点能看的建筑物不会损害到优美的眺望景观，而对建筑物的形态、意匠、色彩实行控制的区域。

③远景设计保全区域，是指为了使视点能看的建筑物不会损害到优美的眺望景观，而对建筑物的外墙、屋顶等的色彩实行控制的区域。

从鸭川向远处眺望

资料来源: http://blog.sina.com.cn/s/blog_7015e3dc0101ten8.html

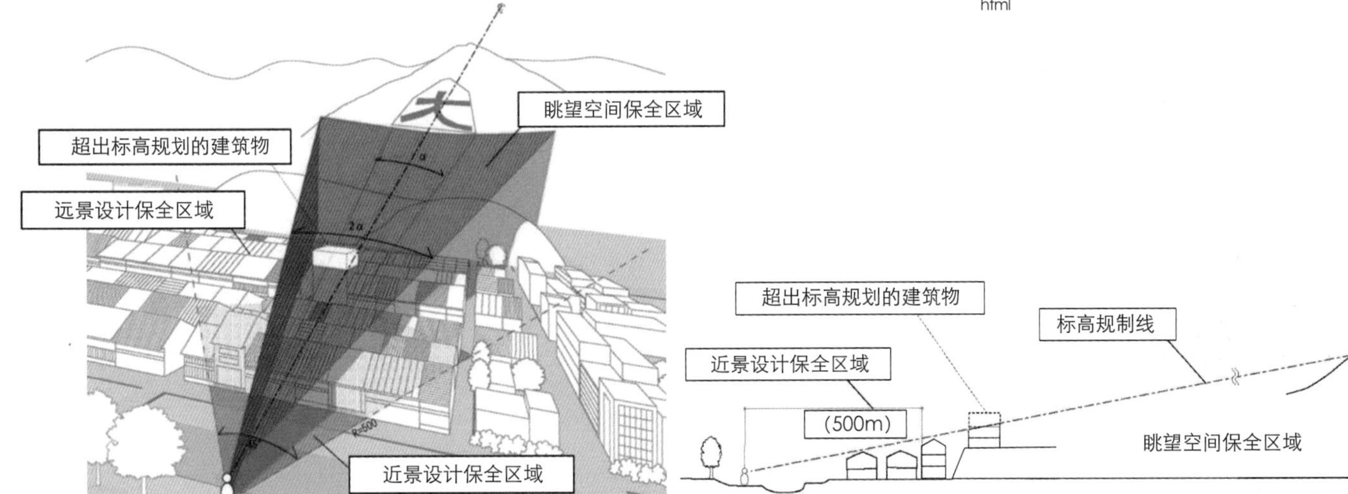


资料来源：杨箐丛 薛里莹．日本古都保护的高度控制方法——以京都为例 [J]. 《HUAZHONG ARCHITECTURE》, 2015:45-50

京都市高度控制的实施保障

京都市高度控制要求的制定是通过市民参与、审议会审议的方式，逐步取得广泛的一致，反映出公众参与规划的社会基础。在提出规划管控措施的同时，京都还制定了相应的支援制度，以保障管控措施的操作性，其中包括对现存建筑物的管理制度和为京町家住宅重建的支援制度。对具有良好资产价值的商品住宅采取积极引导，使其实现较好的维护管理。对京町家（京都从 16 世纪到 20 世纪初建造的木质民房）住宅重建的支援制度，包括住宅重建融资制度和支援重建工程费等相关制度。

资料来源: http://blog.sina.com.cn/s/blog_92cc18600101bhxf.html

## 启示意义：

京都作为日本著名的历史名城，高度控制的政策对我们有重大的启示意义。由单一的分区高度控制变为“分区 + 视廊”的叠加控制，并与具体街区的详细规划控高要求衔接，形成完善的高度控制体系，使得可以更精细地进行历史资源的保护。另外，应重视地方历史环境保护责任与积极性的培养，推动公众参与，使得城市建筑与景观的保护成为社会的共识。

资料来源：http://bbs.zg163.net/thread-1143983-1-1.html

## 参考文献

[1] 何加宜，吴伟．超越时空熠熠生辉的京都景观建设——日本京都城市景观保护与营造政策 [J]. 城市管理与科技 ,2010,02:75-77.
[2] 杨箐丛，薛里莹．日本古都保护的高度控制方法——以京都为例 [J]. 华中建筑 ,2015,12:45-50.
[3] 京都市的景观政策 [EB/OL]. 京都市信息馆 . http://www.city.kyoto.lg.jp/tokei/cmsfiles/contents/0000061/61889/HP-Chinese-2.pdf

# 中国苏州历史文化名城名镇名村的保护与发展

Conservation and Development of Suzhou Famous Historical and Cultural City, Town and Village, China

案例区位：中国苏州

城市规模：土地面积 8488.42km$^2$，常住人口 1061.60 万人（2015 年）

实施范围：全市域

**案例创新点：**

苏州是历史上的江南富庶之地、江南水乡的杰出代表，拥有数量众多的历史文化遗存，是中国首批历史文化名城。同时，苏州也是当代中国经济发展最快的大城市之一，在快速城镇化、工业化、现代化进程中，苏州始终坚持“保护优先”的发展战略，妥善处理当代发展和历史保护的关系，持续实施历史文化空间保护与改善行动，建立了较为完善的历史文化名城、名镇、名村保护规划体系和法规制度。截至目前，苏州成功地保有了 13 个中国历史文化名镇、2 个省级历史文化名镇和 5 个中国历史文化名村、12 个中国传统村落，成为保有国家级历史文化名镇名村及传统村落数量最多、密度最高的城市，多个古镇保护工程先后获得“联合国人居署国际改善居住环境最佳范例奖”、“联合国教科文组织亚太地区文化遗产保护杰出贡献奖”、“中国人居环境范例奖”等奖项。因在历史文化保护方面的积极探索和卓越成就，苏州于 2012 年成为中国首个“国家历史文化名城保护示范区”。2014 年因“面对经济增长和城市化压力时兼顾经济发展与历史文化传承”，而获得“李光耀世界城市奖”。同年成功加入全球创意城市网络，成为“手工艺与民间艺术之都”。

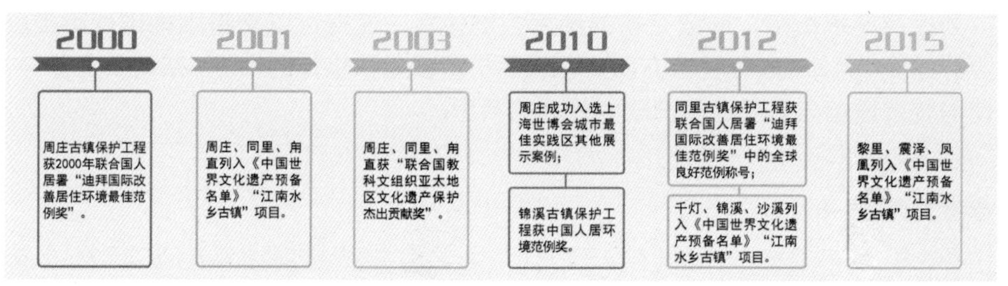


周庄、千灯、锦溪、沙溪、黎里、震泽、凤凰等古镇列入《中国世界文化遗产预备名单》“江南水乡古镇”项目

## 案例简介：

从 20 世纪 80 年代起，苏州大力开展历史文化名城名镇名村保护、修复和环境整治工作，逐步构建起了较为完整的历史文化保护规划、行动和制度体系。同时，注重历史保护与当代利用的有机结合，使历史文化遗存在融入现代生活的同时，也成了城市文化特色的重要构成。

### 全面保护

成立了以市长为主任的历史文化名城名镇保护管理委员会，统筹协调保护工作，先后颁布实施了多部地方法规和规章文件，引导和保障历史遗存的可持续发展。以保护规划引导各级各类历史遗存的全面、积极保护，逐步构建起了从总体规划、专项规划到详细规划的保护规划体系，明确了历史文化保护层次、保护框架、保护内容和范围。针对古城保护与城市发展的矛盾，苏州早在 1986 年版的城市总体规划中就提出了“全面保护古城风貌”，多年来始终坚持“保护老城，发展新区”的空间战略，古城的历史风貌得以完整保护和呈现。同时，逐步迁出或关闭有污染的企业和单位，妥善安排新增各项建设，有序引导保护区内的空间优化调整。

南宋《平江图》是中国现存最早、最完整的城市平面图，展现了中国古代城市的营建成就。联合国人居署署长 Joan Clos 称其为世界上保存至今最早的规划城市图“The first planned city map”

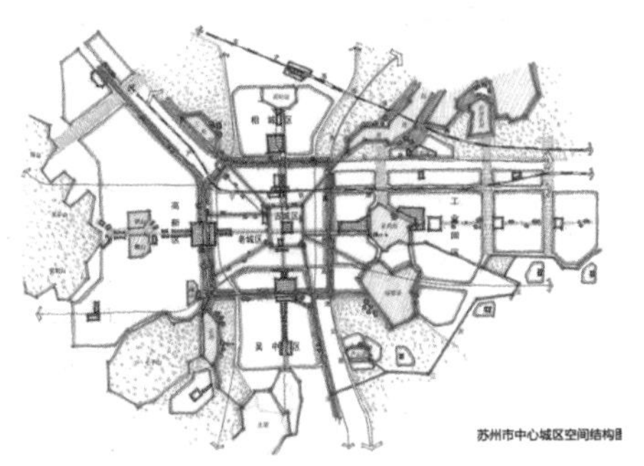

“古城居中，新城环布”的空间控制与引导

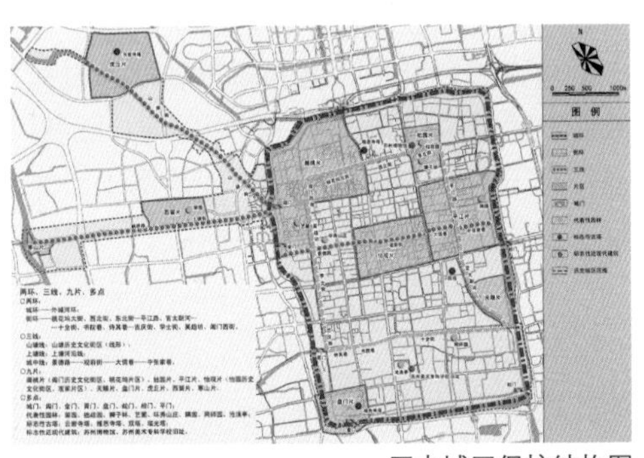

历史城区保护结构图

### 有机更新

在全面保护历史空间的基础上，注重历史遗产与特色资源的活化利用与功能优化。如平江历史文化街区基于小尺度“有机更新”的原则，实施了古迹彰显、河道清淤、码头修整、居民院落改善、环卫设施改造、服务设施配套等工程。通过保护与整治，如今的平江历史街区文化氛围浓郁，居民安居乐业，成为“苏式生活”的典型缩影。同时，街区年吸引旅游人口约 200 万人次，为本地居民提供就业岗位 3000 余个，实现了保护传承和社会民生改善的双赢。在保护既有遗产的同时，注重文化功能的培育发展。如原潘祖荫故居经整修改善，成为探花府 · 苏州文旅花间堂精品酒店，酒店完整呈现了历史建筑原有特别的“三路五进”格局，修复了楼厅、船舫、花园。酒店除住宿、餐饮、会议功能外，还增加了历史文化展示功能。

平江历史文化街区改造被联合国教科文组织亚太理事会授予文化遗产保护奖

苏州博物馆新馆由世界著名建筑大师贝聿铭先生设计，是“中而新，苏而新”设计思想的典范

潘祖荫故居改造再利用——花间堂精品酒店

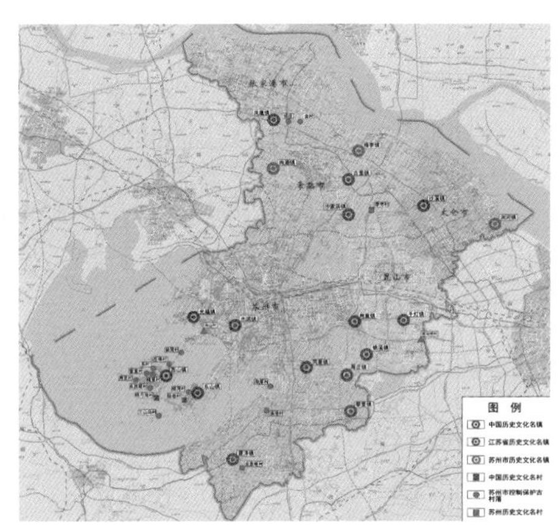

苏州历史文化名镇、名村分布图

历史镇村再现江南水乡“小桥流水”的传统风貌

桐芳巷小区再现和延续了古城风貌与建筑肌理

### 延续肌理

以“再现和延续”为基本理念，指引历史风貌空间与建筑规划设计。在空间尺度上，依据环境进行尺度“度身定制”，注重传统尺度和肌理延续；在建筑风貌上，注重保持“黑、白、灰”和“素、淡、雅”的建筑色彩基调。在环境改善上，大力拆除与历史风貌格格不入的建筑，保护和修复一批包括传统民居在内的建筑，建设一批与古城风貌相和谐的新景观，通过有机更新，使姑苏传统风貌特色更加显著。周庄、锦溪、震泽、千灯和明月湾、陆巷、三山等一大批历史镇村坚持原真性保护、遵循修旧如旧的原则，保护和修缮了一大批古街小巷、河道桥梁、民居建筑等，再现了江南水乡镇村的传统风貌。

苏州古城新旧空间肌理延续与再现

古城区“自流活水”工程分布及流向示意图

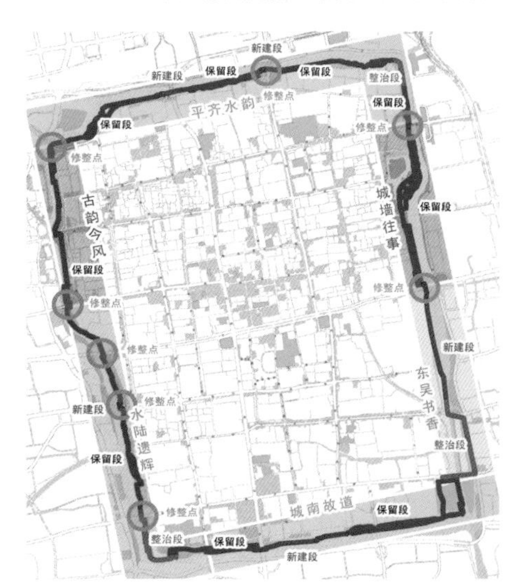


环古城绿道分段规划图

当代塑造

为实现古城河网水质的长效改善与江南水乡风韵的自然回归，促进文化遗产保护与城市新公共空间的当代塑造，启动了“活水自流”工程与环古城风貌保护与健身步道建设工程。“活水自流”工程转变活水理念，打破城市水系人为分割的现状，通过使河网水体自流，增加水系自身净水能力，实现了老城区河道水质的长效改善。实施环古城风貌保护与健身步道建设，新增及改造提升了 66$hm^2$ 滨河绿地，规划建成了全长 15.5km、全程贯通、独特的环古城河城市慢行系统。利用环古城河风貌带的历史人文资源，整合古城内外水上游线路，形成 11 个景观段落，48 个景观节点，合理设置步道、栈桥、码头、公厕、导视牌等各类公共服务设施，构建了集“历史文化、绿色生态、运动健身、休闲旅游”为一体的特色景观带，既提升了环古城河沿线空间品质，又满足了市民的公共休闲需求与人文体验，全面提升苏州古城品位。

环古城绿道：市民乐享的公共空间

启示意义：

建城 2500 多年的苏州古城，在快速发展的工业化、城镇化、信息化、全球化进程中，得到了全面保护和有机更新，探索走出了一条符合国际历史文化保护趋势、具有中国传统城市鲜明特色的历史文化名城保护和复兴的新路径，受到国内外的普遍肯定和赞誉。联合国教科文组织总干事博科娃 2012 年 5 月在苏州访问时，高度评价苏州在历史文化遗产保护、研究、教育等方面的成绩，并题词“让苏州经验与世界同享”。总结苏州的经验，可以得到以下启示：

处理好城市新与旧的关系。新旧关系的处理是历史文化继承与发展、弘扬与创新领域的永恒命题。要实现新旧的和谐统一，应在把握城市整体文脉和城市发展功能定位的基础上，慎重处理新老城市建设的关系、文化与功能的关系、空间环境与建筑形象的关系，将有机整体协同的观念贯彻于城乡规划内容之中，精心组织城市公共空间设计，引导城乡新旧要素实现统一协调。

采取积极有效的措施保护城市文化遗产。在保护与发展的过程中，应将保护始终放在首位，构建分层次、分系列的保护体系，做到全面保护、有机更新、活化利用、延续肌理与功能优化，努力在整体上实现传统风貌格局、历史街巷和单体建筑 / 遗迹的统一协调。

注重历史遗产和特色资源的挖掘和当代利用。在注重对历史文化遗产原真性保护的同时，强调保护与利用的结合，使文化遗产保护成果惠及民众。深入挖掘文化遗产潜在的文化内涵、社会价值和对城市发展的积极意义，注重遗存功能的当代利用，使文化遗产更好地融入现代生活，发挥更大作用。

# 中国南京大屠杀档案和死难者公祭遗址保护

The Protection of Archives and Victims Memorial Sites of Nanjing Massacre，China

项目地点：中国南京
项目性质：纪念性设施
项目规模：99000m$^2$（南京大屠杀纪念馆）
建设时间：1979 年至今

**案例创新点：**

侵华日军南京大屠杀是二战史上的“三大惨案”之一。1979 年，中国将南京大屠杀正式写入教科书，而另一方面，日本却在 1982 年篡改教科书，故意抹杀这一历史事件。鉴于这一重大历史灾难事件的世界影响和国民情感，南京市从 1980 年代开始，以江东门大屠杀遇难同胞纪念馆设计建造为核心，以城内多处遗址原地保护为支撑，由点及面建立起保护体系，通过空间再现、实物展示、历史档案资料呈现等集中开展爱国主义教育与国际和平交流。2014 年 2 月全国人大常委会通过决定“将每年的 12 月 13 日设立为南京大屠杀死难者国家公祭日”，同年 12 月 13 日国家主席习近平亲自出席了国家公祭活动。2015 年《南京大屠杀档案》正式被列入《世界记忆遗产名录》。

1979 年以前

虽然自 20 世纪 30 年代末起就不断出现关于大屠杀的新闻报道、档案和专著等资料。但总体而言，在 1979 年以前，国内外社会缺乏对南京大屠杀的系统认识，亚洲以外的人知之更少。

1979 ～ 1985 年

1979 年后，南京大屠杀正式被写入中国教科书。1982 年日本篡改教科书、故意抹去此事件，大屠杀遗址保护、新闻报道和学术研究在社会中引发强烈反响，受到国家层面高度重视。

1985 ～ 2010 年

1985 年，在南京江东门屠杀点上设计建设“侵华日军南京大屠杀遇难同胞纪念馆”，让人们能够走进真实重现历史事件的课堂及和平教育场所。纪念馆一期由齐康院士设计，二期扩建由何镜堂院士设计，逐步形成以大屠杀纪念馆为核心的遗址保护体系。

2010 年至今

在系统保护遗址基础上，广泛收集、整理和考证各类史料，形成《南京大屠杀档案》，于 2015 年入选《世界记忆遗产名录》。2014 年 2 月经全国人大常委会审议通过，每年的 12 月 13 日正式设立为南京大屠杀死难者国家公祭日。

发展历程

资料来源：张纯如．南京大屠杀：第二次世界大战中被遗忘的大浩劫 [M]. 北京：中信出版社．2015.
何镜堂，倪阳，刘宇波．承载悲愤、祈愿和平——侵华日军南京大屠杀遇难同胞纪念馆扩建工程设计简介 [J]. 南方建筑，2008(02):78-85.

## 案例简介：

南京大屠杀档案和公祭遗址的系统保护，以原真性的历史资料搜集展示为支撑，从空间的保护与营造入手，在大屠杀遇难同胞纪念馆设计建造的基础之上，逐步建立覆盖城市的遗址保护体系，挖掘其纪念、教育与和平交流意义。并通过国家公祭日的设立，向全世界传递中华民族对于人权和文明的态度，不仅强调了全体中国人牢记历史、勿忘国耻的立场，更为整个世界恢复、保存历史的真相而努力。

### 纪念馆一期工程：“生死浩劫”

1983 年底，纪念馆一期工程启动，由齐康院士主笔设计。纪念馆位于南京侵华日军江东门集体大屠杀原址，设计建造中保留了“万人坑”遗址。设计采用深沉的建筑语言，充分体现场所精神，综合运用组合建筑物、场地、墙、树、坡道、雕塑等要素，紧扣“生”与“死”的主题，配合展品陈列，塑造“劫难”、“悲愤”、“压抑”的环境氛围，再现了沉重的历史灾难。纪念馆一期工程于中国人民抗战胜利 40 周年前夕的 1985 年 8 月落成，2016 年入选首批 20 世纪中国建筑文化遗产名录。

纪念馆一期

资料来源：http://www.jstour.com[EB/OL].

十字碑

资料来源：http://www.51ttsl.com[EB/OL].

### 纪念馆二期工程：“和平之舟”

2005 年，纪念馆二期扩建工程启动。开展了较为广泛的设计方案国际征集，既有设计战争、灾难纪念馆经验的世界知名设计公司参与，也邀请了国内所有建筑学院士参与这一活动。项目最终由何镜堂院士领衔建筑设计，并与一期工程设计者齐康院士紧密配合。二期工程自东向西分别逐渐呈现战争、杀戮、和平三个主题，空间寓意“铸剑为犁”，平面映现“和平之舟”。建筑空间从东侧的封闭、与世隔绝逐渐过渡到西侧的开敞，引导参观者将情绪从东部的哀痛悼念过渡到西侧的向往和平。新展馆结合地形条件将新建的纪念馆主体部分埋在地下，地面上的建筑呈刀尖状，向东逐渐升高，屋顶用作倾斜的纪念广场，既突出了新馆的独特风格，又降低了对原有纪念馆的压迫感。新老纪念馆整体风格协调，表面材质统一，建筑语言和手法一致。纪念馆二期工程先后获得了“中国建筑学会建国 60 周年建筑创作大奖”和“中国建筑工程鲁班奖”。

纪念馆二期

纪念馆三期

**纪念馆三期工程：“开放纪念”**

随着国家公祭活动的开展和纪念馆参观人数的不断增多，三期工程侧重完善配套设施，整合了世界反法西斯战争中国战区胜利纪念馆、胜利纪念广场以及大巴车站、停车场、配套设施等综合功能，形成了一个以开放纪念为主题的复合型公共空间。

**纪念馆周边：环境的协调**

随着城市的发展变化，纪念馆已地处今河西新城区的中心地带。为维护和营造宁静、肃穆的环境氛围，在纪念馆周边规划设立了“核心区、拓展区、协调区”三个圈层，对周边地区进行高度控制、风貌控制、功能调整、交通流线控制等。同时在遗址的纪念广场周围通过设立清水混凝土墙、草地缓坡等城市设计手法，减少外界的影响和干扰。

协调纪念馆及周边圈层的高度关系，使视线所及建筑界面齐整，营造肃穆凝重的整体氛围

**多点保护：构建遗址保护体系**

自 1980 年代至今，南京市在燕子矶、草鞋峡、中山码头、汉中门等多地屠杀遗址及遇难同胞尸骨丛葬地设碑纪念缅怀。此外，拉贝故居被列为首批国家级抗战纪念设施遗址名录，大屠杀时的避难场所金陵大学北大楼被列为全国重点文物保护单位，江南水泥厂旧址被列为南京重要近现代建筑风貌区。2015 年 12 月，利济巷慰安所旧址陈列馆作为侵华日军南京大屠杀遇难同胞纪念馆的分馆，也正式对公众开放。

部分纪念碑

资料来源：周英年 . 南京城有 20 多处大屠杀遇难同胞纪念碑 [EB/OL].
http://blog.sina.com.cn/s/blog_691232c00101dbfz.html.

**国家公祭：在追忆与纪念中教育警醒**

二战结束后，主要参战国政府纷纷以国家公祭的形式来祭奠在惨案中死难的国民。2014 年 2 月 27 日，第十二届全国人民代表大会常务委员会第七次会议通过决定，将每年的 12 月 13 日设立为南京大屠杀死难者国家公祭日。同年 12 月 13 日，首次国家公祭在侵华日军南京大屠杀遇难同胞纪念馆隆重举行。中国国家主席习近平在国家祭日上的讲话中指出“历史不会因时代变迁而改变，事实也不会因巧舌抵赖而消失。为南京大屠杀死难者举行公祭仪式，是要唤起每一个善良的人们对和平的向往和坚守，而不是要延续仇恨。我们要以史为鉴、面向未来，共同为人类和平作出贡献。”2015 年由国家档案局整理提交的《南京大屠杀档案》正式被列入《世界记忆遗产名录》。公祭日的设立和申遗的成功，标志着南京大屠杀成为世界战争灾难的重要记忆，无时无刻不警示世人、唤起对和平的共同守望。

国家公祭日

资料来源：http://www.sina.com；http://www.ent.ifeng.com[EB/OL].

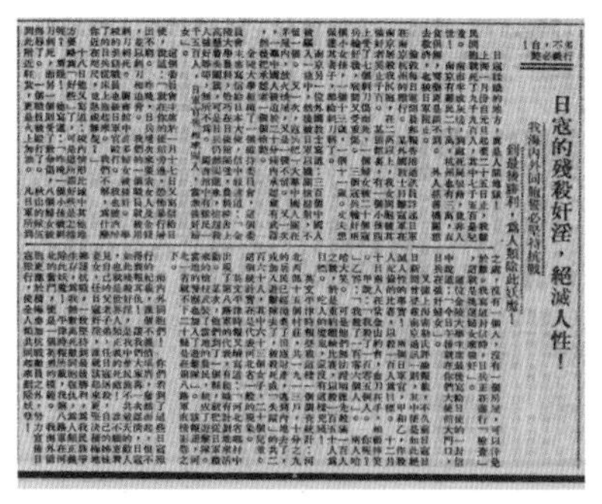
日寇的残杀奸淫，絶滅人性！

历史档案

资料来源：http://www.gov.cn/xinwen/2014-12/10/content_2789406.htm [EB/OL].

## 启示意义：

在城市快速发展更新、亲历者逐渐减少的背景下，南京大屠杀档案及公祭遗址的抢救性保护实践，保护了大量原真性的史实材料，保留下了众多具有历史意义的现场遗址。通过持续发掘整理相关的物质遗存和档案资料，最大程度地还原和记录了历史事件真相，并通过空间载体、档案记忆的精心保护，悼念和纪念逝者。通过综合提升物质及非物质遗产的纪念与教育意义，使其成为吸取历史教训、坚持和平发展的宝贵精神财富。前事不忘，后事之师，以史为鉴，共创未来。

## 参考文献

[1] 王岚 . 侵华日军南京大屠杀遇难同胞纪念馆档案的社会记忆作用 [J]. 档案与建设 , 2013(11):26-28.
[2] 朱成山，王伟民，艾德林 . 侵华日军南京大屠杀“万人坑”遗址重新开放后的环境管控与评价 [J]. 日本侵华史研究 , 2010(3):102-109.
[3] 时匡，吴之光，许安之，等 . 侵华日军南京大屠杀遇难同胞纪念馆扩建工程学术研讨会 [J]. 建筑学报 , 2008(03):1-9.
[4] 何镜堂，倪阳，刘宇波 . 承载悲愤、祈愿和平——侵华日军南京大屠杀遇难同胞纪念馆扩建工程设计简介 [J]. 南方建筑 , 2008(02):78-85.
[5] 佚名 . 浴血重生——赢取抗日战争伟大胜利纪实 [J]. 青岛画报 , 2015(9): 24-29.
[6] 习近平：举行国家公祭就是要铭记历史 . 党史纵横 , 2015(1):1.
[7] 袁小莎 . 创伤记忆与仪式——“后屠杀”时代纪念性文化的叙事及建构 [D]. 西北师范大学硕士论文

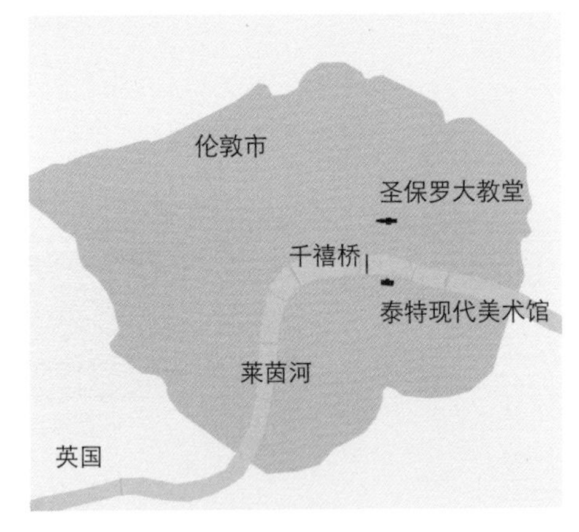


# 英国伦敦泰特现代美术馆改造

The Reconstruction of the Tat Gallery of Modern Art, UK

项目地点：英国伦敦
建设时间：1995～2000 年
项目规模：3.5 万 $m^2$
区位类型：老城区
建 筑 师：赫尔佐格和德梅隆
项目收益：每年为伦敦带来的经济效益超过 1 亿英镑

## 案例创新点：

泰特现代美术馆由河岸发电厂改建而成，这一改造项目不仅保护了重要的工业遗产，还给城市带来新的活力，带动了泰晤士河南岸的整体复兴。开馆的第一年，参观总人数超过 500 万。如今它已成为世界最热门的艺术集中地，每年为伦敦带来的经济效益超过 1 亿英镑。

## 案例简介：

泰特现代美术馆坐落在伦敦中心区泰晤士河南岸，与圣保罗大教堂隔岸相望。其前身是建成于 1947 年的河岸发电厂。在 1981 年废弃之后，由于交通和地理位置优势，河岸发电厂被用作廉价的仓库，吸引大量的移民艺术家。由于发电厂内部巨大的空间、独特的建筑风格，以及便利的交通，政府启动发电厂改造计划，并向全球寻求改建方案。

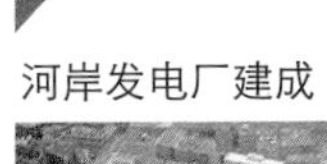

1947

河岸发电厂建成

资料来源：http://www.timera-energy.com/fuel-for-thought-aug-5th/

1981

河岸发电厂废弃

资料来源：http://brownandmason.com/projects/bankside-power-station-current-tate-modern/

1994

征集改造方案　　改建阶段

资料来源：http://blog.sina.com.cn/s/blog_4b4f8b9c0100061u.html

2000

开放参观

资料来源：http://www.timera-energy.com/fuel-for-thought-aug-5th/

泰特现代美术馆改造历程

### 旧发电厂的改造设计

著名瑞士建筑师赫尔佐格和德梅隆保留了原有建筑的造型和体量，根据现代美术馆的功能要求，对原有电厂内部空间进行了必要的改造利用。巨大涡漩车间改造成可举行小型聚会、摆放艺术品又具有主要通道和集散功能的大厅。在主楼顶部加盖了两层高的玻璃盒子，为美术馆提供充足的自然光线。玻璃与原有砖墙的结合赋予建筑物新的魅力，为古老的建筑形体注入新的活力。

改造前的发电厂

资料来源：http://www.gettyimages.co.uk/detail/news-photo/view-over-the-river-thames-of-bankside-power-station-as-news-photo/118456645

### 串联城市历史资源及特色要素

泰特现代美术馆通过南北轴线，把泰晤士河北岸的城市金融区、圣保罗大教堂、千禧桥、河边园林以及馆内的中央涡轮大厅和南部的萨瑟克区纵向串联，延续伦敦19世纪工业城市的历史脉络，成为连接历史与现代的地标性建筑[4]。

改造后的发电厂

资料来源：http://attractionsmap.com/listingcategory/tourist-attractions/art-gallery/

### 带动整体区域文化复兴

泰特现代美术馆的改造带动了泰晤士河南岸的再生计划，主要涵盖了历史建筑保护、城市公共空间整治、街景美化等。此外，政府还致力于提升当地社区的适居性，更新公共服务设施，促进社会和谐以及地区经济的可持续发展，从而彻底改变了原来贫穷混乱的局面，使当地居民以及旅游者都喜欢上这个艺术文化气氛浓郁的新兴区域。

## 启示意义：

泰特现代美术馆的改造设计是旧工业建筑改造与利用的成功范例，它向人们提供了重要经验：工业遗迹的再生设计要实现两个目标——既要有利于工业遗迹的保护，又要能促进城市建设的发展，实现保护与更新利用的有机结合。尤其要注意的是，所谓保护，并非将工业遗迹原封不动地保护起来，而是选择其最有保存价值的部分，形成具有历史意义的新城市景观，进而推动区域文化复兴和活力提升。

艺术展览

资料来源：http://sarc323cpl.blogspot.com/2013/05/olafur-eliasson.html

美术馆、千禧桥与圣保罗大教堂形成的轴线

资料来源：http://kevinallen.photodeck.com/media/e0caa9cc-b80f-11e2-bed7-f572ffb50311?hit_num=18&hits=39&page=1&per_page=50&prev=29a718a0-5b4f-11e3-bc75-f78cb71bc942&search=paternoster+square

改造后的美术馆内部空间

资料来源：http://www.artx.cn/news/135343.html

## 参考文献


[1] 张佶 . 泰特现代 [J]. 世界建筑 ,2002,06:80-89.
[2] 甘超 . 泰特现代美术馆的展厅空间解读 [J]. 城市建筑 ,2013,02:40.
[3] 左琰 . 伦敦泰特博物馆：一个旧发电厂的蜕变与新生 [J]. 室内设计与装修 ,2006,09:106-108.
[4] 徐敏 . 城市建设和工业遗迹的改造与利用——伦敦泰晤士河南岸的再生设计 [J]. 南京艺术学院学报 ( 美术与设计版 ),2008,06:124-126+206.

# 西班牙毕尔巴鄂城市复兴计划

Urban Regeneration of Bilbao, Spain

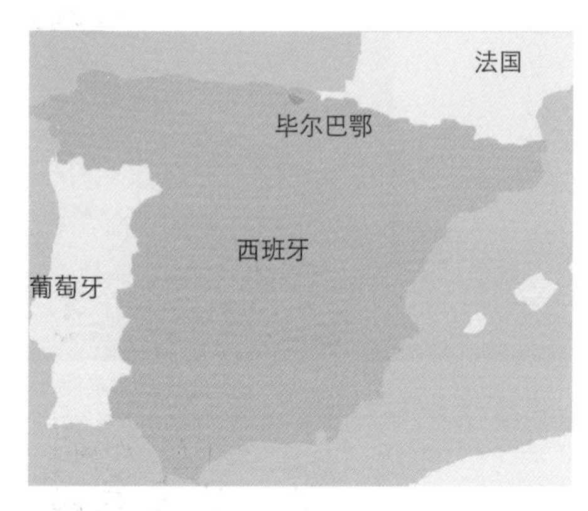


项目地点：西班牙毕尔巴鄂

建设时间：1989 ~ 2009 年

项目收益：使毕尔巴鄂成为世界文化旅游之都，并获得李光耀城市奖

## 案例创新点：

从一个衰败的工业城市变成欧洲乃至全世界的文化和旅游热点，毕尔巴鄂在最近 20 年里的巨大转变已经成为一个世界性的传奇。弗兰克 · 盖里设计的古根海姆博物馆将人们从世界各地吸引到毕尔巴鄂来，成为国际范围内以大型公共文化建筑群带动区域整合更新发展的成功典范。为期 20 年的复兴计划使毕尔巴鄂成为欧洲乃至全球的建筑圣地与艺术殿堂， 并于 2010 年获得首届李光耀世界城市奖。

1991 年

2002 年

2008 年

2010 年

毕尔巴鄂滨水区建设过程

资料来源：http://www.mascontext.com/category/issues/11-speed-fall-11/

更新前的毕尔巴鄂滨水区

资 料 来 源：http://www.actticsociales.com/geografia-de-espa%C3%B1a-2%C2%BA-bto/sector-secundario-en-espa%C3%B1a/

更新后的毕尔巴鄂滨水区

资 料 来 源：http://www.actticsociales.com/geografia-de-espa%C3%B1a-2%C2%BA-bto/sector-secundario-en-espa%C3%B1a/

沃兰汀步行桥
资料来源：http://tvi.com.pk/Latinfo/spain-information/

帕拉西奥吊桥
资料来源 http://www.euskoguide.com/places-basque-country/spain/getxo-portugalete-vizcaya-bridge/

毕尔巴鄂城市轻轨
资料来源：http://www.nycsubway.org/wiki/Bilbao,_Spain

## 案例简介：

毕尔巴鄂是一座位于西班牙北部的港口城市。20 世纪 80 年代，其发展出现经济增长乏力和城市人口减少的现象，同时城市内部用地布局混乱、环境污染和城市交通不便等城市弊病日益严重，尤其是中心区废弃码头及大量的造船厂严重影响了城市形象。针对这些城市问题，自 1989 年起毕尔巴鄂市开始实施一个以艺术、文化、贸易及旅游设施建设为主导的综合性城市复兴计划，目标是将毕尔巴鄂建设成为国际性的商贸文化和旅游中心。

### 水环境治理

毕尔巴鄂在 1980 年代后工业衰退所遗留下来的水环境问题十分严峻，因此，治理河流是滨水区城市环境治理的首要任务。政府共投资七亿欧元来治理河水，清除河边工业废墟，并消除工业废地内的土壤污染。如今滨水区景观焕然一新，并带动了周围居民区的景观生态建设。

### 交通基础设施建设

毕尔巴鄂市的交通基础设施建设包括以下四个方面：建设长达 40km 的城市地铁系统，联系城市地区各主要交通节点；建设一条现代化的轻轨线路，联系旧城与新的文化、艺术、休闲中心及商贸区；重建中央火车站，使之成为一个可满足公共巴士、地铁、高速列车等交通方式换乘需要的综合交通枢纽；重新设计建设机场，使之成为航线覆盖整个欧洲的国际一流机场。

毕尔巴鄂滨水区景观
资料来源：https://www.viator.com/Bilbao/d4485-ttd

### 文化设施建设

为了将毕尔巴鄂建设成为国际性的文化艺术中心，政府在重点地段建设一系列大型公共文化设施来提升城市形象，并通过举办地方或国际性的文化交流活动来刺激城市经济增长和产业升级。如古根海姆博物馆在城市复兴过程中扮演着催化剂的角色，它的成功极大地提升了毕尔巴鄂市的文化品格，吸引了投资，带动了旅游、信息技术等产业的发展。古根海姆模式被认为是一种新的城市复兴策略与理念，即以大型公共文化建筑作为引导，塑造新的城市形象。古根海姆所带来的象征意义和触发效应，促使这座城市转变为高效城市和创意再开发的标志性典范。

### 科技和人力资源投资

通过技术投资和人力资源培训，濒临衰败的传统工业的生产技术、生产效率得到很大的提升，冗余劳动力得以解放。例如在钢铁厂的产业改造中，原来2000多个工作岗位的任务如今仅需300人就能完成，工作效率得到了提高。政府还通过建设科技园和学校，创造大量的与服务业和高科技产业相关的就业，成功地优化了毕尔巴鄂产业结构。

资料来源：http://www.skyscrapercity.com/showthread.php?p=5384167

资料来源：https://www.pinterest.com/pin/365214469484393O6/

资料来源：http://www.traveldudes.org/travel-tips/guggenheim-restaurant-bilbao-spain-more-architecture-art/3268

古根海姆博物馆

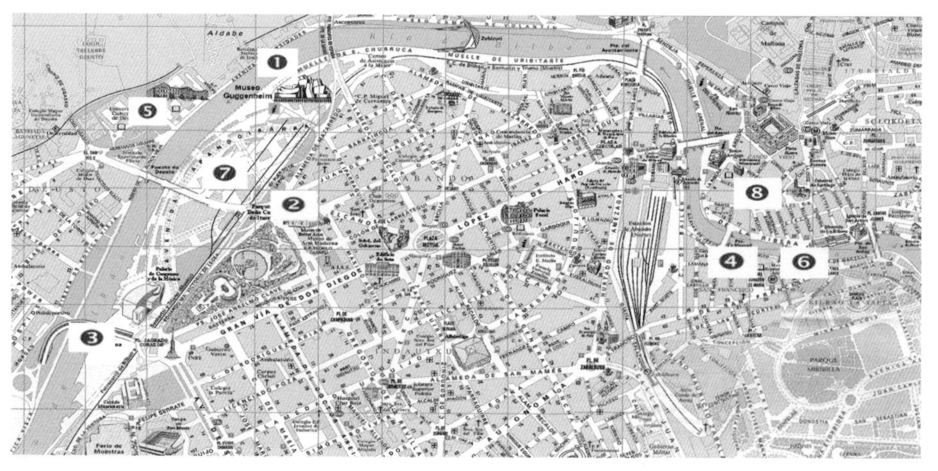

1）古根海姆博物馆
2）毕尔巴鄂美术馆
3）毕尔巴鄂海市博物馆
4）复制品艺术博物馆
5）Deusto 大学
6）毕尔巴鄂艺术馆
7）阿般罗巴拉复兴区
8）毕尔巴鄂老城

毕尔巴鄂主要公共文化中心分布

资料来源：西尔克・哈里奇，比阿特丽斯・普拉萨，焦怡雪．创意毕尔巴鄂：古根海姆效应 [J]. 国际城市规划，2012,03:11-16.

### 毕尔巴鄂 2000 模式

由于毕尔巴鄂复兴项目涉及面广，需要城市设计、基础设施和环境管理等各领域的配合，并需要在实践中应对非常复杂的场地问题。在此背景下，政府成立了名为“毕尔巴鄂 2000 ”公司。这家公司由中央政府、省政府、巴斯克政府、市政府、铁路公司、港口管理局等单位共同参与管理，公司财政是由中央政府和地方政府之间平分，这样一方面可以实现地方的自治管理，另一方面又能获得中央政府的大力支持。

毕尔巴鄂 2000 的核心管理内容之一是对土地的整理。目标用地通常是已经废弃的工业用地，主要位于城市中心。经过城市转型和用地性质更新，产生土地增值效益，然后政府再将这些土地卖给私营部门或私人投资者，获得远远超出预期的回报 [4]。

毕尔巴鄂滨水区鸟瞰

资 料 来 源：http://www.sardegnadaesplorare.com/blog/?p=12836

## 启示意义：

毕尔巴鄂市城市复兴成果斐然，尤其是滨水区的改造整治获得了巨大成功，创造了世界城市建设史上赫赫有名的“毕尔巴鄂效应”，每年为城市带来了大批的参观和旅游者，带动了以艺术、文化和旅游发展为导向的城市第三产业的快速发展，成为城市公共文化活动的中心。这其中，古根海姆博物馆在城市和经济复苏中发挥了重大的积极作用，由其衍生出的“古根海姆模式”使人们认识到公共文化建筑与城市发展的密切关系，博物馆在城市和经济复苏中发挥了有效的复兴作用。同时，城市复兴还需要全面、综合的策略和政策，例如环境治理、改善基础设施和更新产业结构等具体措施。另外，由公共及私人机构组成的合作伙伴关系也是计划成功实施的重要保障。

毕尔巴鄂滨水区夜景

资料来源：https://www.azamaraclubcruises.com/int/bilbao-san-sebastian-spain-cruises

## 参考文献

[1] 西尔克 · 哈里奇，比阿特丽斯 · 普拉萨，焦怡雪 . 创意毕尔巴鄂：古根海姆效应 [J]. 国际城市规划 ,2012,03:11-16.

[2] 胡安 · 阿里奥，周汉民，贝良米诺 · 昆迭里，博吾乐 . 城市必须有自己的战略规划 [N]. 常州日报 ,2009-10-27A02.

[3] 张 斌 . 毕尔巴鄂：一个城市的变迁 [J]. 时代建筑 ,2001,03:40-45.

[4]The Transformation of Bilbao [EB/OL]. 毕尔巴鄂 2000 官网 .http://www.bilbaoria2000.org/ria2000/ing/home/home.aspx

# 美国纽约高线公园的原地新生

The Restoration and Reconstruction of High Line Park in New York, USA

项目地点：美国纽约曼哈顿西区
地段类型：城市中心区
项目规模：全长 2.3km
项目投资：1.53 亿美元
项目效益：带动投资 20 亿美元，新增就业机会 12000 个

**案例创新点：**

纽约高线公园是利用城市废弃高架铁路改建而成的开放性空间，它将废弃近 30 年的铁路货运专线通过设计改建成了一座兼具特色与活力的现代城市公园。项目在保留特定历史时期工业遗址的基础上，通过精心的规划设计和景观塑造、加强沿线建筑风貌控制、推进包容性的住房计划、引入公私合营的运营模式、导入不同人群的空间需求等综合策略，使改造后的高线公园逐步融入都市背景和日常生活，并触发新居住空间的产生及地区功能复合。“高线”从曾经分隔城市的交通运输空间变为连接历史记忆与现代生活的城市公共空间，成为再造城市活力和特色空间的“空中花园”。该项目由于其独特的改造与更新理念，于 2006 年获得美国规划协会颁发的杰出规划社区特别创新奖（Outstanding Planning Award for Special Community Initiative）。

1934

**建成使用期**
承担西区肉类加工等产业的运输功能。

1980

**空间衰落期**
受产业和运输方式更迭影响，完成运输使命，沦落为杂草丛生、犯罪滋生地区。

1999

**拆迁争议期**
政府通过拆除高线、开发房地产的议案，受到第三方组织和公众的激烈反对。

2009

**保留更新期**
政府采纳第三方组织意见，保留高线，并分阶段将其改造更新为城市公园。

高线变迁历程

资料来源：建筑联盟．纽约高线公园．http://mp.weixin.qq.com/s?__biz=MzA5NTA2NTEzMA==&mid=2663987700&idx=1&sn=d255effc3392589630a834650493a207&scene=7#wechat_redirect[EB/OL].

## 案例简介：

“高线” 是 1930 年修建的一条穿过城市的铁路货运专用线，在城市产业转型和功能更新的过程中，曾衰落成为杂草丛生、犯罪频发的地区，对其“拆”与“不拆”一度引发社会的诸多争议和讨论。后经多方意见征集和努力，政府确立了对高线及周边地区进行保护再利用的思路，并通过直接拨款支持、组织募捐、开放全球创意竞赛、引入第三方管理运营、吸引公众参与等尝试和努力，将保护与创新有机结合，逐步将高线的传统工业遗址空间打造为融合工业时代记忆与现代都市场景的“空中花园”。

### 设计策略：再现历史记忆与场地精神

充分利用高线所承载的工业时代印记，采用适应性再利用的方式，打造人们喜爱的“简单、野性、慢、静”的公园体验和城市特色空间。保留原有铁轨及周边工业建筑风貌，使用混凝土、耐候钢、回收木材等建筑材料，再现工业化时代的城市记忆和过往时光。保留铁路沿线两百余种原生植物，打破硬质铺装与植被的常规布局方式，将植物与铺装材料按一定规律有机结合，营造自然生态、层次丰富的都市绿地景观和生态环境，带给人们更加丰富的身心体验，并以此带动城市传统漫步风尚的回归。宜人尺度的立体花园和人性化的设计，为人们驻足欣赏城市提供了不同视角，成为现代都市人休闲、游憩、交流的场所。转型后的高线使西切尔西地区的市民能够在“10 分钟步行圈”内享受公园资源，其中的生物多样性也不断增加。

### 景观协调：加强沿线建筑风貌控制

为保证高线公园的采光、通风、视线及出入口设置，项目对高线沿线的发展用地进行合理控制，对靠近高线的建筑采取最近距离、最大高度和体量限制，并促进其与原有地块建筑在尺度、规模和风格方面的协调。除此之外，为了增强视线的延展性，将临近高线、高度不超过高架铁路的建筑顶层予以保留并用作绿色开放空间。同时，高线沿线和周边众多新建改建建筑由世界不同知名建筑师设计，建筑风格和而不同、尺度宜人，沿高线向人们呈现出现代建筑的视觉盛宴。

高线不同地段的植被铺装与周边建筑

资料来源：http://plat.renew.sh.cn[EB/OL].

高线公园与周边建筑风貌

资料来源：建筑联盟．纽约高线公园．http://mp.weixin.qq.com/s?__biz=MzA5NTA2NTEzMA==&mid=2663987700&idx=1&sn=d255effc3392589630a834650493a207&scene=7#wechat_redirect[EB/OL].

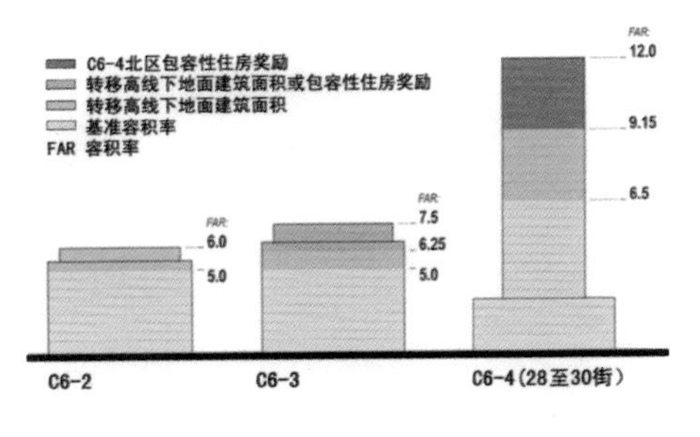


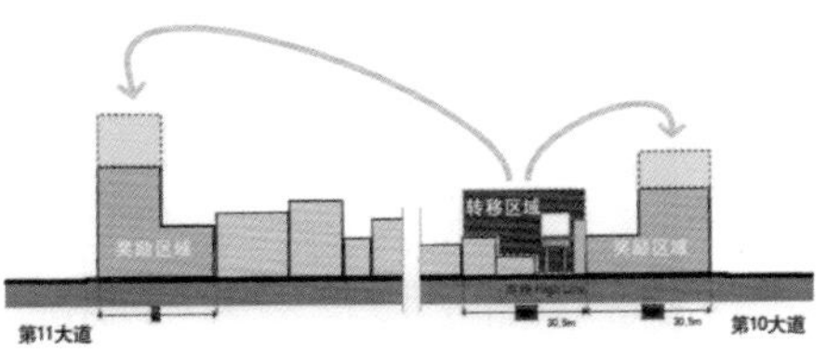


容积率奖励制度示意图

资料来源： 张庭伟，于洋，罗巧玲，刘宇辉，宁云飞，黄超．美国规划协会最佳规划获奖项目解析（2000-2010 年）[M]. 北京：中国建筑工业出版社．2012.

“草坪时间” 项目

资料来源：纽约高线公园：活力空间对应活力组织机制 [EB/OL]. https:// www.douban.com

### 建筑转移：推进包容性住房计划

对因高线建设而转移的地面建筑，实行容积率奖励，并通过资金补贴等方式，激励开发建设者实施包容性住房计划，在特定区域内为中、低收入家庭创造更多的居住福利。

### 建设运营：采用 PPP 模式

在建设运营中，采用公私合营的运作模式。为推动高线公园建设与维护，纽约州政府、北美铁路货运公司、纽约市政府和城市地面运输委员会共同签署文件，成立铁路部门的流动银行，为相关项目筹措资金。作为高线铁路的拥有者，北美铁路货运公司将高线的一段（甘斯沃尔特街至西三十街段）捐赠给纽约市政府。在运营过程中，纽约公园管理局委托第三方组织“高线之友”负责公园的日常运营管理，由其提供 70% 的年度经费预算用于公园日常维护。除此之外，积极借助公益捐助、志愿服务以及商业运作等方式，解决公园运营管理中的人力、物力和资金保障等问题。

### 活力再塑：策划丰富的体验项目

针对不同居住地、不同年龄和不同收入水平人群设计和提供教育、艺术、游览、公益等多种类型的体验项目。通过“人性化”体验项目的策划与运作，拓展公园的服务功能，增强公共空间的活力与魅力，使高线公园成为深受人们喜爱的公共活动场所。每年暑假期间，高线都会推出适合不同年龄段的儿童项目：为 0~3 岁的宝宝和妈妈提供音乐演奏和绘本体验的 “草坪时间”项目；为 4~14 岁孩子提供自然教育的“狂野星期三”和创作艺术的 “艺术时刻”项目；为 14~19 岁孩子提供的短期实习和工作项目等。项目开放后获得了市民的高度认可，高线更被亲切地称为“纽约的公共大阳台”，运营之后不到一年的时间就吸引了超过 200 万的市民和游客。

高线公园中的休憩场景

资料来源：https://www.urcities.com[EB/OL].
https://www.momondo.com.cn[EB/OL].
https://art.ifeng.com[EB/OL].

## 启示意义：

在城市的发展和更新历程中，城市空间的兴衰演替不可避免。但在此过程中，如何尽可能减少社会、经济和文化的代价；如何解决旧城复兴活力提升问题，带动经济发展，吸引更多的产业和开发投资；如何更好地发挥社区和居民的作用，自下而上地推动相关项目的实施等诸多问题，都是需要引起重视和妥善解决的命题。美国高线公园的案例启发我们应对历史空间的保护和更新再利用予以更多的关注，并在具体的实践中重点关注以下几个方面。

注重历史空间与周边地区的协调。高线公园的成功，与政府对其及周边区域的整体规划控制与联动发展紧密相关。在高线建设之前，政府就启动区域性的保护更新，将片区列为以工业建筑为特色的历史街区，鼓励将区内工业空间置换为艺术展览空间。高线规划建设中，其对于工业时代痕迹的保留、对周边建筑体量和高度的控制，使其成为了传承和发展了历史街区风貌的重要线索；其体验项目的开发又与周边创意产业与社区文化充分融合，又使其成为带动沿线经济社会发展的触媒。

注重经济可行与人文关怀的统筹。高线公园的开发是在经济可行性调查论证前提下开展的，并成功证实了其在经济方面所能产生的利润。但项目的实施并不仅仅只关注其经济利润，而是处处体现着人文关怀。从政策领域保证低收入人群的居住需求，到公园的设计方案中植物的选择等，都充分尊重市民的意见，其规划建设更体现着对社会意义的重视和实现。

注重人工景观与自然景观的结合。在保留原有人工构筑物的基础上，通过规划设计，采用生态化的设计建造方式，努力建立一个本土化、原生态、低维护成本的植物群落。人工建设与高线公园的基底以及周边的工业建筑相协调，并在前端尽力采用节能环保措施，使高线公园的发展更接近于自然生态系统的演替，减少公园的后续维护和操作成本。

资料来源：https:// design.cila.cn[EB/OL].

资料来源：https:// www.lulutrip.com[EB/OL].

## 参考文献


[1] 余文婷，金恩贞，洪宽善．后工业景观的生态性再生研究 [J]. 设计，2015(11):65-67.

[2] 张庭伟，于洋，罗巧玲，刘宇辉，宁云飞，黄超．美国规划协会最佳规划获奖项目解析（2000-2010 年）[M]. 北京：中国建筑工业出版社．2012.

[3] 张东伟，张英璐，宋立恒．以美国纽约市高线公园为例论公共空间种植设计 [J]. 现代农业科技，2012(7):246-246.

[4] 博观天地．博观天地详解曼哈顿高线公园 [EB/OL]. http://mp.weixin.qq.com/s?src=3×tamp=1469763822&ver=1&signature=jEscUt*GyX5wtsleyrw6GaYgjiYV0u4UfSnHGl9yxAMlej8nboOCaJNFfSak99fBQt4R1O2WmkUGlZJzggz30g0cV20c6LNtY7bjjJkKMgAb4hiilF6ez1aXbGsX0pR-MwxOH*XGSNFkHOk8aKpolQ

[5] 刘海龙，孙媛．从大地艺术到景观都市主义——以纽约高线公园规划设计为例 [J]. 园林，2013(10):26-31.

[6] 纽约高线公园：活力空间对应活力组织机制 [EB/OL]. http://www.cmrc.cn

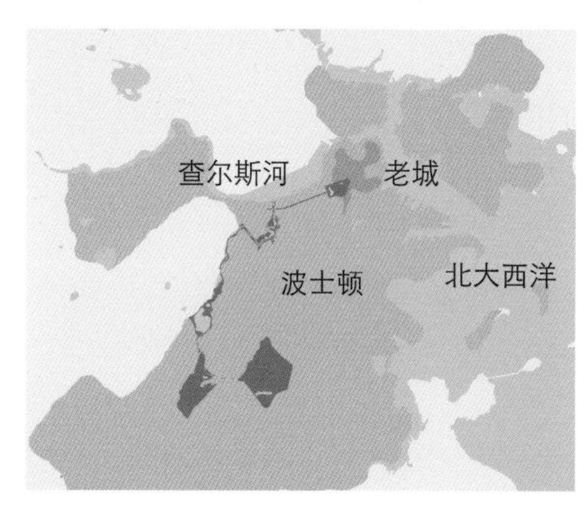


# 美国波士顿“翡翠项链”公园体系

Boston Emerald Necklace Park System, USA

项目地点：美国波士顿
设计时间：1878 ~ 1896 年
项目规模：沿着查尔斯河延伸约 9km，规划用地总面积约为 405hm$^2$。
区位类型：老城区

**案例创新点：**

规划建设于十九世纪末的美国波士顿“翡翠项链”公园体系，打破了城市公园孤立存在的格局，它利用河道和线性绿廊串联起九大公园，将原本一个个城市孤岛般的公园连接成开放连续的绿色公共空间系统，将城市中被污染的河道改造为承载城市公共活动系统的动脉，创造出世界上首个城市中的绿道，将自然置于文明的管理与保护下，最终实现城市与自然的融合。作为美国第一个都市公园体系，“翡翠项链”公园体系反映了景观结构空间规划的思想发展历程，成为了全美甚至全世界竞相模仿的对象，对国家公园运动乃至景观建筑学、城市规划学的发展都产生了重大的影响。以其命名的“翡翠项链”奖是美国景观、建筑以及规划设计界一个重要奖项，以鼓励对城市文化遗产与城市开放空间的保护利用。

世界首条绿道：联邦大道

资料来源：https://www.pinterest.com/pin/223772675208850505/

联邦大道街景

资料来源：https://commons.wikimedia.org/wiki/File:USA-Boston-Commonwealth_Avenue_Mall2.JPG

## 案例简介：

随着美国疾步进入工业时代，蜿蜒于波士顿的查尔斯河在工业时代中日益荒芜，河畔垃圾成山，恶臭熏天。为了抵抗工业污染与城市生活给人类生存环境带来的压力，并且强调对自然之美的欣赏与保留，“环境保护运动”的大幕拉开了。由美国景观设计之父——弗雷德里克·奥姆斯特德设计的“翡翠项链”通过对淤积河泥排放区域的改造与查尔斯河的修复，形成了世界上首个都市公园系统。改造后的波士顿公园系统位于波士顿市中心，由查尔斯河以及林荫道串联起的九个公园组成，面积达 50 英亩，绵延约 16km。

修复前的查尔斯河被工厂占据

资料来源：http://archive.boston.com/bostonglobe/ideas/articles/2011/05/29/a_century_ago_an_environmental_idea_was_hatched_in_the_center_of_boston/?page=3

### 系统的城市生态景观设计

在“翡翠项链”公园体系出现之前，城市中的公园都是一个个游离的孤岛，奥姆斯特德重视绿化节点之间的联系，利用河道、林荫路、视线与步行路径等线性要素，建立起城市中孤立的公园个体之间的紧密联系，同时将公园延伸到附近的社区中，使公园最大程度地融入城市生活之中，使公园与高楼林立的都市成为一个系统的整体。项目的立项、设计、管理全过程都由政府机构与专业景观设计师共同决策，专业知识的主导权威以及政府决策的高度执行力，使得这一都市公园体系在总体规划层面形成了城市整体景观格局。

修复后的查尔斯河成为休闲场所

资料来源：https://www.pinterest.com/pin/513340057498621217/

### 世界首条“绿道”

“翡翠项链”公园体系中首次提出“绿道”的概念。这里的绿道是指约 60m 宽的绿廊林荫路道，可以容纳人行道与当时的马车，同时也承载城市中生物的迁徙，是城市生态廊道。绿道的规划建设有效地改善了城市公共空间的品质，通过绿道为市民提供休憩场所、追忆历史的长廊及运动健身的空间，为市民带来生活的愉悦。

如今查尔斯河生机盎然

资料来源：https://www.pinterest.com/pin/560979697307084090/

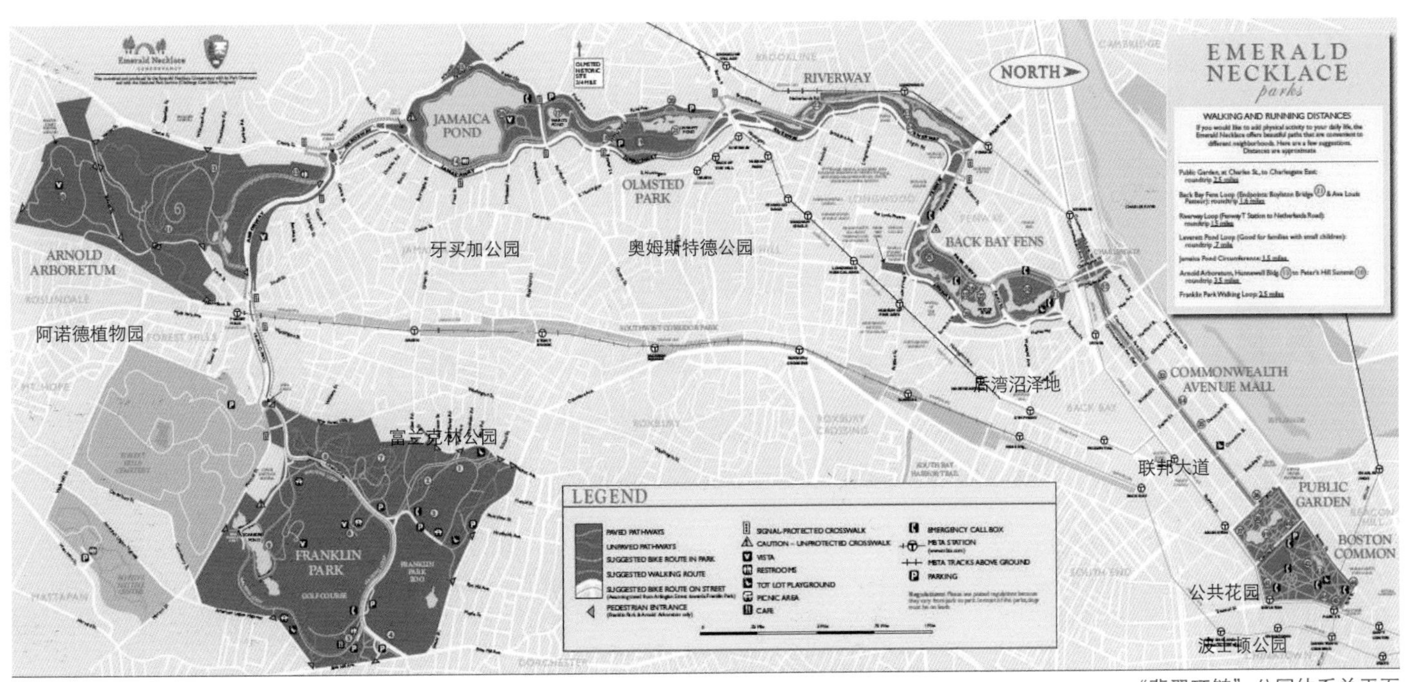


“翡翠项链”公园体系总平面

资料来源：http://mvguideddiscovery.blogspot.com/2014/06/boston-adventures-arnold-arboretum-and.html

公共花园的华盛顿雕像

资料来源：http://www.maathiildee.com/mes-endroits-favoris-pour-profiter-de-lautomne-a-boston/

公园旁的波士顿博物馆

资料来源：http://www.huffingtonpost.com/charles-a-birnbaum/boston-parks_b_1242605.html

### 复合的都市功能

波士顿公园系统拓展了公园的公共性，复合了多种都市功能。“翡翠项链”免费向公众开放；它打破欣赏自然之美是社会精英的专利的偏见，为社会各阶层所共享。它串联了沿线重要的州府、大学校园、国家公园、历史文化遗迹，同时，两侧的住宅都面向大道，使街心绿带构成社区的活动中心。集休闲娱乐、户外活动、文化遗产旅游于一体，公园不再是孤独的空间，而是都市文明的重要组成部分。

其中，波士顿公共花园将景观与历史文化遗产保护相结合。作为波士顿市中心的一个占地 97000$m^2$ 的大型公园，它建立于 1837 年，是美国第一座公共植物园，是美国的国家历史地标。公园里随处可见彰显公园与美国历史的雕塑，公园门口矗立着美国开国总统乔治华盛顿的雕像，由雕塑家托马斯·波尔（Thomas Ball）创作于 1869 年。公园东北角的一组根据童话设计的《给鸭子让路》的雕像，成为了孩子的最爱，这些文化历史符号都成为了波士顿的标志。如今，公共花园不仅以优美的环境成为了市民休闲娱乐的场所，更将这种优美的景观与以其自身历史文化的展现相结合，吸引着来自世界各地的游客。

### 多元化的景观设计理念

“翡翠项链”公园体系是一场多元化的公园建造运动，既有对原生态自然的保留，也有对人工自然的维护；既关怀荒野，也注重城市；既强调利益的得失，也担忧美丽的去留。大波士顿的多样化地形地貌提供了广阔的伸展空间。因此，波士顿的公园是以自然形成的景观为其主体，强调本地地理、植被、动物的自然性。而公园之间的线性绿道又不乏人工几何元素，作为自然与人工的交界面嵌入都市生活之中。

资料来源：http://www.mandarinoriental.com/destination-mo/luxury-personalities/luxury-spa-tips/boston-activities-virginia-lara.aspx

维持自然形态的奥姆斯特德公园

资料来源：http://www.cityofboston.gov/parks/emerald/back_bay_fens.asp

人工几何形态的公共公园

资料来源：https://www.pinterest.com/mopandpop/aerial-views-crop-circles-etc/

## 启示意义：

通过绿道串联开放空间和公共设施，使得人在城市中也可以亲近自然，波士顿“翡翠项链”公园体系打破了公园本身的界限，模糊了城市与自然之间的分野，城市公园不再是城市之中突兀的孤岛，而是与城市文明融为一体的都市系统的重要组成部分。通过系统的城市景观规划与设计，不仅改善了生态环境，塑造了城市中融入自然斑块的城市特色空间，营造了自然生态保护与历史、旅游、休闲娱乐融合的多样化城市生活，使城市公园与都市文明紧密结合。

改善生态环境

资料来源：https://www.pinterest.com/pin/30751209928246778/

复合的都市功能

资料来源：https://www.dreamstime.com/royalty-free-stock-image-teenage-girl-boy-biking-city-park-image33122716

塑造城市特色空间

资料来源：http://www.alamy.com/stock-photo-the-public-garden-aerial-view-towards-back-bay-showing-commonwealth-61028717.html

## 参考文献


[1] 侯森．自然与都市的融合：波士顿大都市公园体系的建设与启示 [J]. 世界历史，2009(4)：73-85.

[2] 刘东云，周波．景观规划之杰作：从“翡翠项圈”到新英格兰地区之绿色通道规划 [J]. 中国园林，2001(3)：59-60.

[3] 杨冬辉．中国需要景观建筑：从美国景观建筑的实践看我们的风景园林 [J]. 中国园林，2000(5)：19-21.

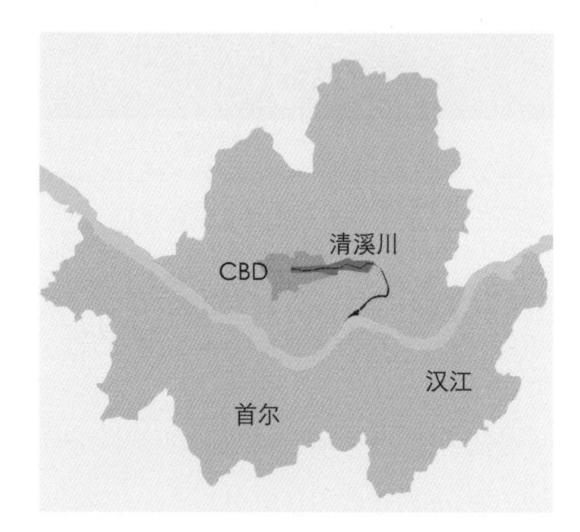


# 韩国首尔市清溪川复兴改造工程

The Restoration and Reconstruction of Cheonggyecheon in Seoul, Korea

项目地点：韩国首尔
建设时间：2002～2005 年
项目规模：流域全长约 5.84km，规划用地总面积约 61km$^2$
项目投资：3.6 亿美元
专业类型：城市设计、景观设计、基础设施
区位类型：老城区
项目收益：创造经济效益 212.4 亿美元，新增就业机会 12000 个

**案例创新点：**

清溪川复兴改造工程直面环境污染、交通压力等城市问题，通过河道复原、水环境修复、亲水空间设计、文化景观串联、交通组织优化等综合性策略，使流经城市中心的清溪川，从藏污纳垢的"城市下水道"、被覆盖遗忘的道路暗渠变为市中心重新流淌的城市风景路，以及都市中体现"人水和谐"的高品质公共空间，并最终实现了通过生态环境改善提升地区整体活力、促进城市发展的综合性目标。项目不仅获得了威尼斯双年展"最佳公共管理奖"，也被国际城市规划界认为是"21 世纪城市革命真正的开端"，推动项目实施的时任首尔市长李明博也因此被美国《时代》周刊称为"环保英雄"。

1406 城市内河 | 1925 水体污染 | 1940 覆盖修路 | 1971 上建高架 | 1999 工程与环境问题 | 2003 拆除高架 | 2005 修复河道 | 现今 城市名片

资料来源：http://paper.people.com.cn/zgcsb/html/2015-12/07/content_1639649.htm
资料来源：http://www.urbanchina.org/n/2014/0210/c372881-24316036.html
资料来源：http://www.urbanchina.org/n/2014/0210/c372881-24316036.html
资料来源：http://www.superbac.com.br/novosite/wp-content/uploads/2016/01/Rio-Cheonggyecheon.jpg

清溪川的历史变迁

## 案例简介：

韩国首尔的清溪川修复项目通过综合决策机制的建立、生态景观的修复、交通组织的优化以及文化特色的重塑等创新实践，实现了滨水公共空间的再生，带动了城市中心区的复兴与发展。

**综合决策机制的建立——政府 + 专家 + 公众**

建立政府主导、多方合作、专家咨询、公众参与的项目实施机制。在整合政府相关部门的基础上，成立临时办公室，加强对项目的综合管理与协调。成立专题研究组，负责前期可行性研究、重点难点问题和关键技术攻关、制定和优化项目规划设计方案。建立促进市民委员会、复兴改造研究团体等社会第三方组织，负责政策监督、公众意见收集和反馈、组织听证会、提供咨询宣传服务。

资料来源：http://blog.sina.com.cn/s/blog_68789b100100szc3.html

历史文化段落

资料来源：http://huanbao.bjx.com.cn/news/20150702/637042-4.shtml

都市文化段落

资料来源：http://travelblog.my/wp-content/uploads/2015/01/Cheonggyecheon-seoul.jpg

生态休闲段落

资料来源：http://bbs.mala.cn/thread-2805138-1-1.html

### 生态景观的修复——河道整治和生境复原

清溪川改造工程为首尔区域生态环境带来了明显改善。它通过对水体进行清污、截污，恢复河流的自然风貌及深潭、浅滩、湿地等原生环境，解决河道供水与泄洪问题，并配套完善城市污水处理系统。修复后的清溪川各项水质指标达到韩国地表水一级标准，鱼类、鸟类、昆虫、植物等生物数量大幅增加，充分发挥了河流生物保护、涵养水源、调蓄雨洪、缓解热岛效应、重塑城市良性的水文系统和生物栖息地等功能。

文化特色的重塑

资料来源：http://cdn1.bizbash.com/content/editorial/storyimg/big/robert-koehler.jpg

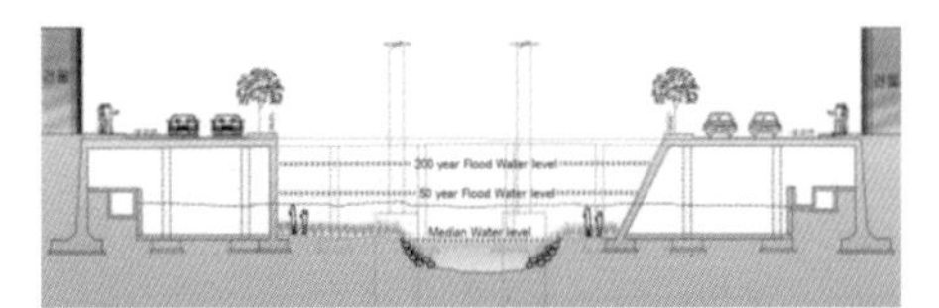


公交主导的立体交通体系

资料来源：http://jsj.zhenjiang.gov.cn/ztlm/jshmcs/tszs/201602/t20160202_1622610.htm

### 文化特色的重塑——流淌的城市记忆

彰显城市传统文化和现代文明的结合，串联沿途文化节点，提升区域环境品质。项目结合不同地段的城市属性，对东、中、西三段进行差异性景观设计，形成不同的空间序列，营造多元化的滨水景观体验。同时，恢复重建具有历史意义的古桥， 回顾城市发展历程，唤醒人们对城市发展的历史记忆。建成后的清溪川成为首尔的新地标，周边土地价值激增，不仅为人们营造了可亲近的自然休闲空间，更为举办踏桥、燃灯等民俗活动、政治集会，以及时尚文化活动提供了场所，促进了首尔文化中心的建设。

### 交通组织的优化——公共交通主导的立体交通体系

鼓励公共交通出行，提高慢行交通比例，推动立体交通体系建设。在保留清溪川沿线两侧机动车道的同时，通过增加周边公交线路、完善慢行系统、提升地铁运力、控制机动车出行等综合交通政策，疏解了因高架桥拆除带来的交通压力。项目实施促进了环境友好、高效畅通的交通体系建设，项目建成后区域的机动车行驶量减少 18.6%，地铁等公共交通使用量增加 13.7%。

交通组织的优化

资料来源：http://www.hanguoyou.org/jddet-11.html

生态景观的修复

资料来源：http://blog.hwa2u.com/tag/holiday/

清溪川恢复前后水生生物数量对比

| 生物种类 | 鱼类 | 鸟类 | 昆虫类 | 植物类 | 合计 |
| --- | --- | --- | --- | --- | --- |
| 恢复前 | 4 | 6 | 26 | 62 | 98 |
| 恢复后 | 15 | 32 | 111 | 156 | 314 |
| 增加数量 | 11 | 26 | 85 | 94 | 216 |

资料来源：http://worldcongress2006.iclei.org/uploads/media/K_LEEInKeun_Seoul_-_River_Project.pdf

## 启示意义：

伴随城市的发展，城市河道的污染、治理、修复和活力复兴，是大多数城市普遍面临的问题和挑战。作为政府自上而下主导推进，同时邀请专家咨询、公众参与的城市更新项目，清溪川的改造修复综合了市政、生态、空间景观、功能业态组织等多领域的创新技术，为破解环境污染、交通拥堵、空间衰落，乃至公众利益的尊重和平衡等城市问题，提供了多元价值观指导下综合、系统的解决方案。此举不仅改善了生态环境，提升了地区整体活力，塑造了高品质城市特色空间，更实现了经济、社会、文化等综合效益的最大化。首尔政府在清溪川修复项目中面临的复杂问题，是 21 世纪推动城市可持续发展的重大挑战，其应对方案的成功，对世界范围内城市更新与发展转型都具有重要的启示意义。

生态环境的改善

资料来源：http://blog.sina.com.cn/s/blog_e82365900102w30z.html

地区整体活力的提升

资料来源：http://www.quanjing.com/share/top-759853.html

高品质城市特色空间的塑造

资料来源：http://www.yuanlin8.com/thread-13131-1-1.html

## 参考文献


[1] 李允熙 . 韩国首尔市清溪川复兴改造工程的经验借鉴 [J]. 中国行政管理 ,2012,03:96-100.

[2] Dr In-Keun LEE. Cheong Gye Cheon Restoration Project[EB/OL].http://worldcongress2006.iclei.org/uploads/media/K_LEEInKeun_Seoul_-_River_Project.pdf

[3] 冷红，袁青 . 韩国首尔清溪川复兴改造 [J]. 国际城市规划 ,2007,04:43-47.

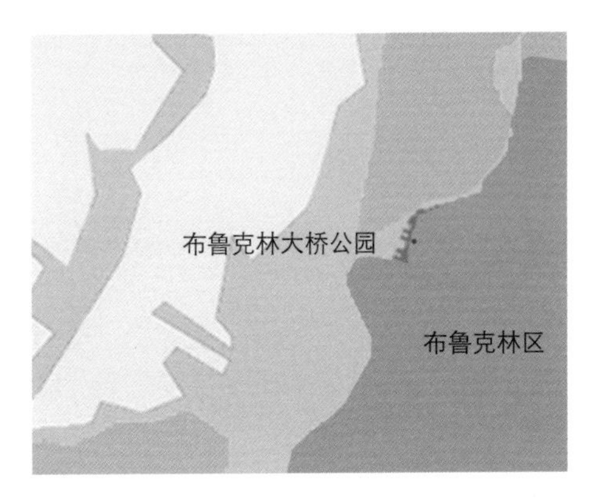


# 美国纽约市布鲁克林大桥公园

The Brooklyn Bridge Park, Brooklyn, New York, USA

项目地点：美国纽约
建设时间：2008 ～ 2015 年
项目规模：34.5hm$^2$，全长 2.1km 滨水岸线
项目投资：3.5 亿美元（预算）
区位类型：滨水区
项目收益：2009 年获得 ASLA 专业奖，2012 年获得第二届李光耀世界城市奖

**案例创新点：**

布鲁克林大桥公园总体规划方案整合了环境保护、经济效益、城市交通和社会活力等众多要素，将荒废的滨水工业区改造成社会效益和生态效益俱佳的城市公园，让大多数纽约市民 60 多年来第一次步入这片曾经的工业区。规划方案展现了纽约市政府在城市规划上的远见和管理思维上的创新，它与曼哈顿空中花园、推广自行车运动一同获得了第二届李光耀世界城市奖。本项目也成为纽约市长布隆伯格在任期间最为重要的城市设计之一。

改造前的布鲁克林大桥公园

资料来源：http://arch.hxsd.com/cityplanning/201206/655514_3.html

改造后的布鲁克林大桥公园

资料来源：http://ny.curbed.com/2015/6/24/9946980/plan-for-housing-at-brooklyn-bridge-parks-pier-6-is-still-hated

## 案例简介：

基地位于纽约市布鲁克林区西侧，与曼哈顿区隔河相望，是一片拥有两百多年历史的工业用地。起初，基地作为城市港口的货物运输和存储用地，但在集装箱发明后逐渐被闲置。工业对自然的岸线和地形破坏显著，绝大部分滨河地区被硬质铺装覆盖，多个工业码头年久失修。曼哈顿大桥和布鲁克林大桥穿过场地上空，给场地形成建筑阴影和噪声污染。

2005 年布鲁克林大桥公园的总体规划提出了改造的框架。设计师希望通过布鲁克林大桥公园的建造消除这个地区所受到的工业化影响，将城市和河流重新联系起来，恢复生态系统和景观面貌。建成后的公园拥有长达 2.1km 的滨水岸线，将自由女神像、布鲁克林大桥、曼哈顿天际线等著名地标联系起来，成为全纽约最美的景点之一。

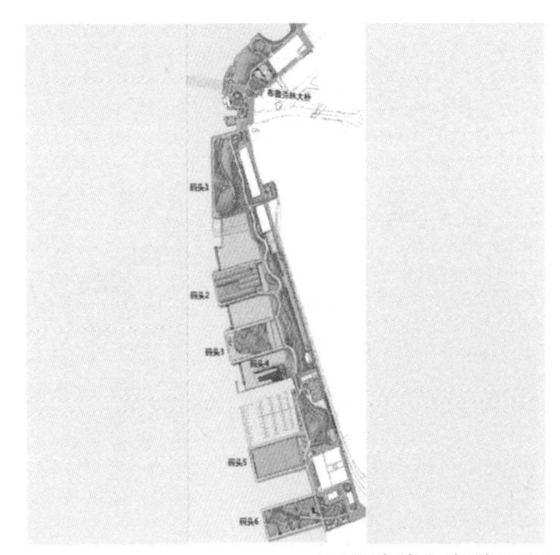

码头改造方案总平面

资料来源：http://www.youthla.org/2011/01/brooklyn-bridge-park-the-evolution-of-a-new-new-york-tradition/

1 号码头

原为垃圾掩埋场，现包含景观草坪、体育场、酒店、住宅、餐厅等功能。

资料来源：http://www.pierhouseny.com/neighborhood

2 号码头

原为仓库码头，现包含篮球、手球、地滚球、皮划艇等健身场地。

资料来源：http://www.architecturalrecord.com/articles/7857-brooklyn-bridge-park?v=preview

3 号码头

开放连续的长廊，添加广阔的草坪，铺设花岗岩阶地，提供座位区。

资料来源：https://onebrooklynretail.com/

4 号码头

原为铁路转移浮动桥，现开辟成为沙滩区，并设计仿天然潮汐池。

资料来源：http://www.brooklynpaper.com/stories/34/29/dtg_pier6volleyball_2011_07_22_bk.html

5 号码头

通过与当地企业合作，建成三个运动场地、两个操场和一个野餐区。

资料来源：http://www.landslides.com/commercial/parks-gardens/130601-0614

6 号码头

包含沙滩排球场、宠物跑道和四个主题游乐场。

资料来源：http://www.youthla.org/2011/01/brooklyn-bridge-park-the-evolution-of-a-new-new-york-tradition/

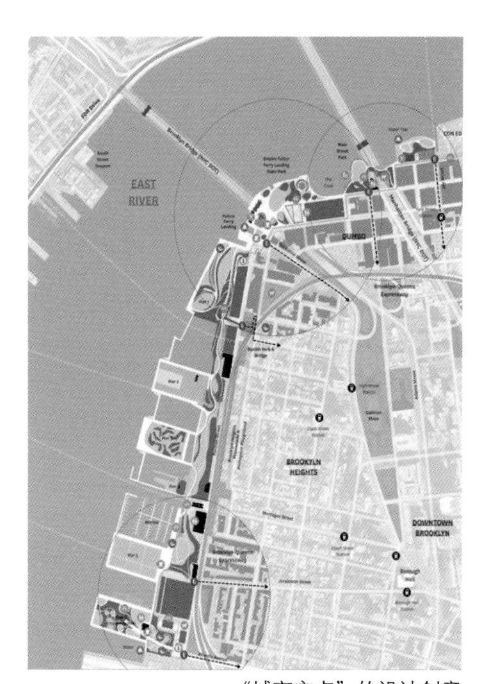

“城市交点”的设计创意

资料来源：http://www.mvvainc.com/project.php?id=86

**城市延伸——位于城市交点，激发城市活力**

设计团队针对公园的空间隔离问题，提出在各个入口区加强公园与城市的联系，共同组成名为“城市交点”的设计创意。入口区是引导人进入公园的重要节点，在此设置了城市散步道、遛狗区、社区运动场等公共空间。体育运动、小型游船使用的私有码头则设置在可达性较弱的公园深处。

**结构高效——唤醒旧建筑，保留工业气息**

布鲁克林大桥公园的特别之处在于它的可持续性和对场地背景的回应。公园面积的 38% 由原有码头结构形成支撑，土丘因承重要求高被设置在陆地上，而体育场等较轻的设施则设在码头结构上。规划保留了现存的旧建筑，如 2 号码头的整个金属结构作为棚荫结构被保留下来，并根据公园不同区域的需求进行改造。

**生态重建——修复自然岸线，保护自然栖息地**

项目重新引入包括海滨灌木带、淡水湿地、海岸森林、野花草地、沼泽和浅水环境在内的多种自然生态环境类型，共同形成一个结构良好的生态系统。为最大限度还原多样组合的海岸边缘形态，在标准的堤岸护栏之外，设计师增加了植栽边缘和抛石护岸等形式，不仅丰富了视觉变化，也为鸟类提供了自然栖息地。

**环境设计——缓解自然灾害，提高人体舒适度**

为避免布鲁克林公园继续处于泛洪区内，公园整体地形被抬高，码头 1 甚至被抬高了 9.1m。通过分层布置的设计手法，电力设施、道路、亲水平台等被设置在不同的高度。多样的地形和建筑设计，在遮挡寒风的同时也隔断了高速公路和公园之间的直接连接，最终达到降低噪声、提升舒适度的效果。

**经济效益——统筹水利建筑，吸引企业投资**

园林设计师遵循集约、经济的策略，将场地规划和水利建筑统筹考虑，采用了一种新型的自维持的经济运营模式。在 3 亿 6 000 万美金的建设基金中，8 500 万美金来自纽约及新泽西州港务局，1 亿 6 200 万来自纽约市，剩余的建设和维护资金则通过娱乐场所与赢利开发相结合的方式获得。

保留旧建筑的结构形式

资料来源：http://www.youthla.org/2011/01/brooklyn-bridge-park-the-evolution-of-a-new-new-york-tradition/

多种海岸边缘形态

资料来源：http://www.youthla.org/2011/01/brooklyn-bridge-park-the-evolution-of-a-new-new-york-tradition/

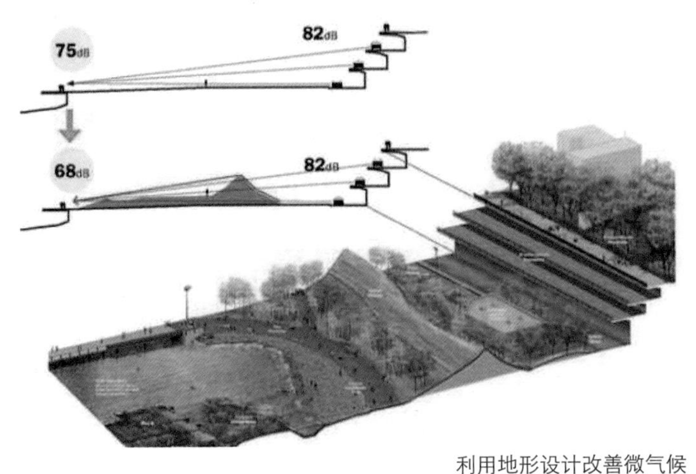


利用地形设计改善微气候

资料来源：http://www.brooklynbridgepark.org/pages/parkdesign

企业投资的商业设施

资 料 来 源：http://onlytheblogknowsbrooklyn.com/wp-content/uploads/2012/10/6098850792_d34794493f1.jpeg

## 启示意义：

伴随城市的产业转型发展，大量曾经辉煌的工业区正面临着衰败和被遗弃的状况，成为城市环境、市民活动的死角。如何重新激活这些空间并予之以新的功能，将是未来城市面临的重要问题。该项目充分整合环境、经济、城市和社会等众多因素，重新利用城市滨水空间，将旧工业厂区转变为市民休闲活动的天堂，从根本上改变了城市的品质。项目中政府主导、设计师牵头和企业投资的开发模式值得借鉴，公私合营的运营模式能够大幅度减少政府的财政压力，而景观设计师的全程参与则保证了项目的高品质实施。社会各方的通力合作，使得大规模的城市综合改造变为现实。

沿河步道

资料来源：http://www.brooklynbridgepark.org/park/fulton-ferry-landinght tp: / /www. nyt imes .com/2012/09/11nyregion/new-york-faces-risks

## 参考文献

[1] 冯璐 . 纽约弹性水岸公园设计实践与启示 以布鲁克林大桥公园为例 [J]. 华东理工大学艺术设计与传媒学院，2016(1):31-33.

[2] New York faces Risks [EB/OL].ht tp: / /www. nyt imes .com/2012/09/11nyregion/new-york-faces-risks.

[3] 钟惠城 . 布鲁克林大桥公园——一个新纽约传统的演变 [EB/OL].http://www.youthla.org/2011/01/brooklyn-bridge-park-the-evolution-of-a-new-new-york-tradition/

[4] Memorandum of Understanding[R].New York: Brooklyn Bridge Park, 2012.

# 美国纽约寸土寸金地段的口袋公园

Pocket Park in New York, USA

佩雷公园
项目地点：美国纽约
设计时间：1967 年
项目规模：约 390$m^2$
区位类型：城市中心区

绿亩公园
项目地点：美国纽约
设计时间：1975 年
项目规模：约 590$m^2$
区位类型：城市中心区

**案例创新点：**

针对城市及商业办公区内人口密集、绿地空间少的矛盾，美国风景园林师罗伯特·宰恩在1963 年纽约公园协会的展览会上首次提出了“为纽约服务的新公园”的建议，提出要在高密度的城市中心区设置呈斑块状分布的小型公园，即“口袋公园”。曼哈顿中心的佩雷公园和绿亩公园是纽约“口袋公园”的早期代表实例。在寸土寸金的城市中心区，利用边角空间设计建造的“口袋公园”，可以为周边写字楼中的上班族、商业区里的购物者等提供暂时的休憩和满足其他需求的室外停留场所。同时，“口袋公园”作为一种城市中的小型自然环境，能够起到自下而上地改善城市环境质量的作用。“口袋公园”的理念在世界各地产生了广泛的影响，除纽约之外，美国的其他城市以及英国、日本等国家的许多城市，都陆续进行了较为广泛的“口袋公园”建设。

佩雷公园
资料来源：http://www.jiudi.net/content/?1956.html

绿亩公园
资料来源：http://portalarquitetonico.com.br/pocket-parks/

## 案例简介：

佩雷公园建于 1967 年，位于曼哈顿市中心的东 53 街，第五大道和麦迪逊大道之间。花岗岩块石铺地，17 棵无刺美国皂荚整齐地排列，临近建筑墙面上覆盖着常青藤。6m 高的瀑布墙，为公园提供了视线焦点和生机勃勃的背景。佩雷公园由维廉姆·佩雷出资建造，属于私人拥有、建造、维护并捐赠给公众的慈善项目，为公众提供了一个生机盎然的绿色空间。

绿亩公园建于 1975 年，由洛克菲勒集团捐赠修建，位于曼哈顿第二、第三大道和 51 街之间。公园入口由花架、粗石雕塑水景组成，粗石景墙与周边建筑的外墙呼应。进入公园，空间依高低分为 3 个层次：入口平台区、上几级台阶的花架座椅区以及下几级的瀑布水景区。夏有树荫斑驳、瀑布清凉，冬有温暖阳光和可取暖的灯具，绿亩公园成为了一个极具吸引力的都市绿洲。

佩雷公园瀑布墙

资料来源：http://www.jiudi.net/content/?1956.htm

### “见缝插针”利用城市土地

佩雷公园和绿亩公园均地处高密度的城市中心区，属于呈斑块状分布于城市中的小公园。这种口袋公园在占地规模上，可以小到建筑物之间 15~30m（50~100 英尺）的范围，也可以是一两栋建筑的占地面积。它们从车行和步行交通流线中分离出来，尺度宜人、远离噪声，既利用了城市中的消极空间，又可以为上班族和购物者提供宝贵的绿色开放空间。

### 建造和维护费用低廉

口袋公园的另一个优势在于花费低廉，同时可以通过材料的选择降低养护管理费用，甚至不需要比街道和人行道更多的养护措施。例如佩雷公园，整体采用了易维护的建造材料，而由攀援植物覆盖建筑墙面，形成了不需要养护管理的绿色垂直界面。

佩雷公园垂直绿化

资料来源：http://www.jiudi.net/content/?1956.html

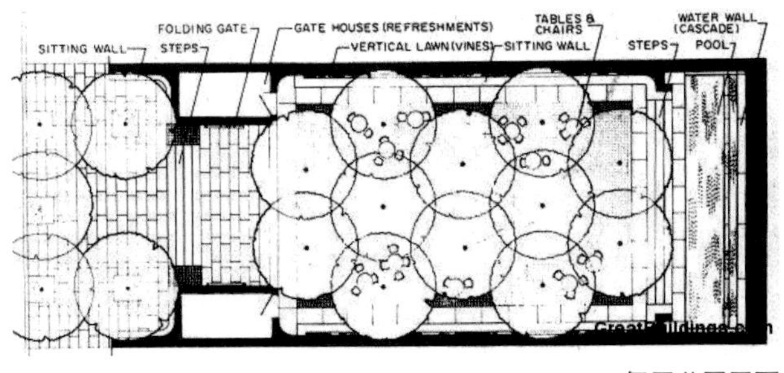


佩雷公园平面

佩雷公园剖面

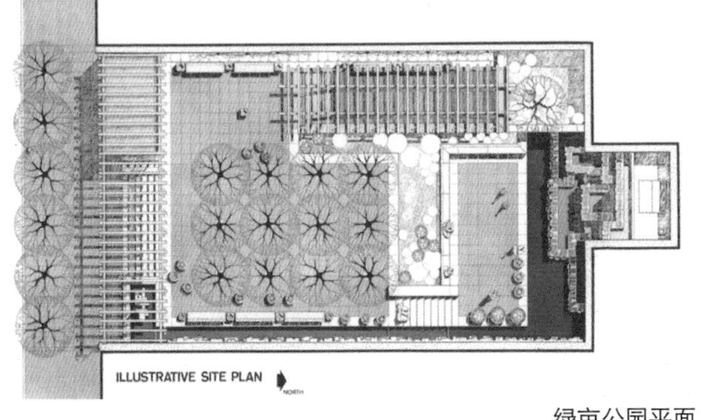


绿亩公园平面

绿亩公园剖面

以上四张图片来源：http://portalarquitetonico.com.br/pocket-parks/

### 满足城市公共活动需求

在佩雷公园和绿亩公园所提供的围合空间里，设计者利用水与植物营造了有趣、宜人的景观供人们游赏。佩雷公园设置有供休憩的可移动、舒适的独立座椅，还有可以提供简单食物的售卖亭；绿亩公园则利用高差设计了高低变化的平台空间，形成了不同的活动区域。虽然面积狭小，口袋公园通过细腻的设计仍然可以满足不同人群来到公园的不同活动需求。

### 改善城市生态环境

正如佩雷公园和绿亩公园一样，“口袋公园”一般都包含树木及地被植物等要素，被设计成为城市中高强度使用的绿地。由于位于高密度地区，它们的生态功能会因为其用地狭小而受到较大的限制，但是作为狭小的绿色斑块，口袋公园仍然能够为城市提供可渗透的地表界面，同时为小动物、尤其是鸟类提供廊道，从而改善城市的生态环境。

### 激发城市活力与凝聚力

口袋公园的产生与发展，重新定义了公园和城市的关系，以及公园和人的关系。设计者尝试用新的设计语言诠释和满足现代都市生活方式的需求，不只以追求纯粹的商业利益为设计目的，更以创造美好的居住、工作环境为目标，从而体现了以人为本的思想。城市中离散分布的口袋公园，使得人们能够随时随地享受绿色空间带来的舒适与愉悦，而以口袋公园为小型的中心节点，又可以对其辐射的周边环境产生凝聚力。

绿亩公园花架座椅区

资料来源：http://www.jiudi.net/content/?1956.htm

绿亩公园入口平台区

资料来源：http://www.inla.cn/xinshang/f/0510A2220136522.html

绿亩公园丰富的公众活动

资料来源：http://www.greenspacehealth.com/2013/06/05/a-sampling-of-new-york-green-spaces/greenacre-park-05312013-lr/

城市一隅的绿色公共空间

资料来源：http://www.jiudi.net/content/?1956.html

## 启示意义：

如今我国城市同样面临着用地紧张的问题，尤其在寸土寸金的中心区和建筑密集的老城区，口袋公园可以成为高密度地区改善城市环境的有效手段。利用“边角料”剩余土地兴建口袋公园，见缝插针地增加城市绿化，为城市提供更多的绿色公共空间，在社会层面和生态层面都具有重要意义。纽约佩雷公园和绿亩公园的案例，反映出口袋公园的设计、建设、维护以及公众的持续使用，对提升城市中心区空间品质、激发城市活力与凝聚力、改善城市生态环境等方面，都具有积极有效的作用。

满足城市公共活动需求

资料来源：http://www.inla.cn/xinshang/f/0510A2220136522.html

改善城市生态环境

资料来源：http://www.inla.cn/xinshang/f/0510A2220136522.html

激发城市活力与凝聚力

资料来源：http://www.inla.cn/xinshang/f/0510A2220136522.html

## 参考文献


[1] 张晋 . 基于城市与自然融合的新城绿地整合性研究 [D]. 北京林业大学 ,2014.

[2] 王鹏飞 , 张莉萌 , 孔倩倩等 . 城市口袋公园规划设计研究 [J]. 中国名城 ,2016(5):40-44.

[3] 张文英 . 口袋公园——躲避城市喧嚣的绿洲 [J]. 中国园林 ,2007,23(4):47-53.

# 德国柏林波茨坦“海绵型”广场设计

Water System Design of Potsdamer Platz in Berlin, Germany

项目地点：德国柏林
建设时间：1994 ～ 1998 年
项目规模：50hm$^2$
项目投资：40 亿欧元（包括建筑与景观）
区位类型：老城区
项目收益：2011 年获得德国 DGNB 绿色建筑认证体系可持续城市区域设计银奖

## 案例创新点：

波茨坦广场承载着东、西柏林分裂而遗留的历史创伤记忆，是柏林最重要的历史场所，自 1998 年更新改造项目落成以来，波兹坦广场已经成为一个开放空间重获生机的成功案例。它是德国柏林最具魅力的城市广场，也是城市建筑群雨水循环利用、水景设计的典范，于 2011 年获得德国 DGNB 绿色建筑认证体系可持续城市区域设计银奖。

## 案例简介：

在德国统一后的 1994 年～ 1998 年间，波茨坦广场成为了欧洲最大的建筑工地，总投资额高达 40 亿欧元。波茨坦广场遂成为新柏林最大的商业中心和最具魅力的场所之一，每天有 7 万人次到此游览，这里的水景观给游客留下了深刻的印象。波茨坦广场是雨水循环利用的典范，所有景观用水都是来自雨水收集后的再利用，对降雨具备一定的缓冲能力，同时能够节约建筑物内部的净水消耗量。

剧院前的阶梯状流水

资料来源：http://www.ylstudy.com/thread-85176-1-1.html

人工湖亲水平台

资料来源：http://www.szpark.com.cn/newsinfo_2_1387.html

人工湖

资料来源：http://www.szpark.com.cn/newsinfo_2_1387.html

### 雨水循环系统

由于柏林市地下水位较浅，因此要求商业区建成后既不能增加地下水的补给量，也不能增加雨水的排放量，以防雨水成涝。为此，波茨坦广场设计将适宜建设绿地的建筑屋顶全部建成“绿顶”，利用绿地滞蓄雨水，一方面防止雨水径流的产生，起到防洪作用，另一方面增加雨水的蒸发，起到增加空气湿度、改善生态环境的作用。对不宜建设绿地的屋顶，或者“绿顶”消化不了的剩余雨水，将通过专门的带有一定过滤作用的雨漏管道进入地下总蓄水池，再由水泵与地面人工湖和水景观相连，形成雨水循环系统，整个系统与城市雨水管网相互独立，减少了城市防洪压力。

剧院前的阶梯状流水

资料来源：http://www.ylstudy.com/thread-85176-1-1.html

### 雨水再利用方式

波茨坦广场水系统的雨水再利用有两种方式：第一种方式是将收集的雨水用于塑造城市水景观，包括索尼中心大楼前带有喷泉的水景观、戴克公司总部大楼前的人工湖，以及“电影宫”剧院前的阶梯状流水等；第二种方式是将收集的雨水汇入蓄水池进行再处理后用于冲刷厕所、洗涤衣服、浇灌花园草地、部分工业用水、空调冷却用水、清洁道路，以及填充附近的河流等。

剧院前的阶梯状流水

资料来源：http://www.ylstudy.com/thread-85176-1-1.html

## 启示意义：

作为世界上雨水利用技术最先进的国家之一，德国雨水用途很广泛。政府规划要求开发商在进行开发区规划、建设或改造时，必须将雨水利用作为重要内容进行考虑，因地制宜，将雨水就地收集、处理和使用，减少城市防洪压力，并以水景观的形式展现。波茨坦“海绵型”广场水系统设计中的生态理念和技术手段，对中国城市水资源循环利用、防止内涝等，有重要的借鉴和学习价值。

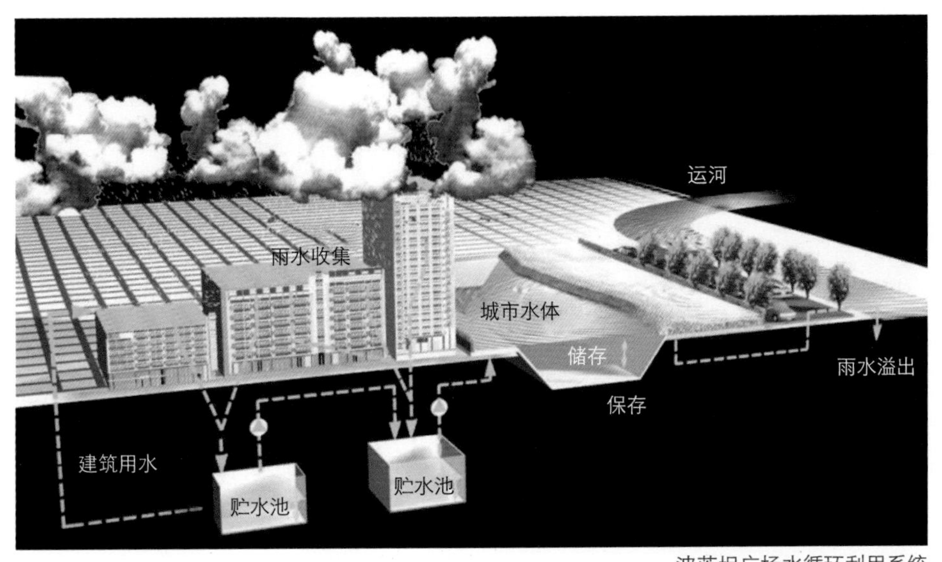


波茨坦广场水循环利用系统

资料来源：http://www.szpark.com.cn/newsinfo_2_1387.html

剧院前的阶梯状流水

资料来源：http://www.ylstudy.com/thread-85176-1-1.html

## 参考文献

[1 ]Potsdamer Platz, Berlin[EB/OL]. http://phasenwechsel.com/Projekt_PotsdamerPlatz.html

[2] 翟俊 . 从城市化的景观到景观化的城市——景观城市的“城市 = 公园”之路 [J]. 建筑学报 ,2014,01:82-87.

国际城市创新案例集
A Collection of International Urban Innovation Cases

05

# 绿色建筑与生态城市

Green Architecture and Ecological City

面对全球气候变化和生态环境危机，实现城市低碳化、生态化的可持续发展，是解决问题的重要途径之一。20 世纪 90 年代以来，世界许多国家和地区都为此进行了多样化探索实践，普遍而共同的经验是：在规划理念上，降低城市在土地占用、资源消耗和环境污染等方面的不良影响，促进资源能源循环利用；在运行机制上，综合考虑空间形态、技术手段、经济运行、社会活动等对城市发展的综合作用。

首先，在区域层面关注生态网络结构，保障区域生态安全，大伦敦地区的绿色通道网络是最为成功的示范之一。其次，在城市层面因地制宜地推动生态城市建设，既有阿联酋马斯达尔这样依靠新兴技术建设的生态城市，也有巴西库里提巴这样低成本宜居生活型的生态城市，还有瑞典斯德哥尔摩哈默比湖城这样逐步演进、改造而来的生态城市。第三，在社区层面努力营造生态社区，强调循环利用、绿色交通和开放空间构建，英国伦敦贝丁顿零碳社区、美国西雅图高点社区、德国沙恩豪瑟生态社区等都是著名的绿色实践。最后，关注绿色建筑的普及，不仅是新建筑要按照低碳标准建造，老旧建筑也需要进行节能改造。

面对工业化时代快速扩张建成的城市，如今我们还要关注生态环境的修复，弥补生态损伤，改善生态环境质量。在此方面，德国慕尼黑伊萨尔河、美国德克萨斯州圣安东尼奥河的实践都非常成功。我们也不要忽视都市农业的作用，它不仅有助于应对粮食危机、丰富城市景观、提供就业岗位，更由于其缩短了食物生产、运输与消费的里程，对减缓环境污染也有积极的作用。

>> >

# 英国伦敦绿色通道网络的规划与管理

The Planning and Administration of Greenway Network in London,UK

项目地点：英国大伦敦都会区
建设时间：1929 年至今
项目规模：1572km²
区位类型：市域范围

**案例创新点：**

伦敦是著名的国际化大都市之一，经过长时间的持续探索实践，伦敦以绿色通道网络为核心的多样化的城市开放空间系统，以其高效的管理运营模式、有力的法律保障，以及对土地资源的整合利用和空间品质的显著提升而闻名于世。绿色通道网络在棕地改造、保护生物多样性、缓解热岛效应、发展地域社会文化等方面产生积极效益，从而带动了周边土地增值，吸引了投资，激发了城市活力。

1929 规划环绕伦敦的“绿环”

1944-1945 创建绿色通道网络

1951 增加有植被的公园空间

1976 配置不同等级的公园

1976 以后 发展“绿链”连接开放空间

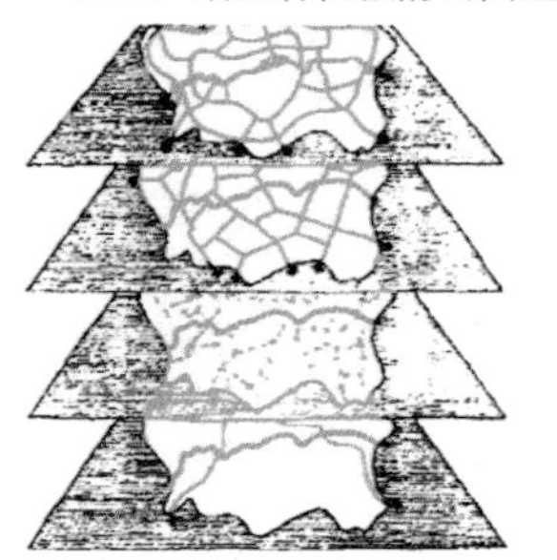

1991 不同属性的绿色通道网络叠加

伦敦开放空间规划发展历史

资料来源：韩西丽，俞孔坚．伦敦城市开放空间规划中的绿色通道网络思想 [J]. 新建筑 ,2004,(5):7-9.

## 案例简介：

1929 至 1991 年之间，伦敦先后制定了一系列针对城市开放空间的规划，其中在 1943 年提出了绿色通道网络理念，即用绿色通道将内城的开放空间与大伦敦边缘的开放空间连接起来。1976 年，伦敦开敞空间规划提出“绿链”的理念，主要通过一些林荫道、绿化带、景观带和步行路等将邻近的大型开放空间有机串联起来。一直到现在，绿色通道网络的思想贯穿于伦敦城市开放空间的规划中，在城市中构建了集生态、社会、文化等功能于一体的绿色框架。

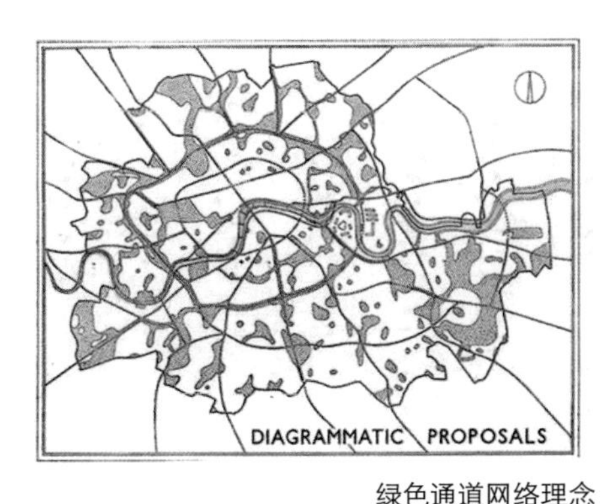


绿色通道网络理念

资 料 来 源：http://www.gardenvisit.com/blog/landscape-and-open-space-planning-in-london/

### 赋予绿网规划法律效力

伦敦的绿色通道网络是以法律形式确定的规划策略，如 1938 年绿带法、1946 年新城法、1947 年城乡规划法等，这些法案规范了新城规划建设、土地交易、绿带保护及产业布局等具体事项，保证了政策的顺利贯彻实施，也保证了绿网体系的完整性和连续性。以东伦敦绿网为例，为保证绿网规划的实施力度，相关策略被赋予严格的法律效力，并于 2008 年初颁布实施。

### 整合利用多种土地资源

伦敦立足于本地河流、湿地、森林、公园等绿地资源，并对原有棕地，包括垃圾山、垃圾填埋场、采矿地、废弃小型机场及受污染的水域进行生态修复，通过资源的整合，设立不同规模的野生动物栖息地，在空间上尽量连通，为野生动物提供迁徙的通道。对于城市中的受损地、废弃地和污染地，规划重视其生态价值的发挥，将场地恢复适合、有益的用途，并适当地进行环境改造。此外，伦敦将重要野生动植物栖息地划为重要自然保育地，而将废弃的墓地、垃圾堆场、铁路、水库和深坑等，均作为半自然保留地，为野生动植物提供重要栖息环境。这些区域同时也作为公共开放空间，成为人们直接体验自然的场所。

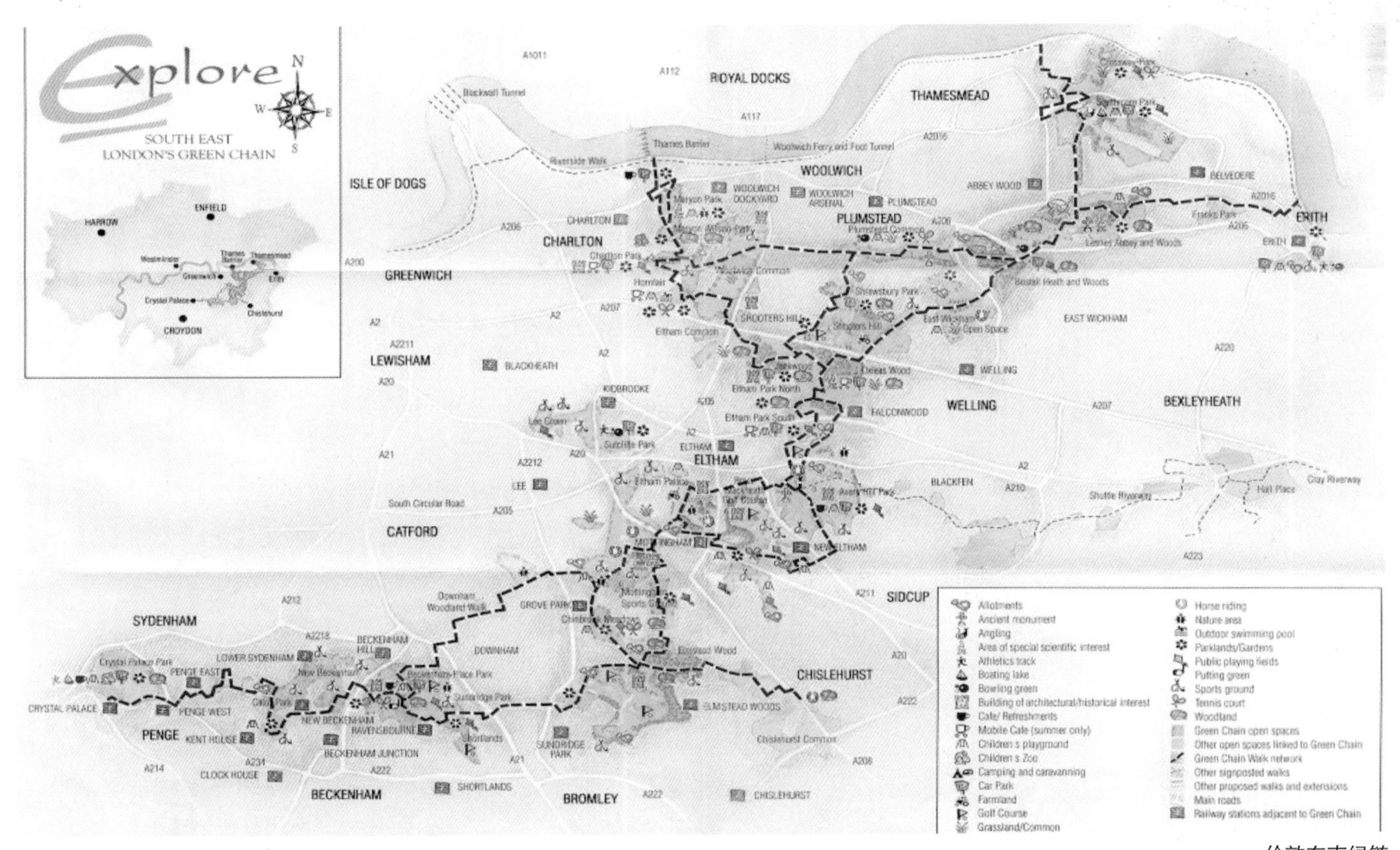


伦敦东南绿链

资料来源：http://cwcps.blogspot.com/2012/03/level-2-unit-10-land-navigation.html

泰晤士河鸟瞰

资料来源：http://taiwan-motherofmine.blogspot.com/2011/07/london-bird-view.html

### 网络化的开放空间系统

伦敦在将公共空间分区管理运营的同时，也注重将其打造成网络化的系统。一方面，公共开放空间依靠相互连接的游憩路径来实现整个系统的活力。例如伦敦著名的东南绿链，整合了城市东南部的自然及人文资源，构建了连续的游赏步行系统，成为伦敦最受欢迎的绿道之一。另一方面，伦敦充分利用重大公共空间项目的辐射作用，增强周边绿地的联系。位于利亚山谷下游区的 2012 奥林匹克公园就是一个很好的例子。在这里，$80hm^2$ 的绿地将原有利亚山谷区域公园与泰晤士河连接起来，提高了谷地开放空间的完整度。

伦敦奥林匹克公园

资料来源：http://www.farshidmoussavi.com/node/18

### 高效的管理运营模式

规模庞大的伦敦绿网通过高效的管理运营模式来推动实施，依据分区体系建立起至上而下、分工明确的各级管理机构。例如在东伦敦，绿网开放空间整合为 6 个区域，每个区域由独立的组织来负责各自的规划导则和运营管理，并最终演化为专项服务机构。东伦敦绿网项目委员会搭建起公众信息平台，对市民的询问及意见给予反馈。伴随着东伦敦绿网的建设，分区专题网站上呈现了详细的游憩指引手册。通过设立信息平台，使公众参与从规划到实施以及后期管理维护的全过程，确保该系统在建成后得到充分理解与使用。

泰晤士蔡斯社区森林

资料来源：http://www.thameschase.org.uk/visitor-centres/ockendon/cely-wood-1

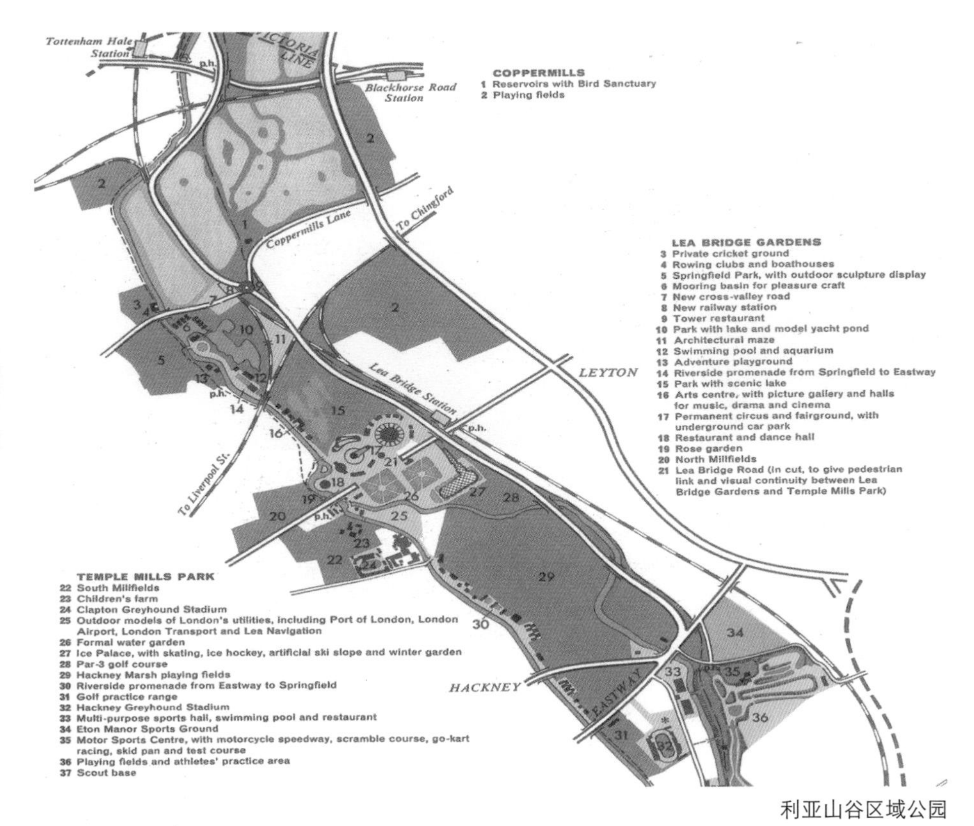


利亚山谷区域公园

资料来源：https://cosmopolitanscum.com/2012/06/23/an-end-to-psychogeography/

## 启示意义：

城市开放空间对于生态环境和社会生活都具有重要意义。伦敦把绿色通道网络作为城市重要的绿色基础设施系统打造，并以立法保障持续系统实施，相应建立了完善的合理运行制度，为维护伦敦作为国际化大都市的品质奠定了坚实的环境基础。此外，其绿色通道网络强调系统连通性，不止于独立的开放空间，而强调利用绿道的游憩路径，或结合重要公园湿地等，在更大尺度上构建连续、完整的开放空间系统。这样系统联通的绿色网络，既有利于绿色自然楔入城市，也有利于动物的自由迁徙，还有利于绿色网络形成洪涝等灾害条件下的应急空间。

里士满公园

资料来源：http://www.movebubble.com/2015/06/guide-best-parks-in-london/

海德公园

资料来源：https://global.britannica.com/place/Green-Park

圣詹姆斯公园

资料来源：http://www.eatinglondontours.co.uk/blog/london-parks/

## 参考文献

[1] 韩西丽，俞孔坚．伦敦城市开放空间规划中的绿色通道网络思想 [J]. 新建筑，2004(5):7-9.
[2] 张庆费，乔平，杨文悦等．伦敦绿地发展特征分析 [J]. 中国园林，2003,19(10):55-58.
[3] 刘家琳，李雄．东伦敦绿网引导下的开放空间的保护与再生 [J]. 风景园林，2013(3):90-96.

# 中国广东省域绿道网络的系统构建

System Construction of Guangdong Green Road Network, China

案例区位：中国广东省
规划范围：省域（17.97 万 $km^2$）8700km 的区域绿道
实施时间：2010 年 -2015 年

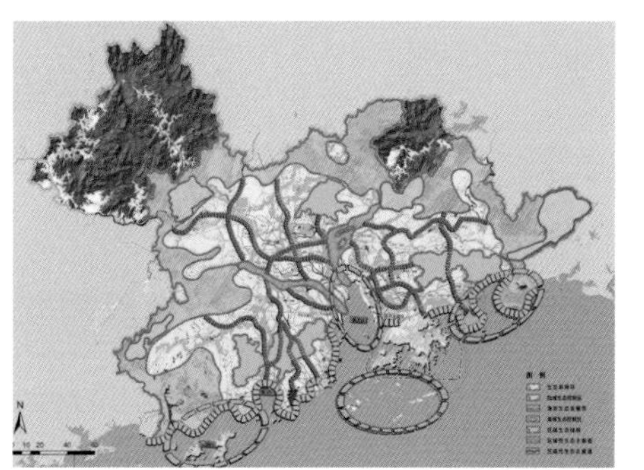
珠三角区域绿地网络

**案例创新点：**

自 2010 年起，广东在省域范围内全面推进绿道网络建设，旨在以全省联通的绿道串联城乡各类自然生态与人文景观资源。为保证绿道建设的系统性，广东省住房和城乡建设厅会同有关部门制定了《珠江三角洲绿道网总体规划纲要》，明确了全省绿道网络建设的总体布局、主要功能、线路走向和设施配套等要求。各地在此框架指导下，结合地方山水和人文资源，形成了详细规划和行动方案。目前，全省已形成了 8700km 的区域绿道网络，达到了推动居民健身休闲、促进旅游发展、改善城市生态环境、提升城市品质的多元综合目标。

**注重生态**

· 能发挥防洪固土、清洁水源和净化空气作用；
· 为植物和动物繁衍栖息提供充足空间。

**贴近群众**

· 有利于美化人居环境、为人们提供更多贴近自然的场所；
· 提供大量户外交往空间，增进城乡居民之间的融合与交流。

**服务民生**

· 提供约 30 万就业岗位；
· 直接为 2600 多万人提供生活休闲服务；
· 举办各种类型的群众活动。

**促进发展**

· 有利于改善投资环境；
· 有利于增加就业；
· 有利于促进旅游服务业发展。

## 案例简介：

为推动全省城乡环境质量和空间品质提升，自2010年起，广东在省域范围内全面推进了绿道网络建设。通过绿道串联和保护沿线的生态环境、自然景观、文物古迹和地方风貌，打通区域、城乡之间的生态廊道，提供一种绿色环保、低碳经济的交通方式，满足城乡居民休闲、游憩、旅游、运动等多方面的需求。

提升宜居性，让城市更富生命力

### 系统布局，建设绿道休闲网络

绿道网络不是对原有城市绿地、绿线、绿面的简单“量”的叠加，而是强调形成城乡一体的生态绿化网络，通过点、线、面有机串联，系统构建市与市、市与乡、城市组团之间的绿道，共同形成一张包括6条主线、4条联络线、22条支线等在内的、贯通生态节点、联系城乡居民的“绿网”。

重视服务民生，让城市幸福指数更高

### 差别引导，提高绿道建设水平

根据绿道所覆盖地域的生态功能和使用状况的不同，广东省将绿道网络划分为“生态型—郊野型—都市型”三类绿道，按照林荫道、慢行道和观光道的建设要求，提出了差异化的建设技术标准，并统一绿道引导标识系统。

### 生态优先，提升城市宜居水平

依托绿道网络形成连续的生态廊道，串联原本碎片化的区域生态资源；借助生态化工程措施，保育和恢复绿道及周边地区的生态环境；通过划定生态廊道，防止城市建设无序蔓延，为人们提供舒适、惬意的人居环境，实现城乡生态协调发展。

统一绿道标识系统

### 改善民生，满足居民日常需求

注重以人为本，通过人性化设计满足居民交往和日常休闲游憩的需要，创造亲近自然的绿色空间，为人民提供回归自然的郊野休闲方式。依托绿道建设各类旅游与休闲场所，为城乡居民提供更多的户外活动空间。

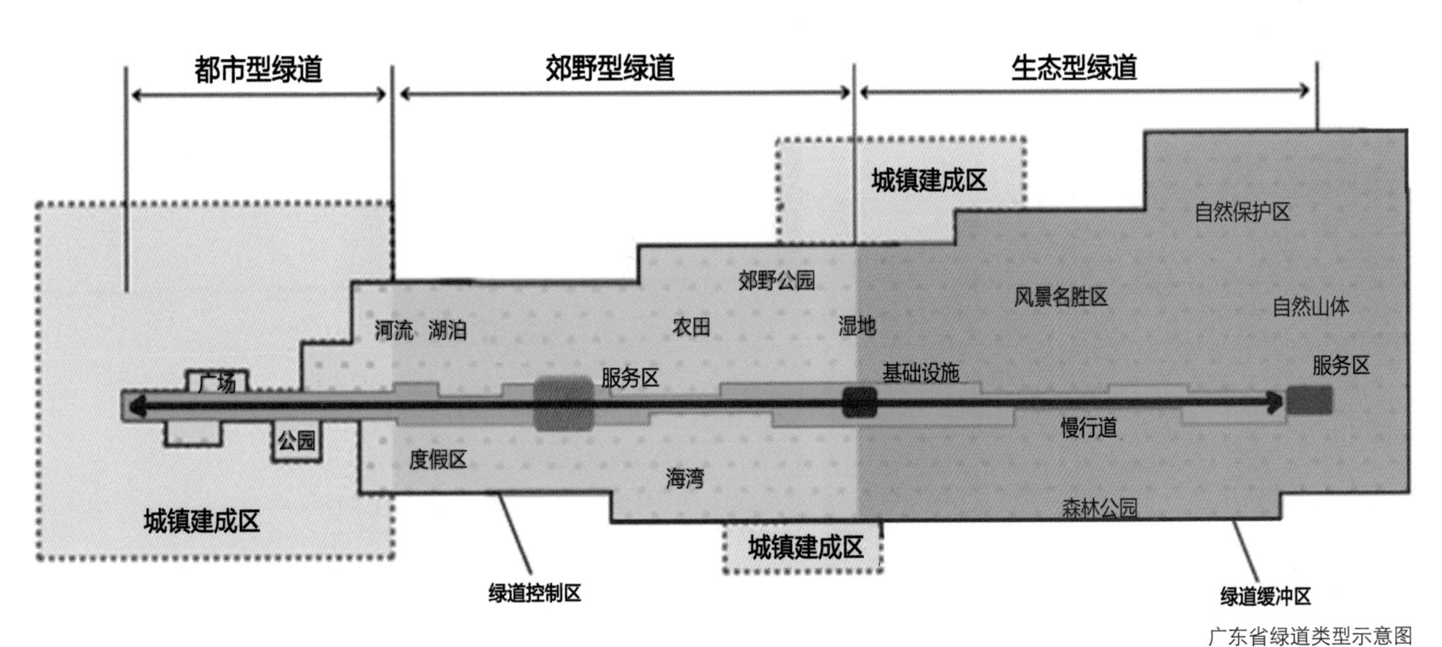

广东省绿道类型示意图

结合产业发展，发挥资源经济潜力

**吸引消费，促进经济有序增长**

绿道网络的建设大大改善了生态和投资环境，树立了绿色发展的新形象，增强了地区的吸引力和竞争力。同时，通过绿道串联各类城乡自然景观和历史文化节点，加强旅游等设施配套，带动旅游观光和体验休闲等相关行业发展，提升地方就业水平，带动乡村经济发展。

**因地制宜，体现各地多样特色**

各地按照全省绿道建设生态化、本土化、多样化、人性化的要求，充分利用本地优势资源，突出本地自然风貌，发掘本地历史人文内涵，因地制宜，积极探索，打造出主题不同、特色鲜明的绿道。

广州市结合深厚的历史文化底蕴，突出“山、水、城、田、海”的自然格局，不断丰富幸福绿道新内涵，形成了远郊山体绿道、城市公园绿道、近郊田园绿道、南部滨海绿道等四大类型绿道。

深圳市提出区域、城市、社区三级绿道网络的服务时距标准，绿道建设体现绿色经济、低碳环保主题，38 个驿站全部采用废旧集装箱进行改造。

珠海市绿道网络充分展现珠海山海相拥、陆岛相望的城市风貌，新建的栈道、凉亭和拱桥与沿途红树林风光相得益彰。

佛山市结合水乡景观建设绿道，突显了岭南水乡特色和桑基鱼塘风情，注重通过细节体现本地特色，将本地陶艺、武艺、岭南建筑元素、剪纸艺术、传统村落等传统文化元素融入绿道建设。

东莞市重点建设滨水绿道环、都市绿道环、山林绿道环“三环绿道”，同时将绿道建设与功能开发相结合，打造了香飘四季、都市亲水、滨水湿地、松湖花海、湖光山色、森林野趣等六条经典绿道游览线路。

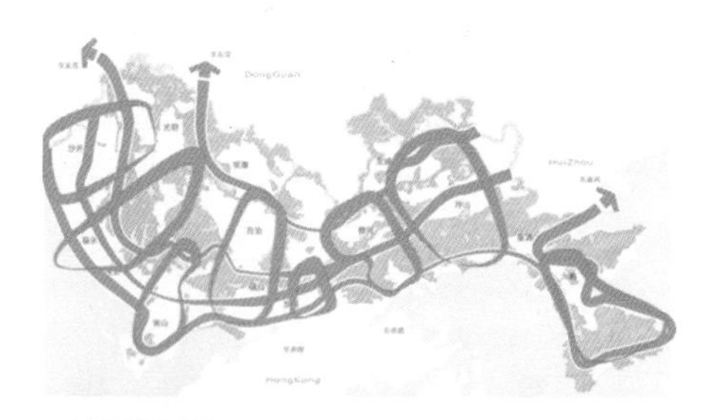


深圳市形成市域系统性的绿道网络格局

广州：采用园林景观设计手法，搭配植物、建筑、小品等设计元素

珠海滨海都市型绿道

佛山绿道

东莞石龙绿道

绿道建设前后对比

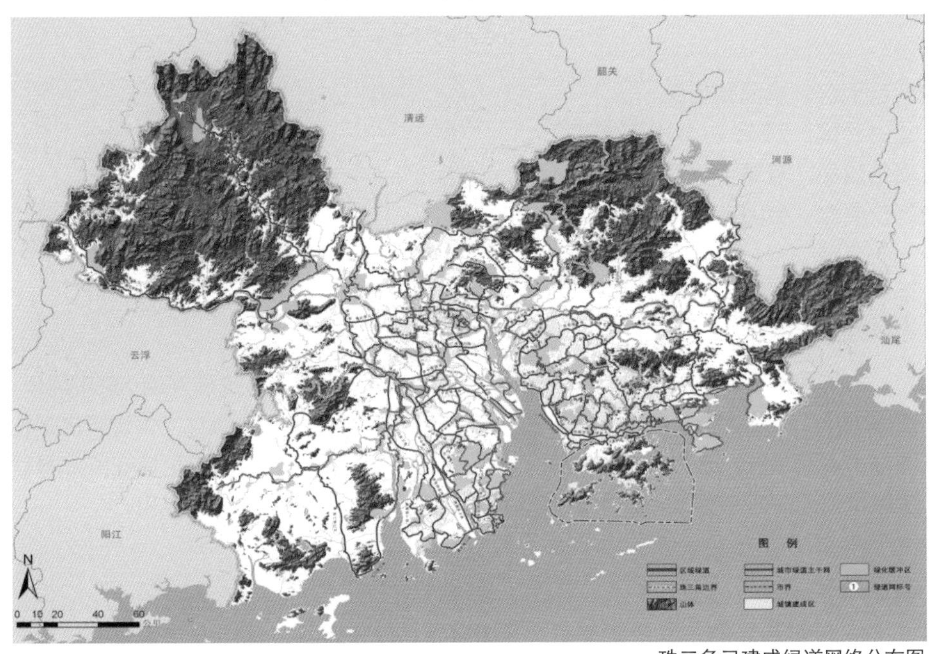

珠三角已建成绿道网络分布图

媒体报道

## 启示意义：

当前，新型城镇化已进入量质并重提升的关键时期，在资源环境约束趋紧的发展背景下，需要切实践行绿色发展理念，树立尊重自然、顺应自然、保护自然的生态文明理念。广东以省域绿道网络系统构建为抓手，推动了区域绿地资源保护和区域生态空间格局优化，提高了全社会参与保护环境的意识。同时，绿道网络直接串联城市与乡村，促进了城市与农村、市民与农民之间的交流与融合，带动了沿线产业发展，并为人们的低碳环保出行、休闲生活提供了绿色开敞空间，增强了城乡居民的归属感、幸福感和获得感。

## 参考文献


[1] 广东省人民政府 . 珠江三角洲绿道网总体规划纲要 [z].

[2] 广东省住房和城乡建设厅 . 建设生态文明，推进和谐发展——广东省绿道网工作模式总结与评价 [R].

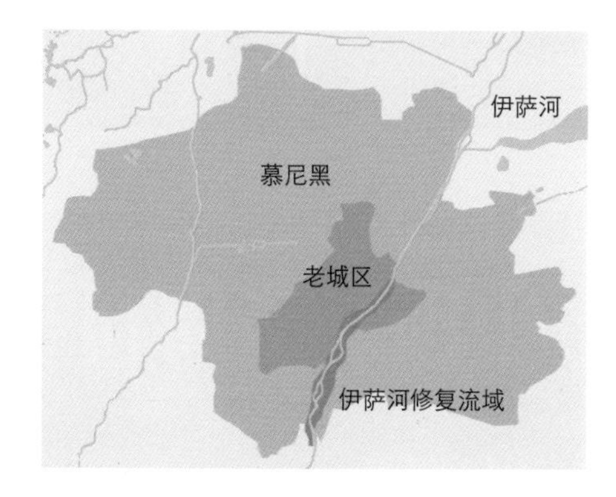


# 德国慕尼黑伊萨河的修复与重塑

The Restoration Project of Isar River in Munich, Germany

项目地点：德国慕尼黑
建设时间：2000 ～ 2011 年
项目规模：流域全长约 8km
区位类型：市域范围内

## 案例创新点：

为了修复在城市化进程中遭到破坏的伊萨河，慕尼黑通过改造河床、重塑河岸、加固河堤、改良水体、控制水量，在提高城市河流防洪能力的同时，构建了自然化的城市河流景观，并为市民们提供了优质的滨水游憩空间。德国慕尼黑在欧洲最宜居城市评比中排名第三，伊萨河的成功修复在评选中起到了决定性作用。

## 案例简介：

19 世纪后半期，慕尼黑经历了污染环境、砍伐森林、滥用自然资源等阶段，在这一历程中，伊萨河的生态环境遭到了严重破坏。1980 年代以后，慕尼黑将发展目标转向了追求高品质的城市生活。2000 年慕尼黑启动了“伊萨河计划”，对长 8km 的伊萨河流域进行了为期 11 年的改造，清除二战后的污染物，修筑防洪工程、修建滩涂、绿化河岸和改善水质。

修复前的伊萨河

资料来源：http://www.theworldisabook.com/16314/munich-with-kids-walking-tour/

移除河道堤坝

资料来源：http://www.ecrr.org/Portals/27/Isar%20River%20Munich.pdf

修复后的多用途伊萨河

资料来源：http://www.ecrr.org/Portals/27/Isar%20River%20Munich.pdf

**改造河床，保障鱼类洄游**

项目凿开了水泥加固的梯形河道并去除硬质防护，从而使得泄洪能力得以提升。建造跨河的缓坡来替代原本固化的滚水堰。在提供防洪功能的同时，防止河床被深度侵蚀。其间形成的小型洼地成为许多鱼类的栖息场所和育儿室，并起到鱼道的作用，使鱼类洄游成为可能。2013 年项目建成后，即成功抵御了一场“世纪洪水”的侵袭，相信随着后续河段改造的持续进行，伊萨河的防洪能力将进一步提高。

**提升水质，修复流域生态**

经过治理，沿伊萨河的社区都完成了污水处理厂的升级，建造了净化系统，较大程度地提高了水质。目前伊萨河的水质已达到可沐浴的洁净程度，提高了区域内居住空间的质量。整个河流区域的发展更趋自然，水体也逐渐恢复了自我调节能力。改造后的伊萨河流域不仅获得了景观魅力，还提高了本土动植物的栖息地质量和生物多样性。

伊萨河改造总图（部分）

资料来源：http://www.homannzehl-arch.de/stadtplanung/files/16/b_800_pic_28.jpg

**重塑河岸，提升公共性**

改造过的前滩和河岸提高了水域的可达性，人们得以亲近和体验河流。项目通过挖去、铲平前滩为洪水制造了一个宽阔的排水截面，以自然石材铺制的台阶取代石滩，对河岸部分位置进行重点加固，不但不影响项目的整体效果，还加强了这些区域的生动个性。如今伊萨河已经成为慕尼黑市民日常休闲、漂流、冲浪、游泳的活力场所。

河流区域生态环境得到修复

资料来源：http://www.panoramio.com/photo/26002763

## 启示意义：

伊萨河的修复与重塑项目在持续、动态的改造过程，优化游憩系统以及恢复具有地域特征的河流景观等方面堪称同类项目中的典范，对世界各国的城市河流景观的修复与改造具有借鉴意义。城市往往会面临内涝问题，通过加宽河床，采取新的河岸防护措施以及实行综合的河堤修复计划等，可以提高城市的防洪能力。自然化的河道相较硬质化的防洪设施更为经济有效，且有利于环境保护和生态修复。借鉴这种建造过程可以大量地节省资源，同时也能减少处理废料的资金，真正做到开源节流。同时在改造过程中注重地域特色，结合当地特有的景观元素，融入地方文化，营造出独有的景观。

河畔滩涂成为市民休闲的聚集地

资料来源：http://climate-adapt.eea.europa.eu/metadata/case-studies/isar-plan-2013-water-management-plan-and-restoration-of-the-isar-river-munich-germany/11265875.jpg/@@images/image/large

缓坡式河床保障鱼类洄游

资料来源：http://www.zanzig.com/travel/pom/pom0502lg.htm

## 参考文献


[1] 赵夏．德国慕尼黑内城的发展演变及其保护更新［J］．城市问题，2010（7）：92-97

[2] 谢雨婷，林晔．城市河流景观的自然化修复——以慕尼黑“伊萨河计划”为例 [J]. 中国园林 ,2015,01:55-59.

[3] 李然．回到本色——记德国慕尼黑“伊萨尔河皈依自然工程”[J]. 人与自然 ,2004,09:120-121.

# 美国德克萨斯州圣安东尼奥河改造规划

San Antonio River Reconstruction Project, Texas, USA

项目地点：美国德克萨斯州圣安东尼奥市
建设时间：2001 ～ 2012
项目规模：圣安东尼奥河流域
区位类型：老城区

**案例创新点：**

城市滨河地区往往是城市历史和自然信息最丰富的地方，它有机融入了城市的增长历史，连接着城市生活的过去、现在和未来。圣安东尼奥河与流域内的居民生活紧密相关，其历史也贯穿于整个圣安东尼奥城市社区的发展过程中。圣安东尼奥市政府对圣安东尼奥河做出了一个统筹各方因素的改造，成功地将河流恢复了自然状态，并整合了周边城市资源，为城市的发展注入了新的活力。该项目的规划获得了美国景观设计师协会（ASLA）荣誉奖。

圣安东尼奥河改造前

资料来源：康汉起，史蒂文·夏尔．美国圣安东尼奥河改造项目回顾 [J]. 中国园林 ,2008,05:40-48.

圣安东尼奥河规划效果图

资料来源：康汉起，史蒂文·夏尔．美国圣安东尼奥河改造项目回顾 [J]. 中国园林 ,2008,05:40-48.

圣安东尼奥河改造后

资料来源：http://photo.zhulong.com/proj/detail125256.html

## 案例简介：

圣安东尼奥河现有的防洪设施是1968年由美国陆军工程兵团设计和建造的，几十年来，尽管它非常有效地控制了洪水泛滥，但景观单调乏味、缺乏视觉吸引力，生物栖息地环境质量差。为了改善城市环境，1998年贝萨尔郡、圣安东尼奥市政府、圣安东尼奥河管理局和不同的市民组织共同成立了圣安东尼奥河改造监督委员会，委托SWA景观集团进行整体设计，倡议发起河流改造。2001年8月，圣安东尼奥市政府在进行城市总体规划修编时，要求沿河新建项目必须保留圣安东尼奥河滨河步行道的特色风貌，确保滨河地区的可达性，使人们从商业、居住地以及附近的城市道路能够方便地到达圣安东尼奥河畔。具体的规划措施包括：制定附近街道景观的设计标准、制定河道景观设计标准、种植乔木为沿河道路提供遮荫、沿河岸设置各类休闲服务设施、使用多种类型的公共交通、设置标识系统等。经过此后十多年的持续推进改善，圣安东尼奥河流域南北两段的自然环境得到修复，中间段内城流域成为了宜人的活动场所，其河畔步道成为文化与城市生活的新地标。

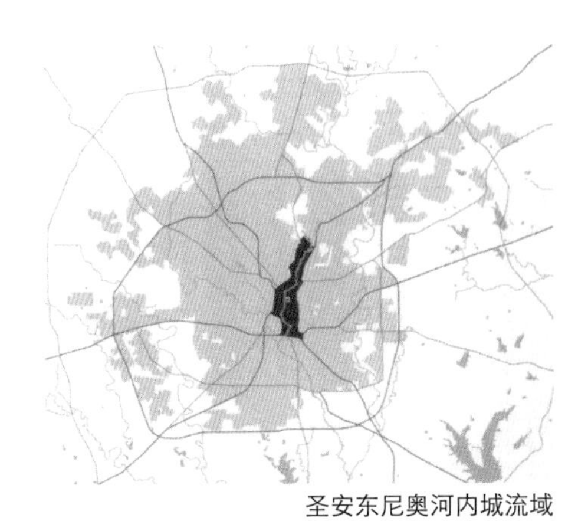

圣安东尼奥河内城流域

资料来源：城市营造：21世纪设计的九项原则．约翰·伦德·寇耿．城市营造:21世纪城市设计的九项原则[M]. 2013,06:152-156.

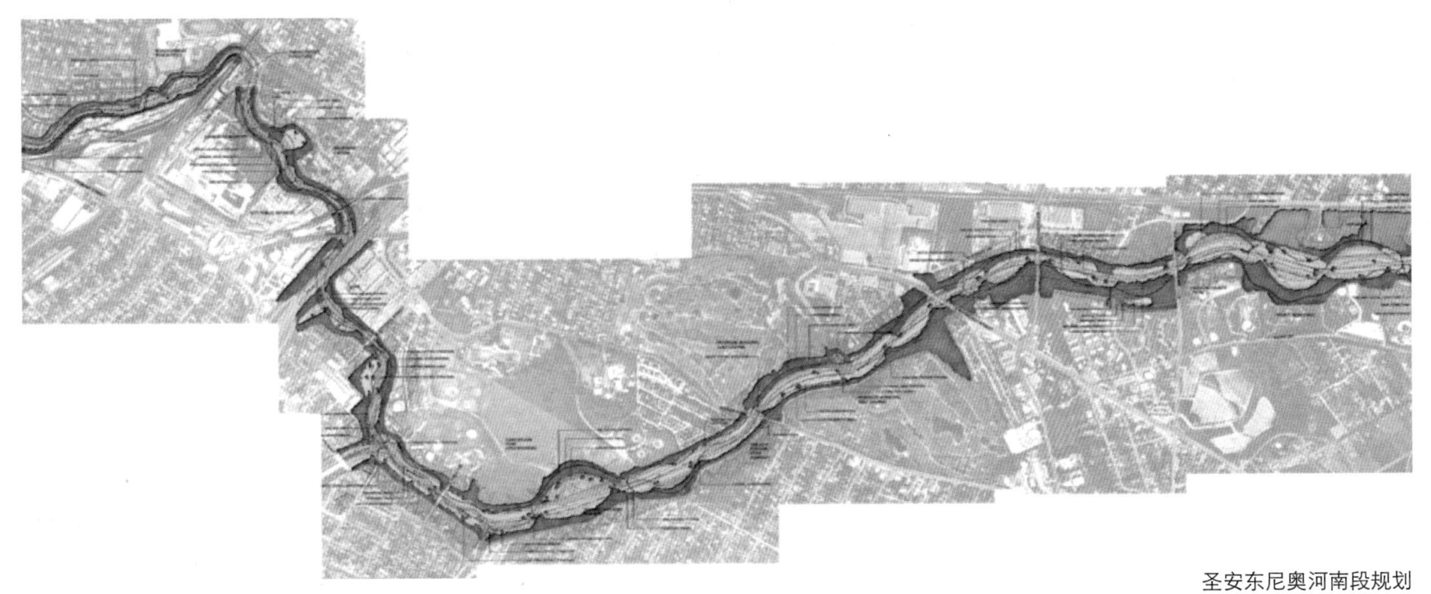

圣安东尼奥河南段规划

资料来源：San Antonio River Improvement Project. http://www.swagroup.com/projects/san-antonio-river-improvement-project/

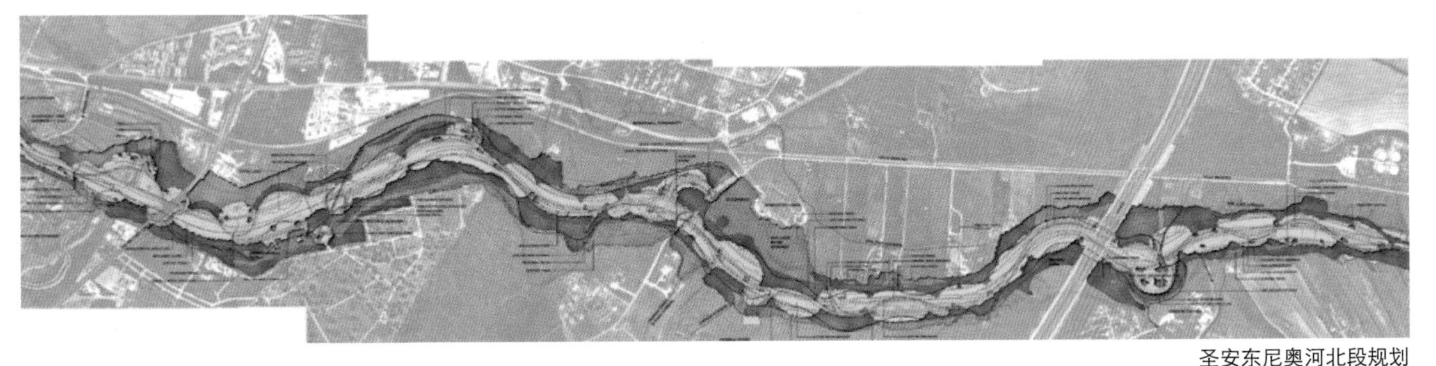

圣安东尼奥河北段规划

资料来源：San Antonio River Improvement Project. http://www.swagroup.com/projects/san-antonio-river-improvement-project/

### 增强滨河区与城市的联系

使河流与周边地区的重要城市节点产生连接是圣安东尼奥河改造工程的一个重要目标，其中包括南段的教士宅院、文化遗迹以及附近的社区、公园，北段的圣安东尼奥博物馆和其他文化公共机构，以此来提升城市景观的整体性和滨河园林景观的可达性。

在北部河段的城区部分则主要延续帕塞欧·迪尔·里约的设计风格，规划疏通和改造圣安东尼奥艺术博物馆附近环状的旧河道，满足人们乘船游览的需求，为社区提供新的滨水地产发展潜力。为了改善环境，促进滨河地区的社区发展，南段考虑与周边文物古迹、现有公园及周边社区加强联系。

### 保护滨河区历史文化遗产

在河段南部，美国国家公园管理局规划了圣安东尼奥历史遗迹公园。在河流南段德埃斯帕达水坝附近，修复建于西班牙殖民时期北美现存最古老的水渠，并将其打造成为文化和教育场所。针对南部河段 4 处建于 18 世纪的教会遗址，规划在遗产保护的基础上，将教会遗址现有的道路系统与滨河步行道相连接，使二者有机结合。

河道公共性改造示意

资料来源：康汉起，史蒂文·夏尔．美国圣安东尼奥河改造项目回顾 [J]. 中国园林 ,2008,05:40-48.

沿河教会遗址

资料来源：http://photo.zhulong.com/proj/detail125256.html

历史建筑与步行廊道、绿化的有机组织

资料来源：http://www.towngoodies.com/place:us-tx-san-antonio-museum-of-art

圣安东尼奥河南段生态修复

资料来源：http://photo.zhulong.com/proj/detail125256.html

滨河景观的塑造

资料来源：http://www.sanantonioriver.org/index.php

河道水质的改善

资料来源：http://photo.zhulong.com/proj/detail125256.html

河岸生态的营造

资料来源：康汉起，史蒂文·夏尔．美国圣安东尼奥河改造项目回顾 [J]. 中国园林，2008,05:40-48.

**恢复河流自然景观**

确保河流的水质和生态需水量是改善河道栖息地环境质量的一项重要措施。为此，政府制定了新的规章制度，同时在流域范围内展开治污工作。 规划在河道内注入更多的再生水，并通过改善河流生态环境达到净化水质的目的。在南部河段，规划运用河流地貌学的原理，将圣安东尼奥河恢复到更加接近天然河流的状态，从而使这段河床变得更加稳定。北部河段采用生态工程护岸的方法，创造环境宜人的滨水活动空间。

## 启示意义：

随着社会的发展和人民生活水平的日益提高，人们对高质量开放空间需求也必然越来越多。城市滨水地区的规划往往与社会经济、生态环境、交通运输 、水利建设等城市生活的诸多方面有密切的关系，如果在规划设计过程中片面强调某一方面，忽视了综合平衡和统筹协调，会对滨水地区的发展和城市环境带来不利影响。中国正在大规模推进黑臭河道整治，在治理过程中应将污水治理、岸线生态修复、海绵城市建设和滨水空间打造结合起来。圣安东尼奥河改造项目为城市滨水地区建设提供了一个成功的范例，在改善河流生态环境 、整合城市资源 、强化城市特色等方面值得我们借鉴。

**参考文献**

[1] 康汉起，史蒂文·夏尔．美国圣安东尼奥河改造项目回顾 [J]. 中国园林，2008,05:40-48.
[2] 约翰·伦德·寇耿．城市营造 :21 世纪城市设计的九项原则 [M]. 江苏人民出版社，2013,06:152-156.

# 瑞典哈默比湖城：老工业区建设生态新城

Hammarby Sjöstad: From Old Industrial Area to Ecological New Town，Sweden

项目地点：瑞典斯德哥尔摩东南部
建设时间：21 世纪初
项目规模：$2km^2$，其中含 $0.4km^2$ 水面，$1.6km^2$ 陆地
区位类型：居住区
项目投资：政府投资 5 亿欧元，私人投资 30 亿欧元
项目效益：解决 2.5 万人居住，创造就业岗位 8000 个

**案例创新点：**

作为欧洲 21 世纪以来最大的新城开发项目，斯德哥尔摩哈默比湖城在建设之初，就制定了很高的环境目标：将新城的环境影响降低到普通城市住区的 50%。为了实现这一环境目标，由斯德哥尔摩市政府主导建立了多部门的协调机制，开发出新城资源循环模型，这一模型包含能源、给排水以及垃圾处理这三大市政难题的环境解决方案。在这一模型的指导下，规划、建设、管理和运营得以具体量化。哈默比湖城成为新世纪以来世界各国生态新城开发的重要范本。

2007 年哈默比湖城的规划获得世界瞭望组织（World Watch）颁发的年度城市建设类清洁能源奖。英国皇家建筑师学会（RIBA）将哈默比湖城列为 2009 年度可持续住区设计推荐观摩项目。每年有来自世界各地超过一万名专业人士参观并学习哈默比湖城规划和建设的先进经验，2010 年习近平同志也专程参观了哈默比湖城。

新城资源循环模型指导下的住宅区建设

资料来源：Hammarby Sjöstad – a unique environmental project in Stockholm [R]. Alfaprint, 2007

以水为主题的生态景观

资料来源：Hammarby Sjöstad – a unique environmental project in Stockholm [R]. Alfaprint, 2007

真空垃圾收集系统
资料来源：Envac 公司

雨水经过景观绿地自然沉淀过滤后形成景观水面，最终排入哈默比湖；

从湖岸远眺新城，黄色建筑是一座玻璃制品厂改造而成的社区中心和图书馆。
资料来源：Eddie Granlund 摄影

综合采用的规划措施

通过混合集约的用地规划策略实现职住平衡，减少交通出行量；提供便捷完善的公共交通设施，组建汽车共享俱乐部，修建自行车专用道，限制私人小汽车使用；以保留的原生林地为骨架，将新建绿地联系成网络；规划完整的垃圾分类收集与再利用系统，可再生能源利用系统，雨水收集、污水处理与再利用系统；低碳化的建筑设计导则采用最为严苛的绿色建筑标准。

倡导低碳生活的公众引导

人的生活方式也是决定城市环境目标能否实现的关键环节。哈默比设立了专门的环境信息中心——一座名为 GlashusEtt 的建筑，对居民及参观者开放。通过不同的社区活动，居民从这里了解到环保节能的各种措施。这里有各种宣传信息，鼓励人们节约能源、多使用公共交通、进行垃圾分类，等等。这些信息展示和社区活动，极大地影响了居民的日常行为。以垃圾分类为例，起初住区管理机构需要提醒人们垃圾分类的好处和必要性，提供有关垃圾分类的宣传资料。几年之后，垃圾分类已逐渐地转变为哈默比居民习惯的一种生活方式。

GlashusEtt 信息中心
资料来源：Ulf Bergström 摄影

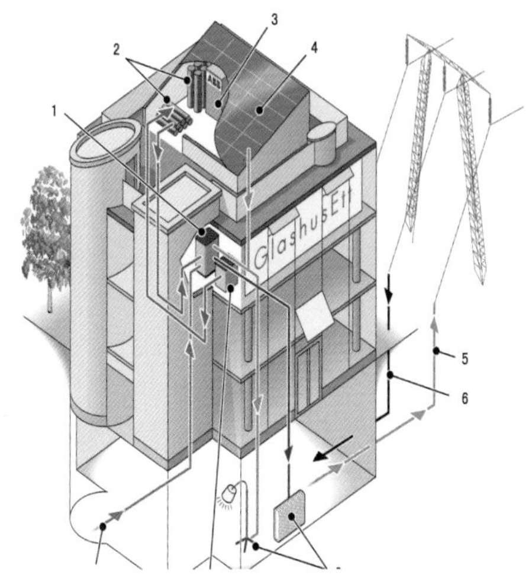



作为环境信息中心的生态示范建筑 GlashusEtt
资料来源：Datamotion 公司

## 启示意义：

作为一个典型的生态新城案例，哈默比湖城带给我们许多有益的启示：生态新城的规划建设不仅仅是宏观的理念，更要制定明确的生态环境目标和具体的数据指标控制，并将其落实到规划建设的具体举措中，包括实现混合功能的紧凑城市、公交优先的交通发展政策、生态化的建筑设计导则，以及鼓励公众参与的绿色政策等等。

# 英国伦敦贝丁顿：零能耗社区

Beddington Zero Energy Community, London, UK

项目地点：伦敦南部萨顿区贝丁顿地区
建设时间：2000 ～ 2002 年
项目规模：占地 $1hm^2$，共有 99 套住宅，$1405m^2$ 的办公区以及一个展览中心、一家幼儿园、一家社区俱乐部和一个足球场
区位类型：城郊居住区
项目投资：1500 万英镑
项目效益：对开发商而言，不仅总收益比传统的相同面积的房产项目多 66.8 万英镑，而且得到世界自然基金会和政府的支持；对住户而言，每年的水电支出可减少 3847 英镑。

## 案例创新点：

贝丁顿零碳社区（BedZED）作为英国最大的环保生态小区，荣获英国皇家建筑协会颁发的住房可持续设计奖、斯特林提名奖，是绿色社区与可持续能源利用的范例。项目建在一个废弃的污水处理厂上，但坚持高标准的设计，强调对资源能源的循环利用，其热工设计、屋顶花园、污水回收系统、可循环利用的建筑材料应用，以及太阳能的综合利用、通风系统设计，公共交通设计都融入了生态友好的理念。根据入住第一年的监测数据，小区居民节约了热水能耗的 57%、电力需求的 25%、用水的 50% 和普通汽车行驶里程的 65%，每年二氧化碳排放量减少 147.1t，节约水 1025t。

连接屋顶花园和住户房间的天桥

资料来源：http://www.greenroofs.com/projects/pview.php?id=547

屋顶的风气驱动换热器

资料来源：http://www.greenroofs.com/projects/pview.php?id=547

## 案例简介：

### 利用阳光和蓄热材料采暖

住宅楼内的阳光房

资料来源：http://www.environmental.co.uk/BedZED.html

英国为高纬度岛国，冬季寒冷漫长，有半年采暖期。为了减少采暖对能源的消耗，设计师精心选择建筑材料并巧妙地循环使用热能，基本实现了“零采暖”。生态村的所有住宅都朝南，每户都有一个玻璃阳光房，由于是双层低辐射真空玻璃，可以最大限度地吸收和保存热量。夏天将阳光房打开后就成为敞开式阳台，有利于散热，冬天关闭阳光房可以充分保存阳光的热量。住宅墙体用的是蓄热材料。这种蓄热材料在天热时储存能量，在天凉时释放热量。整个墙体共分三层，外面的两层分别是 150mm 厚的混凝土空心砌块和 150mm 厚的石砖，中间夹着一块 300mm 厚的岩棉。混凝土空心砌块和石砖都具有高蓄热这一性能，它能把室内热量储存起来，保证室内温度不会有太大波动。建筑门窗的气密性设计既能够减缓热量散失，又具有良好保温功能。同时，材料的绝热性还能够保存居民日常活动所产生的热量。通过以上措施，居民家里不必再安装暖气，整个生态村也无需中央供暖系统。

### 高效利用雨水资源

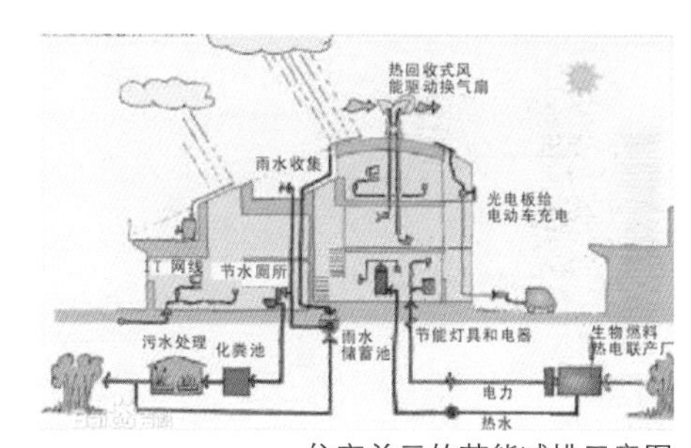


住宅单元的节能减排示意图

资料来源：http://www.environmental.co.uk/BedZED.html

生态村对雨水进行收集和利用，每栋房子的下面都建有大型蓄水池，雨水通过过滤管道流到蓄水池后被储存起来。蓄水池与每家厕所相连，居民都是用储存的雨水冲洗马桶。冲洗后的废水经过生化处理后一部分用来灌溉生态村里的植物和草地，一部分重新流入蓄水池中，继续作为冲洗用水。住宅的屋顶种植植物，以减缓雨水流到地表的速度，防止因雨水流速过快导致地表积水。

由于利用了雨水，自来水的消耗量降低了 47%，生态村居民每月的用水因此比社会平均水平要低很多。每户还安装了许多的节水装置。例如，生态村的节水喷头每分钟水流量为 14L，而普通喷头为每分钟 20L；双冲马桶一次冲水量为 2～4 升，而普通马桶为 9.5L。由于安装了种种节水装置，居民每人每天的用水量降为 92L，低于英国居民的平均水平 150L。

## 启示意义：

贝丁顿零碳社区不仅在节能减排上取得了巨大成功，同时也在经济社会收益上效果显著。其中以下几点值得我们重视：第一，建筑自身的节能。注重建筑节能设计与建造，最大程度地降低建筑能耗；第二，通过热电联产系统（combined heat and power system，简称 CHP）满足必需的能源需求；第三，“绿色交通计划”减少居民汽车出行的需要，推行公共交通，提倡合用或租赁汽车；第四，充分考虑市场运作方式，使参与各方都能够得到相应利益，吸引各方主体主动地参与到社区的建设中。

生态村的公共绿地

资料来源：http://www.cpd.com.cn/n10216060/n10216146/c12319203/content.html

住宅外景

资料来源：http://www.cpd.com.cn/n10216060/n10216146/c12319203/content.html

小型热电厂及回收水处理中心

资料来源：http://www.cpd.com.cn/n10216060/n10216146/c12319203/content.html

## 参考文献

[1] 郭磊 . 低碳生态城市案例介绍（三十二）：伦敦贝丁顿零碳社区建设（上）[J]. 城市规划通讯 ,2014,03:17.

[2] 郭磊 . 低碳生态城市案例介绍（三十二）：伦敦贝丁顿零碳社区建设（下）[J]. 城市规划通讯 ,2014,05:17.

[3] General Information Report 89. BedZED – Beddington Zero Energy Development, Sutton. EEBPp, London, 2002[EB/OL].(http://cibse.org/getmedia/ec1a98e7-9713-4903-81b0-64001456657d/GIR89-BedZED-ÃƒÂ¢ Ã¢ â € šÂ¬Ã¢ â,¬Å “-Beddington-Zero-Energy-Development,-Sutton.pdf.aspx)

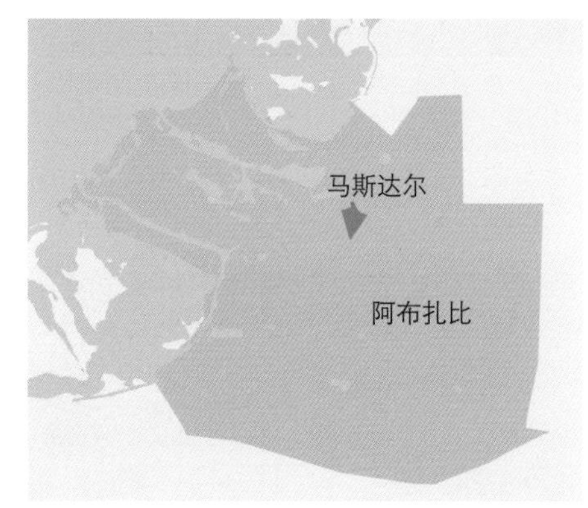


# 阿联酋马斯达尔："零碳零废"城市

Zero-carbon and Zero-waste City of Masdar, UAE

项目地点：阿拉伯联合酋长国阿布扎比邦
建设时间：2006 至今，预计 2025 年完工
项目规模：6km$^2$
区位类型：新城区
项目投资：220 亿美元

## 案例创新点：

马斯达尔是建在沙漠中的新城，其目标是成为世界上首个达到零碳、零废物标准的城市，可谓"沙漠中的绿色乌托邦"。在马斯达尔的建设计划中，其核心构思是让这座诞生在石油之都的城市不使用石油，不使用汽车，而采用可再生能源，尤其是太阳能实现自给自足。由于处于热带沙漠气候的恶劣生存环境，客观上自然资源匮乏、环境承载能力差，马斯达尔在进行城市设计与实践的过程中，围绕碳中和、零废物的目标，采取了多项措施，从能源规划、建筑规划与设计、饮用水与污水管理、废弃物管理和交通规划等方面进行了多方面的实践探索。虽然马斯达尔"零碳零废"城市造价高昂，难以复制，但其从全生命周期出发的规划设计理念及对低碳和可持续技术进行的探索，值得肯定。

马斯达尔城内林荫道

资料来源：王燕飞．马斯达尔：沙漠中的绿色乌托邦．中国房地产业，2008(5):43-44.

太阳能收集系统

资料来源：http://toddantony.com/blog/?p=29

**案例简介：**

阿拉伯联合酋长国为实施“去化石能源”战略行动计划，于 2006 年在阿布扎比开始规划建设世界上首个达到零碳、零废物排放标准的城市——马斯达尔。马斯达尔新城位于阿布扎比郊区的沙漠中，由英国福斯特建筑事务所承担总体设计。按照最新规划，到 2025 年马斯达尔城全部建成时，这座城市将可以容纳 1500 家企业、4 万名固定居民以及超过 5 万名通勤人员。

阿布扎比国有投资公司穆巴达拉为这项预计耗资 220 亿美元的城市设计实验项目提供资金支持，同时该项目得到了世界环保慈善机构“世界自然基金会”、可持续组织“生态区域基金会”以及环保组织“绿色和平”的支持。

马斯达尔西门子总部立面

资料来源：http://www.archdaily.com/539213/siemens-hq-in-masdar-city-sheppard-robson

**“去石油化”能源规划**

马斯达尔全城以阿拉伯露天市集为蓝图，遮阳篷其实是新式太阳能电池板，城内的电力由它提供，空调制冷由聚光太阳能提供，太阳能海水淡化工厂为饮用水源。城区外也铺满了巨大的太阳镜，聚焦太阳能以驱动发电站运转。马斯达尔城通过充分利用沙漠环境丰富的阳光和地热能，从而保证能源和水资源的自给自足。

马斯达尔学院宿舍楼立面

资料来源：http://www.treehugger.com/corporate-responsibility/masdar-a-2-billion-clean-energy-city-grows-in-the-desert.html

**可持续城市与建筑设计**

马斯达尔城内有运河环绕，运河向北连通波斯湾，除了作为环保的运输通道，还能把清凉的海风引入马斯达尔。为降低空调能耗，马斯达尔城内采用了多种绿色降温手段。首先，城内狭窄的林荫街道纵横交错。其次，城中将建设一种“风塔”，利用蒸发冷却的方式形成一个天然空调系统。第三，引入海水，打造城中密布水体和喷泉，发挥降温增湿的作用。第四，城内街道非常窄，道边密布城区的棕榈树和红树林可以减少阳光直射、增加阴凉。对于建筑而言，立面采用反光率最小的材料，并进行“模块化”处理，用简单的方式来达成丰富的效果。

马斯达尔学院“风塔”

资料来源：http://www.masdar.ae/en/masdar-city/the-built-environment

个人轨道电车

资料来源：http://content.time.com/time/health/article/0,8599,2043934,00.html

马斯达尔学院外景

资料来源：http://news.xinhuanet.com/world/2015-12/15/c_128530895.htm

### 节约能源的绿色交通

马斯达尔城交通规划中放弃了传统的汽车交通，所有来访者的汽车都必须停放在新城之外。在城区内，配备系统完善且布局合理的交通网络。马斯达尔主要有三个层次的交通：底层是连接阿布扎比及国际机场的轨道交通系统；第二层是到达公交站点最远距离控制在 200 m 以内的地面步行系统；最后是个人快速公交系统——被称为“平面电梯”的个人轨道电车及全自动控制系统。电车是其中一种方便的公共交通工具，设计中的公共电车无人驾驶，行驶于半空中的轨道上，充满了未来城市的概念。

### 技术创新延伸产业链

马达斯尔生态城还有一个重要目标是希望促进可持续能源技术、碳管理技术和水源保护的商业化及其有效的实施。马达斯尔生态城在建设和运作过程中逐步从技术的使用者向技术的创造者转型，试图创建全新的经济领域，促进经济的多样化和知识产业的发展。目前，马斯达尔学院周边出现了有机食品商店、咖啡馆、寿司店、阿布扎比国家银行等商业项目，一座大型的购物中心也正在兴建。更多的商业机会则存在于与清洁能源开发有关的产业之中。马斯达尔城的目标是能够建立起一个清洁能源产业集群。借助于马斯达尔学院的研发力量以及西门子、通用电气等大公司和国际可再生能源组织、全球绿色能源研究院等国际组织的带动，马斯达尔城希望能吸引更多的相关公司进驻，成为清洁能源产业的孵化器。[4]

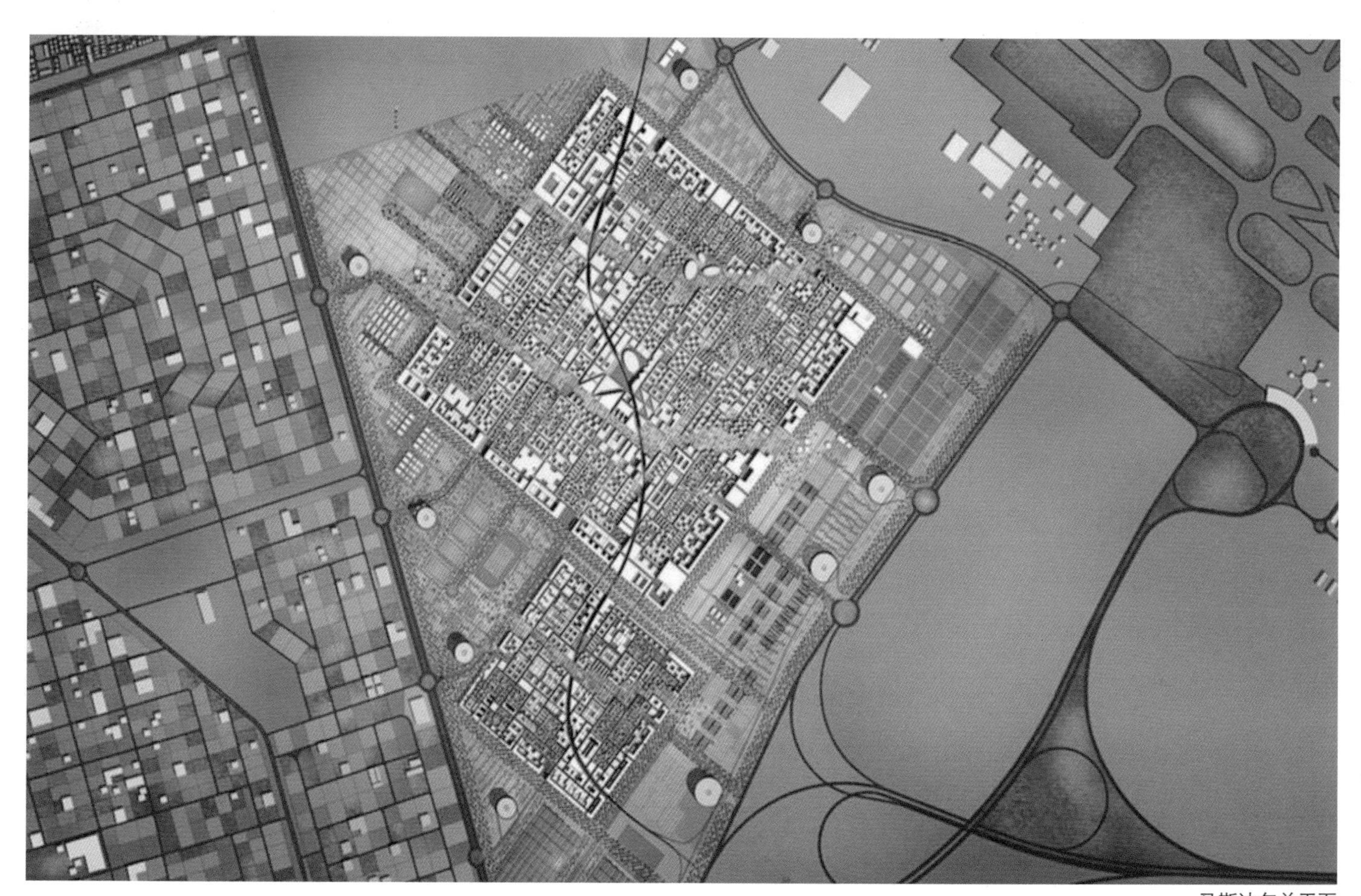

马斯达尔总平面

资料来源：https://www.flickr.com/photos/oneplanet/3302854373

马斯达尔西门子总部

资料来源：http://architizer.com/projects/siemens-middle-east-headquarters/

## 启示意义：

城市建设需要研究可再生能源利用的可行性，如地热能、水能、太阳能及风能等。在城市设计中，可通过对街道宽度、建筑间距的调节和对园林绿化植物景观要素的安排，改善城市的小气候环境。建筑设计采用新型建材、一体化遮阳系统及屋顶绿化等措施提高建筑围护结构性能。在交通系统方面，通过创新设计在满足人们出行需求的同时，达到降低能耗与减少碳排放等目的。此外，应该注重利用技术创新与经济效益的结合，通过研究和投资各种不同的新能源技术以及其他创新活动促进可持续的新产业发展，拓展新的经济领域，为城市带来更多的发展机遇。

马斯达尔学院宿舍楼

资料来源：http://inhabitat.com/exclusive-new-photos-plus-energy-masdar-city-in-abu-dhabi/

马斯达尔学院图书馆

资料来源：http://inhabitat.com/exclusive-new-photos-plus-energy-masdar-city-in-abu-dhabi/

马斯达尔学院实验楼

资料来源：http://inhabitat.com/exclusive-new-photos-plus-energy-masdar-city-in-abu-dhabi/

## 参考文献

[1] Tom Heap, 任艳林 . 马斯达尔：阿布扎比的零碳城市 [J]. 世界环境 ,2010(3):68-69.
[2] 吴斌 . 马斯达尔零碳城市的启迪 [J]. 绿色建筑 ,2011(6):15-18.
[3] 王燕飞 . 马斯达尔：沙漠中的绿色乌托邦 [J]. 中国房地产业 , 2008(5):43-44.
[4] 张帆 . 马斯达尔沙漠中的绿色乌托邦 [J]. 绿色环保建材 , 2014(9):80-87.

# 德国奥斯特菲尔登市的沙恩豪瑟生态社区

Ecological Community of Ostfildern Scharnhauser Park, Germany

项目地点：德国巴登·符腾堡州的奥斯特菲尔登市
建设时间：1996～2012年
项目规模：规划用地总面积140hm$^2$，总建筑面积480,700m$^2$
区位类型：城市居住区
项目预算：17,000,000欧元

**案例创新点：**

德国奥斯特菲尔登市的沙恩豪瑟生态社区由军事基地改造而成，是一个多功能复合使用、相对自给自足的绿色社区。项目从一开始就进行多项研究，如环境适应性、运输一体化、能源供应的新方式、雨水资源化管理、循环与多用途使用等。后来由于被纳入欧盟资助的Polycity计划，能源的优化和可再生能源的利用成为研究的重点。经过多年的讨论和修改，沙恩豪瑟被改造成为以生态示范和家庭友好为发展目标的混合型社区，成为欧盟31个“生态示范社区”之一。

英式花园的原始景象

资料来源：http://www.leo-bw.de/detail-gis/-/detail/details/ort/labw_ortslexikon/540/ort
http://www.zuzuku.de/kuriosa/kuriosa-liste/kuriosa-ostfildern.htm

“二战”后作为军事基地的沙恩豪瑟社区

资料来源：http://www.leo-bw.de/detail-gis/-/detail/details/ort/labw_ortslexikon/540/ort
http://www.zuzuku.de/kuriosa/kuriosa-liste/kuriosa-ostfildern.htm

城市更新后的沙恩豪瑟社区

资料来源：http://www.leo-bw.de/detail-gis/-/detail/details/ort/labw_ortslexikon/540/ort
http://www.zuzuku.de/kuriosa/kuriosa-liste/kuriosa-ostfildern.htm

现存的宫殿

资料来源：http://www.leo-bw.de/detail-gis/-/detail/details/ort/labw_ortslexikon/540/ort
http://www.zuzuku.de/kuriosa/kuriosa-liste/kuriosa-ostfildern.htm

## 案例简介：

沙恩豪瑟（Scharnhauser Park）建于 1784 年，最初为私人庄园。“二战”后这里成为军事基地（Nellingen Barracks）。随着国际形势的变化，1989 年美军撤出了该军事基地。1996 年起沙恩豪瑟社区绿色化更新改造，直到 2012 年完成了全部更新改造。

沙恩豪瑟地区原计划建造住宅 3,500 户（其中 80% 出售，20% 出租），最终容纳了 8,000 位居民，并提供了 2,000 个工作岗位，人口密度达 150 人 / $hm^2$。该住宅区的最大特点在于从整体规划到技术应用上都具备生态示范性，并提高了生活便利程度。

改造前的街道

资料来源：http://planung.ostfildern.de/portal_media/ISEP_1Gesamtstadt-p-3274.pdf

改造后的街道

资料来源：http://planung.ostfildern.de/portal_media/ISEP_1Gesamtstadt-p-3274.pdf

改造前的传统住宅

资料来源：http://planung.ostfildern.de/portal_media/ISEP_1Gesamtstadt-p-3274.pdf

改造后的传统住宅

资料来源：http://planung.ostfildern.de/portal_media/ISEP_1Gesamtstadt-p-3274.pdf

改造前的广场

资料来源：http://planung.ostfildern.de/portal_media/ISEP_1Gesamtstadt-p-3274.pdf

改造后的广场

资料来源：http://planung.ostfildern.de/portal_media/ISEP_1Gesamtstadt-p-3274.pdf

### 主要的生态节能创新目标包括

⑴将自给自足、自我维持作为该住区开发的总体目标；

⑵军用材料设施的民用化改造。共计有约 160,000t 军营废弃材料被重新应用于道路和活动场地建设；

⑶建筑的低能耗化。建筑能耗标准为每年每平方米 56kW·h，整个区域能耗比国家标准低 30% ~ 38%，其中可再生能源占总数的 80%；

⑷优化整合区域供热网。创新性地使用废弃木材作为热电系统的原材料；

⑸公共交通可达性。公共交通网络遍布，居民从家到公共交通站点距离不超过 500m。

### 生物材料发电供暖

沙恩豪瑟社区的东端是一个木材发热发电厂（Holzheizkraftwerk）。这座热电厂主要使用了废旧木材作为燃料。用作燃料的废旧木材有的来自森林，有的是建筑施工、家具制作等工艺流程中的边角废料，还有的是城市中的树木花草正常养护所产生的垃圾。在热电厂的工作流程中，ORC（即 Organic Rankine Cycle）模块起到了关键的转换作用，它令这个能源站不仅能发电，还能供热。

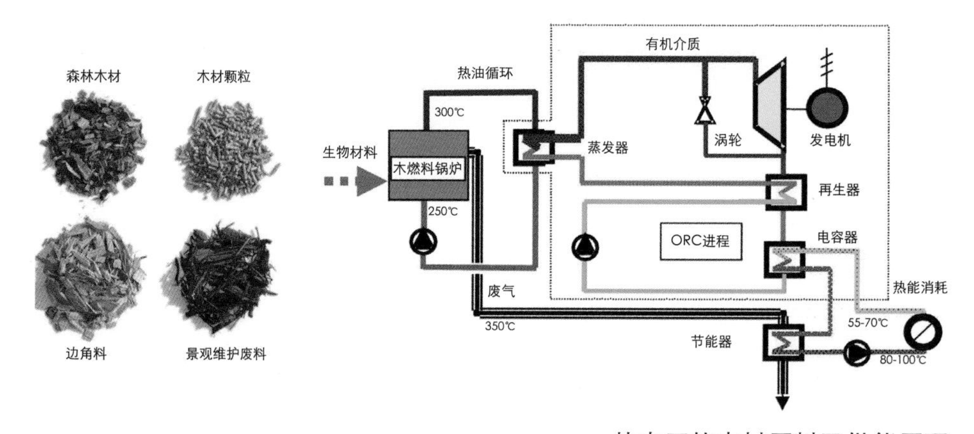


热电厂的木材原料及供能原理

资料来源：孟刚．德国斯图加特绍恩豪瑟公园生态示范住区 [J]. 华中建筑 ,2015,07:40-44.

### 太阳能技术应用

沙恩豪瑟住区内大量使用了太阳能光伏板。在这里，太阳能光伏板的安装照顾到了建筑外观，不破坏原有建筑立面效果，使人们在住区内行走时并不会感觉到处都是光伏板。太阳能对整个能源网络的介入有效地降低了区域的能源消耗。

为住区供能的热电厂

资料来源：孟刚．德国斯图加特绍恩豪瑟公园生态示范住区 [J]. 华中建筑 ,2015,07:40-44.

屋顶及侧墙上的太阳能光伏板

资料来源：孟刚．德国斯图加特绍恩豪瑟公园生态示范住区 [J]. 华中建筑 ,2015,07:40-44.

屋顶及侧墙上的太阳能光伏板

资料来源：孟刚．德国斯图加特绍恩豪瑟公园生态示范住区 [J]. 华中建筑 ,2015,07:40-44.

景观台阶及雨水排放一体化设计
资料来源：孟刚 . 德国斯图加特绍恩豪瑟公园生态示范住区 [J]. 华中建筑 ,2015,07:40-44.

景观台阶及雨水排放一体化设计
资料来源：孟刚 . 德国斯图加特绍恩豪瑟公园生态示范住区 [J]. 华中建筑 ,2015,07:40-44.

景观台阶及雨水排放一体化设计
资料来源：孟刚 . 德国斯图加特绍恩豪瑟公园生态示范住区 [J]. 华中建筑 ,2015,07:40-44.

开敞空间营造

景观台阶是整个社区平面里最引人注目的空间。它依地势从北向南逐渐降低，在基地中形成了一条长达 1.4km 的开敞空间。景观台阶不仅仅在视觉和空间构成中发挥作用，还有更实际的功能：一是分隔东西两侧的居住组团与公共建筑群，二是雨水排放。

景观台阶没有设置广场等集中活动空间，而是通过线性的小路、台阶、硬质斜坡等限定了一系列矩形空间和路径，并在适当的地方形成洼地，融入交通和排水等功能。

雨水排放与景观设计一体化

沙恩豪瑟社区的雨水排放系统也很有其独到之处。可持续排水系统贯彻了德国当前推崇的雨水资源化管理的理念，该理念提倡将降雨滞留在基地内并加以利用和回灌，以减少和降低雨水向建设区域外的排放量和排放速度。

公共空间中的排水主要通过敷设凹地（渗渠）系统实现。来自建筑屋顶、院落和次级街道的雨水经由开敞沟渠以及水槽引导，在渗渠系统中得到净化、入渗并被暂时储存，而那些溢流雨水则在有植被的滞留空间（主要设置在住区东侧）中净化、入渗和储存，最后被排入东侧的溪流之中。沙恩豪瑟社区通过景观设计解决雨水排放问题，为我们提供了多专业协调合作的又一个成功实例。

## 启示意义：

该项目采用了绿色技术先行的开发策略。建设者以技术为主线整合规划、建筑与景观，使沙恩豪瑟社区成为绿色技术的载体，丰富和深化了生态住区的内容。改造后基本保留了原先的路网结构。这样既避免了浪费，也在形式上与历史相呼应。理性构架限定下的建筑单体，一方面严格遵循着总体秩序，比如居住建筑整齐排列，风格统一；另一方面不同组团的居住建筑以及公共建筑又明显地追求差异化，在这个高度理性的空间中增加了感性的触发点。另外，在生态化改造与建设中也特别关注历史、技术、秩序的协调统一问题。

## 参考文献

[1] 孟刚 . 德国斯图加特绍恩豪瑟公园生态示范住区 [J]. 华中建筑 ,2015,07:40-44.

[2] Deutsche Akademie für Städtebau und Landesplanung. Stadtteil Scharnhauser Park in Ostfildern. Deutscher Städtebaupreis, 2006[EB/OL]. (http://six4.bauverlag.de/sixcms_4/sixcms_upload/media/623/staedtebaupreis_scharnhauserpark.pdf)

[3] Jochen Fink. Holzheizkraftwerk Scharnhauser Park. Deutsche Umwelthilfe, 2007[EB/OL]. (http://www.duh.de/uploads/media/6_Fink_291107_01.pdf)

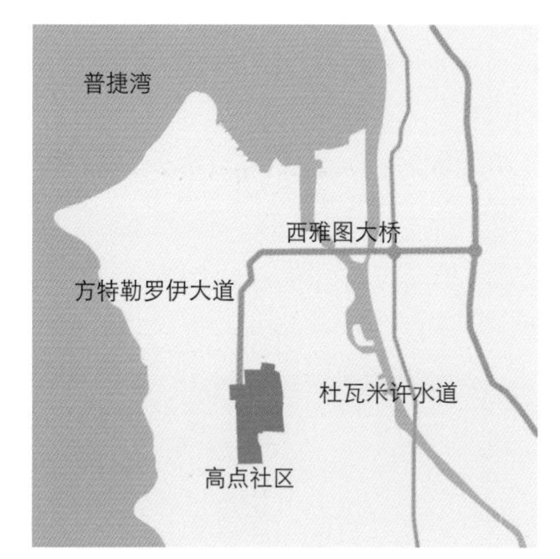


# 美国西雅图高点社区“海绵型”改造实践

High Point Community Residential Renovation, Seattle, USA

项目地点：美国西雅图市
建设时间：2003 ～ 2010 年
项目规模：占地 49hm$^2$，1600 栋独立住房
区位类型：居住区
项目投资：5.5 亿美元
项目效益：高点社区改造的过程尽量减小了对原住民和自然环境的影响，一方面营造出了有利于社交的城市居住空间，另一方面保证了自然环境的可持续发展，也因此节约了大量资金。

## 案例创新点：

美国西雅图高点住宅区改造是低影响土地开发 (LID, Low Impact Development) 应用的成功案例。该居住区的 LID 设计包括排水系统、公共空间、景观、建筑材料的维护管理等方面。本社区建成后将建筑融入一个天然的排水系统中，是美国最早的可持续性雨水管理系统的典范之一，可供海绵型住区建设改造学习借鉴。

## 案例简介：

高点（High Point）社区是一个建于“二战”时期的工人住宅区。2000 年，在美国住房和城市发展部、西雅图公共事业和生态系统部的基金支持下，西雅图住宅委员会开始着手将这个 49hm$^2$ 的小区改建成可持续发展社区，并加强了对其中 Longfellow Creek 洼地的保护。

1942 年二战期间为工人新建的社区
资料来源：http://www.seattlehousing.org/redevelopment/high-point/photos/

2003 年的商点社区
资料来源：http://www.seattlehousing.org/redevelopment/high-point/photos/

2010 年社区改建完成
资料来源：http://www.seattlehousing.org/redevelopment/high-point/photos/

改造后的社区包括可住宅与社区邻里空间两大部分。社区住房价格合理，非常适于低收入的家庭，其中容纳了 1600 户新住户，45% 为廉租房，一个大型中心公园、一个小型公园、药店和牙科诊所、邻里中心、图书馆、商品菜园、艺术设施和一体化的开放空间。各式各样的有孔铺装是公共、私家便道及停车区域的重要组成部分。设计者将雨水的自然开放式排水系统与人口密度较大的城市居住空间紧密结合，这种设计手法的运用使得该住宅区在公共绿色空间、舒适步行系统和雨水收集与利用方面得到了很好的平衡。

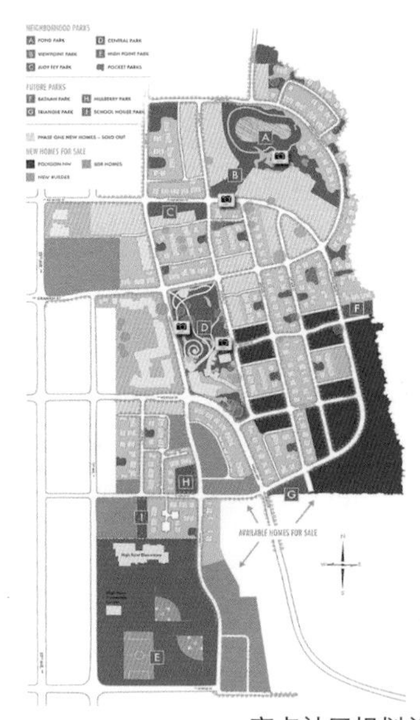

高点社区规划总平面

资料来源：https://www.asla.org/sustainablelandscapes/highpoint.html

### 洁净的自然排水系统

高点社区的自然雨水管理系统体现在每栋住房排水设计中。屋面的雨水流经导流槽后流入犁沟、排水道和遍布的沟渠、集水花园以及透水铺地中。22,000 英尺长的线性洼地由工程土壤（碎石和混合肥料）构成，流水经过沟壕后进入池塘，并在植物的过滤下毒素和污染物都大大减少，最后缓缓渗入土壤。排水是在街区内部解决的，每个街区的溢水经过额外处理后都可以排入暴雨蓄水池。相比于传统排水的集中式管理策略，这种分配到街区尺度的排水系统更加有利于洁净地表径流的形成。

中心雨水收集池，控制洪水并提供额外的水质处理

资料来源：https://www.asla.org/sustainablelandscapes/highpoint.html

### 开放的绿色公共空间

小型的口袋公园遍布高点社区，家长或是护理人员由此得以方便地在家照管在外玩耍的孩子。共享的绿色空间促进了社会交往，并且由于共享空间直接且持续地受到住户们的监督，安全性得到了保障。开放空间还包括社区花园空间、大型商业花园，供居民们在此种植和销售产品。

设计者们将街道尺度设计得比普通道路窄，采取小街区、密路网的策略，一方面减少不可透水的表面积，另一方面鼓励慢行交通，创造安全的社区出行环境。完整街道为行人、自行车、汽车及其他交通运输工具提供了同等的通行性。现在，重新配置的街道系统已经连接上城市已有的路网，打破了原有封闭的格局，加强了住宅区及其周围片区在物质空间和社会上的联系。此外，住宅区还与周边的 Longfellow 小溪融合在一起，而该小溪是西雅图为数不多的拥有三文鱼的小溪之一。

鼓励交往的宅间道路

资料来源：https://www.asla.org/sustainablelandscapes/highpoint.html

## 启示意义：

水资源保护是 21 世纪最重要的环境问题之一。美国西雅图高点住宅区利用 LID 技术成功的实践和其完整的自然开放式排水系统，是环境低影响开发的范例。设计者创造性地运用了 LID 的措施，不仅解决了环境保护与资源利用的问题，而且创造了多功能的开放空间、高效的交通系统和优美的园林景观。其“海绵型”社区改造实效可供中国海绵城市建设学习借鉴。

耐旱植物将灌溉需求降到了最低

资料来源：https://www.asla.org/sustainablelandscapes/highpoint.html

居住区的天然排水系统

资料来源：https://www.asla.org/sustainablelandscapes/highpoint.html

种满本地植物的生物过滤槽

资料来源：https://www.asla.org/sustainablelandscapes/highpoint.html

## 参考文献


[1] 王沛永，张新鑫．美国 High Point 住宅区低影响土地开发 (LID) 技术应用的案例研究 [A]. 中国风景园林学会．中国风景园林学会 2011 年会论文集（下册）[C]. 中国风景园林学会 :,2011:7.

[2] Seattle Housing Authority, Final Environmental Impact Statement For High Point Revitalization Plan,2002.[EB/OL]. (https://www.seattlehousing.org/redevelopment/pdf/HP_FEIS_Addendum1.pdf)

[3] Designing our Future: Sustainable Landscapes. High Point Seattle, Washington, U.S.A.[EB/OL]. (https://www.asla.org/sustainablelandscapes/pdfs/High_Point_Fact_Sheet.pdf)

# 巴西库里提巴以生态为导向推动城市可持续发展

Promotion of the Sustainable Development with Ecological Orientation in Curitiba of Brazil

项目地点：巴西巴拉那州库里提巴
建设时间：1943 年至今
项目规模：430.9 km$^2$，人口 182 万
区位类型：新城区

## 案例创新点：

库里提巴位于巴西的巴拉那州，被誉为“巴西的生态之都”及“南美洲最适宜居住的城市”。20 世纪以来，为应对城市化进程中人口、交通、环境等问题的困扰，库里提巴市政府制定了一系列以生态为导向、可持续发展为目标的公共政策和空间规划战略，通过坚持不懈的持续实施，根本性地改善了城市面貌并提高了居民的生活质量，使城市逐渐从严重的社会问题和环境问题中解脱出来，从众多发展中国家城市中脱颖而出。1990 年库里提巴成为第一批被联合国命名的“最适宜人居的城市”，是其中唯一的发展中国家城市，并于 2010 年获得全球可持续城市奖。

1950 年代以前

城市缓慢发展期：从农牧产品的贸易加工中心向现代化的工商业城市转型，人口规模缓慢增长。

1950 年代 -1970 年代

城市矛盾应对期：经济高速发展驱动城市规模迅速增长，人口涌入带来了拥挤、贫穷、失业、污染等社会及环境问题。

1970 年代至今

生态城市建设：政府制定并颁布《库里提巴城市总体规划》，由此带动实施一系列城市可持续发展计划，实现城市的转型发展。

城市建设发展历程

资料来源：作者自绘

## 案例简介：

库里提巴是巴西南部巴拉那州的首府。为解决城市发展带来的社会与环境问题，1965 年的“展望库里提巴的未来”研讨会制定了城市总体规划，于 1971 年开始实施，其首创的低成本绿色交通 TOD 导向的空间开发模式得到了持续的实施，并获得了巨大成功，1990 年库里提巴成为首批联合国人居奖的唯一发展中国家城市。随后库里提巴市不断完善生态城市规划建设策略，于 2010 年获得全球可持续城市奖。

### 公交优先导向的城市开发

库里提巴是快速公交系统（BRT）的发源地，率先成功探索了地面快速公交 BRT 网络并确立了公交引导开发的 TOD 模式，引导形成了城市绿色交通结构。目前，库里提巴的公交网络分快速公交系统、环形公交系统和补给公交线路三个层次，通过合理衔接，乘客可快速方便地到达全市任何地方。结合城市土地开发政策与城市交通规划指引，快速公交线沿城市发展轴布置，快速公交线两侧布置高层建筑，引导城市规划的开发强度和交通能力相配套。这使得 BRT 系统可以最大化地吸引了公交乘客，减少私人小汽车出行。目前，库里提巴公交客运量超过 200 万人，公交出行比例达到 70%，其中 1/4 的公交使用者拥有私人小汽车。同时，地面 BRT 投资节约，仅用了地铁投资的 1/10 和 1/3 建设周期，取得了与之接近的运营效果。事实上，使得库里提巴声名远扬的最初正是低成本绿色交通 TOD 土地开发模式的成功。

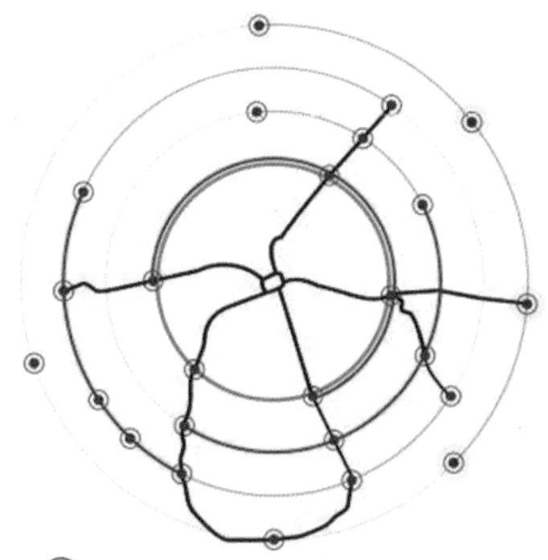


一体化公交系统换乘示意图

资料来源：以公共交通为主导的生态城市——库里蒂巴 EB/OLhttp://wenku.baidu.com/view/860a44b7a58da0116c174996.html?from=search

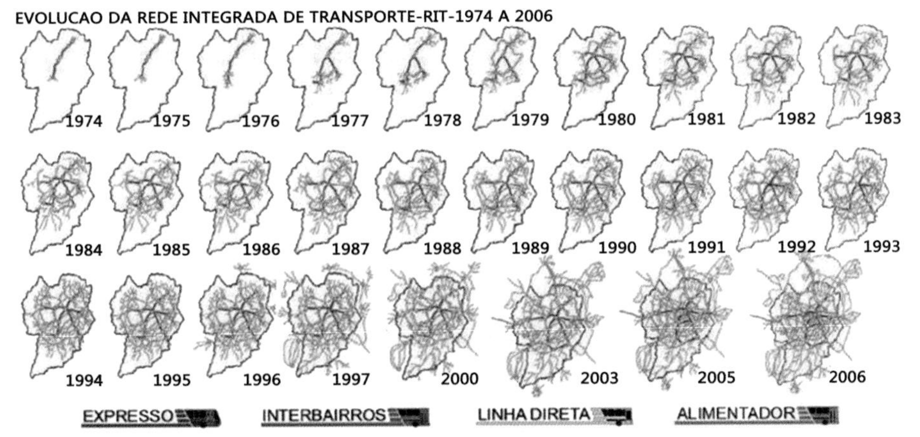


城市公共交通网络的发展（整合 13 个区、385 条线路， 28 个站点、351 个地铁站；流量 226 万人次 / 天）

资料来源：以公共交通为主导的生态城市——库里蒂巴 EB/OLhttp://wenku.baidu.com/view/860a44b7a58da0116c174996.html?from=search

快速公交系统ＢＲＴ不仅有享誉世界的“路面地铁”之称，还被联合国评为“当今世界最好和最实际的城市交通系统

资料来源：Sustainable City-Curitiba, Brazil.EB/OL. http://www.sustainablecitiesnet.com/models/sustainable-city-curitiba-brazil/

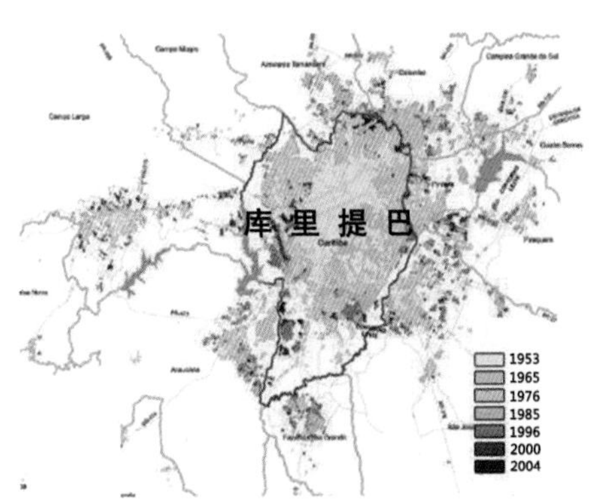


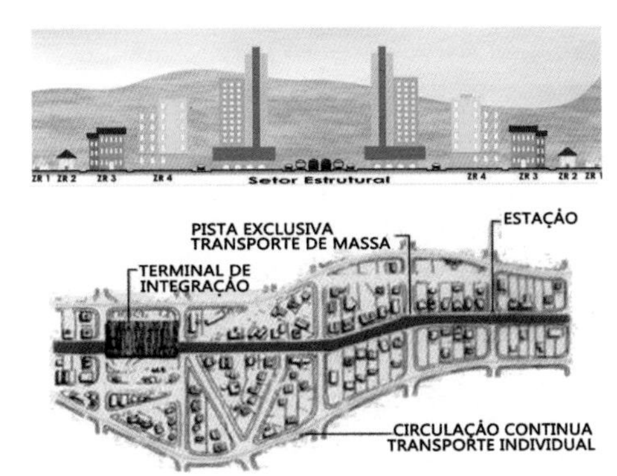


基于 BRT 系统引导的城市空间结构与土地开发模式

资料来源：以公共交通为主导的生态城市——库里蒂巴 EB/OLhttp://wenku.baidu.com/view/860a44b7a58da0116c174996.html?from=search

### 因地制宜的水环境保护

针对1950-1960年代城市洪灾频发的现状，政府制定了综合防汛和生态修复的综合策略。转变与自然对抗的思路，颁布保护现行自然排水系统的强制性法令，划定水患风险区和环境保护区；制定和实施激励措施让人们搬离洪涝风险区，并将部分洪涝风险区建成沿江公园和分洪蓄洪的湖泊湿地，使其成为绿色开放空间的组成部分。上述模式既避免了庞大治水工程设施带来的市政负担，又通过把空间还给河流，顺其原貌，实现人与自然的和谐共处。

库里提巴河岸公园建设

资料来源：A Green City: Parks in Curitiba, Brazil.EB/OL. https://cityparksblog.org/2009/10/13/a-green-city-parks-in-curitiba-brazil/

### 自然生态的绿色开放空间建设

库里提巴绿色开放空间建设注重保护自然山体、河湖湿地、耕田林地等自然生态基底，加强河湖水系自然连通；注重树种的多样化配置和乡土适生植物的应用，既考虑到城市美化的视觉效果，也考虑到野生动物的栖息与生存；注重垃圾填埋场、采石场、矿坑等废弃用地的生态功能修复、景观环境重建，实现空间价值再生。同时，利用移民城市所特有的社会资源，由政府免费提供绿地，供不同国家的移民社团进行保护性开发，营建兼具文化多元性与生物多样性的主题公园。目前，市区约五分之一的面积为公园，全市200多个公园全部免费开放，人均绿地面积从1970年的$0.5m^2$达到现在的$64\ m^2$，成为世界上人均绿地面积最高的城市之一。

整个城市被层层绿荫立体覆盖

垃圾堆变身为植物园

矿坑变身为歌剧院

资料来源：以公共交通为主导的生态城市——库里蒂巴 EB/OLhttp://wenku.baidu.com/view/860a44b7a58da0116c174996.html?from=search

### 居民参与的废弃物绿色交换与回收管理

库里提巴实施了包含可持续发展、社会包容和良好财政管理的废弃物管理计划。政府制定了垃圾分类回收换取购物券的鼓励政策并大力推广，有效地提高了居民参与垃圾分类回收的积极性。在一些回收工作难以展开的地区，政府还推出了垃圾换食品的举措，居民每回收 4kg 垃圾，就可获得一袋超市提供的食品。同时，吸纳无家可归者对垃圾进行分拣和回收。通过该计划，一方面政府利用较少投入改善了城市卫生条件，使 70% 的垃圾通过该计划得以回收利用；另一方面，改善了低收入人群生活质量，惠及了 60 个贫民区的 3.1 万个家庭。如今，库里提巴垃圾循环回收率达到 95%，70%的家庭把收集垃圾作为每天副食品换购的主要支付手段。

市民主动参与垃圾回收

市民可以用垃圾换取食品

资 料 来 源：http://discovery.163.com/14/0701/22/A03POAG900014N6R.html[EB/OL].

### 严格的环境法规保障体系

早在 1953 年，库里提巴市政府就制定了一系列与城市规划相关的法令。如为了加强城市绿化，建立了专门的绿化区域委员会，砍树必须经过政府批准，而且还需要在园林部门监督下进行。此外，每砍伐一棵树，就要补种两棵树。1966 年初，库里提巴市政府规划了排水管线，划定某些低洼地区禁止开发以专供排洪用，并于 1975 年通过了“保护现行自然排水系统的强制性法令”。上述法律法令要求相关部门和人员必须严格执行，为库里提巴生态城建设提供了有力的法律支撑，保障了库里提巴市城市建设的顺利进行。

## 启示意义：

库里提巴作为发展中国家的城市，在基于系统性思维导向的低成本生态城市建设方面提供了宝贵的经验。首先，政府应起到协同合作、整合规划、管理和监督的作用，为规划提供法律保障，制订有效的规划管理程序，推动城市战略和公共政策持续实施，减少因无谓变化所增加成本。其次，城市发展应当重视高效的公共交通系统的建立，并与土地开发政策相结合，通过合理的功能分区和强度设计，在促进公共交通系统高效利用的同时，提高城市居民便捷度和生活质量。此外，城市绿地应最大化地利用天然河湖水系，联通自然开放系统，通过自然与人工有机结合的规划引导，打造丰富多元的绿色空间。库里提巴基于绿色交换的垃圾回收政策，也为解决城市中的垃圾处理问题提供了经验借鉴。

## 参考文献

[1] 简海云 . 巴西库里蒂巴城市可持续发展经验浅析 [J]. 现代城市研究 .2011(11):62-68.
[2] 西蒙 · 瑞塔拉克，嵇飞 . 生态城市库里提巴 [J]. 国外理论动态 .2006(6):63.
[3] 郭磊 . 低碳生态城市案例介绍：巴西库里蒂巴 [J]. 城市规划通讯 .2012（5）.

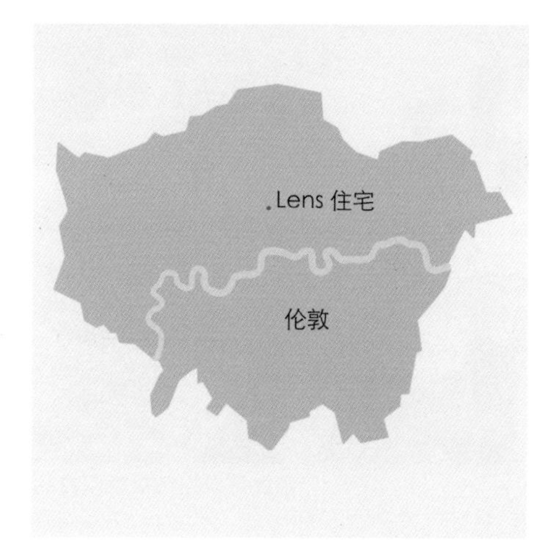


# 英国伦敦兰斯住宅绿色化改造

Lens House Residential Expansion Design, London, UK

项目地点：英国伦敦
建设时间：2012 年
项目规模：建筑面积 400m$^2$，扩建面积 70m$^2$
区位类型：老城区
建 筑 师：Alison Brooks 建筑事务所
结构工程师：Orla Kelly 有限公司
环保顾问：Hutton & Rostron
项目投资：700,000 英镑

## 案例创新点：

兰斯（Lens）住宅的绿色化改造是基于对伦敦北部卡农贝利保护区一座四层的废弃别墅的重新设计。经过这次改建，老建筑焕发出了新活力，绿色生态的元素注入了现代化的居家与办公体验之中。此项目以其出色的设计、绿色建筑措施的创造性利用以及高品质的建筑空间赢得了 2014 年英国皇家建筑学会奖。

丰富的空间层次

资料来源：https://www.architecture.com/StirlingPrize/Awards2014/London/LensHouse.aspx

新颖的建筑设计

资料来源：https://www.architecture.com/StirlingPrize/Awards2014/London/LensHouse.aspx

高品质的施工质量

资料来源：https://www.architecture.com/StirlingPrize/Awards2014/London/LensHouse.aspx

## 案例简介：

此项目的建筑设计采用了多面体拼合的手法，新颖巧妙。一个多面体紧靠老建筑，形成一个家用办公室；另一个则位于房屋后部，延伸成为一间卧室。多面体每一层的结构都是全玻璃或全实体的，相邻的表面聚焦于一个点上，使得整个建筑显得干净而轻盈。多边形开口的部分既可以采光，也可作为院落中美景的取景框。

建筑师对空间关系进行了合理的组织。降低了现有的地下室，挖出了一个下沉式庭院，居住、办公空间与入口的关系紧凑有序。在原有的客厅位置上下打通，通高的厅形成强有力的视觉中心，连接拓建的部分成为全新的家居生活中心。建筑内部空间丰富而又引人入胜，室内与室外花园也充满互动。白天，阳光透过天窗照射在工作区，光影斑驳，室内外景色相映成趣。

院中原有的一棵核桃树得到了很好的保护。在靠近花园的一侧，建筑墙体被设计成反锯齿的形状，以避开核桃树的根部。朝向核桃树的视野也是精心设计的，将室内外景色的渗透做到最好。建筑采用了被动式太阳能技术以提高能源效率，居住感受非常舒适。加建的部分采用可丽耐作为外部包裹材料，施工细节精致，充分表现出晶体一般剔透晶莹的感觉。新技术使得这个老旧的维多利亚别墅成为了一个现代化的温馨住宅。

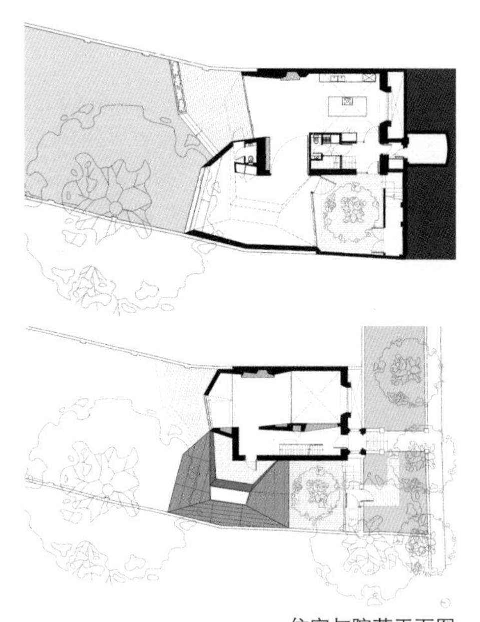

住宅与院落平面图

资料来源：http://www.homedsgn.com/2012/12/13/lens-house-by-alison-brooks-architects/

## 启示意义：

对于老旧住宅建筑的改造，应鼓励新绿色技术、新材料的应用，以提高居住的舒适性并节能减排。尤其对于具有保护价值的老建筑及其周边自然环境，在建筑设计中若能充分考虑保护要素，围绕其特色进行设计，将保护要素发展成项目的闪光点，则可以让老建筑焕发出新的活力。

室内外景色相映成趣

资料来源：http://www.homedsgn.com/2012/12/13/lens-house-by-alison-brooks-architects/

## 参考文献

[1] 英国皇家建筑师学会奖（斯特林奖）2014 年获奖作品介绍 https://www.architecture.com/StirlingPrize/Awards2014/London/LensHouse.aspx

[2] Alison Brooks Architects 事务所官网 http://www.alisonbrooksarchitects.com/project/lens-house/

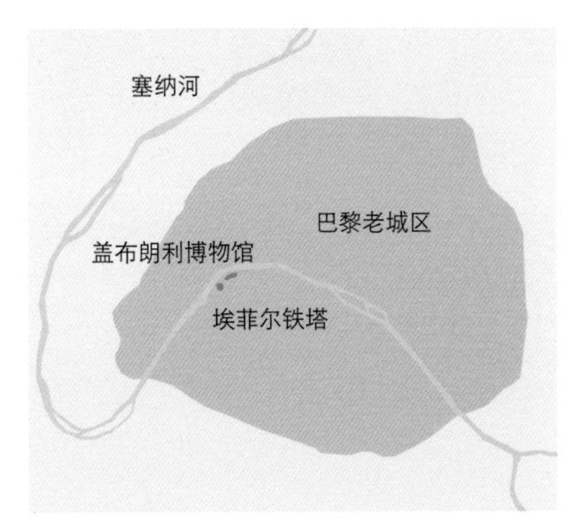


# 法国巴黎盖布朗利博物馆的垂直花园

Vertical Garden of Quai Branly Museum, Paris, France

项目地点：法国巴黎
建设时间：2004 年～ 2006 年
项目规模：总建筑面积 40600m$^2$。
室外垂直花园面积约 800m$^2$，室内垂直花园面积约 150m$^2$
区位类型：城市中心区
项目投资：2.23 亿欧元

**案例创新点：**

盖布朗利博物馆是巴黎最新建成的专业博物馆之一，是集科研、文化、历史、教学为一体的综合性建筑。博物馆北立面上的垂直花园，以其鲜明的形象与植物配置的丰富性，面向塞纳河展示着博物馆“多种文化共存”的主题，同时也成为盖布朗利博物馆的重要标志之一。在景观创作与生态技术有机融合的同时，该垂直绿墙通过其特有的植物垂直固定技术、植物配置系统以及生态灌溉系统，实现了生态技术与美学的有机融合。

建筑北立面的垂直花园

资料来源：http://apple101.com.my/?p=12147

建筑内部的垂直花园

资料来源：http://design.yuanlin.com/HTML/Opus/2013-4/Yuanlin_Design_6593.HTML

## 案例简介：

布朗利博物馆的垂直绿墙是法国植物学家布朗克代表作之一，游人既可以远距离地欣赏到这场植物的盛会，还能够近距离地感受到不同植物的质感，触摸植物的叶片，观察植物的花果，拉近了人与自然的距离。

**植物立体化固定**

由于风力、植物、灌溉系统会对垂直绿墙造成一定的负重，所以对于绿墙系统的结构进行特殊设计。设计将金属网格铺设于建筑墙面，再运用防水、防腐和具有延展性的 PVC 板竖向组合成蜂窝状的分子结构铺设于金属网格之上。这样的设计既满足了垂直绿墙的承重要求，也保证了建筑物表面的空气流通。

**群落多样化配置**

博物馆北侧 800$m^2$ 的外墙面覆盖了超过 1.5 万株、150 种植物。这些植物来自东南亚、中国、日本、美国以及欧洲中部地区，以观赏效果佳的多年生常绿观叶植物为主，多为浅根性、须根发达的低矮灌木和草本植物[1]，根据其生长条件及光线需求来选配，不同的植物株型以及叶片不同的形状、颜色和质感的组合极具艺术感染力。

**灌溉系统节水化设计**

垂直绿墙的灌溉采用 PVC 管水平横置于结构的上方，每隔 10cm 设置一个直径为 2mm 的出水口，以保证有足够的水压。根据季节、日照以及绿墙的高度采取选择性灌溉，大约一天 2-3 次，每次 1-3 分钟，每天大约需要 0.5-5L/$m^3$ 水。从整体来看，垂直绿墙灌溉需要的用水量比普通绿地少。

垂直花园上点缀的花朵

资料来源：https://upload.wikimedia.org/wikipedia/commons/b/b1/Le_mur_végétal_%28Musée_du_quai_Branly%29_%287166632353%29.jpg

资料来源：hhttps://www.pinterest.com/pin/510454938997067797/

## 启示意义：

垂直花园不仅节约了城市土地，还在改善空气质量方面效果显著。植物的叶片、根以及所有与植物共生的微生物都具有净化空气的作用；在基质表面，污染物微粒从空气中被分离出来，并被慢慢分解和矿化，最终成为植物的肥料。因此，垂直花园是一个改善空气质量、增加空气水分和降低城市污染的有效工具。垂直绿墙作为新型的绿化技术，有机地与建筑相结合，既美化了建筑立面，降低了建筑能耗，改善了空气质量，还为城市环境增添了独特的景观。

垂直花园植物的多样性

资料来源：http://worldismostwonderful.blogspot.ae/2013/10/vertical-gardens.html

## 参考文献


[1] 杨立 . 垂直绿墙在建筑外立面的运用 [D]. 南京师范大学 ,2014.

[2] 王欣歆 . 从自然走向城市 派屈克 · 布朗克的垂直花园之路 [J]. 风景园林 ,2011,05:122-127.

[3] 吴隽宇，肖艺 . 帕德里克 · 布朗克：欧洲“垂直花园”设计的发明者 [J]. 世界建筑 ,2010,03:115-117.

# 英国康沃尔郡伊甸园：废弃矿上的生态乐园

The Eden Project, Cornwall, UK

项目地点：英国康沃尔郡
建设时间：1999 ~ 2001 年
区位类型：老工业区
项目投资：1.39 亿英镑
项目收益：年收入 2000 万英镑以上，慈善基金盈余 3000 万英镑以上

伊甸园整体鸟瞰
资料来源：http://www.edenpr oject.com/

**案例创新点：**

英国康沃尔郡的伊甸园项目是将废弃矿场改造为生态观光园区的优秀案例。它建造了被誉为“世界第八大奇观”的世界最大单体温室，生态修复的过程中汇集了 5000 多种植物物种，建造了一个集科普与娱乐为一体的博物馆，既是人们休闲娱乐的场所，又成为开展生态教育的天然课堂。在英国 2004 年的一项调查中，伊甸园被票选为“民众最喜欢的建筑”之一。

1995
原有场地废弃矿山

1996
伊甸园早期设计草图

1999
伊甸园修建过程

2001
伊甸园正式营业

伊甸园的历史变迁
以上四张图片来源：http://www.edenproject.com/eden-story/eden-timeline

## 案例简介：

项目所在场地康沃尔原本是锡矿采矿区，后由于资源枯竭而废弃，开采留下了巨型大坑，被当地人视为“死地”。伊甸园项目试图在恢复废弃地生态的基础上，通过温室营造自然的生物群落，以创新的经营方式和功能植入，将废弃地更新建设成为深受人们喜爱的博物馆。

### 经营和盈利模式

伊甸园注册了慈善信托基金，其全部资产属于该信托基金。信托基金下设一个全资公司，名为伊甸园工程有限公司，公司经营所得的盈余部分需全数缴纳给信托基金。同时成立伊甸园基金会，基金会主要代表伊甸园工程的对外形象，负责与政府、企业、学校等机构建立联系，帮助伊甸园工程建设一些附属项目，以及寻找伊甸园工程差异化发展的策略。项目通过发展会员、门票收入、出售商品、捐赠计划和教育培训收费等方式获得盈利。

两大温室、三大展馆
资料来源：http://www.edenpr oject.com/

### 项目功能模式

伊甸园以生态观光作为主要功能，园区利用极具标志性和科技感的透明充气膜结构实现两大温室、三大展馆所需的物理环境，展现特有植物所造就的良好生态环境，形成观赏功能，让游客了解世界各国的珍稀特色植物。游客在观赏植物之余，还可以欣赏体验各种话剧、艺术秀、园艺论坛、音乐节、儿童主题节目等。自然教育是伊甸园的一个重要功能。伊甸园就像一个活生生的实验室，为不同年龄人群提供量身定做、身临其境的自然体验和教育服务 。

## 启示意义：

伊甸园项目利用极具创意的充气膜建筑，产生强大的吸引力，其独特性使康沃尔郡成为除伦敦外的英国第二大旅游目的地。项目除了核心的植物观赏外，还开发各种体验性的活动，并将自然教育作为一个重要的功能，丰富了产品类型，拓展了市场群体，从而满足不同层次的市场需求。园区处处是别出心裁的创意雕塑，试图用艺术诠释人与植物的关系，这大大提升了园区的内涵，并丰富了景观的观赏性。依托于慈善信托基金和基金会的经营与盈利模式保证了项目稳定、可持续的经济收入，伊甸园项目差异化开发策略为其进一步发展提供了充足的空间。项目从建造到运行等各个方面均体现可持续观念，并成果卓著。

伊甸园温室
资料来源：http://fotomen.cn/2015/09/eden/

室外活动场地
资料来源：http://fotomen.cn/2015/09/eden/

教育研讨中心
资料来源：http://fotomen.cn/2015/09/eden/

## 参考文献

[1] 袁哲路 . 矿山废弃地的景观重塑与生态恢复 [D]. 南京林业大学 2013
[2] 牟永峰 . 矿山公园景观规划理论研究 [D]. 西北农林科技大学 2009

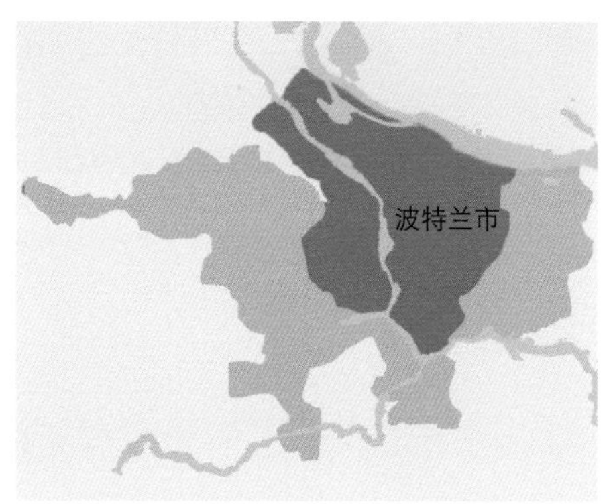


# 美国波特兰都市农业规划项目

Urban Agriculture Planning Project in Portland, USA

项目地点：美国俄勒冈州波特兰
建设时间：2004 年～ 2015 年
项目规模：全市范围
区位类型：老城区
项目投资：平均每个农场约 2-3 万美元

**案例创新点：**

近年来，随着生态城市理念的普及，世界范围内部分城市中市民自发的、无序的甚至非法的种植行为开始被引导为有序整合的都市农业。将农业生产引入城市，既可以减少食物运输过程中的碳排放以及大规模农业生产中杀虫剂的使用，辅助城市短途食品供给，同时还为市民的休闲、教育、疗养和劳作提供了场所。城市中各色各样的农场在成为城市中独特风景的同时，也有助于实现城市土地的集约利用，是创建生态城市的重要组成部分。欧美国家通过相继涌现都市农场、社区农场、校园农场等形式，营造了极富吸引力的公共场所。美国波特兰市通过政策法规保障、潜力土地资源清查以及示范农场建设等措施为都市农业发展进行有序的规划、管理与引导，成为全世界都市农业的成功范例。

校园农场

资料来源：http://www.alamy.com/stock-photo-urban-agriculture-program-at-the-paideia-school-atlanta-georgia-81177390.html

都市农场

资料来源：http://toutiao.com/a3492354191/

## 案例简介：

在美国近代发生的都市农业运动，与燃料和能源的短缺有着密切的关联。目前，二战时的城市菜园模式正作为可持续运动的一部分而复苏，都市农业运动正朝着可持续发展的方向改变。美国波特兰市长期深受可持续发展理念及“本地食物”文化双重影响，是北美第一个以发展都市农业为目的而进行公共土地库存清查的城市。

### 在政策和规划中明确都市农业的地位

波特兰市将都市农业纳入城市政策与总体规划。2004 年 11 月波特兰市议员丹·萨尔茨曼提议相关城市部门清查其下属库存土地，以了解哪些地块可能适合都市农业，后该议案获得一致通过。2005 年，波特兰州立大学城市与区域规划专业团队、四个城市部门及其他相关团队共同提出《可挖掘的城市：给城市农业以规划上的优先权》报告，该报告的宣传及拓展工作使公众意识到，都市农业可以实现公众参与、经济发展（通过促进创业项目）、城市绿化、娱乐游憩、土壤空气及水质量改良等多重规划目标，更是城市可持续发展的一条创新思路。

### 清查分析都市农业用地

波特兰市开展了自上而下的土地库存清查，识别出都市农业的合适场地，使其融入城市肌理，对现状土地利用干扰最小化，实现最大的社会、经济、环境效益。市议会成立了城市农业附属委员会，制定了公共土地库存管理计划，确定了 13 个明确具有都市农业潜力和 27 个可能具有都市农业潜力的场地，并最终提交了名为《可挖掘的城市之第二阶段：城市农业土地库存清查工作的发现及建议》的报告。该报告于 2006 年 2 月经市议会一致通过，激发了更为广泛的都市农业活动。

社区农场

资料来源：http://www.onni.com/about/sustainability/urban-agriculture/

街道微型农场

资料来源：http://www.terrafluxus.com/wp-content/uploads/2010/07/DSC00351.jpg

公园农场

资料来源：http://www.cityfarmer.info/2014/01/29/oranjezicht-city-farm-in-cape-town-s-africa-organic-urban-farming-in-the-city/

公众参与

资料来源：https://www.pinterest.com/ceosforcities/the-urban-farming-local-food-dividend/

### 复合化利用空间

都市农业项目注重挖掘城市中难以利用的零碎土地以及在空间的立体利用可能。立体种植、温室种植、种植袋、无土栽培、自控化种植等新型农业技术的出现，使都市农业的可用空间极大丰富，而将位于地面的边缘空间、建筑物屋顶以及墙面甚至各种废旧物品，都用作都市农业的场所与容器。空间的立体化创意利用为城市土地的集约利用提供了思路。

### 广泛吸引公众参与

波特兰都市农业实践获得了广泛的公众参与，市民确信城市农业在社会环境和物质环境等方面将产生诸多效益。2006 年，波特兰都市农业项目计划获得美国农业部风险管理机构拨款。项目推动者认为小型公共土地的可用性相对较强，而公众参与是工作的重中之重。他们将都市农业引进社区、学校、街道甚至建筑屋顶、墙面等日常生活中触手可及的空间，鼓励各个年龄段的市民广泛参与，在这些农场中，农业活动与教育、休闲、娱乐、养老、运动等都市活动相结合，实现了广泛的公众参与，打造了波特兰市独特的城市公共活动载体。

### 本地化生产食物

随着当地食物系统的发展，粮食运输的费用大大减少，农业利润结构得到改变，从而提高了农民的收入，促进都市农业的成功。2007 年 9 月的波特兰愿景规划，将都市农业与社区关系、社区可持续性及社会公平统筹考虑：通过向食物生产本地化迈进，减少城市对化石燃料的依赖，降低能源资源利用量，减轻对社会带来的负影响，增强城市弹性。

垂直种植袋

资料来源：http://www.greendiary.com/big-question-vertical-farms-green.html

可移动种植池

资料来源：http://www.littlehouseinthevalley.com/urban-gardens-for-small-spaces

屋顶农场

资料来源：http://popupcity.net/trend-8-urban-farming-becomes-serious-business/

作为广场景观的都市农场

资料来源: https://www.pinterest.com/pin/557742735074937150/

作为景观小品的垂直农场

资料来源: http://blogs.kqed.org/pressroom/files/2012/02/Food-Forward-1-PBS-KQED-hydroponic-rooftop-100917_9656.jpg

**都市农业景观化**

现代都市农业可以与景观设计紧密结合，营造出独特的都市景观。一方面，农场植物可以作为一年四季不断变换的景观植物，其枝叶、花朵、果实可以为市民提供形态、色彩和嗅觉上的不同体验；另一方面，农场的种植容器可以与街道景观小品设计结合，使农场成为市民日常休息、娱乐和邻里交流的场所，成为独特的街道设施。

## 启示意义：

波特兰都市农业带来的生态环境效益，让城市生活变得更加可持续。在实施层面上，都市农业的发展和政策紧密相关，其成功实施离不开政府全过程的参与和支持，包括发展远景目标的制定、规划的配合等等。都市农业可以从简单的农业活动转化为都市食品再生产的农业营销活动，从而为邻近的城市消费者提供最好的服务并创造长期稳定的收入来源。中国城市管理者应更多地了解都市农业的理念，借鉴国外的技术和发展经验，综合考虑现有的绿化经济成本以及农业对城市结构、生态系统的影响，探索出适合我国城市的农业发展模式及其与生态城市相结合的发展策略。

农场景观

资料来源：http://modernfarmer.com/2013/08/meet-tom-colicchios-urban-rooftop-farmer/

食物生产本地化

资料来源：http://botasot.info/shendetesia/323347/gjashte-ushqime-qe-eshte-mire-t-i-blini-bio/

土地的集约利用

资料来源：http://newyork.thecityatlas.org/lifestyle/brownfields-or-vacant-lots-in-your-life/attachment/23064333/

## 参考文献

[1] 孙莉 . 美国波特兰城市农业的规划经验 [EB/OL].http://www.thepaper.cn/www/resource/jsp/newsDetail_forward_1257237

[2] 孙莉 . 城市农业用地清查与规划方法研究 [D]. 天津大学 ,2014.

[3]Kevin Balmer, James Gill, Heather Kaplinger, et al.. The Diggable City: Making Urban Agriculture a Planning Priority. Portland: Nohad A. Toulan School of Urban Studies and Planning Portland State University, 2005

[4]Wendy Mendes, Kevin Balmer, Terra Kaethler, et al.. Using land inventories to plan for urban agriculture: experiences from Portland and Vancouver. Journal of the American Planning Association, 2008, 74 (4): 435~449

# 美国底特律拉斐特绿地都市农业项目

The Detroit Lafayette Greens Urban Agriculture Projects,USA

项目区位：美国密歇根州底特律市
用地规模：0.425 英亩（约 1720$m^2$）
建设时间：2011 年
专业类型：城市设计、景观设计
城市规模：大城市
地段类型：城市中心区
实施效果：在大城市中心区以都市农业的形式实现了经济、社会和生态效益的平衡

**案例创新点：**

在寸土寸金的底特律中心区，拉斐特大厦拆除后并未重新建设商务楼宇，而是以都市农田的形式成为了市中心的明珠。拉斐特绿地展示了都市农业是如何塑造一个富有活力的城市公共空间。该设计荣获了 2012 年度美国景观设计师协会（ASLA）通用设计荣誉奖，评审委员会对该项目的评价是："建造者打破了长期以来以当代语言进行创造的模式，它也引发了有关在城市内部生产新鲜农产品的争论。该项目的完成基于设计、规划和生态的完美平衡，是一个非常好的榜样"。

拉斐特绿地建设前后对比

资料来源：2012ASLA 专业奖 通用设计荣誉奖 都市农业 [EB/OL]. http://www.gooood.hk/Lafayette-Greens.htm，2013-07-01.

## 案例简介：

2010 年，底特律中心区拉斐特大厦拆迁完毕后，在原址设计建造了 1720$m^2$（0.425 英亩）的城市花园，巧妙地将都市农业纳入城市空间，营造出具有独特魅力的城市公共空间。在设计方面，该项目具有以下特点：

### 基于场地分析的总体设计

整个绿地根据地形分析设计整体造型。高出地面的蔬菜种植床按照阳光照射角度设定位置和走向，以在高楼林立的大环境中为各种植物保证充足的阳光。特殊的造型也使得路人在穿行整个空地时能够获得更为丰富的步行体验。宽阔的薰衣草大道吸引着人们沿着空间内的线条缓慢前行，欣赏花园内 200 多种蔬菜、果树、花卉和药用植物。

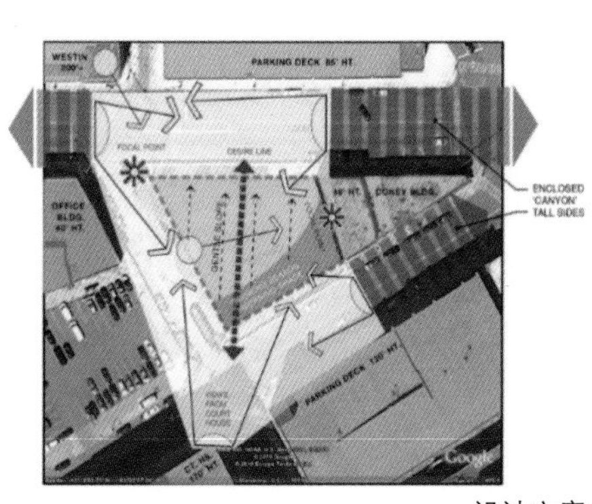


设计方案

资料来源：2012ASLA 专业奖 通用设计荣誉奖 都市农业 [EB/OL]. http://www.gooood.hk/Lafayette-Greens.htm，2013-07-01.

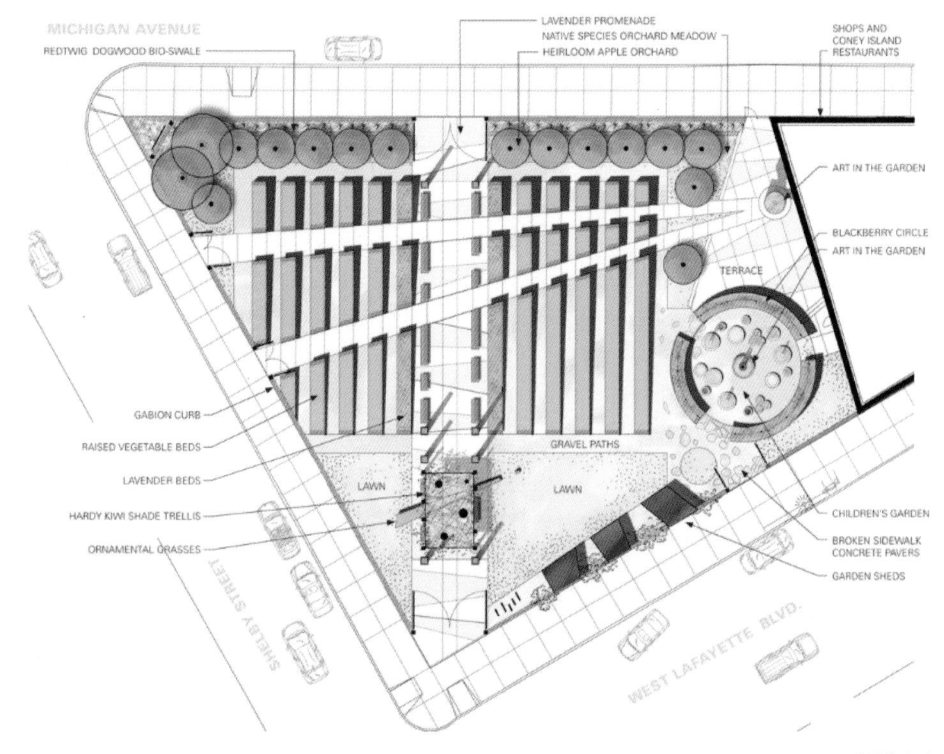


设计方案

资料来源：2012ASLA 专业奖 通用设计荣誉奖 都市农业 [EB/OL]. http://www.gooood.hk/Lafayette-Greens.htm，2013-07-01.

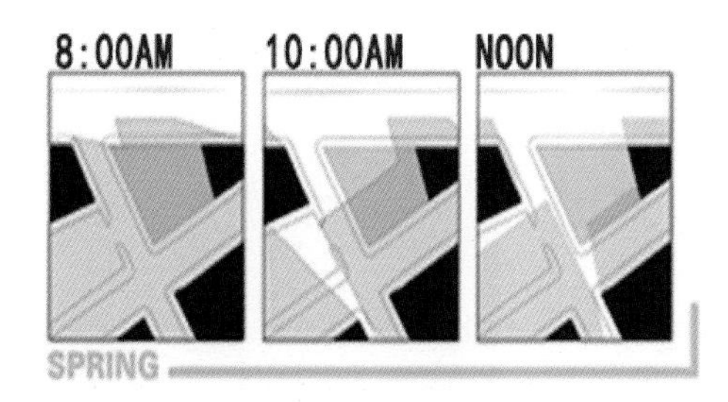

日照分析

资料来源：2012ASLA 专业奖 通用设计荣誉奖 都市农业 [EB/OL]. http://www.gooood.hk/Lafayette-Greens.htm，2013-07-01.

### 践行可持续的理念

拉斐特绿地作为一种形式独特的城市生态湿地，能够缓冲并吸收雨水径流。园内铺设的抗旱牛毛草草坪、高效灌溉系统，以及高位栽培床的可调滴灌管，使公园可以有效地节约用水。在材料再利用方面，公园用混凝石填充铁制箩筐；利用人行道的碎块来作为铺路材料；用损坏的木门与回收的货板木作为公园的栅栏；并将食品铁筒用作儿童公园的种植盆。

### 展现工业名城的烙印

拉斐特大厦的拆除似乎象征着一个时代的远去，让人们倍感失落，而拉斐特绿地的设计则无处不在地体现着这座汽车名城的历史印痕。绿地的边界用可再生的格栅材料围就，透明的边界展现出开放和包容的信号。工字钢灯柱和镀锌钢种植槽都采用独特的钢铁材质，抽象地反映了底特律工业城市的过去，而这里种植的蔬菜，则展望着绿色的未来。

雨水管理方法

资料来源：2012ASLA 专业奖 通用设计荣誉奖 都市农业 [EB/OL]. http://www.gooood.hk/Lafayette-Greens.htm，2013-07-01.

可持续材料的运用

资料来源：2012ASLA 专业奖 通用设计荣誉奖 都市农业 [EB/OL]. http://www.gooood.hk/Lafayette-Greens.htm，2013-07-01.

## 启示意义：

拉斐特绿地项目成功展现了都市农业融入城市的景观效益和教育意义，其价值不仅在于视觉上的愉悦或是促使人们树立起与自然共生的态度。都市农业作为一种新型的农业形态，是伴随着城市化、工业化的高度发展和城市与农村进一步相互融合而产生的、融多种功能为一体的可持续发展农业。都市农业与城市发展的深度融合可以在城市中建立起“城市—居民—农业—自然”的循环，有利于实现城市永续发展的愿景。随着食品安全成为越发重要的全球性问题，都市农业已引起很多国家的关注，2015 年米兰世博会以“滋养地球，为生命补给能源（Feeding the Planet, Energy for Life）”为主题展开了很多畅想，很多城市也已开始进行丰富的实践探索，比如伦敦推出“首都种植计划”（Capital Growth）、鹿特丹划定城市农业机会地图、纽约建设约有 900 座菜园和农场。对于中国而言，都市农业的发展已有一定的基础，未来可以发挥其在生产、生活、生态方面的综合效应，尝试将其纳入到城市发展之中，促使实现绿色生态可持续发展。

交流与学习的场所

资料来源：2012ASLA 专业奖 通用设计荣誉奖 都市农业 [EB/OL]. http://www.gooood.hk/Lafayette-Greens.htm，2013-07-01.

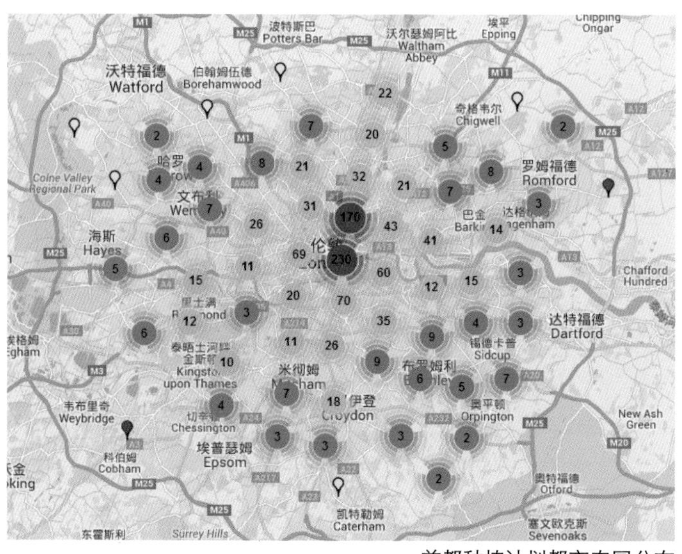


首都种植计划都市农园分布

资料来源：London’s food growing network [EB/OL]. http://www.capitalgrowth.org.

纽约空中农场项目

资料来源：佚名. 纽约都市屋顶农场景观设计 [EB/OL]. http://www.landscape.cn/news/events/project/foreign/2015/0610/174566.html.

## 参考文献

[1] 贝丝·哈根巴士 BLA，邝嘉儒. 拉斐特绿地 城市农业、城市肌理与城市可持续性 [J]. 风景园林，2013(6):44-51.

[2] 都市农业：统筹城乡的新业态 [J]. 中国农业科技，2011(11):6.

[3] 孙莉，张玉坤. 食物城市主义策略下的当代城市农业规划初探 [J]. 国际城市规划，2013(5):94-102.

[4] Michael Tortorello. 纽约的都市农场，为何“娘子军”当家？ [EB/OL]. http://cn.nytimes.com.

国际城市创新案例集
A Collection of International Urban Innovation Cases

06

# 基础设施与公共安全

Infrastructure and Public Safety

安全是人类生存的基本需求之一，也是城市可持续发展的基本前提。19 世纪末、20 世纪初，现代城乡规划的诞生就是源于对城市公共环境、卫生问题的关注，如今面对城市人口与用地规模的日益膨胀，维护公共环境与卫生、防范城市风险、提升公共安全的意义更为重大，需要不断增强城市的韧性。对城市灾害的应对，荷兰、美国、澳大利亚、日本等国已由被动防灾转向主动减灾，由单一采取工程性措施转向工程与非工程措施并重，由应急管理转向风险管理，由单风险管理转向多风险管理，由灾中管理转向全程管理。关于城市垃圾处理和环境公共卫生，丹麦、法国、日本等对垃圾实现了从单一排放到资源化综合利用、从点源污染治理到控制污染源头的转变。

城市规划建设不仅要关注地面上的空间，更应关注地面下的“生命线”工程，综合性、系统性建设与有效利用地下空间，有效统筹协调地上地下的关系，法国巴黎、中国台湾等地为我们在这方面提供了有益的启示。近年来，不少国家还积极建设智慧城市，利用现代科学技术和通信设施来增强城市发展的应变能力，提高城市运转的效率，有效治理“城市病”，赫尔辛基、首尔等城市在该方面堪称典范。

>> >

# 荷兰水环境——从“抗争”到“共生”

The Water Environment in Netherland – from "Antagonism" to "Co-existence"

项目区位：荷兰
建设时间：20 世纪至今
项目规模：全国范围
项目收益：荷兰通过填海造地获得 1/5 的陆地面积，并通过水土资源整合保障土地的使用安全。

## 案例创新点：

在荷兰，水不仅是独具特色的景观要素，更是事关国家生存与发展的关键因素。荷兰有相当大的国土面积低于海平面，因此必须通过建设堤坝、填海造地、挖掘泥煤、疏浚水系来确保国家安全。但造地活动令生态危机加重，近年来荷兰对水的态度发生了从“抗争”到“共生”的重大转变。在水土资源整合的漫长过程中，荷兰以生态为中心发展了一系列先进的生态治水的政策、手段和技术，以追寻发展的同时做到对自然环境的最大保护。荷兰水土整治在全球范围内具有领先地位，影响深远。

## 案例简介：

荷兰位于莱茵河、马斯河和斯凯尔特河的三角洲地区，有近 1/3 的土地低于海平面。长期以来，荷兰人围海造地以获取更多的生存发展空间。然而，从 1980 年代开始，填海工程所引发的负面生态影响越发受到社会关注。荷兰意识到，为避免在人与自然极端对立时可能出现的致命之灾，光靠“堵”和“挡”还不行，必须重新审视“人”与“水”的关系。于是荷兰政府提出，要将水与土地进行更有效的整合，建立国土安全新思维。

北海
海牙
阿姆斯特丹
鹿特丹
海平面以下的土地
海平面以上的土地
填海形成的土地

荷兰国土构成示意

资料来源：孙晖，张路诗，梁江．水土整合：荷兰造地实践的生态性理念 [J]. 国际城市规划 ,2013,01:80-86.

**“水土整合”的环境影响评价政策**

“水土整合”所考虑的不仅仅是水与土的融合关系，更是对生态问题的关注。荷兰在 1970 年代后期就开始致力于环境评价制度的研究。1987 年，荷兰政府颁布了《环境保护法案》，规定对于可能产生环境影响的规划和计划必须进行环境影响评价（EIA）。EIA 只应用于项目层面上，而不能从源头上控制环境问题的产生。因此，荷兰又建立了战略环境影响评价制度（SEA），要求对包括填海造地在内的各项重大国家政策、规划和计划必须进行 SEA。SEA 是从更高层面和更大范围考虑环境影响的减缓措施，它与 EIA 相配合，贯穿了决策全过程。

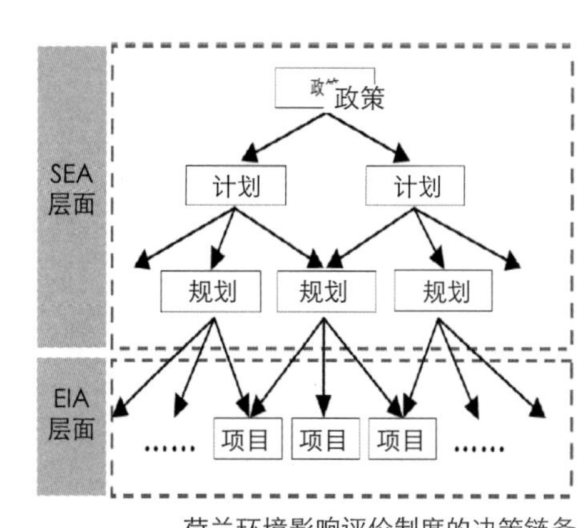


荷兰环境影响评价制度的决策链条

资料来源：根据孙晖，张路诗，梁江．水土整合：荷兰造地实践的生态性理念 [J]. 国际城市规划，2013,01:80-86. 重绘

**“建造结合自然”的造地方式**

采用“建造结合自然”的造地方式，强调对生态效益和经济绩效的双重考虑，开垦出的土地由人造前滩、海滩和沙丘保护，尽可能减少对圩田式土地开垦中堤坝建设的依赖。这种方式采用与海洋和谐共生的软性结构代替坚硬固定的堤岸，能有效地承受气候的变化，同时创造出灵活多变的适于居住、工作、娱乐的空间。

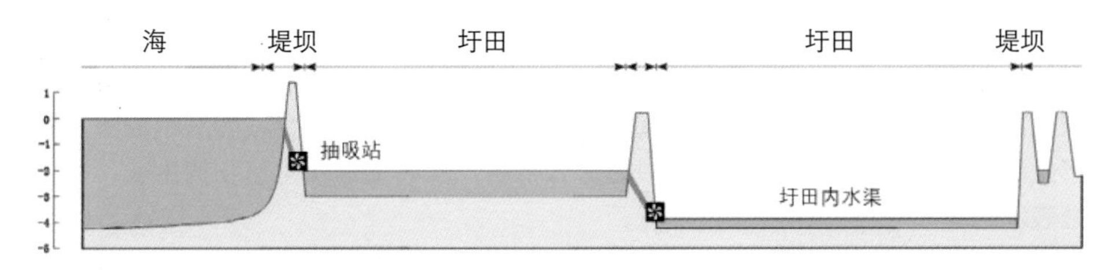


传统圩田类型开垦出的土地剖面

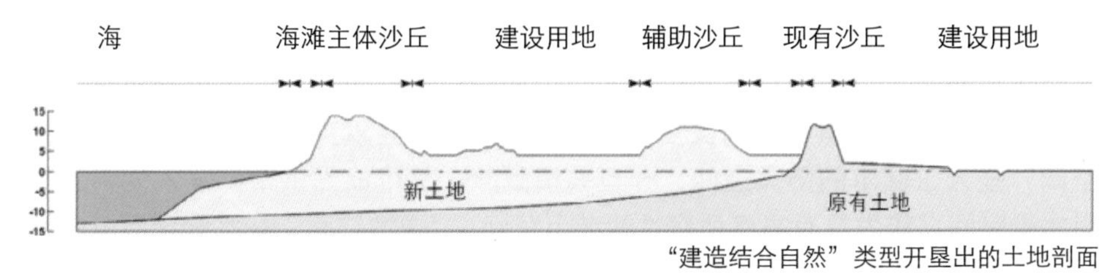


“建造结合自然”类型开垦出的土地剖面

资料来源：孙晖，张路诗，梁江．水土整合：荷兰造地实践的生态性理念 [J]. 国际城市规划，2013,01:80-86.

传统圩田造地方式

资料来源：http://pt.depositphotos.com/8013821/stock-photo-aerial-view-at-windfarm-in.html

以沙丘过渡的造地方式

资料来源：Fransje Hooimeijer, Han Meyer, Arjan Nienhuis. Atlas of Dutch water cities. Sun. Amsterdam 2005. 92.

项目1

项目2

基于“建造结合自然”原则的填海项目

资料来源：孙晖，张路诗，梁江．水土整合：荷兰造地实践的生态性理念 [J]. 国际城市规划 ,2013,01:80-86.

### “退滩还水”的生态修复计划

21 世纪，荷兰针对生态修复问题，开展了“退滩还水”计划。该计划主要涉及内陆河流下游缓冲区和海洋潮水侵蚀缓冲区，面积达 $100km^2$。计划要求对沿岸区域的开发活动进行更为严格的评估，同时还要求对海平面变化、地面沉降，以及水管理的综合模式进行充分研究。在这项计划中，增加河道宽度和流量、扩大沿岸的开放水域是修复生态的重要途径。宽阔的河口漫滩会减轻洪水危害，新产生的沼泽地会充分吸收来自水中的营养物质，从而促进水生植物的生长、净化地表水。

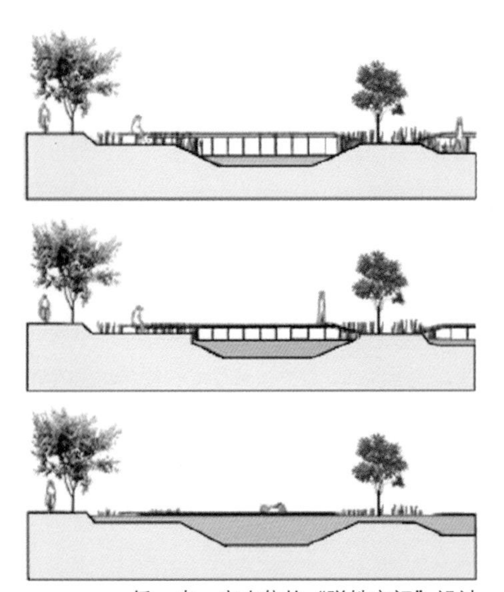

低、中、高水位的“弹性空间”设计

资料来源：孙晖，张路诗，梁江．水土整合：荷兰造地实践的生态性理念 [J]. 国际城市规划 ,2013,01:80-86.

### 创造“弹性空间”的设计方法

在河流密集区域，为了扩大储水容量，在土地利用规划中指定特殊的片区作为溢流区。而在一些低于海平面的人造土地中，为了应对难以预测的洪灾，可以通过对水系统现状和土地使用的评价分析，筛选出不利于建设的敏感区，以便创造出适应环境变化的灵活的“弹性空间”。当洪灾来临时，这些“弹性空间”是人工储水的防灾空间；一旦警情解除，又可成为供市民娱乐休闲的城市水景空间。作为具有高度适应性的城市空间，“弹性空间”在水管理利用方面具有长期效益。

低水位时的“弹性空间”

资料来源：Fransje Hooimeijer, Han Meyer, Arjan Nienhuis. Atlas of Dutch water cities. Amsterdam: Sun. 2005. 190.

高水位时的“弹性空间”

资料来源：Fransje Hooimeijer, Han Meyer, Arjan Nienhuis. Atlas of Dutch water cities. Amsterdam: Sun. 2005. 190.

“两栖漂浮”建筑项目区位图

资料来源：孙晖，张路诗，梁江．水土整合：荷兰造地实践的生态性理念 [J]. 国际城市规划，2013,01:80-86.

低水位时的房屋实景

资料来源：孙晖，张路诗，梁江．水土整合：荷兰造地实践的生态性理念 [J]. 国际城市规划，2013,01:80-86.

固定房屋的木桩

资料来源：孙晖，张路诗，梁江．水土整合：荷兰造地实践的生态性理念 [J]. 国际城市规划，2013,01:80-86.

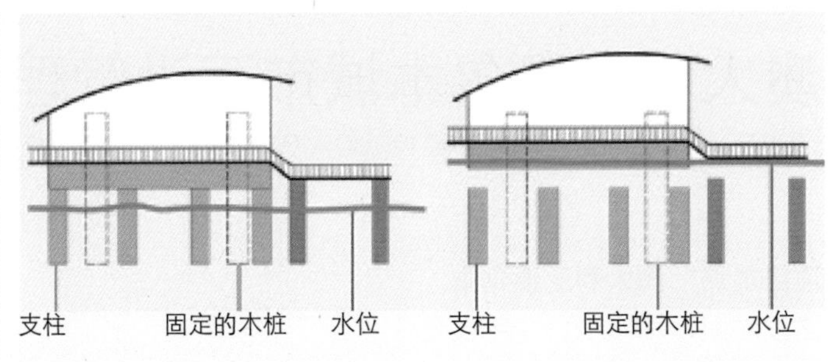


房屋漂浮原理示意图

资料来源：孙晖，张路诗，梁江．水土整合：荷兰造地实践的生态性理念 [J]. 国际城市规划，2013,01:80-86.

高水位时的房屋实景

资料来源：孙晖，张路诗，梁江．水土整合：荷兰造地实践的生态性理念 [J]. 国际城市规划，2013,01:80-86.

### “两栖漂浮”的建筑开发模式

面对如何解决土地紧缺和防范洪灾问题，荷兰实行了“两栖飘浮”的建筑开发模式。1980 年代，第一个“浮动村庄”在林堡省鲁尔蒙德镇附近建成。2007 年，马斯博默尔镇修建了 36 个两栖房屋。该项目位于马斯河岸，房屋建立在可浮动的地基之上，通过垂直的柱桩固定，采用灵活可变的配套水电设施管道。若水面上涨，房屋可离开地面，并且能够向上飘浮约 4m 高。这项工程吸引了世界很多开发商和建筑师的关注。2010 年，杜拉维米尔建设公司计划在阿姆斯特丹史基浦机场附近建设一座可以容纳 12000 人的“飘浮城市”，除了住宅以外，还包括飘浮的学校、医院和商店。

## 启示意义：

荷兰是世界上最早进行填海造地的国家，不仅具有丰富的经验、先进的技术和完善的体制，而且逐步重视水系的生态保护。荷兰水系统的发展经验给中国沿海沿江地区的发展提供了多方面的启示。首先，应在政策上建立贯穿各个阶段的环境影响评价制度等配套政策；其次，在水土关系上摒弃传统的硬性阻隔，采用生态的弹性边界；再次，在具体的建筑设计方法上探讨水土共处的可能性。总之，在滨水城市规划与设计中，要摒弃“先污染，后治理”的发展模式，加强对生态系统的保护与修复。

## 参考文献

[1] 孙晖，张路诗，梁江．水土整合：荷兰造地实践的生态性理念 [J]. 国际城市规划，2013,01:80-86.

[2] 张丽君．实施可持续发展战略的重要手段——战略环境评价（SEA）[N]. 国土资源情报，2005(4): 31-38.

[3] Waterman R E, Misdorp R and Mol A. Interactions Between Water andLand in the Netherlands[J]. Journal of Coastal Conservation, 1998(4): 115-126.

[4] 李荣军．荷兰围海造地的启示 [J]. 海洋开发与管理，2006(3): 31-34.

[5]Fransje Hooimeijer, Han Meyer, Arjan Nienhuis. Atlas of Dutch water cities[M]. Amsterdam: Sun. 2005:181-201.

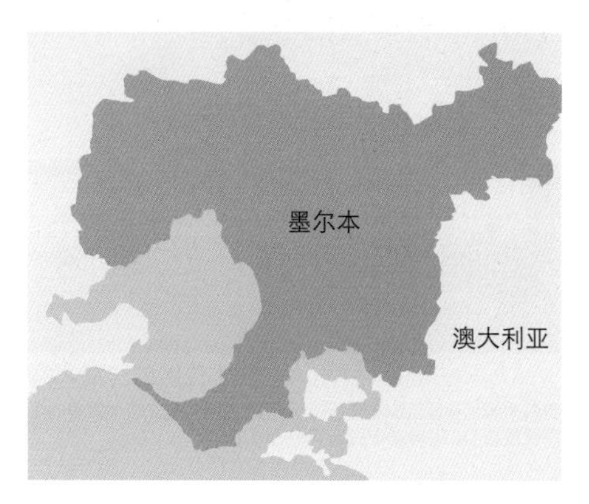


# 澳大利亚墨尔本城市雨洪管理

Urban Stormwater Management in Melbourne，Australia

项目地点：澳大利亚墨尔本
建设时间：20 世纪 90 年代至今
项目规模：全市范围
项目效益：城市雨洪管理领域的典范。从 2011 年起，连续 5 年摘得“世界宜居城市”桂冠

## 案例创新点：

和世界其他大城市一样，在城市发展中，墨尔本面临城市防洪、水资源短缺和水环境保护等方面的挑战。作为城市水环境管理尤其是现代雨洪管理领域的新锐，墨尔本倡导的 WSUD 水敏性城市设计（Water Sensitive Urban Design）和相关持续的前沿研究，使其逐渐成为城市雨洪管理领域的世界领军城市。WSUD 综合考虑了城市防洪、基础设施设计、城市景观、道路及排水系统和河道生态环境等，降低城市化对水的需求和对环境的影响，初步实现了城市发展和自然水环境的和谐共存。从 2011 年起，墨尔本连续 5 年摘得“世界宜居城市”桂冠。

## 案例简介：

墨尔本是澳大利亚的文化、商业、教育中心。20 世纪 90 年代以来，为应对雨水径流污染严重、洪峰流量增加、水质恶化加剧、生物多样性大幅降低等问题，墨尔本开始加强城市的雨洪管理，通过设计、建造及监管体系的构建，较为成功地缓解了城市的水危机。

### WSUD 水敏性城市设计体系

WSUD 是澳大利亚针对传统排水系统所存在的问题所开展的一种雨洪管理体系。WSUD 综合考虑了城市防洪、基础设施设计、城市景观、道路及排水系统、河道生态环境等，通过引入模拟自然水循环过程的城市防洪排水体系，达成城市发展与自然水环境和谐共赢。2000 年后，WSUD 在澳大利亚成为必须遵循的技术标准。

WSUD 的重要原则是源头控制，水量水质问题就地解决，避免增加下游的防洪和环保压力，降低或省去防洪排水设施建设或升级的投资。其雨洪水质管理措施，如屋顶花园、生态滞蓄系统、人工湿地和湖塘，能在不同程度上滞蓄雨洪，进而减少排水设施的需要。绿色滨水缓冲带在保证行洪的同时，能有效降低河道侵蚀，保持河道稳定性。雨水的收集回用提供替代水源，降低了自来水在非饮用用途上的使用。与景观融合的雨洪管理设施设计可营造富有魅力的公共空间，提升城市宜居性。

墨尔本雨水花园
资料来源：http://www.ccud.org.cn/2014-07-29/114333099.html

**水敏性城市设计工程实践**

工程实践中采用的水量控制措施，主要包括透水铺装、下凹绿地、地下储水池及雨洪滞蓄水库（人工湖、雨洪公园）等；水质处理措施主要包括道路雨水口截污装置，植被缓冲带、排水草沟、生态排水草沟、泥沙过滤装置、泥沙沉蓄池、雨水花园、人工湖及人工湿地等。工程中要综合考虑当地水文气象和地形条件，结合城市规划、防洪排涝规划、景观布局等，合理选择布局上述 WSUD 措施或其组合。设计中一般需应用多种水文、水力和水质数学模型进行定量的分析计算，确保水量和水质控制目标的达成。

雅拉河与城市和谐相处
资料来源：http://www.ccud.org.cn/2014-07-29/114333099.html

**对雨洪管理体系的监管**

在墨尔本城市建设开发中，负责雨洪管理的政府部门为墨尔本水务局。在每个城市建设开发项目中，水务局的审查和监督贯穿从可行性研究、初步设计一直到施工的全部阶段。各阶段审核完成后，经主管部门发放许可文件批准，方可进入下一阶段的工作。对于旧城改造等特殊地段的项目，水务局通过相关政策制定与实施以保证流域整体水量水质达标。

屋顶花园
资料来源：http://www.chlahb.com/hbyl/buildhb/buildhbproject/2013/0801/75254.html

## 启示意义：

澳大利亚墨尔本的 WSUD 雨洪管理体系已从传统的水量控制，过渡到水量和水质并重方面，进一步推动雨水收集利用，追求雨洪管理设施和城市景观的有机融合，以实现城市发展和水环境的和谐与可持续。其先进的理论、技术和管理体制都对我国城市雨洪管理有重要指导意义。

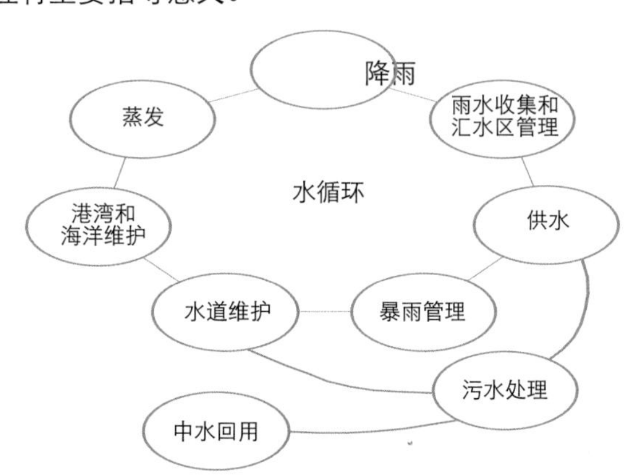


WSUD中的水循环系统
资料来源：http://wiki.zhulong.com/yl11/type112/topic656146_0.html

雨水生态过滤槽
资料来源：http://www.ccud.org.cn/2014-07-29/114333099.html


**参考文献**

[1] 刘旭．澳大利亚城市土地开发雨洪管理及设计实例 [A]. 中国城市科学研究会、中国城镇供水排水协会、浙江省住房和城乡建设厅、宁波市人民政府．第七届中国城镇水务发展国际研讨会论文集 --S13：城市防洪排涝与雨洪利用 [C]. 中国城市科学研究会、中国城镇供水排水协会、浙江省住房和城乡建设厅、宁波市人民政府，2012:7.

[2] 娱竹．雨洪管理的领军城市——维多利亚州首府墨尔本 [J]. 中华建设，2015,02:58-61.

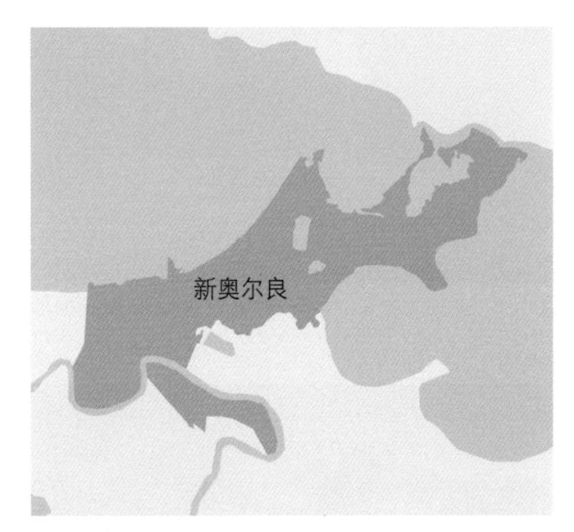


# 美国新奥尔良的灾后重建

Reconstruction of New Orleans after Hurricane Katrina, USA

项目地点：美国新奥尔良
建设时间：2005～2016年
项目规模：全市范围
区位类型：新城区

## 案例创新点：

2005年卡特里娜飓风是美国有史以来最严重的自然灾害，不仅在美国国内引起强烈关注，更因为全球气候变化成为热点问题，而引起了国际社会的普遍关注。该飓风不仅摧毁了新奥尔良的建成环境，而且由于大规模的居民被强迫疏散，城市的社会结构被撕裂。作为近年来西方最大规模的重建项目，城市灾后重建注重吸引政府和民众的关注与努力，引入海绵城市理念促进城市文化复兴，将新奥尔良重新打造为一座宜居的新城。

被飓风吹垮的建筑

资料来源：http://news.dayoo.com/world/gb/content/2005-09/09/content_2214673.htm

流离失所的人群

资料来源：“http://news.china.com.cn/2015-08/21/content_36368771.htm

被海啸摧毁的轨道

资料来源：http://photos.caixin.com/2015-08-28/100844783.html

## 案例简介：

美国新奥尔良是爵士乐之都，更是一座历史名城。然而 2005 年 8 月却遭受了一场浩劫——肆虐的卡特里娜飓风几乎将整座城市毁灭。卡特里娜飓风洗劫后，新奥尔良 50% 的房屋遭水淹，11 万套住房被毁，38000 座历史建筑中至少有 25000 座遭破坏。迅速重建家园是每个新奥尔良人的愿望，然而如何重建则关乎这座世界文化名城的未来。

### 充分发挥政府在重建中的主导作用

重建过程由联邦政府和地方政府联合负责。在重建的设计方面，政府的首要想法和着眼点就是如何确保这个城市的安全。重建问题的第一个方面是如何保护城市免于未来飓风等灾害的侵害；第二方面就是如何发展这个城市的基础设施建设，包括水资源供应、下水道、公路，让这些设施可以持续运行；第三个方面就是如何恢复社区活力，政府重视解决房屋居住问题，建立了很多混合型的社区，让穷人的孩子接触到中产阶级的医生、工程师和律师，从而让社区发展更加平衡。

在这场灾难中，由于 80%的地方都遭到了破坏，大多数的人都撤离了，联邦政府和地方政府积极投入到重建工作之中，完成了大量基础设施的建设。

### 借助民间力量对重建的帮助和支持

在新奥尔良的重建过程中，宗教团体为救助灾民与重建灾区募集了大量捐款。在飓风之后，一个叫做“人类家园”的民间组织先后向新奥尔良地区派出了超过 10 万名义务工，为 300 多个家庭建了新房。非政府组织红十字会派来了超过 24 万人，设立了 1400 多个临时灾民安置处，发放了大量药品和食品，帮助了 140 万个家庭。

复建后的城市建筑

资料来源：http://photos.caixin.com/2015-08-28/100844783.html

复建后的交通路网

资料来源：http://photos.caixin.com/2015-08-28/100844783.html

复建后的河道水系

资料来源：http://photos.caixin.com/2015-08-28/100844783.html

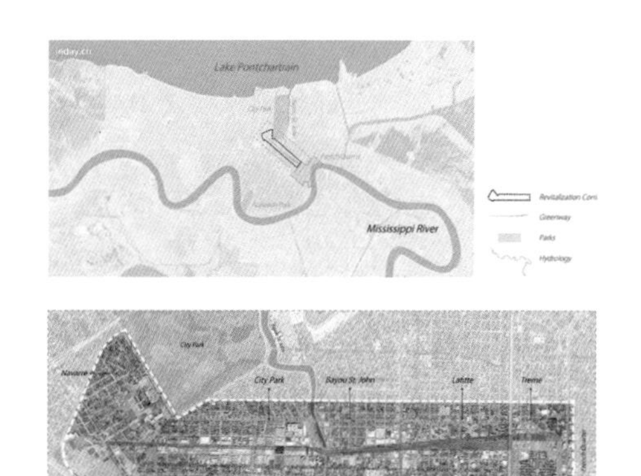

新奥尔良拉菲特绿廊区位
资料来源：http://www.gooood.hk/Lafitte-Greenway.htm

海绵城市设计鸟瞰图
资料来源：http://www.gooood.hk/Lafitte-Greenway.htm

**重建海绵城市典范**

卡特里娜飓风之后，新奥尔良市彻底改变策略，致力于打造具有韧性的海绵城市。建立城市与水共融的哲学，摒弃与水为敌、阻隔和强排的思路，致力于就地蓄水，引入景观工程来滤净并蓄积雨水。

拉菲特绿廊是新奥尔良第一个灾后重建工程，这条 5km 的绿廊将成为人们通往路易斯安那州新奥尔良市的一条生机勃勃、绿意盎然的多模式交通要道。景观设计师通过综合多个学科的成果，采集公众意见，整合多个重要目标，最终将曾经的老工业轨道打造成了遐迩闻名的绿荫走廊。

在拉菲特绿廊的规划设计中，为了确保在合理的结果中得到最大化的生态效果，顾问团队严格监督全过程。拉菲特绿廊的设计结合了可持续理念，采用了暴雨防御设施，种植本土植物，合理再利用现有建筑，减少不透水表面的面积。拉菲特绿廊将成为新奥尔良市第一批运用可量度结果的工程之一，它能够有效减少城市热岛效应，增强城市容纳收集管理能力。

海绵城市设计场景
资料来源：http://www.gooood.hk/Lafitte-Greenway.htm

海绵城市设计场景
资料来源：http://www.gooood.hk/Lafitte-Greenway.htm

海绵城市设计场景
资料来源：http://www.gooood.hk/Lafitte-Greenway.htm

在全面可持续的设计框架下，景观设计师设计出一套包括性能指标、基线测量和合理选址指标的系统，从而可以获得很多积极结果。比如，通过重新种植古老的柏树林将森林覆盖率从 3% 提升到 46%，这样该地区土壤就能收集 10 年内的所有降水，也缓解了新奥尔良已经超负荷运作的雨水收集系统，减缓了地面沉降。最后，通过种植 100% 的本地植物，野生动物和鸟类的数量预计可达到目前的四倍。这一规划不仅使新奥尔良重获生机，还有效利用了未被充分使用的公共空间，将新奥尔良的市民凝聚在一起。

雨水收集系统示意图
资料来源：http://www.gooood.hk/Lafitte-Greenway.htm

**重建城市秩序与复兴文化**

在新奥尔良的重建过程中，不断争取社会名人的支持，吸引社会关注与参与。布拉德·皮特和安吉丽娜·朱丽搬到新奥尔良，孜孜不倦参与重建活动。而 NBA 全明星赛在新奥尔良举办也大大提升了新奥尔良的关注度。

此外，新奥尔良的重建中大量历史古迹、公共文化设施在当年的飓风中损毁，新奥尔良歌剧院和路易斯安那州交响乐团等著名演出团体，连演员的生活都成了问题。一个名叫“美国爵士基金会”的组织为新奥尔良的文化复兴作出了重要的贡献。该基金会帮助了数百名爵士音乐家重返城市，为他们支付第一个月的房租、购买乐器，并提供法律援助服务，使得这个爵士乐首都很快恢复了文化风气。

重建中对传统建筑、设施进行修缮，以保证本土文化的传承。通过重建，新奥尔良市恢复了曾经的文化氛围，并变得更有魅力。

## 启示意义：

新奥尔良重建的成功首先取决于政府治理和协调多种资源的能力，通过各项基础设施的建设使新奥尔良的重建向着一个积极的方向发展。其次，有针对性的城市设计和景观设计对于新城的未来发展起着决定性的作用。第三，公众参与是保证重建成功的关键，有一个积极良好的重建模式，可以让公民参与其中的决策过程，他们才会认可这个模式，使重建工程加速进行，重建城市物质基础的规划必须伴随着恢复社会组织和公民网络的努力。只有各个阶层的共同努力，新奥尔良的重建才能产生一个强健的、包容的大都市。

新奥尔良爵士乐
资料来源：http://mp.weixin.qq.com/s?__biz=MzA3OTAxNTIyMA==&mid=10000107&idx=2&sn=641dd0b79577f5d9d76439ce060394ad

酒吧众多的波旁街
资料来源：https://m.douban.com/note/161779716/

新奥尔良球场夜景
资料来源：http://www.gousa.tw/blog/he-xin-ao-er-liang-yi-qi-yao-bai

## 参考文献

[1] 黄哲姣 . 美国新奥尔良市公众参与灾后重建规划的经验与借鉴 [J]. 城市建设理论研究：电子版 , 2013(29).
[2] 胡以志 . 灾后重建规划理论与实践：以新奥尔良重建为例，兼论对汶川地震灾后重建的借鉴 [J]. 国际城市规划 ,2008,04:66-70.

# 日本东京防灾公园体系

Disaster Prevention Park System in Tokyo, Japan

项目区位：日本东京
建设时间：1971 年至今
项目规模：东京全市
项目性质：公共设施

**案例创新点：**

随着全球范围内自然灾害频发，城市安全和防灾形势日趋严峻，建设高效的城市防灾应急体系成为各国政府普遍关注的热点问题。作为灾害频发的城市，东京从关东大地震后开始逐步认识到城市公园在应急避险方面的重要作用，并以此为依托，通过合理规划、设计与功能复合，逐步打造出适应自身特点的、覆盖广泛、配套完善、功能多元的城市防灾体系，并经多次实践演习与地震灾害的检验，显示出其在高效预防和应对灾害方面的优势。

1923～1971

萌芽时期：在关东大地震中，城市公园成为幸存市民的重要避难场所，随后公园的防灾功能开始被认识并利用，1956 年《城市公园法》首次提到公园建设必须考虑防灾功能。

1971～1993

探索时期：《东京都震灾对策条例》确定了东京都的避难场所和避难通道。1973 年《城市绿地保全法》指出城市公园在“防灾体系”中的地位。

1993～1999

明确时期：《城市公园法实施令》首次将灾害时作为避难场所和避难通道的城市公园称为“防灾公园”，建设防灾公园成为加强城市公园防灾功能的重点。

1999 至今

规范时期：《防灾公园规划设计导则》出台，规范了防灾公园设计要求。2003 年东京都市圈修订了新的地域防灾规划方案，明确了城市防灾公园体系布设。

## 案例简介：

东京防灾公园体系建设依托相对成熟的城市公园系统建立与完善，并从市民避险自救需求角度考虑防灾设施的配备，满足市民灾害前后的不同使用需求，积极为地震多发地带的城市居民提供更具有安全感的保障体系。

### 依托城市公园，构建多层次的避难空间

在防灾体系建设中，东京政府一方面增设了具有广域防灾功能的专业防灾公园，灾后作为赈灾据点及指挥中心使用。另一方面，充分利用现有开敞空间，根据现有公园、绿地和广场的规模、区位和性质将其划分为长期避难所、暂时避难所及避难通道等，由此明确其应配备的防灾设施。将“500m 一个近邻公园”转变为“500m 一个临时避难所”、“2km 一个长期避难所”，并将宽度大于 10m 的绿道作为疏散通道，以此构建科学合理、层次分明、覆盖全市域的防灾公园布点网络，确保市民在灾后 30 分钟内即可步行进入一个防灾公园。防灾公园的选址尽力避开地震断层、岩溶塌陷区、矿山采空区等脆弱地带。园区内需具备易于搭建临时建筑或帐篷、易于进行避难与救援活动的安全地域，并能够提供必要的防火、治安、卫生和防疫条件。

东京临海广域防灾公园 面积 13hm²

资料来源： http://www.tokyorinkai-koen.jp/cn/ [EB/OL].

东京都城北中央公园 面积 2.6hm²

资料来源： 高杰，张安，赵亚洲．日本防灾公园的规划设计及实践 [J]. 农业科技与信息：现代园林，2012(4):5-10.

表 1 防灾公园与城市广域防灾体系的关系

以城市及地方生活圈为单位

具广域防灾据点功能的防灾公园（国营公园、大规模公园等）—— 国家、都道府县等，约50公顷以上作为救援、复兴活动等后方支持的据点救援部队的驻扎、卫星通信设备、紧急车辆基地

情报通信设施　　紧急输送道路

作为广域避难地的防灾公园（城市基干公园等）—— 国家、都道府县等，约10公顷以上消防、救援活动据点直升机、电视广播等通信设备、储备仓库、抗震出水槽

2km左右

避难道路（绿道等）

作为临时避难地的防灾公园（近邻公园、地区公园等）—— 市町村1公顷以上消防活动据点储备仓库、抗震出水槽

500m左右

具有近便的防灾活动据点功能的城市公园（防止火灾蔓延，自主防灾活动的据点等）

住宅、工作地点等灾害发生时所在的场所

在石油站及石油相关工业用地和一般城市用地之间起隔离作用的缓冲绿地

资料来源： 高杰，张安，赵亚洲．日本防灾公园的规划设计及实践 [J]. 农业科技与信息：现代园林，2012(4):5-10.

### 借助空间设计，打造人性化避难设施

东京政府通过规划确定地区各级避难救援基地的地点、规模，并确定到达避难基地的路线。在设施配置中，充分考虑居民应急避险时的生存需求，在防灾公园中配置完善消防直升飞机停机坪、医疗站、临时厕所、防震性水池和防灾物资贮备空间，并设有独立的水源净化和循环利用系统、小型发电机和电信通讯设施。此外，政府还在东京街道各处设置了统一、易辨识的避难场所指示标志，灾害发生时，市民便于根据指示牌快速找到避难场所。防灾公园内也随处可见明确的避难场所、消防信号、防灾设施等标识，便于市民在紧急情况下更有序地进行避难与自救。

仓库

资料来源： 李树华．日本厚木市防灾山丘公园——市民休憩的场所、防灾的据点 [J]. 农业科技与信息：现代园林，2008(8).

直升机停机坪

资料来源：沈悦，齐藤庸平．日本公共绿地防灾的启示 [J]. 中国园林，2007, 23(07):6-12.

手动水井泵

资料来源：高杰，张安，赵亚洲．日本防灾公园的规划设计及实践 [J]. 农业科技与信息：现代园林，2012(4):5-10.

临时避难所指示牌

资料来源： http://news.sina.com.cn/c/2003-08-25/22221614202.html [EB/OL].

避难所指示牌

资料来源：http://blog.sina.com.cn/s/blog_674cc7090100wpix.html [EB/OL].

避难所指示牌

资料来源：：http://dapenti.com/blog/more.asp?name=xilei&id=76421 [EB/OL].

避难所贮水指示牌

资料来源：http://blog.sina.com.cn/s/blog_674cc7090100wpix.html [EB/OL].

**复合空间功能，提升灾害应急能力**

东京以公园为基础的防灾体系，在功能设置中注重“平灾结合”。灾前，公园除了具备一般的游憩功能，还兼具宣传教育的功能。园内设置有防灾博物馆，以展板和视频的方式宣传防灾知识，以游戏模拟的形式增强游客的参与感，提升自救意识与能力；园内灾后指挥中心还可进行实战演习与训练，提高救援队伍的救援水平，从而形成“自救——共救——公救“的救援体系。灾后，防灾公园则主要提供避难场所、赈灾防灾据点以及防灾减灾隔离等作用，同时也承担着消防、救灾、情报收集与传递、运输等职能。东京防灾公园的功能复合，实现了休闲娱乐与防灾避灾的结合、灾前预防与灾后管理的结合。

公园博物馆内防灾知识展板

公园播放防灾救援视频

公园中通过游戏模拟避难自救

资料来源：http://news.ifeng.com/a/20140808/41492231_0.shtml [EB/OL].

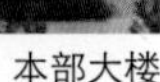
本部大楼

入口广场——灾害发生时支援医疗工作的用地

直升飞机场

多功能广场——大本营用地

日本东京临海广域防灾公园内不同空间在平时和灾时的功能

资料来源： http://www.tokyorinkai-koen.jp/cn/plaza/ [EB/OL]

## 启示意义：

东京防灾公园体系建设的成功在于其尊重市民感受与需求的规划建设思路，坚持“平灾结合”的原则，以及较高的安全标准，值得世界各国城市学习借鉴。东京政府从灾害中研究市民避险的行为习惯与需求，以市民使用感受为出发点，依托城市公园和开敞空间，用较为集约高效的方式从空间上构建起层次化、人性化、多功能的防灾体系，并以此为载体逐步提高城市内部对灾害的预防和应对能力，为市民营建了一个更具安全感的城市。 同时，作为人口密集和土地资源紧张的都市区，集成打造防灾系统与公园系统，在同一公共空间中植入休闲游憩、防灾减灾功能的做法，既成功地破解了城市资源约束，又以一种便捷的方式构建起对灾害和突发事件的防控网络。

## 参考文献

[1] 何京 . 日本的防灾公园 [J]. 防灾博览 , 2007(6):17-18.
[2] 齐藤庸平 , 沈悦 . 日本都市绿地防灾系统规划的思路 [J]. 中国园林 , 2007, 23(07):1-5.
[3] 李洋 . 平灾结合的城市公园防灾化改造设计研究 [D]. 河北农业大学 , 2013.
[4] 董衡苹 . 东京都地震防灾计划 : 经验与启示 [J]. 国际城市规划 , 2011, 26(03):105-110.
[5] 高杰 , 张安 , 赵亚洲 . 日本防灾公园的规划设计及实践 [J]. 农业科技与信息 : 现代园林 , 2012(4):5-10.
[6] 顾林生 . 东京大城市防灾应急管理体系及启示 [J]. 防灾科技学院学报 , 2005, 7(2):5-13.
[7] 卢秀梅 . 城市防灾公园规划问题的研究 [D]. 河北理工大学 , 2005.

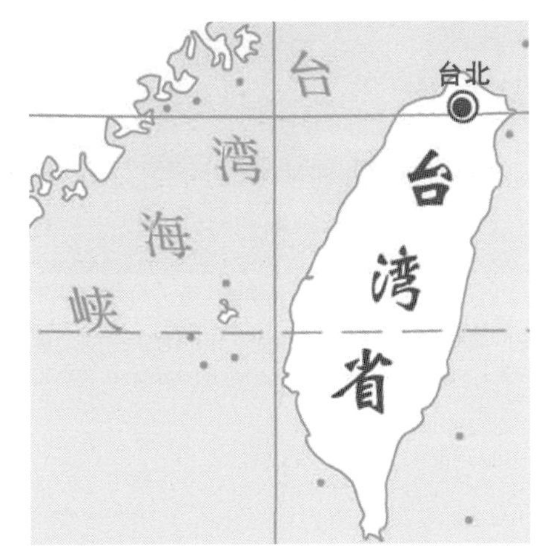


# 中国台北 101 大厦的建筑减震技术

The Damping Technology in Taipei 101. Taiwan, China

项目地点：中国台湾
建设时间：1999 ～ 2004 年
项目规模：建筑面积 28.95 万 $m^2$
区位类型：城市中心区
项目投资：新台币 580 亿元

**案例创新点：**

在超高层建筑的设计过程中，抗震与防风是两个关键的技术问题。由于地处地震区和台风高发区，台北 101 大厦总高 508m，通过设置巨型阻尼器，达到减震的作用，抵消水平力给建筑造成的摆动。通过提高结构的“柔韧性”，达到建筑抗震设防要求。台北 101 大厦建成时是世界上最高建筑大楼，拥有世界最大被动式阻尼器，也是世界第一个开放供人参观的阻尼器。台北 101 大厦被美国新周刊杂志评为“新世界七大奇景”之一，被探索频道评选为“世界七大工程奇观”之首，同时还被美国“大众科学杂志”评选为 2004 年工程首奖。

风阻尼器

资料来源：http://www.zhihu.com/question/34365723/answer/59088988

防风形体设计

资料来源：http://blog.sina.com.cn/s/blog_670d4e120101g41o.html

## 案例简介：

台北 101 大厦坐落于台北最繁华地段，是台湾岛内建筑界有史以来最大的工程方案。大厦通过结构设计与设施配置加强超高层建筑的防震和防风两大主要能力。

### 特殊的结构与外型

台北 101 大厦为多节式 101 层摩天大楼，第 27 层至 90 层共 64 层中，每八层为一节，每节为一个整体结构，有助于应对地震及台风产生的摇晃，该框架具有弹性，其构成的自主空间有效化解了高层建筑引起的气流对地面造成的风场效应。建筑外墙向外倾斜 7° 的结构，加上处处可见的传统风格的装饰，表达了节节高升意向。玻璃幕墙上使用特殊设计的框架，能兼有支撑楼地板重量的作用。大厦锯齿状的外形经过风洞测试能够减少 30% 到 40% 左右风产生的摇晃。

### 全球最大的阻尼器

阻尼器是 101 大厦为抵消风力所产生摇晃的主要设施，是在 88 至 92 楼挂置的一个重达 660t 的巨大钢球。当强风来袭时，该装置使用传感器来探测风力大小和建筑物的摇晃程度，并通过计算机经由弹簧、液压装置来控制钢球向反方向运动使建筑物的摇晃程度减少 40%。这样一来，即使遭受强风袭击，建筑内的人也基本感觉不到建筑物的摇晃。同时，风阻尼器也可以降低强震对建筑物，尤其是建筑物顶部的冲击，可承受相当于 17 级每秒 60m 以上之强烈台风。此外，台北 101 大厦的风阻尼器还是全球唯一对外界开放的阻尼器，并已成为 101 大厦重要的游览亮点之一。

大楼结构体系

资料来源：http://my.csdn.net/suanyuan/album/detail/458610

## 启示意义：

一座杰出的地标建筑可以提升一个城市的形象。但成就一个地标，不仅仅在于建筑外观形象，更在于科学合理的内部空间、功能和结构。而超高层建筑的功能、流线、结构组织复杂性需要更精心设计和安排。台北 101 大厦妥善处理了各方需求，通过科学的结构选型和与之契合的建筑造型、辅以有效的高新技术运用，保障超高层建筑的安全和品质，成为了举世闻名的地标。

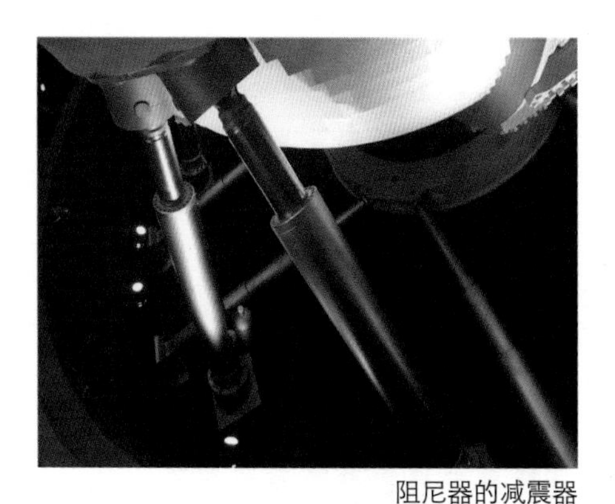

阻尼器的减震器

资料来源：http://nagoo.info/nc/?p=547

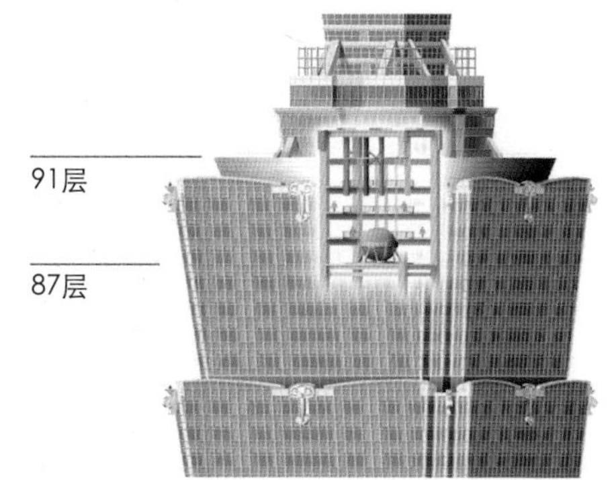


风阻尼器位置

资料来源：http://newlaunches.com/archives/skyscraper_taipei_101s_amazing_728ton_stabilizing_ball.php

阻尼器展示

资料来源：https://www.pinterest.com/et030428/taipei-101/

## 参考文献

[1] 李祖原 . 台北 101 大楼 [J]. 建筑学报 . 2005(05)
[2] 许铭哲 . 当代世界最高建筑—台北 101 大楼的形与意 [J]. 建筑与文化 . 2008(09)
[3] 谢绍松，张敬昌，钟俊宏 . 台北 101 大楼的耐震及抗风设计 [J]. 建筑施工 . 2005(10)

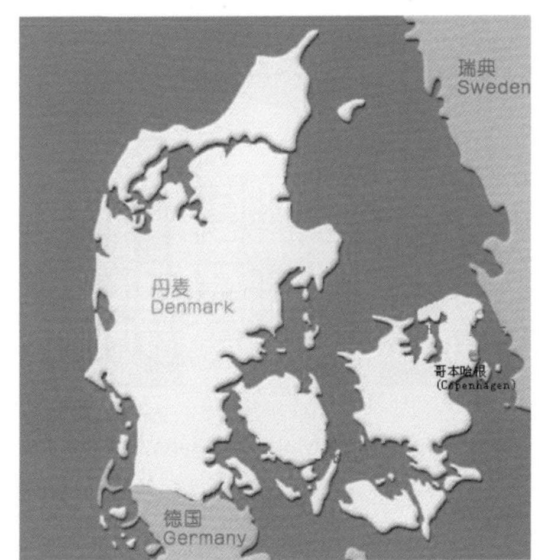


# 丹麦垃圾分类减量与资源化利用

Waste Resorting Reduction and Energy Utilization in Denmark

案例区位：丹麦
规模范围：涉及 98 个城市，服务 560 万人口
实施时间：20 世纪 70 年代
专业类型：城市管理、城市政策
实施效果：每年对包括工业废料在内的 1300 万至 1500 万 t 垃圾进行处理，75%被再循环利用，20%被焚烧用于发电和取暖，约 5%垃圾被填埋处理。

## 案例创新点：

丹麦是世界上少数实施全面细致的废弃物管理，并通过"废弃物转化为能源"技术为民众提供热能和电能的国家之一 。在垃圾回收与资源化利用中，丹麦始终坚持 "减少垃圾总量，变垃圾为能源"的理念，对垃圾进行严格的分类收集和处置，构建回收利用、焚烧产能、填埋的多层次垃圾处理体系，并积极从清洁技术、可再生能源领域寻求突破，成为欧盟 27 国中人均垃圾焚烧量最高的国家。

欧盟 27 国之一：丹麦

资料来源：http://image.so.com/v?ie=utf-8&src=hao_360so&q

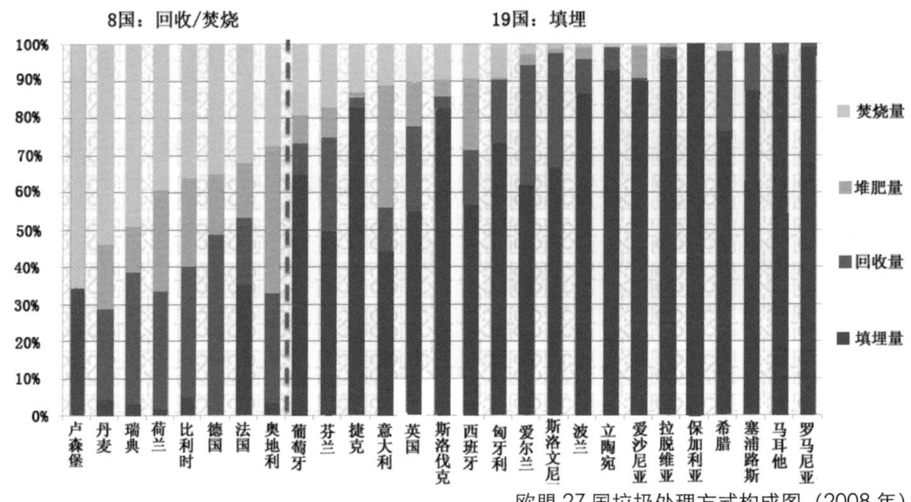


欧盟 27 国垃圾处理方式构成图（2008 年）

资料来源：发达国家城市生活垃圾处理法规政策、管理经验、前沿技术与发展趋势 徐文龙

## 案例简介：

早在 20 世纪 80 年代，丹麦就形成了以垃圾源头控制、再循环利用、焚烧发电供热、填埋的多层次垃圾管理模式。丹麦坚持“回收利用第一，焚烧产能第二，填埋第三”的原则，实现了 75% 的垃圾回收利用，20% 垃圾焚烧产能，仅 5% 填埋。丹麦垃圾处理基本措施核心内容包括：全民行动，垃圾分类；废物不“废”，回收利用；焚烧技术，供电供暖；减少填埋，逐步消灭。

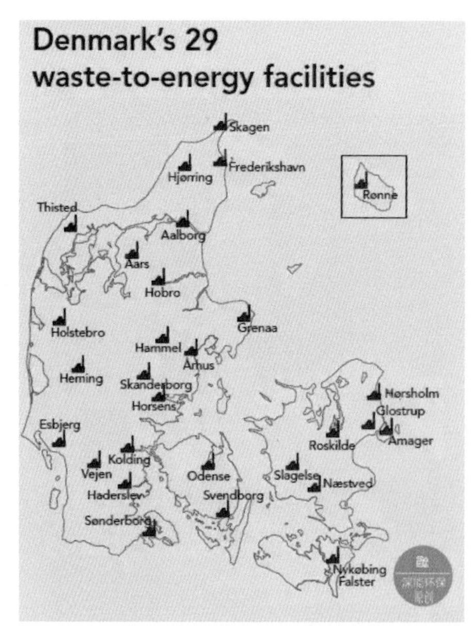


丹麦目前共有 29 个垃圾电厂，其中 7 座于 2000 年后扩建或建成

资料来源：全球最美的垃圾焚烧厂——丹麦“能源之塔”

### 精细化分类：垃圾源头减量化

分类是丹麦垃圾处理的第一步。丹麦制定了严格而精细垃圾分类原则，并保证每种垃圾采用一种收集系统，确保不同垃圾分门别类送到垃圾处理厂。 市民根据政府制定的要求把垃圾分为 25 个大类（如纸张、玻璃、电池、塑料、金属、化学品、电子产品、园林垃圾、大件垃圾、残余垃圾等）、近 50 种小类。通过精细化分类，丹麦实现了 75% 的垃圾被回收利用，城市垃圾大幅减量。

### 高效技术支撑：垃圾转变为清洁能源

“超超临界燃烧发电技术” 是当前丹麦垃圾无害化处理的主要方式。丹麦几乎所有有机化学废物用于焚烧发电，其所产生能源净发电效率高达 49%。2012 年，丹麦大约 4.5% 的电力和 20% 的供暖来自垃圾焚烧。目前，丹麦共有 29 个垃圾电厂，垃圾焚烧已成为热电一体化生产不可分割的一部分。

丹麦对城市的生活垃圾“按量收费，按类收费”，按类收费指的是对分类和未分类垃圾区别定价，已分类的垃圾收费低，未分类的垃圾收费高，图为丹麦的垃圾桶。

资料来源：http://www.sina.com.cn《公民为更美好的环境而购物》

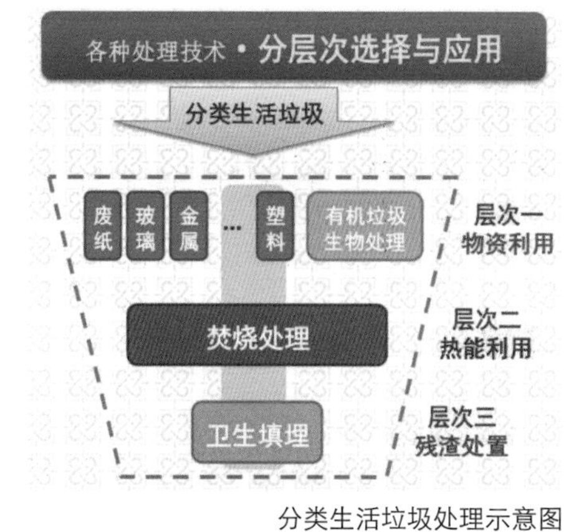


分类生活垃圾处理示意图

资料来源：发达国家城市生活垃圾处理法规政策、管理经验、前沿技术与发展趋势 徐文龙

### 严格制度管控：最大限度保护生态环境

在欧洲国家中，尽管丹麦的人均垃圾焚烧量最高，但其通过制定一系列政策要求和法令法规，有效地实现了对大气污染问题的防范和治理。1980 年至 1990 年丹麦就出台了《焚烧灰渣法令》，对焚烧灰渣制建材提出严格要求，同时开始研究控制二噁英和一氧化碳等有害气体浓度。1990 年以后在焚烧厂中推广湿法的烟气处理工艺，并禁止可燃垃圾填埋处理。到 2000 年以后，采取了更严格的标准、更高效的能源利用以及更先进的可行技术，在保障能源利用的同时大幅减少对大气的污染。

**制定奖励政策：引导社会共识与公众参与**

为了推动垃圾分类和科学回收，丹麦在 1986 年就制定和实施了城市生活垃圾处理收费和法令，在收费上实行分类垃圾收费低、混合垃圾收费高的准则。在推行垃圾分类初期，丹麦政府支付薪金设立监督员，对未按照规定分类的投放者，实施劝诫和罚款，同时把垃圾分类概念引入学校，教育孩子如何进行垃圾分类，再由孩子回家后“监督”大人。同时为促进垃圾科学回收，在该国焚烧生活垃圾每吨要支付 330 克朗，填埋是每吨 375 克朗，而回收利用则为 0 克郎。

市民把瓶子收集了拿到超市，按瓶子不同的种类可以换回不同的钱

资料来源：丹麦投资促进局《丹麦哥本哈根的垃圾桶小细节》

丹麦出台的关于垃圾焚烧处理的相关法令法规

| 年代 | 政策法令 | 具体要求 |
|---|---|---|
| 1983 年 | 《焚烧灰渣法令》 | 提出焚烧灰渣制建材的要求 |
| | | 该法令 2000 年修订 |
| 1984 年 | 开始研究二噁英 | 要求烟气焚烧 875 ° C，停留时间 2 秒 |
| | | CO 浓度控制，减少二噁英 |
| 1986 年 | 《焚烧烟气排放标准》 | 烟尘、HCl、HF、$SO_2$、Pd、Hg、Cd |
| | | 飞灰与炉渣应分开处理 |
| | | 该标准 1993 年修订 |
| 1986 年以后 | | 烟气处理以干法、半干法工艺为主 |
| 1990 年以后 | | 烟气处理以湿法工艺应用 |
| 1993 年 | 《生物质协议》 | 1997 年 1 月 1 日禁止可燃垃圾填埋处理 |
| 2000 年以后 | 欧盟焚烧指令（2000/76/EC） | 二噁英、氮氧化物 |
| | | 热电联产（CHP ，Combined Heat and Power） |
| | | 最佳可行技术（BAT，Best Available Technique ） |

资料来源：发达国家城市生活垃圾处理法规政策、管理经验、前沿技术与发展趋势 徐文龙

## 启示意义：

推进垃圾分类与减量制度化。垃圾分类是实现垃圾减量化和资源化的基础，需要政府制度化管理与引导。因此，可以通过多元化的制度建设推动垃圾源头分类与减量化，如制定环境税收制度、押金制度、垃圾分类计量收费制度、在社区建立垃圾回收奖励金制度等等措施，实行“从量收费，从类收费”，从而促进居民或企业为了少缴纳垃圾处理费而自觉开展垃圾分类，推动垃圾的分类处理与减量化。

推动垃圾资源化利用产业化。垃圾是被放错位置的“资源”，具有很强的可利用性。国际社会普遍通过循环利用、焚烧、堆肥实现对与城市垃圾的资源化利用，并由此衍生出“垃圾产业”。要结合国内市场经济环境，推动城市垃圾处理产业化发展，建立一个企业管理、政府监督、法律保障的平台，将垃圾的收集、分拣、回收、运输、处理、再生利用、产品经营等一体化，实现垃圾资源化利用的产业化发展。

利用技术研发提高垃圾处理现代化。垃圾从产生到收集、运送和处理是一个相当复杂的物流过程，需要针对各类垃圾特性采取切实可行的技术手段，减少或防止垃圾的排放，达到保护城市环境的目标。对此可以积极学习引进国外先发国家的相关成熟技术经验，如焚烧发电技术、垃圾的能源化技术以及末端处理无害化技术等等，同时针对本国的垃圾类型，鼓励研发适合国情的垃圾能源化利用方式与技术。

多措并举引导参与社会化。让全社会树立良好的环保意识，自觉地参与到垃圾分类的行动中，需要政府转变公共服务的供应模式，转变过去“自上而下”的管理模式，推动“自下而上、多元主体参与”新模式的建立，并通过宣传、教育、扶持、激励等多项措施，协助企业、社区、居民等各社会主体发挥自身潜能，实现全社会整体良好习惯的形成。

## 参考文献

[1] 肖莉 . 开创突破：探索垃圾处理可持续发展——访中国 • 城市建设研究院董事长徐文龙 [J]. 建设科技，2013(8):19-21.
[2] http://www.bdza.cn/BDZAPortal/Middle.do?act=show&cid=112&mid=115&id=00008520
[3] http://www.ccen.net/news/detail-92804.html
[4] http://www.rongbiz.com/info/show-htm-itemid-336692.html
[5] 徐文龙 发达国家城市生活垃圾处理法规政策、管理经验、前沿技术与发展趋势 住房和城乡建设部 城市生活垃圾处理与资源化研修班 2012 年 7 月 30 日
[6] 丁海林 . 生活垃圾管理的“丹麦模式”[J]. 中州建设，2011(3):83-83.
[7] http://www.zhihu.com/question/34109151
[8] 关冰，刘金萍，刘丽丽 . 关于城市垃圾出路的思考 [J]. 中国环境管理干部学院学报，2009(3):36-38.
[9] 北京市政府赴日本考察团 . 日本东京都垃圾管理经验与启示 [J]. 城市管理与科技，2010, 12(1):74-77.

# 日本民、政、企三方协作的城市垃圾处理机制

Public-Government-Enterprise Coordination Mechanism of City Waste Disposal in Japan

案例区位：日本
规模范围：日本全域
专业类型：城市管理、公共政策

**案例创新点：**

日本通过建立政、企、民三方密切协作的垃圾处理机制，建立责任明晰的垃圾分类管理法律体系、严格的惩罚制度和监管制度以及有效的扶持和激励政策，开展多样化的宣传教育，成为世界上人均垃圾生产量最少的国家，年人均垃圾产生量仅 410kg。这一成效得益于全民的深度参与和支持，以及一整套完备的法规和政策、监管和激励制度支撑。

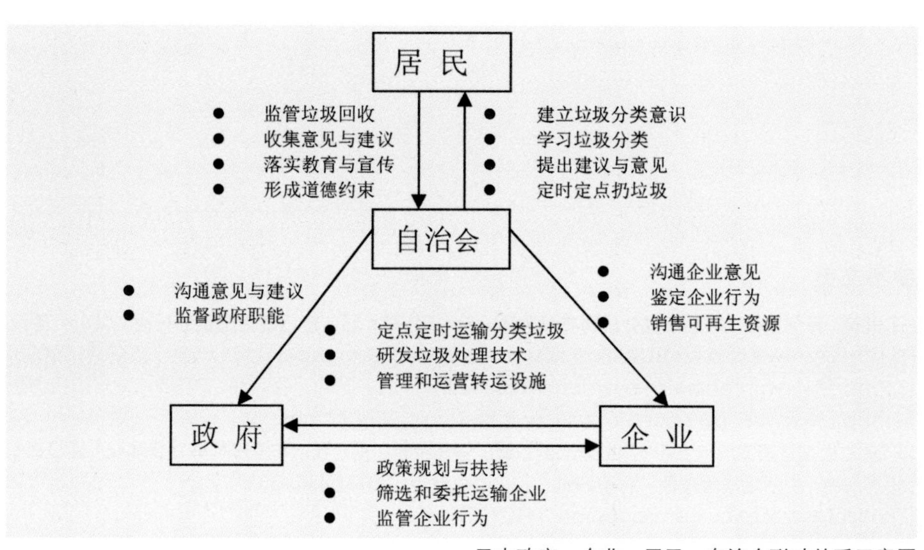


日本政府、企业、居民、自治会联动关系示意图

资料来源：参考文献［1］

## 案例简介：

### 政府：制定责任明晰的法律体系和严格的监管机制

日本政府针对各个时期的社会现状以及垃圾问题的特点，与时俱进地制定完善有关垃圾收集、处理及循环利用的法律法规。自 20 世纪 70 年代以来，相继颁布了《废弃物处理法》、《推进建立循环型社会基本法》、《有效利用资源促进法》、《建设再利用法》、《容器再利用法》等，建立了责任明晰的垃圾分类管理法律，并相应地建立了一套近乎苛刻的垃圾分类制度。政府制定了严格的监管机制，对违反垃圾分类规定的企业和个人采取严格的惩罚措施，实行垃圾投放实名制，以方便对个人和企业的责任追究，对于一些违规的个人和企业采取罚款、吊销其资质和经营许可证等惩罚。同时通过财政预算、税收优惠、政府奖励、产业倾斜等政策和各类基金支持等经济措施，推进垃圾分类管理，扶持垃圾分类事业和环保科技发展。

| 类别 | 法律名称 | 制定时间 |
|---|---|---|
| 基本法 | 《环境基本法》 | 1993年 |
| | 《建立循环型社会基本法》 | 2000年 |
| 综合法 | 《废弃物处理法》 | 1970年 |
| | 《资源有效利用促进法》 | 1991年 |
| 专项法 | 《容器包装循环法》 | 1995年(2007年修) |
| | 《家电回收再生利用法》 | 1998年 |
| | 《建筑材料循环法》 | 2000年 |
| | 《可循环性食品资源循环法》 | 2000年 |
| | 《绿色采购法》 | 2000年 |
| | 《多氯联苯废弃物妥善处理特别措施法》 | 2001年 |
| | 《车辆再生法》 | 2002年 |

日本垃圾处理的相关法律法规

资料来源：徐文龙．发达国家城市生活垃圾处理法规政策、管理经验、前沿技术与发展趋势．

### 企业：促进技术设备进步以提高垃圾处理和回收效率

企业的职责主要包括研发相关的垃圾处理技术与设备，直接承担城市垃圾废弃物的运输与处理工作。在技术研发与设备管理方面，日本通过企业级的技术和管理创新，使其在焚烧、生物降解、可再生材料利用等方面的技术研发和应用处于世界领先地位。在废弃物运输和处理方面，企业根据垃圾分类处置的要求与标准，已经形成专业化的分工系统，不同的企业根据自身特点承担相应类型的生活垃圾处理职责。同时，各类企业高度重视履行促进垃圾回收的社会责任：许多公共的大型超市等场所也提供相应的生活垃圾分解设备，用于分解产生的菜叶鱼骨，并将产生的有机废物免费分给市民做肥料；超市都设有包装纸（箱）、瓶的回收处；垃圾回收点设有回收干电池、纽扣电池的盒子；电器店设有回收电池的专柜，用于回收手机、计算机等各类设备的电池。

### 居民自治会与居民：普及践行垃圾分类，促进生活垃圾循环利用与减量化

居民自治会主要负责了解和沟通民众意愿、辅助政府政策推行和服务民众生活。在日常工作中，自治会需要自下而上代表居民利益，同政府和企业展开对话；解释相关政策变动，监督和辅助政府政策的落实与细化；在社区中宣传和普及环保知识；在资源回收和处理企业与居民间建立良好的沟通合作关系。而居民在自治会组织和帮助下，需要学习垃圾处理相关的政策文件，根据要求实施日常生活垃圾的分类与减量化。如按照规定将家中各类生活垃圾准确分类，并在规定时间内将垃圾分类装好后，放置于指定回收站。除此之外，每户每年要参与垃圾回收地点相关工作三次左右，负责居民投放的垃圾袋蒙上网罩，以保持垃圾堆放点的清洁。

日本日常生活垃圾的分类、收集、运输与处理

资料来源：http://image.so.com/

## 启示意义：

事情看上去不难，但涉及居民生活习惯调整和规范，需要一整套联动机制支撑，其中市民的深度参与和支持是关键。政府要从法律法规进行引导，制定详细的规范制度与奖惩机制，通过构建多元主体协同治理的合作机制，发动和督促企业、社区、居民，形成社会合力，将公民日常垃圾分类、企业运输分类、垃圾处理过程分类等行为整合为一个有效的系统，方能把垃圾分类处理落实到实处。

## 参考文献


[1] 晏梦灵，刘凌旗．日本城市生活垃圾处理的联动机制与居民自治会的重要作用 [J]. 生态经济，2016(02):48-51.

[2] 赵振铣．关于循环经济的立法思考 [A]. 2006 中国循环经济发展论坛——2006 中国国际循环经济博览会暨循环经济立法与政策研讨会

[3] 王国忠．推行垃圾分类打造生态绿谷 -- 北京市平谷区垃圾分类纪实 [J]. 城市管理与科技，2014(1):41-43.

[4] 吴书超，李新辉．国内外生活垃圾源头分类研究现状及对我国的启示 [J]. 环境卫生工程，2010, 18(05):36-38.

[5] 曾文胜，吴蕃蕤．日本城市生活垃圾回收处理体系详解及启示 [J]. 广东科技，2010, 19(9):22-25.

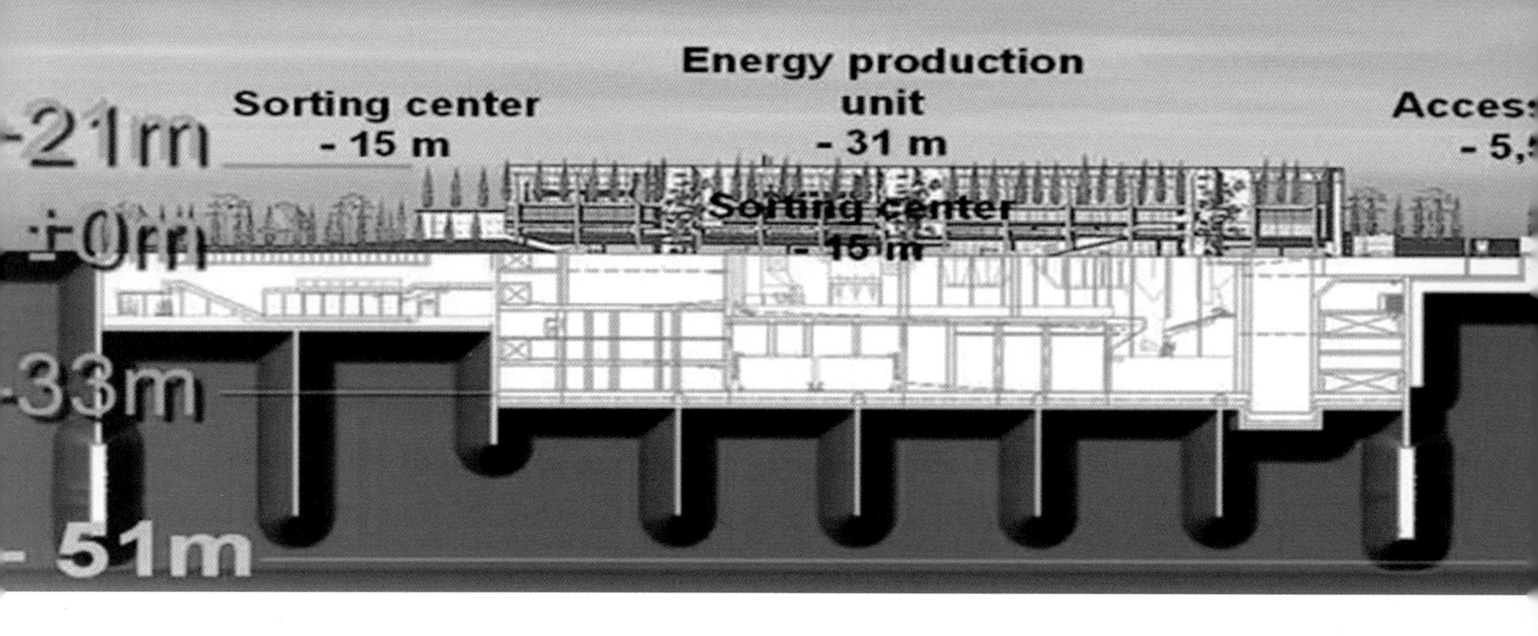


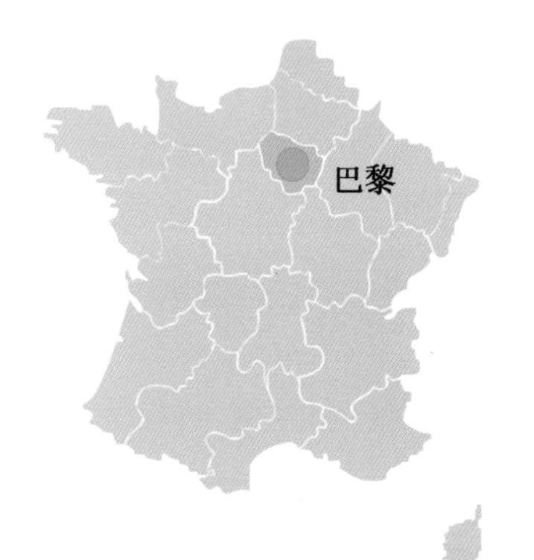


# 法国巴黎中心区的依塞纳地下垃圾焚烧厂

Issy-les-Moulineaux Underground Incinerators in Paris

项目区位：法国巴黎中心地区
项目性质：公共服务设施
项目投资：6 亿欧元
建设时间：2003 ～ 2009 年

## 案例创新点：

随着欧盟填埋禁令的出台，巴黎政府在大力推进垃圾焚烧的同时实施垃圾处理设施改造升级。为满足城市中心区域景观控高和协调的要求，依塞纳垃圾处理厂通过在原址拆旧建新，从地上改为地下，采取下沉式设计、封闭式管理、循环式生产的模式，显著降低了污染物的排放量，达到了可持续利用能源的目标，并与周边环境有机融合。

1980

由于垃圾填埋技术限制，法国的一些大型机械化垃圾堆肥厂因堆肥产品质量、产品市场有限、生产成本高等原因而陆续关闭。

资料来源：http://www.china.com.cn/v/yjzq/2008-04/10/content_14842436.htm

2001

欧盟出台了垃圾填埋禁令，此后法国逐步减少直至禁止可生物降解垃圾的填埋。

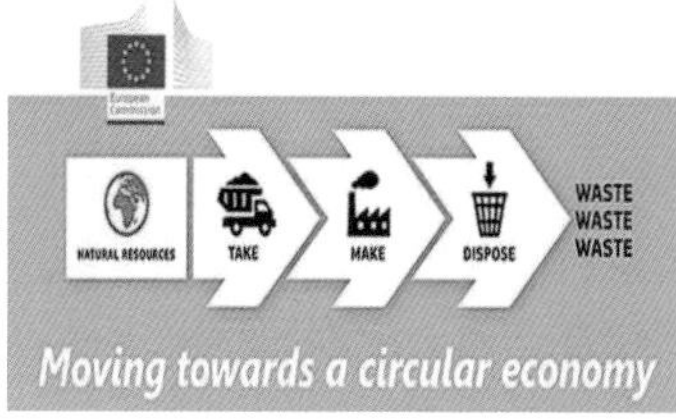


资料来源：http://www.86pla.com/news/detail/21736.html

2003～2008

新建垃圾焚烧厂 15 座，扩建 6 座，并积极探索先进的焚烧技术和建设措施，成为欧洲垃圾焚烧厂数量最多的国家。

资料来源：http://image.baidu.com/search/redirect?tn

2009 至今

法国还将在未来增加垃圾焚烧、循环利用的比例，实现“零填埋”，以达成欧洲废弃物框架指令目标。

资料来源：http://www.goootech.com/news/detail-10168253.html

法国垃圾焚烧发展历程（1980 ～ 2009）

## 案例简介：

巴黎依塞纳垃圾焚烧厂位于人口稠密的巴黎西南部，周边是塞纳河和埃菲尔铁塔，厂区周围遍布商务办公楼。改造后的垃圾焚烧厂将设备都建于地下，显著降低了污染物排放，且设计注重与周边环境的融合。由于垃圾发电厂建于城市中心地区，与城市能源网络相连，可为周边居民提供生活所需的能源。

下沉式设计：满足景观和城市规划的控制要求

依塞纳垃圾焚烧厂所处的巴黎中心城区，其景观要求和城市规划对地上建筑限高 6 层，因此焚烧厂必须“入地”建设才能满足要求。在前期规划中，依塞纳焚烧厂就十分注重与周边环境的融合，烟囱高度仅为 25m，厂房设计高度不高于附近树冠的高度，屋顶绿化覆盖率超过 50%。由于所有设备都安置在地下，建筑底部标高为 -31m，焚烧厂露出地面的 21m 恰好相当于一个普通 6 层住宅的高度，与周围建筑和谐辉映，成为城市中心建设垃圾焚烧厂的典范。

封闭式管理：大幅降低污染物排放

焚烧厂采用封闭式管理，其产生的废气、废水、噪声等大大低于欧盟标准和法国当地标准。所有产生噪声的设备和卸料大厅均位于地下 6 m 处，处理过程中产生的臭气被抽入炉膛，垃圾堆放产生的气雾作为燃料进入气体燃烧器用于垃圾助燃，通过烟气净化处理后排放的废气是 400℃的热空气，燃烧后的炉灰用船运走。垃圾焚烧最终的粉尘去除率达到 99% 以上，二噁英排放接近零，公众几乎听不到噪声。

循环式生产：促进垃圾的资源化利用

依塞纳垃圾焚烧厂负责为周围 25 个城区的 100 万居民处理生活垃圾，其年焚烧能力达到 46 万 t，其中包装类垃圾为 2 万 t、家用电器大件垃圾为 3.5 万 t。通过采用先进技术，该厂垃圾焚烧产生的热能和电能可为大约 8 万户居民提供家庭取暖，为 5 万户居民提供家庭用电，每吨垃圾焚烧后的炉渣只有大约 28 kg，其经处理后还可用于道路建设。

## 启示意义：

伴随着快速城镇化的推进、居民生活水平提高及消费方式的改变，城市生活垃圾大幅增加。如何在城市中心区建设垃圾焚烧厂，使其既实现垃圾的有效处理、减少污染物排放，同时又满足景观和城市规划的控制要求，实现与周边环境的融合成为急需关注的问题。法国巴黎依塞纳垃圾焚烧厂通过将设备“入地”，既满足了控高和景观环境的要求，又以其封闭式管理和循环式生产，有效控制了污染物排放，促进了能源的可持续利用，为我国城市建成区建设垃圾焚烧厂提供了有益的借鉴。

焚烧厂与周边环境相互融合
资料来源：http://www.cn-hw.net/m/view.php?aid=52364

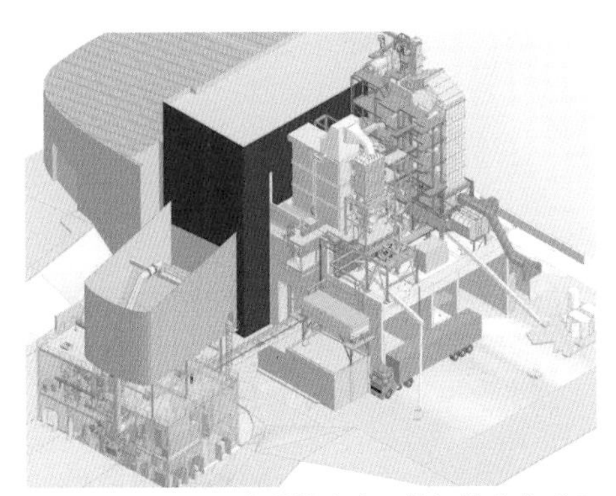
采用先进技术实现能源的充分利用
资料来源：http://www.cn-hw.net/m/view.php?aid=52364

## 参考文献

[1] 建在巴黎市中心的欧洲最大地下垃圾焚烧厂 [EB/OL]. http://www.cn-hw.net/m/view.php?aid=52364
[2] 施庆燕等，欧洲生活垃圾焚烧发电发展现状 [J]. 环境卫生工程，2010（6）：36-39.

# 美国园林垃圾的资源化处理和利用

The Collection, Disposing and Reusing of Green Waste in the United States

案例区位：美国
规模范围：美国全域
实施时间：始于 1950 年代
专业类型：基础设施及安全保障
实施效果：园林垃圾的回收率在 2010 年达到 57.5%

## 案例创新点：

枯枝落叶、杂草、花朵及绿化修剪物等园林垃圾富含有机质，如与其他垃圾一同混入生活垃圾进行处理，不仅增加了城市生活垃圾处理的负担，更不利于垃圾的循环利用，将园林垃圾收集、加工后返还绿地土壤等进行应用是最符合生态环保要求且经济节约的方式。

美国园林垃圾产生量较高（为仅次于废纸和厨余垃圾的第三大生活垃圾产生源），早在 20 世纪 50 年代就开展了园林垃圾的分类收集处理及资源化利用探索，从终端的处理技术工艺入手，逐步建立前端的单独分类、收集、运输、处理和运用体系，在提高垃圾处理高效性、安全性和生态性的同时，使园林垃圾的回收率高达 57.5%，有效促进了垃圾的源头减量和可持续利用。

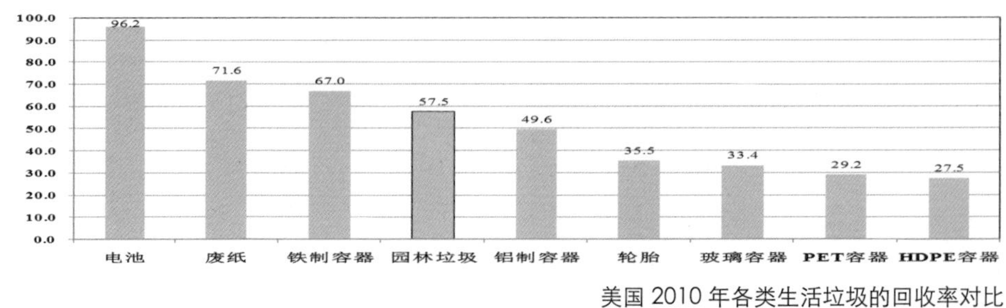


美国 2010 年各类生活垃圾的回收率对比

资料来源：徐文龙 . 发达国家城市生活垃圾处理法规政策、管理经验、前言技术与发展趋势 [R]. 2012.7

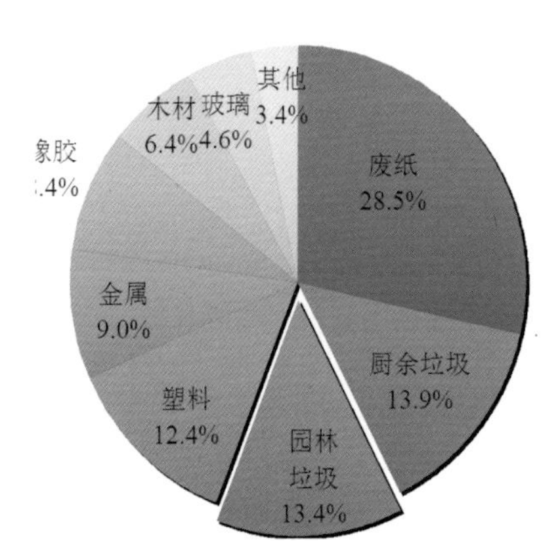


美国 2010 年美国生活垃圾成分

资料来源：徐文龙 . 发达国家城市生活垃圾处理法规政策、管理经验、前言技术与发展趋势 [R]. 2012.7

## 案例简介：

美国通过建立从终端到源头各环节的政策规范体系、市场引导体系和公众参与体系的方式，将园林垃圾处理后生产成为有机覆盖物、肥料、木塑复合材料、生物质能源等产品进行循环利用，园林垃圾产生量已从 1990 年的 3500 万 t 下降至 2005 年的 3222 万 t。

#### 政策规范：明确分类处理回收环节标准

20 世纪 80 年代，适应末端处理及资源化技术工艺发展趋势，美国地方政府开始明确提出将园林垃圾从生活垃圾中分离单独进行收集，规定园林垃圾仅包括枯枝落叶、杂草、草坪和小灌木的修剪物，禁止混入塑料袋、石块、沙子、土壤、大的树枝、枝条和处理过的木制品、花盆、花园装饰物、金属丝等，禁止将其焚烧或填埋。在此基础上，颁布了法则 EPA530-R-94-003，针对园林废弃物收集、分类、发酵和后加工等方面制定了严格的标准。

园林垃圾的分类收集和运输

资料来源：http://forum.3us.com/thread-8147-1-1.html [EB/OL].

#### 技术工艺：不断探索适宜的方法

园林垃圾可以成为很好的有机肥料，早在 20 世纪 50 年代，美国政府就开始研究园林垃圾，至今堆肥技术工艺发展形成了包含预处理、发酵堆置和后加工的完整工艺流程，处理技术逐步成熟，适应家庭需要的堆肥技术和设备也日益完备，堆肥产品质量和应用范围大幅提升。而随着新材料和新能源技术的兴起，美国亦开始探索利用园林垃圾生产生物质能源和木塑材料的相关技术。

#### 市场引导：充分发挥企业主体作用

政府一方面通过补贴园林承包商垃圾处理费，鼓励其按要求将园林垃圾倾倒至指定地点；另一方面注重扶持企业参与垃圾的收集、运输及资源化利用，通过合理确定垃圾处理的费用、拓宽资源化利用产品流通渠道等为企业创造盈利空间，还通过贷款、补贴等方式帮助相关厂家购买机械、补贴运行费用。目前，由园林垃圾生产的各类产品已经具有较强的市场竞争力和一定的市场辐射范围。

#### 社会发动：推广源头分类及减量

政府通过印发宣传材料的方式向公众普及园林垃圾收集的要求，部分政府更通过向居民提供分类收集的容器和袋子、根据居民需求设置收集方式和频率、网上公开垃圾收集线路及时间等方式，方便公众进行垃圾分类；各州还成立了堆肥协会等组织，对大众公布联系方式、为居民提供各类活动，协会及网站几乎可以手把手地教公众如何对园林垃圾进行就地还土和减量。

### 启示意义：

美国近几十年以来在园林垃圾分类收集、处理及资源利用方面实践探索，对政府系统化地建立垃圾分类体系、破解“垃圾围城”的危机具有启示意义。在工作内容上，政府应发挥在前期技术示范、政策标准制定、资金保障和税费调节方面的积极作用，充分利用市场运行规则及经济杠杆作用，有效规范各社会主体行为，保障垃圾分类收集、运输、处理和资源化利用过程有序推进；在工作方法上，应该持续地推动适宜技术的研发与应用，加强对于垃圾收集点设置、运输方式频率、处理规模、资源化利用等方面的调查及评估，充分考虑居民及企业的便利以及经济和技术可行性等方面因素，研究有关收运点优化配置、路径优化选择以及处理技术工艺改进等问题。

### 参考文献

[1] 时旭，陈娟，赵后昌．园林垃圾立体化资源利用模式 [J]. 天津科技，2011(5):58-59.

[2] United States Environmental Protection Agency Office of Solid Waste. EPA 530-s-06-001. Municipal Solid Waste In the United States: Facts and Figures for 2005 , United States [EB/OL]. Environmental Protection Agency, 2006 [2007- 2- 10]. http://www.epa.gov/msw/pubs /ex- sum

[3] 吕子文，方海兰，黄彩娣．美国园林废弃物的处置及对我国的启示 [J]. 中国园林，2007, (8): 90-94.

[4] 程川．园林绿化废弃物处理的现状及对策 [J]. 城市建设理论研究，2013 (8) : 2095-2014.

[5] Paul E. De Muro. Compos ting economics for landscapers [J]. Biocycle, 1995(6):33- 34.

[6] Robert S. How much does it cos t to compos t yard trimmings[J]. Biocycle, 1996(9):39- 42.

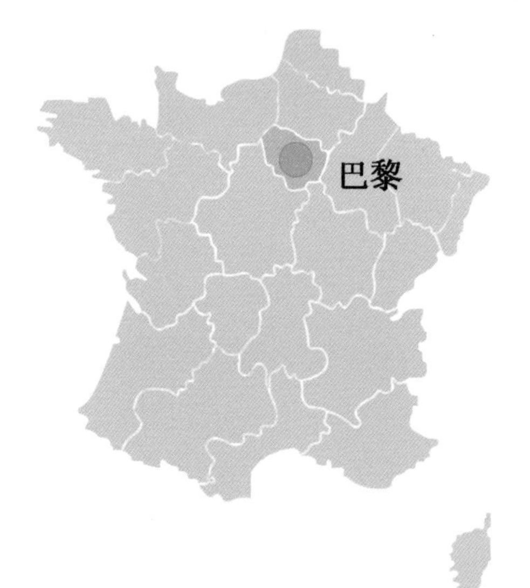


# 法国巴黎综合管廊规划建设

The Planning and Construction of Colligate Alure in Paris, France

案例区位：法国巴黎
规划时间：始于 1833 年
建设规模：约 2400km
项目性质：基础设施

**案例创新点：**

作为“现代下水道”鼻祖，巴黎早在 1833 年就开始利用地下纵横交错的旧石矿道建造城市给排水系统，并于 19 世纪 60 年代起开始规划建设完整的综合管廊体系，历经百余年的规划建设和持续发展，最终构筑了迄今为止长达 2400km 的综合管廊，形成了地下规模庞大、具备强大泄洪能力和雨污分流能力的综合管廊体系。巴黎综合管廊不仅解决了城市内涝和公共卫生环境等问题，解决了基础设施不断更新带来的“拉链马路”问题，还成为了巴黎城市现代化的物质显现，甚至成为巴黎重要的旅游观光项目。

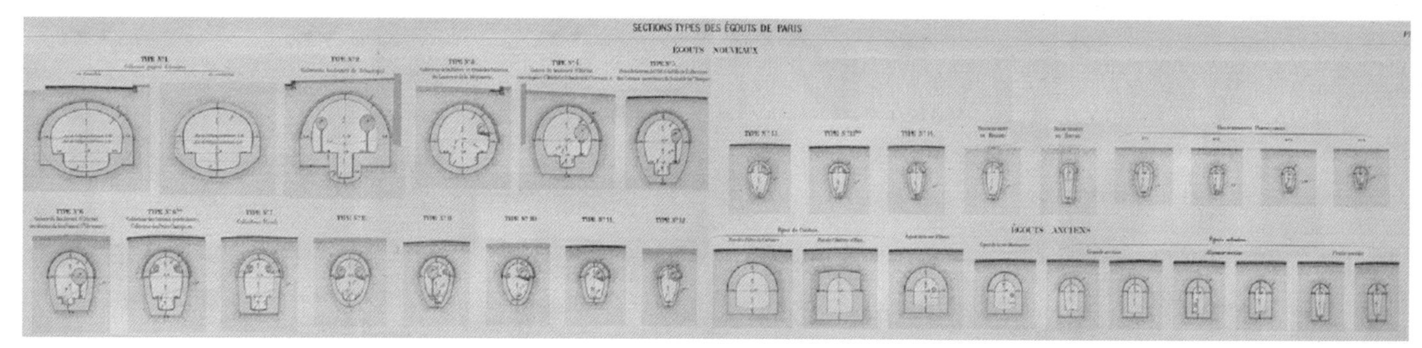


巴黎各类下水道截面示意图

资料来源：暗访法国的地下城市 巴黎下水道 [EB/OL]. http://fashion.ifeng.com/travel/world/detail_2012_07/22/16206606_11.shtml

1832 年以前

管道无序建设时期：1785年，巴黎人口已达 60 万，市内建筑道路杂乱无章，雨污合流、未经处理直接排入塞纳河，城市环境污染严重。1832 年，巴黎爆发了霍乱流行病。

1833 ~ 1860

综合管廊雏形期：1833 年，巴黎市着手规划市区下水道系统网络，实行雨污分流，并在管道中收容相关管线，形成历史上最早规划建设的综合管廊。

1860 ~ 1999

综合管廊发展期：1860 年代末，巴黎规划了完整的综合管廊系统，综合收容自来水、电力、电信、冷热水管及集成配管等，并把综合管廊的断面修改成了矩形。1870 年，巴黎城市整治，将街道与对应地下管道进行了对应标号，建立联动管理机制。

1999 年至今

综合管廊成熟时期：因管道建设时间久远，管道老化影响运作发展。2003年巴黎市制定了为期 20 年的下水道修复计划，有序推进整修。同时，建立数字化系统，利用信息化手段监控管道情况，改善管廊系统服务。

资料来源：城市良心工程——下水道（巴黎篇）[EB/OL]. https://www.douban.com/note/160455307/

资料来源：国外城市排水系统特点 巴黎下水道成旅游景点 [EB/OL]. http://ah.sina.com.cn/travel/message/2012-07-23/8501921.html

## 案例简介：

为完善城市的公共卫生系统，抑制流行病的发生与传播，巴黎通过较早整体规划和长期动态建设更新、维护，前瞻性地综合考虑地下管廊的功能与发展，构建形成了完善的地下综合管廊系统，实现了市政管线集约化建设，不仅解决了巴黎城市的内涝问题，改善了城市环境卫生，也为城市发展和基础设施更新创造了条件。

### 坚持问题导向，开启综合管廊建设先河

巴黎地下综合管廊是为应对城市公共环境问题而规划建设的。1785 年，巴黎人口暴增导致大部分市民挤在市中心的贫民区中，区内建筑无序建设、道路杂乱无章、城市内涝严重、污水未经处理直接排放到塞纳河，致使城市卫生环境严重恶化，塞纳河水质污染严重，一遇大雨满街污水横流。1832 年巴黎市爆发了霍乱流行病，次年，巴黎市试图通过公共卫生系统的建设抑制流行病的传播，从而开启了巴黎地下综合管廊规划建设的先河。通过规划建设综合管廊系统，将有碍城市景观的基础设施下地，不仅解决了城市生态环境，抑制了流行病的传播，还为城市的市政基础设施长远发展奠定基础。

### 超前规划建设，综合解决城市问题

1833 年起，巴黎就开始利用地下的旧石矿建设城市的给排水系统，推进雨污分流，并收容相关管线。19 世纪 60 年代，巴黎正式规划了完整的综合管理系统，增加了电力、冷热水管和集成配管等管线，并对应地上街道对管廊进行编号。至 19 世纪末，巴黎已经建设完成了约 1000km 的下水道系统，较好地应对了城市内涝等问题。

| 日期 | 综合管廊长度（公里） |
|---|---|
| 1848年 | 134 |
| 1852年 | 157 |
| 1870年 | 超过500 |
| 1878年 | 600 |
| 1890s末 | 1000 |
| 2011年 | 约2400 |

巴黎地下管网长度统计

资料来源：罗曦 . 巴黎地下管网初探 [J]. 法国研究，2011(3):79-87.

1930 年代的巴黎下水道清淤

资料来源：城市良心工程——下水道（巴黎篇）[EB/OL]. https://www.douban.com/note/160455307/

### 动态推进更新，完善和维护管廊运作

巴黎综合管廊的建设是一个长期且动态的过程。从 1833 年下水道工程动工开始，历时百余年，在其不断扩张过程中，不断引进新技术、修复存在的问题、完善管理系统。2003 年，针对管廊年久失修、管道老旧腐蚀及土壤塌陷等问题，巴黎市制定了为期 20 年的下水道修复计划，并运用信息化手段加强智慧监管，包括：利用传感器检测水位、使用机器人检测和清理管道、采用水压物理系统清淤以及通过信息工具监控管道收集反馈数据等等，从而确保综合管廊高效、持续运转。

### 功能拓展复合，在地下空间中植入宣教功能

巴黎利用塞纳河南岸阿尔玛桥畔下水道地下空间，建设了一个长达 500m 下水道博物馆，成为世界上唯一开放参观的地下排水系统。博物馆内以文字、图片、影视、模型等形式，于真实的下水道环境中展现巴黎下水道系统的发展和演变、运作与管理等等，以更好地推广和宣传巴黎下水道模式，构建社会共识。从 1876 年至今，来自世界各地的考察团和游客不断来此进行考察。

游客坐船游览巴黎下水道

资料来源：城市良心工程——下水道（巴黎篇）[EB/OL]. https://www.douban.com/note/160455307/

游客乘坐机车发动的马车实地游览

资料来源：巴黎下水道传奇：找回失物的几率近 80%(组图）[EB/OL]. http://news.sina.com.cn/green/p/2011-10-06/110523262015.shtml

巴黎下水道博物馆

资料来源：“超前的”巴黎下水道 [EB/OL]. http://discovery.163.com/14/0414/10/9PPKPOTI00014N6R.html

## 启示意义：

近年来，城市内涝、“拉链路”等问题始终是社会热点话题，但其改善需要前瞻的规划建设眼光、系统设计的制度支撑和坚持不懈的持续推进。在过程中还需要动态完善功能适应城市发展需要，加强运行维护管理，确保安全运行。因城市快速扩张而产生的城市问题正逐步引起国内社会的广泛关注。2015 年国务院办公厅下发了《关于推进城市地下综合管廊建设的指导意见》，标志着国内地下综合管廊建设进入了新的阶段。巴黎作为世界上综合管廊建设最早的范例城市，其经验对我国推进综合管廊建设具有重要的启示意义。

超前布局地下综合管廊解决城市问题。由于巴黎早在百余年前就超前规划布局地下空间，为后续综合管廊的动态发展奠定了良好的基础，争取了动态发展的时机，避免了后发城市因大量既有管网并入所带来的矛盾与困难。

持续拓展功能，保障城市的发展需求。城市是一个变量众多的复杂有机系统，城市的发展是动态的、持续的。巴黎综合管廊在其长达百年的建设历程中，不断根据城市发展需求，及时根据新增的基础设施服务需求，动态地拓展管廊的长度和辐射管线的类型，综合管廊的建设长度也从 1848 年的 100 多 km 上升至 2011 年的 2400km，实现了从地下空间到多种基础设施和公共服务设施功能的拓展。

标准化管控有力，支撑维护城市运行。巴黎在其综合管廊建设的过程中，注重进行标准化、精细化的管理，并及时汲取管理和技术发展的经验，建立了针对管廊中管线的分段式、全覆盖的信息系统，实现了管线的精准检修和动态更新。

巴黎地下管道实景图

资料来源：暗访法国的地下城市 巴黎下水道 [EB/OL]. http://fashion.ifeng.com/travel/world/detail_2012_07/22/16206606_7.shtml

景观优美的巴黎

资料来源：刘健 . 巴黎地下管线管窥 [J]. 城市管理与科技，2013(2):78-79.

## 参考文献

[1] 刘健 . 巴黎地下管线管窥 [J]. 城市管理与科技，2013(2):78-79.
[2] 罗曦 . 巴黎地下管网初探 [J]. 法国研究，2011(3):79-87.
[3] 赵永升 . 从巴黎地下宫殿看北京地下工程 [J]. 经济，2015(B01):24-27.
[4] 于晨龙，张作慧 . 国内外城市地下综合管廊的发展历程及现状 [J]. 建设科技，2015(17):49-51.
[5] 邵国强 . 城市综合管廊监控系统的设计 [J]. 决策与信息旬刊，2015(8):277-277.
[6] “超前的”巴黎下水道 [EB/OL]. http://discovery.163.com/14/0414/10/9PPKPOTI00014N6R.html

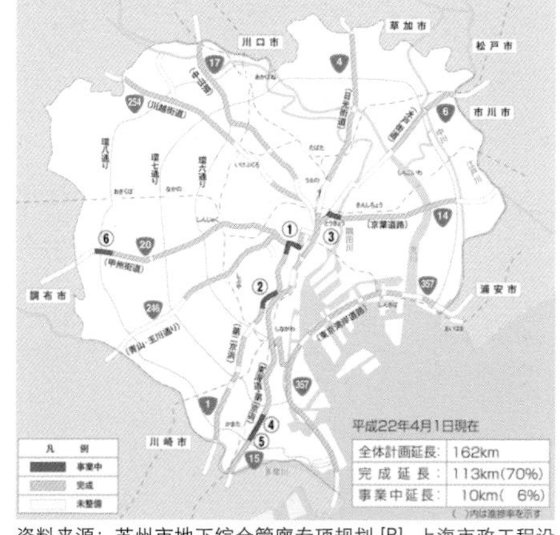

资料来源：苏州市地下综合管廊专项规划 [R]. 上海市政工程设计研究总院，苏州规划设计研究院股份有限公司，2015

# 日本地下综合管廊运营与建设

Comprehensive Underground Utility Tunnel Construction and Operation in Japan

项目区位：日本各大城市

项目性质：基础设施

项目规模：总长超过 2057km

建设时间：始于 1926 年

## 案例创新点：

关东大地震后，日本开始逐步实施城市地下管线统一规划、设计、建设和管理，以此加强对市政管线的综合管理和集约利用城市空间。通过全面普查、分类系统规划、法律保障、明确权属、精细设计施工等方式，显著减少了道路开挖对交通和市民日常生活带来的影响，延长了管线的使用寿命，优化了城市景观，提升了城市抵御灾害的能力，促进了城市市政基础设施建设的现代化。

1926

为应对地震灾害，在《震区复兴计划》中以试验的方式设置了三处地下综合管廊，收容电力、电信、自来水及瓦斯等管线。之后由于战争等因素建设停滞了。

资料来源：http://grieve.netor.com/grieve/mem_15.html

1955～1992

结合道路新建来规划建设综合管廊。1963 年颁布《关于建设共同沟的特别措施法》，开启了立法推进地下综合管廊建设的新篇章。

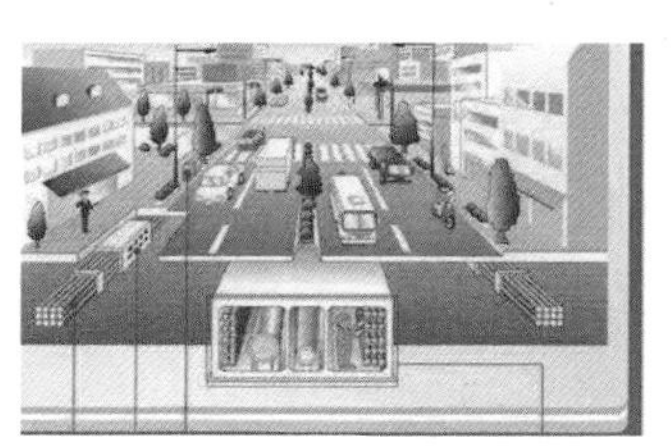

资料来源：http://huanbao.bjx.com.cn/news/20150731/647978-2.shtml

1993～2001

建设高峰期。至 2001 年，已兴建超过 600km 的综合管廊，较著名的有东京银座、青山、麻布、幕张副都心、横滨 M21 等地下综合管廊。

资料来源：http://news.lnd.com.cn/htm/2012-05/30/content_2327861_2.htm

2002 年至今

除加快建设速度外，还注重完善规划和相关法规，成为亚洲地区地下综合管廊建设发展水平最高的国家。

资料来源：http://jiangsu.china.com.cn/html/jsnews/society/2114717_2.html

日本地下综合管廊建设发展历程（1926 年至今）

## 案例简介：

日本建设地下综合管廊虽然比欧洲起步晚，但由于采取了法规建设、体制机制建设先行以及系统规划、精心设计、高标准建设的模式，因此破坏周边环境、堵塞道路等问题自其投入使用以来极少发生，既方便了电力、通信、燃气、给排水等公益设施的维护和检修，又为市民提供了良好的市政公共服务。

### 法规建设、界定规划

日本地下综合管廊规划建设的规章制度较为完善，1963 年颁布了《关于建设共同沟的特别措施法》，并在其后的数十年间对相关法律作了数次修订。该法案对地下综合管廊的所有权、使用权、管理权如何界定和资金管理等问题都有明确的规定，从法律层面规定了日本交通道路管理部门需要将地下综合管廊建在交通流量大、车辆拥堵的主要干线道路地下，以同时容纳多种市政公益事业设施。

### 协同推进、明确机制

在运营管理方面，日本于 1991 年成了专门负责推动共同沟建设和相关法案修订工作的部门。经过多年探索实践，日本已形成较为成熟的地下综合管廊协同推进机制，其中都市建设局负责规划、建设、运营，政府承担建设成本，直埋费用由管线单位出资。地下综合管廊建成后，政府分担一半以上的管理维护费用，其余部分由各个管线单位分摊。

### 系统普查、统筹规划

根据城市和地区规模做长期规划而不设定短期目标。新区在城市总体规划的基础上编制管廊的专项规划，老城区首先对现状的管网进行全面的普查和掌握，建立信息库，对计划建设的管廊做深入细致的可行性研究，包括对管廊建设有影响的各种主观和客观的因素，合理确定主要经济指标，经过相关单位多次协调最终形成地下综合管廊的系统规划。系统规划完成后，必须经过严格的论证、审批、审查，才能开工建设。同时，管理方面的细节也在系统规划阶段予以明确。

### 精心设计、高标准建设

在建设过程中重视工程设计方案的优化，对管廊内管线的选择、走向、种类、数量、管廊的断面形式及尺寸等均做到精细化设计，综合考虑工程场地的水文地质条件，确定经济合理的结构形式、抗震措施、防水措施、消防措施和施工方法等。注重高标准施工，按照相关法律、法规确定工程的施工、监理等单位，工程竣工后，按照相关的验收规范进行工程竣工验收，验收合格后才能交付使用。1995 年日本发生阪神大地震，很多地方墙倒屋塌，但地下综合管廊未出现重大结构损伤，为救灾抢险和之后开展重建工作节省了宝贵的时间。

日本“首都圈外围排水路”系统工作原理图

资料来源：http://jiangsu.china.com.cn/html/jsnews/society/2114717_2.html

日本地下综合管廊大功率排水泵

资料来源：http://jiangsu.china.com.cn/html/jsnews/society/2114717_2.html

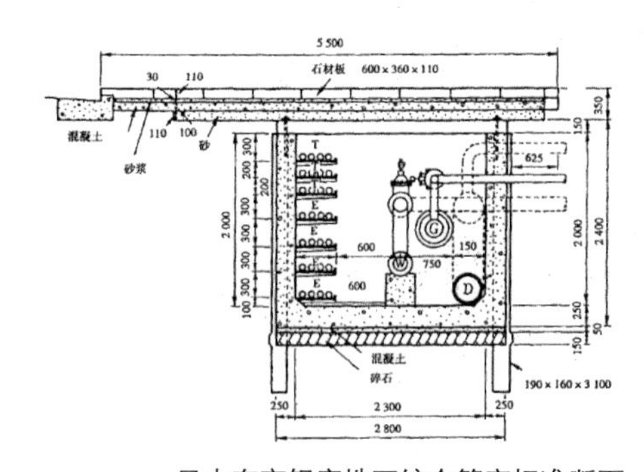

日本东京银座地下综合管廊标准断面

资料来源：苏州市地下综合管廊专项规划 [R]. 上海市政工程设计研究总院，苏州规划设计研究院股份有限公司，2015

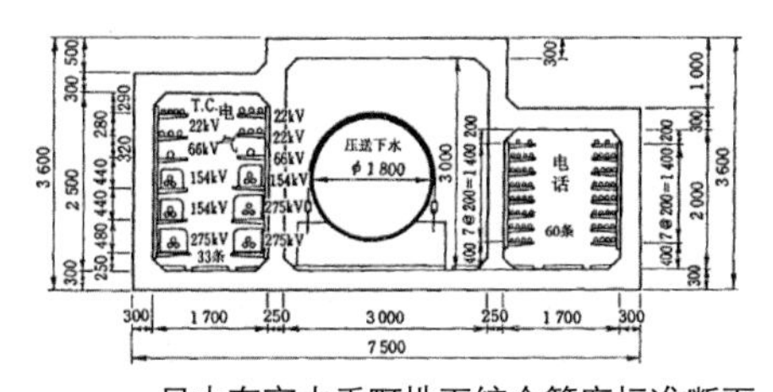

日本东京大手町地下综合管廊标准断面

资料来源：苏州市地下综合管廊专项规划 [R]. 上海市政工程设计研究总院，苏州规划设计研究院股份有限公司，2015

## 启示意义：

日本通过修建城市地下综合管廊工程，实现了各项市政设施的集中系统管理，提高了城市基础设施现代化水平和城市治理运行效率。目前，中国的城市地下综合管廊建设正在加快推进，但各类不同地下管线，面临着权属多、难以协调等问题，可以学习借鉴日本等国的经验，加快立法进程，理顺体制机制。

### 参考文献

[1] 东京如何修建城市地下管廊 [EB/OL]. http://www.urbanchina.org/n/2015/0821/c369544-27498748.html

[2] 赴日本培训城市地下综合管廊规划建设管理的报告 [EB/OL].http://www.gsfao.gov.cn/xfc/td/cfbgzb/2016/215/1621510381069641K09FCIF937HCA74.html

[3] 地下综合管廊系统提升日本城市综合功能 [EB/OL]. http://biz.xinmin.cn/2015/08/07/28331211.html

[4] 为总理支招，看各国综合管廊建设投资及运营 [EB/OL]. http://huanbao.bjx.com.cn/news/20150731/647978-2.shtml

# 中国台湾共同管道建设的法律制度体系

Legal system of Common Duct Plan and Construction in Taiwan, China

案例区位：中国台湾

规模范围：涉及 300km 共同管道

实施时间：始于 20 世纪 90 年代

专业类型：基础设施建设

## 案例创新点：

共同管道（又称综合管廊）规划建设过程中涉及的利益主体多元，因此迫切需要建立起权责明晰和管理规范的法律制度体系，从源头避免后期建设管理的矛盾和问题。1990 年代初，台湾地区在推广共同管道初期就着手同步建立健全有关法制制度和技术规范，对涉及评估设计、建设资金、管理维护等内容都做出了明确的规定，逐步构建起共同管道规划建设的法规体系，有效推动了地区共同管道建设发展。

| | 探索期（2000 年之前） | 发展期（2000-2003 年） | 成熟期（2003 年以后） |
|---|---|---|---|
| 全岛层面 | 《市区道路地下管线埋设物设置位置图说明》（1991）<br>《市区道路电缆地下化建设规范》（1992）<br>《公共设施管线工程挖掘道路注意要点》（1993）<br>《公共建设管线基金收支保管及运用办法》（1994）<br>《公共建设管线基金贷款实施要点》（1996） | 出台基本法规，初步构建法律法规体系：<br>《共同管道法》（2000）<br>《共同管道建设及管理经费分摊办法》（2001）<br>《共同管道法施行细则》（2001）<br>《共同管道建设基金收支保管及运用办法》（2002）<br>《共同管道系统使用土地上空或地下之使用程序，使用范围界线划分登记征收及补偿审核办法》（2002）<br>《共同管道工程设计标准》（2003） | |
| 地方层面 | 《台北市共同管道基金收支保管及运用办法》（1991）<br>《台北市共同管道基金管理委员会设置要点》（1991）<br>《台北市市区道路管理规则》（1993）<br>…… | | 《台北市共同管道基金收支保管及运用办法》（2001 修订）<br>《台北市共同管道基金管理委员会作业要点》（2003）<br>《台北市市区道路缆线管路设置管理办法》（2004）<br>《台北市共同管道基金收支保管及运用自治条例》（2005）<br>《台北市共同管道维护管理办法》（2006）<br>…… |

法律法规发展历程

资料来源：由参考文献［1］编辑绘制

## 案例简介：

台湾地区现有的共同管道法律体系，涵盖规划、建设、管理、运营全过程，其核心内容可以概括为以下三个方面。

**工程设计制度 ：明确范围、程序及标准**

《共同管道法》规定，在规划建设共同管道之前，必须经过严格的标准化评估程序，包含资料调查、管线条件检讨、既有设施检讨、相关建设计划检讨、路段效益评估、基本可行路网、系统方案及替代方案、分年分期计划及费用分摊等。在设计标准方面，台湾《共同管道工程设计标准》明确了定义、调查资料、设计内容、安全与附属设施建设等技术标准。

台北信义线配合地铁路网共同管道工程示意图

资料来源：http://pkone.2500sz.com/item-detail/?id=424678

**建设经费制度：建立支持与分担准则**

明确优先实施共同管道系统的工程项目，主要包括新市镇开发、新小区开发、农村小区更新重划、都市更新地区、市地重划、办理区段征收、大众捷运系统、铁路地下化以及其他重大工程等。共同管道计划覆盖地区的重大工程，需将共同管道实施计划与工程计划一并实施。其中，敷设共同管道的道路需将沿线管道一并纳入。

为保障项目建设资金，一方面政府积极筹措专项的共同管道基金，规定各级政府可以设立共同管道建设资金，供各类机构申请，以贷款的方式解决项目资金来源问题，并通过基金管理委员会以资金调节的方式对管道设置、作业、收支等方面情况进行指导。另一方面，政府明确共同管道工程建设与使用费用分摊标准，通过资金调节各方参与者的权责。如台北市在《共同管道建设及管理经费分摊办法》规定：共同管道工程建设经费由工程主办机关和管线事业机关共同承担，前者承担比重为三分之一，后者承担比重为三分之二。

工程人员将捷运信义线共同管道区隔成三部分，让电力、电信与自来水管线有各自的配置空间

**管理维护制度：促进动态长效机制形成**

在主体设置方面，采取政府主导、社会参与的方式。法律规定共同管道由各主管机关管理，必要时方可委托投资兴建者或专业机构代为管理。跨越行政区域的共同管道由多方主管机关共同协商管理，无法协商时由上级主管机关指定一方进行管理，以避免多头管理。

基隆河共同管道上方装设其他检测系统与监视器

资料来源：http://www.rhythmsmonthly.com/?p=11993

在内容设置方面，管理维护涉及维护查核、进入申请与许可、经费管理、财产设备管理等方面。更在各地方规章中进一步规范了管理维护的工作流程。以台北市为例，其共同管道管理维护已建成由十一个部分组成的系统化平台，并针对共同管道进入或复原使用管理、设备财产维护管理等方面制定了严格的工作流程。

在信息公示方面，共同管道信息公开需经台湾地区主管机关核定后公示，公示期为三十天，公示内容需通知相关公共工程主管机关及管线事业机关（或机构），以文字或图表写明以下信息，主要包括共同管道所在行政区域及涉及规划范围、位置、名称、类型、规划目标年期及规划图、涉及相关都市及区域规划等。公示后，主管机关需依公告协调推进管线工程实施，并每三至五年对执行情况进行整体核准。另外，在施工中，必要时需办理禁止挖掘道路公告，写明共同管道的基本信息（如种类、进度等），以及禁止挖掘道路范围及时间期限等。

## 启示意义：

中国大陆正大力推进共同管道（综合管廊）建设，但因缺乏齐备的法规制度支撑，存在相关多元利益主体对入廊管线、相关单位权责、工程设计标准、投融资方式、管理维护办法、收费方式等方面的认识难以统一的现状。台湾地区将法律制度的建设放到与项目建设同等重要的地位，强调立法建规、统筹协调推进，对大陆地区推进综合管廊建设有积极的借鉴意义。

## 参考文献

[1] 王江波，戴慎志，苟爱萍．我国台湾地区共同管道规划建设法律制度研究 [J]. 国际城市规划 2011,26(1)：87-94

[2] 郑方圆，魏庆朝，杨静．抓住轨道交通发展机遇建设共同管道：台北市的经验启示 [J]. 综合运输 :2015,37(8)：23-37

国际城市创新案例集
A Collection of International Urban Innovation Cases

# 07

# 城市交通与公交政策

Urban Traffic and Public Transportation Policy

城市是诸多流动要素的集中之地，人和物的安全高效流动有赖于可持续的城市交通。发达国家的城市交通经历了需求导向、效率导向、环境导向等发展阶段，如今更为关注以人为本、节约资源、保护环境和社会公平的绿色交通，强调从整体上对城市布局、土地利用、道路系统的合理性及其使用效率、资源投入和环境保护等进行一体化考虑。大力推广公交优先战略，建立方便、快捷的多层次公共交通系统，努力实现各交通方式之间的无缝衔接，东京都市圈、斯特拉斯堡等地在这方面的探索都具有很好的借鉴意义。强调站点地区 TOD 发展模式，鼓励紧凑布局、混合功能，鹿特丹、大阪、香港等城市都结合交通节点进行了富有成效的空间开发。

世界各地人口密集的城市中心区，普遍面临着交通堵塞的问题，为此各地都进行了不懈的努力与积极探索，既有如波士顿这样的城市，主要采用工程建设的方式来改善交通设施，整合开放空间；也有如伦敦这些城市，倾向于采取限制小汽车交通等公共政策，通过经济杠杆来优化出行环境。随着私人小汽车过度机动化的负面影响日益突出，慢行交通和街道空间的价值被重新正视，为此不少城市通过改造将被机动车长期占据的街道空间归还给行人与自行车，纽约百老汇大街、韩国水原无车社区等地改善舒适出行的探索，令人深思。

>> >

# 日本东京都市圈的公共交通系统

Public Transportation System in Tokyo Metropolitan Circle, Japan

项目地点：日本东京
建设时间：1900 年代至今
项目规模：2010 年东京轨道交通线路总长 2419.8km
区位类型：市域范围

**案例创新点：**

东京是世界上轨道交通最发达、最完善的城市之一，东京都市圈覆盖以东京站为中心的 50km 半径范围，总面积 1.35 万 $km^2$，人口 3447.2 万。经过一百多年建设发展，形成了以大运量轨道交通为主、常规公共交通为辅的公共交通系统，其中多主体、多层次、多制式的轨道交通系统由市郊铁道、地铁、单轨、导轨和有轨电车五类载体组成。轨道交通在空间上呈环放状分布，各类交通无缝衔接，整体构成高效的交通系统，节约出行成本。同时，东京都市圈还提倡轨道交通与周边土地一体化开发，促进了土地效益最大化，提高了城市建设效率 [1]。

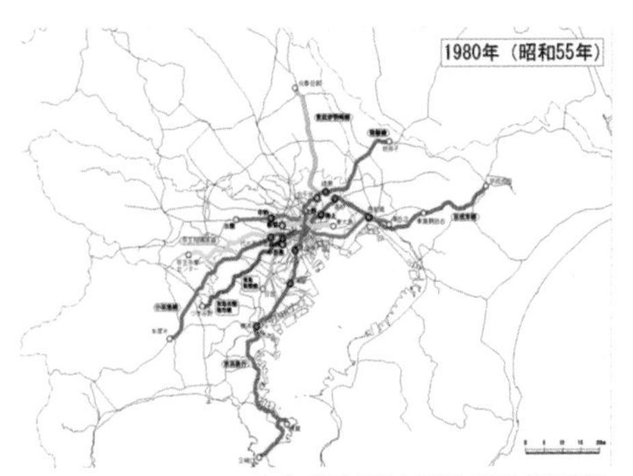

东京都市圈 1980 年轨道线路
资料来源：http://www.jt12345.com/article-947-1.html

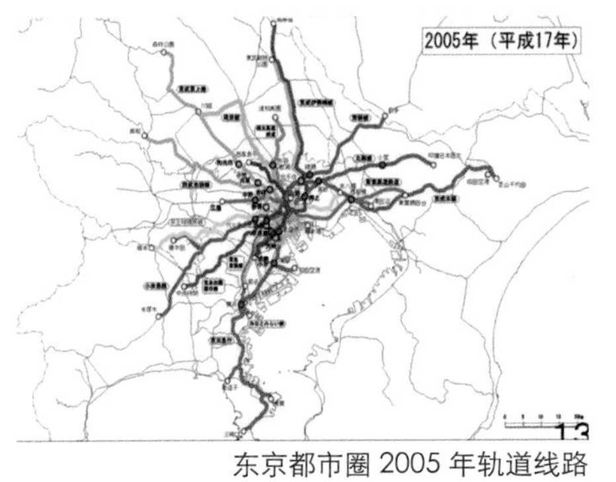

东京都市圈 2005 年轨道线路
资料来源：http://www.jt12345.com/article-947-1.html

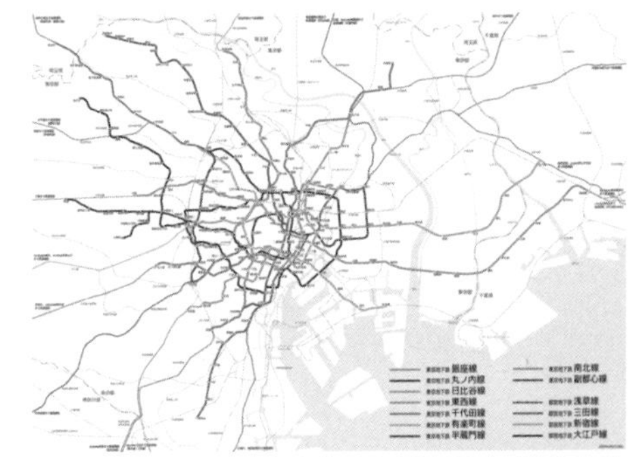
东京都市圈 2013 年轨道线路
资料来源：http://www.jt12345.com/article-947-1.html

## 案例简介：

从20世纪60年代开始，根据都市圈规划，东京在城市郊区建立了许多新城镇、卫星城市以及工业团地，用于疏解城市中心区的人口、产业和功能。而轨道交通在引导城市中心区人口的有机疏散和新市镇的发展规划中发挥了主导作用。到1996年，东京总体上形成了由市郊铁道、地铁、中低运量系统轨道交通三大系统。据2010年统计，东京圈轨道交通线路总长2419.8km，其中地铁357.5km，民铁1157.9km，国铁887.2km，有轨电车17.2km。

**以轨道交通为主、常规公共交通为辅**

在战后的60余年间，东京圈人口猛增至3400万人，机动车达到近1200万辆。因为长期坚持公共交通优先发展战略，致力于轨道交通建设，由常规公共汽车和轨道交通组成的公共交通始终处于优势地位，运输分担率达67.73%。其中，轨道交通运量又占公共交通的86.27%。这种以轨道交通为骨干、常规公共交通为辅的客运结构，对东京都市圈交通的可持续发展起到了至关重要的作用。2009年东京圈各种交通工具年客运总量达到239.62亿人次，其中公共交通共承担162.29亿人次，占客运总量的67.73%；轨道交通承担139.97亿人次，占公共交通客运量的86.27%，占总客运量的58.41%。

东京圈的轨道交通网络整体为环放结构，市郊铁道的放射线主要服务于半径为50km的东京圈地区及更远地区；地铁主要服务于半径为15km的中心城地区。环线具有连接放射线和解决到发、换乘、直通的作用，还可以减少迂回客流和均衡客流。东京都市圈轨道交通通过采取直通运营、组合运营、双复线及联络线和无缝化衔接等措施，使环放状网络真正实现了以使用者为导向的网络化运营，使得市郊铁道与地铁、市郊铁道与市郊铁道之间形成了直通通道，减少了换乘时间和换乘次数，提高了线路的营运效率。

东京都市圈的交通结构

| 项目 | 市郊铁道 | 地铁 | 中运量 | 有轨电车 | 公共汽车 | 汽车 | 合计 |
|---|---|---|---|---|---|---|---|
| 年客运量（亿人次） | 103.53 | 33.72 | 2.3 | 0.4 | 22.32 | 77.33 | 239.6 |
| 比例（%） | 43.21 | 14.07 | 0.96 | 0.107 | 9.32 | 32.27 | 100 |

资料来源：根据苗彦英，张子栋．东京都市圈轨道交通发展及特征 [J]. 都市快轨交通．2015(02) 重绘

市郊铁道

资料来源：https://upload.wikimedia.org/wikipedia/commons/d/d8/JRE_E233_0.jpg

地铁

资料来源：http://www.kanpai-japan.com/travel-guide/tokyo-train-subway

有轨电车

资料来源：https://upload.wikimedia.org/wikipedia/commons/d/d1/Metro_Gold_Line_Breda_P2550.jpg

东京立体地铁线路图

资料来源：http://japanesetease.net/background-art-gorgeous-thing-anime/

## 多主体、多层次、多制式的轨道交通系统

由2400多km的市郊铁道、地铁、中低运量系统（包括单轨、导轨和有轨电车）构成的东京轨道交通，具有多主体、多层次、多制式的特点。这种多层次、多制式的轨道交通网络，与东京都市圈的发展及空间结构有机结合，有力地支撑了东京都市圈的形成、建设和发展，支撑了郊区新城镇、业务核心城市的发展，也促进了东京中心城区多中心格局的形成，适应不同地区、不同需求、不同功能及速度要求的客运出行。

东京市郊铁道于20世纪30年代基本形成，远远早于地铁和汽车的快速发展，这使得东京圈的中心区与郊区能够同步发展。市郊铁道是东京圈最主要的出行方式，承担103.53亿人次的运量，占各种交通工具年客运总量的43.21%，占公共交通客运量的63.95%，占轨道交通客运量的73.97%。市郊铁道是东京圈规模和客流最大的轨道交通，其对东京都市圈新城镇、业务核心城市及城市副中心的建设和发展起到巨大的支撑作用，同时具有疏散城市中心区人口、产业及城市功能的作用，有利于东京圈由单极集中型城市向多中心型城市发展，也为从根本上缓解中心区交通拥堵创造了条件。

东京圈的地下铁道长度共计329.5km，分三家公司所属，其中帝都高速度交通营团经营8条线路，长度共计180km，东京都交通局经营4条线路，长度共计109.1km，横滨市交通局经营2条线路，长度为40.4km。东京都内，地铁线路纵横交错，如网眼一般遍布于各个角落。东京是全亚洲与日本最早有地下铁路线开通的城市。目前共有12条路线，214个车站，路线总长292.2km，每日平均运量将近800万人次，发达程度居世界前五名。每条路线都与环状运行的国铁JR(Japan Railway)在山手线车站交汇，许多路线与部分JR线及其他私营铁路线相互直通运转，整体服务范围涵盖东京都、神奈川县、埼玉县与千叶县。

东京圈内有单轨和导轨组成的中运量轨道交通，主要使用在运量达不到地铁标准的走廊上。单轨和导轨各6条线，分别长64.5km和52.3km，均采用胶轮和高架结构，此外还有2条低运量的有轨电车。

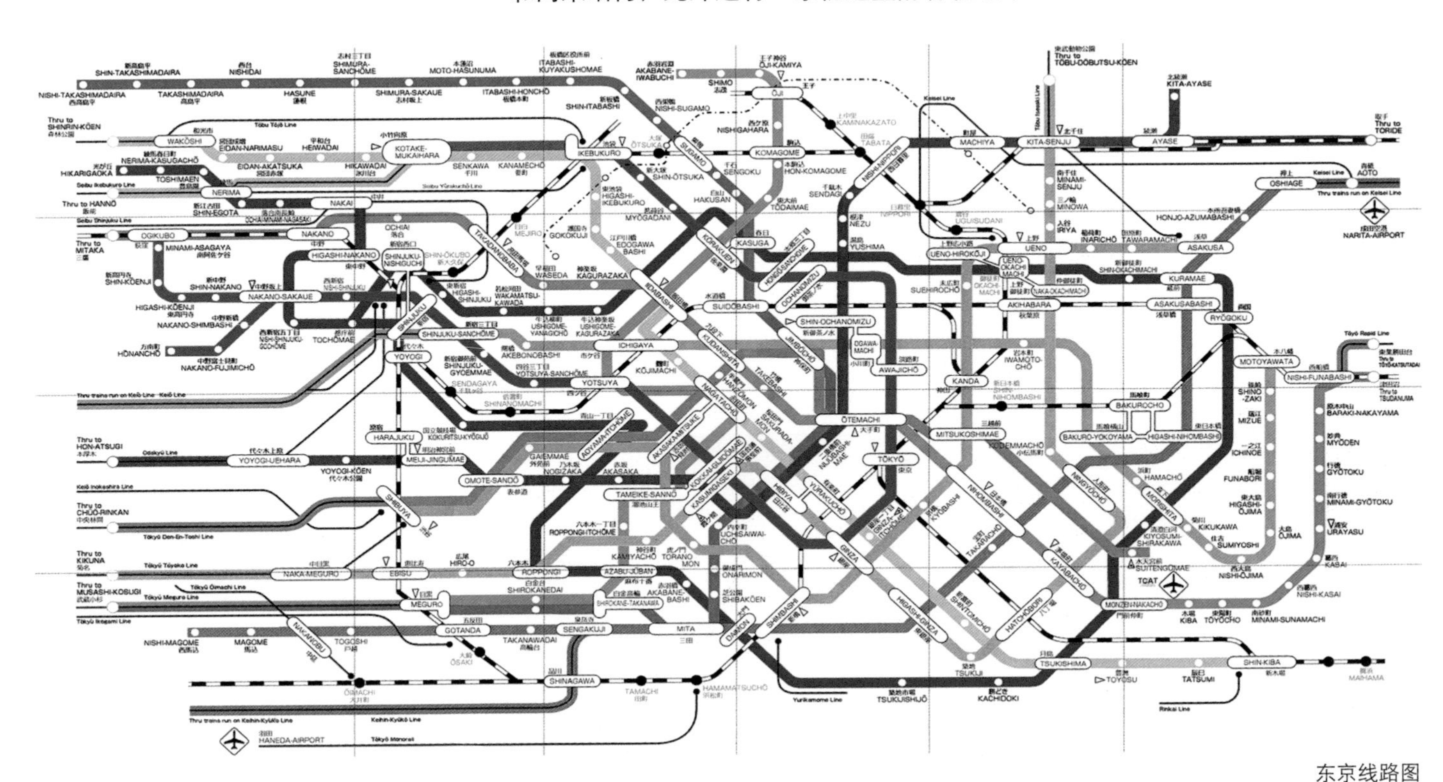


东京线路图

资料来源：https://sg.news.yahoo.com/is-this-singapore%E2%80%99s-future-mrt-network-.html

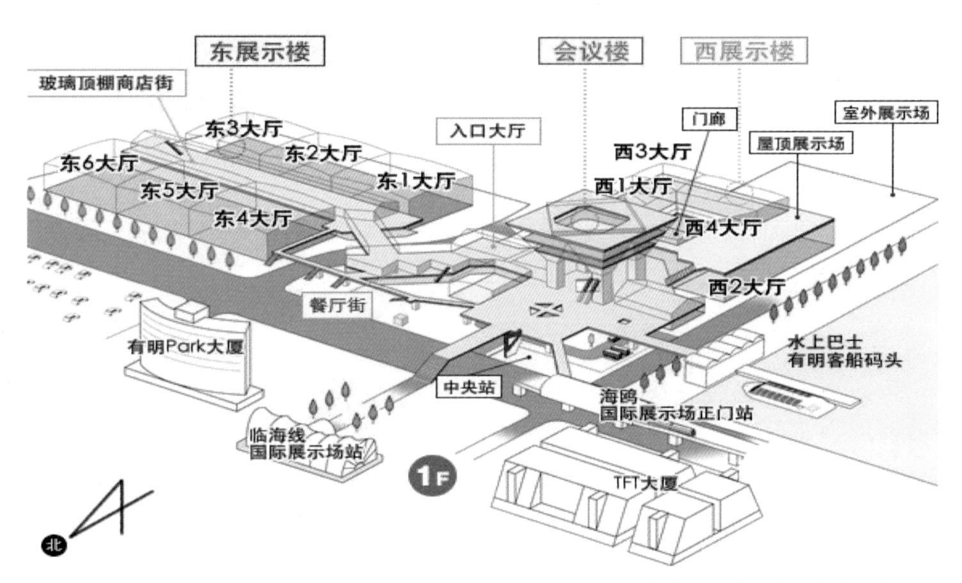


站点与周边土地一体化开发利用

资料来源：http://gearxgear.holy.jp/mac/blog/data/upfile/90-2.php?/images/

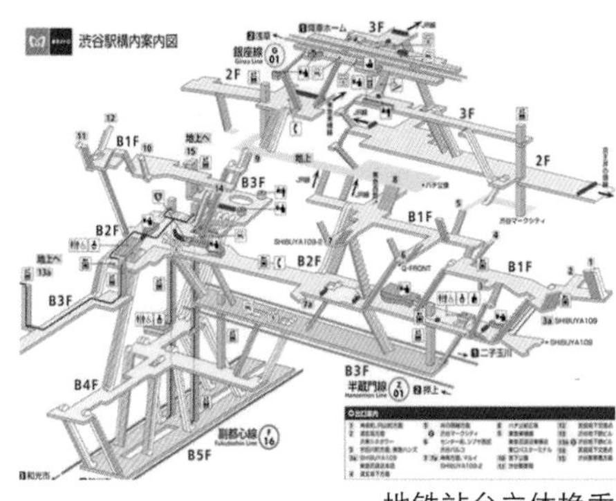

地铁站台立体换乘

资料来源：meatmoon.blog39.fc2.com

轨道交通站点与周边一体化开发

在20世纪初市郊铁道建设的兴旺时期，就提出了轨道交通站点应与周边一体化开发的理念。在这一思想指导下，东京都市圈将轨道交通车站与土地开发融合在一起，使车站不仅是乘客上下车和换乘的地方，而且有可能发展为城市中心、副中心和新城镇。中心城区的新宿和池袋、郊区的筑波科学城和多摩新城都是成功的典型。同时，车站与周边的联合开发也促进了客流的稳步增长，并带来了附属产业的巨大收益。

## 启示意义：

轨道交通对城市发展起着举足轻重的作用，由于轨道交通规划对城市各方面的影响巨大，一旦确定就不易改变，因此需要预先做出有前瞻性的规划安排。东京作为世界都市，以其高效复合的公共交通体系、发达的轨道交通网络闻名于世，不仅缓解了大城市的交通拥堵，提高了城市的运行效率，还便捷了市民生活，促进了经济的发展，今天轨道交通甚至成为了展示东京的窗口，提高了国际认同度和影响力。

东京地铁新宿站与周边土地一体化开发

资料来源 :http://internetcn.net/news/5paw5a6%2F56uZ.html

## 参考文献

[1] 冈田宏 . 东京城市轨道交通系统的规划、建设和管理 [J]. 城市轨道交通研究 . 2003(03)
[2] 苗彦英，张子栋． 东京都市圈轨道交通发展及特征 [J]. 都市快轨交通 . 2015(02)
[3] 舒慧琴，石小法 . 东京都市圈轨道交通系统对城市空间结构发展的影响 [J]. 国际城市规划 . 2008(03)

# 法国斯特拉斯堡市轻轨建设项目

Light Rail Project in Strasbourg, France

案例区位：斯特拉斯堡市
实施时间：始于 1994 年 11 月
项目性质：城市客运骨干交通（无地铁系统）
项目规模： 全长 55.8km，共 6 条线路，67 个站点，客流量 30 万人 / 天
平均时速： 16.6~22.2km（2010 年）

## 案例创新点：

为应对因过度私人小汽车化带来的城市交通拥堵问题，斯特拉斯堡市 1980 年代末开始着手轻轨项目建设，将公交系统规划建设与历史文化名城的特色塑造有机结合，清晰定位地面轻轨为该市客运骨干交通，并采用市场化运作、人性化建设方式构建轻轨系统，不仅为城市提供了便捷的绿色公共交通服务，而且将零碎的公共空间连接起来，在沿线打造集中的活动空间，创造了和谐的城市景观。建成的斯特拉斯堡轻轨颇具时尚和现代感，已成为现代城市公共交通项目建设中的成功典范，被市民昵称为“斯特拉斯堡的宠物”和“绿色大蟒蛇”，并成为城市形象的代表之一。

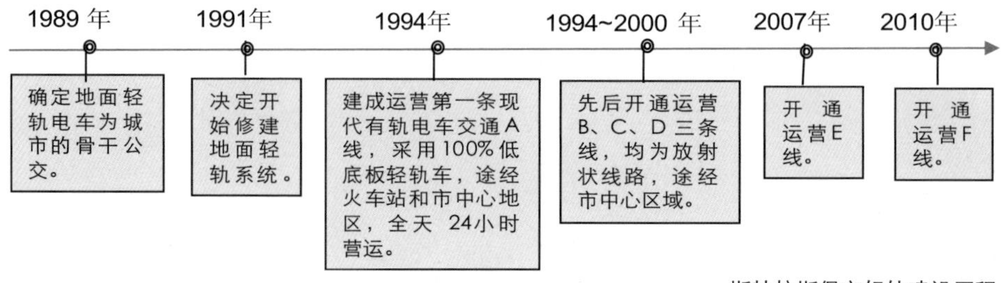


斯特拉斯堡市轻轨建设历程

斯特拉斯堡轻轨电车网络
资料来源：戴子文、陈振武、谭国威，有轨电车线网编制方法探讨，都市快轨交通 [J]2014，27（02）:101.

## 案例简介：

斯特拉斯堡位于法国东部阿尔萨斯地区，是法国东北部的一个重要的新兴工业中心，也是一座历史悠久的文化名城，以音乐、戏剧著称。20 世纪后期，该市交通出行中私人汽车的分担率已超过 75%，对交通环境和空气质量造成十分不利的影响。为了实现宜居城市的目标，市政府决定大力发展公共交通，将地面轨道交通规划建设作为重点工作开展。到 2010 年，该市已建成 6 条轻轨线路，形成“环 + 放射形”的电车网络。

### 串联客流发生点

轻轨交通系统采用“环 + 放射形”线网形式，将城市主要客流发生吸引点串联起来，使轨道运能发挥最大化，如线路 A、D 和 B、C、F 都有一个共同的轨道交汇于中央枢纽站 Homme de Fer 中，线路 E 大部分是沿着其他线路共轨运营。轻轨建设还特别重视与其他交通模式的衔接与接驳，同步运行时间表将中心城区与周边城区紧密联系，形成了以有轨电车为主要连接线的城市立体网络。目前与轻轨系统相连的公共汽车线路网长度达 310km，辐射 25 条公共汽车线路和 306 辆运行的公共汽车。

轻轨与停车换乘

资料来源：法国行－斯特拉斯堡 (Strasbourg) _ 浪迹天涯 _ 新浪博客 http://blog.sina.com.cn/s/blog_63e2f4be0100rbip.html

### 建设便于绿色出行的轻轨站点

在轻轨沿线配建一系列统一的车站和换乘站，主要的轻轨站和公共汽车站都配建自行车停车场，并在停车换乘站里配有免费的出租车电话。通过在市区外围规划若干“P+R”（停车换乘）站和超市，并给予换乘者免费回程票的方式，有效地引导和鼓励市区外围出行者使用轻轨出行或换乘，从而缓解市中心的交通拥堵。

行人与轻轨共享道路

资料来源 :1671ivt_706x510_b.jpg (706×510)
http://f2.sjbly.cn/m13/0517/1245/1671ivt_706x510_b.jpg

### 引导轻轨与行人共享道路

通过对路权的分配，引导轻轨地面线路在市中心与行人共享道路。建造过程中，撤掉轻轨沿线的原有马路牙子，使人行道、广场与街道保持在同一个水平面上，更在部分路段轨道中间铺设草坪，使行人可以不用等红绿灯，更自由、更轻松、更安全地穿行马路，享受公共路权，使人行道和广场空间得以延伸，提升市中心空间的品质。

### 重塑轻轨沿线公共空间和都市风景

通过外形相对统一的车站，将变化多样的都市景观在视觉上统一起来，在中心车站增设公共艺术等公众熟知的元素，增设天篷、座椅等设施，辅以树木、草坪等生态要素，增加公共空间的视觉美感和内部活力，带动沿线都市景观的优化。除此之外，利用现代轻轨本身流畅的车体、宽大明亮的车窗，与周边景观互补，打造传统与现代交融的亮丽都市风景线。

行人与轻轨共享街道

资料来源：刘敏，历史城市保护的适应性交通策略浅析，国际城市规划 [J]，2013,28（5）：69

## 启示意义：

斯特拉斯堡轻轨项目的成功经验显示，现代有轨电车作为适应性强、绿色环保的中运量轨道交通，对于构建多层次的城市公共交通体系、缓解城市交通拥堵、减少环境污染、带动城市更新及提升城市形象等具有重要作用。当前，在加快完善城市综合交通体系、大力发展公共交通、推行绿色出行的大背景下，有必要根据城市规模、人口密度、交通需求和城市特色等条件，理性选择有轨电车系统等公共交通模式，清晰定位、科学规划、合理布局，谨慎选择试点区域，以充分发挥轻轨电车在应对和解决城市交通问题、促进城市发展中的积极作用。

都市风景

资料来源：http://jingdian.517best.com/jingdian_15613.html

## 参考文献

[1] 崔异，施路．法国现代有轨电车的线网布局 [J]. 都市快轨交通，2014, 27(02):127.

[2] 斯特拉斯堡城市轻轨系统 Strasbourg tram - 纽西兰备忘录 － 封面机车 － 城市轨道交通 http://www.zacliu.com/20121206/strasbourg-tram-system/

[3] 戴子文，有轨电车线网编制方法探讨，都市快轨交通 [J]，2014，27（02）：101.

# 中国香港“地铁 + 物业”一体化开发

Integrated Development of Hong Kong MTR and Property above Subway Station, China

项目地点：中国香港

项目规模：截至2014年，综合铁路系统全长214.6km，11条线及150个车站组成。

**案例创新点：**

与世界上常规的政府主导、财政大量补贴的模式不同，香港地铁把建设和站点物业开发紧密结合，政府充分发挥统筹作用，推动形成“地铁 + 物业”一体化开发的可持续发展模式，使香港成为世界上地铁资源开发程度最高、盈利最好的城市之一。解决了地铁巨大的投资需求，极大地改善了城市交通，而且通过最大化地利用地铁及周边资源，带动了城市经济转型升级，增加了城市活力，使得香港成为世界级国际化大都市。

“地铁 + 物业”发展典型：香港站成功地把CBD扩展到新填海区，建成“国际金融中心”

资料来源：http://www.nipic.com/show/1/62/96df6315ea6a1e39.html

九龙站室内

资料来源：http://www.emporis.com/images/details/678528/interiorphoto-elements-mall-entrance-from-kowloon-station

## 案例简介：

### “地铁＋物业”一体化开发的理念

在地铁规划建设同时，香港通过一系列的制度安排支持地铁公司通过主导地铁沿线片区综合规划，从而实现土地集约利用，同步发展地铁上盖物业以及配套设施，打造以人为本的优质社区，一方面为地铁提供充足客源，增加运营收入；另一方面利用物业开发回收土地增值部分，以补贴轨道交通建造成本，令项目可达合理回报。

“地铁＋物业”的开发模式充分发挥了港铁公司作为独立法人的经营要求，促进了轨道交通与物业开发的统一规划与有机联系，有效扩大了轨道交通与物业开发整体效益，使得政府、开发商和地铁公司在地价和物业发展中获得收益，达到“三方共赢”的局面。

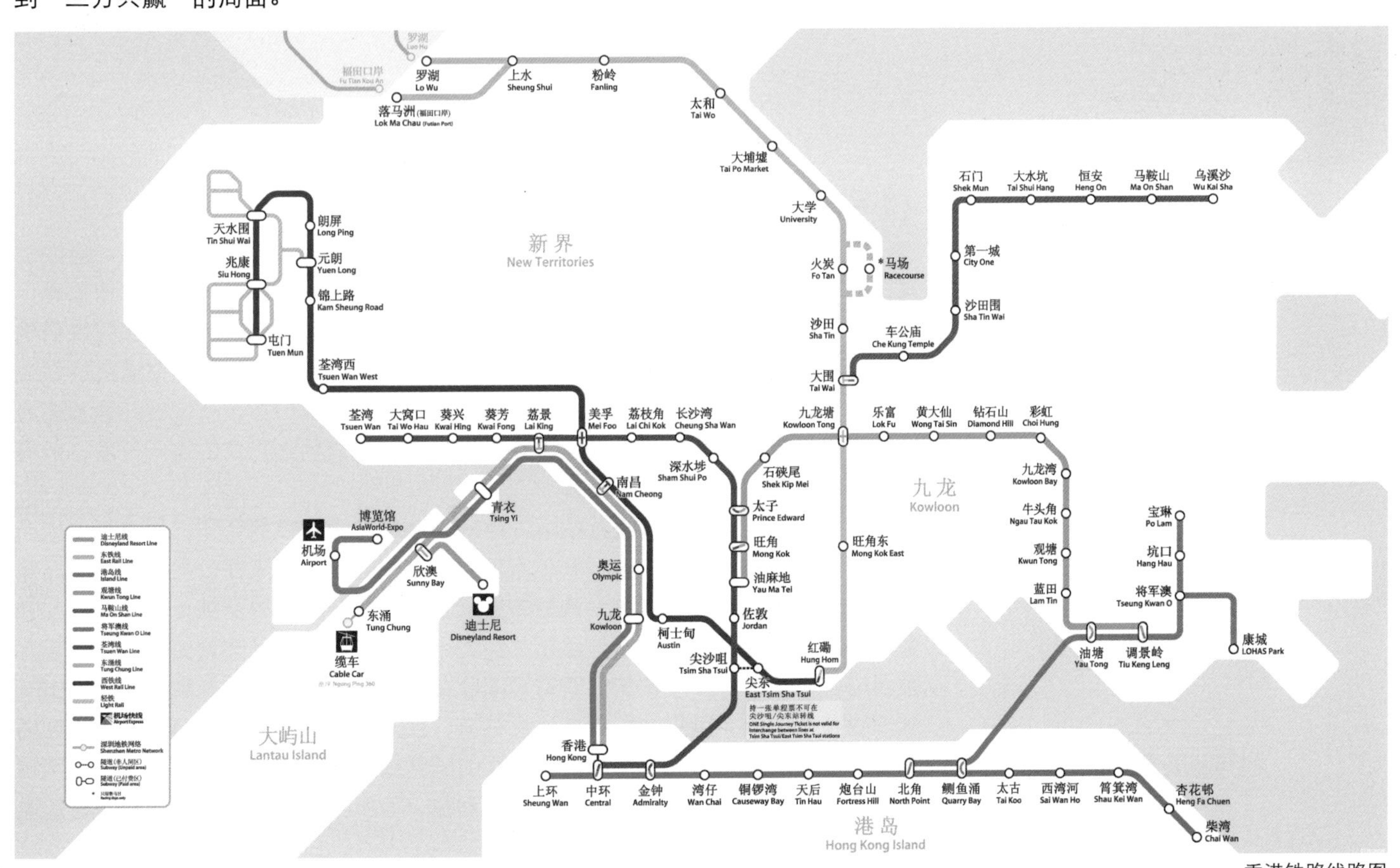


香港铁路线路图

资料来源：http://ship.mangocity.com/gonglue/840.htm

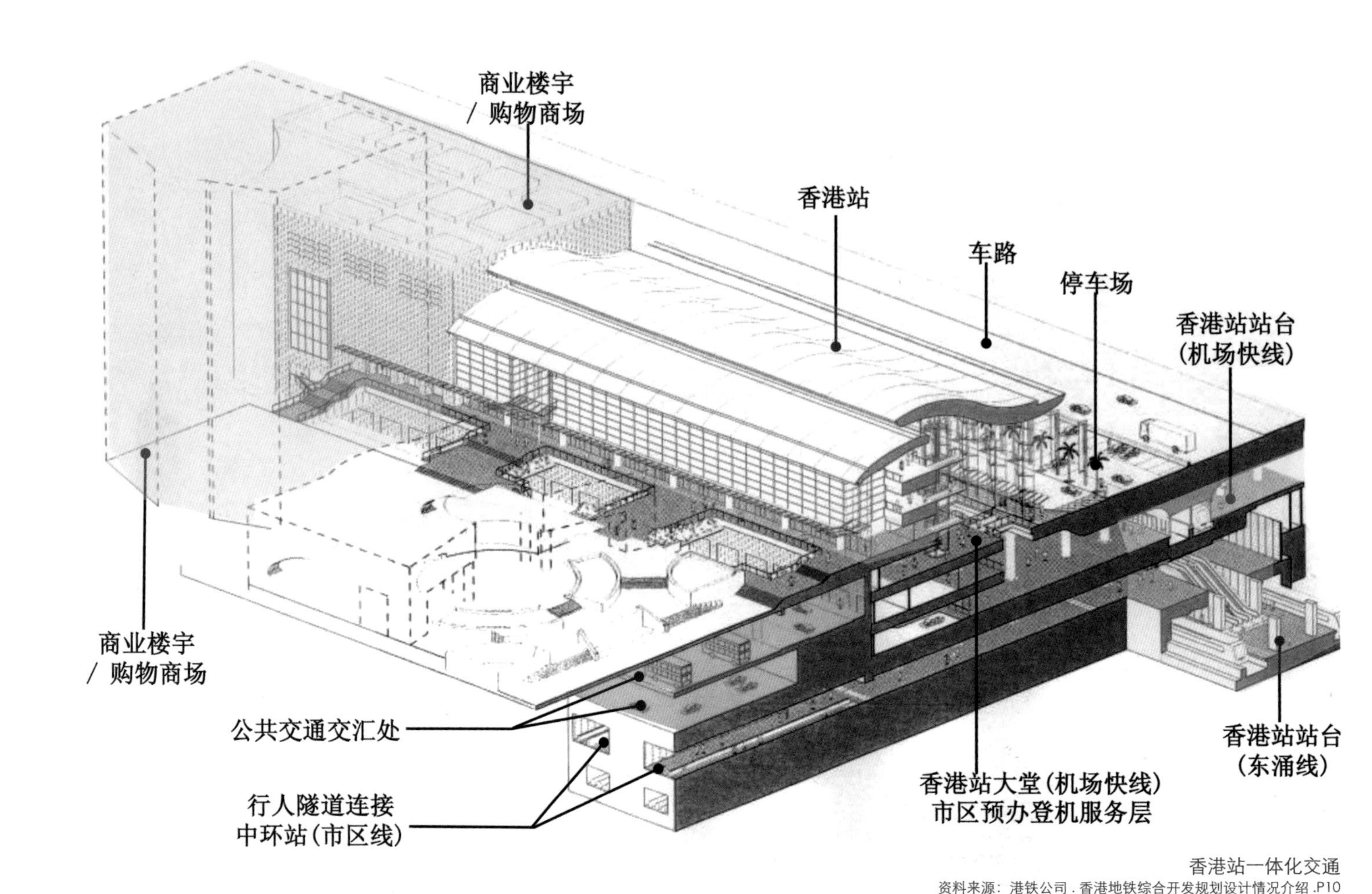

香港站一体化交通

资料来源：港铁公司．香港地铁综合开发规划设计情况介绍 .P10

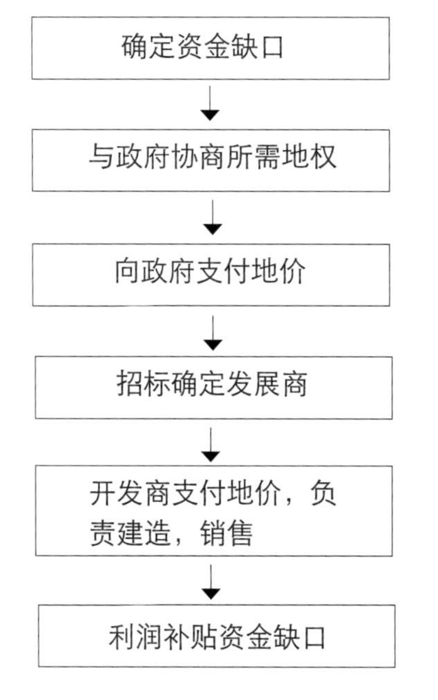

香港地铁公司“地铁+物业”模式具体流程

资料来源：伍笛笛, 蓝泽兵.香港地铁带动城市经济转型升级的经验启示[J]. 成都行政学院学报，2011,01:62

**香港“地铁 + 物业”具体操作流程**

香港特区政府赋予了香港地铁公司主导“地铁 + 物业”开发的权限。港铁公司首先确定该线路地铁修建、运营的资金缺口，对沿线土地进行未来价值估算，与政府协商弥补地铁修建、运营资金缺口所需的地权。在与政府规划部门协商确定了物业开发的主要内容和设计方案之后，港铁将总体布局规划提交城市规划委员会批准。获批后，港铁公司即开始与政府土地管理部门按未有地铁开通预期的地价获取批地，进而由港铁公司主导地铁建设与站点周边物业的统一开发，所得收益持续投入地铁再建设。

港铁公司依靠发展权进行招标，寻求与房地产开发商的合作，与中标的地产开发商洽谈完协议后，联合开发地产项目。这一过程中，港铁公司并不参与具体的项目开发建设，只负责各个流程的监管，开发商一方需要交纳土地使用金，并负责项目的规划、建设以及与此相关的费用和风险。待开发建设完毕后，一部分项目以“一盘价”用于销售，获得短期收益；另一部分，尤其是商业物业，出于长期收益的考虑，港铁公司选择自行持有，或出租或自营。港铁公司通过与开发商按协定的比例分摊经扣除发展成本后的销售或租赁物业的利润，以及分摊实物资产或通过预付款项从物业发展中获得利益，而所获利益则可填补地铁所需的大量投资。

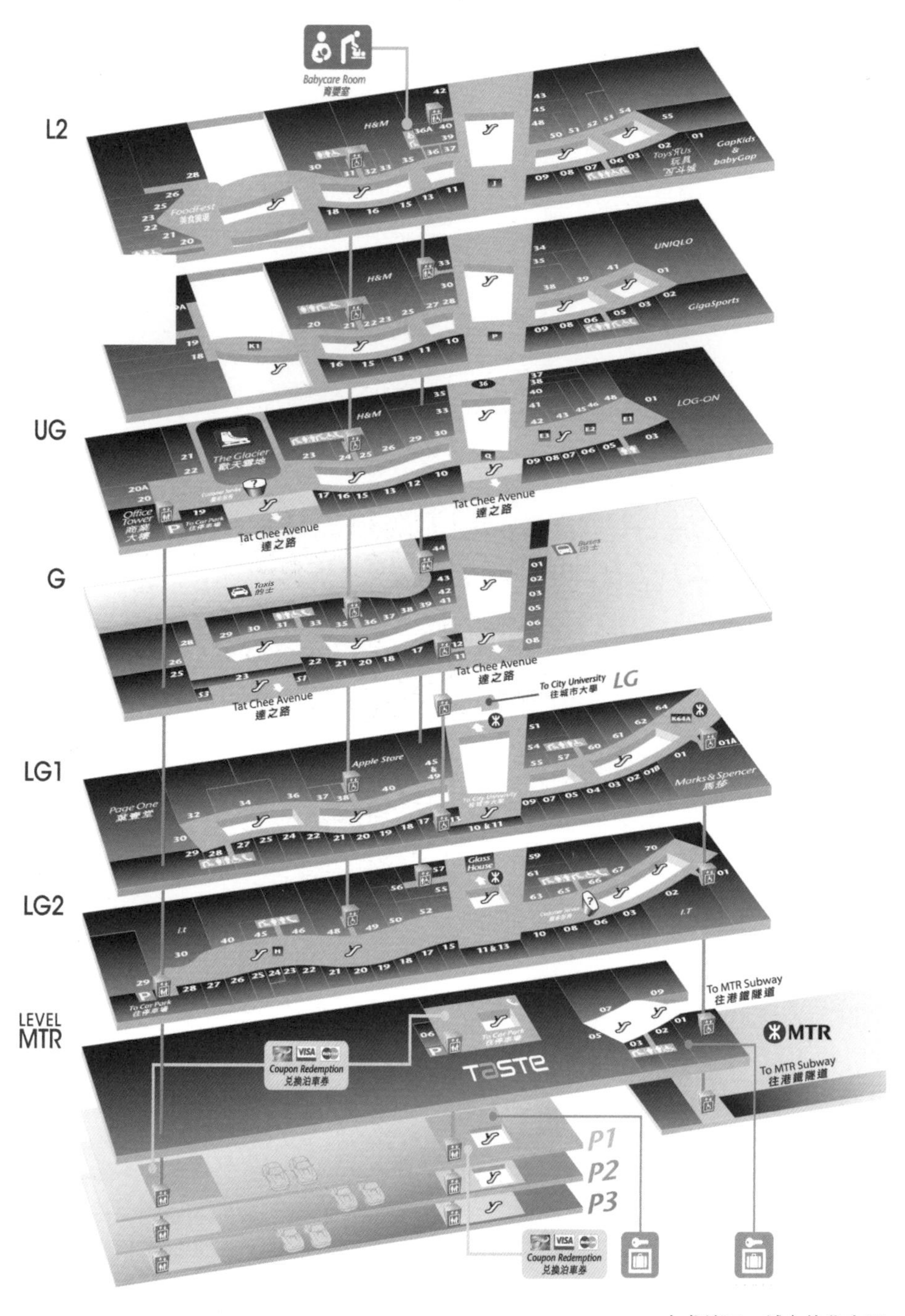


九龙塘又一城立体化布局

资料来源：http://m.mplife.com/hk/buy/opinion/140805/64940936203.shtml

中环站

资料来源：http://zh.wikipedia.org/zh-cn/File:Hong_Kong_Station_Outside_View_2009.jpg

地铁站内商业

资料来源：http://blog.sina.cn/dpool/blog/s/blog_493c75540100zdjp.html?md=gd

青衣站（城）

资料来源 港铁公司.香港地铁综合开发规划设计情况介绍.P10

九龙塘站旁九龙塘又一城

资料来源：http://www.qiugonglue.com/pin-4154-p2004030-hongkong.html

## 启示意义：

香港地铁的实践表明，“地铁 + 物业”一体化开发模式是整合地铁资源、提升地铁建设和运营的市场化水平，发挥土地和地铁延伸效益的有效策略，既可以反哺地铁建设所需大规模投入，又将地铁这一城市交通网络深植于城市经济空间的发展与调整之中。

## 参考文献


[1] 伍笛笛，蓝泽兵.香港地铁带动城市经济转型升级的经验启示 [J].成都行政学院学报，2011（01）:61

[2] 林楚娟，庄毅璇，戚月昆.香港地铁及上盖物业开发情况调研及其对深圳市地铁上盖物业开发建设的启示 [J].科技与产业，2011（12）：143-150.

# 轨道交通影响下的城市中心区更新
## ——日本汐留案例

Revitalization of City Center under the Influence of Urban Rail Transit - Shiodom

项目地点：日本东京
建设时间：1985～2007 年
项目规模：30.9km$^2$
区位类型：城市中心区

**案例创新点：**

汐留是日本铁路的发祥地，伴随交通出行方式的变迁而日渐衰落。1985 年开始，东京都政府以复兴城市中心为目的，在保护修复原有汐留火车站历史遗迹的基础上，对汐留站及其周边地区进行了综合性的城市更新规划建设，被称为“都心部最后的超大型再开发计划”。规划以“从成长型到成熟型”、“官民合作模式”、“安全安心舒适的环境”和“可持续发展的立体化城市”为基本原则，使汐留地区成为商务、商业、文化、居住等多种功能复合的立体化城市地带，与六本木新城共同成为新兴观光景点。

1945 年汐留站内

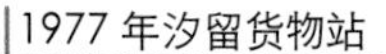
1977 年汐留货物站

1998 年汐留货物站

2014 年汐留地区

资料来源：白韵溪，陆伟，刘涟涟．基于立体化交通的城市中心区更新规划——以日本东京汐留地区为例 [J]. 城市规划 .2014.07:77

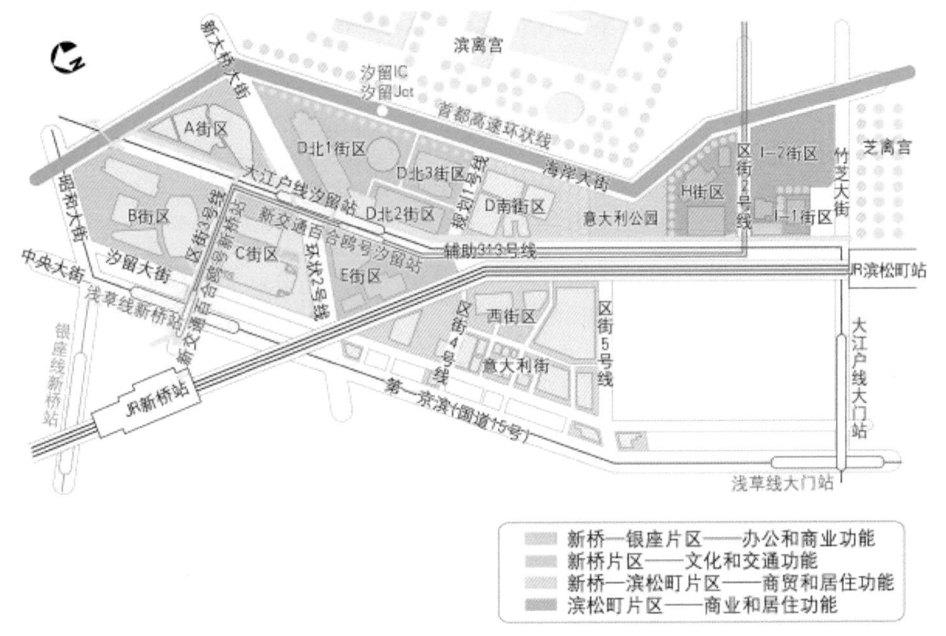


功能布局图

资料来源：白韵溪，陆伟，刘涟涟．基于立体化交通的城市中心区更新规划——以日本东京汐留地区为例 [J]. 城市规划 .2014.07:79

新桥旧停车场

资料来源：白韵溪，陆伟，刘涟涟．基于立体化交通的城市中心区更新规划——以日本东京汐留地区为例 [J]. 城市规划 .2014（07）:79

修复后新桥停车场

资料来源：http://mail.uutuumail.com/fotolog/photo/428080/prenext.fotolog.flogid.427715.htm

## 案例简介：

### 增强归属感的历史保护

作为日本的铁路发祥地，汐留地区拥有丰富的历史遗产和文化资源，1872 年，日本第一条铁路在该地区开通，新桥停车场也同时启用，然而不幸在 1923 年关东大地震中被损毁，1996 年进行建筑复原计划，2003 年按原图纸重新修建的新桥停车场建设完成。新桥停车场的复原使人民开始关注汐留地区作为铁路发源地的历史，具有深厚的历史感和归属感，在复兴汐留中起到至关重要的作用。

### 官民合作的开发模式

在汐留土地综合整理规划方面，日本政府相关部门先对汐留及其周边地区进行土地调查，继而经决议通过“汐留地区土地区划整理事业与再开发地区计划”，确定以城市职能的更新和市中心居住功能的恢复为主导。此后，东京都政府对土地进行整理，并由原土地所有者——国铁清算部门逐步出售。与此同时，取得土地所有权或地上权的新业主们组成“汐留地区城市联合协会”负责街区规划。该协会作为中介，协调各街区的开发者与管理环境设施的行政部门之间的合作，以创造出具有统一感且丰富的环境和街道。

高架轨道和步行平台位于地面之上

资料来源：http://www.machi-ga.com/13_tokyo/minato-shiodomest.html

立体化交通系统

资料来源：http://www.quanjing.com/share/mf700-03567872.html

多层次的步行系统

资料来源：http://blog.sina.com.cn/s/blog_493c75540101g1by.html

无障碍阶梯

资料来源：白韵溪，陆伟，刘涟涟．基于立体化交通的城市中心区更新规划——以日本东京汐留地区为例 [J]. 城市规划 .2014.07:82

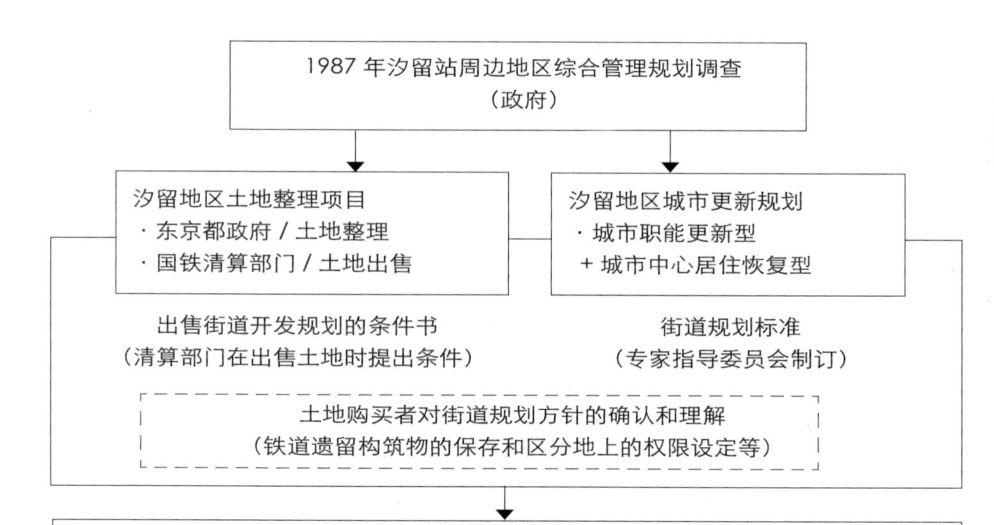


汐留地区整理方案流程

资料来源：根据白韵溪，陆伟，刘涟涟．基于立体化交通的城市中心区更新规划——以日本东京汐留地区为例 [J]．城市规划．重绘

### 多样化的土地利用

汐留地区的城市更新规划按照用地界线将规划地段划分为 4 大片区，共含 A、B、C、D、E、H、I 街区和西街区 8 个街区，并根据其各自的区位条件赋予商业、办公、文化、居住等多样化的土地功能。位于北部的新桥 - 银座片区，临近东京商业中心银座，具有优越的区位优势，5 条轨道交通线路汇集，是到汐留地区的必经之地，考虑其区位条件，结合北侧街区的开发，定位为发展文化和贸易为主的多功能区。滨松町片区位于南部，靠近滨离宫、芝离宫和东京湾，环境优美，精致奇佳，以发展商贸功能为主。新桥——滨松町片区为环境舒适的商贸居住片区。

### 一体化的建筑控制

汐留地区的城市更新规划根据不同片区的区位条件与功能定位，对各地块的建筑进行控制，规定建筑密度、建筑高度和容积率，以形成各有特色的城市空间。为了减轻超高天际线给步行者带来的压抑感，建筑大多像金字塔一样，底层基座较大，越往上面积越小，而为了不遮挡滨离宫的优美景致和观赏东京湾的视线，靠近东侧大多布置较低的建筑，因此整个汐留地区呈现高低起伏的天际控制线。

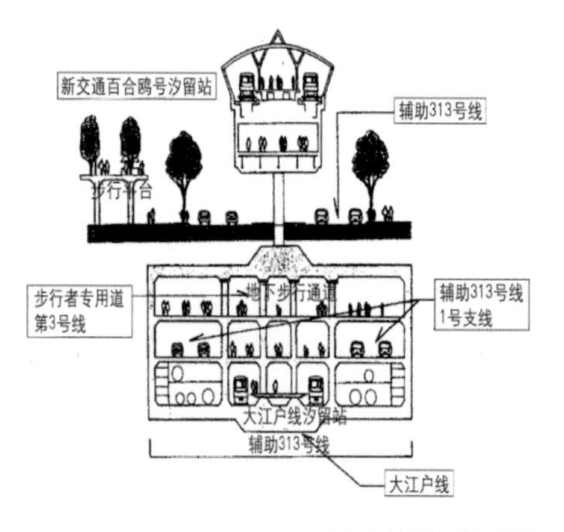


辅助 313 号线横断面

资料来源：白韵溪，陆伟，刘涟涟．基于立体化交通的城市中心区更新规划——以日本东京汐留地区为例 [J]．城市规划 .2014.07:81

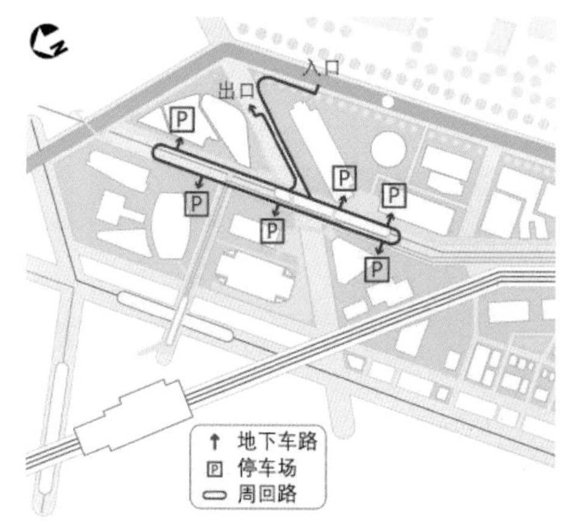


地下停车系统

资料来源：白韵溪，陆伟，刘涟涟．基于立体化交通的城市中心区更新规划——以日本东京汐留地区为例 [J]．城市规划 .2014.07:82

汐留单轨铁路
资料来源：http://www.quanjing.com/imgbuy/b20-1271683.html

打造交通枢纽

汐留地区的城市更新规划注重营造安全、安心、宜人的城市氛围，以步行廊道、街道、地下通道、广场和公园来联系枢纽站点、历史遗迹、办公大楼和文化设施，创造具有人性化和归属感的城市空间环境。汐留地区以轨道交通为主，公共汽车交通为辅，优越的区位条件和便捷的换乘体系，不仅使得汐留地区成为东京市中心重要的交通枢纽，也为其自身带来巨大的客流和生机。该地区还有 4 条步行者专用通道和联系整个区域的地上步行平台，其间也提供了大量休闲空间和广场。整个区域的立体化交通主要体现在步行、车行和轨道交通系统的彻底分离，看似复杂，但设计详尽周到，极大地巩固了汐留地区交通枢纽的地位。

湖边景致
资料来源：http://en.panoramastock.com/info/bld119153.html

## 启示意义：

政府在汐留地区城市更新过程中扮演积极角色，在制定土地综合整理规划的基础上，联合土地所有权主组成“协会”作为中介，协调开发者与各行政部门的合作关系，形成官民合作的经营模式。同时，城市更新应该在发掘原有历史文化的基础上，努力保留传统的元素和特色，使市民在享受现代化带来的舒适便捷的同时，保有对该地区的认同感和归属感。此外，作为立体化的城市更新，交通系统的更新不应仅停留在道路层面，还应该包括便利的交通设施和宽敞的枢纽站点，立体化和人性化的交通系统。

## 参考文献


[1] 白韵溪，陆伟，刘涟涟．基于立体化交通的城市中心区更新规划——以日本东京汐留地区为例 [J]. 城市规划 .2014（07）:79

[2] 三幸エステート株式会社．「汐留」再开计画の全貌 [EB/OL]. 2001-07[2013-04-19]. http://www.websanko.com/officeinfo/officemarket/pdf/0007/feature.pdf.

[3] 古川俊明，土肥穰．地铁的地下车站与高架站整体同时施工——都营地铁 12 号线环形线上的汐留站 [J]. 卿光全，译．世界隧道 ,1997(5):49-55.

# 日本 Grand Front 大阪：站城一体化

Grand Front Osaka： Integrated Station-city Development, Japan

项目地点：日本大阪市
建设时间：2010 ～ 2013 年
项目规模：规划总面积 4.8hm$^2$，建筑总面积 56.7 万 m$^2$
区位类型：交通枢纽区
设计机构：日建设计、三菱场所设计、NTT 设施

**案例创新点：**

Grand Front 大阪项目通过将车站深层次融入城市，构建出新的城市公共空间，使大阪的街道更加充满活力，也由此推动了日本关西地区复兴。该项目所提出的“站城一体化开发”模式，对亚洲巨型城市与交通枢纽一体化开发具有启发意义。

**案例简介：**

日本的“站城一体化开发”模式，是将作为交通结点的车站空间与城市开发建设合为一体的开发形式。大阪站位于日本大阪市北区，是关西地区最大的车站，2011 年更新后发展为大型轨道交通枢纽综合体，其功能已辐射到其他周边城市空间。Grand Front 大阪位于大阪站北口附近，从大阪站连接二层的人行天桥可以进入，前身为车站北方废除的铁道中心，现改造为多功能复合式商业中心。

大阪站内部
资料来源：王笑 摄

大阪站俯瞰
资料来源：http://www.osaka-info.jp/en/shopping/department_stores/post_121.html

Grand Front 大阪南楼
资料来源：http://www.qiugonglue.com/pin-9823-p2005012001-Osaka.html

这是关西地区第一家洲际酒店，怀着一个“现代奢侈品”的构想。当你踏入时，这将是一个全新的体验。拥有272间客房，5间餐厅和酒吧，一个水疗中心，一个婚礼教堂及更多设施。

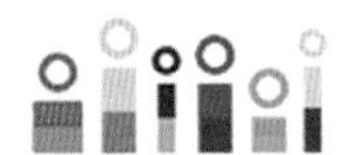

以“知识”为主题，知识之路是一个不同的人相互交流，以产生新价值的地方。特别是北楼的一至六层，提供了一个独特的交流空间，人们可以通过有趣的体验获得学习。

GRAND FRONT OSAKA
SHOPS & RESTAURANTS

在这里可以体验到，遇到你喜欢的东西的兴奋，看到很多你想要的东西的喜悦，购买比你想要的更多的惊喜。漫步，停留，浏览，再漫步。享受您自己的购物节奏，为您搜寻一个新的风格。快来体验悠闲漫步在大都市中心的舒适感受吧。

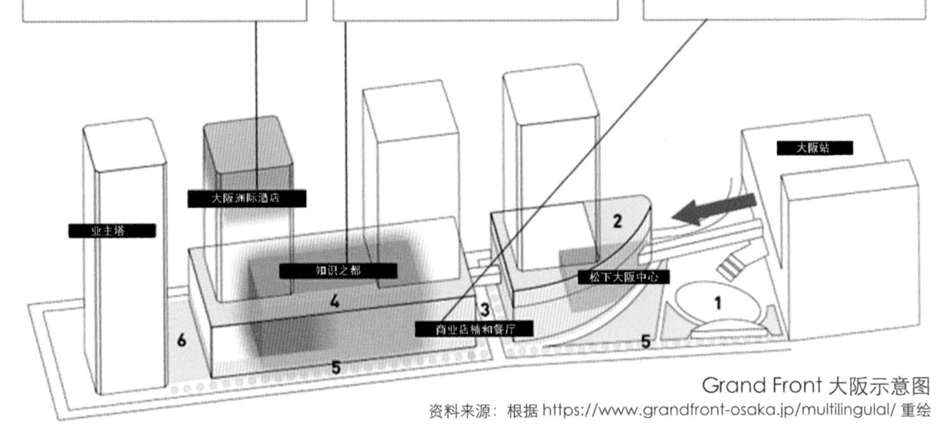


Grand Front 大阪示意图
资料来源：根据 https://www.grandfront-osaka.jp/multilingual/ 重绘

从大阪站露台看 Grand Front 大阪
资料来源：包宇喆 摄

### 形成以公共交通为导向的城市发展结构

通过对车站紧邻用地进行高强度与功能复合化的用地引导，集中布局开发体量，构建紧凑型城市，提升车站利用人群与来访人群的使用便利性。通过清晰明了的车站设施规划，提高铁路交通的利用效率及其与公共交通换乘的便利性，提高使用人群的通勤效率。通过构建与铁路无缝衔接的广场等城市基础设施，增强车站至街区的连续性。

### 四通八达的步行环游系统

通过铁路、车站设施、道路基建等一体化建设，形成明了舒适的步行网络，同时，结合地形和功能集聚而构建的多层次步行空间，可成为连接车站与城市的广域网络。通过在车站周边布局连结步行网络的竖向空间，使其不再单纯以交通为目的，而是作为城市的门户，为人们提供休憩、逗留的空间。Grand Front 大阪与大阪站通过北口的平台实现无缝连接，而这一立体步行系统是延伸至整个梅田区域的步行系统。而在 Grand Front 大阪内部，有一条长约 500m、宽 6m 的立体空中走道“创造之路”，贯穿了南北馆等核心区域，并连接了商业区域，将整个综合体联通循环起来。

南、北楼连接步道“创造之路”
资料来源：https://se.pinterest.com/pin/367887863288007150/

商业综合体中庭空间

资料来源：http://www.qiugonglue.com/pin-9823-p2005012001-Osaka.html

### 汇聚多种城市功能

通过功能的高度复合与文化设施导入等方式，提升城市魅力，创造繁华街区。Grand Front 大阪的一大主题是开拓和创造未来的生活，通过引进新型业态，创造创新型、集约型的场所空间。在广场周围混合设置了商铺和以未来生活为主题的展示厅，方便一般来访者的造访，并且尽可能多地设置餐厅和咖啡店，以促进消费和汇集人气。针对商务人士，设置了跨越各个领域的会员制知识沙龙，同时设置了可供几家公司一起合作办公的办公空间。此外，还设有 1700m$^2$ 的大型知识型剧场、拥有 381 个座席的小型剧场，用来举办各种演讲和演出活动。

梅北广场前水池

资料来源：http://big168.pixnet.net/blog/post/106827899-%5B%E5%A4%A7%E9%98%AA%E3%80%82grand-front-osaka%5D

### 标志性建筑树立城市形象

作为城市的门户，车站是一张富有城市特征的形象名片，因此，车站须具备并表现出城市的个性。车站与城市的连接空间的营造也具有同样的重要性，Grand Front 大阪与大阪站之间通过尺度超常的连接口来凸显项目全貌，乘客和游客自大阪站到达后便可通过北口平台一览项目全貌。

从梅北广场看 Grand Front 大阪与大阪站

资料来源：http://minimal.jp/grand-front-osaka-rejuvenates-city-of-osaka/

大阪站前大台阶
资料来源：http://www.qiugonglue.com/poi/120070938

“水之广场”——梅北广场
资料来源：https://www.justgola.com/a/grand-front-osaka-4124493

尺度宜人的大阪站空中花园
资料来源：包宇喆 摄

梅北广场俯瞰图
资料来源：http://www.obayashi.co.jp/english/works/detail.php?work_id=4518&location_id=5

营造优美的城市空间意象

Grand Front 大阪的一大主题是通过设置多样化的丰富绿化与水景，创造出立体的街道空间，体现水都大阪的街道意向。在清水与绿树环抱的自然之中，游客、居民、上班族等各种人群汇聚一堂，全新的邂逅与感动由此而生，并逐步成为城市的力量。

大阪站北口平台一览全貌
资料来源：https://www.tsunagujapan.com/want-the-trendiest-dinner-in-osaka-go-to-the-grand-front-osaka/

## 启示意义：

Grand Front 大阪项目成功的关键在于“站城一体化”概念的落实，这得益于规划设计机构从概念规划到实施建设全程的跟踪与服务，使得功能设计、流线组织复杂的综合体得以顺利实施。同时，在整个建设中，政府放权给铁路、地铁公司主导开发建设与运营管理，这不但促使站台空间与城市空间、建筑空间的一体化建设有效进行，也便于对后期引入的城市功能、商业项目统一管理，为城市活力的打造提供了重要的保障。

## 参考文献

[1] 冯曦茜，王岚兮 . 大阪大前综合体——建筑群、交通与城市功能结合的典型 [J]. 建筑与文化 .2015(05):59
[2] 408 研究小组 . 下一代综合体已经来临 | Grand Front Osaka 的前世今生 [EB/OL]. http://mp.weixin.qq.com/s?__biz=MjM5NzExODYzNw==&mid=205128807&idx=3&sn=fa955658e8b145c03341274229a9042f

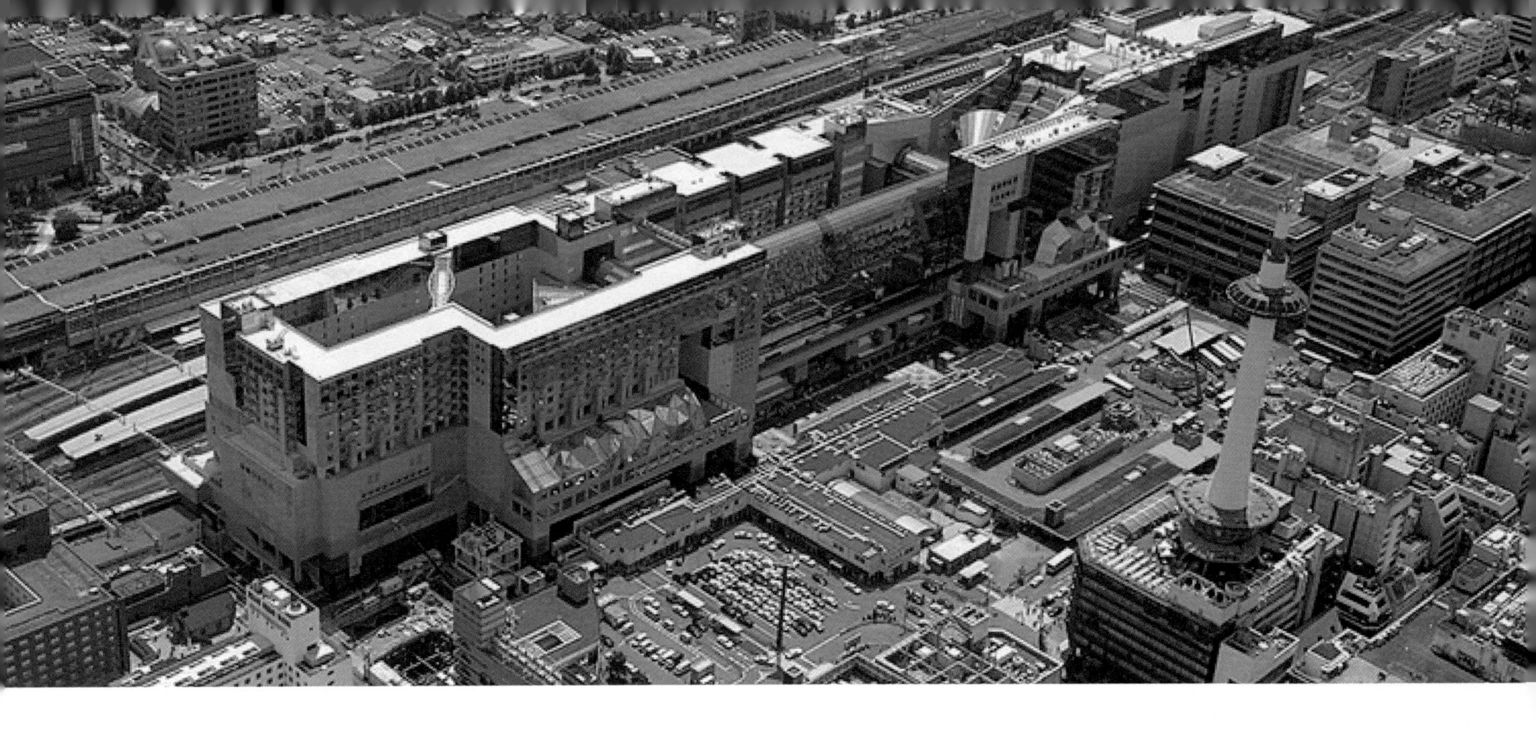

# 日本京都火车站交通和土地利用一体化

The Integration of Traffic and Land Utilization of Tokyo Station in Japan

项目地点：日本京都
建设时间：1993～1997年
项目规模：规划用地总面积3.8hm$^2$，总建筑面积23.8万m$^2$
区位类型：交通枢纽区

**案例创新点：**

日本京都火车站是当代铁路客站综合体中的典型案例，它成功地在大型城市交通建筑综合体中营造了复合型的城市公共空间，创造性地给予当代铁路客运站一种全新的空间体验。日本京都火车站不仅是一个城市的交通枢纽，还成为城市的大型开敞式露天舞台、大型活动的聚会中心、古城全景的观赏点、购物中心和空中城市，发挥了集约利用城市空间、改善环境质量、促进城市运行便捷高效等综合作用。

地面公交换乘站

资料来源：http://blog.daum.net/softmanman/7086074

京都火车站入口

资料来源：http://jprail.com/travel-informations/basic-informations/station-information/kyoto-station-guide-how-to-transfer-among-shinkansen-kintetsu-subway-and-jr-local-trains.html

西侧宽台阶夜景

资料来源：http://www.havehalalwilltravel.com/blog/10-things-to-do-in-kyoto-that-are-absolutely-free/kyoto-station-staircase/

## 案例简介：

京都火车站位于日本新干线上，是多条铁路线路的总站，是京阪神地区（东京、大阪、神户）的客流中心。1990年，京都火车站设计竞标组委会为新车站的建设规定了三大目标：更新公共交通系统、更好地接待旅客、焕发市区活力。半年后，原广司设计事务所提交的方案中标。建设工程在1993年部分开工，1995年全面开工，1997年7月竣工，同年9月1日，包括饭店等在内的全部商业设施正式营业。

在日本京都这样一个有着深厚历史底蕴的城市，建筑师原广司创造性地建设了一个大型的现代化建筑。火车站不仅外观大胆创新、不拘一格，内部的空间设计也充满未来感。在中央大厅顶部有一条距地面45m高的东西向空中走廊，它同时也是俯瞰大厅本身和眺望京都城市风貌的最佳位置。因此，京都火车站成为了城市重要的标志性建筑。

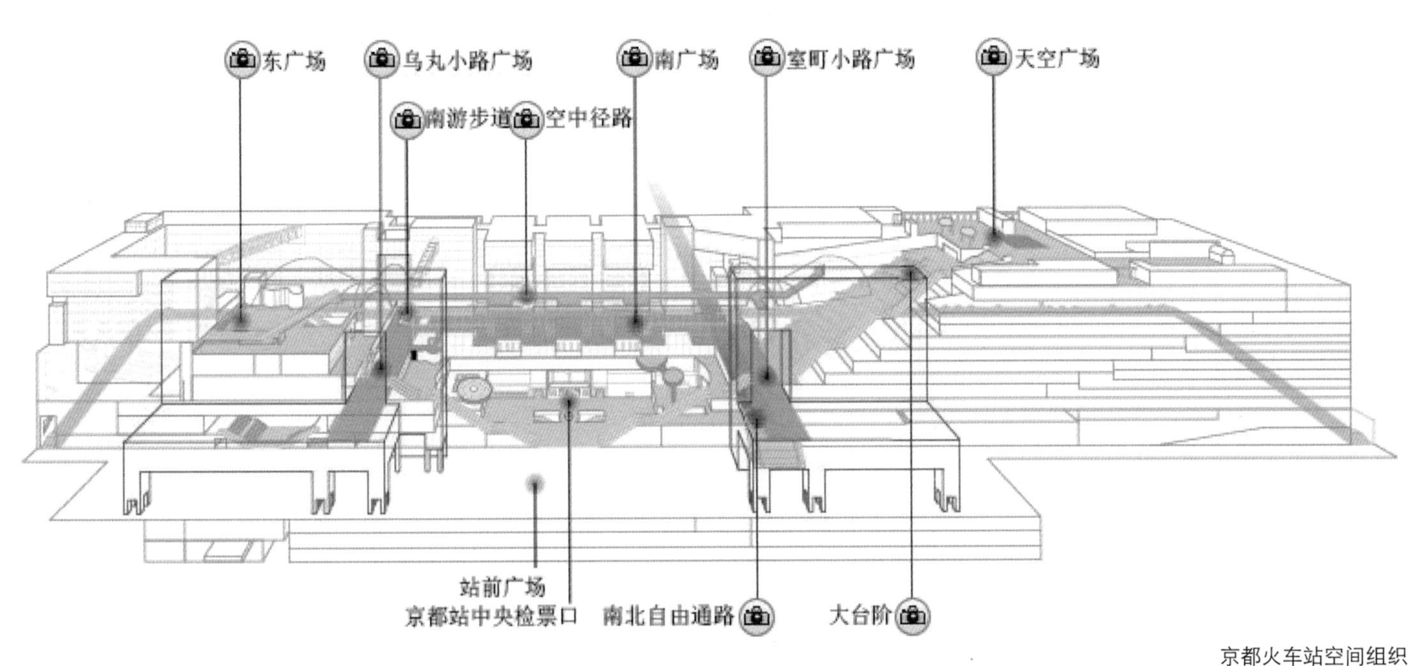


京都火车站空间组织

资料来源：http://www.ry-fujiwara.net/contents/kyoto12_heian&JReki/hiroba.jpg

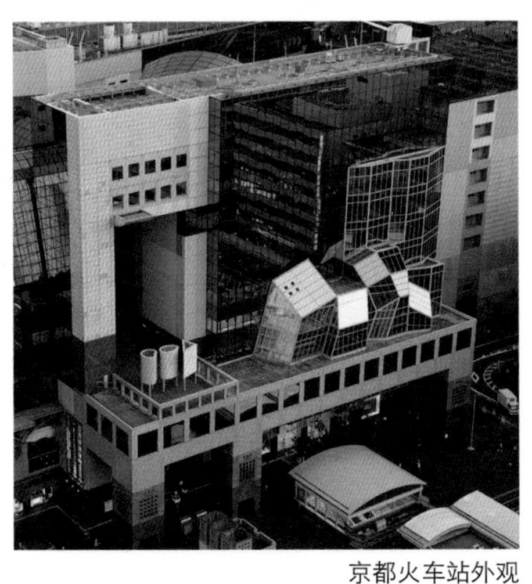

京都火车站外观

资料来源：http://members.jcom.home.ne.jp/piqua-4/kyotoTW.html

空中走廊与西侧宽台阶

资料来源：http://bbs.zol.com.cn/dcbbs/d19_5542.html

空中走廊内景

资料来源：http://blog.sina.com.cn/s/blog_94acc67a0101e7r8.html

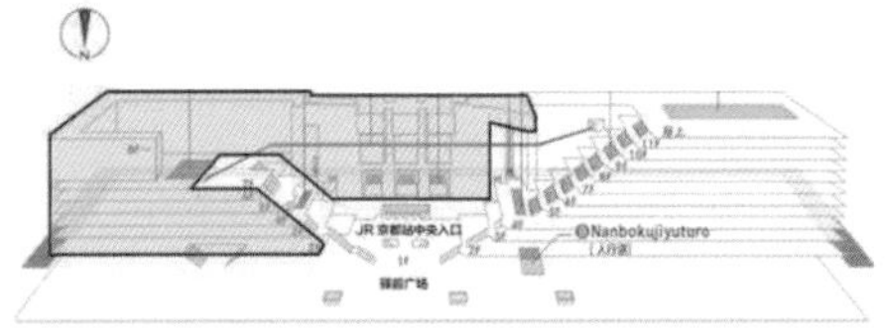

东楼：京都剧场与格兰比亚大酒店

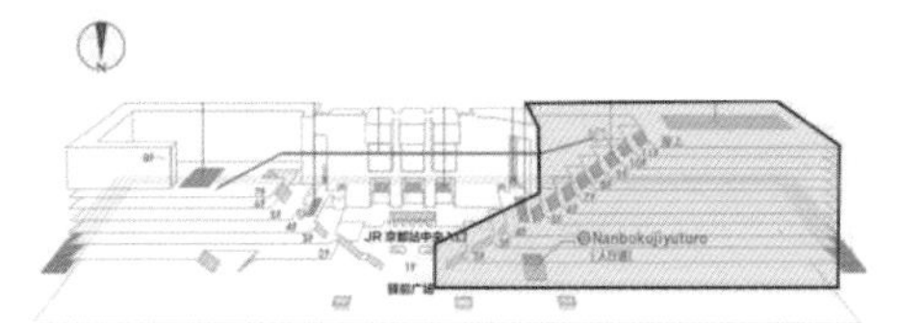

西楼：伊势丹购物中心

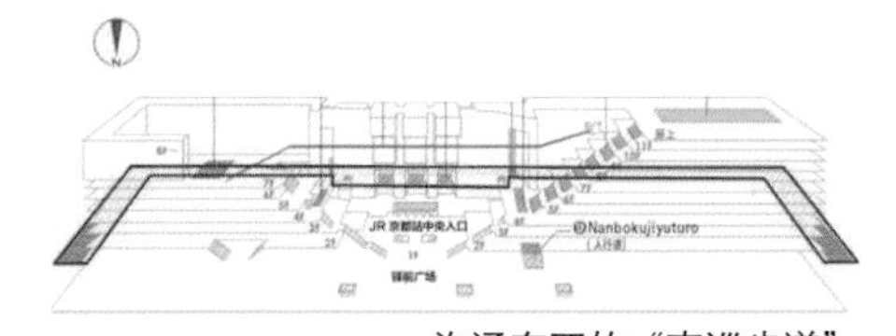

沟通东西的“南巡步道”

以上三张图片来源：http://chuansong.me/n/1380566

**高效的城市交通枢纽**

京都站深入城区，周边通过新干线、地方铁路、地铁线、公交线建立起了便捷的城市交通系统。地铁站大厅位于地下一层，火车站大厅位于地上二层。整个车站位于电铁和地铁的线路交叉点上，地铁与火车站的换乘在中央共享大厅内完成。地铁站直接进入火车站内部，换乘距离短、布局紧凑、舒适便捷。同时，京都火车站西北侧设置了地面公交停车场，最大限度地实现铁路、地铁和地面公交的无缝接驳。

**功能高度复合的城市综合体**

作为一个建筑综合体，京都火车站规模大、功能多、服务门类齐全，车站面积只占总面积的 1 /20。除交通运输外，车站还容纳了酒店、百货、购物中心、电影院、博物馆、展览厅、地区政府办事处、停车场等多种功能，并在空间上进行立体层叠。各功能群组与城市公共交通空间相连，各自独立，又相互联系。

**立体化的城市公共空间**

京都站的建筑核心是一个超大尺度的灰空间大厅，它联系着室内外以及各层的使用空间。大厅东侧呈阶梯状升高，各层之间通过自动扶梯联系，尽端是旅馆区围合的屋顶广场；西侧设置了一个巨大的弧形宽台阶，形成连续上升的坡面，其尽端是位于百货店和停车场屋顶上的开敞空间。当地人及旅客可以停留在车站内不同标高的广场上，聊天、喝茶、交友。

灰空间大厅

资料来源：http://blog.sina.com.cn/s/blog_673c8b9e010128wn.html

舒适高效的换乘空间
资料来源：http://you.ctrip.com/photos/shop/kyoto430/r57546-2134582.html

## 启示意义：

日本京都火车站为交通和土地利用一体化提供了有效经验。首先，作为高效的城市交通枢纽，京都火车站注重各类交通的相互衔接，利用空间布局实现了换乘的舒适便捷；其次，车站充分结合了交通运输、商业、住宿娱乐等多种功能来进行立体层叠，各功能群组不仅高度复合，还与城市公共交通空间相连；最后，最为核心的大厅空间通过丰富的标高变化与各层的使用空间形成回路，使位于不同层面上的使用空间都融于大厅，并成为传统城市空间的延伸，消除了高层建筑的压迫感，为城市提供大量的公共空间，激发城市活力。

东侧宽台阶连接大厅与各层使用空间
资料来源：http://www.bluebus.kr/398

## 参考文献

[1] 杨振丹 . 简析日本轨道交通与地下空间结合开发的建设模式 [J]. 现代城市轨道交通 ,2014(3):93-96,99.
[2] 张世升 . 基于铁路沿线大型站点的综合开发研究 – 以日本京都火车站综合体谈西安站改 [J]. 铁道标准设计 ,2016(1):114-118.
[3] 钱才云 , 周扬 . 谈交通建筑综合体中复合型的城市公共空间营造——以日本京都车站为例 [J]. 国际城市规划 ,2010,25(6):102-107.

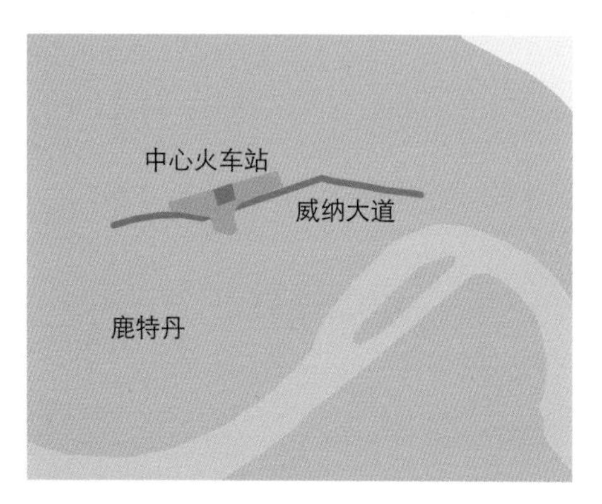


# 荷兰鹿特丹中心火车站地区规划

Planning of Central Station Area in Rotterdam, Netherland

项目地点：荷兰鹿特丹
建设时间：2007 年至今
项目规模：规划用地面积 5hm$^2$
区位类型：城市中心区
项目收益：使中心火车站地区成为鹿特丹向全欧洲展示自己的窗口，实现 18 小时经济可能性

**案例创新点：**

“全球本土化的城市街区”是鹿特丹中心火车站地区规划建设的核心概念，通过对城市功能和公共空间的优化，倡导并实施“mixone”理念，以实现地面步行层活力的彰显和城市上层空间的高强度开发。通过规划的实施，火车站地区的特色和活力得到提升，能够满足每天短暂或者长时间停留的庞大数量旅客的需求，成为荷兰乃至欧洲最重要的交通枢纽核心区之一。这里是鹿特丹向全欧洲展示自己的窗口，使鹿特丹作为小尺度城市，却能吸引大规模跨国公司的入驻。

中心火车站地区
资料来源：http://www.iarch.cn/thread-27336-1-1.html

中心火车站地区街景
资料来源：http://www.nieuws.top010.nlhtml/centraal_station_rotterdam.htm

## 案例简介：

鹿特丹是荷兰第二大城市，其第一个中心火车站建于 1957 年。沿威纳大道西侧的不均衡开发导致火车站地区与另一侧的内城处于孤立隔绝的状况。鹿特丹市政府于 2007 年通过了“全球本土地的城市街区”规划，该规划的两个主要目标是：促进实现强势的经济增长和打造具有吸引力的宜居城市。

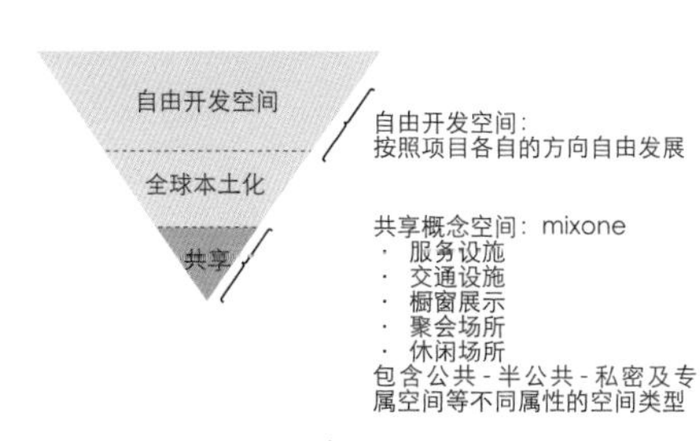


2007年火车站地区概念图解

资料来源：根据廖瑜琳 曲蕾．鹿特丹中心区火车站地区的改造 [J].《国际城市规划》，2009（24）:46-50 重绘

### 定位：全球本土化城市街区

2007 年 7 月，鹿特丹市政府、众多地产持有者以及开发商共同签署实施了火车站地区的地区概念规划——“全球本土化的城市街区”，为该地区进一步发展提供指引。根据规划，该地区将形成以商务为主的混合功能，发展重点并不在于追求每平方米土地的价格最大化，而是优化城市的公共服务功能。地区概念规划中的关键词为“mixone”（mix-one 合而为一），即关注建筑地面层和周边公共空间的整合发展。房地产的收益将主要通过地面层以上的部分来实现。通过这种方式，火车站地区拥有了其自身的特色，能够适应每天庞大数量旅客的通行、购物、游憩、社交等需求。在此基础上，政府对城市规划进行修编，以法定规划落实“mixone”概念。

中心火车站鸟瞰

资料来源：http://www.iarch.cn/thread-27336-1-1.html

### 开发：促进均衡发展与活力提升

新修编的城市规划充分考虑、结合了火车站和周边地区已经启动的开发项目，以实现均衡发展。该地区以商务为主导功能，提供大约 5 万 $m^2$ 的新功能空间。为了确保该地区不仅仅在工作时段被使用，规划提出大幅度提高住宅比例，新增 600 幢住宅，并有效地增强夜间室外空间的人气和安全性。其他功能空间包括大约 1 万 $m^2$ 的商业设施及办公配套。

中心火车站入口

资料来源：http://www.iarch.cn/thread-27336-1-1.html

### 交通组织：加强站点与城市的慢行联系

城市规划方案在鹿特丹中心火车站地区和城市其他重要地区之间建立起一条文化轴线，进一步优化火车站和内城其他部分的联系。在规划修编的过程中，通过增加街道与自行车、步行过街桥，将中心火车站地区融入城市空间网络中。

### 设计：关注公共空间品质

以火车站周边公共空间环境质量的提升，推动城市活力的提升和城市网络的优化。因此，该地区在外部空间设计中，重点关注步行环境的品质、对游客的吸引力。

## 启示意义：

人口密集地区城市建筑地面层的开放和公共性保持对增加城市活力、改善交通组织、提升空间品质十分重要。鹿特丹中心火车站地区规划为城市中心交通枢纽地区的集约化发展和空间品质保持提供了成功的范本。“mixone”的地区概念规划促进了建筑地面层和周边公共空间的整合发展，改善了该地区长期与城市割裂的状况。该规划理念强调为城市提供最大化的公共性，而非将每平方米土地的价格最大化，城市上层的高强度开发能有效地实现土地集约利用和市场价值提升。

## 参考文献


[1] 约翰·维斯特瑞克，埃密尔·阿伦茨，廖瑜琳，曲蕾．鹿特丹中心区火车站地区的改造 [J]. 国际城市规划 ,2009,02:46-50.

[2] First Rotterdam[EB/OL]. http://www.firstrotterdam.nl/en/

[3] Maxwan Architects and Urbanists. Stedenbouwkundig plan 2007, Central District Rotterdam[EB/OL]. http://www.rotterdam.nl/OBR/Document/Bedrijfshuisvesting/Stedenbouwkundig%20plan%20RCD.pdf

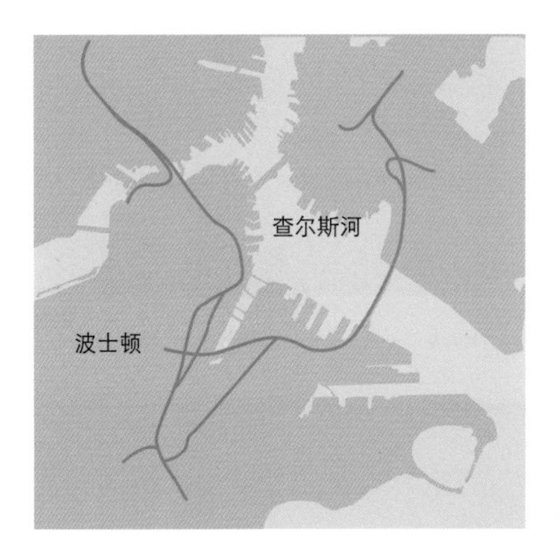


# 城市中心区交通设施改善——美国波士顿中央干道隧道化

## Improvement of Traffic Facilities in Urban Central Area-Boston Central Artery Tunneling Project

项目地点：美国波士顿市
建设时间：1991 ～ 2007 年
项目规模：全长 257km
项目投资：160 亿
项目效益：穿越波士顿城的平均时间从 19.5 分钟缩短到 2.8 分钟，对行车者来说，在时间和费用方面每年大约可节约 1.68 亿美元，全市的一氧化碳水平降低了 12%

**案例创新点：**

波士顿中央干道 / 隧道工程 ( 简称 C A / T ) 是美国历史上迄今为止投资最多、花费时间最长的更新改造项目，也是世界闻名的城市改造工程。它将原先建设的高架城市道路下垫改为隧道，改变了中心区被交通分割的状况，但因其施工难度高，必须保护波士顿殖民地时期狭窄、脆弱的古老街道，且施工在城市日常运转的时段进行，因此有人将其喻为“在清醒的病人身上动开腔心脏手术”。工程的成功不仅改善了中心区环境品质，而且为波士顿建立了新的交通系统，促进了城市更新并推动了城市发展。

隧道建成前后周边环境对比
资料来源：http://landscapeonline.com/research/article.php/10162

## 案例简介：

CA/T 工程包含两个大的项目，拆除原有的中央干道，然后建造波士顿港下的第三隧道连接市区与洛根机场的交通。随着波士顿中心区的流动性的提高，该项目连接了相邻社区，创造了多个公园和大型公共广场，恢复了主要的海岸线。

**提高交通效率，充分利用地下空间，集约化利用土地**

CA/T 工程用地下隧道代替高架路，节约了地面空间，通过交通空间的立体发展，增加了城市开放空间，集约化利用土地，为城市的持续发展储备了大量宝贵的土地资源。在 CA/T 竣工后，新的中央隧道每天的容量为 25 万辆机动车，拥堵时间缩短到早晚高峰时间的 2～3 个小时，不仅使通往洛根机场的交通变得十分便利，而且缓解了中央干道的负担。

**连接和缝合城市，提升城市土地价值，促进城市文脉传承和商贸经济发展**

高架路的拆除修补了城市疤痕，将波士顿港湾的滨水区与市内的金融区重新连接起来，不仅使城市文脉得以传承，而且便捷的交通系统带动了地区经济的发展。政府借中央干道的改建为契机，带动相关项目的开发，将海港区域规划为一个重要的综合社区，不仅设计了一些滨海公园和绿地，使其成为公共活动区域，而且充分发挥海港的作用，保护港口工业的发展，加强港口与商业区联系，促进了商贸经济的发展。

拆除原有高架桥，将中央干道埋入地下建设的特德 · 威廉姆隧道内景

资料来源：https://www.youtube.com/watch?v=BMjzPEZ1AVk

连接波士顿中心区与周边社区和机场的莱弗里特圈连接桥

资料来源：http://www.greaterbostonsuburbs.com/poorroaddesigninmass.htm

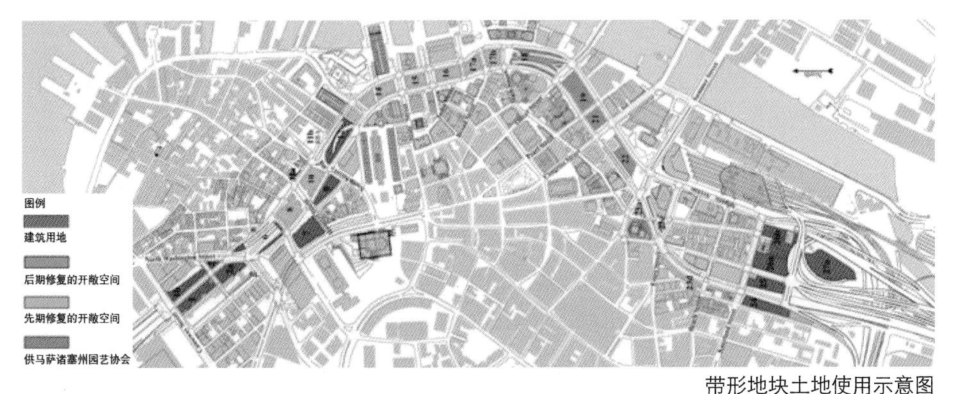


带形地块土地使用示意图

资料来源：孟宇．城市中心区交通设施更新实例——波士顿中央干道 / 隧道工程 [J]. 国外城市规划 .2006(02):91

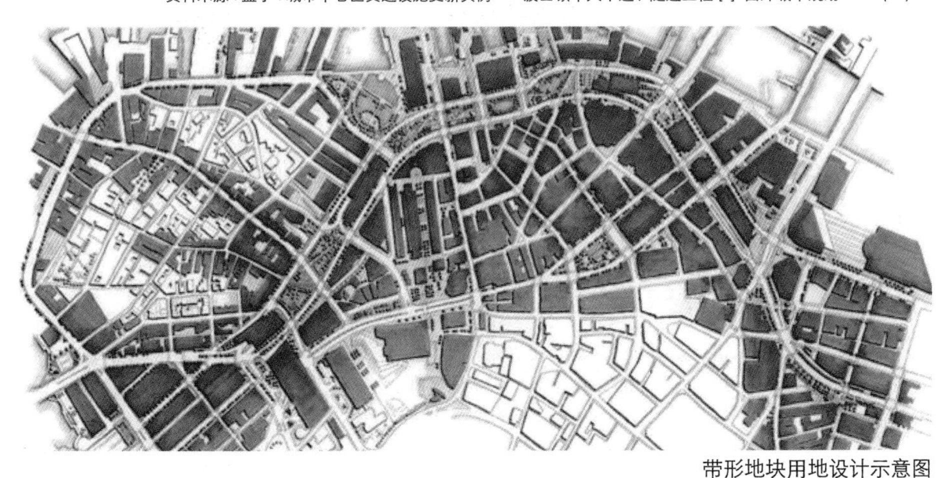

带形地块用地设计示意图

资料来源：孟宇．城市中心区交通设施更新实例——波士顿中央干道 / 隧道工程 [J]. 国外城市规划 .2006(02):91

**增加城市公共空间和绿地，改善城市景观和生态环境，提高城市品位**

将原有的主干道高架桥拆除后，为了修复城市肌理，在原有区域建设了许多的公园绿地和开放空间，最有名的是贯穿南北的露丝·肯尼迪绿道，占地30英亩，包括了公园、林荫大道和行人通道。同时，对查尔斯河流域的主要海岸线也进行了修复，还建设了游乐场、绿道、花园草坪等休闲游憩区域。这些努力不仅修复了因改造而留下的城市疤痕，增加城市公共空间和绿地，更让步行者在高密度发展的城市中重新享受生态的居住环境，改善城市景观和生态环境，提高城市品位，同时促进商业和旅游业的发展。

**促进市政基础设施的重新规划及更新，进而带动城市的渐进更新**

工程不仅使国家州际公路系统得以完善，而且对市中心的各种市政管线进行了重新规划施工，其中包括200000英里电话线，5000英里光缆，29英里给排水、煤气、供热、供电线路，从而促进了城市基础设施的重新规划和全面更新，也促进了周边其他项目的引进，进而带动了整个区域和城市的渐进更新。

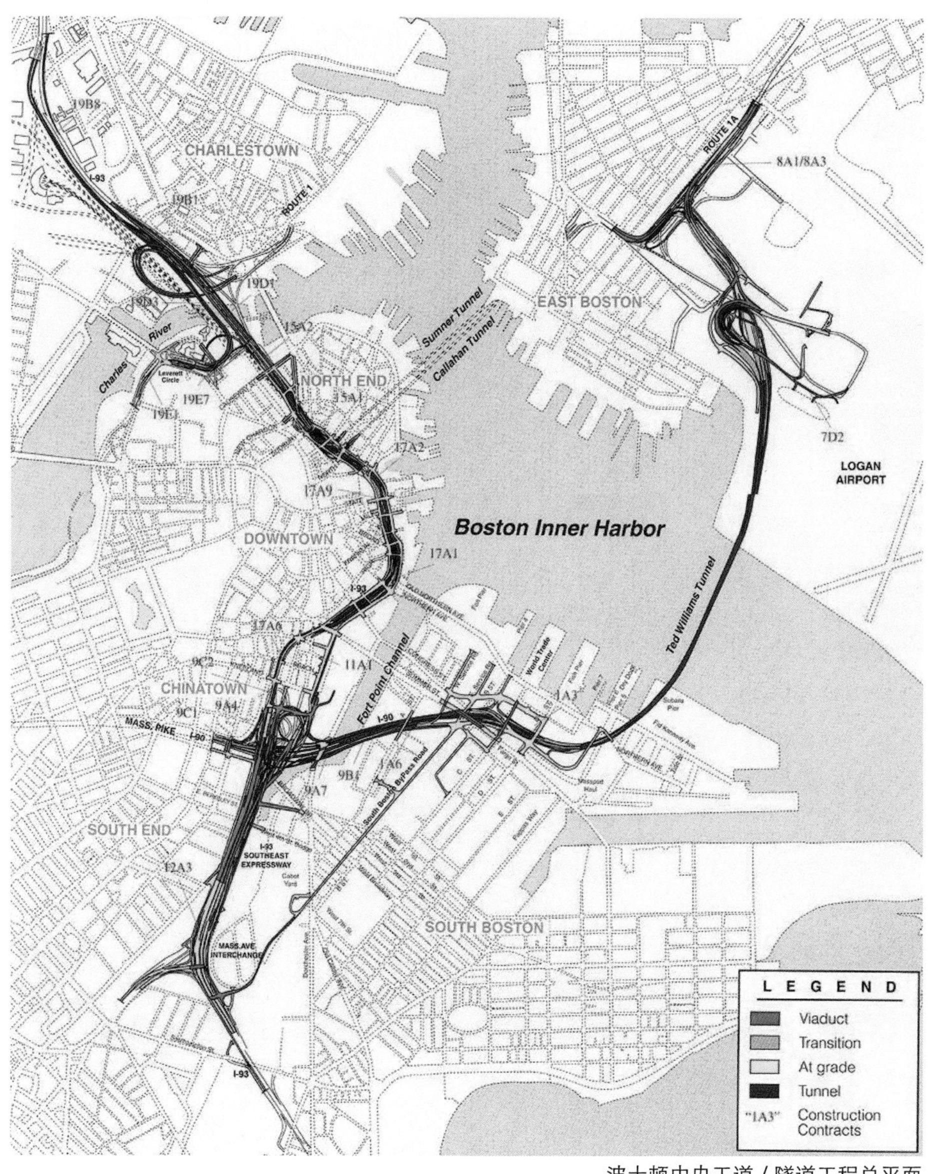


波士顿中央干道/隧道工程总平面

资料来源：http://www.massdot.state.ma.us/highway/thebigdig.aspx

贯穿南北的露丝 · 肯尼迪绿道
资料来源：https://www.bostonglobe.com/magazine/2015/12/29/years-later-did-big-dig-deliver/tSb8PIMS4QJUETsMpA7Spl/story.html

露丝 · 肯尼迪绿道
资料来源：http://www.bostonmagazine.com/news/article/2013/09/24/mayor-tom-menino-big-dig-photos/

查尔斯顿的城市广场
资料来源：http://www.bostonmagazine.com/news/article/2013/09/24/mayor-tom-menino-big-dig-photos/

## 启示意义：

在项目实践过程中，政府部门将城市视为一个有机整体，通过主干道改造实现了城市交通内外部系统的有机结合和协调，既满足了现在和未来的交通需求，也与交通系统的其他部分相互配合，达到整个系统最优化。此外，政府借中央干道的改建为契机带动周边地区其他项目的开发和建设，成为产业集聚、扩散及演进、升级的幅带状空间地区综合体，从而推动了土地价值的提升。

## 参考文献


[1] 刘娅，余青 . 城市更新中主干道提升改造探索——以波士顿为例 [A]. 多元与包容——2012 中国城市规划年会论文集 (05. 城市道路与交通规划 )[C].2012

[2] 孟宇 . 城市中心区交通设施更新实例——波士顿中央干道 / 隧道工程 [J] . 国外城市规划 ,2006 ( 21 ) : 87 — 91

# 荷兰 A8 高速公路高架下空间改造

A8 Under-Viaduct Leftover Space Renovation, Koog aan de Zaan, Netherland

项目地点：荷兰赞斯堡市寇安德赞镇
建设时间：2003 ～ 2005 年
区位类型：老城区
项目投资：2,700,000 英镑
项目效益：高架下原本畸零的空间被重新利用，将小镇两侧连为一体，既为小镇居民创造了丰富的活动空间，同时也激活了社区的商业活力。

**案例创新点：**

荷兰赞斯堡市寇安德赞镇政府在A8高速公路高架空间改造项目中集思广益，邀请当地居民积极参与，建造了名为 A8ernA 的著名公园。本项目最大亮点在于对畸零空间的改造处理态度：利用原本被废弃的空间创造城市价值。在对赞河与高架桥南北两侧空间进行梳理之后，重新组织居民的各种活动空间。改造之后，A8 高速路高架由原先隔断小镇的巨大屏障成为融合小镇两端的大型枢纽，集聚了文体、商业、休闲、停车等多种功能。该项目对城市公共空间的重塑有普遍性启示意义，获得了 2006 年欧洲城市公共空间联合优胜奖。

皮划艇场

资料来源：http://www.archdaily.com.br/br/01-135024/projeto-urbano-a8erna-ativar-o-terrain-vague

停车场

资料来源：http://www.archdaily.com.br/br/01-135024/projeto-urbano-a8erna-ativar-o-terrain-vague

滑板场

资料来源：http://www.archdaily.com.br/br/01-135024/projeto-urbano-a8erna-ativar-o-terrain-vague

## 案例简介：

寇安德赞是阿姆斯特丹附近的一个温馨小镇，坐落于赞河河畔。在 20 世纪 70 年代早期，这里新建了一条 A8 的高速路横穿小镇，在小镇的城市肌理中形成一个切口，导致了小镇空间上的分离。高架下的空间对于城市的消极影响很大，迫切需要进行改造重塑。

在改造中，由于高架桥的形态以及其所处临河的中心位置，设计者将它理解为公共拱廊，容纳各种市民活动。桥下的空间非常具有纪念性和发展潜力，成为教堂的延伸，创造出新的小镇中心，而 7 m 高的桥墩高度也为这些理念的实施带来了可能性。

两条相交的街道将巨大的拱廊划分为三个不同的区域。在中心位置的广场有超市、花鸟市场、邮筒以及灯光喷泉，在东端，高架的对面有一个“雕塑性”公交站台和带全景房的小型港湾。港湾成为高架下的水源，并在天晴时给新的公共空间带来反射阳光。在西端有被“涂鸦廊道”环绕的儿童和青少年活动操场，一个滑板公园、一个霹雳舞舞台、乒乓球桌、足球场、篮球场和“情人椅”。滑板公园由一系列大型半球面的凹洞组成，这些凹洞由大块聚苯乙烯板塑形并在表面覆以混凝土形成。

在高架下的外侧，即市政厅和教堂两侧的广场空间也得以修缮，从而在垂直于高架的轴线上形成了一连串的公共空间。在教堂前，实施广场改造以便举办大型室外庆典活动。在广场翻新后的铺装之上，砖块颜色的变化和嵌入原有房屋基址的木头揭示出高架桥建设之前的城市肌理。在市政厅一侧，建设带有地形特征的新公园增添绿意。

该项目汇聚了停车场、零售业（超市、花店、鱼店等）、多种体育设施（如篮球场、足球场、舞台、桌式足球等）、雕塑、喷泉、公车站等设施。这些富有吸引力和实用的空间如今位于教堂前，成为新的聚会中心，吸引当地居民和游客停留。该项目以一种全新的方式，重新连接了小镇两边，为其带来新的活力。

A8ernA 项目鸟瞰

资料来源：http://dutchwaterdesign.com/portfolio-item/nl-architects-a8erna-4/

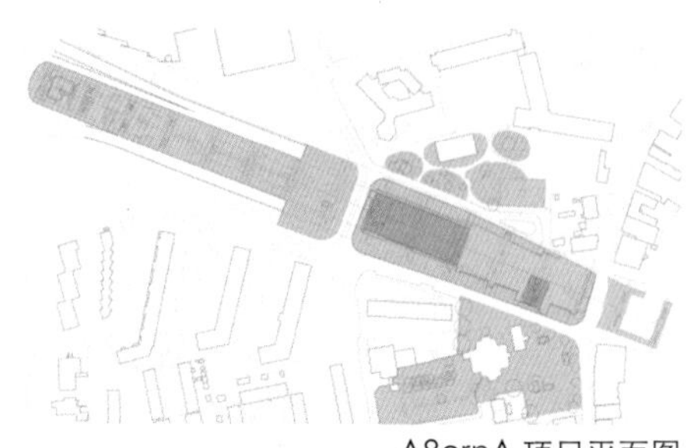

A8ernA 项目平面图

资料来源：http://news.zhulong.com/read182438.htm

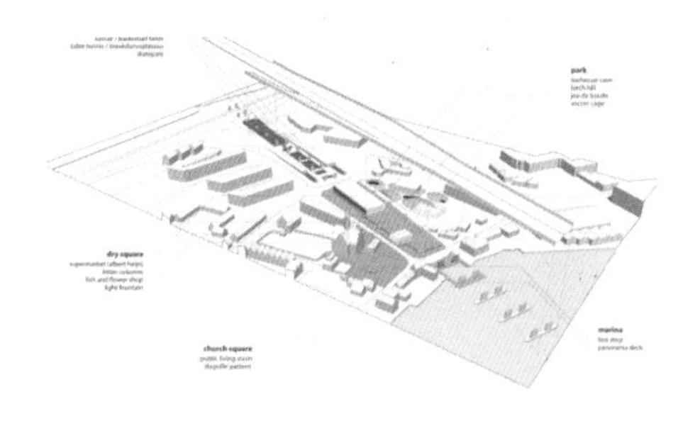

A8ernA 项目分解图

资料来源：http://www.archdaily.com.br/br/01-135024/projeto-urbano-a8erna-ativar-o-terrain-vague

## 启示意义：

本项目旨在重新利用高架下的空间，将被分裂的小镇重新连接在一起，而其改造的成功也证明了对城市畸零空间的改造利用不仅可以增加城市空间的连续性，并且有机会创造出充满活力的公共活动场所。对于用地资源紧张的城市来说，空间活力衰退、新老建筑的协调、公共空间缺乏等问题，可以考虑从城市消极的交通空间、畸零空间入手进行解决。市民参与的过程则使得项目更符合本地需要，为后期活力提升提供了支撑。

相邻公园

资料来源：http://www.archdaily.com.br/br/01-135024/projeto-urbano-a8erna-ativar-o-terrain-vague

青少年篮球场

资料来源：http://www.archdaily.com.br/br/01-135024/projeto-urbano-a8erna-ativar-o-terrain-vague

桥下商业

资料来源：http://www.archdaily.com.br/br/01-135024/projeto-urbano-a8erna-ativar-o-terrain-vague

## 参考文献

[1] 陈忱 . 城市高架交通负空间再利用研究 [D]. 清华大学 ,2009.
[2] Architects N L. A8ernA[J]. Urban Environment Design, 2008, 18(11):págs. 115-118.

纽约时代广场街景

# 美国纽约百老汇大街人性化更新改造

The Humanized Renewal and Reconstruction of Broadway Street in New York City

案例区位：美国纽约
实施时间：2008 年启动
实施范围：百老汇大街中城区路段
实施效果：将长期被机动车占据的街道空间归还给行人与自行车，提升街道空间品质

**案例创新点：**

街道是城市重要的公共空间。新世纪以来，为遏制街道逐步沦为机动车工具的趋势，美国等国家开始倡导“以人为本”的街道设计理念与实践。美国纽约百老汇大街的更新改造就是展现街道空间以人为本理念回归的范例之一。项目采用渐进方式展开，依据步行者——骑行者——机动车的优先层级，重新规划设计街道空间，将长期被机动车占据的空间归还给行人和骑行者。改造项目促进了多种交通方式的协调整合，使交通安全、运行效率和空间品质得到了共同提升。

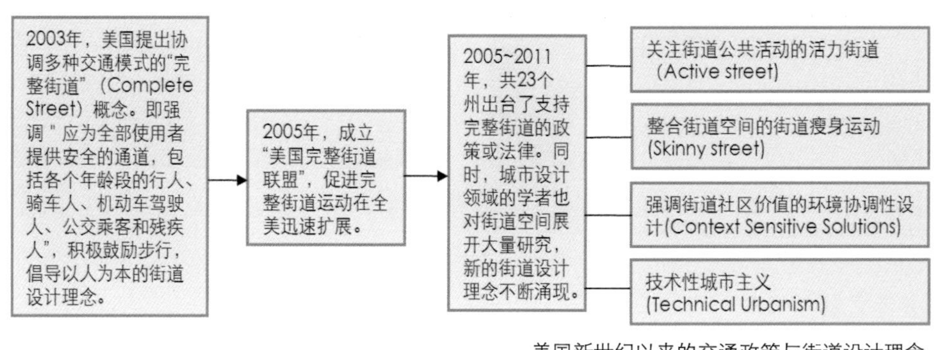

美国新世纪以来的交通政策与街道设计理念

## 案例简介：

百老汇大街是纽约最重要的南北向道路之一，南起巴特里公园（Battery Park），向西北斜穿整个曼哈顿岛，在中城区与其他道路形成了多处夹角型路口和颇具特色的街角广场，但同时也产生了许多问题。为解决长期以来百老汇大街的交通拥堵、事故频发、车辆尾气排放等问题，建设“更绿色、更伟大的纽约”，纽约市于 2008 年启动百老汇大街改造计划，在局部街道临时改造和效果评估的基础上，对整条街道进行更新提升。

### 减少机动车道，保障行人和骑行者通行安全

项目改造通过减少机动车道、增设或拓宽自行车专用道、去除交叉口不合理的支路或改变道路走向、增设过街行人安全岛等措施，保障行人与骑行者安全过街。改造后，百老汇大街沿线新增公共空间 4.5 万 $m^2$。另外，在改造路段都增加了自行车租赁站，与全市共享自行车系统网络；同时设置沿街停车带、缓冲带、快慢交通隔离带等，将行人、骑行者与机动车适当隔离；并通过对信号灯的控制，分离机动车与行人通行时间，避免人车相撞。根据 DOT 报告显示，改造后在车行道上行走的行人数量下降了 80%；整个路段的机动车驾驶者事故率下降 63%，行人事故率下降 35%；时代广场地段的行人事故率下降 40%，赫勒尔德广场地段行人事故率下降 53%。

百老汇大街与第六大道交叉口改造后去除多余道路分支

资料来源：空间营造：纽约时代广场 20 年 _ 文化 _ 腾讯网 [EB/OL]http://cul.qq.com/a/20150605/011923.htm

百老汇大街与第五大道交叉口改造后相交道路约呈 90°

资料来源：街道转型实验丨纽约百老汇大街改造项目评析 [EB/OL] http://wwwbuild.net/SustainableCity/266292.html

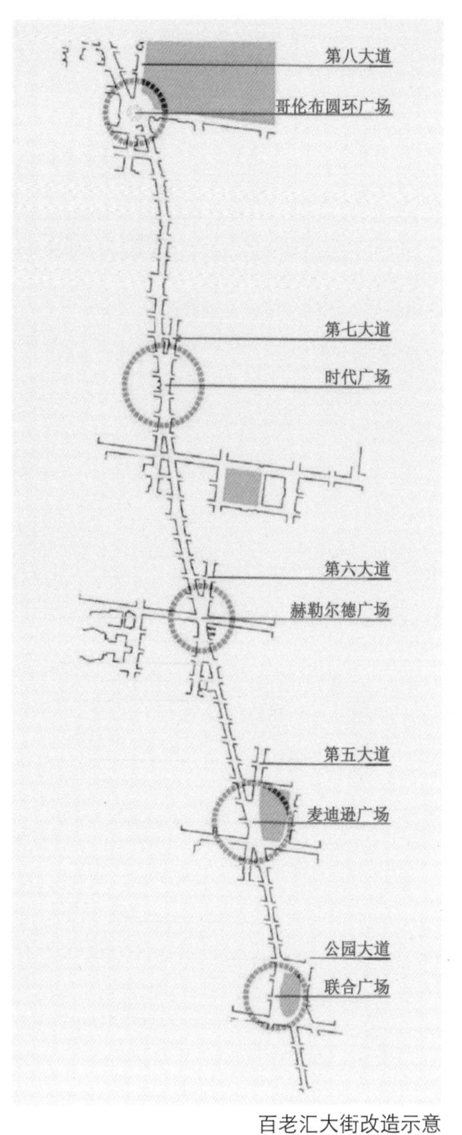


百老汇大街改造示意

资料来源：街道转型实验丨纽约百老汇大街改造项目评析 [EB/OL] http://wwwbuild.net/SustainableCity/266292.html

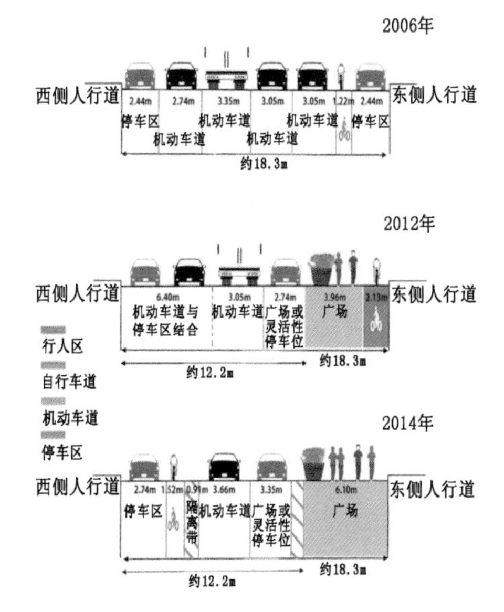


35 街至 42 街改造前后剖面（机动车道由 4 车道减为 1 车道）

资料来源：街道转型实验丨纽约百老汇大街改造项目评析 [EB/OL] http://wwwbuild.net/SustainableCity/266292.html

| 功能区 | 年份 | | |
|---|---|---|---|
| | 2006 | 2012 | 2014 |
| 步行活动区 | 0 | 26.7 | 41.6 |
| 自行车道 | 5.6 | 9.4 | 6.7 |
| 小汽车停车区 | 22.4 | 21.1 | 21.1 |
| 机动车道 | 72.0 | 42.8 | 30.6 |

百老汇大街（35 街至 42 街）
改造前后的道路功能分区面积比例（%）

### 优化公交线路，提升机动车通行速率

项目重新规划了整个地区的公交线路，将百老汇大街行驶的南向公交线路全部转移至第七大道，从而减轻百老汇大街的交通压力。并以启动公交车快捷系统等为手段提高公交的运营效率。由于对公交系统的优化和对小汽车出行的诸多限制，车辆通行速率得到提升。据统计，2008 年秋季至 2009 年期间，城中西区车辆通行速率北向提升 17%，南向下降 2%；城中东区车辆通行速率北向提升 8%，南向提升 3%。城中东向车辆通行速率提升 5%，西向提升 9%。而从公交车通行速率来看，虽然第七大道下降了 2%，但第六大道提升了 13%。

### 精心设计，提升街道公共空间品质

项目通过采用减少机动车道和停车区等措施，方便行人通行，增加休憩空间；通过添置大量具有艺术感染力的公共设施与景观，吸引行人驻留，提升空间品质；通过在繁华地段封闭道路形成全步行区，并在道路面上涂饰不同色彩划分活动区域，优化步行环境，为人们提供休闲、购物与聚会场所，提升城市活力。如将曼哈顿最为繁华的商业娱乐中心——街口时代广场改造为永久性大型步行广场。据调查，大约有 74%的纽约市民认为此地段改造后的空间品质有了显著提升。

### 鼓励步行，提升沿线商业与地产价值

项目通过增加步行人流量和停留时间以带动沿街商机，并增强区域向城市周边街区扩展商业活力的能力，沿线商铺租金快速增长，吸引了五个新的旗舰店开业。据统计，百老汇大街改造后行人数量增加 11%，交通事故率减少 63%。在 2008 年金融风暴时期，百老汇大街沿线地段，在纽约地产平均贬值 6.5%~36.5% 的背景下逆势增值 29%。

改造前

改造后

改造后增加了自行车道和快慢交通隔离设施

资料来源：场所营造｜纽约时代广场人性化改造的得与失（两则）[EB/OL]. http://www.360doc.com/content/16/0527/09/32920254_562655923.shtml

## 启示意义：

正如美国社会活动家简·雅各布斯在其名著《美国大城市的死与生》中所言，“当我们想到一个城市时，首先出现在脑海里的就是街道。街道有生气，城市就有生气”。在快速城镇化和机动化的进程中，原先承载记忆、见证生活、寄托梦想的街道是否应沦为机动车的通道，美国百老汇大街的改造实践，对人们重新思考和处理人与街道的关系给出了诸多启示。

倡导行人路权的回归。街道的本质是人在城市中的活动。百老汇大街的改造案例表明，街道应该强调生活内涵，将步行活动与骑行者交通的地位置于机动车甚至公共交通之上；街道设计要回归到以人为本，将步行活动作为激发城市公共生活和社区活力的来源，加强城市多种交通方式的协调整合，提升城市空间品质。

构建街道更新的合作参与平台。街道更新是综合性的城市改造项目，不应拘泥于简单的物质更新手段，而应尝试构建一个协同设计、统筹管理与多元合作的发展平台，特别要融合绿色交通与城市设计专业，人性化设计街道空间。同时建立部门之间、社会团体与市民之间有效的沟通协商机制，充分尊重公众参与街道项目设计与监督环节的话语权。

建立后续街道更新与管理的动态机制。公共空间的营造是一个社会价值最大化与持续修正的开发进程。从可持续发展来看，更需要建立动态更新的、长效的运营管理机制，引导街道渐进式更新，为塑造安全、活力、愉悦的街道空间提供机制保障。

资料来源：场所营造 | 纽约时代广场人性化改造的得与失（两则）[EB/OL]. http://www.360doc.com/content/16/0527/09/32920254_562655923.shtml

时代广场地段：从汽车通道变成步行区

资料来源：案例 | 街道和公平，纽约街道设计折射出怎样的理念？_中国城市中心微信文章_微儿网 [EB/OL]. http://www.v2gg.com/geti/youxiguanfang/20160318/40692.html

街道场景：机动车道让位于行人

资料来源：越修越窄的马路 谷歌街景见证城市趋势 [EB/OL]. http://mp.weixin.qq.com/s?__biz=MzA5NTIwMzkzNw==&mid=402031040&idx=2&sn=e76d06c0c7a0838d703bf1b7ef9b7886&scene=5&srcid=#rd

街道场景：色彩斑斓的公共环境

资料来源：案例 | 街道和公平，纽约街道设计折射出怎样的理念？_中国城市中心微信文章_微儿网 http://www.v2gg.com/geti/youxiguanfang/20160318/40692.html

资料来源：纽约的街景（一）_beijinglily_新浪博客 [EB/OL]. http://blog.sina.com.cn/s/blog_5e3d4c680100ylmy.html

## 参考文献


[1] 陈泳 张一功，街道转型实验——纽约百老汇大街改造项目评析 . 新建筑 [J]，2016（1）：58-63.

[2] 邓昭华 . 美国：纽约时代广场公共空间改造 [J]. 国际城市规划，2008(2) :132

[3] 案例 | 街道和公平，纽约街道设计折射出怎样的理念？_中国城市中心微信文章_微儿网 [EB/OL]. http://www.v2gg.com/geti/youxiguanfang/20160318/40692.html

[4] 陈立群，空间营造：纽约时代广场 20 年_文化_腾讯网 [EB/OL]. http://cul.qq.com/a/20150605/011923.htm

[5] 场所营造 | 纽约时代广场人性化改造的得与失（两则）[EB/OL]. http://www.360doc.com/content/16/0527/09/32920254_562655923.shtml

[6]【国际联】巴黎的共享空间计划与纽约的完整街道项目对比 - 城市交通 [EB/OL]. http://www.chinautc.com/templates/H_dongtai/H_content.aspx?nodeid=202&page=ContentPage&contentid=76869

# 首届生态出行全球庆典——韩国水原无车社区

The First Eco-mobility World Festival-Car Free Community in Suwon, Korea

项目地点：韩国水原市
项目时间：2013 年 9 月
项目规模：0.34km²
区位类型：老城区
总 策 划：ICLEI( 倡导地区可持续发展国际理事会 )
项目投资：900 万欧元（大部分用于社区道路的改造）
项目效益：超过 50 个城市、100 万人次参加，促成 40 个跨国合作项目

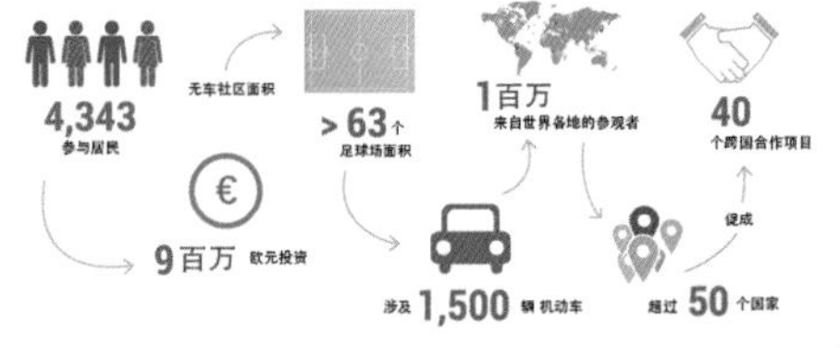


资料来源：翻译自活动官网 http://emwf2013.iclei.org/

## 案例创新点：

在首届“生态出行全球庆典”大会期间，韩国水原市成功举办了相关领域研讨会、文化盛典、生态出行产品展，并且在当地的行宫洞社区进行了为期一个月的无车出行试验。通过展示、理论探讨、实践验证等全方位、立体化地阐释了无车社区的可能性。通过本项目实践，水原市展示了一个纯粹的生态交通城市，引领并激发世界其他城市也采取这类社区生活方式。对于水原市本身来说，借助本次大会促成了社区空间的改善与居民意识的转变，并在活动结束后依然对城市建设与社区营造产生了长远的影响，树立了水原城市的新形象。

## 案例简介：

水原市是首尔以南 30km 的一座卫星城。这里有世界文化遗产华城，也是三星电子总部所在地，还是 2010 年柔道世界杯的举办地。2013 年 9 月，水原市举办了首届“生态出行全球庆典”大会。大会活动包括相关领域研讨会、文化盛典、生态出行产品展，以及行宫洞社区为期一个月的无车出行试验。

**庆典活动资金投入**

市政府投资的900万欧元中，三分之二用于基建建设。包括道路建设，翻新商店与住宅的立面，将能源与设施管线埋入地下，拓宽人行道，从而让骑车人和行人享有更多路面。为了降低行车速度，让道路更加适宜步行或骑车，采用了一系列措施，包括：将道路设计围绕着翻新的商店和建筑蜿蜒前进，在直行道路上引入减速规定等。市政建设的投资为地区长期建设发展提供了基础。

在无车月期间提供的服务则包括：

（1）400辆免费低碳交通工具供市民租借使用（自行车、电动自行车等）；

（2）设置4处换乘停车场和6条路线接驳公交车供居民、来宾使用；

（3）24小时社区服务中心（供居民预约电动车服务）；

（4）信件包裹改由电动车递送；

（5）超过1000名志愿者参与的免费导览服务。

改造前

资料来源：http://talkofthecities.iclei.org/blog/one-neighborhood-one-month-no-cars-the-suwon-ecomobility-world-festival-2/http://toutiao.com/i6236742913359872514/

改造后 - 增加沿街商业，激活公共活动

资料来源：http://talkofthecities.iclei.org/blog/one-neighborhood-one-month-no-cars-the-suwon-ecomobility-world-festival-2/http://toutiao.com/i6236742913359872514/

改造前

资料来源：http://talkofthecities.iclei.org/blog/one-neighborhood-one-month-no-cars-the-suwon-ecomobility-world-festival-2/http://toutiao.com/i6236742913359872514/

改造后 - 铺面改变，增加绿化

资料来源：http://talkofthecities.iclei.org/blog/one-neighborhood-one-month-no-cars-the-suwon-ecomobility-world-festival-2/http://toutiao.com/i6236742913359872514/

改造前

资料来源：http://carbonn.org/uploads/tx_carbonndata/EcoMobility%20World%20Festival%202017.pdf

改造后 - 车道改变，建筑外观改造

资料来源：http://carbonn.org/uploads/tx_carbonndata/EcoMobility%20World%20Festival%202017.pdf

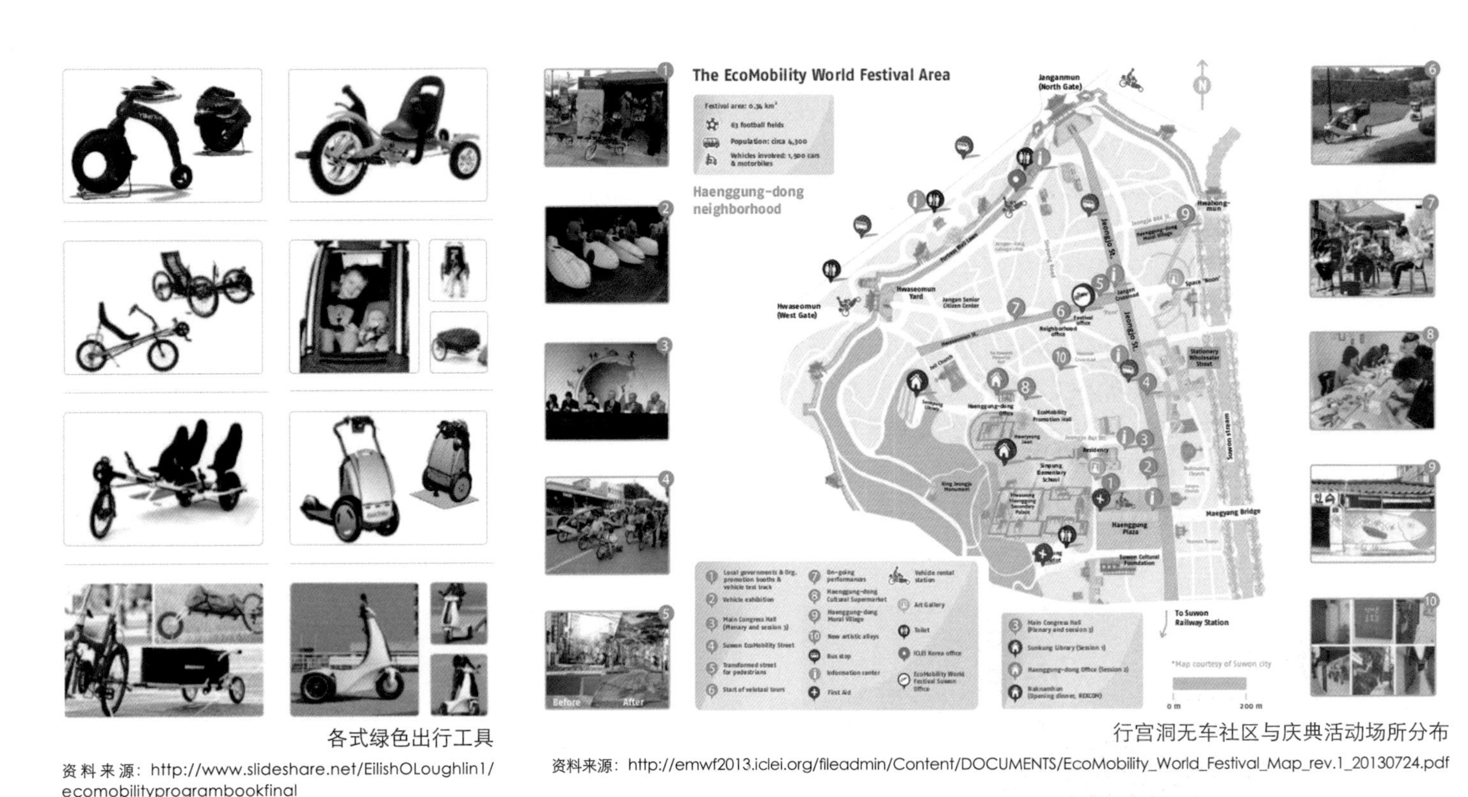

各式绿色出行工具

资料来源：http://www.slideshare.net/EilishOLoughlin1/ecomobilityprogrambookfinal

行宫洞无车社区与庆典活动场所分布

资料来源：http://emwf2013.iclei.org/fileadmin/Content/DOCUMENTS/EcoMobility_World_Festival_Map_rev.1_20130724.pdf

### 庆典活动内容

本次庆典活动吸引超过一百万人次的游客，其中有市长、决策者、执行总裁，也有热心的普通群众。大多数居民和游客都对生态交通的体验感到满意，享受到了清新的空气、噪声的减少，以及能够自由步行和骑自行车的安全环境。

节庆期间推出多样化的交通工具。包括轻型电动车、脚踏拖车、斜靠背式单车，以及三人协力车等。各式各样的自行车是本次交通节的特色，包括可挟在胳膊下的微型电动自行车、电动自行车、三轮车、专门定制的急救自行车以及可载儿童的自行车等。除了可在测试轨道和免费租用站租借使用，还有超过五百辆各式自行车分配到企业和家庭。

庆典包括了 4 天的交流会议，共计有 24 个分组会议。例如市长论坛、青年领袖论坛、亚洲发展银行训练课程、各参与城市简报等。这些学术大会展现了理论和实践的结合：在场馆里面听了讲座，在街上就看到实践是如何发生的。

众多交通系统产品制造商与供应商也参加了庆典，展出各式各样的绿色交通工具与公共运输发展成果。参观者可以在展馆外的街道上对由美国、德国、中国台湾和韩国等国家和地区的厂家提供的人力和电动交通工具进行试驾和测试。

在活动期间里，游客和居民还可参与音乐会、电影节、脚踏发动机驱动的卡拉 ok 歌唱比赛、艺术博览会、巡展、论坛和工作坊等活动。

街道社区活动

资料来源：http://emwf2013.iclei.org/downloads/photos/

街头出行场景

资料来源：http://emwf2013.iclei.org/downloads/photos/

原停车场改造为公共活动空间

资料来源：http://talkofthecities.iclei.org/blog/one-neighborhood-one-month-no-cars-the-suwon-ecomobility-world-festival-2/

### 庆典活动后续

这场庆典落幕六周后，水原市召开了一次圆桌讨论，邀请 300 名市民参加，大家热烈讨论了对未来交通发展的意见，最终通过的主要提案包括：

- 社区里行走的车速要降低到 20km/h
- 把社区的部分道路变成单车道
- 居民一起监督合作，限制路上的随意停车
- 社区组织无车周末

这些提案的最终实现表明，在汽车与生态出行之间可以达到一种平衡：可以在社区使用汽车，但为了行人的安全，汽车要限速；汽车仍是重要的交通工具，但要把一些空间让给行人；汽车的道路由宽变窄，停车空间要更有效地利用，人行道和非机动车道的空间增多；汽车可以在没什么需求时暂时消失，如无车周末把空间让给居民使用。这次庆典活动成为了引领当地建设生态城市的一个良好开端。

Neighborhood in Motion
记录本次活动的出版物

资料来源：https://www.amazon.com/Neighborhood-Motion-One-Month-Cars/dp/3868592946?ie=UTF8&camp=1789&creative=9325&creativeASIN=3868592946&linkCode=as2&linkId=FRR2K5ONF3TUPNW4&redirect=true&ref_=as_li_tl&tag=popupcity-20

## 启示意义：

韩国水原无车社区的案例为城市更新提供了新思路，是近年来成功的社区参与案例。它用非常巧妙的方式，借助全球庆典这个事件改变人们的出行意识，鼓励各方参与，协调了各个利益群体，在实践中使公众产生共鸣，提升认识，增加了凝聚力。这样的方法带来的改变是巨大的。借助网络的传播，引起了广泛的传播和深远影响。水原市借助这次庆典宣传，除了提升城市的影响力和形象之外，还促进了行宫洞社区环境的改善。

资料来源：http://www.mobilize.org.br/noticias/6950/ecomobility-world-festival-vai-propor-solucoes-de-mobilidade-urbana.html

## 参考文献

[1] 高雄市政府交通局 .2017Ecomobility World Festival 生态交通盛典评估简报
( http://carbonn.org/uploads/tx_carbonndata/EcoMobility%20World%20Festival%202017.pdf)
[2] Neighborhood in Motion: One Neighborhood, One Month, No Cars[M]. Jovis；Bilingual edition, 2015.

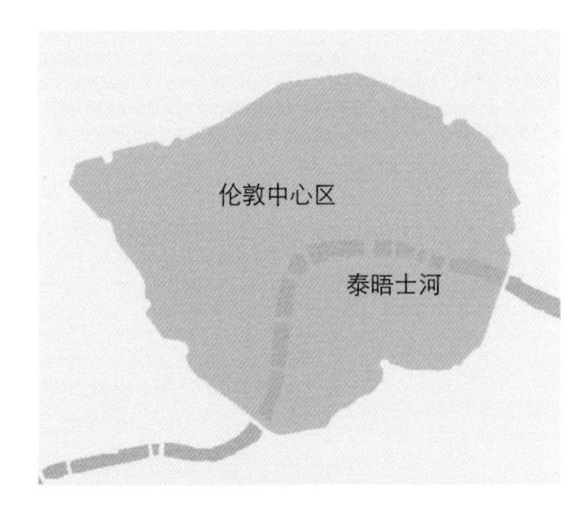


# 英国伦敦中心区交通拥堵收费政策

Traffic Congestion Charge Policy in Central London ,UK

项目地点：英国伦敦市
规划时间：2003 年 2 月 17 日起执行
项目规模：市中心区
区位类型：城市中心区
项目效益：截至 2007 年，伦敦中心区机动车交通流量下降 20%，交通拥堵次数减少三分之一

**案例创新点：**

在世界各国城市探索解决交通拥堵的进展中，曾有一段时间倾向于满足小汽车的发展需要及行车需求，配建更多的停车设施。但实践表明在高人口密度地区，更宽的道路、更多的行车设施倾向于吸引更多的人流车流，从而造成更拥堵的交通状况，这就是著名的城市交通组织理论——当斯定律。因此国际大城市转为采用交通需求引导管控，伦敦中心区交通拥堵收费即是该理念的有益实践。伦敦政府通过对特定地区，特定时间的交通拥堵采取收费制度，通过合理的资金调节，一方面改善了市中心区的交通拥堵问题，另一方面利用其上缴的税收发展公共交通，鼓励绿色出行理念以及环保车辆的普及。伦敦交通拥堵收费政策在制定和完善过程中，通过各种手段和方式最大限度地确保了公众的知情权和参与渠道的畅通，真正将公众参与的理念落到实处。

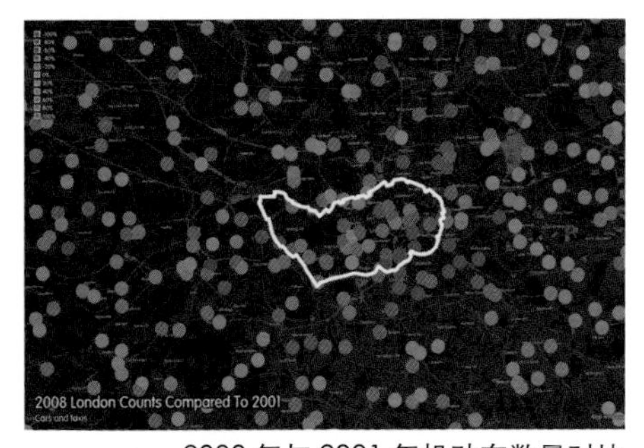


2008 年与 2001 年机动车数量对比

（红点表示降低，蓝点表示增加）

资料来源：https://en.wikipedia.org/wiki/London_congestion_charge

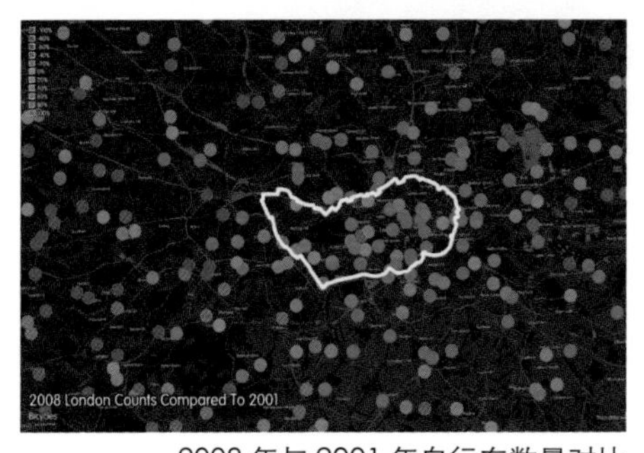


2008 年与 2001 年自行车数量对比

（红点表示降低，蓝点表示增加）

资料来源：https://en.wikipedia.org/wiki/London_congestion_charge

沃克斯豪尔桥路上方监控摄像头

资料来源：https://en.wikipedia.org/wiki/London_congestion_charge

## 案例简介：

自 20 世纪 90 年代以来，伦敦城区特别是中心区的交通状况严重恶化，路网的堵塞程度日益加剧，每年因为交通拥堵而浪费的时间和增加的通行成本高达 20 亿英镑，给伦敦居民以及伦敦的社会经济运行、生活环境质量带来了巨大损失。对此，伦敦交通管理局（ Transport for London）和其他各相关部门经过充分的论证和广泛的公众咨询，于 2003 年 2 月 17 日在交通拥堵最为集中的区域——“中心区”正式启动了“交通拥堵收费”计划，2007 年 2 月 19 日又对收费区域实施了“西扩”计划。

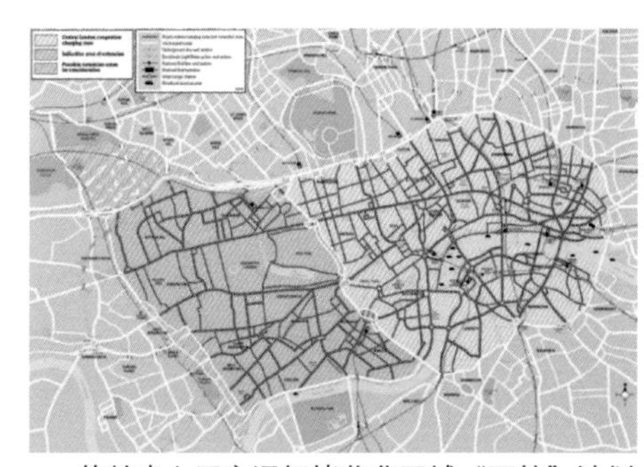

伦敦中心区交通拥堵收费区域“西扩”计划

资料来源：http://www.permaculturemarin.org/london-congestion-charge-map/

### 项目背景

一般来看，随着城市规模不断增大，交通需求与交通供给之间的矛盾将会越来越突出，特别是对于城市的中心区来说更是如此。“中心区”作为伦敦核心地区，就业人口众多，通勤密度显著高于周边地区，导致交通流量巨大，交通拥堵已严重影响到伦敦城市运行效率和城市竞争力。

“交通拥堵收费”计划的大致思路是：在伦敦中心区划出特定区域，在固定时间段对出入车辆实行交通收费管制，以此控制交通流量，促使部分居民尽可能改乘其他形式的交通工具，来缓解中心城区交通拥堵。该计划对入城收费的时间（7:00am ～ 8:30pm）、区域范围、适用对象、收费金额（5 英镑 / 天）、收费方式（中心区有 10,000 个支付点）、处罚规定（未及时支付的将处以 80 英镑罚款）以及优惠（免费）车辆等均进行了明确的规定。

带有 "C" 的标记牌提示司机进入收费区域

资料来源：https://en.wikipedia.org/wiki/London_congestion_charge

### 项目实施效果

付费次数：收费计划实施之后，在收费时间内进入中心区的交通量先是有所减少，后逐渐趋于稳定，每天付费次数维持在 11 万车次左右。

拥堵水平：经统计显示，全年收费区域的交通拥堵水平的平均降幅达 30%。

出行行为和出行结构：小汽车交通流量所占比重已经从 2002 年的 47% 快速下降至 2003 年的 35%；与之相对应的公交车、地铁和轻轨等公共交通方式的交通流量比重呈现较为快速的增长。

居民态度：收费区域内居民对交通出行环境质量等方面的改善有着较高的认可度。

收费区域内可自由通行的道路：帕克街

资料来源：https://en.wikipedia.org/wiki/London_congestion_charge

## 启示意义：

伦敦交通拥堵收费政策在推行过程中，注重公众的全程参与，尊重各个利益群体，通过各种媒介构建了广泛的公众参与、表达和宣传机制，有效推动了政策的施行。值得注意的是，伦敦交通拥堵问题具有其特殊性，例如，伦敦的交通拥堵区域在空间上高度集中，而收费区域边界的外围路段具有很强的交通疏导能力。中国城市在借鉴其收费制度时应因地制宜，统筹调控城市交通需求。

“西扩”收费区：布朗普顿

资料来源：https://en.wikipedia.org/wiki/London_congestion_charge

## 参考文献

[1] 马祖琦 . 伦敦中心区“交通拥挤收费”的运作效果、最新进展与相关思考 [J]. 国际城市规划 ,2007,03:85-90.

[2] Ed Pike, P.E.Congestion Charging: Challenges and Opportunities, International Council on Clean Transportation (ICCT). 2010. [EB/OL].(http://www.theicct.org/sites/default/files/publications/congestion_apr10.pdf)

[3] London Congestion Charge[EB/OL].(https://en.wikipedia.org/wiki/London_congestion_charge)

# 日本物流系统的规划建设

Japan Logistics System Planning and Construction

案例区位：日本
实施时间：20 世纪中期
专业类型：基础设施

**案例创新点：**

1950 年代末，日本从美国全面引进现代物流管理理念，大力开展物流现代化建设，将物流运输业作为国民经济中重要的核心课题予以研究和发展。通过加强政府对物流产业发展的整体引导，以动态调整的物流产业的空间布局为基础，逐步建立了以大型物流园区、物流中心、配送中心、货运站等为重要节点的物流布局体系，引导城市交通体系与物流配送网络的联动发展，形成了与都市圈紧密衔接的高效物流循环体系，推动了物流产业以及整个日本经济的迅速发展，并在较短时间内走在了亚洲物流业发展的前列。

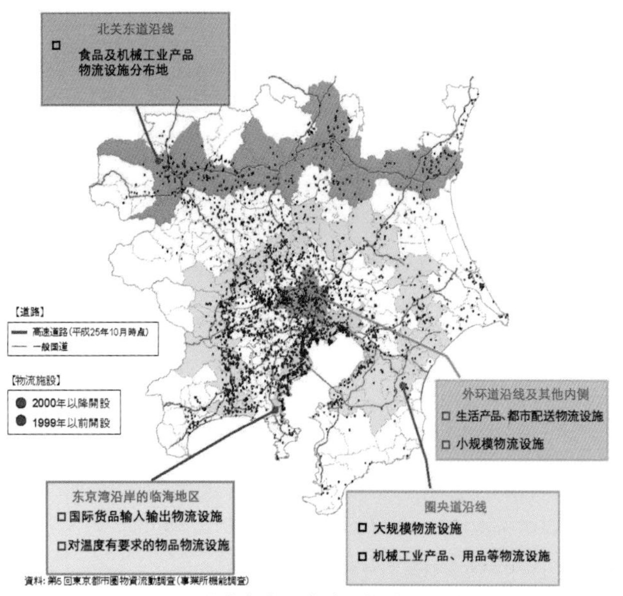


东京都市圈物流设施功能及特征分布图

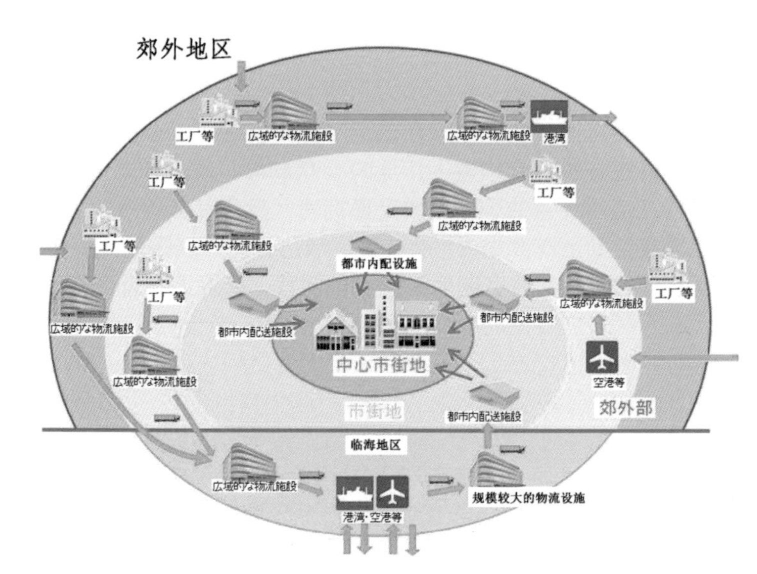


东京都市区物流设施组织布局示意图

资料来源：東京都市圏交通計画協議会 . 東京都市圏の望ましい物流の実現に向けた提言を公表します EB/OL.https://www.pref.ibaraki.jp/doboku/toshikei/kikaku/hoka/buturyukohyo.html

## 案例简介：

日本物流网络体系的建设注重空间布局与物流市场需求、城市配送体系、交通网络体系以及地方经济发展的联动和协调。其经验做法主要体现在以下三个方面：

### 合理布局物流基地，构建都市物流圈

日本是最早提出和发展物流园区和基地的国家。由于日本都市圈的人口和产业高度集中，都市圈不仅是日本政治与经济的中心，也是一个巨大的消费区域。为了保障和满足都市圈内部都市活动的顺利进行，需要一个适当且有效的物流配送体系。因此，日本物流体系建设以地域经济和交通运输特征为出发点，以海运、航空、铁路、高速公路为依托，在尽可能靠近消费地的地方建设物流据点，即物流中心、配送中心、货运站等物流基础设施，建立生产企业——物流据点——消费地——港口（空港）的物流链。物流据点的服务半径可覆盖整个都市圈，既可以提供都市商品配送，也可以为国际物流提供高端的流通加工、在库管理等增值服务，成为城市现代服务业的重要组成部分。至 2014 年，东京都市圈建立了五大物流园区（终端），物流设施规模在 3000m$^2$ 以上的达到了 4040 个。

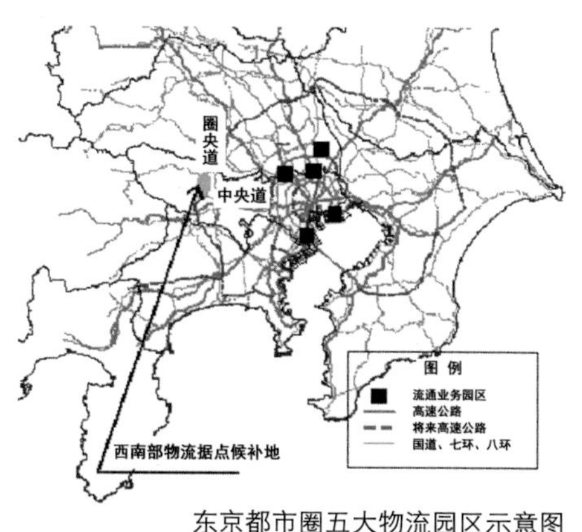

东京都市圈五大物流园区示意图

资料来源：東京都市圏交通計画協議会 . 物流からみた東京都市圏の望ましい総合都市交通体系のあり方 EB/OL.http://www.weekly-net.co.jp/administration/post-948.php

### 注重交通枢纽与城市干线的衔接，形成区域物流网络支撑体系

为支撑都市圈物流运输体系的发展，物流基地与都市圈交通网络实行一体化规划建设以提高配送效率，降低物流配送对城市交通安全和效率的影响。如东京都市圈通过环状线的扩容建设，优化调整大都市圈的环状道路体系，形成都市与都市相连接的交通网络，促进了东京都市圈与物流体系的整体发展。同时，将城市间长途公路运输与市内短途运输、铁路、港口和空运相衔接，通过圈外交通干线与其他物流园区形成区域乃至全国的物流网络，构建一个高效率的全国物流交通体系。

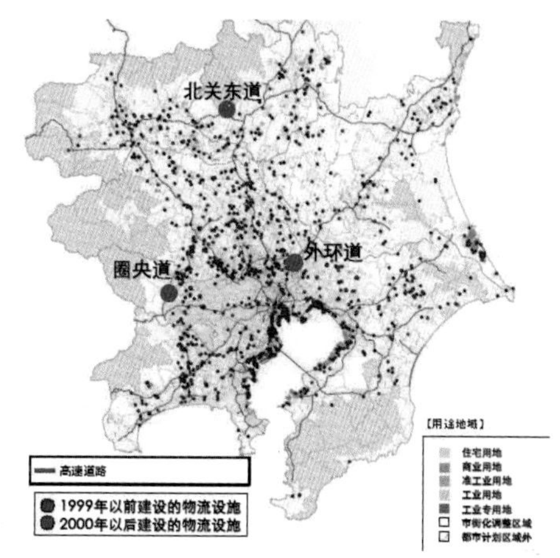

东京都市圈 3000 ㎡以上的物流设施布局图

资料来源：東京都市圏交通計画協議会 . 物流からみた東京都市圏の望ましい総合都市交通体系のあり方 EB/OL.http://www.weekly-net.co.jp/administration/post-948.php

### 建立完善的体制机制，引导物流业迅速发展

1990 年，日本颁布了《物流法》。《物流法》的颁布对日本物流业的发展起到了极大的推动和保障作用。根据 1998 年的统计数字，全日本从事物流业的公司多达几百家，从业人员约 150 万人。为进一步促进物流业发展，日本自 1997 年开始由经济产业省和国土交通省每四年共同制定一次《综合物流施策大纲》。《综合物流施策大纲》作为日本物流业的纲领性政策文件，对日本物流业发展起到了很大的促进作用，成为引导日本物流业发展的指导性文件，推动了物流与新的产业和消费市场的联动发展。

## 启示意义：

日本在发展物流系统的过程中，注重将物流系统的发展与经济发展和交通网络规划建设紧密结合，将物流系统打造为连接社会供应、生产、加工、分销、消费全过程的重要一环，成为都市圈和区域发展的连接纽带，实现了经济、空间及运营系统的整体优化。当前，对于包括我国在内的物流产业后发国家而言，要发挥物流系统规划建设的后发优势，除了把握“互联网 +”带来的新机遇外，还可学习日本经验将物流系统逐步融入本土的空间布局系统、市场运行系统和政策引导系统之中，充分发挥其在经济社会发展中的积极作用。

## 参考文献

[1] 陆江 .21 世纪物流：建设有活力的产业社会原动力——日本、新西兰物流考察报告 [J]. 中物联参阅 .2003(1):1-13.
[2] 李前喜东京都市圈物流现状及发展趋势 .[J]. 交通运输系统工程与信息 .2007(2):132-136.
[3] 周岚等 . 低碳时代的生态城市规划与建设 [M]. 中国建筑工业出版社 .2010.

# 社会融合与住房保障

Social Integration and Housing Security

全球范围内不断涌现的贫困、失业、发展失衡等社会问题，已日渐成为城市可持续发展的隐患，针对单个社会问题的政策已经难见成效，社会融合的概念应运而生，并成为当代政策研究与制定的基本价值取向。

住房保障体系是促进社会融合政策的重要组成部分，与民生发展密切相关，西方发达国家都予以高度关注，荷兰、法国、英国、美国等国的住房保障体系均比较成熟。由于发展阶段的差异，发达国家与发展中国家在住房保障中面临的问题与解决重点也有着显著的不同：前者在城镇化已基本完成的背景下，如今更加重视住房发展中的社会平等问题，例如老年人等特殊群体的住房供应、居住隔离的预防与改善等；后者则需要重点解决快速城镇化背景下的住房短缺和居住贫困问题（如贫民窟数量、规模持续增长），印度德里、巴西圣保罗、智利伊基克在这些方面进行了积极的探索。

虽然不同国家间在住房保障方面存在着一定的差异，但各国都普遍关注对低收入者住房权益的保障，在理念上强调包容与多元，在管理上往往由政府、非盈利机构等公私合作，在政策上从“补砖头”转为“补人头”。近年来，发达国家还非常关注装配式建筑和建筑产业现代化，通过标准化、工厂化、装配化的设计、生产、施工以及信息化的管理，降低能耗、提高生产率，为快速解决住房压力提供有效的途径。

>> >

资料来源：https://www.google.com.sg/maps

# 荷兰社会住房建设管理

The Model of Dutch Social Housing Built and Management by Non-governmental Organization

案例区位：荷兰

规模范围：荷兰全域

实施时间：1901 年至今

专业类型：公共政策

实施效果：社会住房比例欧洲最高、住房不足率欧洲最低

**案例创新点：**

荷兰的社会住房以其所拥有的较大占比和较高品质而著称，其社会住房政策经过百余年的发展也积累了丰富的经验，形成相对完善和成熟的管理体系。社会住房的建设和管理主要由非政府组织（NGO）——私人住房协会来进行承担，使政府从社会住房的建设领域中脱离出来，通过颁布各种住房政策和福利制度对社会住房进行调节，这样的管理模式在欧洲国家中独树一帜。荷兰住房协会特有的发展历程，配合政府根据不同时期的住房发展情况及主要社会问题所进行的住房政策调整，使其在社会住房的发展中扮演着积极的角色，为其他国家的社会住房建设管理提供了一种可借鉴的范本。

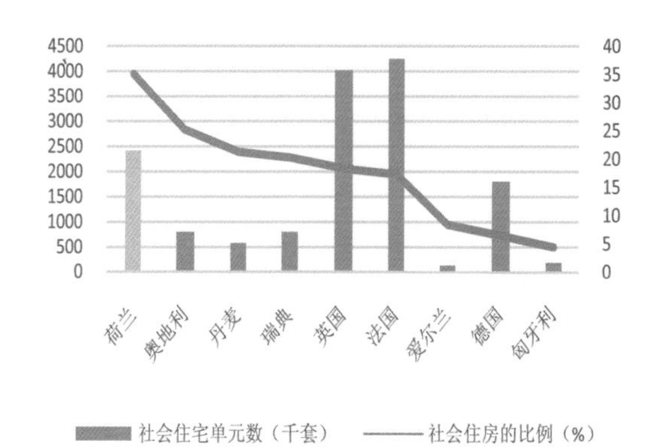


欧盟主要国家社会住房数量对比

数据来源：Scanlon Kathleen,Whitehead Christine.Social Housing in Europe[G] //Whitehead Christine, Scanlon Kathleen. Social Housing in Europe.London: LSE London, 2007: 8-33.

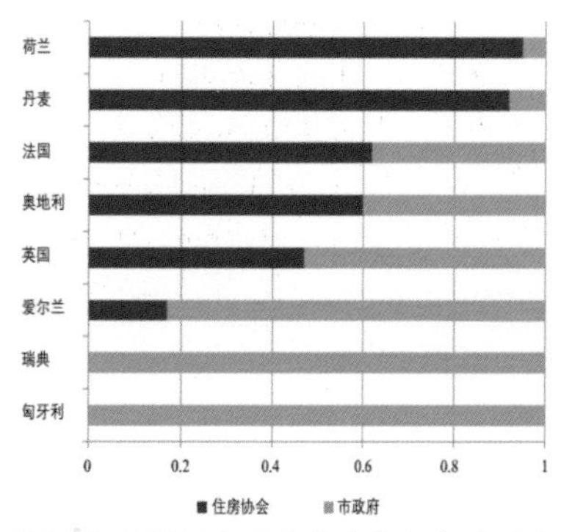


2006 年欧洲部分国家住房协会与市政府各自拥有的社会住房比例

资料来源：胡毅，张京祥，吉迪恩·博尔特，皮特·胡梅尔．荷兰住房协会——社会住房建设和管理的非政府模式 [J]. 国际城市规划，2013(3):36-42.

## 案例简介：

1901 年，荷兰颁布第一部《住房法》（Housing Act 1901），不仅标志真正意义上的社会住房政策的诞生，并将住房协会合法化，在法律中被称为“被授权的机构”(authorized institutions)。历经上百年的发展，荷兰的社会住房政策日臻成熟，形成了包括中央政府、地方政府和住房协会的三级管理体制和以住房协会为主体的非政府模式，在这样的建设管理模式中，住房协会和政府各司其职，社会资本参与其中，在目标群体、分配制度、补贴制度等方面形成自身的特点。

荷兰的社会廉租房

资料来源：荷兰又为难民住房问题操心了 [EB/OL].http://hollandone.com/2016/05/ 荷兰又为难民住房问题操心了 /.

### 非政府组织主导——住房协会经营管理

住房协会作为私人管理的非营利性社会住房团体，是社会住房的主要拥有者和管理者，由于住房组织结构的私人化和住房问题的公共化，使其具有双重的特征：一方面表现为私人机构承担公共责任。荷兰的社会住房主要以租赁的形式存在，租金仅用于维持住房建设和管理成本，形成了私人管理的非营利性社会住房团体，同时由于住房协会在房屋租赁市场所占据的份额较大，政府通过政策和法律手段规定社会住房的主要目标人群为低收入家庭，明确住房协会为低收入阶层提供住房的公共责任；另一方面表现为私人组织能够获得政府财政支持。荷兰的住房协会从 1901 年的住房法就规定了其被授权的身份，1970 年以前的资金来源主要是政府，即使是 1990 年代政府停止为住房协会提供资产津贴和政府贷款以后，政府也通过税收金融政策等方式进行支持。

### 政府管控——政府调控监督

政府在荷兰的社会住房管理模式中主要起到调控监督的作用。具体手段包括设立专门的社会住房基金对当地的住房协会进行金融支持，比如中央政府成立的社会住房保障基金和中央住房基金，分别为住房协会提供长期贷款担保和金融支持与管理服务；通过税收管理社会住房的出租价格，确保住房协会在社会住房的建设过程中能够满足政府需求，并根据政府的税收和金融政策调整房租价格和经营方式；控制房屋建设量和调整新建社会住房的出售比例，以保证非盈利的性质和对目标人群的住房供应等。

在调控过程中，各级政府扮演不同角色。中央政府监督各市形成自己的住房政策并合理实施，监督住房协会资金的分配和使用，制定相应的准则规范经营，负责审批新住房协会的注册成立以控制住房协会的准入；省级政府不与住房协会发生直接联系，仅充当中央住房政策的传达者和反馈者；市级政府与住房协会联系密切，共同协商制定城市住房计划、住房分配方法、社会住房的准入标准等。

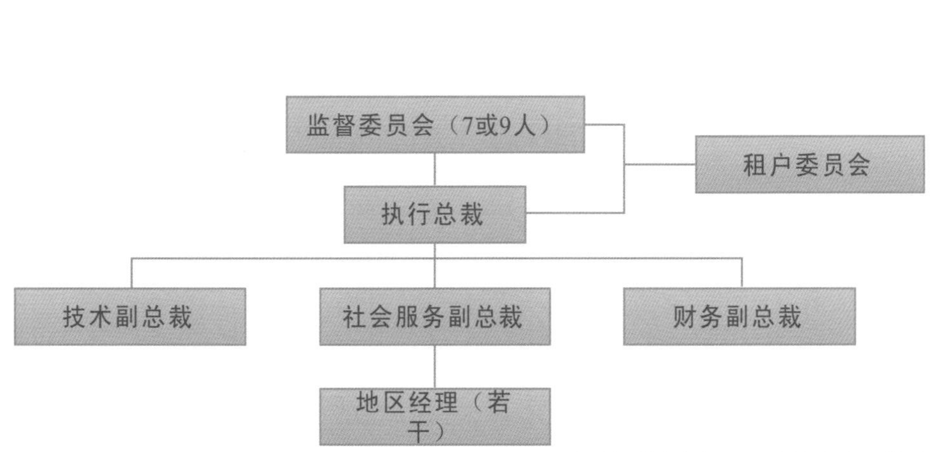


中等规模社会住房协会的组织管理模式

资料来源：胡毅，张京祥，吉迪恩·博尔特，皮特·胡梅尔．荷兰住房协会——社会住房建设和管理的非政府模式 [J]. 国际城市规划，2013(3):36-42.

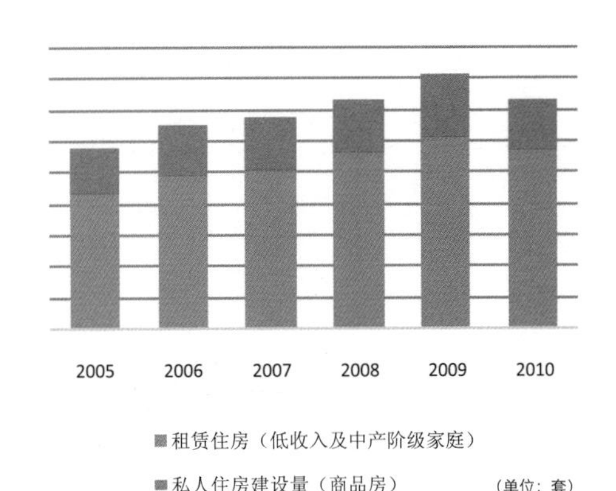


荷兰住房协会房屋建设量及产权比例变化

数据来源：Centraal Fonds voor de Volkshuisvesting (CFV:Central Fund for Public Housing)

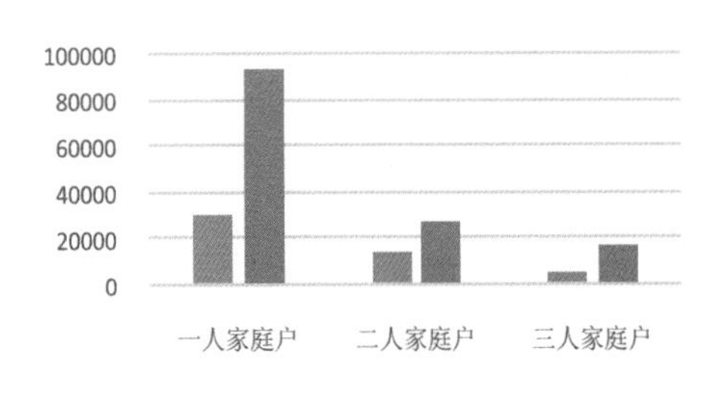


■较高收入 ■较低收入

2011 年社会住房配租结构

数据来源：http://cowb.datawonen.nl

### 市场支撑——依靠社会资本

脱离政府资助之后的住房协会开始向市场寻找资金，社会住房出售和租赁的平衡成为其获取资金的主要方式。过去中央补贴使得住房协会无需考虑住房建设投入与房租租金收入之间的平衡，即使亏损也有政府财政支持作为补贴保障其顺利经营，而资金独立后的住房协会则面临着社会住房租金需要平衡建设投入的困境。因此，通过以市场价格出售部分社会住房或新建住房给个人，“以售养租”成为住房协会获得可循环现金流的重要方式。不仅如此，住房协会还同时扩大了经营范围，目标人群不再局限于低收入者，开始建设中高档社会住房和公寓供中产阶级群体租住，以获取更多的盈利用于自身经营。

### 覆盖面广——多样的目标群体

荷兰社会住房政策的一大特点是所有低收入和中等收入居民都可以申请社会租赁住房，但低收入群体具有优先租赁权。按照欧盟委员会的要求和荷兰新的社会住房条例的规定，2011 年后，荷兰社会租赁住房的主要目标群体是年收入不超过 33614 欧元的低收入群体，社会住房协会要把至少 90% 的住房出租给低收入群体。此外，低收入群体还包括领取政府救济金（多为失业者、外来移民、残疾人、刑满释放人员）和月工资仅达国家最低工资水平（1469.4 欧元）的荷兰公民，他们均在获得社会租赁住房时具有优先权，都属于社会住房政策的目标群体。目前，约有三分之一的荷兰家庭居住在社会租赁住房中。

### 以人为本——灵活的分配补贴制度

荷兰社会住房的分配模式特征为以申请者的自由选择为基础。这种分配模式源于 1990 年代尔夫特的探索实践并延续至今，住房协会通过网络、报纸、杂志等渠道公布可供给房源的基本情况，申请者可以根据自身需求进行选择，网站按照相应的标准对申请者进行排队，并给予特殊人群优先权。相应的，政府对社会住房的补贴方式由投向建设领域的“补砖头”转变为“补人头”，根据租赁者的收入状况和申请的住房类型给予减税和现金补贴。这种特有的房租补贴制度有效减轻了低收入群体的住房开支负担，不仅保证了低收入家庭住房补贴的公平享有和对社会住房区位的自由选择，同时也确保了住房协会和政府的明确分工——住房协会以稳定的价格提供社会住房，而低收入租赁者的租金与收入差值由政府补贴。

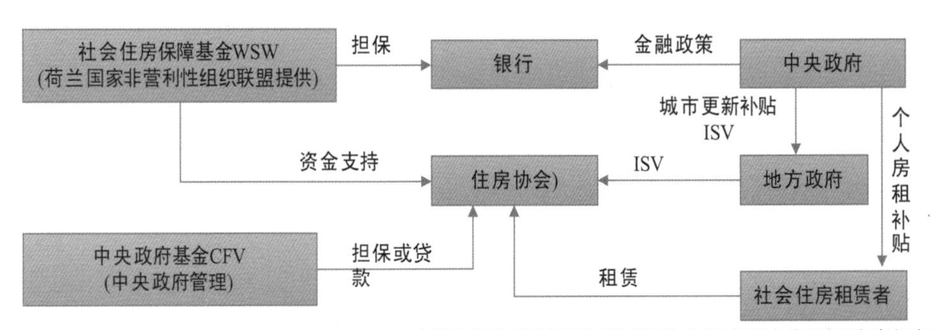


1990 年住房制度改革后的社会住房资金来源及流向框架

资料来源：Andre Ouwehand, Gelske van Daalen. Dutch Housing Association[M].Delft: Delft University of Technology Press, 2002.

## 启示意义：

中国当下尚处于大规模建设保障性住房阶段，在建设、分配和管理等方面都需要持续完善，许多地方开始探索租赁住房等改革创新。施行社会住房租赁制度的荷兰在社会住房建设和管理方面有丰富的经验，取得了公认的成效，其独具特色的社会住房建设管理的非政府模式为保障性住房政策制度改革提供以下借鉴：

推进政府角色的转变，引导社会资本的有序参与。荷兰的非政府模式分担了政府住房建设和福利分配的压力，而且有利于建立良性运转机制。

灵活调整社会住房的租售比例及补贴分配方式。荷兰的社会住宅可以出租，也可以拿出一定比例以市场价格出售。在社会住房的分配方面，居民对社会住房形式有自由选择的权利，政府根据其选择提供不同的税收及补贴。这种调节手段可根据社会发展阶段、经济发展水平的实际情况进行灵活的补贴调整，不仅保障了不同家庭在不同类型的社会住房之间享有选择机会，也保证了所选择的社会住房的费用在家庭所能支付的租金水平范围之内。

目标人群多样化。荷兰的住房协会提供的社会住宅对本国公民和具有合法停留身份的外来移民均开放申请，虽然城市政府补贴标准不同，但依然保障了外来移民的基本居住权利。

合理布局，促进社会居住的融合。荷兰的住房协会和政府采用多种方式促进社会居住的融合，不仅颁布各种政策强调居住混合，并通过对住房协会社会住宅建设用地的合理供给来解决居住隔离的问题。因而荷兰的社会住房与城市功能、其他私人住宅在空间上适度穿插，部分社会住宅项目还聘请著名的建筑师来设计，使得住宅形式多样，吸引不同的申请者。

荷兰鹿特丹 The Red Apple 社会住宅与一般住宅的混合社区

资料来源：Johanna Huang. 荷兰社会住宅的现况与迷思 [EB/OL]. http://www.oranjeexpress.com/2014/10/06/p2919/.

欧洲主要国家社会住房占国家住房总量以及租赁住房总量的比重（单位：%）

| | 社会住房占住房总量的比例 | | | | | 社会住房占租赁住房总量的比例 | | | | |
|---|---|---|---|---|---|---|---|---|---|---|
| | 1980 | 1990 | 2000 | 2004 | 2008 | 1980 | 1990 | 2000 | 2004 | 2008 |
| 荷兰 | 34 | 38 | 36 | 34 | 32 | 58 | 70 | 75 | 77 | 75 |
| 英国 | 31 | 25 | 21 | 20 | -- | 74 | 73 | 69 | 65 | -- |
| 瑞典 | 20 | 22 | 19 | 18 | 17 | 48 | 50 | 48 | 46 | 46 |
| 法国 | 15 | 17 | 18 | 17 | 17 | 37 | 44 | 44 | 43 | 44 |
| 德国 | -- | -- | -- | 6 | 5 | -- | -- | -- | 12 | 9 |
| 丹麦 | 14 | 17 | 19 | 19 | 19 | 35 | 40 | 43 | 42 | 51 |
| 比利时 | -- | -- | 7 | 7 | 7 | 18 | 19 | 24 | 24 | 24 |
| 奥地利 | -- | 22 | 23 | -- | 23 | 40 | 53 | 52 | -- | 59 |
| 芬兰 | -- | -- | 16 | 16 | 16 | 39 | 56 | 49 | 49 | 53 |
| 意大利 | 12 | 10 | 9 | 8 | -- | 13 | 23 | 25 | 24 | 19 |
| 爱尔兰 | 12 | 10 | 9 | 8 | 7 | 53 | 44 | 49 | 38 | -- |

注：表内为部分社会住房租赁制度的国家；租赁住房包括社会租赁住房和私人市场租赁住房两种；“--”表示数据缺失

荷兰著名建筑师布洛姆（Piet Blom）设计的鹿特丹社会住房：铅笔楼与方盒子

资料来源：荷兰之旅：怪异的鹿特丹立方体盒子建筑 [EB/OL]. http://travel.cnr.cn/list/20150731/t20150731_519385311.shtml

荷兰著名建筑师事务所 MVRDV 设计的阿姆斯特丹社会住房

资料来源：Johanna Huang. 荷兰社会住宅的现况与迷思 [EB/OL]. http://www.oranjeexpress.com/2014/10/06/p2919/.

## 参考文献


[1] 胡毅，张京祥，吉迪恩·博尔特，皮特·胡梅尔．荷兰住房协会——社会住房建设和管理的非政府模式 [J]. 国际城市规划，2013(3):36-42.

[2] Christine Whitehead, Kathleen Scanlon. Social housing in Europe[M].London: London School of Economics and Political Science, 2007.

[3] 李罡．荷兰的社会住房政策 [J]. 城市问题，2013(7):84-91.

[4] Peter Boelhouwer. Trends in Dutch Housing Policy and the Shifting Position of the Social Rented Sector[J]. Urban Studies, 2002, 39(2): 219-235.

资料来源：https://www.google.com.sg/maps

# 法国社会住房建设和政策演变

The Evolution of Social Housing Construction and Policies in France

案例区位：法国
规模范围：法国全域
实施时间：19 世纪中叶至今
专业类型：公共政策
实施效果：法国始终保持稳定且可持续的公共住房供给

## 案例创新点：

法国的社会住宅起源于 19 世纪中叶的工人住宅建设，“二战”后国家开始直接参与社会住房建设，并成为政府公共政策的重心。法国的社会住房体系以法律制度为基础，并随着社会经济发展和城市化进程制定了一系列的社会住房政策，动态加以调整和完善。经过半个多世纪的发展，法国的社会住房建设从追求增量为主要目标的单一建设行为，逐渐演变为引导城市空间发展、解决社会问题的综合性工具。在法国的社会住房建设和政策演变历程中，尽管在不同阶段出现不同矛盾，但通过及时优化调整，总体成功应对了不同历史时期的不同社会需求，使得社会住房得以持续发展，其经验教训对于我国的保障住房建设和政策制定具有重要的启发和借鉴意义。

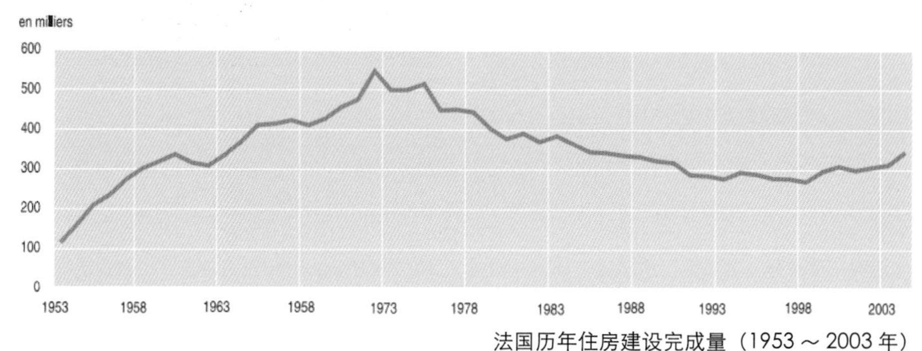


法国历年住房建设完成量（1953 ~ 2003 年）

资料来源：Alain Jacquot. Cinquante ans d’ évolution des conditions de logement des ménages[J]. Données sociales , 2006, (6): 467-473.

## 案例简介：

法国的社会住房发展自19世纪工业革命以后，根据不同历史时期的社会住房政策变化可以大致划分为四个阶段，每个阶段有不同的社会住房建设需求和政策重点：

**从工人住房到廉价住房，初步确立社会住房政策体系（19世纪中叶～1945年）**

19世纪工业大发展，开始建设以改善居住卫生条件和为产业工人提供住房为目标的“工人住房”。1889年，创建“廉价住房委员会”，国会首次采用“廉价住房”(HBM)一词。1894年，通过《施格弗莱德法案》(la loi Siegfried)，奠定法国社会住房政策体系的基石。随后一系列法案从机构设置、金融优惠等方面进一步加强了对廉价住房的政策支持，1928年的《卢舍尔法案》标志着政府开始直接参与廉价住房的建设，并开创了提供低租金住房的社会住房形式。

**从“重建”到“新建”，建立“社会租赁为主、国家主导建设”的供应体系（1945年～1977年）**

为解决战后住房数量严重短缺，从1950年代末开始，“新建”取代“重建”，大规模的住房建设运动由此开始，“更快、更便宜”成为建设主导方针。1957年出台“优先城市化地区”(ZUP)政策，采用多快好省的方式在城市边缘地区集中成片建设了大量ZUP区域。此外，1950年法律将HBM更名为低租金住房(HLM:Habitation à Loyer Modéré)，之后HLM成为法国社会住房的主体。1953年出台“库朗计划”，明确政府介入住房建设的责任，并扩大了国家对土地的征收权。同年，国家开始征收住房建设税，成为社会住房建设的重要资金来源。然而只靠公共部门建设，短期内无法满足住房需求，政府开始发放“住房建设补贴(L ‘aide à la pierre)”，鼓励私人投资建设社会住房，给低租金住房机构提供低息贷款。

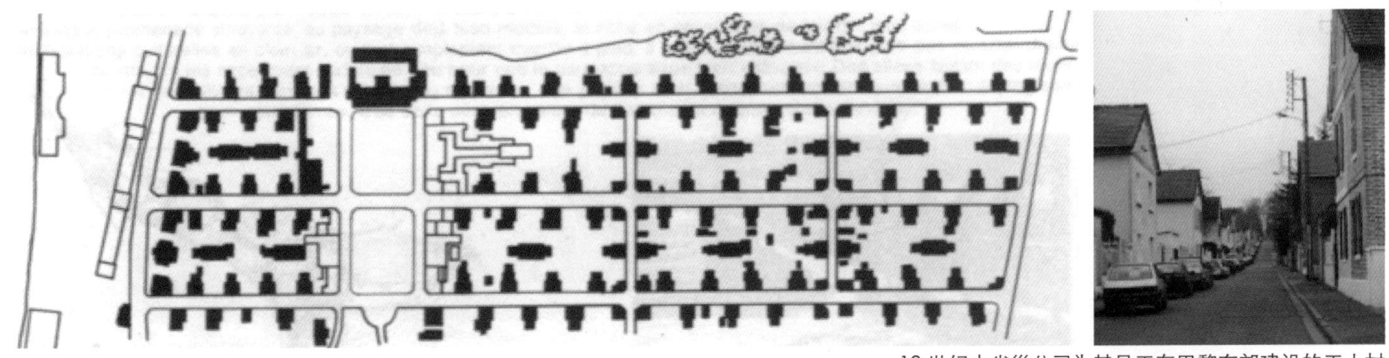

19世纪中雀巢公司为其员工在巴黎东郊建设的工人村

资料来源：Alain Jacquot. Cinquante ans d’ évolution des conditions de logement des ménages[J]. Données sociales , 2006, (6): 467-473.

1966年建设的一个ZUP区域

资料来源：Wikipédia en Français[EB/OL]. http://fr.academic.ru/dic.nsf/frwiki/1250590.

巴黎某社会住宅

资料来源：法国 Porte de Paris 社会住房现已正式完工 [EB/OL]. http://www.landscape.cn/news/events/project/foreign/2013/0424/56193.html.

**住房供给多元化，政策内涵更加综合（1980 年代）**

1977 年进行住房政策改革，核心是从“补砖头”转向“补人头”，设立“个人住房补贴”(L ‘aide à la personne)”，根据居民的收入和住房条件，提供不同形式和数量的资助。放松国家对社会住房建设的控制，满足不同收入群体的居住需求，推动房地产发展的同时也造成了居住隔离。这一时期社会住房的发展导向从增量向存量转变，为解决郊区社会住房区的社会问题，政府实施“城市复兴政策”(la réhabilitation urbaine) 进行改造，但以物质环境改善为主，收效甚微。随后，政府提出一套综合性的城市社会协调发展政策 (la politique de la ville)，并设立“城市部”(le minister de la ville) 来保障落实。

**促进社会融合，侧重城市更新（1990 年至今）**

1990 年的《博松法》提出“住宅权”(le droit au logement)，要求各省每 5 年滚动编制“贫困住房行动规划”(PDALPD)，关注弱势群体的居住问题。由于居住隔离造成的社会问题日益严重，政府提出“社会混合”(mixité sociale) 的概念，从 1990 年代开始，社会混合政策得到社会各界的普遍认同，作为可持续发展政策的重要组成部分付诸实施。配合社会混合政策的实施，法国开始大规模的城市更新运动，颁布《波尔罗法》（也称《城市更新计划和指导法》）并成立专门的“国家城市更新机构”(ANRU)，通过拆除、回购重建等方式促使社会住房更好地融入城市整体，实现贫困人口在整个城市空间范围内的重新分布，解决居住隔离的问题。

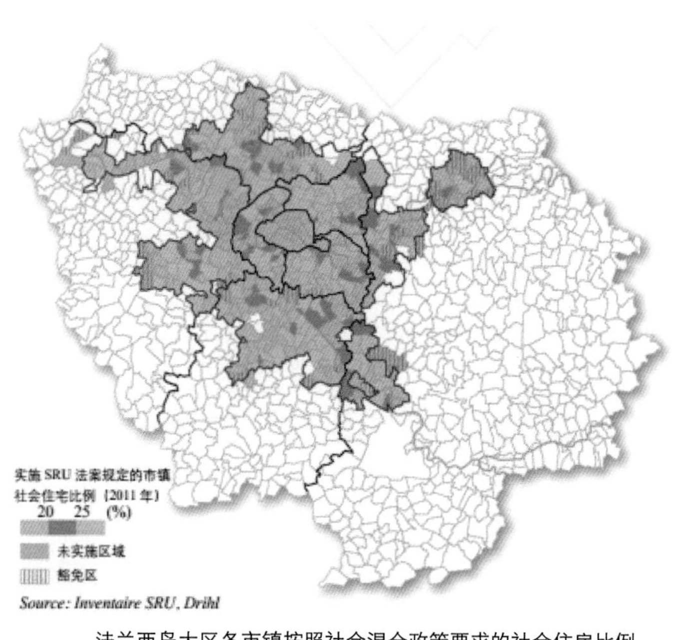


法兰西岛大区各市镇按照社会混合政策要求的社会住房比例

资料来源：孙莹．法国社会住房的政策演变和建设发展 [J]. 国际城市规划，2015.

法兰西岛大区各市镇通过回购改造成社会住房的比例

资料来源：孙莹．法国社会住房的政策演变和建设发展 [J]. 国际城市规划，2015.

## 启示意义：

**公私合作建设。**法国的社会住房建设经历了私人到政府再到政府、私人合作的变化过程，目前法国的社会住房融资建设方式是政府通过贷款、奖励、补贴等优惠政策鼓励非盈利机构建造社会住房，通过公私合作的方式建设、完善住房保障体系。

**实施综合开发。**法国的社会住房政策逐渐与地方城市规划、地方发展策略相衔接，成为地区社会发展综合策略的重要组成部分，从单纯的物质环境导向转为偏重社会整体和谐发展的综合性行动，在建设社会住房的同时注意提供充足的就业岗位和必要的社会服务。

**引导合理混合。**法国的经验表明要慎重对待大规模社会住房建设的选址问题，避免将其集中布局在城市偏远地区，以免以后沦为低收入群体集聚之地，成为城市问题的集中地。法国在 1980 年以后力求实现社会住宅的多元供给和不同收入群体的混合居住，着眼于社会混合发展的长远目标，在城市整体层面对社会住房建设进行合理布局，推动城市混合发展。

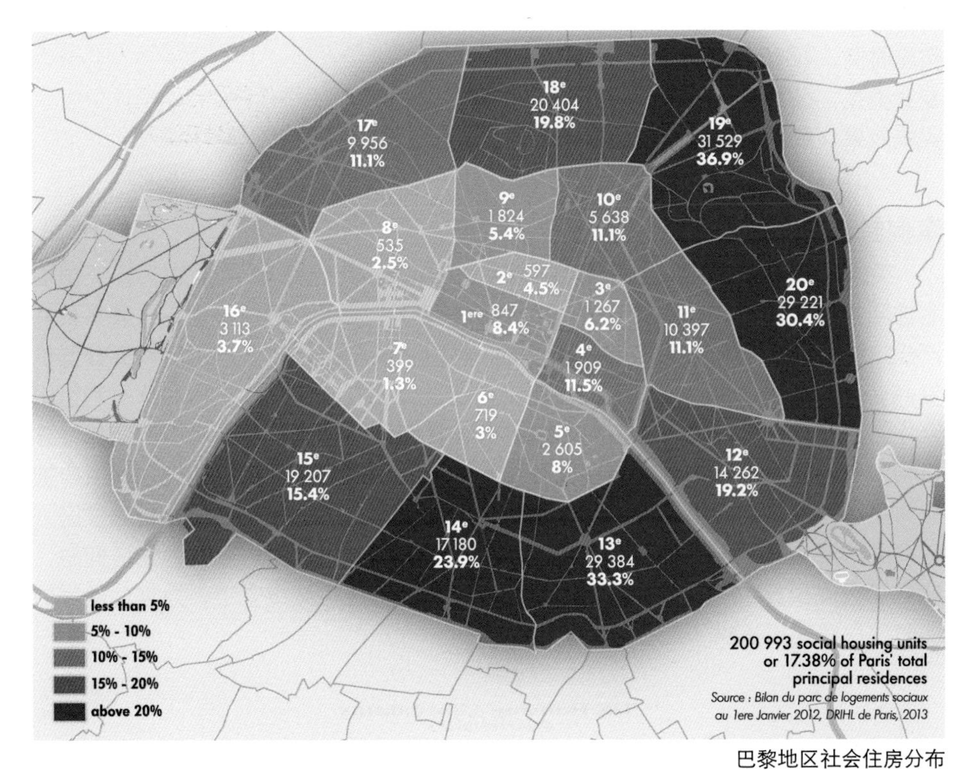


巴黎地区社会住房分布

资料来源：Social housing in Paris as of 2012[EB/OL]. https://en.wikipedia.org/wiki/Paris#/media/File:Social_housing_in_Paris_jms_DRIHL_2012.png.

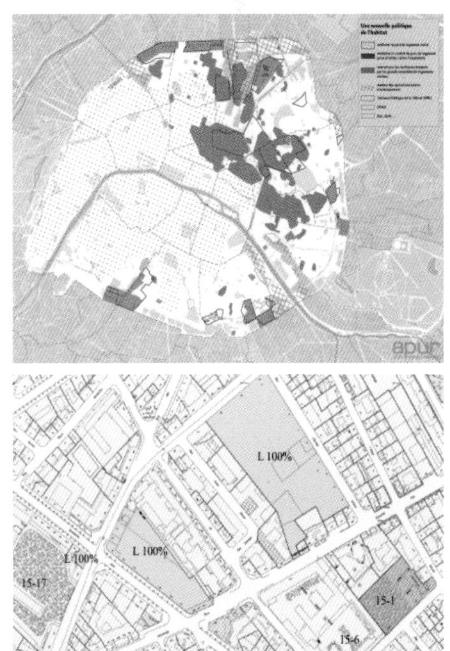


《巴黎地方城市规划》对社会住房发展和相关地块住房与社会住房比例的规定

资料来源：APUR

## 参考文献


[1] 孙莹 . 法国社会住房的政策演变和建设发展 [J]. 国际城市规划，2015.

资料来源：https://www.google.com.sg/maps

# 英国“可负担住宅”的建设

Construction of the Affordable Housing in the UK

案例区位：英国
规模范围：英国全域
实施时间：1890 年至今
专业类型：公共政策
实施效果：解决低收入人群住房问题，促进社会和谐稳定

**案例创新点：**

英国是最早建立福利住房制度的国家之一，自 20 世纪 80 年代以后，英国福利住宅的形式由政府公房转变为“可负担住宅”。英国“可负担住宅”兼具公共产权、半公共产权和私人产权三种形式，类似于廉租房、经济适用房和部分低价位商品房。英国“可负担住宅”在建设管理上鼓励政府、私人机构和非盈利组织合作，形成地方政府协调与监督、住宅合作社管理与建设、私人房地产商与金融机构参与的多方合作模式；在空间分布上英国的“可负担住宅”在规划体系中被认为是“社会基础设施（Social Infrastructure）”，相对均匀布局在各居住区，与商品房混合开发。英国“可负担住宅”建设缓解了中低收入人群的住房问题，避免了大规模集中引发的社会问题，促进了社会稳定与城市安全，为其他国家的保障性住房建设提供了经验借鉴。

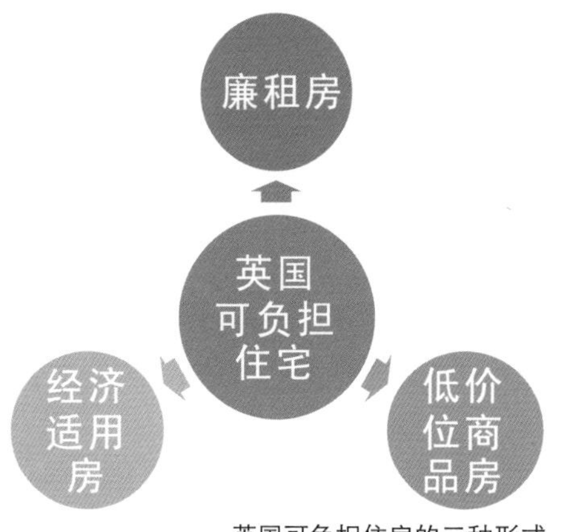


英国可负担住房的三种形式

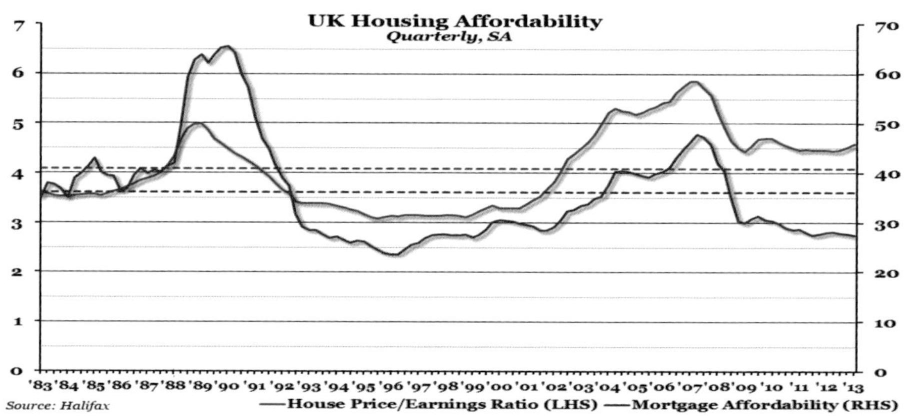


英国住房可负担能力（房价收入比）变化

资料来源：Economic Voice Staff.CHART OF THE WEEK: UK Housing Affordability[EB/OL].http://www.economicvoice.com/chart-of-the-week-uk-housing-affordability/50038752/

## 案例简介：

英国是世界上最早实行政府干预住房市场的国家，经过 100 多年的发展改革，英国已形成较为完备的住房保障制度，而“可负担住宅”（affordable housing）体系是其住房保障制度的主要内容，主要负责提供给那些需要住宅但没有经济能力在市场上购买或租赁商品房的中低收入居民。英国的可负担住宅经历了由政府独立供给转为多方合作、多元提供的过程，不仅为低收入群体提供了可以承担的合适住房，对提高就业率和劳动效率、维护社会的稳定等都起到了积极的作用。

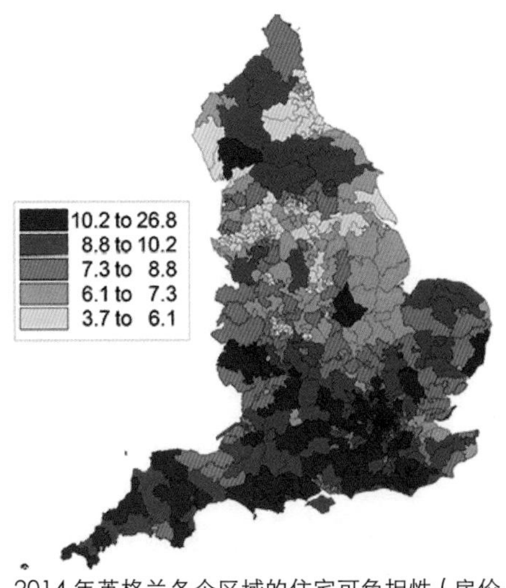


2014 年英格兰各个区域的住宅可负担性（房价均值 / 收入均值）

数据来源：https://www.housing.org.uk

### 公私合作，推动保障性住房健康发展

英国的住宅政策在1980年发生重大转变，政府由住房的提供者转变为推动者，形成地方政府牵头，政府、非盈利组织、私人机构等多方融资共同承担的局面。其中，住宅合作社（Housing Associations）作为非盈利的私人组织主要负责在地方政府的监督下管理、维护和建造可负担住宅，到 2003 年住宅合作社提供的可负担住宅占到总量的 35.3% 。此外，私人开发商也负责一部分可负担住宅的建设，根据城乡规划法，政府可以以规划许可为条件，要求超过 25 套或地段大于 $1hm^2$ 的商品房配建一定比例的可负担住宅。而地方政府一般不再直接负责可负担住宅的建造，主要起到管理、协调和监督的作用，包括住户资格审批、提供可负担住宅计划等。

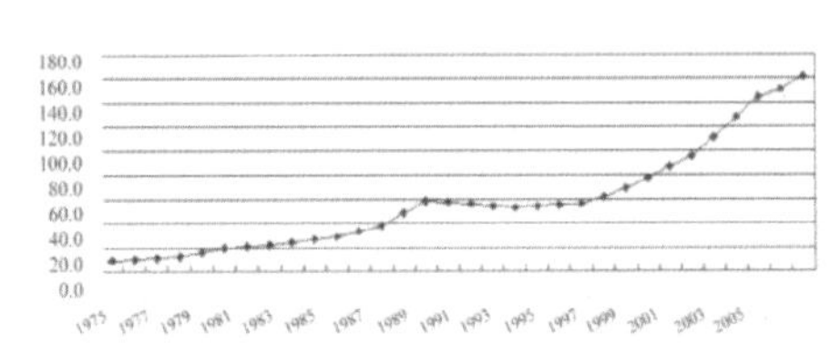

英国房价变化趋势

资料来源：杨滔，黄芳 . 英国“可负担住宅”建设的经验及借鉴意义 [J]. 国际城市规划，2008，23(5)：76-82.

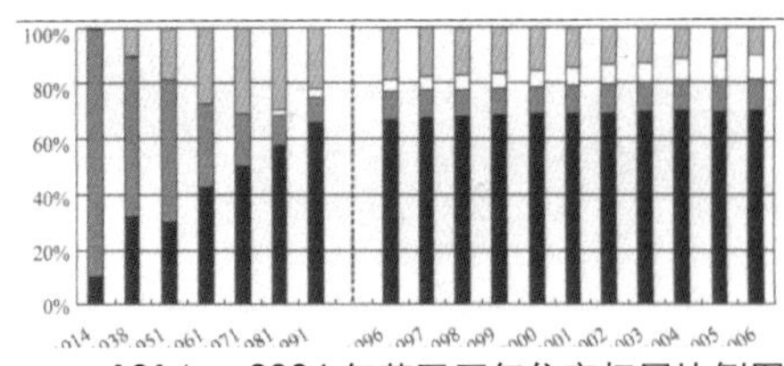

1914 ～ 2006 年英国历年住宅权属比例图

资料来源：杨滔，黄芳 . 英国“可负担住宅”建设的经验及借鉴意义 [J]. 国际城市规划，2008，23(5)：76-82.

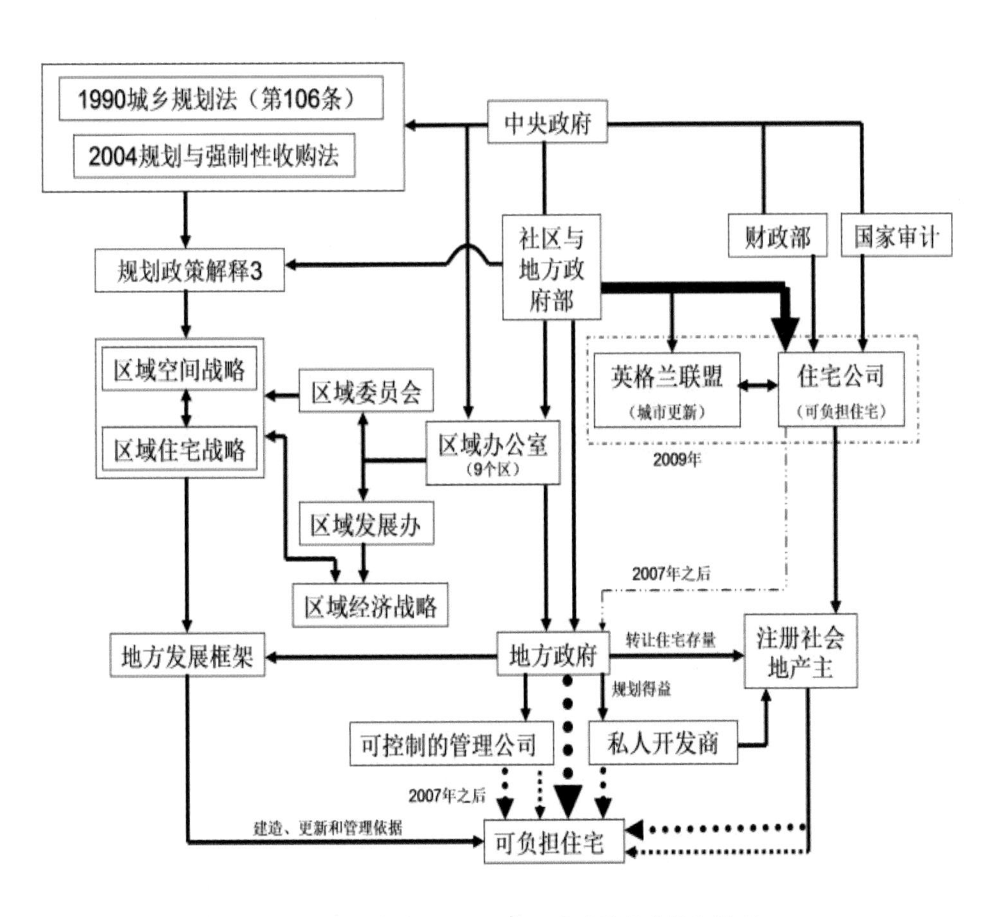


可负担住宅提供的主要流程图及住宅合作社机制

资料来源：杨滔，黄芳 . 英国“可负担住宅”建设的经验及借鉴意义 [J]. 国际城市规划，2008，23(5)：76-82.

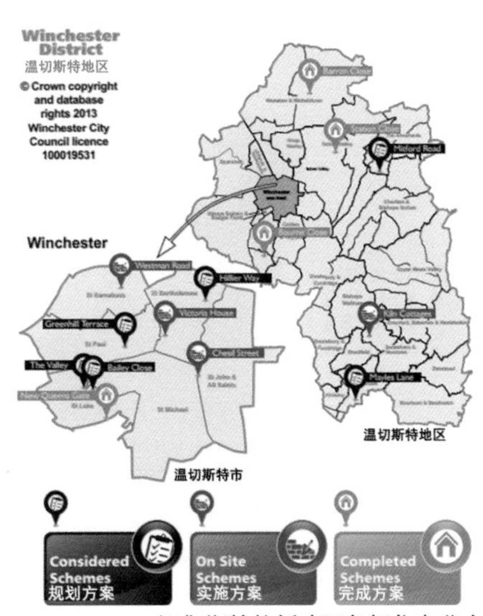


温彻斯特的新建可负担住宅分布

资料来源：New Affordable Housing[EB/OL]. http://www.winchester.gov.uk/housing/new-affordable-housing/

**双重补贴，兼顾住房保障系统的效率与公正**

英国的可负担住宅基于平衡供给与需求的考虑，同时实行两种形式的补贴：一种是补供给，即对可负担住宅的建造、管理、维护等方面进行补贴，包括社会住宅资金（Social Housing Grand）、当地政府租金补贴（Housing Revenue Account）等；一种是补需求，即以出租打折（Rent Rebate）、出租补贴（Rent Allowance）、房贷利息减税（Mortagage Interest Relief）以及房贷利息补贴（Income Support for Mortgage Interest）等房补的形式补贴到个人。整体上英国的住房保障呈现从补供给到补需求的重心转移，在2003/2004年度的住房补贴中，三分之一用于补供给，三分之二用于补需求。

**先租后卖、租售并举，满足低收入者的多元住房需求**

英国允许低收入者根据自身的具体情况决定可负担住宅的使用形式：既可以设法筹款买下住宅所有权，也可以先买下部分产权而后再逐渐增加产权比例直至完全拥有产权，或者选择长年租赁而不要产权。1980年的《住房法》规定：凡保障性住房租户住满两年，有权折价购买其居住的房屋。其后2006年政府推出的“购买社会住房”计划又规定：租户最低可先购买住房25%的所有权并缴纳交易费，其余部分的所有权仍归原所有者，等租户有了足够的资金再购买其余的所有权 。这些规定极大地缓解了低收入者的住房购买压力，使得没有购买能力的群体也可以有效改善自己的居住条件。

**合理空间布局，避免造成“贫富分居”的状况**

近十年来英国的社会排斥现象引起了多方关注，可负担住宅在空间上的合理分布也成为了反对社会排斥、促进社会整合的有力手段。伦敦三个行政区内都有一定比例的可负担住宅，2002年市中心区保持了大约24%的可负担住宅，最贫穷的区大约有54%的可负担住宅，而房价最贵的区也保持了9%的可负担住宅。2004年伦敦新规划还特别强调要提高市中心的可负担住宅比例。英国可负担住宅的相对均匀分布使得低收入人群同样也能充分地参与到社会活动中，享受到平等的公共设施、教育、就业和日常交往的权利，避免出现大规模集中引发的社会问题。

表8-1：英国的住房补贴变化情况（单位亿英镑，转换为2003～2004年英镑）

| | 1975～1976 | 1980～1981 | 1985～1986 | 1992～1993 | 1999～2000 | 2000～2001 | 2001～2002 | 2002～2003 | 2003～2004 |
|---|---|---|---|---|---|---|---|---|---|
| 补贴资本 | 107 | 63 | 52 | 58 | 30 | 39 | 42 | 50 | 52 |
| 当地政府租金补贴 | 33 | 43 | 18 | 6 | -10 | -12 | 4 | 3 | 2 |
| 房屋供给补贴总数 | 140 | 106 | 70 | 64 | 20 | 27 | 46 | 53 | 54 |
| 出租打折 | 6 | 7 | 44 | 50 | 47 | 45 | 44 | 44 | 41 |
| 出租补贴 | 1 | 1 | 17 | 40 | 55 | 56 | 58 | 64 | 63 |
| 房贷利息减税 | 24 | 46 | 78 | 61 | 19 | 0 | 0 | 0 | 0 |
| 房贷利息补贴 | -- | -- | -- | 15 | 6 | 5 | 3 | 3 | 3 |
| 房屋需求补贴总数 | 31 | 54 | 139 | 166 | 127 | 106 | 105 | 111 | 107 |
| 房屋补贴总数 | 171 | 159 | 209 | 230 | 147 | 133 | 151 | 164 | 161 |

资料来源：杨滔，黄芳．英国“可负担住宅”建设的经验及借鉴意义[J]. 国际城市规划，2008，23(5)：76-82.

## 启示意义：

建立政府主导、多方协调的福利住房供给机制。首先，要充分发挥政府的主导作用，通过政策引导、资金投入等方式加强对于福利住房的支持力度，进一步扩大福利住房的覆盖面积和覆盖人群。其次，借鉴“政府牵头、多方融资与多方承担”的模式，积极鼓励社会资本参与投资福利住房的建设经营，克服住房需求量大、资金短缺的瓶颈；同时邀请非盈利机构等新兴公益性主体参与该过程，确保运作过程的公开透明、公正公平。在此过程中政府机构需从保障社会公平、合理配置资源的角度，积极发挥监督管理、利益协调的重要职能。

伦敦某可负担住宅与私人住房混合的住宅楼

资料来源：英国：Shoreditch 项目方案公布 [EB/OL].http://www.archreport.com.cn/show-11-144-1.html.

形成灵活多样、可持续的福利住房运作模式。首先，建立灵活多样的住房补贴模式。根据保障性住房的发展实际选择适宜的补贴形式，重视并增加针对需求方的补贴政策，并鼓励以货币补贴为主的方式逐渐代替实物补贴为主的方式，确保住房补贴切实为最需要帮助的人群提供住房保障。其次，建立健全福利住房进入退出机制。完善福利住房申请审核机制，避免投机逐利行为发生；同时建立福利住房退出机制，保证有限资源的合理分配，促使福利政策真正惠及广大低收入群体。

打造公平公正、服务均等的福利住房居住环境。首先，推进贫富混居，增强社会融合程度。改变传统模式下福利住房集中分布的空间布局原则，通过规划设计、政策引导，促进福利住房和商品住房在空间上的混合布局，推进不同社会阶层的混居融合，激发社区的多元活力。其次，改善居住环境，推进服务均等化。切实提升福利住房所在区域基础设施建设水平和公共服务设施供给水平，保障各阶层收入群体对设施服务的公平共享。

包括可负担住宅的英国壳牌中心改造工程

资料来源：英国壳牌中心改造工程获得绿灯 [EB/OL]. http://mixinfo.id-china.com.cn/a-12238-1.html.

## 参考文献

[1] 惠丝思 . 英国可负担住宅设计发展新趋势及其启示——英国“住宅设计奖”获奖作品解析 [J]. 华中建筑，2013(1)：13-17.
[2] 杨滔 . 可负担住宅：英国社会和谐之基 [J]. 瞭望，2007，(1)：58-59.
[3] 杨滔，黄芳 . 英国“可负担住宅”建设的经验及借鉴意义 [J]. 国际城市规划，2008，23(5)：76-82.
[4] 汪建强 . 英国 " 可负担住宅 " 的建设及其启示 [J]. 河北工程大学学报：社会科学版，2008，25(1)：66-68.

资料来源：https://www.google.com.sg/maps

# 美国公共住房政策："希望六"计划

The U.S. Public Housing Policy : the HOPE VI program

案例地点：美国
实施时间：1992 年至今（2008 年后升级为"选择性邻里"计划）
投资金额：截至 2008 年底投资共计 170 亿美元
政策范围：中低收入家庭
专业类型：公共政策
实施效果：截至 2009 年，美国 10% 左右的公共住房建设受到"希望六"计划的影响

**案例创新点：**

在早期住房和城市发展部（HUD：Department of Housing and Urban Development）改善不良公共住房失败的情况下，美国于 1992 年出台了"希望六"计划（HOPE VI: Revitalization of Severely Distressed Public Housing），这是美国住房政策走向较为成熟阶段的标志。该计划实施十几年以来取得了相当大的成效，已拆迁了数以百计严重破旧的住房区，取而代之的是高品质的、贫富混合的住房。一些项目不但帮助改善了邻里的生活条件，还促进了整个中心城市的社区振兴。"希望六"计划已经成为项目融资、管理、提供服务等方面革新的孵化器，受到社会的广泛认可，并于 2000 年荣获了美国政府创新奖。

美国公共住房政策的演变历程

| 1937年 | 1949年 | 1974年 | 1992年 | 2009年 |
|---|---|---|---|---|
| 《美国住房法》 | 《1949 年住房法》 | 《住房和社区发展法》 | "希望六"计划 | "选择性邻里"计划 |
| 公共住房建设进入实质性阶段，确立"联邦拨款、地方实施"的运作模式 | 大规模城市住房建设运动，强调政府责任，城市重建局以"公私合营"引导住房建设 | 第 8 条款存量住房计划，大量公共住房实体建设被各式住房补贴计划所取代。 | 对严重衰败的公共住房进行改造和重建，完善公共服务设施，促进社区的健康发展 | 对"希望六号"计划的调整与深化，提出住房、居民、社区三个核心目标 |

资料来源：侯小伟．美国公共住房的困境与转型 [D]. 河北师范大学，2009.

## 案例简介：

20 世纪下半叶，美国公共住房社区普遍走向衰落，引发了贫困集中、种族隔离、公共服务设施缺失、经营管理不善等大量的社会问题。顺应公共住房改革的呼吁，美国出台了公共住房更新政策——“希望六”计划，旨在通过对衰败公共住房的修缮以及对住房和社区服务的投资，实现公共住房社区的复兴。“希望六”通过拆除、修复或置换公共住房来改善居民生活条件，并在此基础上优化公共住房邻里环境，避免或减少贫困家庭集中，力图建设可持续发展的社区。

### 提倡混合居住——贫困分散和贫富混合

在美国，贫困“集中效应”使低收入群体缺乏在就业、经济、教育等方面获得提升的机会，被排除在主流社会之外，进而影响到社会稳定。因此，“希望六”计划提倡直接有利于减少贫困家庭过度集中的“混合居住”，主要方法有几种：一是鼓励收入水平较高的居民或是工作相对稳定的家庭进入公共住房社区；二是在新建的公共住房周围布置私人住宅，建立公共住房与私有住房混合的规模化社区；三是直接建设混合收入型公共住宅。希望以此缓解公共住房社区贫困集中所引发的一系列社会问题。

纽约 1970 年代东哈林区的公共住房社区景象

资料来源：Vergara C J, Gilfoyle T J. Harlem : the unmaking of a ghetto[M]. University of Chicago Press, 2013.

纽约布鲁克林区的贫民窟

资料来源：艾伦 · 阿戈斯蒂诺 . 美国纽约贫民窟真实面貌 [EB/OL].http://www.weilairibao.com/show-136-335321-1.html

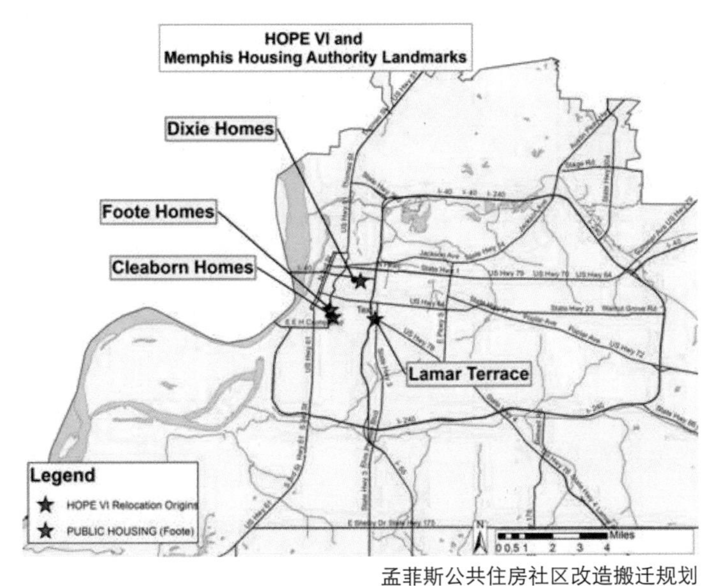


孟菲斯公共住房社区改造搬迁规划

资料来源：L Freiman, L Harris, L Mireles, S Popkin. Housing Assistance and Supportive Services in Memphis [EB/OL].https://aspe.hhs.gov/basic-report/housing-assistance-and-supportive-services-memphis-final-brief

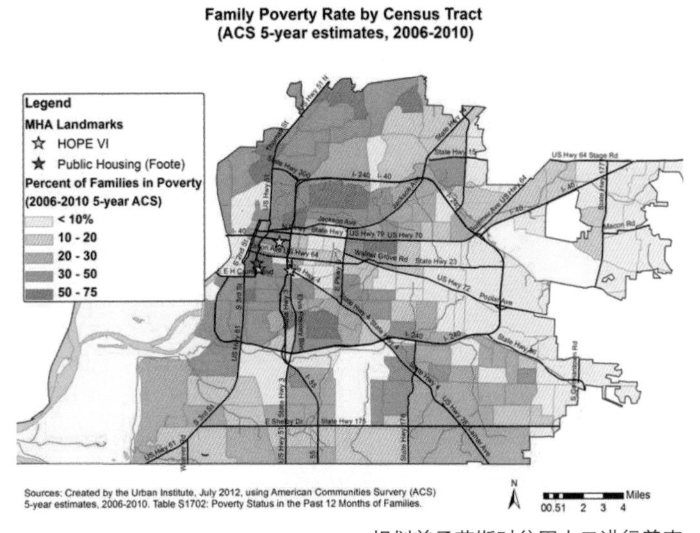


规划前孟菲斯对贫困人口进行普查

资料来源：L Freiman, L Harris, L Mireles, S Popkin. Housing Assistance and Supportive Services in Memphis EB/OL].https://aspe.hhs.gov/basic-report/housing-assistance-and-supportive-services-memphis-final-brief

纽约公共住房社区改造设计

资料来源 PinkCloud.dk. TENACITY:用设计激发社会活力 [EB/OL].http://www.gooood.hk/_d275607022.htm

**设计原则——遵循新城市主义**

在美国公共住房建设的早期，大多数公共住房的建造要求符合以减少实施费用为导向的“适度设计”（Modest Design）标准，在使用中容易造成维护成本增加，居民生活条件变差，甚至引发社会破坏行为与犯罪行为。因此，“希望六”计划以新城市主义所主张的原则为指导——认为社区必须是高密度的、行人友好的、公交可达的。并采用一系列的社区设计的方法，如倡导房屋要面向街巷，用不同类型、价格和面积的住房满足不同人群需求，使街道形成网格系统，提升商店或公园的可达性等。

**制度改革——促进公共住房管理的公私结合**

过去公共住房是受联邦政府管辖的，其规则和章程影响到入学、租金、搬迁等相关管理问题。随着“希望六”计划的出台，住房和城市发展部（HUD）撤销了对公共住房管理的限制，希望推动更多的市场力量进入到公共住房的管理之中。一方面，HUD 精简了几乎所有的公共住房管理方面的规则，在政策运行过程中取消了几十本指导手册和指导方针；另一方面，HUD 把补助金的重点转移到处理房管部门、私人开发商和管理公司之间发展公私伙伴关系上，鼓励新形式的资产管理方式 。

**社区管理机制——减少犯罪机率**

“希望六”计划建立起一套严格的居民与社区安全责任机制。在安全预防上，HUD 强调对公共住房承租人和租约遵守情况的审查，以此免除公共住房居民有可能受到的吸食或贩卖毒品以及其他犯罪行为的影响与伤害。在责任落实上，房管部门可以依据规定，对出现违规行为的公共住房居民进行驱逐并移交至司法机关，例如克林顿政府出台的“违规一次即驱逐”政策，使得房管部门有权驱逐被证实与毒品犯罪有关的家庭成员。

Centennial Place 公共住房修复前后对比图

资料来源： ATLANTA HOUSING PROJECTS. Centennial place apartments[EB/OL]. http://www.brookings.edu/metro/pubs/AtlantaCaseStudy.pdf

**资金运作——开拓来源渠道**

在“希望六”计划之前，设计和建造公共住房的费用由联邦政府全部承担，巨大的资金压力使得房管部门难以建设出具有市场吸引力的优质住房。而在“希望六”计划中，联邦与各级地方政府部门、私人住宅管理公司、私人房地产开发商、公共住房居民和其他公益性组织广泛合作，采用了混合融资的开发模式，有效缓解了联邦政府资金投入的压力。一方面，“希望六”计划把联邦政府拨付的专款资金用于重建、修复住房单元；另一方面积极鼓励当地政府和私营部门的贷方和投资者进行投资，私营部门发挥了前所未有的作用，使得项目资金更为充足。

纽约公共住房社区租赁

资料来源：Trulia. 很多年轻人被夹在房主和抵押贷款经纪人之间[EB/OL]. http://khnews.zjol.com.cn/khnews/system/2015/02/13/019044846.shtml

## 启示意义：

“希望六”计划被认为是美国历史上最为重要的公共住房政策之一，对中国的保障性住房建设和衰落住房改造具有借鉴意义。首先，该计划不再只关注物质空间层面的营建，而是综合考虑物质环境的更新以及疏散贫困集中、缓解社会矛盾等社会变革的目标。中国虽然没有种族隔离的问题，但仍存在不同程度的贫困集中问题，在空间布局避免在城市外围地区大面积集中建设保障性住房，要充分考虑低收入群体的就业、教育、交通等综合需求。其次，“希望六”的实施并非依靠政府一己之力，而是在强调政府各部门密切协作、提升管控能力的同时，积极探索“自上而下”与“自下而上”相结合的建设与改造机制，建立政府、市场、社会三位一体的融资渠道。中国一方面应加强对保障性住房的管理监督，促使政府投入的效用最大化；另一方面，政府可以借鉴美国的资金运作模式，制定优惠政策以鼓励私人资本参与到保障性住房的建设之中，拓展住房保障的资金来源渠道。

新城市主义推崇的联立式住房

资料来源：CTRIP 乱马 . 美国的住房 [EB/OL].http://abroad.cncn.com/article/71149/

1993 ~ 2006 年资助拨款分类统计表

| 拨款资助的类型 | 资助项目数量 | 拨款资助金额 |
|---|---|---|
| 1993～1995规划类 | 35 | $ 14 752 081 |
| 1993～2006住区振兴类 | 236 | $ 5 828 856 376 |
| 1996～2003拆迁类 | 285 | $ 391 585 505 |
| 2002～2003邻里网络建设类 | 45 | $ 9 967 500 |
| 2005～2006主街建设类 | 6 | $ 2 959 509 |
| 总计 | 607 | $ 6 248 120 971 |

资料来源：吴伟，林磊 . 从“希望六”计划解读美国公共住房政策 [J]. 国际城市规划，2010, 25(3):70-75.

## 参考文献

[1] 吴伟，林磊 . 从 " 希望六 " 计划解读美国公共住房政策 [J]. 国际城市规划，2010, 25(3):70-75.
[2] 候小伟 . 美国公共住房的困境与转型 [D]. 河北师范大学，2009.
[3] Popkin S J, Katz B, Cunningham M K, etc. A Decade of HOPE VI: Research Findings and Policy Challenges[R]. Urban Institute, The Brookings Institution Center on Urban and Metropolitan Policy,2004.
[4] 杨昌鸣，张祥智，李湘桔 . 从“希望六号”到“选择性邻里”——美国近期公共住房更新政策的演变及其启示 [J]. 国际城市规划，2015(6):41-49.

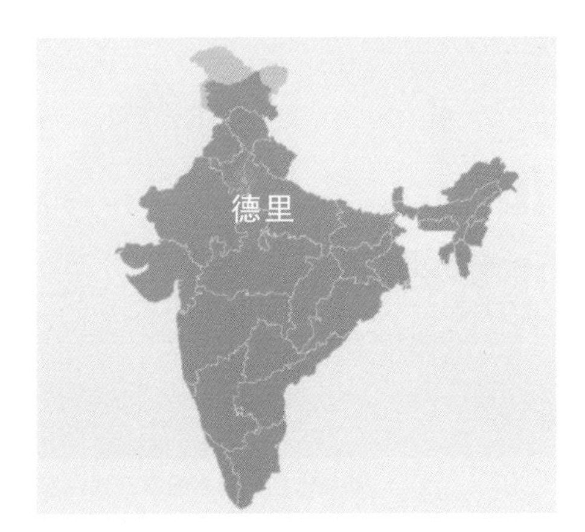


# 印度德里社会融合导向的总体规划

Social Integration Oriented Master Plan of Delhi in India

案例区位：印度德里国家首都辖区（NCT of Delhi）
规划时间：2002 年～ 2021 年
人口规模：规划 2300 万（2021）
规划范围：德里、新德里和德里坎登门及下属乡村
城市职能：印度首都，政治文化中心
专业类型：城市总体规划

**案例创新点：**

应对德里前两版城市规划实施之后依然严峻的非法开发、住宅短缺、郊区蔓延等问题，2002 ～ 2021 的新版城市总体规划在此基础上提出土地综合性开发、加强低收入群体住房供给、鼓励公共交通等一系列措施，以期为促进社会融合、提高生活质量做出有意义的贡献。该规划获得了国际城市规划师学会颁发的卓越规划奖，其应对城市化进程所出现问题和挑战的创新思路获得了国际认可。

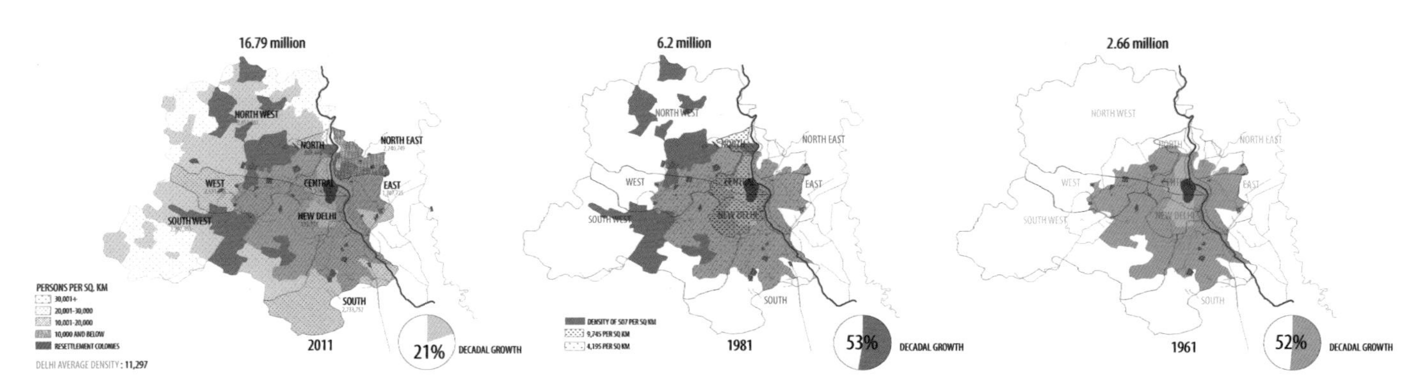


德里人口和城市空间的增长情况（1640 年 -2011 年）

资料来源：Delhi Population Density[EB/OL].https://arch3020recenteringdelhi.files.wordpress.com/2014/02/delhi_new_population_density_districtsresettlements_series.pdf

## 案例简介：

几十年以来，德里努力通过建设卫星城、改善公共交通、加强基础设施建设、保护历史遗产、举办世界级活动等措施提升城市综合功能。但与此同时，德里也面临着贫富差距扩大、非法居住区蔓延等复杂社会问题的挑战，2002～2021 年的新城市总体规划聚焦社会住房、非正规就业、非法居住区等有悖于社会融合的战略难题，提出了针对性的规划措施。

### 保障低收入群体的住房需求

就德里住房供应而言，保障低收入群体的住房需求是其中最大的挑战。规划要求提供给低收入群体的住房须占到住房总量的 50%～55%，并按照修复和搬迁的贫民窟或棚户区、重新安置区、新建住房等不同类型提出一系列具体措施。其中，新建住房强制规定地块内至少 15% 的容积率或者 35% 的住宅单元，必须作为低收入家庭住房。

公交车变身为夜间庇护所

资料来源：Bharat Nayak. Delhi: Call 8826400500, Download App And Post Photos, If Someone Needs Night Shelter[EB/OL]. https://thelogicalindian.com/news/call-8826400500-download-app-and-post-photos-if-someone-needs-night-shelter/

### 设置夜间庇护所

考虑到部分人无处可居的现实问题，规划在住房体系中提出夜间庇护所（Night Shelter）的设想，将其重点布置在火车站、汽车站、市场等公共区域，并对残疾、孤寡、妇孺等弱势群体予以特殊照顾。根据 2001 年的人口普查情况，德里至少需要在 25 个地点为近一万人提供夜间庇护所。为了保证这一设想切实可行，规划提出综合利用商业空间等创新理念，并明确相关部门制定指导方针和激励政策的职责。

### 整治非法居住区

德里的非法居住区（Unauthorised Colonies）集聚了大量人口，面临严峻的人居环境问题。虽然这个问题由来已久，1970 年代中期就引起政府关注并开始施行整治政策，到 1993 年 567 个非法居住区已经得到了整治。但由于治标难治本，此后德里涌现了更多的非法居住区。这次规划提出将非法居住区合法化，范围覆盖公共和私人土地内的所有非法居住区，并通过持续性的政府指令保障进行。具体内容应包括改善物质和社会基础设施，保证提供基本的社区设施及服务等。

表 8-4 非法居住区的设施完善要求

| 基础设施 | 设置要求 |
| --- | --- |
| 小学 | 800平方米/5000人 |
| 中学 | 2000平方米/10000人 |
| 社区中心 | 500-1000平方米，包括多功能厅、宗教场所、警察岗亭、医疗点、托儿所等 |

资料来源：Delhi Development Authority. Master Plan for Delhi-2021 [EB/OL]. http://dda.org.in/planning/mpd-2021.htm

德里东部的非法居住区

资料来源：P.S.N.Rao[ 印度 ]，纪雁（编译），沙永杰（编译）. 印度德里城市规划与发展 [J]. 上海城市规划，2014(1):78-85.

德里每周一次的集市

资料来源：P.S.N.Rao[ 印度 ]，纪雁 ( 编译 )，沙永杰 ( 编译 ). 印度德里城市规划与发展 [J]. 上海城市规划， 2014(1):78-85.

昌德尼朝克大街景象（2009 年）

资料来源：P.S.N.Rao[ 印度 ]，纪雁 ( 编译 )，沙永杰 ( 编译 ). 印度德里城市规划与发展 [J]. 上海城市规划， 2014(1):78-85.

### 鼓励土地混合利用

为了满足日益增长的商业需求和短缺的可利用空间，规划希望在满足环境要求的基础上鼓励居住区灵活的土地混合利用，比如允许在住宅的底层布置满足日常需求的小型商业，以期更好地协同工作、居住和通勤之间的关系。规划采用 MCD(Muncipal Corporation of Delhi) 的分区方法，根据七个片区的不同情况，制定差异化的具体措施，包括明确不同片区的准入商业类型、允许混合利用的最小街道宽度等。

### 非正规经济合法化

非正规经济是德里经济构造的重要组成部分，规划提出了许多措施，包括划定社区里的“鼓励（Hawking）”和“不鼓励（No Hawking）”区域；将每周一次的集市 (Weekly Market) 纳入规划；新建地区适度发展非正规贸易，融入住房、商业、公共设施、工业等功能板块；为非正规贸易提供厕所、供水等基本服务；完善管理摊位、推车、移动车等的制度设计；鼓励 NGO 组织的参与治理，明确角色和职责等等。

### 提升公交出行便捷度

为了解决德里城市交通堵塞和低收入群体出行不便的难题，规划提出改善公共交通，提高公交的通达度使其能涵盖各类人群和地区，并进一步发展快速公交系统，促进私家车使用的减少。规划同时建议这些快速交通干道沿线加强地产开发，提高沿线的土地利用效率，方便市民的交通出行。

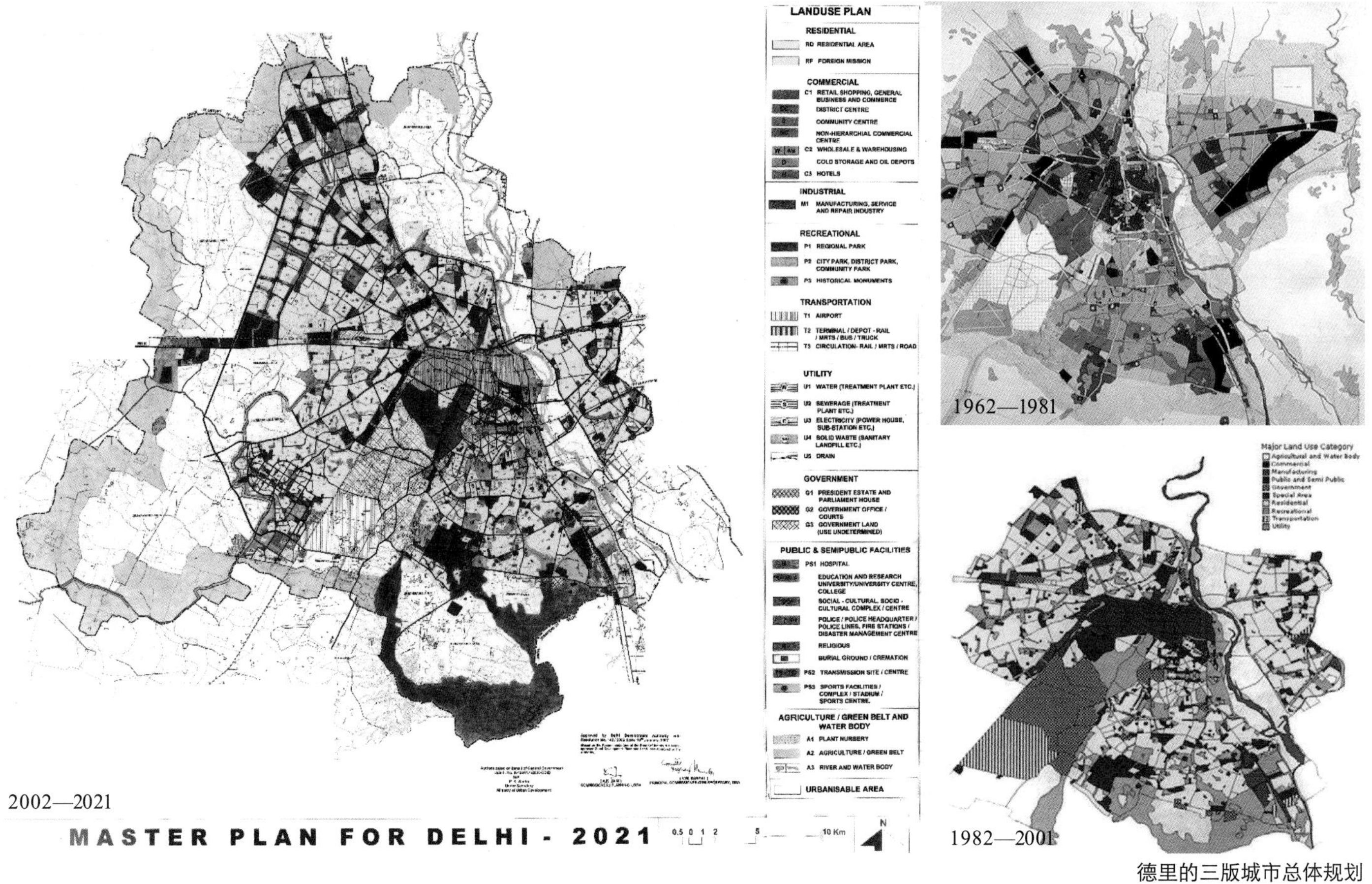


德里的三版城市总体规划

资料来源：DDA. Master Plan for Delhi 1962—1981[R]. 1962.
DDA. Master Plan for Delhi 1982—2001[R]. 1990.
DDA. Master Plan for Delhi 2002—2021[R]. 2006.

## 启示意义：

德里在城市化进程中面临人口快速增长带来的诸多问题和挑战，2002～2021年的总体规划在前两版规划的基础上，更加注重非法居住区整治、低收入居民安置等关乎社会民生问题，力求为德里社会融合和提升居民生活质量做出贡献。德里的很多问题尤其是在发展中国家普遍存在，只是程度和形式有所差异，因此，德里总体规划对中国的住房保障、非正规经济和空间整治等方面同样有借鉴意义。

有效管治非正规经济。虽然非正规经济对城市物质空间造成了负面影响，但也在一定程度上解决了弱势群体的城市就业难题。因此不能简单采取措施强制取缔，应综合考虑不同利益主体的需求，将其逐步纳入合法体系，通过规划等政策文件引导其健康发展，实现社会利益的均衡与稳定。

满足低收入群体的住房保障需求。低收入群体为城市贡献了力量，却因为难以承担高额住房成本而居无定所或聚居在棚户区等非正规城市空间，需要建立多层次的住房保障体系，重点完善针对低收入群体的社会住房政策。

建立包容性的规划方法论。目前主流的规划理论仍然是自上而下的精英规划，这种规划方法对非正规现象选择忽视和排斥，可能会由此引发社会矛盾。而包容性的规划方法认识到城市发展的复杂性，正规性和非正规性并非截然对立，应尊重城市的发展和差异，接纳多元的城市主体，将非正规元素融入规划。

德里的主集市

资料来源：Edward Graham.2013《国家地理》摄影大赛参赛作品：《新德里的主集市》[EB/OL]. http://image.fengniao.com/slide/369/3690196_13.html

## 参考文献


[1] P.S.N.Rao[ 印度 ], 纪雁 ( 编译 ), 沙永杰 ( 编译 ). 印度德里城市规划与发展 [J]. 上海城市规划，2014(1):78-85.

[2] 伍江 . 亚洲城市点评：从《印度德里城市规划与发展》一文想到的 [J]. 上海城市规划，2014(1):86-86.

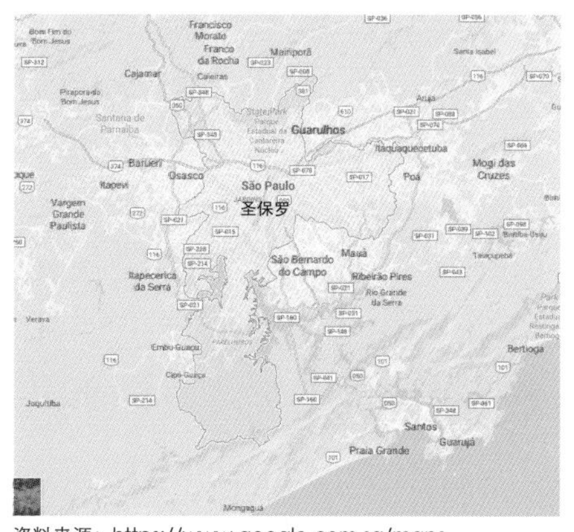

资料来源：https://www.google.com.sg/maps

# 巴西圣保罗贫民窟改造实践

The Slum Reconstruction Program in São Paulo, Brazil

案例区位：圣保罗市
规模范围：圣保罗市域
实施时间：2005 年至今
项目投资：2005～2012 年间已投资 30 亿美元
专业类型：城市更新
实施效果：13 万余家庭获益，建成 1 万套住房

**案例创新点：**

圣保罗约有 80 万户居民生活在约 2000 个贫民窟中，这些居民缺乏充足的供水和供电，也难以获得必需的住房、医疗、教育等公共资源。在圣保罗贫民窟改造项目中，政府首先改变了对贫民窟的态度，从最初的驱逐、清除，转为承认土地占有者的使用权甚至所有权，再到之后对贫民窟进行升级改造，对贫民窟的政策发生了根本性的变化。目前圣保罗贫民窟改造不仅是改善住房环境，而且努力形成集减少贫困、创造就业、增加收入等于一体的政策措施，旨在帮助贫困人群融入社会，增强社区凝聚力。该项目已在改善城市贫困人口生活条件、促进城市融合方面取得了积极成效，因此获得了 2012 年“联合国人居环境奖”。

圣保罗最大贫民窟——埃利奥波利斯景象

资料来源：陈清扬 . 探访里约贫民窟：足球是共同交集 学校与毒贩抢孩子 [EB/OL].http://2014.ifeng.com/jz/detail_2014_06/20/36932807_0.shtml.

## 案例简介：

贫民窟是巴西城市化进程的产物。半个世纪前，巴西城市工业的发展吸引了大量农村人口来城市谋生，且多居住在城市边缘，而之后城市发展过程中的动迁征地也将大量低收入家庭安置到郊外荒野的临时居住地，这些临时安置地变成了城市贫民的聚居区，成为巴西贫困现象的一个缩影。其中，全国半数以上的贫民窟人口聚集在大都市，最典型的例子就是里约热内卢和圣保罗。据 2010 人口普查数据，圣保罗市约有 1100 万居民，而城市中的 2000 个贫民窟中聚集了 80 万个家庭，约 300 万人口。面对如此庞大规模的贫民窟，圣保罗市政局于 2005 年开始了巴西最大的贫民窟改造项目，该项目旨在通过改善基础设施、提供公共服务以及建设新的住宅等提高居民的生活质量。在改造过程中，市政局改变了以往大拆大建的态度，合法化了贫民窟土地产权，充分尊重现有住房以及邻里关系，不再将其看作贫民窟，而是作为新的社区来建设，并试图以公共空间的改善来增强社区凝聚力，提升城市的包容性。

贫民窟的艺术再造

资料来源：快乐天堂 涂鸦"装扮"里约贫民窟 [EB/OL].http://news.xinhuanet.com/shuhua/2011-12/31/c_122517790.htm.

帕来索波里斯新公共设施的建设

资料来源：Elisabete França.Slum Upgrading: A Challenge as Big as the City of São Paulo[J].Focus, 2013(10):74-82.

帕来索波里斯新公共住房的建设

资料来源：Elisabete França.Slum Upgrading: A Challenge as Big as the City of São Paulo[J].Focus, 2013(10):74-82.

贫民窟改造前后对比

资料来源：Cities Alliance for Cities Without Slums: action plan for moving slum upgrading to scale[R].The World Bank,UNCHS (Habitat).2013.

改造后的贫民窟景象

资料来源：Upgrading in Sao Paulo,Brazil[EB/OL].http://www.citiesalliance.org/SaoPaulo

**基本方向——改造的宗旨、原则和步骤**

贫民窟改造的宗旨是，使现有的非法定居点合法化，并防止出现新的非法定居点；优先考虑地质条件恶劣地区的家庭以及收入更低的家庭；确保将这些定居点纳入城市社区的正规管理。

贫民窟改造的重要原则：一是注重基础设施投入；二是保护水源，按水源分区进行改造；三是保证改造工程的连续性，不受政府换届选举的影响。

贫民窟改造过程分 4 个步骤：一是普查，通过调查研究掌握贫民窟的数量和情况；二是分级，即分清哪些是最急需的、哪些是可暂缓改造的；三是筛选，选出重点，分期分批进行改造；四是定点，决定改造时间和改造规模。

**具体措施——差异化的治理手段**

对于居住在贫民窟里的居民，并不都要求全部搬走，不同的情况有不同的处理方法。如果贫民窟全都位于危险地段或水源附近，则会采取疏散贫民窟的措施让他们全部迁移，将原址土地收归国有，改建为公园、绿地、运动场等。而其他贫民窟里的居民，一方面政府在法律上使住房和土地合法化，登记发证；另一方面政府致力改善贫民窟居民的生活条件，使水、电、道路、排水、公园、绿地、水源、运动场所等设施进入贫民窟。至于迁出的贫民则被安置在政府新建的公共住房中，市、州、联邦三级政府都会承担一部分房屋的建设成本，国家再给贫民一定的补贴，这样需要搬迁的贫民可以优惠价格和分期付款的方式（30 年付清）购买公共住房。

**运行机制——政府和非政府组织的合作治理**

2000 年以来，随着巴西开始转变城市管理理念，各级政府逐渐放弃了过去对贫民窟一概排斥的做法，圣保罗市也采取了一系列积极的治理措施。贫民窟住房改造计划由市长、市长助理和住房部部长共同制订，并先经过贫民大众讨论，再提交市政府执行。其改造的资金由城市政府协同联邦政府，再联合世界银行、联合国机构、城市联盟等组成的联合基金会进行资助。具体改造则由圣保罗市政住房秘书处和城市联盟进行，并在城市联盟的技术支持下建立了社区住房信息系统 HABISP（Information and Prioritising Intervention Systems），这为贫民窟改造的长期进行奠定了良好的基础，也吸引了相当部分的投资用于圣保罗城市发展项目。

贫民窟房屋改造

资料来源：Upgrading in Sao Paulo,Brazil[EB/OL].http://www.citiesalliance.org/SaoPaulo

贫民窟改造后的排水设施

资料来源：Upgrading in Sao Paulo,Brazil[EB/OL].http://www.citiesalliance.org/SaoPaulo

## 启示意义：

圣保罗在从 20 世纪 50 年代开始的快速城市化进程中，忽视了进城农民居住条件的必要保障，目前虽然政府已经开始将注意力转向改善城市贫民的生活环境，但是付出的代价十分巨大，这些工作的完成还需要很长一段时间。从圣保罗的经验教训中可以得到以下启示：

一是以改代拆，重点完善公共设施的配套。从圣保罗贫民窟改造的理念看，城市改造并不都需要大拆大建，我国在面对城中村、棚户区等"城市毒瘤"的时候应改变一拆到底的粗暴解决方法，认识到其存在的一定合理性和目前相对恶劣的生活条件，积极推动实施棚户区改造工程，显著改善广大低收入住户的生活条件。

二是要优化保障房住区建设及管理。圣保罗最大的贫民窟——埃利奥波利斯的形成就是因为政府当初将部分贫民家庭安置到郊外，导致越来越多的外来务工人员聚居于此，木棚越建越多，最后形成了大规模的贫民窟。

三是改造过程中应践行"以人为本"的理念。在进行物质空间改造的同时需要维护原住民的社会网络关系，增强城市包容性与多元性。不论是旧城改造还是城中村改造，都应该尊重原住民的诉求并充分调动原住民参与的积极性。

饶州的棚户区改造

资料来源：吴明星 ."畅通饶州北大道 造福旧城棚户区 [EB/OL]. http://house.0793114.cn/housenews-2525.html.

改造后的纳尔逊曼德拉小区

资料来源：Marjorie Ribeiro. "O urbanismo e a arquitetura podem contribuir para uma cidade mais igualitária" , Ruy Ohtake[EB/OL].http://portal.aprendiz.uol.com.br/arquivo/2012/08/31/ "o-urbanismo-e-a-arquitetura-podem-contribuir-para-uma-cidade-mais-igualitaria" -ruy-ohtake/

## 参考文献

[1] Elisabete França.Slum Upgrading: A Challenge as Big as the City of São Paulo[J].Focus, 2013(10):74-82.

[2] 徐勤贤，窦红 . 巴西政府对城市低收入阶层住房改造的做法和启示 [J]. 城市发展研究，2010(9):121-126.

# 智利金塔蒙罗伊低收入住宅

Quinta Monroy Housing, Iquique, Chile

项目区位：智利，塔拉帕卡，伊基克市
建设时间：2003
区位类型：新城区
项目规模：5000m$^2$
项目投资：7500 美元 / 户（折合 204 美元 /m$^2$）
设 计 师：亚力杭德罗 · 阿拉维纳

**案例创新点：**

智利金塔蒙罗伊住宅项目创造性地解决了在有限的资金下进行社会保障房建设的问题，使得贫穷的家庭仍然可以居住在城市中心区，并能够达到中产阶级的居住标准。建筑师为此设计了一种特殊的建筑物——“半成品房屋”，这样的方式既提供了家庭难以独立承担建造的基础结构，又给他们留出了未来进一步拓展的空间，居民可以根据各自的经济条件，对住房加以后续完善。智利建筑师亚历杭德罗·阿拉维纳凭借金塔蒙罗伊住宅的这种“半成品住宅”模式赢得了国际声望，并最终获得了建筑界的诺贝尔奖——普利兹克建筑奖。

金塔蒙罗伊住宅建成初始

资料来源：http://www.ikuku.cn/project/jintamengluoyizhuzhai2004nianzhiliyijike

金塔蒙罗伊住宅的居民扩建效果

资料来源：http://www.ikuku.cn/project/jintamengluoyizhuzhai2004nianzhiliyijike

## 案例简介：

金塔蒙罗伊住宅位于智利伊基克市，由 Elemental 公司负责设计，2004 年建成。Elemental 公司的主要设计理念是设计和实施具有社会效益和公共影响的城市项目，由建筑师阿拉维纳担任执行董事，他曾设计过 2500 多套价格低廉的社会保障住房。该公司被誉为“行动库”而非“思想库”，专注于涉及公共利益和具有社会影响的项目，涵盖住房、公共空间、基础设施和交通运输等领域。

住宅底层平面图

资料来源：金塔蒙罗伊住宅，2004 年，智利伊基克 .http://www.ikuku.cn/project/jintamengluoyizhuzhai2004nianzhiliyijike

### 设计目标

30 年来，金塔蒙罗伊的 100 多个家庭在智利沙漠中的伊基克市中心私搭乱建，占了近 5000m$^2$ 的土地，使其成为了拥挤不堪的贫民区，这里充斥着不满、社会冲突和不平等。

项目建筑师的任务是使这 100 户家庭定居下来，为他们提供一个平等、合理的社区空间环境，并提供每户自主扩充的空间（每栋房子的面积至少比它初始面积扩充两倍），设计师要在当地住房政策的框架内工作，以 7500 美元每户的预算承担项目土地、基础设施和建造的全部费用。虽然智利物价 7500 美元只能买到约 30m$^2$ 的建筑面积，项目所在地段的价格是一般地段价格的三倍，但是，项目实施的目的仍是要将这些家庭就地安置，而不是将他们迁到城市外围。

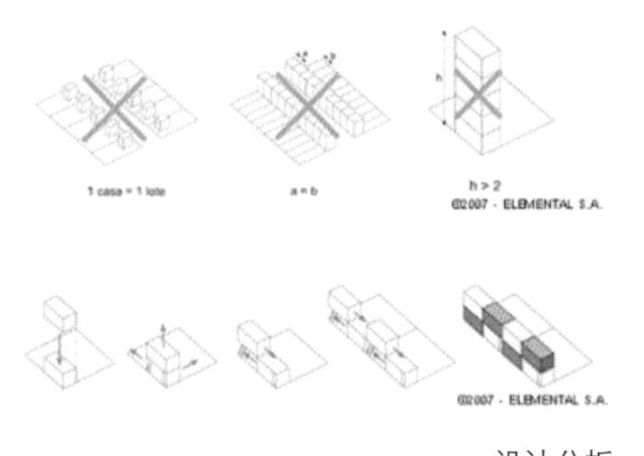


设计分析

资料来源：http://www.ikuku.cn/project/jintamengluoyizhuzhai2004nianzhiliyijike

设计过程

资料来源：http://www.ikuku.cn/project/jintamengluoyizhuzhai2004nianzhiliyijike

居民自建后的住宅

资料来源：http://www.elementalchile.cl/en/projects/quinta-monroy/

室外空间

资料来源：http://www.ikuku.cn/project/jintamengluoyizhuzhai2004nianzhiliyijike

### 解决策略

解决这个问题的一个入手点是假设：一栋房子 = 一个家庭 = 一块场地。如果按照一般独栋独户的设计方法，因单体住宅土地利用效率很低，在这块土地上仅能安置三十多户。

Elemental 公司找到了一个新的角度来看待问题：将设计目标从 7500 美元规模的项目乘以 100 倍，变为 75 万美元的、能容纳 100 户家庭以及他们的扩展需求的规模。为了让建筑在以后能很方便的扩建，设计师尝试将设计的重点放在建筑的地面层和屋顶层。

### 新的设计准则

第一，保证项目密度。项目必须要有足够的建筑密度，从而有足够的费用支付项目所需的昂贵地价。好的地段是增加财富的关键，拿到这块地，意味着维系了城市所能提供的增加住户收入的各种机会与服务。

第二，保证空间利用率。设计将每户相错，每隔一户留出底层架空空间与二层平台空间，作为住户自建的扩充空间，将宅基地面积压缩到最小值以增大土地利用率。由于每个单元建筑的一半的房产将在日后由住户自己建造，因此建筑必须提供足够的结构对接点来承受日后在其上的扩建。初始建设必须提供这种支持的框架，从而使日后住户既便于扩展搭建，又不会对社区环境产生负面影响。

第三，发挥公共空间与社区文化的潜力。考虑到人口众多，设计者在公共和私密两者之间设置了被约 20 个家庭所包围的 4 个广场。公共空间为维系脆弱的社会联系提供了适宜的条件。

在以上设计准则下，建筑师为居民完成了厨房、浴室、楼梯、隔断墙和所有较为困难部分的设计建造工作。入住后通过逐渐自我扩建，最终每户的住宅面积可达 $72m^2$。

住宅不断自生长的过程

资料来源：http://www.ikuku.cn/project/jintamengluoyizhuzhai2004nianzhiliyijike

住宅不断自生长的过程

资料来源：http://www.ikuku.cn/project/jintamengluoyizhuzhai2004nianzhiliyijike

住宅不断自生长的过程

资料来源：http://www.ikuku.cn/project/jintamengluoyizhuzhai2004nianzhiliyijike

建成室内效果

资料来源：http://news.zhulong.com/read/detail211554.html?source=qZone

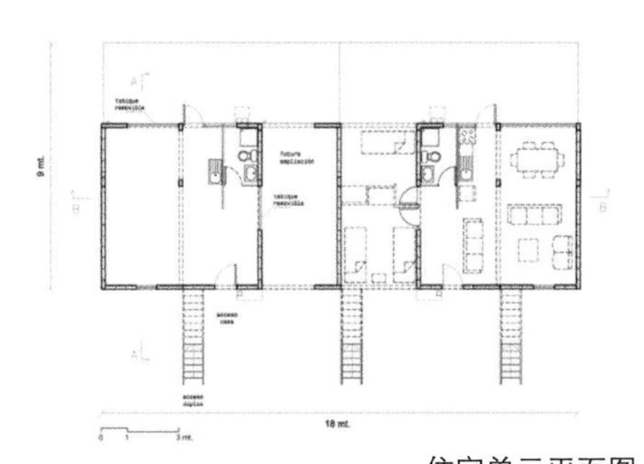

住宅单元平面图

资料来源：http://www.ikuku.cn/project/jintamengluoyizhuzhai2004nianzhiliyijike

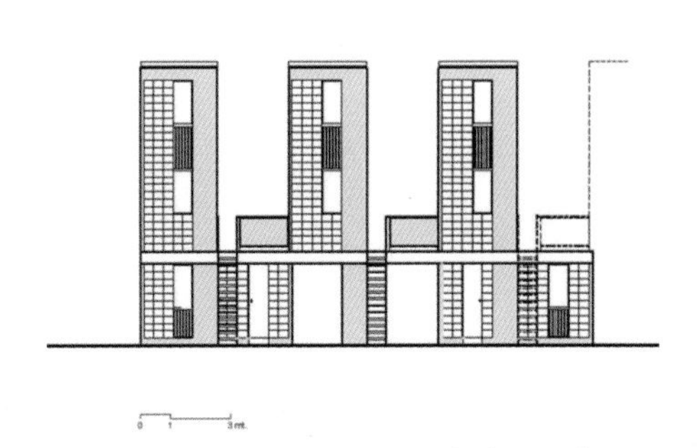

住宅单元立面图

资料来源：http://www.ikuku.cn/project/jintamengluoyizhuzhai2004nianzhiliyijike

## 启示意义：

设计体现了“在整体统一的基础上鼓励自主建造”的概念。这个案例引发的思考包括棚户区、城中村改造原地安置的可能性，以及政府和建筑师在有限的公共资金投入下可以采取的措施。另外，该项目设计任务书中给建筑设计留有的余地，体现了当地政府对于住户参与“自主建造”需求的认识与尊重：由设计师给予住户一个有明确限制范围的预留空间，使得“自主建造”的行为有序而统一。通过留给居民自主拓展的空间并进行有效管理，实现了低成本条件下适宜中等收入生活水平住宅社区的建设。

底层室内空间

资料来源：http://www.ikuku.cn/project/jintamengluoyizhuzhai2004nianzhiliyijike

客厅室内空间

资料来源：http://www.ikuku.cn/project/jintamengluoyizhuzhai2004nianzhiliyijike

加建部分室内空间

资料来源：http://www.ikuku.cn/project/jintamengluoyizhuzhai2004nianzhiliyijike

## 参考文献


[1] 王雪如 . 杭州双桥区块乡村“整体统一 · 自主建造”模式研究 [D]. 浙江大学 ,2011.

[2]Aravena A, Montero A, Cortese T, et al. Quinta Monroy[J]. Arq, 2004(57):30-33.

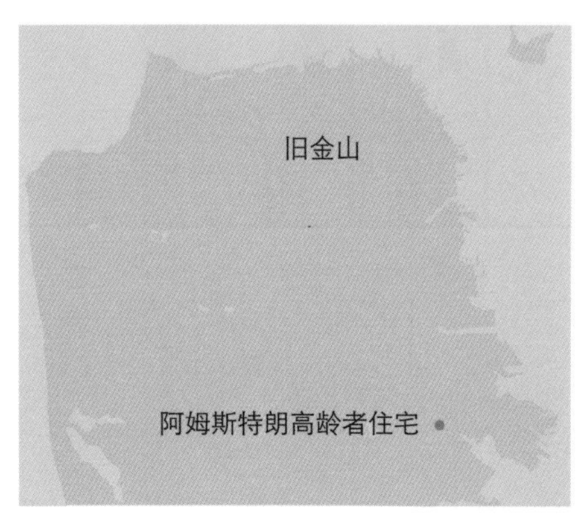


# 美国旧金山阿姆斯特朗老年住宅

Armstrong House for the Aged, San Francisco, California, America

项目区位：美国，加利福尼亚州，旧金山
建设时间：2011 年
用地规模：131800m$^2$
区位类型：老城区
建 筑 师：David Baker 建筑事务所

**案例创新点：**

阿姆斯特朗老年住宅是一个社区养老综合体项目。这个项目除了提供老年人的居住空间，还配备老年活动中心等公共设施，并且配置一部分家庭住宅，便于家人陪伴照顾老人，避免老年人在养老住区中孤独。它位于城市成熟区，内部配套结合城市公共资源，延续了城市肌理，并且强调社区内环境与对外联系的平衡。该项目采用很多绿色建筑技术，包括太阳能发电、雨水回收等，并且获得了美国 LEED 绿色建筑认证。同时，该项目得到社会的认可，获得了 2011 年 AIA（美国建筑师协会）住宅建筑奖。

住宅项目对城市街道开放

资料来源：http://www.archdaily.com/153359/armstrong-place-senior-housing-david-baker-partners

住宅项目对城市街道开放

资料来源：http://www.archdaily.com/153359/armstrong-place-senior-housing-david-baker-partners

住宅项目对城市街道开放

资料来源：http://www.archdaily.com/153359/armstrong-place-senior-housing-david-baker-partners

## 案例简介：

项目由原工业区住宅综合体改造而成。其中的家庭住宅作为整体建筑的附属部分，使其满足老年人家庭成员增加和探访的可能性；新建单独的老人住宅作为主体并包含各种满足老年人生活的配套设施。阿姆斯特朗老年住宅现拥有116个出租单元，容纳了124个家庭。住宅和附近的医疗中心接轨，为老年人提供精心服务。

### 总体规划

旧金山阿姆斯特朗老年住宅区通过两条轨道交通与外部城市空间联系，同时沟通了街区的商业街和一个公共公园。住宅区强调内部的居民活力与对外的开放性。建筑沿周边街道形成连续界面，通过内部的庭院提供人们所需的阳光和风景。为了凸显住宅区在街口的标志性，特意设置了一个色彩斑斓的塔楼。

为了给社区的生活提供便利，在住宅区内同时设置零售店和健身中心。住宅区内部的通道也可作为公共人行道，将整个住宅区与城市街道网络连成整体。为能够方便社区内的机动车和自行车的停放，停车区位于高龄者住宅部分的底层。

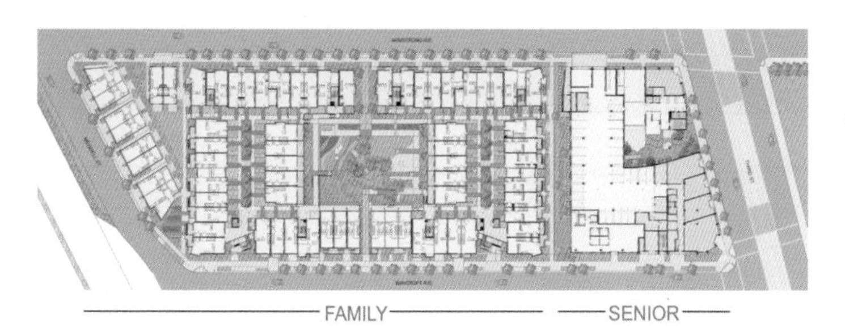


底层平面图

资料来源：http://www.archdaily.com/153359/armstrong-place-senior-housing-david-baker-partners

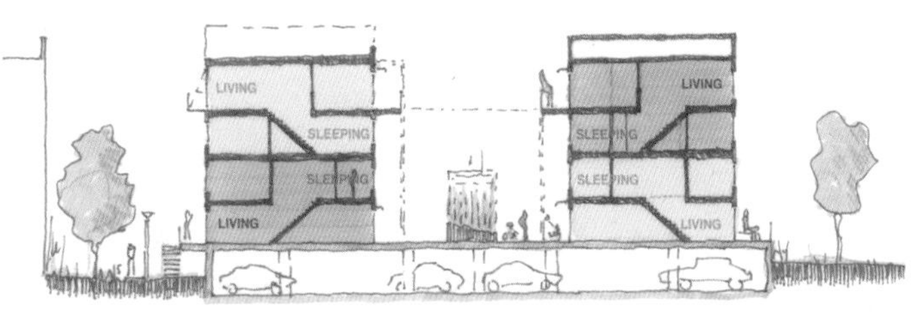


住宅单元剖面图

资料来源：http://www.archdaily.com/153359/armstrong-place-senior-housing-david-baker-partners

住宅项目与周边城市的联系

资料来源：http://www.archdaily.com/153359/armstrong-place-senior-housing-david-baker-partners

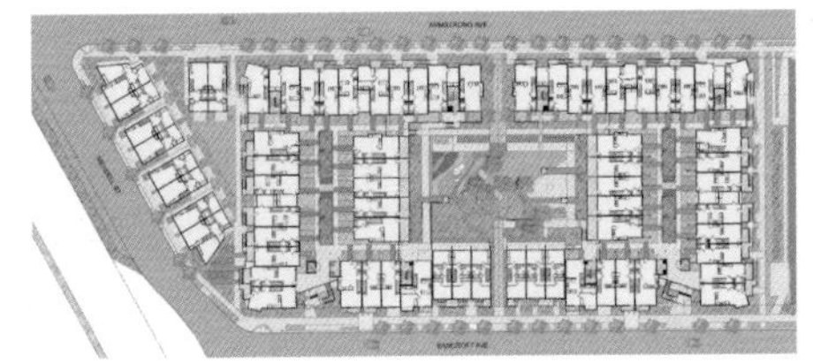

家庭住宅区庭院分布

资料来源：http://www.archdaily.com/153359/armstrong-place-senior-housing-david-baker-partners

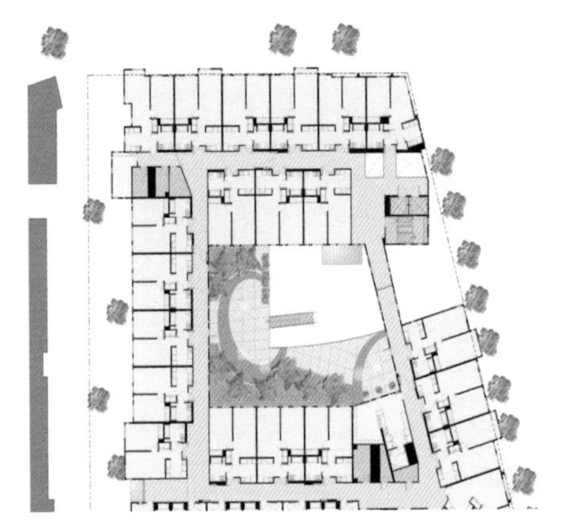

老年住宅区下沉庭院分布

资料来源：http://www.archdaily.com/153359/armstrong-place-senior-housing-david-baker-partners

中心庭院景观

资料来源：http://www.archdaily.com/153359/armstrong-place-senior-housing-david-baker-partners

室外空间

为给居民的活动提供了充足的场所，阿姆斯特朗老年住宅区内布置了多个公共绿地庭院。老年人公寓可以俯瞰花园、庭院，与旁边的普通家庭住宅之间设有景观带。这条景观带是城市道路的延伸，成为连接主路的一条步行路径。设计者将非洲的纹样和符号运用在高龄者住宅区下沉庭院通道的墙面上，来纪念在街区历史上曾经居住过的非洲裔美国居民，这些符号代表着安全、智慧、力量、爱、大同和希望。其喷涂的颜色和窗户安排模仿了非洲的织物，如同包裹在外墙上的一床色彩斑斓的“被子”。

普通家庭住宅每户住宅楼前还有一块自己负责种植的小块绿地。中心庭院是家庭户外活动的中心，这里提供了各种健身器材供人们使用。为加强建筑空间的内部向心力，内庭院以南北布局，连接两个居住单元组团，。

沿街道和住宅区内部的景观，担负了美化环境和雨水回收的双重职责，增加了地表水的留存，也缓解了城市的综合雨水和污水系统的负担。

模仿非洲织物的色彩肌理

资料来源：http://www.archdaily.com/153359/armstrong-place-senior-housing-david-baker-partners

家庭住宅前的绿地

资料来源：http://www.archdaily.com/153359/armstrong-place-senior-housing-david-baker-partners

老人住宅的下沉庭院

资料来源：http://www.archdaily.com/153359/armstrong-place-senior-housing-david-baker-partners

室内空间

阿姆斯特朗老年住宅的公共服务设施非常完善，这里既有健身房和公共厨房，也有老年活动中心。老年住宅区非常注重室内公共活动空间的塑造，在内部为每个居住单元的老年人提供了宽敞明亮舒适的公共交流客厅。以暖色调为主布置老年人居住空间，创造了一种温暖的室内氛围。在室内设计上注重无障碍设施的设置，提供老人一个安全便捷的生活空间。

建筑通过屋顶上设置的太阳能光伏系统，为室内提供所需的电力和热水，该项目的设计与建造获得了美国 LEED 绿色建筑的认证。

住宅户型按照养老户型设计，楼梯宽度能够满足轮椅电梯的安装，同时提供无障碍的生活空间，满足居民就地养老的问题。

公共活动空间

资料来源：http://www.archdaily.com/153359/armstrong-place-senior-housing-david-baker-partners

## 启示意义：

阿姆斯特朗老年住宅中通过促进不同年龄居民的混居，塑造了较强的社区性和家庭性。不同年龄阶段的家庭成员给社区带来不同的生活模式，老年人可以和不同年龄段的人交流，更好地融入社区。老年住宅在建筑布局上对街区开放，使得这个社区成为街区的中心，对街区的发展起着重要的推进作用。此外，建筑采用了多种绿色建筑技术，有机地融合到建筑之中，使建筑达到了高效节能的目的，整个住区和住宅的宜老化设计和人性化细节关怀尤其值得借鉴和学习。

餐厅及厨房场景

资料来源：http://www.archdaily.com/153359/armstrong-place-senior-housing-david-baker-partners

卧室场景

资料来源：http://www.archdaily.com/153359/armstrong-place-senior-housing-david-baker-partners

社区活动中心场景

资料来源：资料来源：http://www.archdaily.com/153359/armstrong-place-senior-housing-david-baker-partners

## 参考文献

[1]Francisco S. Armstrong Place Senior Housing / David Baker & Partners[J]. Archdaily.
[2]Weber C. Armstrong Place Senior + Family Housing[J]. Builder the Magazine of the National Association of Home Builde, 2011.

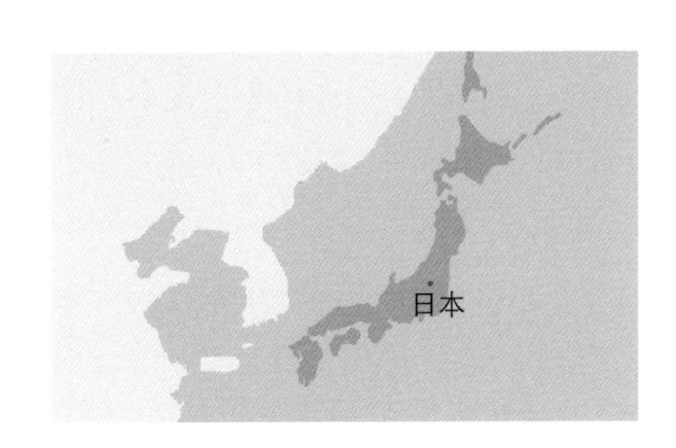


# 日本工业化生产的装配式住宅

The Precasted Houses in Japan

项目地点：日本

区位类型：居住区

**案例创新点：**

20 世纪 50 年代，战后的日本大力发展保障性住房，开始探索以工业化生产方式、高效率地建造住宅，建筑工业化开始起步。半个多世纪以来，日本已形成完整的建筑工业化体系，从房地产开发计划、建筑设计、部件设计、科技研发、工厂制造、建筑施工到物业管理，形成了系统、完善的产业链条。进入新世纪以来，日本的工业化住宅在绿色环保、节能减排、自然生态、人居和谐等领域成果显著，属世界领先水平。

预制组装混凝土住宅的装配

资料来源：http://precast.org/2011/07/7653/

## 案例简介：

工业化生产的住宅通过住宅建筑商品化、部品化、构件化，将以现场建造为主的方式转变为以现场装配组装为主，实现部品和构件的工厂化生产和现场装配，从而让建造房屋就像汽车零部件组装成汽车一样完成，彻底改变以现场湿作业为主的建造方式。工业化住宅分为工业化单户住宅和工业化集合住宅两大类。日本集合住宅建设是工业化住宅的一种主要做法，工业化单户住宅占全部住宅建设户数的 15% 左右，工业化集合住宅占全部住宅建设户数的 50% 左右。

### 工业化住宅的两种生产方式

一种方式是将住宅的墙和楼板等分解为平面构件，在工厂进行生产。有的在工厂直接将门窗安装好，甚至有的将外装修、内装修、保温层等集成为一体，最大限度地减少现场安装，以广泛应用于集合住宅的 PCa（预制组装混凝土结构）工法最为著名。预制件形式多为半预制化，留出现浇部位以利于提高建筑的整体性。由于建筑规模大，单项目中就有相当数量的 PCa 构件，可分类归纳后进行工厂化生产，但项目之间并无共通的标准。

另一种方式是将住宅分解为立体空间单元，每一个单元体在工厂的流水线上生产，出厂时单元体的墙、楼板、设备、装修等所有构件和部品都已安装完毕，运到现场进行大的组装，数小时后一栋住宅便拔地而起，剩下工作仅是室内连线和连接部处理。采用这种方式的工业化程度最高，但相较前者，工厂生产效率和运输效率稍低，因工期调整而存放所需的空间也较大。

成品居住单元的吊装

资料来源：https://www.tumblr.com/search/nakagin-capsule-tower

中银舱体住宅

资料来源：https://www.pinterest.com/pin/206602701628782494/

### 工业化住宅的特点

日本工业化住宅呈现集成化发展趋势，使工业化建筑兼具节能、隔声、防火、抗震、智能化等性能。

——节能。各种新型保温隔热材料、遮阳构件、节能门窗等可以在工厂中与墙体集成制造，建筑节能构造也实现了工业化生产。

——隔声。提高墙体和门窗的密封功能，保温材料具有吸声功能，使室内有安静的环境免受外来噪声的干扰。

——防火。使用阻燃或难燃材料，防止火灾的蔓延或波及。

——抗震。大量使用轻质材料，降低建筑物重量，增加装配式构件的柔性连接，长期使用不开裂、不变形。自20世纪60年代PCa在日本集合住宅中应用起，该结构体系经历了数次大地震，至今没有出现因结构问题而损坏建筑的报告。

——工厂预制化。把房屋看成是一个大设备，现代化的建筑材料和预制构件是这台设备的零部件，这些零部件经过工业生产和严格的检验可以保证其质量，组装出来的房屋能够达到功能要求。

——施工装配化。装配化施工具有下列优点：施工进度快；劳动强度降低；交叉作业方便，每道工序精准有序；现场噪声小；散装物料减少，废物及废水排放很少；施工成本低。

### 工业化住宅的产业化体系建设

政策的大力调控与指导。日本每个五年计划都会确定住宅产业技术发展研究的重点方向和目标，从高层住宅工业化体系、节能化体系到现在的智能化住宅体系和生态住宅体系，集中优势攻关，在短时间内达到目标。通商产业省负责住宅产业结构方面的工作，国土交通省侧重住宅产业技术开发方面的协调。在政策的指导下，日本住宅产业所涉及的行业、技术和产业部门都得到了很快的发展。

强有力的财政支持。日本政府在金融、税收各方面给予了优惠的补贴政策，调动企业开发商应用新产品和新技术的积极性，既降低了企业的研发成本与风险，又增强了其市场竞争力。

结合预留孔洞安装管线

资料来源：http://bbs.zhulong.com/102010_group_773/detail9214232

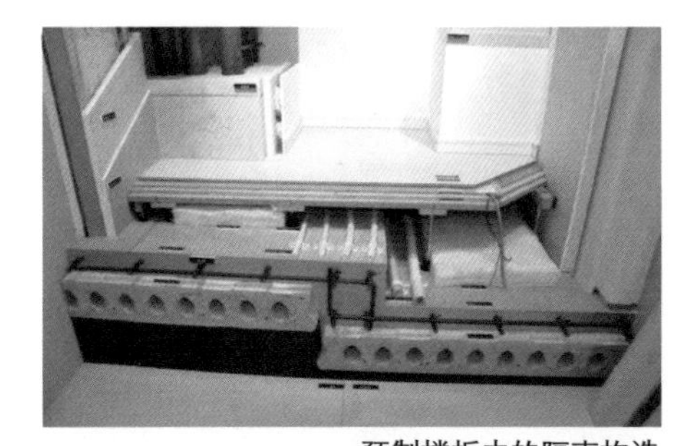

预制楼板中的隔声构造

资料来源：http://bbs.zhulong.com/102010_group_773/detail9214232

预制成品卫生间模块

资料来源：http://bbs.zhulong.com/102010_group_773/detail9214232

喷涂发泡胶作为室内保温

资料来源：http://bbs.zhulong.com/102010_group_773/detail9214232

预制安装的抗震节点

资料来源：http://bbs.zhulong.com/102010_group_773/detail9214232

建立标准化与模数化专业规范体系。1969 年日本制定了《推动住宅产业标准化五年计划》，开展材料、设备、制品标准、住宅性能标准、结构材料安全标准等方面的研究，并对房间、建筑构件、设备等尺寸提出建议。1980 年以来，日本先后出台了《JISA0017》、《住宅性能测定方法和住宅性能等级标准》、《施工机具标准》、《设计方法标准》等一系列工业标准化法规，对模块化家具设备与建筑产品的材料、构造、质量及产品的试验方法等进行了规范。目前，日本各类住宅部件产品标准齐全，部件尺寸和功能标准都已成体系。

建立优良住宅部品认证制度。日本建立了优良住宅部品的认证制度，促进科技进步，奖优罚劣，指导和促进行业进步。

预制梁柱的装配

资料来源：http://bbs.zhulong.com/102010_group_773/detail9214232

## 启示意义：

日本工业化生产的装备式住宅通过技术进步、建造方式的革新和工业化产业体系的构建，极大地提高了劳动生产率，促进了建筑产业化，大大缩短了施工周期，降低了施工过程中对环境的不利影响，促进了节水、节地、节能、节材，提高了住宅的标准化建造水平，减少了现场人工操作容易产生的质量安全问题，同时也显著改善了工人的生产条件，是中国在新型城镇化进程中宜强力推动的建造方式改革。

预制梁柱的装配

资料来源：http://bbs.zhulong.com/102010_group_773/detail9214232

楼板等建筑构件在工厂中预制

资料来源：http://www.weixinyidu.com/n_3102184

预制构件的运输

资料来源：http://www.weixinyidu.com/n_3102184

预制构件的堆放

资料来源：http://www.weixinyidu.com/n_3102184

预制构件现场吊装

资料来源：http://www.weixinyidu.com/n_3102184

## 参考文献

[1] 纪振鹏，刘群星，忻剑春．日本住宅产业化特点及其启示 [J]. 住宅科技 ,2011,12:25-29.

[2] 刘长发，曾令荣，林少鸿，郝梅平，庄剑英，高智，苏桂军，周银芬，李慧芳，王刚．日本建筑工业化考察报告（节选二）（续一）[J]. 21 世纪建筑材料居业 . 2011(02)

[3] 刘长发，曾令荣，林少鸿，郝梅平，庄剑英，高智，苏桂军，周银芬，李慧芳，王刚．日本建筑工业化考察报告（节选三）（续二，续毕）[J]. 21 世纪建筑材料居业 . 2011(03)

# 美国纽约装配式微型公寓

Micro New York Prefabricated Apartment, New York, USA

项目地点：美国纽约
建设时间：2013 ～ 2015 年
项目规模：规划用地总面积约 3250$m^2$
区位类型：居住区

**案例创新点：**

随着城市人口快速增加，如何有效解决住房问题成为当务之急。微型公寓位于美国纽约曼哈顿区卡梅尔广场，采用模块化的设计，将 55 个面积从 25 至 33$m^2$ 不等的预制单元组装成楼体，以快速满足中低收入家庭的居住需求。此项目凭借其独特的装配式建造模式获得了纽约城市竞赛一等奖和 Architizer A + 奖的提名，此外，本案的成功也离不开市长布隆伯克的支持和远见。

市长参观

资料来源：http://www.wired.com/2013/01/adapt-nyc/

公共设施

资料来源：http://www.archdaily.com/787123/micro-apartments-are-expanding-tables-and-folding-furniture-a-solution-to-inequality-new-york-city

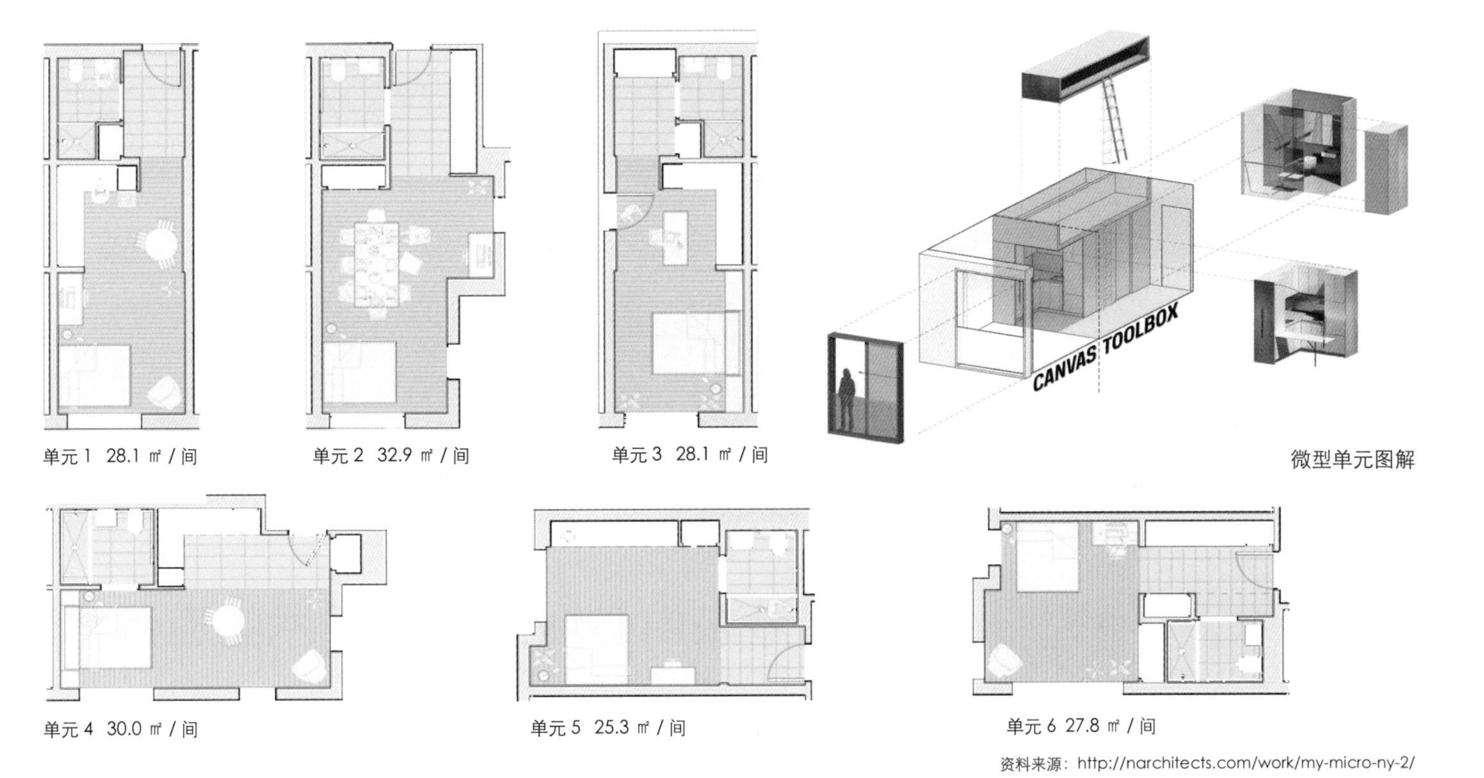


单元 1  28.1 ㎡ / 间　单元 2  32.9 ㎡ / 间　单元 3  28.1 ㎡ / 间　微型单元图解

单元 4  30.0 ㎡ / 间　单元 5  25.3 ㎡ / 间　单元 6  27.8 ㎡ / 间

资料来源：http://narchitects.com/work/my-micro-ny-2/

## 案例简介：

2013 年微型公寓在“adAPT 纽约”竞赛中脱颖而出，成为纽约市的第一座微型单元公寓建筑，它同时也是曼哈顿区第一座使用模数化建造技术开发的复合单元建筑。

设计师通过对空间、光线和通风等元素的设计，例如 3m 的净高和朱丽叶阳台，强调对居住空间质量的重视。建筑退台的手法保证了微型公寓可以适应不同高度、容积率和朝向的场地。30m$^2$ 左右的小面积公寓设计使得中低收入家庭在没有政府补助的情况下依旧可以负担得起，同时，模块化设计在缩短项目工期的同时，也降低了工程造价。虽然纽约原先的住房规定不允许建设纯微型单元的建筑，但考虑到纽约市的新住房市场计划，市长布隆伯克免除了部分建设规范，最终促成了本次城市中心区住房模式的积极尝试。

## 启示意义：

开发小户型住宅是解决中低收入家庭住房需求的重要途径之一，模块式的生产模式在给快速建造提供可能的同时，也为有效解决人口住房压力提供了可操作的途径。

工厂预制

资料来源：http://www.arkitera.com/galeri/detay/196907/22/proje/5883

现场装配

资料来源：http://www.arkitera.com/galeri/detay/196907/22/proje/5883

室内效果

资料来源：http://www.archdaily.com/787123/micro-apartments-are-expanding-tables-and-folding-furniture-a-solution-to-inequality-new-york-city

## 参考文献

[1] 资讯 . 纽约今年即将完成第一栋预制件“微型公寓”[J]. 现代装饰 . 2015(04)
[2] 陈贺昌（译）. 我的微型纽约 [J]. 建筑与都市 . 2014(02)：93-95

# 中国香港东中心项目 BIM 技术的应用

The One Island East BIM project, Hong Kong, China

项目地点：中国香港
建设时间：2004～2008 年
项目规模：总建筑面积约 13 万 $m^2$
区位类型：城市中心区
项目投资：3 亿美元

**案例创新点：**

BIM（Building Information Modeling）是以建筑工程项目的各项复杂综合信息数据作为基础，通过建立建筑数字化模型的技术平台，从而实现复杂信息有效管理衔接的方式。港岛东中心高 70 层，高 308m，项目因使用 BIM 而节约施工成本 10%，约节省了 1990 万港币的资金和 254$m^3$ 的材料。港岛东中心被香港环保署评定为办公楼废弃资源分类金奖，2008 年获得 AIA 评选的科技与实践奖，2009 年被评选为结构创新卓越奖，2010 年获得非住宅类建筑质量评比金奖。

运用 BIM 技术制作的构件模型

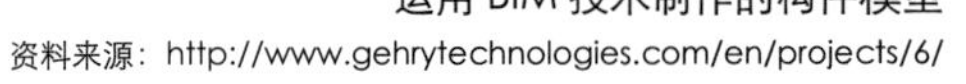

资料来源：http://www.gehrytechnologies.com/en/projects/6/

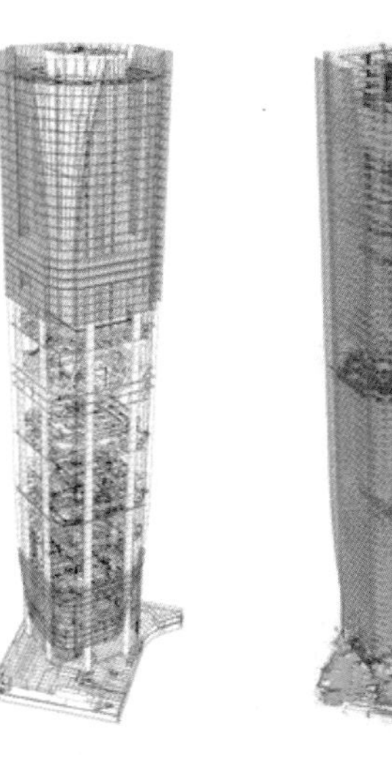

机械与电气设备系统 BIM 模型

资料来源：http://www.gehrytechnologies.com/en/projects/6/

## 案例简介：

港岛东中心是位于香港岛东区的一座商业办公楼，项目通过运用 BIM 技术，显著提高了设计协调能力和工作效率，并减少了施工时间和成本。其中设计方利用 BIM 技术创建模型和工程量清单，作为业主招标文件的核心部分，施工方利用 BIM 模型优化施工顺序、提高碰撞检测工作效率等。

BIM 建筑、结构、设备模型

资料来源：http://www.hkifm.org.hk/public_html/idp/paper/ppt-Panel-6.pdf

### 利用 BIM 检测碰撞

高层建筑的复杂性可能引起诸多碰撞，这些碰撞在施工现场通常需要通过变更来解决。在现场施工之前，项目组利用 BIM 技术检测出超过 200 处设备系统和结构构件的碰撞，这项工作对于机械和电气设备系统特别重要，现场施工阶段持续不断的建模平均每周检测出 150 处碰撞。

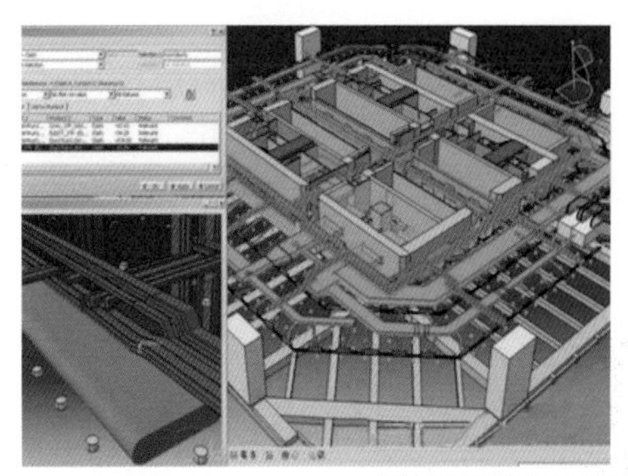

建模查找结构碰撞

资料来源：http://www.hkifm.org.hk/public_html/idp/paper/ppt-Panel-6.pdf

### 利用 BIM 技术构件虚拟原型

在高层建筑中，很多工作都是以楼层为单位的重复工作，虚拟模型可以帮助在 4 天一层的施工周期中安排更详细的进度计划，同时虚拟模型也制作了用于安装临时工程构件的参数模型，这给了承包商和业主极大的信心，让他们看到了进度的可行性。虚拟模型的构建使得施工比原定计划节省了 21 天。

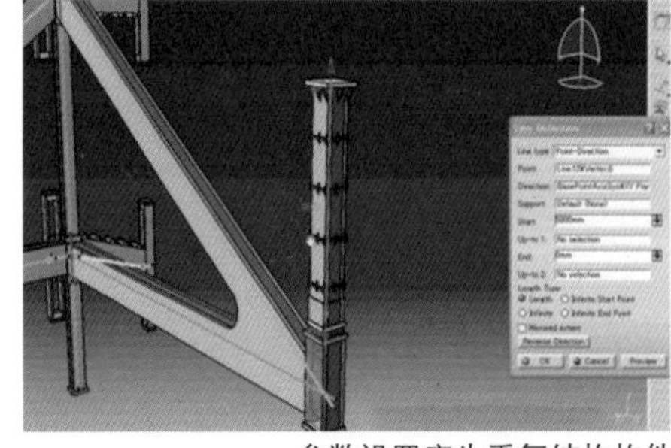

参数设置产生重复结构构件

资料来源：http://www.hkifm.org.hk/public_html/idp/paper/ppt-Panel-6.pdf

### 基于 BIM 技术的招投标

所有受邀参加投标的专业分包商都会分享到BIM技术自动产生的工程量清单。投标单位利用 4D 模型分析备选施工工序。完整的 BIM 模型提升了使用者的信心。因为 BIM 的使用对意外开支准备金的要求降低了，所以专业分包商可以投出更低的价格。除了更低的报价之外，BIM 节省成本的另一大途径就是减小了索赔。

### BIM 技术的图纸协调和项目外联

数字项目计划协调了发送给设计团队的纸质版 2D 图纸，保证出产图纸版本统一。纸质图纸永远只是 BIM 输出，而不是输入。BIM 技术使得设计师远程获取施工信息成为可能，方便了远程监控和信息交流。

四天一层模拟施工原型

资料来源：http://www.hkifm.org.hk/public_html/idp/paper/ppt-Panel-6.pdf

## 启示意义：

高层建筑设计施工难度较大，特别是在施工空间条件有限的前提下，使用 BIM 技术能够预先进行虚拟模型创建，同时进行施工模拟，通过模拟优化设计方案，优化施工方案，提高设计建造质量和施工效率。业主通过集体的工作方法和整合的建模工具，能够优化实施流程，节约资金和加快进度，更好地保证工程质量。

## 参考文献

[1] 王珺 . BIM 理念及 BIM 软件在建设项目中的应用研究 [D]. 西南交通大学 2011
[2] 宋刚 . 港岛东中心，香港，中国 [J]. 世界建筑 . 2007(07)

# 城市治理与公众参与

Urban Governance and Public Participation

面对早先实施新自由主义政策带来的严重的社会与政治矛盾，20 世纪 90 年代以来，西方国家迅速由政府管理向“多元治理”转变，寻求政府、市场与社会组织间相互合作，建立多元协同的方式，鼓励通过社会性的对话、协商、合作，以达到最大程度地动员资源，以此来补充市场自由交换和政府自上而下调控的不足，最终达到“多赢”的社会发展目标。

城市发展、建设要体现与平衡政府、市场和社会多元权利主体的利益诉求，统筹效益与公平、个体与群体等诸多复杂要素，其本质上是一项空间治理活动。台湾市地重划、容积率转移等都是实现利益调和的成功治理实践。

作为当今城市治理主体多元化的一种重要表现，公众参与促进了不同利益主体间的沟通交流，有助于达成共识、协作行动、解决问题，西方国家在城市规划、建设过程中都对公众参与给予了高度重视和积极鼓励。社区是社会职能的基本单元，具有接近民众的天然优势，因而是居民进行公众参与的最重要场所之一。西方国家的邻里保护运动、社区建筑等运动，均倡导通过公众参与、居民自建的方式进行社区的更新与复兴，日本古川町的社区营造、挪威奥斯陆老城环境改善中的社区参与等，都是富有成效的案例。

>> >

# 中国台湾地区市地重划

Taiwan's Urban Land Readjustment，China

项目地点：中国台湾
建设时间：1977 ～ 1999 年
建设规模：重划地区达 619 处，重划区土地面积共达 21 万 $hm^2$；重划后可供完整使用的建筑用地共有 7934.34$hm^2$，无偿取得公共设施用地 4086.71$hm^2$
项目收益：节省征购地价金额 3253.57 亿新台币，节省工程建设费 1214.9 亿新台币，合计节省都市建设经费共达 468.55 亿新台币

**案例创新点：**

市地重划是在城市更新过程中，将一定范围内不符合高效合理使用要求的城市土地尤其是畸零地重新规划调整，通过相关土地所有权人同意各自贡献一定的份额土地支持公共设施、基础设施建设和重划，使之在无需政府财政支出的情况下完成各项公共设施的建设，能有效改善城市环境和基础设施条件，解决土地征收难、重置地块难以开放利用等问题，促进土地节约集约利用。市地重划是城市土地整治的有效手段，不仅提高了城市的土地利用水平，优化了土地利用结构及空间配置，还创新性地开启公私部门合作更新机制。

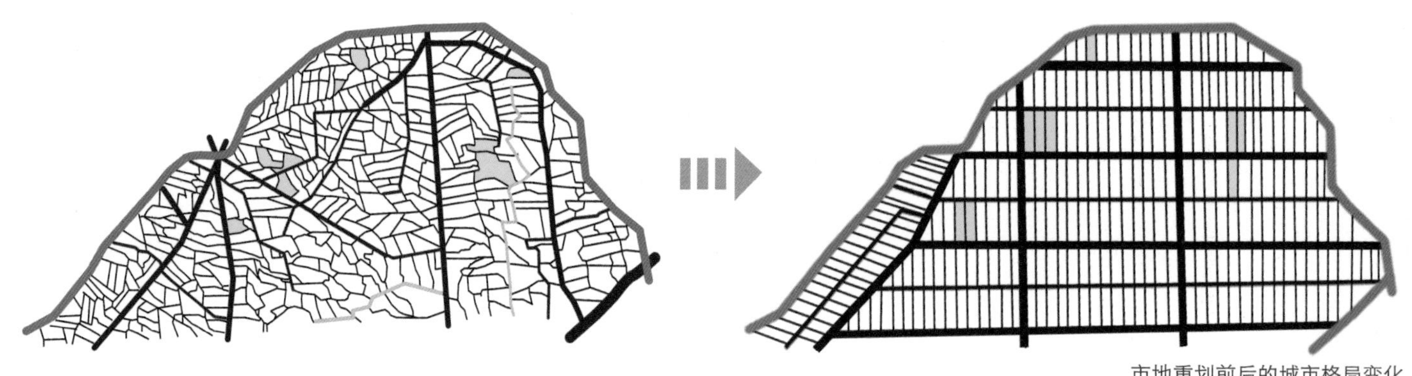

市地重划前后的城市格局变化

资料来源：根据 http://www.qstheory.cn/ts/__deleted_2011.08.15_10.57.26__zxyd/byydtd/201003/t20100322_24950.htm 重绘

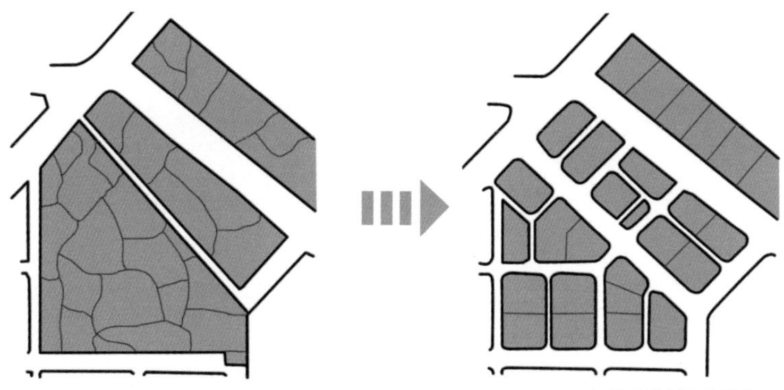

市地重划前后的街区与地块变化

资料来源：根据谭峻．台湾地区市地重划与城市土地开发之研究 [J]. 城市规划汇刊 ,2001,05:58-60+80. 重绘

## 案例简介：

市地重划是依照都市计划规划内容，将都市地区一定范围内杂乱不规则的地形、地界及畸零细碎、不合经济效率使用原则的土地，在不变更所有权的原则下，依照市地重划有关法令和城市规划要求，加以重新规划和交换分合，并兴建各项公共设施，使每宗土地在重划后形成形状方整、大小适宜，且能够直接面临路街的土地，将其重新分配给原土地所有人，并立即可供建筑使用的方式。

市地重划公共设施用地来自重划区内土地所有权人所交纳土地，而公共设施建设资金则来自重划区内土地所有权人所交纳的“抵地费”，它是改善都市环境、促进土地集约利用、加速新城建设和旧城改造的重要手段。市地重划的实施方式分两种：一种是政府主导，主要对应《市地重划实施办法》；另一种是土地所有权人自行推动方式，主要应对法规《奖励土地所有权人办理市地重划办法》。无论是政府还是私人的主导，在整个市地重划的前、中、后期都有公众参与。议会、投票及公示等互动行为受相应的法规保护，充分地保证了政府与群众的各自利益。

### 对于原土地所有权人

参与市地重划后，虽然重划后的土地面积有所减少，但由于公共建设和基础设施得以完善，土地使用条件大大改善，按照新地价核算重新取得的土地总价值有所上升，激励着土地所有权人参加市地重划。

### 对于公共福利或政府

在实施市地重划的过程中，政府不需要进行财政投入就可以取得公共设施用地，从而进行土地开发建设，为改善都市环境和促进经济繁荣做出贡献。通过市地重划，可以在地价快速上涨时期，克服公共用地取得困难、代价高昂的问题。

### 对于政府土地管理

运用地价调控和土地征收等手段不仅完善了城市空间管理，改善了城市发展条件，而且还促进了城市土地资源的活化利用，优化配置了城市土地资源，提升了城市土地资产价值。

市地重划成果

资料来源：http://mishang23.blog.163.com/blog/static/3671087820139711 2329788/

## 启示意义：

市地重划是城市空间利用的契约开发模式，它通过对土地增值的共识、分享预期和共同推动实现，是城市开发模式的创新。通过“政府主导，土地所有权人等多方参与，公共设施分担利益共享”，实现增值利益。在此过程中，政府角色应由当事人向服务人转变，改变了行政强制的角色，政府与市民在支持实施进程中形成相互支持的合作关系。

## 参考文献


[1]. 谢智荣．台湾市地重划实例与优缺点 [J]. 中国土地科学 ,1996,06:22-23.

[2]. 谭峻．台湾地区市地重划与城市土地开发之研究 [J]. 城市规划汇刊 ,2001,05:58-60+80.

# 中国台湾地区容积转移制度

The Transfer System of Building Capacity in Taiwan, China

项目地点：中国台湾
执行时间：始于 1982 年

## 案例创新点：

台湾地区实施的容积转移制度是在城市规划管理、容积率控制基础上发展出的一种土地权益转移机制，有利于城市规划的实施推进，对合理有效管理控制历史文化遗产地、公园绿地、公共设施用地等是一种制度创新，是对政府法定规划强制实施的市场有益补偿。

## 案例简介：

用于空间开发的建筑面积称为容积，也称为楼地板面积，在台湾地区称为容积。容积转移是指法定范围内原属一宗土地上的基地未开发建筑面积，转移至其他土地上进行开发建设。最初应用容积率转移制度是为了在规划控制体系中引入适当的经济补偿手段，用以解决开发利益与历史古迹保护之间的矛盾。随着技术的发展，容积转移逐渐扩大应用到公共空间取得、土地征收等多种层面中。

内地考察团赴台湾研讨容积转移制度

资料来源：http://www.huaxia.com/sd-tw/ltwl/2015/12/4660422.html

### 送出及接收基地设置

容积的可转移区域是容积转移制度实施的基础，包括发送区（容积的移出地区）与接收区（容积的移入区域）。台湾地区容积发送区被称为送出基地，容积的接收区被称为接收基地。前者是指将全部或部分容积转移至其他可建设用地的地区；后者是指可以接受送出基地的容积进行高强度开发的地区。按照台湾地区与容积转移相关的法律规定，容积送出基地可归纳为三种类型：历史资源保护区，包括文物古迹区或由官方认定有保存价值的地区；城市公共空间，包括由土地所有者主动提供的且面积大于 $500m^2$ 的地区；公共设施保留地，包括台湾都市计划法中规定的用于建设道路、公园、学校等公共设施的可建设用地。

| | 送出基地 | 接收基地 |
|---|---|---|
| 《都市计划容积转移实施办法》(2004) | 应予保存或经直辖市、县（市）主管机关认定有保存价值的建筑所限定的私有土地 | 同一都市计划区内除送出基地之外的其他可建设用地 |
| | 提供作为公共开放空间使用的可建筑土地（形态完整、面积不小于500平方米） | 当情况特殊时，可转移至直辖市、县（市）的其他主要计划区 |
| | 私有都市计划公共设施保留地 | |
| 《都市更新条例》(1990) | 更新地区范围内公共设施保留地，依法应予以保存或获准保留的建筑所坐落的土地或街区，或其他被利用的土地 | 当送出基地位于实施都市更新地区范围时，对应的接收基地为同一更新地区其他可建筑基地 |
| 《文化遗产保存法》(1990) | 经指定为古迹的私有民宅、家庙、宗祠所限定的土地或古迹保存区/保存用地的私有土地 | 同一都市计划区 |
| | | 区域计划地区的同一乡镇（市） |
| 《古迹土地容积转移办法》(1999) | 实施容积率管制地区，经指定为古迹的私有民宅、家庙、宗祠所限定的土地或古迹保存区、保存用地的私有土地 | 同一都市主要计划区范围内的其他可建筑土地，直辖市、县（市）主管机关可指定移入地区 |
| | 因古迹的指定或保存区、保存用地的划定、编定或变更，致其原依法可建筑的基准容积受到限制的部分 | 当送出基地位于非都市计划区内时，其可移出容积可转移至同一乡（镇、市）的任一可建筑非都市用地 |

台湾地区容积转移相关法律规定送出基地与接收基地应用范围

资料来源：金广君，戴铜．台湾地区容积转移制度解析 [J]. 国际城市规划 ,2010,04:104-109.

### 实施步骤

容积转移的实施步骤可概括为三步：首先，根据相关法规，地方政府部门制定基本的容积转移办法与作业流程，并根据城市发展计划和需要进行容积转移用地的特殊需求划定送出与接收基地。其次，在容积转移实施范围内，送出及接收基地的所有权人可依据自身需求自愿提交相关的送出基地或接受基地的申请书。申请书的内容分别包括送出基地上的要求保护的建筑或空间资源的性质、修护经费等，接收基地上的需要转移容积量基本的开发意向等。转移双方可借助于私人中介部门与政府来沟通。最后，政府相关部门审核申请书批准通过后，向申请人颁发转移执照。双方申请人在获得政府的执行许可后，即可实施具体的容积转移。送出基地上的所有权人可得到相应补偿并对保护的空间资源进行维护与修缮，接收基地上的所有权人将可获得额外容积进行开发建设。

高强度开发中的历史建筑保护

资料来源：http://tieba.baidu.com/p/1223744854

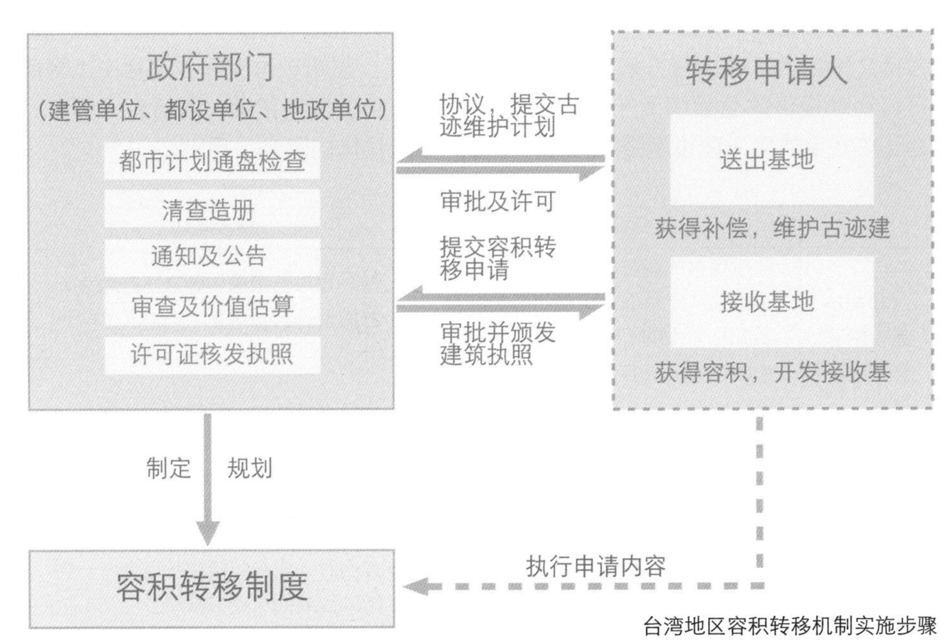


台湾地区容积转移机制实施步骤

资料来源：根据金广君，戴铜．台湾地区容积转移制度解析 [J]. 国际城市规划 ,2010,04:104-109. 重绘

**运作机制**

容积转移机制设计灵活，其产权的管理方式与政府的政策需求结合更为紧密，主要可概括为三种交换形式图：第一种为自愿型转移，在政府划定的容积转移区域内的土地所有权人自愿提交容积转移申请，转移后土地私有产权的性质不变，送出基地所有权人可以从接收基地所有权人那里获得相应补偿；第二种为奖励型转移，在送出基地所有权人与接收基地所有权人自愿提交容积转移申请并达成转移协议后，如果送出基地产权可归政府所有，或接收基地所有权人可附赠提供一定公共设施建设，则双方均可获得一定利益奖励；第三种为强制性转移，类似于土地征收。对于一些特殊地块，政府规定该地区若实施容积转移，容积转移后送出基地的产权需划定为政府所有。

在多元产权管理的基础上，可根据市场需求对容积移转量与转移次数作出适当调节。一次性转移是指将送出基地上的全部容积移转量一次性转移到接收基地上，使接收基地上的移入量满足建设要求，无需再接收其他地区的容积。多次转移是指送出基地上的可转移容积分多次移出，接收基地也分多次移入容积，这种情况下，接收基地可以接收不同送出基地上的可转移容积。二次接收是指某些接收基地在因受某种环境因素条件限制，而无法开发所有移入容积时，可以将已接收的容积二次转移到其他接收基地中，但这种方式仅限一次。

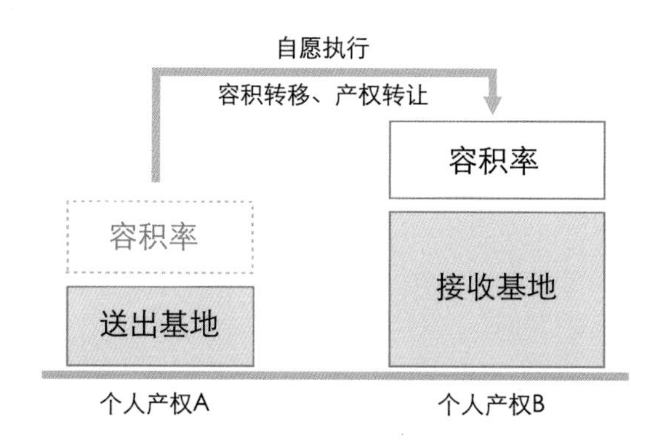


自愿型转移

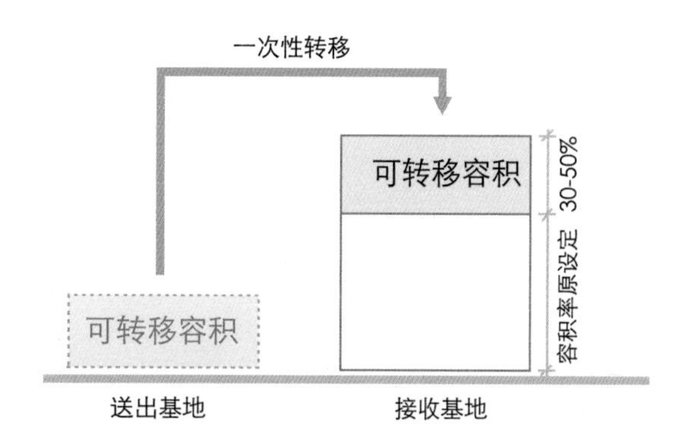


一次性转移

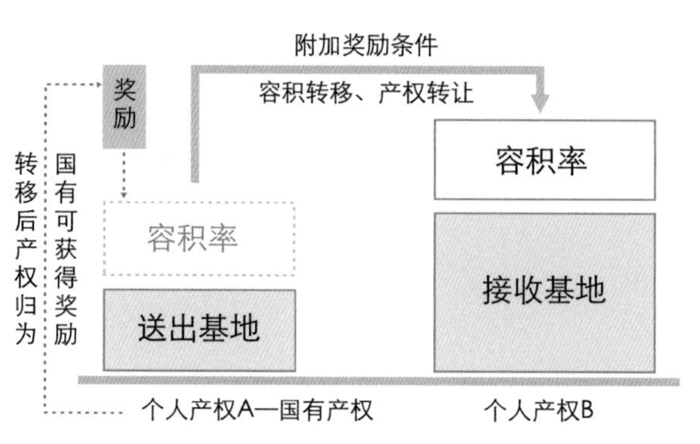


奖励型转移

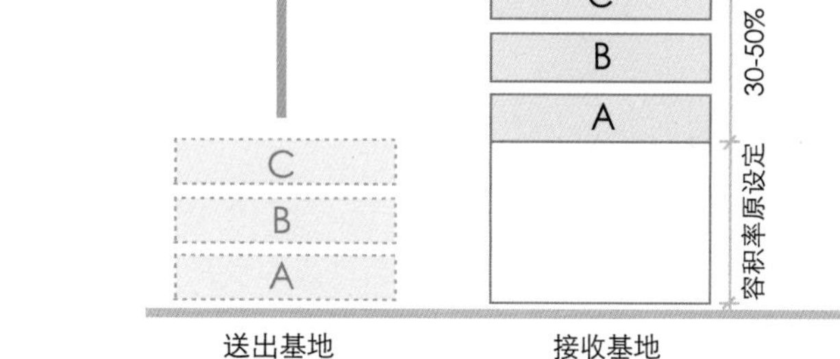


多次转移

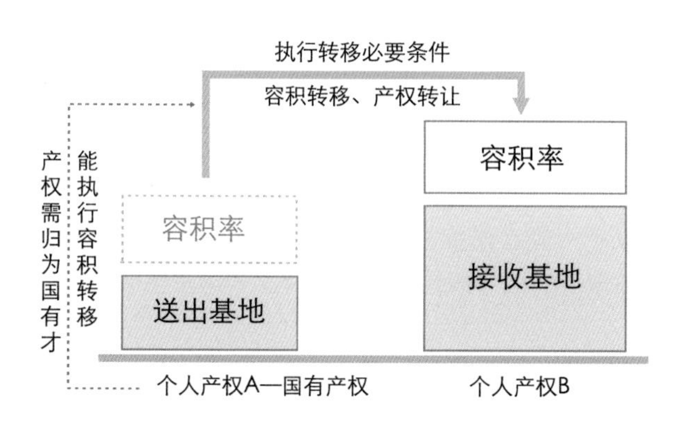


强制性转移

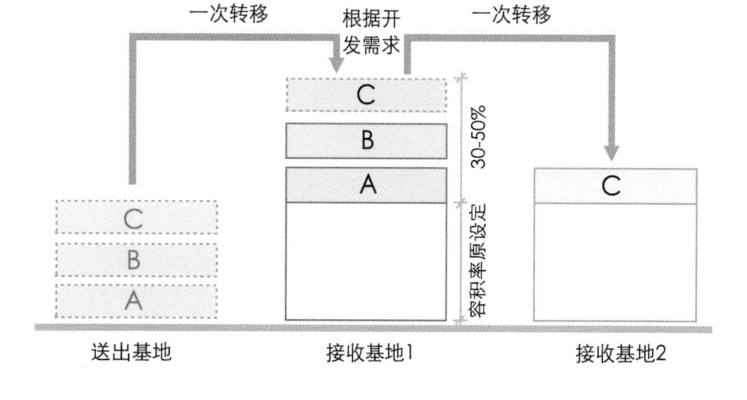


二次接收

资料来源：根据金广君，戴铜．台湾地区容积转移制度解析 [J]. 国际城市规划，2010,04:104-109. 重绘

## 启示意义：

城市规划因历史文化保护、绿地控制、公共绿地建设等要求，需要对一定的城市土地开发强度进行管控，容积转移制度在政府法定规划的硬性控制同时，建立了必要的市场利益补偿机制，有利于城市规划的实施管理。但是这种制度的实施，必须基于法律支撑、规则清晰，全程阳光，防止权力寻租。

## 参考文献

[1]. 金广君，戴铜．台湾地区容积转移制度解析 [J]. 国际城市规划，2010,04:104-109.

[2]. 曾莹，赵红红．借鉴台湾地区容积移转制度浅析大陆历史街区保护 [A]. 中国城市规划学会．城乡治理与规划改革——2014 中国城市规划年会论文集（08 城市文化）[C]. 中国城市规划学会：,2014:9.

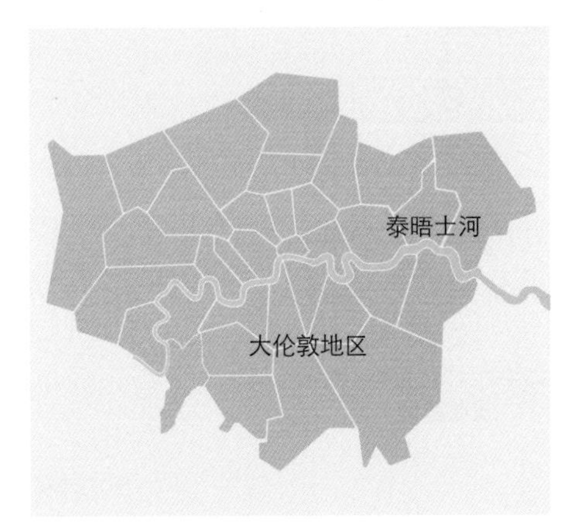


# 英国大伦敦地区城市风险评估管理

Disaster Management System of Greater London,UK

项目地点：英国大伦敦地区
建设时间：2004 年至今
项目规模：包含了伦敦市与 32 个大伦敦地区自治市
项目收益：建立城市风险的有效管理体系，成为“全球最安全的城市”之一

### 案例创新点：

伦敦在长期应对各类风险和突发事件的过程中，尤其是在 2004 年英国颁布《民事紧急状态法》之后，建立了一套在法律法规建设、管理组织架构、风险评估及应对等多方面具有国际先进水平的城市风险评估管理体系，伦敦也被评为“全球最安全的城市”之一。

### 案例简介：

在 2004 年颁布的《民事紧急状态法》中，英国政府提出了“以复原力为核心”的应急管理模式，增强全国从社区到企业、从地方到中央对于各种破坏性挑战，发现、防止、处置、恢复的能力。在这一基本理念指导下，英国政府注重制定指导性的应急管理规程，建构有分有合的应急体系，形成了独特的应急管理模式。英国风险管理层级包括中央、地区和地方三个层级，每一层级按照职责分工，建立风险管理组织，开展风险管理工作。中央政府负责全国风险管理宏观政策制定，以及跨部门、跨机构的综合协调；各地区通过地区复原力论坛开展工作，主要负责政府及区域内的风险管理协调工作；各地方通过建立地方复原力论坛，负责本区域范围风险管理工作的具体实施。伦敦地区城市风险管理的关键内容包含风险评估、强化法制、跨域合作、公开透明四个方面。

### 风险评估

风险评估在伦敦城市风险管理工作中具有核心地位，是一项日常性、基础性、前瞻性的工作，是实现预防为主、标本兼治的重要途径。一旦通过评估识别了某种风险，伦敦风险顾问小组将根据“风险 x 可能性 = 影响”的标准，分析该风险在近五年内的可能性以及可能造成的后果，进而给风险打分赋值并以此制定《社区风险登记册》，从而有效监控和处置风险，并指导当地应急预案编制小组明确相应工作重点。

由伦敦组织举办的世界城市风险管理峰会

资料来源:http://nypdnews.com/2015/10/nypd-participates-in-global-resilience-summit/

### 强化法制

英国《民事紧急状态法》对各地的风险管理工作提出了统一、明确的法律要求，如要求第一类应急响应者（警察、消防、医疗急救等）参与完成当地的风险登记册编制，为风险管理工作提供有力的法律保障。

### 跨域合作

跨域合作是指实现不同地区、不同部门和不同层级之间的协调联动。伦敦共有七类机构参与全市的风险管理工作，构成了“以伦敦地区复原力论坛为平台，以伦敦地区复原力项目委员会、伦敦风险顾问小组为辅助，以伦敦复原力小组、伦敦消防和应急规划局为枢纽，以地方复原力论坛、市区复原力论坛为基础”的城市风险管理组织体系。其中复原力论坛是当前英国开展跨地区、跨部门、跨层级风险管理和应急处置工作的关键性机制，其核心工作之一是组成伦敦风险顾问小组，确定伦敦所面临的各种风险，并制定《伦敦社区风险登记册》。

### 公开透明

伦敦实时更新和及时发布风险评估结果和登记情况。政府还提供有关个人和组织如何应对风险的各种对策建议，不断提高社会各界的风险防范意识和应急能力。

## 启示意义：

英国应急管理通过风险评估等实现了从注重事后应对向注重事前预防的重大转变。风险监测、评估、登记以及以此为基础制定业务持续计划、编制应急预案，并开展应急管理宣传、教育、培训、演练工作，成为英国各地区各部门开展应急管理工作的核心任务。学习借鉴大伦敦地区城市风险管理体系，可以进一步完善城市应急管理工作，强化风险评估，将城市风险降低至可控范围内；增强城市风险管理体系的规范化、制度化和精细化；细化公众参与城市风险评估的方式与途径。

2013 年泰晤士河特大水灾

资料来源:https://www.theguardian.com/uk-news/2014/feb/13/uk-floods-essential-guide

地方复原力论坛活动

资料来源:https://publichealthmatters.blog.gov.uk/2015/02/03/feature-phes-ebola-response-the-people-behind-the-scenes/

### 参考文献


[1] 钟开斌 . 伦敦城市风险管理的主要做法与经验 [J]. 国家行政学院学报 ,2011,05:113-117.

[2] 严荣 . 英国伦敦的城市风险评估体系及其启示 [J]. 北京规划建设 ,2010,06:51-53.

[3] 靳澜涛 . 国外特大型城市公共安全事件应急管理比较——以纽约、伦敦、东京为例 [J]. 沈阳干部学刊 ,2015,04:51-53.

# 美国城市规划中的公众参与

The Public Participation in Urban Planning, USA

项目区位：美国
执行时间：1960 年代至今
项目规模：全国范围

**案例创新点：**

公众参与在美国城市规划中起到至关重要的作用。在美国大部分城市，公众参与作为城市规划不可或缺的一部分，是城市开发或再开发的必要条件，更是法律明确的要求。公众参与的法制化使城市规划的共识加强，城市规划的实施和社会问题的解决变得相对容易；对公众而言，增加了市民社区感和凝聚力；对政府而言，通过与市民的深度接触和交流，提高了城市规划的合理性和人文关怀。

收集样本

资料来源：http://www.biweekly.pl/article/2912-designing-objects-designing-cities.html

分发手册

资料来源：http://www.pps.org/blog/digital-placemaking-authentic-civic-engagement/

倾听民意

资料来源：http://www.watercomm.net/

公众投票

资料来源：http://blueprintbinghamton.com/index.php/community-engagement/pop-gallery/

## 案例简介：

公众参与贯穿了美国城市规划的各个阶段，参与形式以及参与深度亦丰富多样。在规划开始前，规划师以及政府人员会通过街区规划委员会、公众咨询委员会等公众代表团体和机构与公众进行交流，征求居民的意见，更加详细地了解当地的真正需求与意见。

在规划设计草案出台时，会召集民众进行方案演说以及公众讨论与投票，据此对已有草案进行修改。在规划确定并开始实施后，还要进一步进行科普性与反馈性的公众参与，使更多民众了解新的项目和未来发展趋势，并通过居民的反馈来进一步完善规划。研究表明一般而言，前期阶段的公众参与项目对于规划的制定以及设计产生的影响较为显著，而中后期则相对影响较小，很少有因民意而修改最终规划方案的情况出现。由此可见，公众参与在规划的不同阶段、不同情境下所能够发挥的作用也不同，需要根据具体情况进行安排，以求最大限度地了解民意，使规划更好地满足民众的需求。

小型规划项目采用社区听证会模式

资料来源：http://urbanstrategiesinc.org/communities/citizen-directed-planning-and-resident-engagement/

大型规划项目采用“展示＋反馈”模式

资料来源：http://www.bartlett.ucl.ac.uk/planning/centenary

公众参与的阶段与方式

| 阶段 | 主要方式 |
| --- | --- |
| 规划制定阶段 | 公众咨询委员会：市民团体代表当地社团居民的态度，目的是向规划机构提出自己的建议。<br>民意调查：抽样方式和问题的组织很重要，会为调查打下良好的基础。<br>街区规划委员会：由市民组成，主要就许多街区项目提出倡议和建议。<br>在公共政策制定机构中的公众代表：任命或选举市民到官方机构中服务。<br>流动机构：使各团体相互间的交流更为便利并解决与公众团体间的冲突。 |
| 设计和选择方案阶段 | 公众投票：公众投票表示他们对于官方制定的公共政策的赞成或反对态度。<br>技术援助：政府或私人投资机构给公众提供技术援助帮助选择方案。<br>参与设计：公众学习使用设计工具如地图和照片，使其想象形象化。<br>公众讨论会：通过讨论会的形式，公众可对规划目标提出异议。<br>游戏与模拟：公众参加模拟规划过程的游戏，依次扮演不同的角色。<br>依靠媒介进行投票：通过当地的媒介通知市民，然后以投票的方式收到答复，也可使用电话热线。 |
| 规划实施阶段 | 雇佣公众到社区的官方机构中工作。<br>公众培训：通过多种教育方式使公众获得规划训练，让他们更好地参与。 |
| 规划反馈阶段 | 咨询中心：中心的全体职员负责回答问题和提供发展项目的信息。<br>电话热线：规划师或其他人用电话热线回答问题和听取意见。 |

资料来源：整理自 罗问，孙斌栋．国外城市规划中公众参与的经验及启示 [J]. 上海城市规划．2010(06)：58-61

丰富的组织形式吸引更多的公众参与

资料来源：http://pashekassociates.com/category/charrettes/

## 启示意义：

公众参与应该贯穿于城市规划的各个阶段，并且在不同的阶段、情境下能够发挥不同的作用，保证最大限度地了解民意，使规划更好地满足民众的需求。另外，规划者在设计公众参与的形式时，需要尽可能地将活动方式多样化，以引导民众参与并表达他们最真实的想法；同时活动也要尽量吸引更广泛多样的参与人群，以获得更加全面、有代表性的样本库。

## 参考文献

[1] 田莉．美国公众参与城市规划对我国的启示 [J]. 上海城市管理职业技术学院学报．2003(02):27-30
[2] 党安荣，王焱．美国：费城城市规划公众参与案例 [J]. 北京规划建设．2005(06):53-58

# 挪威奥斯陆：老城环境改善中的社区参与

Oslo of Norway: Community Participation in Old Town Improvement

项目地点：挪威奥斯陆市
建设时间：1989 年至今
项目规模：全市范围
区位类型：老城区

**案例创新点：**

奥斯陆老城环境改善中的社区参与，在历史建筑保护、公共空间品质提升、交通设施改造优化、外来移民融入以及居民就业压力缓解等领域中都发挥了积极的作用，弥补了政府治理的不足。以试点带动整体，以短期推动长期的改造策略，使得环境改善工作稳步进行，社区参与得以充分发挥其优势，也体现了城市发展的“可持续性”。

历史建筑保护的需求
资料来源：http://yang.ontheway.blog.163.com/blog/static/43481434201308105311986/

公共空间品质提升的需求
资料来源：http://yhp1777.blog.163.com/blog/static/43446338201234039176O4/

交通系统改造优化的需求
资料来源：http://xiaogayuxinjiang.blog.163.com/blog/static/66268142012926637277799/

## 案例简介：

奥斯陆老城位于内城地区，人口增长迅速，外国移民占人口 1/3，失业率和死亡率高，是富裕国度挪威相对最贫困的地区之一。同时，相对挪威其他地区，它的环境标准也很低，房屋破旧且缺乏绿色区域和公园。铁路线、海港以及大量交通线占据过多土地，噪声等级、污染指标、事故率均居高不下。

20 世纪末，通过市民参与及中央、市政府、地方政府、社区组织之间的合作，开始采取有效措施，努力使奥斯陆老城逐步转向积极的社会、文化和环境全面发展。主要目标是：改善环境、住房和卫生状况，创造新的就业岗位，关注历史遗存、遗址和城市居住环境所体现的价值。

各级政府与社区组织合作

资料来源：http://www.nipic.com/show/1/12/11134392e46ff674.html

### 各方参与的规划方案

1980 年代末，在卫生部环境卫生计划署与世界卫生组织联合资助下，地方政府先后成立了代表各方利益的工作室和针对不同问题的专项工作组，为环境卫生改善制定规划。工作组在一份针对奥斯陆严重的环境问题的环境质量报告基础上，由建筑师、交通工程师等受委托的专家提出解决问题的方案：短期内重点对公园和室外空间进行试点改造，长期方案则基于对未来的设想，建设隧道联运交通、修复保护古城遗址、复兴中世纪码头区并扩大面积用作休闲娱乐。

### 小规模改造推动公众参与机制的发展

环境部 1991 年提出一项将改善环境与提供就业机会相结合的财政补贴计划，启动了重点是外部物质环境改善的小规模改造。项目初始阶段的小规模改造为这一地区注入了新的活力，促使地方政府与居民之间建立了一种合作关系，并使郡政府和研究机构之间也形成了合作关系。邻里协会利用媒体宣传自己的观点，与地方官员、市议会委员、重要部门的负责人以及郡部委的关键人物保持联系，协会之间的合作弥补了地方管理部门各方面的不足。

复兴奥斯陆老城历史遗存

资料来源：http://www.quanjing.com/share/iblwok00893279.html

### 公众参与下的老城生态系统建设

1993 年提出的建设“老奥斯陆生态城”计划是一项融合了社会经济发展和环境改善的综合规划。该项目由市和郡共同出资，市政府与地方政府共同负责，同时成立了秘书处来协调整个工作，并与当地居民、地方管理部门和城市常规服务机构紧密协作来分配资金。

由于有前期规划方案，社区参与的多方讨论和实施过程中的多种角色深度参与，项目实施较为顺利，并且也取得了显著成果：打通新的联运交通隧道替代了原有的高速公路桥，创造更多的居住区和休闲娱乐区空间，百年老建筑保护工作逐渐开展，街道绿化拓宽工作顺利进行，城市空间品质不断提升。

拓宽人行道和自行车道

资料来源 http://blog.sina.com.cn/s/blog_488a3cd50101cuiw.html

## 启示意义：

奥斯陆老城环境的成功改善，是各级政府与当地社区组织之间的通力协作的结果。改善后的老城区恢复了其历史与自然魅力，也激发了当地居民对家乡的认同感。老奥斯陆生态城计划鼓舞了当地政府继续努力来预防卫生、社会等问题的发生，帮助外来移民更好融入挪威社会。社区组织的努力，也加强了当地居民的自助行为以及居民与地方政府之间的合作关系，保证了老奥斯陆生态城的进一步改善。

## 参考文献

[1]. 金晓春，高健 . 国内外城市发展的经验教训及其案例分析——国外部分 [G]. 北京中伟思达科技有限公司 .2004:168-170.
[2]. 毕远月 . 冰河造景的国度：奥斯陆与峡湾海岸 [J]. 大地纪行 ,2000.

# 日本古川町社区营造

Community Development of Furukawamachi of Japan

项目地点：日本岐埠县飞驒市
建设时间：1968 年至今
项目规模：全市范围
区位类型：老城区

**案例创新点：**

居民参与的社区营造活动，在环境保护、历史建筑保护、地方文化保护等领域中发挥着积极的作用，可以有效弥补政府治理的不足。作为社区营造带动日本故乡再造的典范，古川町居民通过不懈的努力，使街区环境得到了很大改善，同时也营造了丰富的文化活动，改造后极大地带动了当地旅游产业的发展，每年接待游客上百万，并在 1993 年获得了“日本故乡营造”大奖。

环境保护

资料来源：http://www.panoramio.com/photo_explorer#view=photo&position=639&with_photo_id=57941052&order=date_desc&user=6182692

古建筑保护

资料来源：http://www.tudou.com/listplay/fWiObwDKXQI/xbVo4HyZPKs.html

地方文化保护

资料来源：http://www.ikuku.cn/post/74947

## 案例简介：

20 世纪 50-70 年代，日本城市快速发展，大量农村人口涌向城市，传统的村落社会迅速衰退，自然资源恶化、文化遗产破坏、资源浪费等社会问题也随之而来。古川町就是受破坏严重的历史村落之一。当地居民以对濑户川河道的美化整治为起始，自发组织参与对建筑形态与风格进行控制，对当地的木匠文化、祭典文化等进行保护与发扬，在社区营造浪潮中扮演了至关重要的角色。日本中央、地方政府、民间企业、非营利组织（Non Profit Organization）、非政府组织（NonGovernmental Organization）与居民相互协助、互相支持，使得历史村落重新焕发勃勃生机。

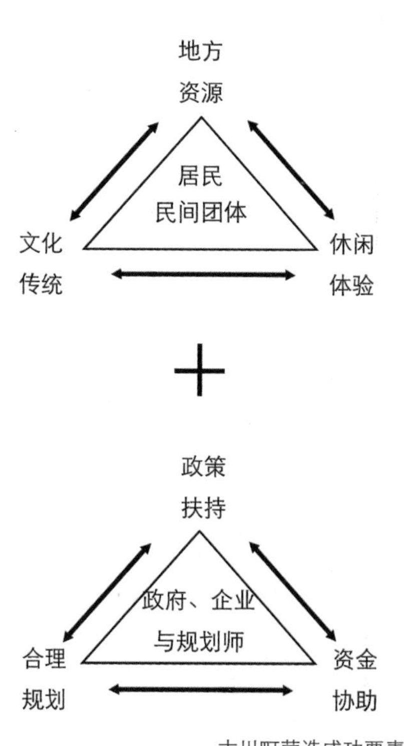

古川町营造成功要素

资料来源：根据阮如舫，陈懿君，王东．历史街区休闲空间营造——以日本古川町为例 [J]. 城市观察 ,2012,04. 重绘

### 濑户川整治与美化

在古川町市区中央濑户川有一条约 1.5m 宽的河流，曾经满是淤泥、十分脏乱，当地居民为提升环境质量，开展了“使社会更光明，使街道更美丽”的志愿活动，这也成为街区休闲空间营造的起点。古川町居民每家每户自发清理河道垃圾，并放养鲤鱼来监测水质。为了保证濑户川的鲤鱼顺利度过每年的寒冬，当地居民还将其捞起并集中在保温的水池中。数十年的努力也换来了清澈见底的溪流。在臭水沟变成美丽的亲水空间之后，周围的环境美化工作也随之展开，两侧的步道、小桥、栏杆、座椅也被整理得美观宜人。而今，优美的绿化和怡人的步道之旁，数千尾鲤鱼悠游古川町中，这成为了日本闻名的景观。

整治前的濑户川

资料来源：http://www.tudou.com/listplay/fWiObwDKXQI/xbVo4HyZPKs.html

居民自发整治濑户川

资料来源：http://www.tudou.com/listplay/fWiObwDKXQI/xbVo4HyZPKs.html

整治后的濑户川

资料来源：http://xlynn.card.blog.163.com/blog/static/719580022011617534 33/

整治后的濑户川吸引大量游客

资料来源：http://www.ikuku.cn/post/74947

独具特色的“云”装饰

资料来源：http://www.v2gg.com/hulianwang/shejizhongxin/20140816/8060.html

木造房屋细部精致丰富

资料来源：http://www.pac-group.net/2008/05/5914/

古川町工匠文化保护与弘扬

丰富的林木资源造就了古川町木匠工艺的盛名。古那里的房屋全部遵循建造古法，不用铁钉而是通过榫头衔接所有结构。制作精良层次丰富的房屋细部，展现了日本传统木造工法的严谨与精细，造就了古川町独特的魅力。工匠之间保留了“不破坏老规矩”的风气，彼此之间良性竞争，做出自己的工艺品。别具一格的“云”装饰便是其中代表。为了保留并传承古川町当地工匠文化的精华，当地2/3的木匠一起携手建设了“飞驒之匠文化馆”。随后，飞驒山樵馆、飞驒古川庆典会馆、“驹”玻璃美术馆等展馆相继落成。对于本土文化的传承不仅仅限于“匠文化”，布衣工房、民艺家具、刻画以及古川地酒等等当地传统工艺都得到展现和保护。

古川町祭典文化传承与发扬

“三寺参拜”、“飞驒古川祭”、“神冈祭”是古川町的传统祭典。三寺参拜的策划者是当地居民，地方政府主要负责支持。祭典中不仅可以看到从外地返乡的女孩子遵照传统习俗祈求良缘，还可观赏1000座2m高、沿濑户川以及各个街道布置的“雪蜡烛”。而在另一个全国知名的大节日——春季四月的“飞驒古川祭”中，则有贯穿整个节庆的“花车巡游”、“起太鼓”等活动。而神冈祭则依靠主办不同形式的文化祭奠来丰富居民休闲文化生活。传统是古川町社区营造的基础，而以传统为基础的节庆活动，则成为凝聚古川人的举措和吸引外来人的魅力。

祭典活动现场

资料来源：http://www.wiselyview.cc/read-3474.html

祭典活动现场

资料来源：http://blog.sina.com.cn/s/blog_679316840100i8nr.html

祭典活动现场

资料来源：http://mt.sohu.com/20160123/n435605779.shtml

多方努力下颁布地方条例

1992年古川町车站前常茂惠旅馆的改建，引发人们对小镇风貌保护的激烈讨论。三年之后，各方达成共识，用来规范风貌的《景观保护条例》应运而生。它规定：原则上建筑物的高度不得超过古川町三座寺庙，建筑物、招牌、街灯等都避免使用高彩度的原色，尽量节制装饰，特别是位居中央的历史性街区，到处都保留着这样优雅的氛围。1993年古川町还出版了《飞驒古川城市足迹》，“借着在町中散步，认识周围环境的问题所在，让谁都可以开始采取行动，使自己所居住的地区变得更好”。《飞驒古川城市足迹》的编制和推行，促进了日本建设省道路局的“Walking Trail”计划的实行，成为民间行动影响国家政策的典范。

## 启示意义：

古川町的社区营造通过市民、市民团体、非营利性组织与政府、行政之间的合作与协商，从硬件、软件两个方面解决地域、社区特定课题，让民众从生活的角度，透过各种参与和学习等方式，参与地域治理与推动改善。这样市民参与的社区营造，不仅能培养社区认同，也是从生命共同体出发、营造一个可永续发展的社区生活共同体的过程。

## 参考文献

[1]. 胡澎 . 日本“社区营造”论——从“市民参与”到“市民主体”[J]. 日本学刊 ,2013,03:119-134+159-160.

[2]. 阮如舫 , 陈懿君 , 王东 . 历史街区休闲空间营造——以日本古川町为例 [J]. 城市观察 ,2012,04:174-181.

# 新加坡小贩中心：营造满足普通大众需求的整洁有序空间

Singapore Hawker Center: Building Space of High Quality for Low Consumption in City

案例区位：市域范围内
地段类型：社区邻里中心、旅游目的地
项目性质：商业设施
项目规模：112 个（2011 年）
建设时间：1970 年代至今
项目投资：4.2 亿元（2001 ～ 2010 翻建重建时期）

**案例创新点：**

为解决流动摊贩所引发的卫生、交通等问题，新加坡政府从 20 世纪 70 年代起，开始通过布局小贩中心将流动摊贩就近有序集中，并纳入合法的市场和监管体系。经多年在规划、服务与管理环节的摸索，着力将其打造为容纳城市低收入人群就业和满足普通大众消费需求的包容性空间，以及延续传统生活方式的特色空间。如今的小贩中心已成为新加坡城市形象与乡愁的代表之一，新加坡国立大学教授江莉莉曾在《新加坡小贩中心——食 · 地 · 人》一书中指出：“不到小贩中心，就不算游历过新加坡；不体验小贩中心的食、地、人，就难以了解新加坡。”

1970 年代前

**摊贩流动时期**

小贩在人行道或大街上售卖食物，堵塞交通，四处凌乱，污秽不堪。

1970 ～ 1980

**小贩中心产生时期**

受“街边小贩迁徙计划”推动，小贩中心开启建设，街边小贩通过领取执照，就近迁入。

1990 ～ 2010

**小贩中心翻新重建时期**

不新增中心，改善现状环境和设施，引入社会力量，改造后小幅提高租金。

2011

**小贩中心重启建设时期**

新增由政府管理的少量中心，积极创新运营模式，确保中心餐饮等服务可负担。

发展历程

资料来源：被李光耀改造前的新加坡 [EB/OL]. http://news.eastday.com.
王琰 . 新加坡小贩中心的内在秩序 [EB/OL]. 市政厅，http://mp.weixin.qq.com/s?__biz=MzA5NzYzMzEwMQ==&mid=207184915&idx=1&sn=942314ddae783090cb1a56b356edd4e4&scene=7#wechat_redirect

## 案例简介：

新加坡政府围绕对小贩中心的空间分配、服务供给及管理规范，以政府为主导并充分发挥市场的作用，以更具人性化的思路对小商贩经营环境予以保留、改善与提升，在为低收入人群提供就业机会的同时，也为社会提供了可负担、安全和便捷的消费方式。

位于市区国家发展部大楼底层的 Amoy Street 小贩中心

资料来源：[3]

### 尊重市场规律选址，系统规划改善

为满足不同区域人群的消费需求，考虑辐射范围与重点人群，小贩中心充分结合原有流动摊贩集中地区布局，在市中心与组屋等公共项目复合配置；在旅游景点中与传统建筑和历史遗迹融合；在新镇（工业园中）与邻里中心和镇中心统筹配置。而为满足人群对可负担、安全、快捷的用餐模式需求，规划对小贩中心设施配置做出了明确要求：中心需统一配置摊位、上下水、排烟过滤设备、桌椅，以及公共冷库、货运平台、水冲式厕所和垃圾紧压器等。经规划，小贩中心约 70% 位于新镇内，5% 位于工业园内，25% 分布在市中心等地。据 2009 年重建局组织的调查显示，有 97% 的受访市民认为小贩中心应成为组屋区内最主要的设施之一。

位于市区具有 120 年历史建筑中的老巴刹小贩中心

资料来源：http://www.cc6uu.cn[EB/OL].

### 调动市场主体积极性，服务推陈出新

小贩中心建成后，政府以优惠租金、颁发执照等服务，将其纳入城市规范的空间和市场体系中，并采用多种举措支持商贩创业。之后允许商贩以市场价转让承租权，对早期小贩购买的摊位给予 30% 折扣等优惠政策，调动商贩改善经营环境的积极性。2010 年，政府推出“我的小贩”网站（www.myhawkers.sg），在为商户提供宣传平台的同时，为公众提供摊贩信息和社会服务。借助公众监督和参与，进行卫生监督、美食评价等，持续提升商贩经营水准。

位于新镇捷运 LRT BP 线 Fajar 站小贩中心

资料来源：[4]

### 规范市场秩序，严格执法监督

商贩管理局对中心内部采取动态更新的管理模式，实行分级和记分制。每年综合清洁管理、食物卫生、个人卫生等方面分数，按从高到低给予摊贩从 A 到 D 四级认证，一年总分 12 分，依出现问题严重性按 a 类 6 分、b 类 4 分、c 类 2 分标准进行扣分并罚款。分扣完将被吊销营业执照，执照累积吊销两次以上则将被永久撤销。市民投诉经查实，商贩将直接被吊销执照。对违反卫生条例而被责令暂停营业的商贩，其评级将降至 D 级，三个月后方可再次申请评估。

公众可以通过网站浏览小贩中心的摊位信息、进行服务点评及意见反馈

资料来源：[4]

## 启示意义：

在城镇化快速发展的进程中，营造整洁而有秩序感的空间是世界各国城市的普遍追求。但在此过程中如何科学治理流动摊贩等问题，则是考验政府综合治理能力与水平的试金石。在此方面，新加坡小贩中心项目提供了一个具有创意的解决方案。政府通过具有社会包容性和市场敏感度的空间与制度分配策略，使小贩中心一方面解决了流动摊贩易被诟病的食品安全、环境卫生以及阻塞交通等问题，从源头解决了流动摊贩管理问题；另一方面保障了低收入人群的就业机会与福利，保留了城市社会大众消费的传统生活方式与文化。

部分摊点就餐环境

资料来源：私家地理．新加坡小贩中心大起底 [EB/OL]. http://wtt.wzaobao.com/a/2497104.html

## 参考文献


[1] 陶杰．新加坡的美食经济 [J]. 经济，2010(10):28-30.

[2] 陈鑫．摊贩餐饮食品安全监管法律制度研究 [D]. 西南大学硕士论文，2015.

[3] 王琰．城市的活力——从新加坡重新引入小贩中心说起 [EB/OL]. http://mp.weixin.qq.com/s?src=3×tamp=1469758654&ver=1&signature=f16sGIT3b6ThJEzD9nuhEEaiWmK1upPPUKg6jBJ*1-TZJj7nTlfXHCoAyGh*wc4OLGRezGZHqbkhb3VcRpSBVvcDSEarXNsSfp-cx4XrmY00WULxum9grDBcmMWmCONyCnA56e-UBz3*8BnuWa0lKQ

[4] 曹晟．新加坡的小贩中心 [EB/OL]. 华舆空间，http://mp.weixin.qq.com/s?src=3×tamp=1469758094&ver=1&signature=RP*s3PwqkRwTcXshditFeEHrNv8A2VYAykAvz-DtZE7l4RngbTNzqyNSlcaGH2cdN4uLsh1JqGq5LC26NsS8Su2qJ*pWQHWVF-1o9JkVCYq4cMXGv9FETrVTNLgqQF4*k8uAfLDDBN7f5G-CN9HvcA.

[5] 许显辉．论食品生产加工小作坊和食品摊贩管理法治化 [J]. 行政法学研究，2013(02): 78-85.

# 日本城市导视系统设计

City Sign System Design in Japan

项目地点：日本

项目收益：成为全球导视设计的范例，提升城市运营效率和人性化水平，促进旅游业的发展

**案例创新点：**

伴随着城市化的高度发展，日本在城市导视系统设计领域形成了相对成熟完善的体系，在尺度人性化设计、对弱势群体的关注、合理的信息量控制、整体环境的融合、形式的多样化与形象化等方面成效显著，也使日本众多的大城市成为全球居住与旅游便捷性最高的地区之一。

**案例简介：**

城市导视系统设计是为达到城市的整体形象所形成的一种城市的象征和指示体系，它以城市文脉为基础，形成整个城市的可识别性，使城市产生便利、亲切、生动的城市表情，可以使关注这个城市的人得到生活上的便利和精神上的满足。

日本的城市导视系统设计与管理是由全国和地方两级的相关部门负责制定规范、设计和管理，例如跟景观风貌相关的标志物、广告牌等首先要遵守日本参议院制定的《景观法》中的相关条例，并具体由各个城市的市役所景观部门负责，纳入城市景观政策的制定中。

日本的城市导视系统设计具有以下特点和优势：

**尺度**

尺度的人性化是指考虑使用对象自身特性的不同，设计适合不同需求的标识导视形式。日本标识导视系统设计首先充分研究使用人群，尤其是弱势群体，研究他们的身体尺寸、特殊生理需求，例如视力可见度、听力、文字水平以及行为心理特点等。以人的需求为中心，将各学科研究成果综合应用在具体的设计当中。

东京某地铁站导视系统

资料来源 :http://www.thinkdo3.com/s/42592

### 信息量

人类在单位时间内能够接受的信息量是有限的。信息刺激的情况超出过程容量会产生刺激超载，抑制信息接受。日本的标识导视系统设计中首先注重控制信息发布媒介的数量与种类，设计师严格控制单位时间与空间中的标识导视系统标识物，设置标识物出现的合理形式、间距与频率以保证信息被使用者最高效地接收。此外，科学设置信息发布的内容，保证信息发布的内容清楚、简洁、便于记忆。

大信息量的合理分类

资料来源 :http://ljp1689.blog.163.com/blog/static/178896720119175475483/

### 环境

标识导视系统设计的各个环节中，充分考虑与其环境、建筑以及文化氛围的配合，处处体现人的环境意识。在大尺度、开敞的公共空间中，标识系统设计会考虑观者距离与空间特点相应增加尺度，并且综合运用照明设计、绿化设计、雕塑设计等要素构成多元化的标识导视系统，与整体建筑环境、人文的使用氛围相得益彰。

### 形式

形式多样化与形象化是日本标识导视系统设计的重要民族性体现。其设计既具有西方工业化、产品化的特点，又包含本民族文化特点，其中，漫画是日本设计形象化的最突出代表。日本标识导视系统中应用的漫画以简练、形象突出、大众熟知的形象为特点，能让观者产生既亲切有趣又容易记忆的效果，因此应用十分广泛。

与雕塑结合的公共空间导视设计

资料来源 :http://www.xilisign.com/news/newsDetail.asp?id=2839

融于历史街区环境的导视设计

资料来源 :https://www.pinterest.com/pin/416231190531611704/

漫画形式的导视设计

资料来源 :http://ilovecharts.tumblr.com/post/15247291839/sign-in-nara-japan-sunnyinseto

## 启示意义：

今天的城市已经变得越来越庞大复杂，导视系统指引在城市功能的便捷、高效、实用中的作用也越来越明显，而且，在所有的城市组成元素中，城市导视系统设计营造城市意象的功能所受限制和花费代价相对最少。因此要将城市导视系统设计纳入到城市设计内容之中，并开展系统化、专业化的设计，使之成为提升城市整体品质的重要环节。日本城市导视系统设计关注细节，真正地站在使用者的角度思考、规划和设计，这样才能给使用者提供更好的便利。

### 参考文献

[1] 京都市的景观政策 [EB/OL]. 京都市信息馆 . http://www.city.kyoto.lg.jp/tokei/cmsfiles/contents/0000061/61889/HP-Chinese-2.pdf

[2] 城市导视系统设计 [J]. 城市发展研究 ,2004,01:64-69.

[3] 日本导视系统设计有什么优势 [EB/OL]. http://www.epwk.com/gonglue/159687.html

# 阿联酋阿布扎比公共领域设计手册

Abu Dhabi Public Realm Design Manual, UAE

项目地点：阿布扎比酋长国
规划时间：2009 ～ 2013 年
项目规模：全国范围

**案例创新点：**

《阿布扎比公共领域设计手册》由城市规划委员会制定，它基于阿布扎比 2030 规划，对如何创造高水平的城市公共空间作出了详细的指导与规范，它分门别类对公园设计、街道景观设计、滨水区设计、公共场地设计等进行了有针对性的设计指引，有助于简明扼要地理解城市、共同参与规划更高品质的城市。该手册获得“国际城市规划师学会卓越规划奖”。

设计手册保障了城市建设与环境融合
资料来源：https://m.hupu.com/bbs/12758574.html

设计手册提升了公共活动空间品质
资料来源：http://mice.ctrip.com/mice/p6.html

## 案例简介：

为了应对未来的由人口增长和城市开发引发的各种城市问题，同时保护文化资源，促进城市居民与建成环境间的互动，阿布扎比城市规划委员会成立并受政府委托制定了《阿布扎比公共设计手册》。手册由阿布扎比酋长国执行委员会批准通过，旨在指导公共领域开发建设。手册的制定以阿布扎比未来发展规划《阿布扎比 2030 规划》为基础，并经过了多次与利益相关者的会议以及社会调查。

手册由三部分构成：第一部分是简介，针对公共领域的原则和政策以及公共领域的服务标准；第二部分是公共领域开发计划的渐进式设计指导细则；第三部分是技术附录，每个部分都关注如何让公共领域满足居民和游客在未来的需求。在设计手册指导下，三个中心区域阿布扎比岛、阿布扎比内陆以及艾因市建立了公共领域网络，还定义了四类公共领域：公园、街道景观、滨水区、公共场地，并分别制定了设计导则。

Plan Abu Dhabi 2030

Urban Structure Framework Plan

城市发展规划《阿布扎比 2030》

资料来源：http://www.upc.gov.ae/prdm/common/docs/Public-Realm-Design-Manual.pdf

### 公共领域网络

公共领域网络为阿布扎比岛、阿布扎比内陆以及艾因市确立了一套社区之中场地相互关联的系统，集成性高、凝聚力强。阿布扎比岛公共领域网络加强了城市的网格并使其成为各元素的主要组织模式，涵盖了岛中各种国际化特征。阿布扎比内陆公共领域网络着眼于创造一套连接未来城市标志性地点与主要的公共空间的线性走廊系统，艾因市公共领域网络则主要是创造一套环形连接的公共空间系统，它以市中心和新的礼仪公园为中心向外辐射。

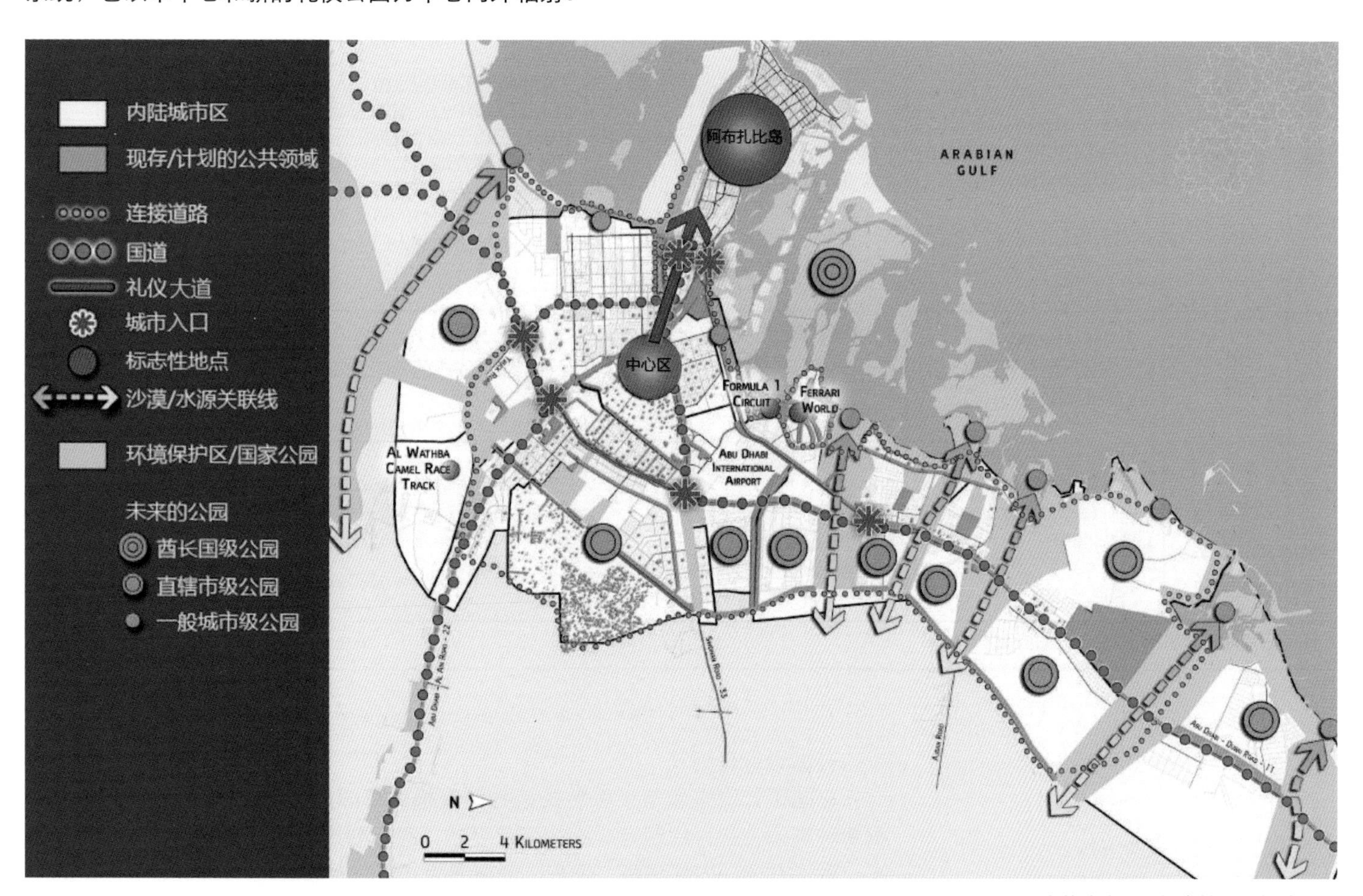


阿布扎比内陆区概念性公共领域网络

资料来源：http://www.upc.gov.ae/prdm/common/docs/Public-Realm-Design-Manual.pdf

艺术公园

资 料 来 源：http://www.upc.gov.ae/prdm/common/docs/Public-Realm-Design-Manual.pdf

线性公园

资 料 来 源：http://www.upc.gov.ae/prdm/common/docs/Public-Realm-Design-Manual.pdf

遗址公园

资 料 来 源：http://www.upc.gov.ae/prdm/common/docs/Public-Realm-Design-Manual.pdf

| 层次 | 描述 | | | | | | 服务等级（公顷/1000人） |
|---|---|---|---|---|---|---|---|
| | 使用者 | 特征 | 活动/特点 | 地点 | 服务半径 | 服务人口 | |
| 酋长国级 | 酋长国居民 | 》酋长国的广阔土地；<br>》未开发的自然景观；<br>》自然特征的保护区；<br>》酋长国级别的城市空间 | 》酋长国的重大公共艺术；<br>》用于酋长国庆典活动；<br>》偶然的、非主动的使用 | 根据已开发区域内的自然景观、重要的历史景观以及纪念性中心空间而定 | 100公里以上 | 整个酋长国 | （不适用） |
| 直辖市级 | 直辖市居民 | 》直辖市内重要公共空间；历史地标以及城市地标<br>》 | 》主要的文化活动；<br>》历史地标以及城市地标；<br>》纪念性城市艺术；<br>》偶然的、非主动的使用；<br>》适用于直辖市级别的活动与集会 | 根据直辖市级别的主要的城市实体、地标以及历史景观而定 | 25至150公里 | 整个直辖市 | 0.2 |
| 一般城市级 | 一般城市居民 | 》重要公共空间；<br>》独特的历史遗址保护区；专业运动设施<br>》 | 》公共艺术；<br>》表演空间；<br>》专业运动设施；<br>》主动与非主动的使用 | 主要的城市空间应定位于人口稠密的区域中心。附加的城市公园应定位于城市设施和标志性地点（博物馆、公共机构、政府建筑、历史景观等）附近。为特殊用途服务的较大型的城市公园应该毗邻人口中心 | 2.5至25公里 | 10000至20000 | 0.4 |
| 街区级 | 街区居民 | 》为并排的邻里服务；<br>》日常使用与重要街区公共功能相混合 | 》小规模城市艺术；<br>》主动与非主动的使用；<br>》供以有组织的非正式活动的大型运动场地 | 定位于开发后的人口中心，也可以与诸如学校的其他公共区域共置 | 0.35至2.5公里 | 1000至10000 | 0.4 |
| 邻里级 | 邻里居民 | 》整合于日常生活与活动；为邻里使用者提供娱乐与<br>》集会的场所 | 》为儿童户外活动特别特别设计的区域；<br>》设施完整的活动场地；<br>》较小的运动场；<br>》足够的座椅与遮蔽物；<br>》主动与非主动的使用 | 定位于居民周边最大350米范围内。诸如宅间小园的小规模公园的大致分布是每个开发后的住宅区配置一个 | 0.35公里 | 150至1000 | 0.3 |
| 开发后公园总体的服务等级（公顷/1000人） | | | | | | | 1.3 |

手册公园设计导则章节中的公园等级表

资料来源：http://www.upc.gov.ae/prdm/common/docs/Public-Realm-Design-Manual.pdf

公园设计导则

公园设计导则涵盖了各种类型各种规模的公园，共分成了 13 种类型，并根据每种类型特征分别制定详细的设计要求。设计要求涵盖多种要素，包括外部连接、到达方式、内部环路、停车、道路通用细则（universal access）、建筑等。

礼仪大道

资料来源：http://www.upc.gov.ae/prdm/common/docs/Public-Realm-Design-Manual.pdf

城市入口

资料来源：http://www.upc.gov.ae/prdm/common/docs/Public-Realm-Design-Manual.pdf

### 街道景观设计导则

街道景观在公共领域的形成中扮演了至关重要的角色。它们不仅是重要的公共空间，还是道路与节点网络的重要组成部分，连接了全部的公共和私密空间。在街道景观的开发过程中需要考虑空间的尺度与范围，使其对公共领域产生积极的影响。导则中涵盖的各种道路景观包括：礼仪路径、城市入口、人车共享道路（mashtarak）、步行优先道、景观路径等10种，其中作出详细指导的条目与公园设计导则相同。

### 滨水区设计导则

滨水地域是阿布扎比拥有的优势条件之一。为了能达到世界级的标准，滨水区必须拥有高品质的、多样性的、能够凸显文化遗产与地方特色的公共空间，并且面向居民与游客的可达性较高。导则中涵盖了四种滨水区：一般滨水区、自然保护区、休闲娱乐区、城市滨水区，其中作出详细指导的条目与公园设计导则相同。

城市滨水区

资料来源：http://www.upc.gov.ae/prdm/common/docs/Public-Realm-Design-Manual.pdf

### 公共场地设计导则

公共场地是公共区域中最多样化的种类。它们指的是酋长国的重要地点周围的公共空间。根据在酋长国内各自扮演的角色和重要性的不同，公共场地被分为若干层级。导则中涵盖了六种公共场地：文化场所、遗址保护场所、清真寺场所、地标场所、广场、市场场所，其中作出详细指导的条目与公园设计导则相同。

清真寺场所

资料来源：http://www.upc.gov.ae/prdm/common/docs/Public-Realm-Design-Manual.pdf

## 启示意义：

《阿布扎比公共领域设计手册》以阿布扎比未来发展规划为基本框架，对城市公共空间未来的开发建设作出指导规范，将公共空间细致分类并分别作出了详细的规划设计要求。在制定过程中，通过座谈会以及社会调查的形式推进公众参与。该手册对制定城市未来发展的详细规划及城市设计具有启发意义，也对如何营造高品质城市公共空间具有借鉴价值。

# Inscriptive writing 跋

全球化改变了国家、区域和城市的空间秩序，传统的地理空间正在弱化，经济一体化、国际资本流动和社会多元化对城市进行了重新架构；对此，《国际城市创新案例集》通过具体、详实的世界成功案例，提纲挈领地对国际许多城市发展的宏观环境和发展阶段进行了介绍，与此同时点明这些城市在建设发展转型过程中面临的前所未有的发展难题，并对其发展和机遇进行了分析以阐明城市自身的优势与劣势，随后阐述了如何制定提高城市竞争力的策略，重点围绕着：城市发展定位，为实现此目标所采取的策略，从增强城市竞争优势而不是单纯工程技术性的角度来考虑城市空间发展，以及为实现城市各种长远发展目标而研究制定的制度创新和政策变革策略。

20 世纪 90 年代以来，在经济全球化、一体化的大潮中，西方城市问题难以回避，迫使其对自身发展采取更加战略性思考。从本书可以看出西方城市的创新转型既强调具体空间技术问题，也着眼增强城市竞争力以获取更多的发展机遇，同时也注重城市居住者权益，如此多角度的城市创新发展之路，使其增强了空间发展和政策内涵，从而成为参与国际竞争的有效战略手段。这些国际经验表明城市创新转型强调人的特性多于发展的特性，通过更加包容的建成环境，以注重居民的实际需要以及更加便利的生活，这些实践经验避免了大规模的拆迁和单一性的建设规划，也放弃了资本密集城市化下的巨型建设，转向提高居民的发展和消费，用生活质量衡量城市化进程，与此同时政府也大力关注环境，力图解决城市卫生、绿色发展等问题。这不同于片面强调城市美化工程，而是发展可持续的生态友好型社会。

从本书中的国际经验看，与经济全球化相伴相生的一个重要趋势是城市更新。许多城市需要通过发展改革创新才能实现更好、更持续的发展。中国城市发展转型和创新的背景是市场改革已将市场发展的复杂性注入了城市运作机制。中国城市事实上处于世界城市化浪潮的前沿，城市作为新的集聚工具为资本积累开辟领域，并且在此过程中，展现了国家治理市场的趋势。其实中国城市在诸多方面能够代表当今全球化的城市世界转变的潮流。而对于政府而言，随着中国经济体制改革的深入与民主、法制进程的推进，城市发展模式以及政府与社会、公众之间的关系都面临着巨大改变，城市发展策略也必将发生一系列新的变化；面对日趋激烈的城市竞争环境和极具挑战的社会经济目标，政府比以往任何时期更需要一个长远和完善的城市规划、建设、更新、管理策略，以获取在全球竞争环境中的最大优势。然而中国城市的创新体制不仅需要国家出台创新政策，也需要地方政府推动创新机制，还要依靠城市之间地理邻近导致的知识溢出，企业之间的网络联系和协作，科技园区建立促使的知识创新，以及市场主导等因素的协同运作。中国新型城镇化的概念意味着城镇化将从以土地为中心的资本驱动城市发展的模式转变为以人为本、为城市提供公共服务这一本质的模式，这种创新转化需要地方政府转变其在城市中扮演的角色，也就是从土地交易中的“企业家”转为公共产品的提供者，从而使城市居民获得更好的生活环境。

针对中国城市转型发展的复杂环境，《国际城市创新案例集》运用国际化的视角和范式，通过简明扼要的书写风格，以及可读性强的具体事例和说明，梳理并归纳了全球环境中城市创新的实践案例；这些国际城市成功的应对问题和创新之道，有利于中国政府的城市治理者拓宽国际视野，也可为其提供启发和有益借鉴，从而更好地制定广域而长远的战略规划，并协调各地方城市之间合理有序的竞争和发展；这部著作应成为需要理解和借鉴全球城市转型方式的政府政策决策者、规划师、相关城市研究学者的必备参考读物。

江苏省住房和城乡建设厅在周岚厅长的率领下组织编撰了这本案例集。从选材的广度和类型的多样性看，充分体现了编者的敏锐洞察力。在本书出版之际，欣以作跋，为探索中国城市的创新发展之路而共同努力。

英国国家经济社会基金会卓越国际影响力奖获得者 吴缚龙
伦敦大学学院巴特雷特规划教授
Wu Fulong

# Postscript 后记

为贯彻落实中央城市工作会议精神，江苏省住房和城乡建设厅在组织编写《江苏城市实践案例集》的同时，组织研究团队编撰了这本《国际城市创新案例集》，围绕新型城镇化推进的关键议题，从全球环境中的城市战略、城乡区域协调发展、增长管理与城市再生、历史保护与城市特色、绿色建筑与生态城市、基础设施与公共安全、城市交通与公交政策、社会融合与住房保障、城市治理与公众参与等九个方面，有针对性地选择和汇编世界范围内最具代表性的实践范例，旨在以国际化视野探寻城市发展规律，共同寻找城市问题的有效解决之道。

本辑《国际城市创新案例集》涉及内容和线索较为广泛，限于时间和能力，材料筛选和观点提炼可能会有偏颇，敬请读者批评指正。同时，由于时间仓促，我们无法与本书内图片的所有者一一取得联系，在此谨致深深的歉意。敬请您见到本书后，能及时与我们取得联系，以便我们按照国家有关规定支付酬劳。

感谢国务院参事、中国城市科学研究会理事长、住房和城乡建设部原副部长仇保兴博士，国际城市与区域规划师学会副主席、中国城市规划学会秘书长石楠教授，英国国家经济社会基金会卓越国际影响力奖获得者、伦敦大学学院吴缚龙教授对本案例集的肯定和支持，在百忙之中为案例集题序作跋。感谢东南大学韩冬青教授工作团队、南京大学张京祥教授工作团队、南京大学王红扬教授工作团队、江苏省城市发展研究所工作团队在案例编写过程中的认真和付出。

联系邮箱：fuweicys@126.com

编 者
2016 年 7 月